AF206505

Rüdiger Günttner

Mathematik für
Biologen und Anwender

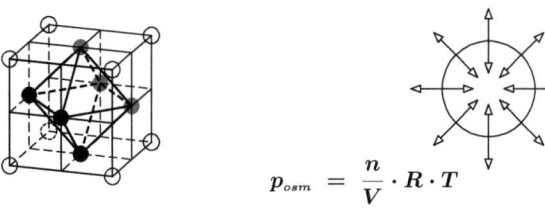

$$p_{osm} \; = \; \frac{n}{V} \cdot R \cdot T$$

$w_1 = 0{,}50$ $\qquad$ $m_1 = 0{,}15 - 0{,}10 = 0{,}05$

$w = 0{,}15$

$w_2 = 0{,}10$ $\qquad$ $m_2 = 0{,}50 - 0{,}15 = 0{,}35$

$$\int \ln x \, dx \; = \; x \cdot \ln x - x \qquad\qquad y' \; = \; f(x) \cdot g(y)$$

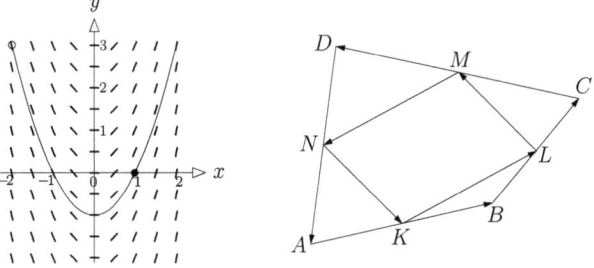

Einheiten, Proportionalität, Formen und Abbildungen, Exponential– und Potenzfunktionen, Differenzial–und Integralrechnung, Vektoralgebra.

Bibliografische Information der Deutschen Nationalbibliothek:
Die Deutsche Nationalbibliothek verzeichnet diese Publikation
in der Deutschen Nationalbibliografie; detaillierte bibliografische
Daten sind im Internet über http://dnb.dnb.de abrufbar.

© 2018 Rüdiger Günttner

Illustration: Hannes Mercker

Herstellung und Verlag: BoD – Books on Demand, Norderstedt

ISBN: 978-3-7460-2694-X

Inhaltsverzeichnis

Kapitel 4: Differenzial– und Integralrechnung

Kapitel 5: Lineare Räume und Vektoren

Anhang

Index

Auf ein Wort, oder zwei ...

Mathematik ist nicht allseits beliebt! Zum Beispiel

Biologen gelten normalerweise nicht als die großen Mathematiker!

Und die Biologen könnten natürlich antworten,

Mathematiker gelten normalerweise nicht als die großen Biologen!

Somit steht es unentschieden, könnte man meinen, gäbe es nicht eine kleine Unsymmetrie: Biologen werden es als ungerecht empfinden, aber

In der Regel benötigen Mathematiker im Berufsleben keinerlei Kenntnisse der Biologie!

Sie verstehen, was ich meine: Mathematik ist auch die Sprache der Naturwissenschaften. Dennoch werden Mathematiker ständig gefragt, wozu dieses oder jenes überhaupt gut sei.

Daher ist dieses Buch voller Beispiele. Wer hinterher noch fragt, hat es nicht wirklich gelesen!

Aber seien Sie ehrlich: Der Satz des Pythagoras wäre auch ohne Anwendungen faszinierend! Denken Sie vielleicht beim Betrachten eines Gemäldes an eine Anwendung, oder nerven Sie einen Astronomen, Kunsthistoriker oder Philosophen mit solchen Fragen?

Auch Mathematik ist ein gutes Stück Kultur! Sie müssen ja nicht gleich in den Ruf ausbrechen „Mathe ist Kult". Aber vielleicht sagen Sie doch hinterher: „Interessanter als ich dachte"! Das würde mich schon freuen. Und Lehrer und Liebhaber der Mathematik und Naturwissenschaften werden hoffentlich ihre Freude behalten und nicht allzu kritisch mit mir umgehen.

Falls Sie sich auch für die Beweise interessieren, haben Sie das Zeug zum Mathematiker!

Der 'Anwender' möge mit ruhigem Gewissen den einen oder anderen Beweis überschlagen!

Das Ende eines Beweises ist immer mit einem Haken ✓ gekennzeichnet.

Nicht alle Abschnitte sind zum Verständnis der nachfolgenden erforderlich. Falls Sie nur die Differenzial– und Integralrechnung benötigen, würde der Einstieg bei Kapitel 4 genügen. Vielleicht verpassen Sie dabei auch einiges, aber sehen Sie doch einfach selbst! Und wer als Dozent nach weiteren Übungsaufgaben sucht, findet diese am Ende eines jeden Abschnitts.

Falls Sie sich außerdem für weitere Beispiele und vollständig gelöste Aufgaben interessieren, empfehle ich Ihnen auch mein

Übungsbuch Mathematik für Biologen und Anwender.

Der Inhalt ist in dieselben Abschnitte eingeteilt wie dieses Lehrbuch. Zusätzlich enthält es noch ein einführendes Kapitel in die Statistik. Es eignet sich zum *Selbststudium* für diejenigen Anwender, die nicht auf alle Beweise der mathematischen Sätze angewiesen sind! Für Mathematiker ist es eine praktische Ergänzung zu diesem Lehrbuch.

Rüdiger Günttner, Osnabrück 2018.

Kapitel 1

Einheiten und Proportionen

1 a) Messwerte und signifikante Stellen

Maßzahl und Maßeinheit

Ein bekannter Scherz unter Naturwissenschaftlern lautet:

> Wir wissen zwar nicht genau, was wir messen,
> aber was wir messen, das messen wir genau!

Diese Aussage stimmt natürlich vorn und hinten nicht. Auch die Genauigkeit beim Messen hat ihre Grenzen. Zunächst einmal besteht jeder Messwert aus Maßzahl und Maßeinheit. Angenommen, Sie haben den Durchmesser einer kreisförmigen Scheibe mit einem einfachen Lineal bestimmt, und notieren

$$\mathbf{d} = 10{,}7 \cdot \mathrm{cm}$$

Selbstverständlich vergessen Sie nicht die Angabe der Maßeinheit.*

Merke *Ein Messwert ohne Maßeinheit ist gar nichts wert!*

Sie haben sich bei der Messung von $\mathbf{d}$ für die Maßeinheit cm entschieden, kurz $[\mathbf{d}]$ = cm. Die zugehörige Maßzahl beträgt 10,7. Wir schreiben hierfür kurz d = 10,7. Ändern Sie die Maßeinheit, so ändert sich auch die Maßzahl. Das Produkt von beiden bleibt natürlich gleich:

$$\mathbf{d} = 10{,}7 \cdot \mathrm{cm} = 107 \cdot \mathrm{mm}$$

Der Durchmesser $\mathbf{d} = \mathrm{d} \cdot [\mathbf{d}]$ ist und bleibt eine feste Größe, unabhängig von gewählter Maßeinheit, Messmethode usw. Wie in der Praxis üblich, lassen wir im Folgenden das Multiplikationszeichen zwischen Maßzahl d und Maßeinheit $[\mathbf{d}]$ meistens weg.

---

*In Anfängerlabors hören Sie manchmal noch die Seufzer der Betreuer: „Wer misst, misst Mist!"

Signifikante Stellen

Die letzte Stelle wird üblicherweise gerundet, so dass der Durchmesser in Wirklichkeit nicht exakt 10,7 cm betragen muss. Die letzte Ziffer besagt aber zumindest, dass der wahre Wert von **d** näher bei 10,7 cm liegt als bei 10,6 cm oder 10,8 cm. Halten wir fest: Die Anzahl der voranstehenden Stellen plus der letzten gerundeten Stelle ergibt insgesamt die Anzahl der signifikanten Stellen. Sie ist ein Maß für die Genauigkeit einer Maßangabe! In unserem Beispiel sind es drei signifikante Stellen. Die Genauigkeit einer Maßangabe ist natürlich unabhängig von der Wahl der Maßeinheit! Sie dürfen jederzeit umrechnen:

$$\mathbf{d} = 107\,\text{mm} = 10,7\,\text{cm} = 1,07\,\text{dm} = 0,107\,\text{m} = 0,000107\,\text{km}$$

Die Genauigkeit der Messung wird hierdurch selbstverständlich nicht nachträglich verbessert oder verschlechtert, alle angegebenen Maßzahlen haben *drei* signifikante Stellen.

Merke *Voranstehende Nullen sind keine signifikanten Stellen!*

Voranstehende Nullen entstehen einfach dadurch, daß die gewählte Maßeinheit größer ist als die zu messende Größe, in unserem Beispiel die Einheiten Meter und Kilometer.

Ganz anders bei „nachfolgenden" Nullen: Genau wie bei 107 mm hat auch die Maßangabe 100 mm drei signifikante Stellen! Damit diese Genauigkeit auch bei Umrechnung in größere Einheiten ersichtlich bleibt, müssen die Nullen, als Ziffern auf diesen signifikanten Stellen, natürlich mitgeschrieben werden:

$$\mathbf{d} = 100\,\text{mm} = 10,0\,\text{cm} = 1,00\,\text{dm} = 0,100\,\text{m} = 0,000100\,\text{km}$$

Mathematisch gesehen besteht zwischen 1,00 und 1,0 als Zahldarstellung kein Unterschied. Als Ergebnis einer *Messung* oder *Rechnung* ist aber die jeweils letzte Stelle gerundet, die Angabe 1,00 also um eine Stelle genauer als nur 1,0. Im ersteren Fall wird uns ein Ergebnis mit drei signifikanten Stellen mitgeteilt, im zweiten Fall sind es nur zwei. Und die Angabe 1 hätte sogar nur noch eine einzige signifikante Stelle.

Die Problematik der Nullen wäre nun gelöst, würde man gelegentlich nicht auch in kleinere Einheiten umrechnen. Die zugehörigen Maßzahlen werden hierdurch unpassend groß:

Wissenschaftliche Schreibweise

Alles nur Schiebung Die Umrechnung des Messwertes **w** = 216,0 kg (vier signifikante Stellen) in Gramm ergibt **w** = 216 000 g, also fälschlicherweise sechs signifikante Stellen! Dies läßt sich vermeiden mit der „naturwissenschaftlichen" Darstellung dieser Maßzahl: 216 000 = 2160 · 100 =

$$2160 \cdot 10^2 = 216{,}0 \cdot 10^3 = 21{,}60 \cdot 10^4 = 2{,}160 \cdot 10^5 = 0{,}2160 \cdot 10^6$$

Diese Darstellungen, mit Zehnerpotenzen als Faktoren, lassen die ursprüngliche Genauigkeit von vier signifikanten Stellen nun wieder zweifelsfrei erkennen! Allerdings sollten Sie hierfür im Umgang mit Zehnerpotenzen etwas geübt sein. Die Schreibweise 10^2 („10 hoch 2") ist bekanntlich nur eine abkürzende Schreibweise für 10·10 („2-mal den Faktor 10"), letztendlich also eine Abkürzung für die Zahl 100. Entsprechend bedeutet $10^3 = 10 \cdot 10 \cdot 10 = 1000$, usw.

Die Multiplikation irgendeiner Zahl mit einer Zehnerpotenz wie 10^2 oder 10^3 hat eine charakteristische Wirkung: man spricht etwas ungenau von „Nullen dranhängen" wie etwa bei $\mathbf{2160}\cdot 10^2 = \mathbf{216\,000}$, oder besser von „Komma verschieben" wie bei $\mathbf{216{,}0}\cdot 10^3 = \mathbf{216\,000}$, denn hier wurden nicht einfach drei Nullen „drangehängt"!

Nullen - wer will sie schon haben Das gilt nicht nur bei Politikern! Voranstehende Nullen lassen sich mit wissenschaftlicher Schreibweise zum Verschwinden bringen. Sie kennen hierfür sicherlich die Bedeutung der Notation 10^{-x}, als Abkürzung für die Bruchschreibweise $\frac{1}{10^x}$:

$$10^{-1} = \frac{1}{10^1} = \frac{1}{10} \quad (= 0{,}1) \qquad 10^{-2} = \frac{1}{10^2} = \frac{1}{10\cdot 10} = \frac{1}{100} \quad (= 0{,}01)$$

$$10^{-3} = \frac{1}{10^3} = \frac{1}{10\cdot 10\cdot 10} = \frac{1}{1000} \quad (= 0{,}001) \qquad \text{usw.}$$

Bei Multipliation mit solchen Zehnerpotenzen verschiebt sich das Komma natürlich in entgegengesetzter Richtung, wodurch sich voranstehende Nullen vermeiden lassen:

$$0{,}00531 = 0{,}0531\cdot 10^{-1} = 0{,}531\cdot 10^{-2} = 5{,}31\cdot 10^{-3} = 53{,}1\cdot 10^{-4} = 531\cdot 10^{-5}$$

Addition und Multiplikation von Messwerten

Ein Museumswärter antwortete auf die Frage nach dem Alter einer Mumie:

„Diese Mumie ist genau 4007 Jahre alt,"

und schmunzelnd fügte er hinzu:

„denn als ich anfing, stand hier noch ein Schild:

'4000 Jahre alt', und das ist nun schon 7 Jahre her."

MUMIE
4 000 J.

Mit Fehlern muss man rechnen Runden wir einen Messwert oder ein Ergebnis wie zum Beispiel 2,64 auf zwei signifikante Stellen, so wählt man 2,6 denn: 2,64 liegt näher bei 2,6 als bei 2,7. Notieren wir den Rundungsvorgang einfach durch Unterstreichen: $2,\underline{6}4 = 2{,}6$.

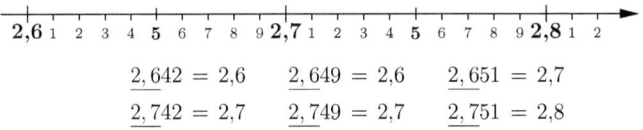

$2,\underline{6}42 = 2{,}6$	$2,\underline{6}49 = 2{,}6$	$2,\underline{6}51 = 2{,}7$
$2,\underline{7}42 = 2{,}7$	$2,\underline{7}49 = 2{,}7$	$2,\underline{7}51 = 2{,}8$

Der Werte 2,65 bzw. 2,75 liegen genau in der Mitte. Man rundet hier in der Regel $2,\underline{6}5 = 2{,}7$ bzw. $2,\underline{7}5 = 2{,}8$. Die Fortpflanzung des Fehlers ist bei der Addition eine andere als bei der Multiplikation. Wir werden das an späterer Stelle noch genau diskutieren. Eine solche exakte Durchführung ist aber für den Anfänger eher abschreckend und auch für praktische Zwecke meist viel zu aufwändig! Die nachfolgend beschriebene Vorgehensweise wird in der Praxis gern benutzt, da sie recht schnell und ausreichend genau ist.

Addition/Subtraktion
Nehmen wir als Zahlenbeispiel 10,7 und 0,49. Hier ist zu berücksichtigen, dass 0,49 höchstens mit einem Fehler der Größenordnung 0,01 behaftet ist, besser gesagt mit einer Ungenauigkeit an der zweiten Stelle hinter dem Komma – bei 10,7 ist es bereits die erste Stelle nach dem

Komma, also das Zehnfache! Deshalb muss bei Addition oder Subtraktion dieser beiden Werte bereits mit einer Ungenauigkeit an der ersten Stelle hinter dem Komma gerechnet werden. Solche Überlegungen führen zu folgender Regel:

> *Der Zahlenwert mit den wenigsten Stellen nach dem Komma*
> *bestimmt die Stelle, an der das Ergebnis gerundet wird.*

a) $\underbrace{10{,}7 + 0{,}49}_{11{,}19} = 11{,}2$ $\qquad \underbrace{10{,}7 + 4{,}9}_{15{,}6} = 15{,}6$ $\qquad \underbrace{10{,}7 + 49}_{59{,}7} = 60$

b) $\underbrace{10{,}7 - 0{,}49}_{10{,}21} = 10{,}2$ $\qquad \underbrace{10{,}7 - 4{,}9}_{5{,}8} = 5{,}8$ $\qquad \underbrace{10{,}7 - 49}_{-38{,}3} = -38$

c) $\underbrace{10{,}7 - 49 + 0{,}49 + 8{,}42}_{-29{,}39} = -29$

d) $10{,}7 \cdot 10^3 + 0{,}49 \cdot 10^3 = \underbrace{(10{,}7 + 0{,}49)}_{\text{siehe a)}} \cdot 10^3 = 11{,}2 \cdot 10^3$

e) $10{,}7 \cdot 10^3 + 18 + 0{,}49 \cdot 10^{-1} = (10{,}7 + 0{,}018 + 0{,}000049) \cdot 10^3 = 10{,}7 \cdot 10^3$

Vorsicht mit den Einheiten: Hat die Küche eine Fläche von 10 m² und eine Temperatur von 20 °C, und die Essecke 8 m² und 22 °C, so ergibt das insgesamt 18 m² und 42 °C?? „In Köln am Rhein", sagt man, „sind es im Sommer oft 60 Grad, dreißig an jedem Ufer!" Natürlich wissen wir, dass die Temperatur keine 'extensive' Größe ist, deren Werte man einfach zusammenlegen und addieren kann. Allerdings wäre eine Mittelwertbestimmung wie zum Beispiel eine mittlere Tagestemperatur durchaus möglich und sinnvoll. Selbstverständlich dürfen nur Messwerte mit gleichen Einheiten addiert oder subtrahiert werden, also nicht etwa Zentimeter und Meter (vorher umwandeln), und schon gar nicht addiert man so etwas wie Zentimeter und Gramm.

Multiplikation/Division

Das Produkt von 1,243 und 2,1 ergibt 2,6103. Sie werden diesem Ergebnis aber nach dem bisher Gesagten nur eine Stelle nach dem Komma zubilligen und zufällig richtig notieren: $1{,}243 \cdot 2{,}1 = 2{,}6$. Daraus folgt nun aber auch $12{,}43 \cdot 0{,}21 = 2{,}6$:

$$12{,}43 \cdot 0{,}21 = \underbrace{1{,}243 \cdot 10}_{12{,}43} \cdot 0{,}21 = 1{,}243 \cdot \underbrace{10 \cdot 0{,}21}_{2{,}1} = 1{,}243 \cdot 2{,}1 = 2{,}6$$

Es gilt also beispielsweise:

$$1{,}243 \cdot 2{,}1 = 2{,}6 \qquad 12{,}43 \cdot 0{,}21 = 2{,}6 \qquad 1243 \cdot 0{,}0021 = 2{,}6$$

(der erste Faktor jeweils mit 4 signifikanten Stellen, der zweite jeweils mit 2). Hier entscheidet also nicht unbedingt der Faktor mit den wenigsten signifikanten Stellen nach dem Komma – entscheidend ist vielmehr die geringere Anzahl der signifikanten Stellen des zweiten Faktors, der die Anzahl der signifikanten Stellen des Ergebnisses bestimmt. Dies gilt in guter Näherung auch für die Division:

> *Der Zahlenwert mit der geringsten Anzahl signifikanter Stellen*
> *bestimmt die Anzahl der signifikanten Stellen beim Ergebnis.*

f) $\underbrace{10{,}7 \cdot 0{,}49}_{5{,}243} = 5{,}2$ $\qquad \underbrace{10{,}7 \cdot 4{,}9}_{52{,}43} = 52$ $\qquad \underbrace{10{,}7 \cdot 49}_{524{,}3} = 5{,}2 \cdot 10^2$

g) $\underbrace{10,7 \,/\, 0,\underline{49}}_{21,836...} = 22$ $\underbrace{10,7 \,/\, 4,9}_{2,1836...} = 2,2$ $\underbrace{10,7 \,/\, \underline{49}}_{0,21836...} = 0,22$

h) $\underbrace{10,7 \cdot 0,\underline{49} \cdot 8,74 \,/\, 2,32}_{19,7516...} = 20$ i) $\pi \cdot (1,3)^2 = \underbrace{3,1415926 \cdot \underline{1,3} \cdot \underline{1,3}}_{5,30929...} = 5,3$

j) $10,7 \cdot 10^5 \cdot 0,49 \cdot 10^{-2} = \underbrace{10,7 \cdot 0,49}_{\text{siehe f)}} \cdot \underbrace{10^5 \cdot 10^{-2}}_{10^3} = 5,2 \cdot 10^3$

Bei mehreren Werten rundet man keine Zwischenergebnisse, sondern erst das Endergebnis. Das ist nicht nur praktisch, sondern verschenkt auch keine Genauigkeit. Außerdem könnte das Ergebnis sonst auch von der Reihenfolge der Faktoren abhängen. Überprüfen Sie das einmal bei h) mit dem Faktor 0,49 ganz zu Anfang, und ganz zum Schluss. Analog bei einer Summe wie in Beispiel c) mit dem Summanden –49.

Anmerkung: Treten in einer Rechnung natürliche Zahlen auf, beispielsweise als *Anzahlen* oder als *Nenner* in Brüchen, so sind diese exakt, also gedanklich mit beliebig vielen Nullen hinter dem Komma zu interpretieren (was schreibtechnisch ja nicht möglich ist). Beispiel $9 \cdot 1,31 = 11,8$ oder $\frac{1}{2} \cdot 1,31 = 0,655$: die geringste Anzahl signifikanter Stellen hat ja in diesem Falle der Term 1,31. Ebenso bedeutet z.B. die Festlegung der 'thermodynamischen Kalorie' 1 cal = 4,184 Joule (exakt) mit dem Nachwort 'exakt', dass der Umrechnungsfaktor hier fehlerlos ist, also 4,1840000... beträgt. Und Konstante wie π oder e darf man so genau wählen, wie es der Rechner oder der Tabellenwert hergibt, sofern das von Nutzen ist.

Diese einfachen Regeln sollen nur Hinweise geben für einen sinnvollen Umgang mit Messwerten und gerundeten Größen. Der Zweck dieses Abschnitts ist bereits erreicht, wenn Sie erkennen: Eine Auswertung von Messergebnissen wie in folgendem Beispiel

$$\frac{26,4\,\text{g}}{41,0\,\text{cm}^3} = 0,6439024 \,\tfrac{\text{g}}{\text{cm}^3} \quad \text{ist Unsinn, ebenso} \quad 86,4\,\text{g} + 0,3145\,\text{g} = 86,7145\,\text{g}$$

Einheiten Hier besteht ein wichtiger Unterschied zwischen Addition und Multiplikation: Hinsichtlich der Wahl der Maßeinheiten gibt es nämlich bei Multiplikation und Division keinerlei Einschränkungen! Ein einfaches Beispiel:

$$5,312\,\text{kW} \cdot 4,5\,\text{h} = 5,312 \cdot 4,5 \cdot \text{kW} \cdot \text{h} = 24\ \text{kW} \cdot \text{h} \quad \text{(Kilowattstunden)}.$$

Sie erkennen hier auch, anhand der beiden Einheiten kW und h, die einfache Beziehung: Bezeichnet [**u**] die Maßeinheit der Messgröße **u**, und ist [**v**] die Maßeinheit der Messgröße **v**, so gilt für die Maßeinheit [**u·v**] des Produkts bzw. für die Maßeinheit [**u/v**] des Quotienten:

(1.1) $[\,\mathbf{u} \cdot \mathbf{v}\,] = [\,\mathbf{u}\,] \cdot [\,\mathbf{v}\,]$ $[\,\mathbf{u} \,/\, \mathbf{v}\,] = [\,\mathbf{u}\,] \,/\, [\,\mathbf{v}\,]$

Merke *Die Einheit eines Produkts ist gleich dem Produkt der Einheiten.*
            Die Einheit eines Quotienten ist gleich dem Quotienten der Einheiten.

Von dieser wichtigen Regel werden wir im nächsten Abschnitt ausgiebigen Gebrauch machen!

Bemerkungen und Ergänzungen

Etwas Schwund ist immer Fehler sind oft nur lästig, aber manchmal auch von einer enormen Brisanz: Eine atomare Wiederaufbereitungsanlage gewinnt Plutonium aus atomarem

Müll. Die hierin enthaltenen und daraus gewonnenen Plutoniummengen werden durch aufwändige Messungen bestimmt. Angenommen, von $M = 30$ Tonnen ($= 30 \cdot 10^3$ kg) fehlen am Ende eines Jahres 30 Kilogramm, so heißen

$$\Delta M = 30\,\text{kg} \ \text{„absoluter Fehler"}, \quad \text{und} \quad \frac{\Delta M}{M} = \frac{30\,\text{kg}}{30 \cdot 10^3\,\text{kg}} \ \text{„relativer Fehler"}.$$

Der griechische Buchstabe Δ („Delta") soll an das lateinische „D wie Differenz" erinnern.

Jeder Fehlertyp hat seine eigene Aussagekraft. Der relative Fehler ergibt hier $0{,}001 = 0{,}1\,\%$. Er liegt folglich weit unter dem als branchenüblich angegebenen Wert von $3\,\%$. Im Vergleich zu anderen Anlagen wäre fabrikationstechnisch gar nichts einzuwenden.

Der absolute Fehler war hier im günstigsten Fall rein messtechnischer Art, was bedeuten würde: es ist überhaupt kein Plutonium abhanden gekommen, obwohl es als fehlend verbucht werden musste. Beunruhigend ist vielmehr ganz allgemein, dass 30 Kilogramm Plutonium (und sogar ein Mehrfaches) fabrikationstechnisch als unbedeutend gelten, obwohl sie zum Bau von 7 bis 8 Atombomben ausreichend wären! Es fiele zumindest rechnerisch nicht auf, wenn eine Menge dieser Größenordnung tatsächlich abhanden käme, oder sich in Wasser oder Luft auflösen würde. Das ist natürlich eine Frage des Sicherheitsstandards, doch gerade in dieser Hinsicht hatte die betreffende Anlage Sellafield (früher: Windscale) keinen besonders guten Ruf. Der zitierte „Buchungsfehler" stammt übrigens aus dem Jahre 2004, doch betrifft die geschilderte Problematik jederzeit auch viele andere technische Anlagen und Labors.

Absolut und relativ Dieser Abschnitt ist für all diejenigen, die es ganz genau wissen wollen. Das wird natürlich etwas mühsam, aber wir wollen die beiden unterschiedlichen Regeln für signifikante Stellen bei Addition/Subtraktion und Multiplikation/Division hier doch einmal genauer erläutern. Für das eine ist nämlich der absolute Fehler maßgebend, für das andere der relative Fehler (wir rechnen mit Vorzeichen, um Abschätzungen mit Beträgen zu vermeiden). Sie können diese Rechnungen aber auch überschlagen und bei Definition 1.5 weiterlesen.

Ist $\breve{a} = 2{,}67$ („a–tschech") durch Runden des exakten Wertes a entstanden, so gelten in diesem Falle sicherlich folgende Abschätzungen für a und $\breve{a}$:

$$2{,}665 \leq a \leq 2{,}675 \quad \text{d.h.} \quad 2{,}67 - 0{,}005 \leq a \leq 2{,}67 + 0{,}005$$

und folglich $\breve{a} - 0{,}5 \cdot 10^{-2} \leq a \leq \breve{a} + 0{,}5 \cdot 10^{-2}$, also auch:

$$a = \breve{a} + \Delta a, \quad \text{mit} \quad -0{,}5 \cdot 10^{-2} \leq \Delta a \leq +0{,}5 \cdot 10^{-2}.$$

Wir nennen hier Δa den absoluten Fehler der Näherung $\breve{a}$. In diesem Beispiel hat $\breve{a}$ zwei signifikante Stellen hinter dem Komma, und in diesem Fall liegt Δa offensichtlich immer zwischen $\pm 0{,}5 \cdot 10^{-2}$ (Hunderstel). Und allgemein hat der absolute Fehler die Größenordnung der letzten signifikanten Stelle von $\breve{a}$.

Für die Addition/Subtraktion zweier Werte $x = \breve{x} + \Delta x$ und $y = \breve{y} + \Delta y$ folgt nun:

$$(\mathbf{1.2}) \qquad x \pm y = (\breve{x} + \Delta x) \pm (\breve{y} + \Delta y) = \breve{x} \pm \breve{y} \ + \ \Delta x \pm \Delta y$$

Besitzt zum Beispiel $\breve{x}$ nur zwei signifikante Stellen hinter dem Komma, $\breve{y}$ aber deren drei, so kann Δx in der Größenordnung von einem Hunderstel liegen, Δy dagegen nur bei einem Tausendstel. Der absolute Fehler $\Delta x \pm \Delta y$ von $\breve{x} \pm \breve{y}$ ist bereits von der gleichen Größenordnung wie beim Summanden mit den wenigsten signifikanten Stellen nach dem Komma! Es wäre also falsch, bei der Darstellung von $\breve{x} + \breve{y}$ mehr Stellen nach dem Komma zu notieren – dies würde eine höhere Genauigkeit vortäuschen als garantiert werden kann! Das erklärt die Regel auf S.6 (oben).

Merke *Entscheidend bei der Addition und Subtraktion sind die absoluten Fehler!*

Die Diskussion der Multiplikation wird durchsichtiger mit folgender Schreibweise:

$$a = \breve{a} + \Delta a = \breve{a} \cdot \left(1 + \tfrac{\Delta a}{\breve{a}}\right), \quad \tfrac{\Delta a}{\breve{a}} \text{ der relative Fehler von } \breve{a}.$$

Für die Multiplikation von $x = \breve{x} + \Delta x$ und $y = \breve{y} + \Delta y$ folgt hiernach:

$$x \cdot y = \breve{x} \cdot \left(1 + \tfrac{\Delta x}{\breve{x}}\right) \cdot \breve{y} \cdot \left(1 + \tfrac{\Delta y}{\breve{y}}\right) = \breve{x} \cdot \breve{y} \cdot \left(1 + \tfrac{\Delta x}{\breve{x}} + \tfrac{\Delta y}{\breve{y}} + \tfrac{\Delta x}{\breve{x}} \cdot \tfrac{\Delta y}{\breve{y}}\right)$$

Der letzte Term $\tfrac{\Delta x}{\breve{x}} \cdot \tfrac{\Delta y}{\breve{y}}$ ist als Produkt zweier sehr kleiner Größen vergleichsweise gering, (vergleichen Sie zum Beispiel die Summe von $\tfrac{\Delta x}{\breve{x}} = 0{,}001$ und $\tfrac{\Delta y}{\breve{y}} = 0{,}002$ mit dem Produkt dieser beiden Größen). Es gilt also in guter Näherung ($\approx$):

$$(1.3) \qquad\qquad x \cdot y \approx \breve{x} \cdot \breve{y} \cdot \left(1 + \tfrac{\Delta x}{\breve{x}} + \tfrac{\Delta y}{\breve{y}}\right)$$

Sie erkennen, dass sich bei der Multiplikation die relativen Fehler addieren. Den größten Einfluss hat der Faktor mit dem größten relativen Fehler.

Die Abschätzungen für den relativen Fehler von beispielsweise

$$\breve{a} = 2{,}67 \qquad \breve{c} = 0{,}267 \qquad \breve{e} = 26{,}7$$

sind aber in allen drei Fällen gleich groß:

$$\frac{\pm\,0{,}5 \cdot 10^{-2}}{2{,}67} = \frac{\pm\,0{,}5 \cdot 10^{-3}}{0{,}267} = \frac{\pm\,0{,}5 \cdot 10^{-1}}{26{,}7} \qquad (= \pm\,0{,}187\ldots \cdot 10^{-2})$$

Entscheidend ist demnach die *Anzahl aller* signifikanten Stellen (nicht die Anzahl der signifikanten Stellen nach dem Komma). Und je geringer diese Anzahl, desto größer der mögliche relative Fehler. Der Faktor mit der geringsten Anzahl signifikanter Stellen entscheidet also über den möglichen relativen Fehler des Produkts und dementsprechend auch über die sinnvolle Anzahl signifikanter Stellen des Produkts. Vergleichen Sie die Regel auf S.6 (unten). Diese Regel gilt auch für die Division, doch ist das etwas schwieriger zu zeigen. Nützlich ist hierfür die „geometrische Reihe"

$$\frac{1}{1+q} = 1 - q + q^2 - q^3 + \ldots \approx 1 - q, \qquad \text{(für kleine Werte von } q\text{)}.$$

(Testen Sie doch diese Abschätzung, z.B. für q $= 0{,}001$, und auch für q $= -\,0{,}001$).
Hieraus folgt für den Quotienten:

$$\frac{x}{y} = x \cdot \frac{1}{y} = \breve{x} \cdot \left(1 + \tfrac{\Delta x}{\breve{x}}\right) \cdot \frac{1}{\breve{y}\left(1 + \tfrac{\Delta y}{\breve{y}}\right)} \approx \frac{\breve{x}}{\breve{y}} \cdot \left(1 + \tfrac{\Delta x}{\breve{x}}\right) \cdot \left(1 - \tfrac{\Delta y}{\breve{y}}\right)$$

Da wir Produkte von relativen Fehlern wieder vernachlässigen können, erhalten wir im Falle der Division schließlich:

$$(1.4) \qquad\qquad \frac{x}{y} \approx \frac{\breve{x}}{\breve{y}} \cdot \left(1 + \tfrac{\Delta x}{\breve{x}} - \tfrac{\Delta y}{\breve{y}}\right)$$

Übrigens macht das Minuszeichen hier zwischen den relativen Fehlern den möglichen Fehler für den Quotienten nicht unbedingt kleiner, da die relativen Fehler auch unterschiedliches Vorzeichen aufweisen können. Wir erkennen nun auch hier: Über den relativen Fehler des Quotienten $\breve{x}/\breve{y}$ entscheidet der größte relative Fehler der beiden Zahlen $\breve{x}$ und $\breve{y}$, also die Zahl mit der geringsten Anzahl signifikanter Stellen. Es wäre wiederum falsch, nun bei der Darstellung von $\breve{x}/\breve{y}$ eine höhere Anzahl signifikanter Stellen zu wählen, was nur eine Genauigkeit vortäuschen würde, die nicht garantiert werden kann.

Merke *Entscheidend bei der Multiplikation und Division sind die relativen Fehler!*

In der Praxis werden Fehler meistens in Betragsstriche gesetzt. Zur Wiederholung kurz ein Zahlenbeispiel: Es ist $|\,0{,}031\,| = |-0{,}031\,| = 0{,}031$. Hiermit lautet die übliche

1.5 Definition Ist $\breve{x}$ („x–tschech") ein Näherungswert für den exakten Wert x, so heißt

$$\Delta x = |x - \breve{x}| \text{ der } \textit{absolute Fehler}, \text{ und } \frac{\Delta x}{|x|} \text{ der } \textit{relative Fehler} \text{ von } \breve{x}.$$

Der relative Fehler hat keine Einheit und wird gerne in Prozent ausgedrückt, ein Beispiel: Sei $\breve{x} = 11{,}08\,\text{m}$ die Entfernung des Elfmeterpunktes mit $x = 11{,}00\,\text{m}$. Und $\breve{y} = 109{,}92\,\text{m}$ sei die Länge des Spielfeldes, geplant waren $y = 110{,}00\,\text{m}$. Das ergibt:

$$\Delta x = \Delta y = 0{,}08\,\text{m}, \quad \frac{\Delta x}{|x|} = 0{,}7\,\%, \quad \frac{\Delta y}{|y|} = 0{,}07\,\%. \quad \text{(Anstelle } \frac{\Delta x}{|x|} \text{ kann auch } \frac{\Delta x}{|\breve{x}|}$$

benutzt werden, das sollte aber vermerkt sein, auch wenn der Unterschied unerheblich ist.)

Beispiel: Angenommen der relative Fehler beim Abfüllen einer $500\,\text{g}$ Packung Kaffeebohnen liege maximal bei $1\,\%$. Dann beträgt der absolute Fehler Δx maximal $1\,\%$ von $500\,\text{g}$,

$$\frac{\Delta x}{|x|} = 1\,\% \quad \Leftrightarrow \quad \Delta x = 1\,\% \cdot |x|,$$

also Δx höchstens $5\,\text{g}$! Der Inhalt liegt zwischen $505\,\text{g}$ und $495\,\text{g}$, kurz: $x = 500\,\text{g} \pm 5\,\text{g}$.

Mogelpackung – Webersches Gesetz Könnten Sie zwei Packungen Zucker unterscheiden, wenn die eine genau $1000\,\text{g}$ enthält, die Mogelpackung in der anderen Hand aber nur $950\,\text{g}$? Der Physiologe E.H. Weber fand 1834, dass sich größere Gewichte um einen größeren Betrag unterscheiden müssen als kleinere. Entscheidend ist nicht der absolute Unterschied, sondern der relative. Sie können gerade noch einen Gewichtsunterschied $\Delta\mathbf{G}$ von $5\,\%$ erkennen, d.h.

$$\Delta\mathbf{G} = 0{,}05 \cdot \mathbf{G} \quad \text{oder} \quad \frac{\Delta\mathbf{G}}{\mathbf{G}} = 0{,}05 \qquad \text{(konstant)}$$

Konkret müsste dann ein Gewicht von $\mathbf{G}{=}20\,\text{g}$ um $\Delta\mathbf{G}{=}1\,\text{g}$ anwachsen oder sich verringern, um als Änderung erkannt zu werden, bei $100\,\text{g}$ wären es entsprechend $5\,\text{g}$.

Unterscheidet sich ein Geräusch von einem anderen nur durch die Intensität, so muss der *relative Unterschied* in diesem Falle zirka $15\,\%$ betragen. Für jede Sinnesempfindung gibt es einen großen Bereich, in dem die *relative Änderung der Reizstärke* $\frac{\Delta\mathbf{R}}{\mathbf{R}}$ konstant sein muss, um als unterschiedlich erkannt zu werden:

$$\frac{\Delta\mathbf{R}}{\mathbf{R}} = c \qquad \text{(Webersches Gesetz)}$$

Zurück zu Messfehlern! Eine praktisch wichtige Folgerung von 1.3 und 1.4 ist die

Merkregel:

Im ungünstigsten Fall addieren sich bei Multiplikation und Division die relativen Fehler!

Das gilt zumindest in guter Näherung und dient oft als Abschätzung des maximalen Fehlers im ungünstigsten Fall, auch 'Größtfehler' genannt. Beispiel:

Zur Berechnung der kinetischen Energie $\mathbf{E} = \frac{1}{2}\,\mathbf{m}\,\mathbf{v}^2$ konnte die Masse $\mathbf{m}$ mit einer Genauigkeit von $2\,\%$ bestimmt werden, die Geschwindigkeit $\mathbf{v}$ nur mit 4%. Der Faktor $\frac{1}{2}$ ist und bleibt natürlich exakt, ohne Fehler. Wegen $\mathbf{E} = \frac{1}{2} \cdot \mathbf{m} \cdot \mathbf{v} \cdot \mathbf{v}$ erhalten wir als Abschätzung für den relativen Fehler von $\mathbf{E}$ einfach die Summe der relativen Fehler dieser Faktoren:

$$\frac{\Delta\mathbf{E}}{\mathbf{E}} = 0{,}00 + 0{,}02 + 0{,}04 + 0{,}04 = 0{,}10 = 10\,\% \qquad \text{(Größtfehler)}$$

Und entsprechend gilt auch in guter Näherung:

Ändern Sie die Masse eines Fahrzeugs um höchstens $2\,\%$ und seine Geschwindigkeit um höchstens $4\,\%$, so ändert sich seine kinetische Energie um höchstens $10\,\%$.

Ein Blick zurück ...

- Ein Messwert ist das Produkt aus Maßzahl und Maßeinheit.
- Die Anzahl der signifikanten Stellen charakterisiert die Genauigkeit.
- Voranstehende Nullen sind keine signifikanten Stellen und durch wissenschaftliche Schreibweise vermeidbar. Das gilt ebenso für nachstehende, nicht signifikante Stellen.
- Die Regeln über signifikante Stellen für Summe und Differenz einerseits sowie über Produkt und Quotient andererseits sind verschieden.
- Eine maßgebliche Rolle spielen absoluter und relativer Fehler.

Aufgaben

1. Vertrauen Sie blind jedem einfachen Taschenrechner? Dann rechnen Sie mal los:
   $x = 9 \cdot 10\,864^4 - 18\,817^4 + 2 \cdot 18\,817^2$,   (exakt ist $x = 1$),
   $y = 10^9 \cdot (12^{10} + 2^4 \cdot 10^{-6} - 144^5)$,   (exakt ist $y = 16\,000$).
   (Hinweis: Notieren Sie die Zwischenergebnisse und rechnen Sie hiermit schriftlich).

2. Ein alter Händler benutzt eine noch ältere Balken-waage, deren Arme leider nicht genau gleich lang sind. In unserem Beispiel sind es sogar 1,25 m und 1 m. Der Händler verwendet folgenden Trick: Verlangt z.b. ein Kunde 10 Kilo Kartoffeln, so wiegt er mit der rechten Seite zunächst 5 Kilo aus (indem er ein 5 Kilo–Gewicht auf die rechte Waagschale legt, die Ware auf die linke) – und dann noch einmal, aber umgekehrt. Gleicht sich der Fehler aus, oder bleibt ein einseitiger Vorteil zugunsten des Händlers oder des Kunden?
   Hinweis Gleichgewichtsregel: *Kraft mal Kraftarm(länge) = Last mal Lastarm(länge)*.

3. Sie fahren mit Ihrem Fahrrad durchschnittlich 20 km/h, so dass Sie für eine Strecke von 50 km, hin und zurück, insgesamt 5 Stunden benötigen. Heute haben Sie zunächst Rückenwind, was Ihre Geschwindigkeit auf der Hinfahrt um 5 km/h erhöht, aber zurück um 5 km/h erniedrigt. Gleicht sich dies insgesamt aus?

4. Vera läuft heute die lange Strecke zur Uni zu Fuß mit 5 km/h. Alle 9 Minuten kommt ihr die Straßenbahnlinie Eins entgegen. Laut Fahrplan fährt diese Linie aber alle 10 Minuten, und das bekanntermaßen pünktlich! Wie ist das möglich?

5. Die ursprüngliche Seitenlänge der Cheops–Pyramide wird auf $a = 230{,}3$ m geschätzt, die Höhe auf $h = 146{,}6$ m (heute noch ca. 225 m und 139 m). Bestimmen Sie das Verhältnis $\frac{a}{h}$ mit der entsprechenden Anzahl signifikanter Stellen. Vergleichen Sie das Ergebnis mit dem Zahlenwert $\frac{\pi}{2}$, mit der gleichen Stellenanzahl notiert! (Zufall?)

6. Das Volumen eines Körpers wurde mit 37,3 cm^3 gemessen, die Masse mit 48,1 g. Bestimmen Sie die Dichte (spezifisches Gewicht) des Materials in g/cm^3 mit der entsprechenden Anzahl signifikanter Stellen!

7. Runden Sie die Ergebnisse auf die entsprechende Anzahl signifikanter Stellen:
$a = 12{,}4 + 0{,}25648$; $b = 12{,}4 - 0{,}25648$; $c = 7 + 3{,}26$; $d = 3{,}26 - 3$;
$e = 3{,}5 - \pi$; $f = 1{,}8 + 3{,}247 - 0{,}00009$; $g = 25 \cdot 3{,}256$; $h = 0{,}25 \cdot 3{,}256$;
$i = 0{,}0025 \cdot 3{,}256$; $j = 2{,}5 \cdot 10^{-3} \cdot 3{,}256$; $k = 0{,}20 \cdot 0{,}00368$; $m = 3{,}456 \cdot 9{,}81$;
$n = 3{,}456 \cdot 1{,}62$; $p = 0{,}25 / 3{,}256$; $q = 0{,}0025 / 3{,}256$; $r = 2{,}5 \cdot 10^{-3} / 3{,}256$.

8. Sie bestimmen den Umfang eines Kreises durch Multiplikation des Durchmessers mit der Konstanten π. Wenn der Durchmesser exakt 1 m beträgt, wie groß ist dann der Unterschied zwischen ihrem Ergebnis 3,14159 m und dem Ergebnis ihres Freundes von 3,1415927 m. Drücken Sie die Differenz in mm aus!

9. Viele Getränke werden in so genannten „Drittel – Liter" – Flaschen verkauft ($x = \frac{1}{3}$ L). Tatsächlich beträgt der Inhalt aber 0,330 L ($\tilde{x} = 0{,}330$ L). Wie groß ist hier der Fehler (i) absolut, (ii) relativ?

10. Der „Elfmeterpunkt" beim Fußball ist eigentlich ein „12 yard–Punkt". Wie groß ist der absolute Fehler, und wie groß der relative Fehler, wenn Sie diesen Punkt trotzdem in genau 11 Metern Abstand von der Torlinie markieren? (Hinweis: 1 yard = 36 inch = 0,9144 m)

11. Die Einheit 'Meter' war ursprünglich festgelegt worden als der zehnmillionste Teil des (Längen-) Kreises, der den Nordpol mit dem Äquator verbindet, und durch Paris verläuft. Welchen Umfang hat also die Erdkugel an der beschriebenen Stelle, und wie groß ist der entsprechende Radius (alles in km)?

12. Der Erdradius längs des Äquators wird mit 6 378,1 km angegeben. Der Grieche Eratosthenes ermittelte 240 v.Chr. einen Wert von rund 7 055 km, der Araber Abu Reyhan Biruni im Jahre 1023 einen Wert von 6 339,6 km. Bestimmen Sie in beiden Fällen den absoluten und den relativen Fehler.

13. Wenn $\mathbf{V} = 1000$ mL Wasser von $0°$ gefriert, entstehen rund 1091 mL Eis. Bestimmen Sie die relative Volumenänderung $\frac{\Delta \mathbf{V}}{\mathbf{V}}$ (in Prozent).

14. (i) Der Mensch besteht aus ungefähr Hunderttausend Milliarden Zellen! Notieren Sie diese Anzahl als Zehnerpotenz.
(ii) Schreiben Sie den Zahlenwert a = 0,00000633·10^{-4} ein wenig 'vernünftiger'!

15. (i) Das Vermögen von 1,42 Milliarden Euro einer Bundesstiftung wurde um 58 Millionen erhöht, wie hoch ist es jetzt? (ii) Die Ruhemasse eines Neutrons wird mit $\mathbf{m}_n = 1{,}67493 \cdot 10^{-24}$ g angegeben. Warum ist das rechnerisch ausreichend, um in ein Proton mit $\mathbf{m}_p = 1{,}67262 \cdot 10^{-24}$ g und ein Elektron mit $\mathbf{m}_e = 9{,}10939 \cdot 10^{-28}$ g zu zerfallen? (Dieser sog. β–Zerfall wurde 1896 beim Uranerz entdeckt).

16. Die Anzahl der Moleküle in der Luft beträgt ca. 25·10^{24} Moleküle pro Kubikmeter! Bei bestem Vakuum im Labor sind es noch 25 Billionen Moleküle pro Kubikmeter, im Weltraum zwischen den Planeten unseres Sonnensystems nur noch 10 Millionen. Wie viele Teilchen sind das jeweils pro Kubikzentimeter?

17. Geben Sie Zahlenbeispiele mit mehreren Stellen hinter dem Komma, die gerundet den Wert 12 ergeben. Beschreiben Sie die obere und untere Grenze dieser Werte! Analog mit dem gerundeten Ergebnis 0,012.

18. Geben Sie $\frac{1}{6} = 0,166666666\ldots$ mit ein, zwei, drei, vier, fünf, sechs, sieben Stellen hinter dem Komma an, letzte Stelle jeweils gerundet! Analog für $a = 3,14996453\ldots$.

19. Gegeben $u = 5,84 \cdot 10^{19}$, $v = 7,3 \cdot 10^{16}$, $w = 7,3 \cdot 10^{-16}$ (letzte Stelle jeweils gerundet). Bestimmen Sie, mit der entsprechenden Anzahl signifikanter Stellen: $u \cdot v$, $\frac{u}{v}$, $u \cdot w$, $\frac{u}{w}$, $v \cdot w$, $\frac{v}{w}$, $u + v$, $v + w$. (Rechenregeln für Potenzen unten auf S. 169).

20. (i) Wenn Sie in der Nähe des Äquators sind, wie groß ist dann ungefähr Ihre Geschwindigkeit aufgrund der Drehung der Erde um ihre Achse? Vergleichen Sie mit der Schallgeschwindigkeit von rund 1200 km/h.
    (ii) Die Länge der Umlaufbahn eines Satelliten wurde mit $43,22 \cdot 10^3$ km bestimmt, die Bahngeschwindigkeit mit 7,63 km pro Sekunde. Bestimmen Sie die Umlaufszeit des Satelliten in Sekunden, in Minuten, sowie in Stunden, (jeweils mit der entsprechenden Anzahl signifikanter Stellen)!

21. Runden Sie folgende Prozenteinteilung auf ganze Prozentpunkte: $a = 20,4\%$, $b = 31,3\%$, $c = 26,3\%$, $d = 19,4\%$, $e = 1,3\%$, $f = 1,3\%$. Was fällt Ihnen zum Ergebnis insgesamt auf?

22. π lässt sich *nicht* exakt durch einen Bruch darstellen. Bestimmen Sie die absoluten Fehler folgender Näherungen $\check{\pi}$:
$$\frac{22}{7}, \quad \frac{223}{71}; \quad \frac{196\,350}{62\,500}, \quad \frac{196\,349}{62\,500}; \quad \frac{3927}{1250}, \quad \frac{355}{113}.$$
Skizzieren Sie diese Zahlenwerte und den exakten Wert π auf einer geeignet groß gezeichneten Zahlengeraden!

23. Wasser erreicht seine größte Dichte **d** exakt bei einer eindeutig bestimmten Temperatur **t**! Was bedeutet also die scheinbar ungenaue Angabe: Bei $3,983 \pm 0,000\,67$ Grad Celsius hat Wasser seine größte Dichte von $0,999\,974\,950 \pm 0,000\,84$ g/cm^3?

24. Das Produkt $1 \cdot 2 \cdot 3 \cdot \ldots n$ aller natürlichen Zahlen von 1 bis n bezeichnet man abkürzend mit n! (gesprochen „n–Fakultät"), beispielsweise $5! = 1 \cdot 2 \cdot 3 \cdot 4 \cdot 5 = 120$.
    Als Näherung für $x = $ n! dient der Ausdruck $\check{x} = \sqrt{2\pi n} \cdot \left(\frac{n}{e}\right)^n$, (Stirlingsche Formel). ($e = 2,71828\,1828\ldots$ wird auch 'Eulersche Zahl' genannt).
    Bestimmen Sie den absoluten Fehler im Falle (i) $n = 5$, (ii) $n = 10$, (iii) $n = 30$. Und bestimmen Sie auch den relativen Fehler (in Prozent)! Vermutung für das Fehlerverhalten bei größeren Werten von n?

25. Sie messen als Zeitdauer eines Absorptionsvorganges $\check{t} = 0,75\,\text{ps} = 0,75 \cdot 10^{-12}\,\text{s}$. Der absolute Fehler einer Messung beträgt maximal $\Delta t = 150\,\text{fs} = 150 \cdot 10^{-15}\,\text{s}$. (Angabe des Geräteherstellers). Wie groß ist demnach der relative Fehler $\frac{\Delta x}{\check{x}}$ ihrer Messung höchstens (Angabe in Prozent)? (Potenzrechenregeln unten auf S. 169).

26. Gemäß FIFA muß die Länge eines Fußballfeldes zwischen 100 m und 110 m liegen, die Breite zwischen 64 m und 73 m. Wie groß ist die *Fläche* maximal und minimal, und wie groß sind absolute und relative Abweichung vom Mittelwert der beiden Extrema?

27. Bei der Volumenberechnung einer Kugel $\mathbf{V} = \frac{4}{3}\pi \cdot \mathbf{r}^3$ konnte der Radius mit einem relativen Fehler $\dfrac{\Delta \mathbf{r}}{\mathbf{r}}$ von maximal 2 % bestimmt werden. Welcher Größtfehler $\dfrac{\Delta \mathbf{V}}{\mathbf{V}}$ folgt für das Volumen? Anders ausgedrückt: Verändert man den Radius einer Kugel um 2 %, um wie viel verändert sich dann ungefähr ihr Volumen?

1 b) Das Internationale Einheiten–System (SI)

SI–Basiseinheiten: Die glorreichen Sieben

Die „Generalkonferenz für Maß und Gewicht" sorgt seit 1889 regelmäßig für eine Anpassung der Einheitendefinition an den technischen Fortschritt. Im Jahre 1960 führte dies zu einer neuen Gesamtregelung mit der Bezeichnung Système International d'Unités:

(1.6)	SI–Basisgröße	SI–Basiseinheit	Symbol
	Länge	Meter	m
	Masse	Kilogramm	kg
	Zeit	Sekunde	s
	Temperatur	Kelvin	K (nicht °K)
	Stromstärke	Ampere	A
	Lichtstärke	Candela	cd
	Stoffmenge	Mol	mol

Die Auswahl von 7 Messgrößen und Maßeinheiten hat natürlich keinerlei zahlenmystische, sondern historische und pragmatische Gründe. Die Basisgrößen sind unabhängig voneinander, und alle übrigen Grössen lassen sich aus ihnen ableiten.

Folklore Die SI–Einheiten wurden auch in den USA übernommen, doch gelten dort weiterhin parallel die historisch anmutenden alten Systeme: Maße wie etwa „inch, pound, pint, . . . sind offiziell gültig, erinnern aber eher an amerikanische Folklore. Wählen wir als Beispiel die Unze (oz):
Es entspricht 1 ounce (oz) im Avoirdupois–System 28,35 Gramm, aber 1 ounce im Troy–System (tr oz) 31,10 Gramm, in diesem Fall als Maßeinheit in der Schmuckindustrie für Edelmetalle und Edelsteine (in der Pharmazie ist jedoch das Apothecaries–System anzuwenden)! Nicht zu vergessen 1 fluid ounce (fl oz) entsprechend 29,57 Milliliter.
Und erst einmal die vielen abgeleiteten Einheiten! Noch relativ einfach: Ein *Square yard* gleich 1296 *Square inch*, usw. Allerdings werden Gedächtnis und Rechenfertigkeit trainiert!
Beim Landemanöver der amerikanischen Marssonde „Climate Orbiter" arbeiteten zwei Kontrollteams mit unterschiedlichen Maßsystemen, das eine Team benutzte das metrische System, das andere verwendete Einheiten wie Inches und Fuß. Die Sonde ging dadurch verloren. Man sieht, Folklore kann auch teuer sein!

Präzision Die genaue Messung und Definition der SI–Einheiten ist Sache der Experimentalphysik, wobei die erreichbaren Genauigkeiten immer erstaunlicher werden. Zum Beispiel beträgt die Lichtgeschwindigkeit (im Vakuum):

$$c = 299\,792\,458 \quad \text{Meter pro Sekunde.}$$

Inzwischen wurde umgekehrt ein Meter definiert als 'die Länge der Strecke, die Licht im Vakuum während der Dauer von 1/299 792 458 Sekunden durchläuft'! Zur Definition der Sekunde wurde früher die Länge eines Tages mit 24 mal 3 600 Sekunden festgelegt, doch kann man heute bereits messen, daß die Tageslänge Schwankungen unterliegt und tendenziell größer wird. Als Sekunde definiert man inzwischen die Zeitdauer von 9 192 631 770 Schwingungen der Strahlung des Cäsiumisotops 133. Und das wird wohl nicht die letzte Definition bleiben.

Abgeleitete Größen und Einheiten

Abgeleitete Einheiten nennt man solche, die aus den Basiseinheiten „kohärent" abgeleitet sind, d.h. sie werden einfach nur als formale Potenzprodukte mit dem Faktor 1 gebildet! Eine solche Einheit ist beispielsweise

$$1 \cdot \text{kg} \cdot \text{m}^2 \cdot \text{s}^{-2} = 1 \cdot \text{J} \quad (\text{„Joule"}).$$

$4{,}184 \cdot \text{kg} \cdot \text{m}^2 \cdot \text{s}^{-2} = 1 \cdot \text{cal}$ („Kalorie") und $101\,325 \cdot \text{kg} \cdot \text{m}^{-1} \cdot \text{s}^{-2} = 1 \cdot \text{atm}$ („Atmosphäre") sind also wegen des Faktors 4,184 bzw. 101 325 systemfremde Einheiten! Wir versuchen, ein wenig systematisch vorzugehen. Die Ergebnisse dieser Überlegungen sind in der nachfolgenden Tabelle zusammengefasst:

(**1.7**)   **Einige abgeleitete Messgrößen und Einheiten (SI)**

Abgeleitete Größe	Einheiten-Produkt	Abkürzungen		
Fläche	m^2			
Volumen	m^3			
Geschwindigkeit	$\text{m} \cdot \text{s}^{-1}$			
Beschleunigung	$\text{m} \cdot \text{s}^{-2}$			
Kraft	$\text{kg} \cdot \text{m} \cdot \text{s}^{-2}$		$= \text{N}$	(Newton)
Druck	$\text{kg} \cdot \text{m}^{-1} \cdot \text{s}^{-2}$	$= \text{N}/\text{m}^2 = \text{Pa}$		(Pascal)
Arbeit, Energie, Wärmemenge	$\text{kg} \cdot \text{m}^2 \cdot \text{s}^{-2}$	$= \text{N} \cdot \text{m} = \text{J}$		(Joule)
Leistung	$\text{kg} \cdot \text{m}^2 \cdot \text{s}^{-3}$	$= \text{J}/\text{s} = \text{W}$		(Watt)
Elektrische Spannung	$\text{kg} \cdot \text{m}^2 \cdot \text{s}^{-3} \cdot \text{A}^{-1}$	$= \text{W}/\text{A} = \text{V}$		(Volt)
Elektrischer Widerstand	$\text{kg} \cdot \text{m}^2 \cdot \text{s}^{-3} \cdot \text{A}^{-2}$	$= \text{V}/\text{A} = \Omega$		(Ohm)
Elektrischer Leitwert	$\text{kg}^{-1} \cdot \text{m}^{-2} \cdot \text{s}^3 \cdot \text{A}^2$	$= 1/\Omega = \text{S}$		(Siemens)
Elektrische Ladung	$\text{s} \cdot \text{A}$	$= \text{C}$		(Coulomb)
Elektrische Kapazität	$\text{kg}^{-1} \cdot \text{m}^{-2} \cdot \text{s}^4 \cdot \text{A}^2$	$= \text{C}/\text{V} = \text{F}$		(Farad)
Magnetische Flussdichte	$\text{kg} \cdot \text{s}^{-2} \cdot \text{A}^{-1}$	$= \text{N}/(\text{A} \cdot \text{m}) = \text{T}$		(Tesla)

Beginnen wir also mit dem sogenannten „Buchstabenrechnen":

Fläche, Volumen: Aus der Beziehung Fläche = Länge · Breite folgt gemäß Regel (1.1):

$$[\text{Fläche}] = [\text{Länge}] \cdot [\text{Breite}] = \text{m} \cdot \text{m} = \text{m}^2 \quad (\text{Quadratmeter}).$$

Entsprechend ergibt sich für das Volumen die Einheit m^3 (Kubikmeter).

Geschwindigkeit: Bei konstanter Geschwindigkeit **v** gilt für die zurückgelegte Strecke **s** nach der Zeit **t** die Beziehung **s** = **v** · **t** oder **v** = **s**/**t**. Demnach folgt wieder mit Regel (1.1):

$$[\mathbf{v}] = [\mathbf{s}] / [\mathbf{t}] = \text{m}/\text{s} = \text{m} \cdot \text{s}^{-1}$$

(die letztere Schreibweise $\text{m} \cdot \text{s}^{-1}$ anstelle m/s erspart die Notation mit einem Bruchstrich). Ein guter Läufer mit „100 Metern in 10 Sekunden" hat demnach eine Geschwindigkeit von

$$\frac{100\,\text{m}}{10\,\text{s}} = 10 \, \frac{\text{m}}{\text{s}} = 10 \, \text{m} \cdot \text{s}^{-1} \quad (10 \, \text{„Meter pro Sekunde"}).$$

Das entspricht umgerechnet 36 Stundenkilometer, wobei wir immer konstante Geschwindigkeit vorausgesetzt haben. Bei nichtkonstanten Bedingungen ist **v** zu bestimmen als Grenzwert von $\Delta\mathbf{s} / \Delta\mathbf{t}$, doch ändert das nichts an den Einheiten!

Beschleunigung: Beim Sprung von einem hohen Turm beträgt Ihre Geschwindigkeit im freien Fall nach einer Sekunde etwa 10 Meter pro Sekunde (genauer 9,8 m · s^{-1}). Nach zwei Sekunden wären es ungebremst bereits 20 Meter pro Sekunde, und nach drei Sekunden schon 30 Meter pro Sekunde. Es gilt für die momentane Geschwindigkeit die Beziehung $\mathbf{v} = \mathbf{b} \cdot \mathbf{t}$, bei konstanter Beschleunigung $\mathbf{b}$ und nach der Zeit $\mathbf{t}$. Das bedeutet umgeformt $\mathbf{b} = \mathbf{v}/\mathbf{t}$, allgemein wieder der Grenzwert von $\Delta\mathbf{v}/\Delta\mathbf{t}$. Daraus folgt also für die Einheiten:

$$[\mathbf{b}] = \frac{[\mathbf{v}]}{[\mathbf{t}]} = \frac{\frac{m}{s}}{s} = \frac{m}{s^2} = m \cdot s^{-2}$$

Die Erdbeschleunigung wird meist mit $\mathbf{g}$ bezeichnet und beträgt $\mathbf{g} = 9{,}807$ m · s^{-2}. Ohne Luftwiderstand beträgt die Geschwindigkeit im freien Fall nach drei Sekunden also bereits rund $3 \cdot 9{,}8 = 29{,}4$ Meter pro Sekunde, umgerechnet 106 Stundenkilometer. Erstaunlich, 'in 3 Sekunden von Null auf Hundert'! Natürlich bremst der Luftwiderstand: Regen bringt es auf 20 bis 40 km/h, je nach Größe der Tropfen, Hagel entsprechend 60 – 120 km/h. Fallschirmspringer erreichen ungefähr 200 km/h, Wanderfalken im Sturz nach unten sogar 320 km/h. Der Falke könnte den Fallschirmspringer also mit 120 km/h überholen!

Kraft: Die Kraft ist definiert als Produkt aus Masse mal Beschleunigung, folglich:

$$[\text{Kraft}] = [\text{Masse}] \cdot [\text{Beschleunigung}] = kg \cdot m \cdot s^{-2} = N$$

Wird ein Einheiten-Produkt zu kompliziert, erhält es einen neuen Namen mit eigenem Symbol, hier „N" für „Newton". Ein Körper mit der Masse 1 kg drückt also aufgrund der Erdbeschleunigung von 9,8 m · s^{-2} mit der Gewichtskraft von 9,8 Newton auf seine Unterlage! Bei einer Tafel Schokolade von 100 Gramm sind es 0,98 Newton. Nehmen wir noch die Verpackung dazu, so sind es bei angenommenen 102 Gramm ziemlich genau ein Newton! Die Ariane 5 Rakete erzeugt eine Schubkraft von 11,6 MN (Mega-Newton), Startgewicht der Rakete 790 Tonnen. Das entspricht einer dem Schub entgegengesetzten Kraft von 7,74 MN.

Druck: Mit einer kleinen Nadel können Sie ohne große Kraftanstrengung einen hohen Druck ausüben, denn Druck ist Kraft dividiert durch Fläche. Wir erhalten als Einheit:

$$[\text{Druck}] = [\text{Kraft}] / [\text{Fläche}] = N/m^2 = kg \cdot m \cdot s^{-2} / m^2 = kg \cdot m^{-1} \cdot s^{-2} = Pa$$

Der mittlere Luftdruck der Atmosphäre auf Meereshöhe beträgt ungefähr $1013 \cdot 10^2$ Pa. Die pro Quadratmeter (Beispiel: Fenster) ausgeübte Kraft beträgt folglich $1013 \cdot 10^2$ N. Das entspricht dem Gewicht von 10,337 Tonnen! Ein Zimmerfenster zerbricht aber nicht, weil Innen- und Außendruck immer ungefähr gleich sind. Entsprechendes gilt natürlich auch für den menschlichen Körper. Der Wasserdruck beträgt in 1 m Tiefe bereits $98 \cdot 10^2$ Pa bzw. 1 Tonne pro Quadratmeter. Auch dieser zusätzliche Druck beim Tauchen wird innerlich ausgeglichen (Tiefseefische würden sonst zusammengedrückt).

1 Pascal entspricht der Gewichtskraft von 1 Tafel Schokolade ($\approx$ 102 g) pro Quadrat*meter*. Praktisch vorkommende Werte entsprächen 10 Tafeln pro Quadrat*zentimeter* (= 1 bar), das wären umgerechnet 10^5 = Hunderttausend Tafeln pro Quadrat*meter*:

$$10^5 \text{ Pa} = 10^5 \text{ N/m}^2 = 1 \text{ bar}, \qquad 10^2 \text{ Pa} = 1 \text{ hPa} = 1 \text{ mbar}, \qquad 1013{,}25 \text{ hPa} = 1 \text{ atm}.$$

Die 'technische Atmosphäre at' ist der Druck einer 10 m hohen Wassersäule, beziehungsweise der Druck in einer Wassertiefe von 10 m. Das ergibt den Wert: 980,7 hPa = 1 at. 1 bar = 1 000 hPa liegt also zwischen 1 at und dem atmosphärischen Luftdruck 1 atm.

Arbeit: Aus der Beziehung Arbeit = Kraft · Weg ergibt sich gemäß (1.1):

$$[\text{Arbeit}] = N \cdot m = kg \cdot m \cdot s^{-2} \cdot m = kg \cdot m^2 \cdot s^{-2} = J$$

mit J für Joule (gesprochen „Dschuhl"). Heben Sie 1 kg, entsprechend einer Gewichtskraft von 9,8 N, um 1 m nach oben, so sind das also 9,8 J. Und falls Sie eine Masse von 75 kg, vielleicht ihre eigene, um 100 Meter nach oben bewegen, so sind das $75 \text{ kg} \cdot 9{,}8 \frac{m}{s^2} \cdot 100 \text{ m}$ gleich 73 500 Joule. Diese Energiemenge in Wärme umgewandelt, zum Beispiel mit Ihrem Heimtrainer, reicht gerade mal aus, um einen Becher Wasser zum Kochen zu bringen.

Leistung: Aus Leistung gleich Arbeit durch Zeit folgt nun:

$$[\text{Leistung}] = J / s = kg \cdot m^2 \cdot s^{-2}/s = kg \cdot m^2 \cdot s^{-3} = W$$

Um beim vorigen Beispiel zu bleiben: Was glauben Sie, wie lange Sie benötigen, um die 100 m nach oben zu kommen, etwa in einem Turm? Möglicherweise schaffen Sie am Anfang mehrere Stufen gleichzeitig, also insgesamt vielleicht einen Meter pro Sekunde? Dann sind das bei 75 kg Körpergewicht $75 \text{ kg} \cdot 9{,}807 \frac{m}{s^2} \cdot 1 \frac{m}{s}$ gleich 735,5 J pro Sekunde, also 735,5 W. Das entspricht exakt einer Leistung von 1 PS (nicht mehr gebräuchliche Einheit „Pferdestärke"). Das halten Sie nicht lange durch – kein Mensch kann „arbeiten wie ein Pferd"! Kurzzeitig erreicht ein trainierter Mensch durchaus 1500 W, die Dauerleistung liegt aber nur bei 80 bis 100 W. Und ein Pferd schafft zumindest kurzzeitig auch einmal 20 PS. Das menschliche Herz hält mit einer Leistung von etwa 2 W den gesamten Blutkreislauf in Gang!

Elektrische Größen: Die Leistung **L** in einem Stromkreis errechnet sich als Produkt aus Spannung **U** und Stromstärke **I**. Wir leiten daraus ab: $[\mathbf{U}] = [\mathbf{L}]/[\mathbf{I}] = W/A = W \cdot A^{-1} = V$. Einsetzen des bereits bekannten Einheiten-Produkts für W ergibt das in der Tabelle angegebene Ergebnis. Bei einem Wasserkocher mit einer Leistung von 735 Watt und einer Netzspannung von 230 Volt beträgt die Stromstärke rund 3,2 Ampere. Der Zitteraal erzeugt eine Spannung von etwa 900 V bei einer Stromstärke bis zu einem Ampere! Die Einheit für den elektrischen Widerstand **R** folgt aus der Beziehung $\mathbf{U} = \mathbf{I} \cdot \mathbf{R}$. Und der Leitwert ist nur der reziproke Wert des Widerstandes. Die elektrische Stromstärke **I** ergibt sich auch als Quotient aus der elektrischen Ladung **Q** (Strommenge) und der Zeit **t**: $\mathbf{I} = \mathbf{Q}/\mathbf{t}$, (Ladung pro Zeit). Hieraus läßt sich dann die Beziehung $[\mathbf{Q}] = [\mathbf{t}] \cdot [\mathbf{I}] = s \cdot A = C$ ableiten. Und schließlich ist die gespeicherte Ladung **Q** eines elektrischen Kondensators gleich dem Produkt aus Kapazität und Spannung **U**, folglich: $[\text{Kapazität}] = [\mathbf{Q}]/[\mathbf{U}] = C/V = F$.

Vorsilben für dezimale Vielfache und Bruchteile

Beispiele Sind Einheiten für bestimmte Anwendungen zu groß oder zu klein, so geht man einfach zu dezimalen Vielfachen oder Bruchteilen über. Zum Beispiel ist ein Zentimeter der hunderste Teil eines Meters:

$$\text{Zentimeter} = cm = 10^{-2} \cdot m = \frac{1}{100} m$$

Die Vorsilbe „Zenti", abkürzendes Symbol „c", steht immer für den Faktor 10^{-2} gleich $\frac{1}{100}$, also für den hundertsten Teil. Die wichtigsten Vorsilben ('Präfixe') und Symbole sind in der nachfolgenden Tabelle 1.8 zusammengefasst.

Gemäß dieser Tabelle ist hPa die Abkürzung für $10^2 \cdot$ Pa (Hektopascal), pF für $10^{-12} \cdot$ F (Pikofarad), nm für $10^{-9} \cdot$ m (Nanometer). Der mittlere Luftdruck auf Meereshöhe beträgt:

$$1013 \cdot 10^2 \text{ Pa (Pascal)} = 1013 \text{ hPa (Hektopascal)} = 101{,}3 \text{ kPa (Kilopascal)}$$

Der Durchmesser eines Atomkerns liegt in der Größenordnung von einem Femtometer. Der Durchmesser eines gesamten Atoms beträgt dagegen 100 bis 400 Pikometer und ist somit mehr als 100 000 mal größer als der Kern. Wäre der Kern ein Zentimeter groß, so befänden sich die umgebenden Elektronen in einem Abstand von 0,5 bis 2 Kilometer vom Kern.

(1.8)   **Vorsilben und entsprechende Symbole und Faktoren**
              für dezimale Vielfache und Bruchteile von Einheiten

Vorsilbe	Symbol	Faktor	Vorsilbe	Symbol	Faktor
deka	da	10^1	dezi	d	10^{-1}
hekto	h	10^2	zenti	c	10^{-2}
kilo	k	10^3	milli	m	10^{-3}
mega	M	10^6	mikro	μ	10^{-6}
giga	G	10^9	nano	n	10^{-9}
tera	T	10^{12}	piko	p	10^{-12}
peta	P	10^{15}	femto	f	10^{-15}
exa	E	10^{18}	atto	a	10^{-18}
zetta	Z	10^{21}	zepto	z	10^{-21}
yotta	Y	10^{24}	yokto	y	10^{-24}

Die Abkürzungen „da, h, k" und „d, c, m" folgen zunächst in Zehnerschritten, die weiteren in Tausenderschritten. Bei den Vielfachen handelt es sich übrigens um griechische, bei den Bruchteilen um lateinische Bezeichnungen.

Regeln Vorsilben oder ihre Symbole werden von der zugehörigen Einheit *nicht* durch Leerzeichen getrennt: mV bedeutet Millivolt, m V steht für m · V (Meter mal Volt). Wird der Punkt für die Multiplikation weggelassen, muss offensichtlich ein Leerzeichen stehen bleiben! Jeder Einheit darf nur eine einzige Vorsilbe bzw. nur ein einziges Symbol voranstehen! Beispielsweise muss ein Millimillivolt beziehungsweise mmV natürlich als Mikrovolt beziehungsweise μV notiert werden! *

Vorsicht bei Potenzen von Einheiten: Genau wie etwa $10^2 \cdot$ Pa mit hPa (Hektopascal) abgekürzt werden darf, ist entsprechend für $10^{-2} \cdot$ Pa die Schreibweise cPa (Zentipascal) zulässig – dementsprechend für $10^{-2} \cdot$ m² auch cm² (Zentiquadratmeter)? Hier wäre eine andere Schreibweise wie z.B. c(m²) erforderlich, um eine Verwechslung mit „Quadratzentimeter" zu vermeiden. Bei Potenzen von Einheiten mit Vorsilbe ist also Sorgfalt geboten! Ohne Klammern um m², also bei der Schreibweise cm², gilt die Potenz auch für die Vorsilbe:

$$cm^2 = (cm)^2 = \text{Quadrat eines Zentimeters.}$$

Merke *Eine Potenz gilt vereinbarungsgemäß auch stets für die Vorsilbe!*

Das ist leider verwirrend und unlogisch, weil die Vorsilbe eigentlich einem Zahlenfaktor entspricht. Im Falle der Zahlenrechnung gilt nämlich, beispielsweise für die dritte Potenz:

$$ca^3 \neq (ca)^3 = c^3 a^3.$$

Was bei Einheiten vereinbarte Regel, wäre bei Zahlen ein grober Fehler! Vorsilbe mit Einheit wird stets wie eine neue Einheit behandelt, auf die sich die Potenz im Ganzen bezieht, Beispiele:

$$cm^3 = (cm)^3 = (10^{-2} \cdot m)^3 = 10^{-6} \cdot m^3 \neq \mu m^3,$$
$$\mu m^3 = (\mu m)^3 = (10^{-6} \cdot m)^3 = 10^{-18} \cdot m^3 \neq am^3.$$

Für $10^{-6}\,m^3 = $ ein millionstel Kubikmeter wäre die Abkürzung $1\,\mu(m^3)$ (Mikrokubikmeter) völlig ungebräuchlich. Viel einfacher ist zum Beispiel nach obiger Rechnung, diesmal von rechts nach links gelesen, das Ergebnis der ersten Zeile: $10^{-6}\,m^3 = 1\,cm^3$ (Kubikzentimeter).

---

*Keine(!) Einheit ist „der Par_a_meter", Betonung bitte wie bei „Par_a_bel", aber mit kurzem a!

Ebenso lässt sich ein Zentiquadratmeter vermeiden durch die Umformung:

$$c(m^2) = 10^{-2} \, m^2 = (10^{-1} \, m)^2 = (dm)^2 = dm^2 \text{ (Quadratdezimeter)}.$$

Bei solchen Umrechnungen müssen die Klammerregeln für Zahlen und Vorsilben beide gleichzeitig angewandt werden. Über Anfängerfehler sollte sich also niemand wundern. Zur Übung noch eine kleine Aufgabe. Rechnen Sie 1 Million Kubikmikrometer um in Kubikmillimeter:

$$1\,000\,000 \cdot \mu m^3 = 10^6 \cdot (\mu m)^3 = 10^6 \cdot (10^{-6} \cdot m)^3 = 10^6 \cdot 10^{-18} \cdot m^3 = 10^{-12} \cdot m^3 =$$
$$= 10^{-12} \cdot (10^3 mm)^3 = 10^{-12} \cdot (10^3)^3 \cdot (mm)^3 = 10^{-3} \cdot mm^3 = 0{,}001 \, mm^3.$$

Gilt für die Einheit einer Größe $\mathbf{x}$ zum Beispiel $[\mathbf{x}] = \frac{m}{s}$, so sagt man korrekt: „$\mathbf{x}$ hat die *Dimension* einer Geschwindigkeit", und etwas nachlässig, „$\mathbf{x}$ hat die Dimension $\frac{m}{s}$ ".

Konsequentes Kürzen und Umrechnen

Kürzen Müssen Sie Einheiten links und rechts einer Gleichung miteinander vergleichen, oder Ausdrücke vereinfachen, dann ist „konsequentes Kürzen" oft ein gutes Mittel. Hierfür sollten Sie zusammengesetzte Einheiten in Basiseinheiten ausdrücken. Anschließend lässt sich das Ergebnis immer noch zweckmäßig wieder umformen:

$$J{\cdot}S/A = \underbrace{kg \cdot m^2 \cdot s^{-2}}_{\text{Joule}} \cdot \underbrace{kg^{-1} \cdot m^{-2} \cdot s^3 \cdot A^2}_{\text{Siemens}} /A = s \cdot A = C.$$

Nicht immer ist das Ergebnis auf den ersten Blick verständlich. Hierzu zwei Beispiele:

4 mm Regen Sie verteilen mit Hilfe einer Beregnungsanlage $0{,}5 \, m^3$ Wasser auf einer Rasenfläche von $125 \, m^2$. Das sind umgerechnet pro Qudratmeter:

$$\frac{0{,}5 \, m^3}{125 \, m^2} = \frac{0{,}5 \cdot 1000 \, dm^3}{125 \, m^2} = \frac{500}{125} \cdot \frac{dm^3}{m^2} = 4 \, \frac{L}{m^2}$$

also 4 Liter pro Quadratmeter. Konsequentes Kürzen ergibt stattdessen:

$$\frac{0{,}5 \, m^3}{125 \, m^2} = \frac{0{,}5}{125} \cdot \frac{m^3}{m^2} = 0{,}004 \cdot m = 0{,}004 \cdot 1000 \cdot mm = 4 \, mm$$

Die Umrechnung in mm ist nicht notwendig, aber praktisch. Die beiden Ergebnisse bedeuten nun aber auch $4 \, mm = 4 \, \frac{L}{m^2}$, oder umgeformt,

$$1 \, m^2 \cdot 4 \, mm = 4 \, L$$

Interpretation: $4 \, mm$ hoch Wasser auf einer Fläche von einem Quadratmeter ergäbe ein Volumen von 4 Litern. Auch in der Meteorologie wird die Niederschlagsmenge gerne in Längeneinheiten angegeben, obwohl noch niemand einen 4 mm langen Regen gesehen hat!

0,04 mm² Kraftstoffverbrauch In den USA wird der Verbrauch von flüssigen Kraftstoffen in der Einheit MPG („miles per gallon") gemessen. In Deutschland ist die übliche Einheit „Liter pro $100 \, km$". Hätten Sie zum Beispiel einen Verbrauch von 52 Litern auf einer Strecke von 1300 Kilometern gemessen, so wären das durchschnittlich:

$$\frac{52 \, L}{1300 \, km} = \frac{52 \, L}{13 \cdot 100 \, km} = \frac{52}{13} \cdot \frac{L}{100 \, km} = 4 \, \frac{L}{100 \, km}$$

also 4 Liter pro 100 Kilometer. Andererseits ergäbe konsequentes Kürzen:

$$\frac{52 \, L}{1300 \, km} = \frac{52 \cdot 10^{-3} \cdot m^3}{1300 \cdot 10^3 \cdot m} = 4 \cdot 10^{-8} \cdot m^2 = 4 \cdot 10^{-2} \cdot mm^2 = 0{,}04 \, mm^2$$

Das bedeutet wiederum $0{,}04 \, mm^2 = \frac{4 \, L}{100 \, km}$, und umgeformt:

$$0,04\,\text{mm}^2 \cdot 100\,\text{km} \; = \; 4\,\text{L}$$

Interpretation: Eine „Benzinschnur" mit einem Querschnitt von $0,04\,\text{mm}^2$ und einer Länge von 100 km hätte ein Volumen von 4 Litern. Es ist die Bezinmenge, die der Motor während der Fahrt verbraucht! Bei einer Fahrstrecke von nur 1 km hätte der Faden ein Volumen von nur $0,04\,\text{L}$. Der *Querschnitt* wäre aber immer $0,04\,\text{mm}^2$, unabhängig von der Strecke! Merkwürdig aber völlig korrekt: „Wie viel Quadratmillimeter verbraucht dein Auto?"

Einheitenprobe Gleichungen können nur sinnvoll sein, wenn auf beiden Seiten auch gleiche Einheiten stehen. Das ermöglicht eine schnelle Negativ–Probe für eine aufgestellte Gleichung: Stimmt es schon bei den Einheiten nicht, kann auch die gesamte Gleichung nicht stimmen. Hierzu ein einfaches Beispiel. Die Beziehung zwischen den drei Größen Druck **p**, Volumen **V** und Temperatur **T** eines Gases

$$\mathbf{p} \cdot \mathbf{V} = \mathbf{T} \quad \text{ist in dieser Form sicherlich falsch,}$$

denn links $[\mathbf{p}] \cdot [\mathbf{V}] = \text{N} \cdot \text{m}^{-2} \cdot \text{m}^3 = \text{kg} \cdot \text{m}^2 \cdot \text{s}^{-2} = \text{J}$ (Joule) und rechts $[\mathbf{T}] = \text{K}$ (Kelvin) sind offensichtlich verschieden! Man sollte diesen Vorteil nutzen und grundsätzlich *Größengleichungen* schreiben. Sind diese korrekt, so entstehen daraus nach Kürzen der Einheiten die entsprechenden *Zahlengleichungen* für die Maßzahlen! Betrachten wir zum Beispiel die korrekte Beziehung für die kinetische Energie

$$\mathbf{E} = \tfrac{1}{2}\,\mathbf{m} \cdot \mathbf{v}^2$$

Bei einer Masse eines Fahrzeugs von beispielsweise $\mathbf{m} = 1000\,\text{kg}$ und einer Geschwindigkeit von $\mathbf{v} = 20$ m/s erhalten wir

$$\tfrac{1}{2}\,\mathbf{m} \cdot \mathbf{v}^2 = \tfrac{1}{2} \cdot 1000\,\text{kg} \cdot (20 \cdot \tfrac{\text{m}}{\text{s}})^2 = 500\,\text{kg} \cdot 400 \cdot \tfrac{\text{m}^2}{\text{s}^2} = 200 \cdot 10^3\,\text{kg}\,\tfrac{\text{m}^2}{\text{s}^2} = 200 \cdot 10^3\,\text{J}$$

Da die linke Seite **E** der vorigen Gleichung natürlich ebenfalls die Einheit Joule besitzt, ist daran auch nichts auszusetzen. Bei einer korrekten Gleichung lassen sich immer links und rechts die Einheiten kürzen! Notieren wir allgemein $\mathbf{E} = \text{E} \cdot \text{J}$, $\mathbf{m} = \text{M} \cdot \text{kg}$, und $\mathbf{v} = \text{v} \cdot \tfrac{\text{m}}{\text{s}}$:

$$\underbrace{\mathbf{E} = \frac{1}{2}\,\mathbf{m} \cdot \mathbf{v}^2} \qquad \underbrace{\text{E} \cdot \text{J} = \frac{1}{2}\,\text{M} \cdot \text{v}^2 \cdot \text{kg}\,\frac{\text{m}^2}{\text{s}^2}} \qquad \underbrace{\text{E} = \frac{1}{2}\,\text{M} \cdot \text{v}^2}$$

Die Größengleichung   ergibt nach Kürzen der Einheiten   die Zahlengleichung

Merke *Eine korrekte Größengleichung liefert nach Kürzen der Einheiten eine Zahlengleichung (für die Maßzahlen der betreffenden Größen). Und diese Vorgehensweise ist auch umkehrbar!*

Eine klarer Pluspunkt für die normierten SI–Einheiten, denn Zahlengleichungen benötigen wir auch zur Veranschaulichung in einem Koordinatensystem. Natürlich gibt es manchmal Gründe, andere Einheiten zu wählen. Dann ändert sich die Zahlengleichung entsprechend durch

Umrechnen – wie hätten Sie's denn gern? Ganz gleich ob veraltet, zulässige SI–Einheit oder nicht, die Umrechnung in eine andere Einheit ist recht einfach. Es genügt, die hierbei auftretenden Einheiten durch das entsprechende Vielfache der anderen zu ersetzen. Wählen wir als Beispiel das Umrechnen der Geschwindigkeit **v** von Meter pro Sekunde in Kilometer pro Stunde. Libellen erreichen Geschwindigkeiten von ungefähr

54 Kilometer pro Stunde, rechnen Sie um in Meter pro Sekunde!

Wir ersetzen einen Kilometer durch $10^3 \cdot \text{m}$, und eine Stunde h durch $60 \cdot 60\,\text{s} = 3,6 \cdot 10^3 \cdot \text{s}$:

$$54 \text{ km} \cdot \text{h}^{-1} = 54 \cdot \frac{\text{km}}{\text{h}} = 54 \cdot \frac{10^3 \cdot \text{m}}{3,6 \cdot 10^3 \cdot \text{s}} = \frac{54}{3,6} \cdot \frac{\text{m}}{\text{s}} = 15 \text{ m} \cdot \text{s}^{-1}$$

Zur Umrechnung von 15 Meter pro Sekunde in Kilometer pro Stunde ersetzen wir umgekehrt, einen Meter m durch $10^{-3} \cdot$km, und eine Sekunde s durch $\frac{1}{3600} \cdot \text{h} = \frac{1}{3,6 \cdot 10^3} \cdot \text{h} = \frac{1}{3,6} \cdot 10^{-3} \cdot \text{h}$:

$$15 \text{ m} \cdot \text{s}^{-1} = 15 \cdot \frac{\text{m}}{\text{s}} = 15 \cdot \frac{10^{-3} \cdot \text{km}}{\frac{1}{3,6} \cdot 10^{-3} \cdot \text{h}} = 15 \cdot 3,6 \cdot \frac{\text{km}}{\text{h}} = 54 \text{ km} \cdot \text{h}^{-1}$$

Wir erhalten natürlich in beiden Fällen das Ergebnis:

$$15 \cdot \frac{\text{m}}{\text{s}} = 54 \cdot \frac{\text{km}}{\text{h}}$$

Nicht viel anders ist folgende Vorgehensweise: Notieren wir die Maßzahl von **v** für die SI–Einheit m/s einfach mit v, für die Einheit km/h dagegen mit $v_{km/h}$. Das Produkt ergibt in beiden Fällen die Geschwindigkeit **v**. Wir dürfen also gleichsetzen:

$$v \cdot \frac{\text{m}}{\text{s}} = v_{km/h} \cdot \frac{\text{km}}{\text{h}}$$

Wir folgern daraus, ausführlich notiert:

$$\frac{v}{v_{km/h}} = \frac{\text{km}}{\text{h}} / \frac{\text{m}}{\text{s}} = \frac{\text{km}}{\text{h}} \cdot \frac{\text{s}}{\text{m}} = \frac{\text{km}}{\text{m}} \cdot \frac{\text{s}}{\text{h}} = \frac{1000 \, \text{m}}{\text{m}} \cdot \frac{\text{s}}{3600 \, \text{s}} = \frac{1000}{1} \cdot \frac{1}{3600} = \frac{1}{3,6}$$

Ergebnis $\qquad v = \dfrac{1}{3,6} \cdot v_{km/h}$ und umgekehrt $\qquad v_{km/h} = 3,6 \cdot v$

Bei $v_{km/h} = 900$ Stundenkilometern im Flugzeug rasen Sie mit $v = \frac{1}{3,6} \cdot 900 = 250$ Metern pro Sekunde durch die Luft. Und die Libelle mit v = 15 Metern pro Sekunde erreicht hiermit $v_{km/h} = 3,6 \cdot 15 = 54$ Stundenkilometer.

Rechnen wir auch einmal die Energie in andere Einheiten um, von Joule J zum Beispiel in Kilojoule kJ, in Kilokalorien kcal, und in Kilowattstunden kWh. Der erste Fall ist natürlich am einfachsten, denn der Ansatz $E \cdot J = E_{kJ} \cdot kJ$ liefert sofort: $E/E_{kJ} = kJ/J = 10^3$. Hierbei bezeichne wieder E die Maßzahl für die SI–Einheit Joule, und E_{kJ} die Maßzahl für die Einheit Kilojoule. Im zweiten Fall beachte man nur die Umrechnung 1 cal $= 4{,}184$ J, und ganz zuletzt nutzen wir die Beziehung $J = W \cdot s$. Machen wir auch hier wieder analog den Ansatz: $E \cdot J = E_{kcal} \cdot kcal$ bzw. $E \cdot J = E_{kWh} \cdot kWh$. Wir folgern entsprechend:

$$\frac{E}{E_{kcal}} = \frac{kcal}{J} = \frac{10^3 \cdot 4{,}184 \, J}{J} = 4{,}184 \cdot 10^3 \qquad \frac{E}{E_{kWh}} = \frac{kWh}{J} = \frac{10^3 \cdot W \cdot 3600 \, s}{W \cdot s} = 3{,}6 \cdot 10^6$$

Merke *Der Quotient der Maßzahlen ist gleich dem reziproken Quotienten der Maßeinheiten.*

Lösen wir jeweils nach $E = E_J$ auf, so folgt zusammenfassend als

Ergebnis $\qquad E = 10^3 \cdot E_{kJ} = 4{,}184 \cdot 10^3 \cdot E_{kcal} = 3{,}6 \cdot 10^6 \cdot E_{kWh}$

Wir könnten hieran zum Beispiel auch ablesen, dass

$$\frac{E_{kcal}}{E_{kWh}} = \frac{3{,}6 \cdot 10^6}{4{,}184 \cdot 10^3} = 860{,}4. \text{ Und wegen } \frac{E_{kcal}}{E_{kWh}} = \frac{kWh}{kcal} \text{ gilt auch } \frac{kWh}{kcal} = 860{,}4$$

(beachten Sie obige Merkregel), folglich auch 1 kWh $= 860{,}4$ kcal. Doch nun endlich zur

Veranschaulichung An der x–Achse einer Skizze können Sie sicherlich zeigen, wie viel 1 Zentimeter ist oder 1 Dezimeter, aber nicht wie viel 1 Sekunde oder 1 Kelvin ist, oder 1 Newton, und auch nicht wirklich 1 Meter oder gar 1 Kilometer! An der x–Achse werden also nur Maßzahlen angetragen und keine einheitenbehaftete Größen, und es werden Zahlengleichungen aber keine Größengleichungen dargestellt.

Wählen wir als Beispiel die Zahlengleichung $E = \frac{1}{2} M \cdot v^2$ der kinetischen Energie, für den konkreten Fall eines Fahrzeugs von einer Tonne, also $M = 1000$. Ersetzen wir links die Maßzahl E für Joule wie bereits umgerechnet durch $10^3 \cdot E_{kJ}$, lässt sich auf beiden Seiten der Faktor 1000 kürzen, und wir erhalten für diesen Fall die einfache Beziehung $E_{kJ} = \frac{1}{2} v^2$. Hierbei ist v aber immer noch die Maßzahl für die Geschwindigkeit in der SI–Einheit m/s. Praktisch interessant wäre es aber beispielsweise auch, v gemäß $v = \frac{1}{3,6} \cdot v_{km/h}$ zu ersetzen, und E durch $E = 4{,}184 \cdot 10^3 E_{kcal}$. Aus $E = \frac{1}{2} M \cdot v^2$ folgt auf diese Weise:

$$4{,}184 \cdot 10^3 E_{kcal} = \frac{1}{2} \cdot 1000 \cdot \left(\frac{1}{3,6} \cdot v_{km/h}\right)^2 \;\Rightarrow\; E_{kcal} = \frac{v_{km/h}^2}{2 \cdot 4{,}184 \cdot 3{,}6^2} \;\Rightarrow\; E_{kcal} = \frac{v_{km/h}^2}{108{,}45}$$

Ebenso können wir die linke Seite durch $E = 3{,}6 \cdot 10^6 E_{kWh}$ ersetzen. Fassen wir zusammen:

Die kinetische Energie eines Fahrzeugs mit der Gesamtmasse von 1000 Kilogramm beträgt, als Funktion der Geschwindigkeit $\mathbf{v} = v$ Meter pro Sekunde bzw. $v_{km/h}$ Kilometer pro Stunde:

$$(i) \quad E_{kJ} = \frac{1}{2} v^2 \qquad (ii) \quad E_{kcal} = \frac{v_{km/h}^2}{108{,}45} \qquad (iii) \quad E_{kWh} = \frac{v_{km/h}^2}{93\,312}$$

Bis auf die Skalierung der Koordinatenachsen ändert sich durch diese Umrechnungen nichts am eigentlichen Kurvenverlauf, also der charakteristischen Beziehung zwischen Geschwindigkeit und kinetischer Energie. Zu den Bezeichnungen an *Abszisse* ('x–Achse') und *Ordinate* ('y–Achse') kommen wir später. Zunächst ein wenig zur Auswertung dieser Ergebnisse.

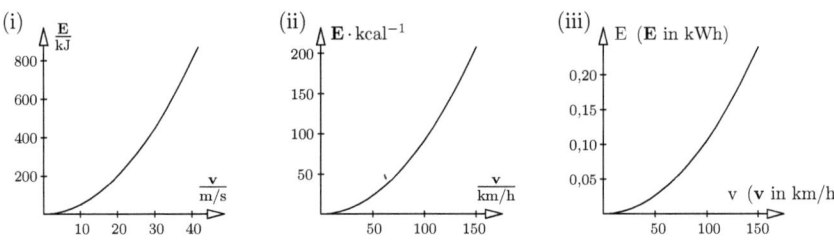

Tea–Time Ersetzen wir im zweiten Ausdruck den Nenner 108,45 näherungsweise durch 100, lässt er sich durch einen einprägsamen Näherungsausdruck ersetzen, nämlich:

$$E_{kcal} \approx \left(\frac{v_{km/h}}{10}\right)^2$$

Nun können wir leicht abschätzen: Im Stadtverkehr mit 50 km/h rund $\left(\frac{50}{10}\right)^2 = 25$ Kilokalorien, bei 100 km/h auf der Autobahn schon 100 kcal, und 200 kcal bei 140 km/h. Beim Abbremsen wird diese Energie wieder frei. Das würde im Stadtverkehr ausreichen, um 1/4 Liter Wasser zum Kochen zu bringen, und auf der Autobahn würden die 100 kcal bereits ausreichen, um 1 Liter kochendes Wasser zu erzeugen. Das ist schon bemerkenswert: Tea–Time, nur einmal bremsen! Eine elektrische Rückgewinnung ist also vernünftig und auch möglich! Ersetzen wir in Ausdruck (iii) den Wert 93 312 einfach durch $100\,000 = 10 \cdot 10^4$, so erhalten wir in diesem Falle den Näherungsausdruck

$$E_{kWh} \approx 0{,}1 \cdot \left(\tfrac{v_{km/h}}{100}\right)^2$$

Beim Bremsen vor einem Stau auf der Autobahn sind das also bei 100 km/h rund 0,1 kWh an Bremsenergie, und bei 140 km/h schon fast 0,2 kWh. Die Kilowattstunde ist sicherlich hierfür eine recht große Einheit, denn ein Motor mit 50 kW bzw. 68 PS Höchstleistung liefert im Laufe einer ganzen Stunde insgesamt natürlich nur maximal 50 kWh.

Solche Vereinfachungen von Formeln sind oft nützlich, um eine ungefähre Vorstellung von den auftretenden Größenordnungen zu bekommen. Die Annahme von 1000 kg für das Fahrzeug war ja auch nur eine grobe Schätzung.

Bezeichnungen an den Koordinatenachsen Wie schon erwähnt, lassen sich nur Maßzahlen antragen. Durch entsprechende Notationen werden auch die verwendeten Einheiten deutlich. Betrachten wir zunächst als Beispiel die erste Beziehung

$$E_{kJ} = \tfrac{1}{2} \cdot v^2$$

Die Notation $\frac{E}{kJ}$ an der y-Achse ist zunächst verwunderlich, aber völlig korrekt, denn es gilt:

$$\frac{E}{kJ} = \frac{E_{kJ} \cdot kJ}{kJ} = E_{kJ}$$

Die Division einer Größe durch ihre Einheit ergibt die betreffende Maßzahl. Analoges gilt für die Notation der Geschwindigkeit an der x-Achse,

$$\frac{v}{m/s} = \frac{v}{\frac{m}{s}} = \frac{v \cdot \frac{m}{s}}{\frac{m}{s}} = v$$

wobei wieder v die Maßzahl für die Geschwindigkeit in Metern pro Sekunde bezeichnet. Anstelle $\frac{v}{m/s}$ ist natürlich auch die Schreibweise $v \cdot m^{-1} \cdot s$ korrekt und gebräuchlich.

Letztere Schreibweise ist vielleicht gewöhnungsbedürftig, aber auch in Tabellen zu finden: So bedeutet die dimensionslose Zahl 27,2 in einer Spalte unter $S/J \cdot mol^{-1} \cdot K^{-1}$ einfach nur, dass $S/J \cdot mol^{-1} \cdot K^{-1} = 27{,}2$. Folglich beträgt $S = 27{,}2 \, J \cdot mol^{-1} \cdot K^{-1} = \frac{27{,}2 \, J}{mol \cdot K}$. Und anstelle $S/J \cdot mol^{-1} \cdot K^{-1}$ wäre z.B. auch $S \cdot J^{-1} \cdot mol \cdot K$ möglich, was immer S auch bedeuten mag!

Hiermit dürften auch die Bezeichnungen der Achsen in der zweiten Skizze plausibel sein. Prüfen Sie an dieser Skizze noch einmal, warum bei 100 Stundenkilometern als kinetische Energie wirklich 100 kcal abzulesen ist.

Am einfachsten sind natürlich die Bezeichnungen der dritten Skizze, die sofort besagen: Die Maßzahl E an der y-Achse ist für die Energie gemessen in kWh, und die Maßzahl an der x-Achse für die Geschwindigkeit gemessen in Stundenkilometern.

Bemerkungen und Ergänzungen

Veraltete Einheiten Eigentlich nicht mehr anzuwenden sind Einheiten wie zum Beispiel:
Pfund (1 Pfd = 0,5 kg), Zentner (1 Ztr = 50 kg), Kalorie (1 cal = 4,184 J),
Pferdestärke (1 PS = 735,5 W), Kilopond (1 kp = 9,807 N),
Meter Wassersäule (1 m WS = 98,07 hPa), technische Atmosphäre (1 at = 980,7 hPa),
physikalische Atmosphäre (1 atm = 1013,25 hPa = 1013,25 mbar = 760 Torr = 760 mm Hg).

Ausnahmen Auch hier keine Regel ohne Ausnahmen. Einige systemfremde, aber weit verbreitete Einheiten sind weiterhin offiziell zugelassen:
Grad Celsius (°C), Gramm (1 g = 10^{-3} kg), Tonne (1 t = 10^3 kg),
Minute (1 min = 60 s), Stunde (1 h = 60 min), Tag (1 d = 24 h), Jahr (1 a = 3,1557·10^7 s),

Liter ($1\,l = 1\,L = 1\,dm^3 = 10^3\,cm^3 = 10^6\,mm^3$), Bar ($1\,bar = 10^5\,Pa = 1000\,hPa$), Elektronenvolt ($1\,eV = 1{,}60 \cdot 10^{-19}\,J$), Atommasseneinheit ($1\,u = 1{,}66 \cdot 10^{-24}g \stackrel{\wedge}{=} 931{,}5\,MeV$). Weiterhin zulässig ist auch noch die Einheit *Karat* (Kt, auch ct) entsprechend $0{,}200\,g$ als Gewichtseinheit für Edelsteine. Namensgeber war der Carob, in Deutschland bekannter unter dem Namen Johannisbrotbaum, botanisch *Ceratonia* siliqua. Wie die Samen anderer Pflanzen schwankt auch das Gewicht der Carobsamen, nach neueren Untersuchungen um bis zu $25\,\%$. Durch Aussortieren von offensichtlich zu großen oder zu kleinen Samen erzielte man jedoch ein erstaunlich einheitliches Korngewicht von ungefähr $\mathbf{w} = 197 \pm 8\,mg$. Diese Samenkörner wurden daher früher im östlichen Teil des Mittelmeerraumes als Gewichtseinheit benutzt.

Andere Länder und Eponyme Viele SI–Einheiten sind nach Personen benannt (eponym) und werden mit dem Anfangsbuchstaben abgekürzt, immer groß, auch im Englischen. Nach einem abkürzenden Symbol folgt jedoch niemals ein Punkt, es sei denn am Satzende. Es gibt im Deutschen auch keine Mehrzahl von eponymen Einheiten, man notiert also 2 N = 2 Newton. Im englischsprachigen Raum schreibt man hingegen 2 N = 2 newtons. Allerdings gibt es bei den Abkürzungen allgemein auch im Englischen kein „Mehrzahl-s": die Schreibweise m s zum Beispiel könnte sonst mit ms für Millisekunde oder mit m s für m · s (Meter mal Sekunde) verwechselt werden.

Mit Hilfe der festgelegten Vorsilben und Symbole lassen sich manche sprachliche Verwechslungen vermeiden. Was im Deutschen mit „Milliarde" bezeichnet wird, gilt in den USA als „billion" (in Frankreich „milliard" oder „billion"). Und eine deutsche „Billion" gilt in den USA und Frankreich bereits als „trillion". Hingegen ist die Schreibweise mit Giga, G, oder 10^9, beziehungsweise mit Tera, T, oder 10^{12} überall eindeutig!

Ein Blick zurück ...

- Das Système International d'Unités besteht aus 7 SI–Basiseinheiten.

- Weitere SI–Einheiten werden aus den Basisieinheiten als formale Potenzprodukte (und dem Zahlenfaktor 1) abgeleitet.

- Vorsilben als Abkürzung für Zehnerpotenzen erleichtern die Schreibweise.

- Potenzangaben beziehen sich stets auf Einheit und Vorsilbe als Ganzes.

- Eine Größengleichung liefert nach Kürzen der Maßeinheiten eine Gleichung für die Maßzahlen. Diese Vorgehensweise ist umkehrbar.

- Bei Veranschaulichungen im Koordinatensystem sind die entsprechenden Einheiten an den Achsen zu notieren.

Aufgaben

1. In Frankreich wurde nach der Französischen Revolution die Einteilung eines Tages in 24 Stunden abgeschafft und durch 10 >neue Stunden< ersetzt, die neue Stunde zu je 100 >neuen Minuten< mit je 100 >neuen Sekunden<. War nun die neue Sekunde länger oder kürzer als die alte? – Diese Regelung war nicht von langer Dauer. Kein Wunder:

Der Revolutionsrat hatte die >neue Woche< auf 10 Tage festgelegt! Geblieben sind in der Vermessungstechnik 100 gon (>Neugrad<) für einen rechten Winkel, und zum Glück auch die neue, dezimale Unterteilung bei Münz- und Maßsystemen!

2. Ein Fußball muss offiziell zwischen 410 und 450 Gramm auf die Waage bringen. Der Ball erreicht beim Freistoß oder Elfmeter durchaus eine Geschwindigkeit von 120 km/h: Zeigen Sie, dass die kinetische Energie $E = \frac{1}{2}mv^2$ bei einer Masse von $m = 432$ Gramm 240 Joule beträgt und eine 8–Watt Sparlampe nur 30 Sekunden lang leuchten lässt?

3. (i) Sie fahren in einer verkehrsberuhigten Zone mit $v = 36$ km/h, kurz $v_{km/h} = 36$. Rechnen Sie um in Meter pro Sekunde. (ii) Die Reaktionszeit bis zum Bremsen wird mit rund 1 Sekunde angenommen. Wenn Sie mit $v = v_{km/h} \cdot$ km/h fahren, wie groß ist der zurückgelegte Weg s in dieser Zeit, ausgedrückt mit $v_{km/h}$ und der Einheit Meter?

   Zum Vergleich der *Reaktionsweg* gemäß Fahrschule: $s_R = 3 \cdot \left(\frac{v_{km/h}}{10}\right)$ Meter.

4. Sie beschleunigen mit einem Sportwagen auf der Autobahn gleichmäßig mit $b = 3{,}858$ m/s^2. Die Geschwindigkeit nach der Zeit t beträgt bekanntlich $v = b \cdot t$ und die zurückgelegte Strecke $s = \frac{1}{2}b \cdot t^2$. Zeigen Sie, dass Sie $t = 7{,}2$ Sekunden benötigen, bis Sie $v = 100$ km/h erreicht haben, und dass die zurückgelegte Strecke bis zu diesem Zeitpunkt rund $s = 100$ Meter beträgt.

   Lassen Sie den Vorgang gedanklich auch einmal rückwärts laufen: Dann ist die Strecke s der *Bremsweg*, um bei (negativer) Bremsbeschleunigung von $b = 3{,}858$ m/s^2 von anfangs 100 km/h zum Halten zu kommen, und t ist die hierfür benötigte Zeit!

5. Nur für Experten: Entwickeln sie mit den Hinweisen und Angaben der vorigen Aufgabe die seit 1952 benutzte Fahrschulformel für den Bremsweg

   $s_B = \left(\frac{v_{km/h}}{10}\right) \cdot \left(\frac{v_{km/h}}{10}\right)$ Meter. Hinweis: Zeigen Sie zunächst $s_B = \frac{v^2}{2\,b}$

   Anmerkung: Die Bremsbeschleunigung moderner Autos ist inzwischen etwa doppelt so hoch, der reale Wert für den Bremsweg also 'nur' etwa die Hälfte! Das ist immer noch sehr groß, und außerdem kommt der Reaktionsweg s_R von Aufg. 3 (ii) hinzu.

6. Ihr Körper verbraucht beim Schlafen ungefähr eine Kilokalorie pro Minute, beim Lesen oder Fernsehen etwa 1,5 Kilokalorien (angenommenes Körpergewicht ungefähr 65 kg). Bestimmen Sie den Energiebedarf eines Tages bei einer Schlafdauer von 8 Stunden.

7. Die in England und USA heute noch übliche Maßeinheit *mile* kommt vom lateinischen 'milia passuum' und bedeutet 'tausend Doppelschritte'. Die alte römische Meile entsprach 1,481 km, die heutige englische *statute mile* entspricht 1,609 km. Welche Einzelschrittlänge ist jeweils zugrunde gelegt worden?

8. Der Quotient $M = \frac{V}{F}$ von Volumen V durch Oberfläche F heißt 'Massigkeit'. Es wurden folgende Werte gemessen: Spitzmaus: $V = 6$ cm^3, $F = 12$ cm^2, Mensch: $V = 70$ Liter, $F = 1{,}8$ m^2, Elefant: $V = 6{,}0$ m^3, $F = 25$ m^2. Bestimmen und vergleichen Sie deren Massigkeit M (üblicherweise in cm)!

9. Die Lebensdauer einer normalen Glühlampe beträgt etwa 1000 Betriebsstunden. Eine Halogenlampe leuchtet drei mal länger, eine Energiesparlampe sechsmal, und eine Leuchtdiode (LED) sogar 100 mal länger. Rechnen Sie die Anzahl der Betriebsstunden um in Tage (24 Stunden), Monate (30 Tage), Jahre (365 Tage).

10. Eine Windenergie–Anlage mit (i) 70 m Rotorblatt–Durchmesser erreicht ihre Nennleistung von 2,3 Megawatt bei rund 21,5 Umdrehungen pro Minute, eine andere mit (ii) 126 m Durchmesser und 6 Megawatt Leistung bei 12 Umdrehungen pro Minute. Vergleichen Sie die Geschwindigkeit der Rotorblattspitzen (Ergebnis in m/s und km/h).

11. Ein Wasserbecken von 32,76 m³ wird mit 210 l/min gefüllt. Wie viel Zeit ist hierfür erforderlich? Ergebnis in Stunden, als Dezimalzahl ausgedrückt!

12. (i) Wie viel Milligramm sind 1,23 g, wie viel Gramm sind 1,23 kg?
    (ii) Welche Masse müssen Sie an einen Draht hängen, um eine Kraft von 49 Millinewton, kurz 49 mN, auszuüben? (Rechnen Sie mit $g = 9{,}8 \; \text{m} \cdot \sec^{-2}$.)

13. (i) Die Erdbeschleunigung g hat in Braunschweig den Wert $9{,}8124 \; \text{m} \cdot \text{s}^{-2}$, in München sind es nur $9{,}8070 \; \text{m} \cdot \text{s}^{-2}$. Nehmen wir an, ihre Masse betrage momentan genau 80 kg. Wie viel Gramm Fett dürften Sie in München mehr auf die Waage bringen, damit sie dasselbe anzeigt wie in Braunschweig? Es handelt sich natürlich um eine Präzisions - Federwaage! (Am Nordpol bzw. Äquator beträgt $g \approx 9{,}83$ bzw. $9{,}78 \, \text{m} \cdot \text{s}^{-2}$, wegen der Abplattung und Fliehkraft).

    (ii) Nur für Experten: Diskutieren Sie die gleiche Aufgabenstellung, aber mit einer Balkenwaage als Messinstrument, also mit einem Gegengewicht anstelle einer Federkraft.

14. (i) Welche der folgenden Einheiten sind SI–Basiseinheiten, welche 'nur' SI–Einheiten (also Produkt von Basiseinheiten oder mit Vorsilbe)? Und welche Einheiten sind immernoch zulässig, und welche sind eigentlich gar nicht mehr zu verwenden: m, km, cm, m², L, s, ms, min, PS, W, kW, MW, g, μg, t, kg, Kt, J, eV, cal, Pa, bar, atm, V ?
    (ii) Notieren Sie die jeweilige Basis- bzw. Messgröße der angegebenen Einheiten!

15. Wie viel mal schneller ist das Licht im Vergleich zum Schall, wenn wir die Lichtgeschwindigkeit mit rund 300 000 (dreihunderttausend) km/s ansetzen, die Schallgeschwindigkeit mit rund 300 m/s.

16. Schon 100 Millionstel–Gramm Dioxin gelten als tödlich. Rechnen Sie um in Milligramm! Das von der Bakterienart Clostridium botulinum produzierte Botulinustoxin (Butox) ist noch zehntausendmal giftiger. Wie viel Milligramm hiervon sind tödlich? Botulismus ist die schwerwiegendste Art der Nahrungsmittelvergiftung. Durch Erhitzen wird das Toxin zestört.

    Drücken Sie die angegebenen Giftmengen von Dioxin und Butox auch in Gramm mit Zehnerpotenz aus, sowie abgekürzt mit passender Vorsilbe (Symbol)!

17. Der Samen eines Mammutbaumes wiegt 4,7 mg, ein ausgewachsener Baum oft mehr als das 1 000 000 000 000 – fache. Geben Sie die Masse eines Baumes in einer sinnvollen Einheit an.

18. Wo steckt der Fehler in folgender Umrechnung?
    1 € = 100 Cent = 10 Cent · 10 Cent = 0,1 € · 0,1 € = 0,01 € .

19. Der Mensch besitzt ungefähr 100 000 Haare auf dem Kopf. Diese wachsen zusammengerechnet etwa 30 Meter pro Tag! Wie viel wächst ein einzelnes Haar, gemessen in Millimeter pro Tag (mm/d)?

20. Die Maßstabsangabe $1:250\,000$ einer geographischen Karte soll bedeuten: $1\,cm$ auf der Karte entspricht $250\,000\,cm$ in der Realität. Wie viel Kilometer sind das?

21. Neben vielen Stoffen ist auch Gold im Meerwasser enthalten, und zwar rund 14 Tonnen pro Kubik-Kilometer Wasser. Wie viel Gold ist in einem Liter Meerwasser enthalten? Angabe in Gramm, Milligramm, Mikrogramm, sowie Nanogramm (pro Liter).

Auch heute kennt man noch kein lohnendes Verfahren, um solch geringe Mengen herauszufiltern, obwohl immer noch daran gearbeitet wird! Der Chemiker Fritz Haber versuchte dies bereits nach dem ersten Weltkrieg mit dem Ziel, Deutschlands Kriegsschulden zu bezahlen.

22. Jede chemische Substanz enthält pro Mol rund $6,02 \cdot 10^{23}$ Moleküle ('Avogadrosche oder Loschmidtsche Zahl'). Sie verteilen 1 Liter Wasser (rund 55 Mol) gleichmäßig über alle Ozeane der Erde mit einer Gesamtfläche von $3,6 \cdot 10^{8}$ Quadratkilometern und einer mittleren Tiefe von $4,5\ km$. Wie viele Moleküle der ursprünglichen Flüssigkeit würden Sie bei einer Wiederentnahme von 1 Liter Wasser wiederfinden?

Auch unsere Lufthülle wird durch Wind und Wetter gut durchmischt. Mit großer Sicherheit atmen Sie momentan auch einige Luftmoleküle ein, die schon Goethe in seiner Lunge hatte!

23. (i) Nebel ist eine 'aufliegende Wolke' und enthält ungefähr 1 Gramm Wasser pro Kubikmeter. Wieviel Wasser ist in einem Liter Nebel enthalten?

(ii) Aus wie viel Wasser besteht eine Nebelwand von 100 Metern Länge, 100 Metern Breite, und einer Höhe von 100 Metern?

(iii) Angenommen, dieser Nebel schlägt sich morgens als Tau nieder, wieviel Liter Wasser ergibt das pro Quadratmeter?

24. (i) Wie viel Millimeter groß erscheinen Nebeltröpfchen mit einem Durchmesser von $5 \cdot 10^{-5}\,m$ unter einer Lupe mit 10–facher Vergrößerung?

(ii) Wie viel Millimeter groß erscheint ein Bakterium der Größe $1 \times 3\ \mu m$ bei 1000–facher Vergrößerung im Mikroskop?

(iii) Die Wellenlänge des sichtbaren Lichts liegt zwischen rund 400 und 800 nm. Auf Grund der Lichtbeugung sind Objekte kleiner als die halbe Wellenlänge im normalen Lichtmikroskop nicht mehr zu erkennen. Rechnen Sie 200 nm um in μm und in mm.

25. (i) Der Grundumsatz (Energieverbrauch bei körperlicher Ruhe) eines Menschen liegt bei rund $4,0\,kJ$ pro Kilo Körpergewicht und Stunde. Bei einem Körpergewicht von $72\,kg$ sind das also $288\,kJ$ pro Stunde. Letzteres entspricht der Leistung einer Glühbirne mit wie viel Watt?

(ii) Wie groß ist der Energieverbrauch eines Menschen pro Tag bei einem Körpergewicht von $72\,kg$. Rechnen Sie um in Kilokalorien pro Tag.

26. Rechnen Sie die Schallgeschwindigkeit in der Luft von $333,4\ m \cdot s^{-1}$ um in $km \cdot h^{-1}$. Ebenso die viel größere Schallgeschwindigkeit im Wasser von $1485\ m \cdot s^{-1}$.

27. Rechnen Sie kat $= \frac{mol}{s}$ um in U $= \frac{\mu mol}{min}$, und umgekehrt.

28. (i) Kleine Kräfte werden oft noch gern in 'dyn' gemessen, wobei $1\,dyn = 1\,\dfrac{g \cdot cm}{s^{2}}$. Rechnen Sie um in die SI–Einheit 'Newton'! (ii) Zeigen Sie: $J = A \cdot V \cdot s$.

29. Nach Angaben des Wetteramtes fielen letzte Woche insgesamt $21\,\text{mm}$ Niederschlag. Wie viel Wasser pro m^2 bedeutet diese Angabe?

30. (i) Bestimmen Sie den Durchmesser einer Kugel mit einem Volumen von $33{,}5\,\mu\text{L}$.

   (ii) 'Vesikel' (lat. *vesicula* für Bläschen) sind Ein– oder Ausstülpungen der Zellmembran, in deren Höhlräumen sogar Makromoleküle oder größere Partikel in die Zelle eingeschleust oder hinaustransportiert werden können. Der Radius einer solchen Kugel betrage $\text{r} = 2{,}0\,\mu\text{m}$:
   Bestimmen Sie die Oberfläche $\mathbf{F} = 4\pi\,\mathbf{r}^2$ in μm^2, sowie das Volumen $\mathbf{V} = \frac{4}{3}\pi\,\mathbf{r}^3$ in μm^3, und rechnen Sie die Ergebnisse um in die SI–Einheiten m^2 bzw. m^3.

31. Drücken Sie $\text{d}_1 = 230$ pm aus in Nanometer, und $\text{d}_2 = 0{,}140$ nm in Pikometer!

32. (i) Ein Kubikzentimeter Kork, also ein Würfel der Kantenlänge $1\,\text{cm}$, wiegt ungefähr $0{,}2$ Gramm. Sind Sie kräftig genug, einen Kubikmeter Kork, also einen Würfel der Kantenlänge $1\,\text{m}$, hochzuheben? (Zum Vergleich: $1\,\text{cm}^3$ Styropor-Dämmstoff wiegt $0{,}02\,\text{g}$).

   (ii) Rechnen Sie $\frac{\text{g}}{\text{cm}^3}$ um in die SI–Einheit $\frac{\text{kg}}{\text{m}^3}$.

   (iii) Ein Schwarm Wanderheuschrecken bestehe aus 125 Millionen Exemplaren, was durchaus realistisch ist. Jede Heuschrecke verzehrt pro Tag etwa so viel wie das eigene Körpergewicht von 8 Gramm. Wie viel benötigt der ganze Schwarm, in Kilogramm (kg) und Tonnen (t) pro Tag?

33. (i) Vereinfachen Sie: $\text{J}^2 \cdot \text{s} \cdot \text{V}^{-1} \cdot \text{m}^{-1} \cdot \text{kg}^{-1} \cdot \text{A}^{-1} = \text{m}$. (ii) Zeigen Sie, dass die Produkte $\frac{1}{2}\,\varrho \cdot \mathbf{v}^2$ und $\varrho \cdot \mathbf{g} \cdot \mathbf{h}$ die SI–Einheit Pa (Pascal) haben, mit $\mathbf{v}$ für Geschwindigkeit, ϱ Dichte, $\mathbf{g}$ Beschleunigung.

34. Bezeichne $\mathbf{V}$ das Volumen und $\mathbf{p}$ den Druck eines Gases (z.B. Sauerstoff, Stickstoff, Luft). Zeigen Sie: Das Produkt $\mathbf{p} \cdot \mathbf{V}$ hat erstaunlicherweise die Einheit J (Joule) einer Energie und ergibt z.b. für $\mathbf{V} = 1\,\text{Liter}$ Gas bei einem Druck von $\mathbf{p} = 1000$ hPa den Wert $100\,\text{J}$ (≈ 24 cal). Erklärung: Tatsächlich gilt für die Summe der kinetischen Energie aller Teilchen: $\text{E}_{\text{kin}} = \frac{3}{2} \cdot \mathbf{p}\,\mathbf{V} = \frac{3}{2} \cdot \mathbf{R}\,\mathbf{n}\,\mathbf{T}$. Häufig benötigt man aber nur die letzte Gleichung und kürzt den Faktor $\frac{3}{2}$ weg: das Gasgesetz in der üblichen Form!

35. Ihre Weltraumstation beschleunigt angenehm mit $\mathbf{b} = 10\,\text{m} \cdot \text{s}^{-2}$. Bestimmen Sie die Geschwindigkeit $\mathbf{v} = \mathbf{b} \cdot \mathbf{t}$ in km/h, als Funktion der Zeit $\mathbf{t}$ in Minuten.

36. Vergrößert man die Oberfläche $\mathbf{F}$ einer Flüssigkeitsmenge um $\Delta\mathbf{F}$, vergrößert sich auch ihre Oberflächenenergie $\mathbf{E}$ (durch molekulare Anziehungskräfte) um $\Delta\mathbf{E}$. Diese Änderungen sind proportional, $\Delta\mathbf{E} = \sigma \cdot \Delta\mathbf{F}$. Der konstante Faktor σ heißt Oberflächenspannung! Bestimmen Sie deren Dimension in SI–Einheiten (mit der Abkürzung N für $\text{kg} \cdot \text{m} \cdot \text{s}^{-2}$).

37. Bestimmen Sie $\quad \mathbf{d} = \dfrac{\varepsilon_0 \cdot \mathbf{h}^2}{\pi \cdot \mathbf{m}_\text{e} \cdot \mathbf{e}^2} \quad$ Hier bedeuten: $\varepsilon_0 = 8{,}85 \cdot 10^{-12} \text{A} \cdot \text{s} \cdot \text{V}^{-1} \cdot \text{m}^{-1}$ Dielektrizitätskonstante des Vakuums, $\mathbf{h} = 6{,}63 \cdot 10^{-34} \text{V} \cdot \text{A} \cdot \text{s}^2$ Plancksches Wirkungsquantum, $\mathbf{m}_\text{e} = 9{,}11 \cdot 10^{-31}\text{kg}$ Elektronenmasse, $\mathbf{e} = 1{,}60 \cdot 10^{-19} \text{A} \cdot \text{s}$ Elementarladung. Hinweis: Ersetzen Sie zum Schluss die abgeleitete Einheit $\text{V} = \text{kg} \cdot \text{m}^2 \cdot \text{s}^{-3} \cdot \text{A}^{-1}$.

38. Licht ist eine *elektro - magnetische* Strahlung, genau wie Radio- und Funkwellen. Die Lichtgeschwindigkeit $\mathbf{c}$ dieser Strahlen (im Vakuum) läßt sich tatsächlich aus der elektrischen– und magnetischen Feldkonstanten ausrechnen! Prüfen Sie nach:

$$c = \sqrt{\frac{1}{\varepsilon_0 \cdot \mu_0}}$$

mit $\varepsilon_0 = 8{,}854\,187\,817 \cdot 10^{-12}\,\mathrm{A \cdot s \cdot V^{-1} \cdot m^{-1}}$ und $\mu_0 = 4\pi \cdot 10^{-7}\,\mathrm{V \cdot s \cdot A^{-1} \cdot m^{-1}}$
(andere Bezeichnungen für die elektrische Feldkonstante ε_0 sind Dielektrizitätskonstante des Vakuums, Permittivität des Vakuums oder Influenzkonstante; μ_0 heißt auch magnetische Permeabilität oder Induktionskonstante).

39. Bestimmen Sie $a = \dfrac{137{,}521}{4\pi \cdot \varepsilon_0} \cdot \dfrac{e^2}{\hbar \cdot c}$; hierbei bedeutet $\hbar = \frac{h}{2\pi}$ („h quer"). Die Werte der übrigen Größen finden sich in den beiden vorigen Aufgaben.
(Ohne den Faktor 137,521 erhalten Sie die dimensionslose „Feinstrukturkonstante").

40. Die Wärmeleistung der Sonne in unseren Breiten beträgt im Sommer bei senkrechtem Auftreffen ungefähr 0,8 kW pro Quadratmeter. Wie lange würde es exakt mit der Leistung eines Quadratmeters dauern, ein Liter Wasser von 20° C Zimmertemperatur zum Kochen zu bringen? (Rechnen Sie mit 1 kcal pro 1 ° C Temperaturerhöhung).

41. Eine 60 kg schwere Gämse überwindet in einer Minute durchaus 75 m Höhenunterschied, selbst in unwegsamem Gelände. Berechnen und vergleichen Sie diese Leistung mit der alten Einheit PS von rund 735 W = 0,735 kW.

42. Sie fahren mit „Hundert Sachen" eine Bergstraße hoch, sodass Sie 1,5 m pro Sekunde an Höhe gewinnen. Das Fahrzeug wiegt mit Insassen und Gepäck 1,22 t. Wieviel kW beziehungsweise PS an Mehrleistung des Motors, im Vergleich zu einer ebenen Strecke, sind hierfür erforderlich? (Es müssen 1,22 t um 1,5 m pro Sekunde angehoben werden!)

43. (i) Ein Stein der Masse 1 kg fällt aus 2 m Höhe auf den Kopf eines Bauarbeiters. Dieser trägt glücklicherweise einen Schutzhelm, so dass der Stein nach einer Knautschzone von 1 cm gestoppt wird. Welche Kraft wirkt hierbei auf den Helm (wir nehmen an, dass der Stein gleichmäßig abgebremst wird). Welcher Gewichtskraft entspricht das ungefähr? Hinweis: Eine Kraft kann gemäß $\mathbf{A} = \mathbf{K} \cdot \mathbf{s}$ (Kraft mal Strecke) sowohl Arbeit verrichten als auch vernichten!
(ii) Sie fahren mit 36 km/h gegen eine Wand, Knautschzone Ihres Autos 0,5 m. Der wie viel fachen Erdbeschleunigung waren Sie während des Aufpralls ausgesetzt? Anmerkungen: Die Geschwindigkeit vor dem Aufprall beträgt umgerechnet 10 Meter pro Sek., das entspricht einem freien Fall aus rund 5 Metern Höhe, Dauer eine Sekunde.

44. Zeigen Sie: Eine kontrahierende Muskelfaser, die mit einer Kraft von 1 pN ihren Ankerpunkt um 1 nm bewegt, leistet hierbei eine Arbeit von 10^{-21} J. Die betreffende Leistung bei einer Kontraktionszeit von 56 ms beträgt $1{,}8 \cdot 10^{-20}$ W.

45. Durch ein Elektrophorese–Gel fließt ein Strom von 38 mA, bei einer Spannung von 1995 V. Wie groß ist der elektrische Widerstand des Gels, wie groß die Leitfähigkeit?

46. Im Jahre 2006 gelang es Physikern in Berlin, kugelähnliche Blitze zu erzeugen: mit Stromstößen von 60 A bei 5000 V und 0,15 s Dauer, die Elektroden waren in Salzwasser getaucht. Wie hoch war die hierbei aufgewendete Energie?
Würde hierfür auch die Energie eines 'normalen' Blitzes von etwa 40 kWh ausreichen?

47. Die Oberfläche eines roten Blutkörperchens beträgt ca. $1{,}2 \cdot 10^{-10} \, \text{m}^2$. Eine Frau hat davon etwa 5 Millionen pro Kubikmillimeter Blut, und eine Blutmenge von 5 Litern. Zeigen Sie, dass die Gesamtfläche 3 Tausend Quadratmeter beträgt! ($1 \, \text{Liter} = 1 \, \text{dm}^3 = 10^{-3} \, \text{m}^3$).

48. Die roten Blutkörperchen (Erythrozyten) werden im Knochenmark gebildet, und nach zirka einhundertzwanzig Tagen in Milz und Leber wieder abgebaut. Sie legen in dieser Zeit eine Strecke von etwa $1{,}5 \cdot 10^3$ km zurück! Bestimmen Sie die durchschnittliche Geschwindigkeit in Millimeter pro Sekunde.

49. Mikrowellen sind elektromagnetische Strahlen, genau wie Licht, Infrarot, Funkwellen. Sämtliche Mikrowellenherde sind mit einer Frequenz von $\mathbf{f} = 2{,}45$ GHz (1 Gigahertz $= 10^9$ Schwingungen pro Sekunde) auf das Schwingungsverhalten der Wassermoleküle abgestimmt. Nun gilt:

    Anzahl f der Schwingungen pro Sekunde mal Länge einer Schwingung (Wellenlänge $\boldsymbol{\lambda}$) ergibt die Ausbreitungsgeschwindigkeit, also $\mathbf{c} = 3{,}00 \cdot 10^8 \, \frac{\text{m}}{\text{s}}$. Berechnen Sie die Wellenlänge von Mikrowellen!

    Zum Vergleich: Die Wellenlänge von Licht liegt zwischen $0{,}380 \, \mu\text{m}$ (blau) und $0{,}780 \, \mu\text{m}$ (rot). Wärmestrahlung (Infrarot) liegt zwischen $1 \, \mu\text{m}$ bis $1 \, \text{mm}$, die Funkwellen von UKW–Sendern liegen bei zirka $3 \, \text{m}$.

50. (i) Das Steinhuder Meer in der Nähe von Hannover bedeckt eine Fäche von $30 \, \text{km}^2$. Wie viel Quadratmeter sind das?

    (ii) Die Kantenlänge eines Würfels betrage $2{,}0 \, \text{mm}$. Bestimmen Sie die Oberfläche in mm^2 und das Volumen in mm^3, und rechnen Sie die Ergebnisse um in die SI–Einheiten m^2 bzw. m^3.

51. (i) Warum gilt: $\dfrac{\text{J}}{\text{C}} = \text{V}$?   (ii) Zeigen Sie: $\text{F} \cdot \Omega = \text{s}$.

    (iii) Der magnetische Fluss wird gemessen in $\text{V} \cdot \text{S} = \text{Wb}$ (Weber). Bestimmen Sie das zugehörige Produkt aus den SI–Basiseinheiten!

52. Der durch die Oberflächenspannung in einer Seifenblase erzeugte (Über-) Druck beträgt:

    $$\mathbf{p} = \frac{8 \cdot \boldsymbol{\sigma}}{\mathbf{d}}, \quad \mathbf{d} \text{ der Durchmesser,} \quad \boldsymbol{\sigma} = 30 \cdot \frac{\text{mJ}}{\text{m}^2} \text{ die Oberflächenspannung.}$$

    Zeigen Sie für eine Seifenblase der Größe $\mathbf{d} = 2{,}4 \, \text{cm}$, dass dieser Druck 10 Pa beträgt. Wie groß ist der Druck bei einer doppelt so großen Seifenblase?

53. Aus theoretischen Überlegungen folgt für den Luftdruck $\mathbf{p}$ der Atmosphäre, in Abhängigkeit der Höhe $\mathbf{h}$:

    $$\mathbf{p(h)} = \mathbf{p_0} \cdot e^{-\mathbf{c} \cdot \mathbf{h}} \quad \text{mit} \quad \mathbf{c} = \frac{\mathbf{M} \cdot \mathbf{g}}{\mathbf{R} \cdot \mathbf{T}} \qquad \text{(barometrische Höhenformel)}$$

    $\mathbf{p_0}$ = Luftdruck am Erdboden, $\mathbf{M} = 29{,}0 \, \frac{\text{g}}{\text{mol}}$ die Molmasse der Luft, $\mathbf{g} = 9{,}81 \, \frac{\text{m}}{\text{s}^2}$ die Erdbeschleunigung, $\mathbf{R} = 8{,}31 \, \frac{\text{J}}{\text{mol} \cdot \text{K}}$ die ideale Gaskonstante.
    Zeigen Sie, dass sich für $\mathbf{T} = 288 \, \text{K}$ ($15^\circ \, C$) ergibt:

    $$\mathbf{p(h)} = \mathbf{p_0} \cdot e^{-0{,}000119 \cdot \frac{\mathbf{h}}{\text{m}}} = \mathbf{p_0} \cdot e^{-0{,}119 \cdot \mathbf{h_{km}}} \qquad (\mathbf{h} = \text{h}_{\text{km}} \cdot \text{km})$$

1 c) Proportionale Größen (Dreisatz)

Einleitung „Rechnen Sie mit 50 Gramm Reis *pro Portion* . . . !" *Proportionale* Größen begegnen uns im Alltag und in den Naturwissenschaften fast überall – manchmal auch, wo Sie es vielleicht gar nicht vermuten: Sie legen um eine Apfelsine vom Umfang $U = 30$ cm ein straffes Band. Dann geben Sie zehn Meter Band dazu (gestrichelte Linie, Skizze 1.9). Der Abstand beträgt jetzt $a \approx 1{,}6$ m.

Ganz analog denken wir uns um den Äquator der Erde (Umfang 40 000 km) ein straffes Band gespannt. Wir verlängern dann dieses Band ebenfalls um zehn Meter. Wie viel würde hier das Band gleichmäßig abstehen?

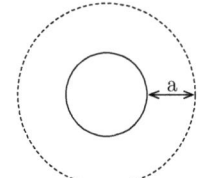

(**1.9**) Umfangparadox: Der Abstand a bei Änderung des Umfangs ist unabhängig von der Ausgangsgröße des Kreises!

Wir werden gleich sehen: Der Abstand beträgt in *beiden* Fällen rund 1,6 m. Sie können die Lösung natürlich schon vorher bestimmen, denn bekanntlich gilt für den Umfang U und Radius r eines Kreises die Beziehung $U = 2\pi r$ beziehungsweise $r = \frac{U}{2\pi}$.

Einführendes Beispiel

Proportional Nehmen wir an, Sie kaufen gerade etwas Obst. Falls Sie doppelt so viel kaufen wie ursprünglich geplant, so verdoppelt sich auch der Preis, und bei der dreifachen Menge würde sich der Preis verdreifachen. Preis P und Menge M sind „proportional" zueinander. Der Quotient „Preis P geteilt durch die Menge M" bleibt dadurch konstant! Folglich gilt, mit einer entsprechenden Konstanten k:

$$\frac{P}{M} = k, \qquad \text{oder umgeformt:} \qquad P = k \cdot M$$

Im Falle von 4,50 € für 1,80 kg gilt also: $k = \dfrac{4,50\ €}{1,80\ \text{kg}} = 2{,}50\ \dfrac{€}{\text{kg}}, \quad P = 2{,}50\ \dfrac{€}{\text{kg}} \cdot M.$

Diese Konstante von '2,50 € pro Kilo' sollte vorschriftsmäßig neben der Ware zu finden sein! Es handelt sich hier natürlich um die ganz einfache Beziehung: Der Gesamtpreis P errechnet sich aus dem konstanten Preis k pro Kilogramm mal der gewünschten Gesamtmenge M in Kilogramm! Und im Grunde handelt es sich im Folgenden auch 'nur um Dreisatzrechnung'. Allerdings werden hierbei im Schulunterricht durch entsprechende methodisch/didaktische Aufbereitung eine ganze Reihe von Schwierigkeiten umgangen, denen wir bei einer wissenschaftlichen Kürze und Prägnanz nicht mehr ausweichen sollten. Zum Beispiel wird beim Dreisatz die Multiplikation oder gar Division von Einheiten vermieden. Die Bezeichnung 'Dreisatzaufgabe' kommt daher, dass bei solchen Aufgabenstellungen immer drei Angaben vorgegeben, in alter Sprechweise 'gesetzt' werden!

Ist eine der beiden Größen gleich Null, dann natürlich auch die andere. Diesen trivialen Fall schließen wir daher im Folgenden aus. Wir können ja nicht durch Null dividieren.

Einheiten Die konstante Größe $k = \frac{P}{M}$ hat die gleiche Einheit wie der Quotient, also hier:

$$[k] = \frac{[P]}{[M]}$$

Ohne Einheit für k würde die Beziehung $P = k \cdot M$ auch gar keinen Sinn ergeben, denn Euro zum Beispiel links als Einheit für P sind kein Vielfaches von Kilogramm rechts! Bei einer Änderung der Einheiten für P und M ändern sich natürlich auch Einheit $[k]$ und Maßzahl k der Konstanten $k = k \cdot [k]$, Beispiel: Umrechnung von Euro pro Kilogramm in Cent pro Stück, wenn 5 Stück ein Kilogramm entsprechen,

$$k = 2,50 \cdot \frac{\text{€}}{\text{kg}} = 2,50 \cdot \frac{100 \text{ Cent}}{5 \text{ Stück}} = \frac{250}{5} \cdot \frac{\text{Cent}}{\text{Stück}} = 50 \cdot \frac{\text{Cent}}{\text{Stück}}$$

Um es noch einmal zu betonen: Der Wert der Größe k, beziehungsweise des Quotienten P/M, ist und bleibt konstant, unabhängig von den hier gewählten Maßeinheiten (auch Ihre Körpergröße ändert sich nicht beim Wechsel der Angabe von Zentimeter zu Inch oder Meter)! Der Wert $k = 2,50$ € pro Kilogramm Obst ist also der gleiche wie $k = 50$ Cent pro Stück, sofern die Umrechnung mit 5 Stück pro Kilogramm und 100 Cent pro Euro korrekt war! Solche Umrechnungen sind auch bei wissenschaftlichen Formeln üblich und nützlich, vergleichen Sie etwa Aufg. 21, S. 42.

Anschaulich Eine Veranschaulichung der Preis/Menge–Beziehung zeigt Abbildung 1.10 a).

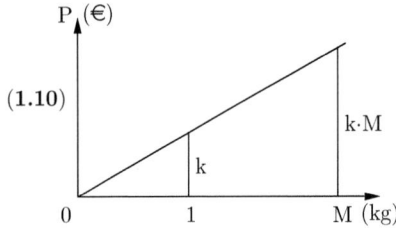

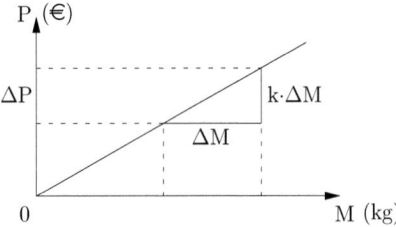

(1.10)

a) Geradensteigung k : $P = k \cdot M$ b) Auch beim Zuwachs: $\Delta P = k \cdot \Delta M$

Hier sind die Zahlenwerte von M auf der horizontalen „Abszissen-Achse" markiert, die zugehörigen Werte von P auf der vertikalen „Ordinaten-Achse". Abkürzend spricht man auch von x- und y-Achse, doch wäre hier M- und P-Achse ebenso gut.

Für $M = 0$ ist auch $P = 0$, für $M = 1$ ergibt sich $P = k$, für $M = 2$ gilt $P = k \cdot 2$, und allgemein beträgt P das k–fache von M. Es handelt sich also bei $P = k \cdot M$ um eine Gerade durch den Nullpunkt, die Steigung beträgt k.

Zuwachs - darf's ein bisschen mehr sein Erhöhen Sie Ihre momentane Einkaufsmenge M spontan um ΔM, so erhöht sich der momentane Einkaufspreis

$$P = k \cdot M$$

entsprechend um

$$\Delta P = k \cdot \Delta M.$$

Was Sie zusätzlich mehr bezahlen müssen, ist proportional zur zusätzlich gekauften Menge, unabhängig von der bereits gekauften Menge! Vergleichen Sie hierzu auch die Skizze 1.10 b.

Diskutieren wir nun die anfangs erwähnte Beziehung

$$r = \frac{1}{2\pi} \cdot U$$

zwischen Radius r und Umfang U eines Kreises. Offensichtlich sind r und U proportional mit dem Proportionalitätsfaktor $k = \frac{1}{2\pi}$. Vergrößern wir U um ΔU, so beträgt der Zuwachs beim Radius entsprechend

$$\Delta r = \frac{1}{2\pi} \cdot \Delta U, \qquad (\frac{1}{2\pi} = 0{,}159).$$

Speziell bei Zunahme von $\Delta U = 10$ Meter ergibt sich also $\Delta r = 0{,}159 \cdot 10\,\text{m} = 1{,}59\,\text{m}$, und bei $\Delta U = 1$ Meter wären es $0{,}159\,\text{m} \approx 16\,\text{cm}$, unabhängig vom Anfangsradius r. (In Skizze 1.9 ist die Radiuszunahme Δr mit a bezeichnet.)

Allgemeine Definition und Dreisatzrechnung

1.11 Definition Zwei Größen u und v heißen *proportional*, Kurzschreibweise $u \sim v$, genau dann, wenn es eine Konstante $k \neq 0$ gibt, so dass gilt: $u = k \cdot v$, umgeformt $\frac{u}{v} = k$. (k heißt auch Proportionalitätskonstante oder Proportionalitätsfaktor).[*]

Es dürfte klar sein, dass sich diese Beziehung wieder durch eine Gerade durch den Nullpunkt veranschaulichen lässt, und dass auch beim Zuwachs der beiden Größen die gleiche Proportionalität besteht. Zunächst zwei weitere Beispiele:

Henry–Dalton–Gesetz Die Löslichkeit von Gasen in Flüssigkeiten ist nicht nur lebensnotwendig für Pflanzen und Tiere, sondern auch für unsere Atmung! Bei vorgegebener Temperatur ist die Konzentration K proportional zum Partialdruck p des Gases, kurz $K = k \cdot p$, k eine vom jeweiligen Gas und Lösungsmittel abhängige Konstante. In Wasser lösen sich bei Zimmertemperatur und einer Atmosphäre Druck ungefähr 30 mL Sauerstoff O_2, aber fast ein Liter CO_2. Der Partialdruck von Sauerstoff in der freien Atmosphäre beträgt nur 20,8 % des Gesamtdruckes, bei CO_2 sogar nur 0,04 %. Gemäß Dalton sind sind es also normalerweise nur etwa 6 mL O_2, die sich in 1 Liter Wasser lösen, aber mit 0,4 mL CO_2 ungefähr genauso viel wie in einem Liter Luft. Eine Druckerniedrigung, zum Beipiel in großen Höhen, erschwert unsere Atmung durch die geringere Sauerstoffversorgung des Blutes.

Mit fallender Temperatur steigt die Löslichkeit, kaltes Wasser der Polarmeere löst mehr Luft. Gase mit sehr großen Löslichkeiten reagieren mit dem Lösungsmittel, zum Beispiel Chlorwasserstoff unter Bildung von Salzsäure, für diese gilt das Henry–Dalton–Gesetz nicht. Beim CO_2 sind es jedoch nur etwa 0,1 % der gelösten CO_2 Moleküle, die mit Wasser reagieren, unter Bildung von Kohlensäure H_2CO_3.

Energie und Masse Bereits 1905 formulierte Einstein die vielleicht berühmteste Proportionalität, die nach ihm benannte Äquivalenzbeziehung zwischen Energie E und Masse m:

$$E = m \cdot c^2$$

Demnach gilt $E \sim m$, der Proportionalitätsfaktor ist hier $k = c^2$.

Es ist selbstverständlich gleichgültig, ob diese Konstante links oder rechts von m steht, denn der Wert eines Produkts ist bekanntlich unabhängig von der Reihenfolge der Faktoren. Überprüfen wir auch noch etwas respektlos, ob links und rechts der Gleichung $E = m \cdot c^2$ wirklich die gleichen Einheiten stehen:

Links offensichtlich $[E] = J$, und rechts $[m] \cdot [c^2] = \text{kg} \cdot \text{m}^2/\text{s}^2 = \text{kg} \cdot \text{m}^2 \cdot \text{s}^{-2} = J$.

---

[*]Üblich ist auch die Kurzschreibweise $u \propto v$, wir bevorzugen aber das symmetrische Zeichen $\sim$.

Im Inneren der Sonne findet unter den dort herrschenden Druck– und Temperaturbedingungen eine Kernfusion statt: aus je vier Wasserstoffkernen ^{1}H wird ein Heliumkern ^{4}He. Anhand einer genauen Tabelle der Atomgewichte können Sie feststellen, dass $1 \cdot {}^4$He aufgrund der Kernbindungsenergie ungefähr 0,7 Prozent leichter ist als $4 \cdot {}^1$H. Da pro Sekunde mehr als 600 Millionen Tonnen Helium gebildet werden, bedeutet das kaum vorstellbare 4,3 Millionen Tonnen Massenverlust pro Sekunde, der gemäß $\mathbf{E} = \mathbf{m} \cdot \mathbf{c}^2$ als Energie freigesetzt wird. Und der zugehörige Proportionalitätsfaktor $\mathbf{k} = \mathbf{c}^2$ ist nun wirklich riesengroß!

Bestimmung von k Nicht immer ist die Konstante $\mathbf{k}$ bekannt. Sie lässt sich aber bereits nach Kenntnis eines einzigen Wertepaares von $\mathbf{u}$ und $\mathbf{v}$ bestimmen. Kennen Sie zum Beispiel den Einkaufspreis $\mathbf{P}$ und die eingekaufte Menge $\mathbf{M}$ einer Ware, so ergibt sich der Wert der Konstanten sofort als $\mathbf{k} = \frac{\mathbf{P}}{\mathbf{M}}$. Leider ist das nicht immer so einfach: Zur Messung der Lichtgeschwindigkeit $\mathbf{c}$ lässt sich natürlich benutzen, dass für die zurückgelegte Strecke $\mathbf{s}$ nach der Zeit $\mathbf{t}$ gilt $\mathbf{c} = \frac{\mathbf{s}}{\mathbf{t}}$. Der konstante Wert $\mathbf{c}$ lässt sich nun wieder bestimmen als Ergebnis einer einmaligen, aber in diesem Falle sehr aufwändigen Messung von $\mathbf{s}$ und $\mathbf{t}$.

Dreisatzrechnung ist sicherlich die am meisten benutzte mathematische Technik des täglichen Lebens. Dennoch treten oft Schwierigkeiten auf, sobald mit etwas ungewohnten Größen wie Stoffmenge, Konzentration und dergleichen gerechnet werden muss. Sie sollten dieses elementare Rechenverfahren deshalb auch ganz allgemein beschreiben können:

Sind zwei Größen $\mathbf{u}$ und $\mathbf{v}$ proportional, so folgt aus der Konstanz des Quotienten $\mathbf{u}/\mathbf{v} = \mathbf{k}$ für jedes konkrete Wertepaar $\mathbf{u_0}$, $\mathbf{v_0}$:

$$\frac{\mathbf{u_0}}{\mathbf{v_0}} = \mathbf{k} \quad \text{und} \quad \frac{\mathbf{u}}{\mathbf{v}} = \mathbf{k}, \quad \text{folglich} \quad \frac{\mathbf{u_0}}{\mathbf{v_0}} = \frac{\mathbf{u}}{\mathbf{v}}.$$

Sind drei Größen bekannt, lässt sich letztere Gleichung nach der vierten Größe auflösen, womit inhaltlich bereits alles gesagt wäre:

1.12 Satz *Aus* $\mathbf{u} \sim \mathbf{v}$ *folgt für jedes konkrete Wertepaar* $\mathbf{u_0}$, $\mathbf{v_0}$

$$\frac{\mathbf{u}}{\mathbf{v}} = \frac{\mathbf{u_0}}{\mathbf{v_0}}, \quad \text{und hieraus} \quad \mathbf{u} = \frac{\mathbf{u_0}}{\mathbf{v_0}} \cdot \mathbf{v}.$$

Zum Auflösen nach $\mathbf{u}$ wurde die Ausgangsgleichung mit $\mathbf{v}$ multipliziert. Selbstverständlich können wir auch auf beiden Seiten dieser Gleichung die Kehrwerte bilden. Wir erhalten

$$\frac{\mathbf{v}}{\mathbf{u}} = \frac{\mathbf{v_0}}{\mathbf{u_0}}, \quad \text{und hieraus:} \quad \mathbf{v} = \frac{\mathbf{v_0}}{\mathbf{u_0}} \cdot \mathbf{u}.$$

Aufgabe: Eine Substanz habe ein Volumen $\mathbf{V_0} = 25{,}0 \text{ cm}^3$ bei einer Masse von $\mathbf{m_0} = 62{,}5$ g. Wie groß ist die Masse $\mathbf{m}$ bei einem Volumen $\mathbf{V} = 12{,}8 \text{ cm}^3$? Lösung: Wegen $\mathbf{m} \sim \mathbf{V}$ gilt

$$\frac{\mathbf{m}}{\mathbf{V}} = \frac{\mathbf{m_0}}{\mathbf{V_0}} = \frac{62,5 \text{ g}}{25,0 \text{ cm}^3}, \quad \mathbf{m} = \frac{\mathbf{m_0}}{\mathbf{V_0}} \cdot \mathbf{V} = \frac{62,5 \text{ g}}{25,0 \text{ cm}^3} \cdot 12,8 \text{ cm}^3 = 32{,}0 \text{ g} \quad \text{(Ergebnis)}.$$

Anschaulich Die Lösung einer Dreisatzaufgabe lässt sich aus den drei angegebenen Maßzahlen auch zeichnerisch bestimmen. Hierzu übertragen wir entsprechende Strecken, nach Wahl geeigneter Längeneinheiten, wie in Abbildung 1.13 in eine Skizze.

Aufgrund des 1. Strahlensatzes, vgl. S. 38, verhalten sich nun die Abschnitte auf dem einen Strahl wie die *gleichliegenden* Abschnitte auf dem anderen Strahl, siehe Skizze! Daraus folgt $\mathbf{u_0}/\mathbf{v_0} = \mathbf{u}/\mathbf{v}$ und $\mathbf{u} = (\mathbf{u_0}/\mathbf{v_0}) \cdot \mathbf{v}$, ganz entsprechend wie in Satz 1.12.

Masse und Stoffmenge Die Umrechnung von einer Größe in die andere ist eine Standard–

(**1.13**)   Strahlensatz:

$$u_0 : u = v_0 : v$$

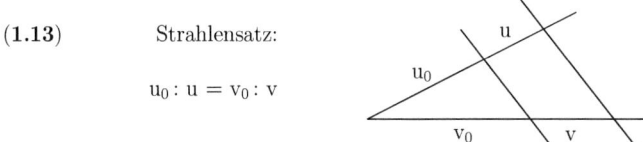

Dreisatzaufgabe in den Naturwissenschaften. Zum Vergleich: Bei den Römern wurden 5000 Soldaten zu je einer Legion zusammengefasst. Oder in der Physik wird die Gesamtladung von $6{,}2415 \cdot 10^{18}$ einzelnen Elektronen zusammenfassend 1 Coulomb genannt. Die übliche 'Truppenstärke' in der Chemie beträgt $6 \cdot 10^{23}$. Noch genauer:

Die Menge von $6{,}022137 \cdot 10^{23}$ Teilchen eines Stoffes bezeichnet man abkürzend auch als 1 Mol (als SI–Einheit notiert: 1 mol)! Die entsprechende Masse lässt sich aus der chemischen Formel der Substanz leicht ausrechnen. Beispielsweise entnehmen wir einer Tabelle: Die relative Atommasse von Wasserstoff H beträgt 1,0 und diejenige von Sauerstoff O 16,0. Die relative Molekülmasse von Wasser H_2O ist gleich der Summe der relativen Atommassen aller Atome dieses Moleküls, also gleich 18,0. Relativ bedeutet nun: Hat 1 Atom Wasserstoff eine Masse von 1,0 $\mathbf{u}$, dann hat 1 Atom Sauerstoff eine Masse von 16,0 $\mathbf{u}$, und die Masse eines einzelnen Wassermoleküls H_2O beträgt dann 18,0 $\mathbf{u}$. Der entsprechende Wert dieser „Atommasseneinheit" („unit") $\mathbf{u}$ ist aber bekannt (auch als „Dalton" bezeichnet, kurz $\mathbf{Da}$). Er beträgt:

$$\mathbf{u} = 1{,}660540 \cdot 10^{-24} \text{ g (Gramm).}$$

Folglich hat ein Mol atomarer Wasserstoff H, also $6{,}022137 \cdot 10^{23}$ einzelne Wasserstoffatome, eine Gesamtmasse von:

$$\mathbf{m} = 1{,}0 \, \mathbf{u} \cdot \underbrace{6{,}022137 \cdot 10^{23}}_{\text{ein Mol}} = 1{,}0 \cdot \underbrace{1{,}660540 \cdot 10^{-24} \text{ g} \cdot 6{,}022137 \cdot 10^{23}}_{1{,}000000 \text{ g}} = 1{,}0 \text{ g}$$

Analog sind es bei molekularem Wasserstoff 2,0 Gramm, denn ein einzelnes Wasserstoffmolekül H_2 hat eine Masse von 2,0 $\mathbf{u}$. Und ein Mol Wasser H_2O hat eine Masse von 18,0 Gramm. Die Stoffmenge ist die Anzahl der Mole eines Stoffes und wird meistens mit $\mathbf{n}$ bezeichnet, Beispiel: $\mathbf{n} = 3$ mol Wasser haben eine Masse von $\mathbf{m} = 54$ g. Natürlich sind Masse $\mathbf{m}$ und die Stoffmenge $\mathbf{n}$ proportional, $\mathbf{m} \sim \mathbf{n}$, $\mathbf{m} = \mathbf{n} \cdot \mathbf{M}$, $\frac{\mathbf{m}}{\mathbf{n}} = \mathbf{M}$ (Konstante). Für $\mathbf{n} = 1$ mol Wasser ist $\mathbf{m} = 18$ g, folglich $\mathbf{M} = \frac{18 \text{ g}}{1 \text{ mol}} = 18 \frac{\text{g}}{\text{mol}}$. Man nennt diese Konstante $\mathbf{M}$ die 'Molmasse' oder 'molare Masse', einprägsamer wäre 'Masse pro Mol' (man achte auf die Einheit $\frac{\text{g}}{\text{mol}}$)! Es gilt also folgende einfache Umrechnung von Masse in Stoffmenge:

(**1.14**) $$\mathbf{m} = \mathbf{M} \cdot \mathbf{n}, \quad \text{und} \quad \mathbf{n} = \frac{\mathbf{m}}{\mathbf{M}},$$ ($\mathbf{M}$ die Molmasse).

Beispiele für Molmassen: $\mathbf{M}(H_2O) = 18 \frac{\text{g}}{\text{mol}}$, $\mathbf{M}(CO_2) = 44 \frac{\text{g}}{\text{mol}}$, $\mathbf{M}(C_6H_{12}O_6) = 180 \frac{\text{g}}{\text{mol}}$, usw.

Aufgabe: Wie groß ist die Stoffmenge von einem Kilogramm Wasser?

$$\mathbf{n} = \frac{\mathbf{m}}{\mathbf{M}} = \frac{1000 \text{ g}}{18{,}0 \frac{\text{g}}{\text{mol}}} = \frac{1000}{18{,}0} \text{ mol} = 55{,}6 \text{ mol}$$ (Ergebnis).

Beachten Sie, dass gleiche Stoffmengen auch stets die gleiche Anzahl von Teilchen bedeuten!

Aufgabe: Worin sind mehr Moleküle enthalten, in einem Kilogramm Wasser (H_2O) oder in zehn Kilogramm Traubenzucker ($C_6H_{12}O_6$)?

Zeigen Sie, dass die Anzahl der Moleküle in beiden Fällen ungefähr gleich groß ist!

Verallgemeinerung

Die Fläche $F = \pi \cdot r^2$ eines Kreises ist natürlich *nicht* proportional zum *Radius* – sie ist aber proportional zum Quadrat des Radius! Dividieren wir nämlich die Fläche F irgendeines Kreises durch r^2, so erhalten wir stets den Wert π. Wir notieren das wieder in der Form $F \sim r^2$, der Proportionalitätsfaktor ist π. Für eine Proportionalität ist nur entscheidend, dass der Quotient der Größe links und der Größe rechts konstant ist!

Umgekehrt proportional Das *Boyle–Mariotte Gesetz* $V \cdot p = k$ für Volumen V und Druck p eines Gases, aufgelöst nach

$$V = k \cdot \frac{1}{p} \, ,$$

bedeutet die Proportionalität zwischen der Größe V und der Größe $\frac{1}{p}$:

$$V \sim \frac{1}{p} \qquad \text{(bei konstanter Temperatur)}.$$

In diesem speziellen Fall ist die eine Größe proportional zum sogenannten „Kehrwert" der anderen. Man sagt hierfür auch: die beiden Größen V und p sind *umgekehrt proportional!* Beachte: Vergrößert sich der Wert der einen, verringert sich der Wert der anderen (unter steigendem Druck verringert sich das Volumen, und umgekehrt). Konstant ist in diesem Fall das *Produkt* der beiden Größen V und p, wie schon in der Ausgangsgleichung $V \cdot p = k$. Auf dieser Konstanz des Produkts von umgekehrt proportionalen Größen beruht der „umgekehrte" Dreisatz.

1.15 Satz *Sind zwei Größen* u *und* v *umgekehrt proportional, so folgt für jedes konkrete Wertepaar* u_0, v_0:

$$u \cdot v = u_0 \cdot v_0 \, , \quad \text{und hieraus} \quad u = u_0 \cdot \frac{v_0}{v} \, .$$

Aufgabe: Bei einem Zufluss von $v_0 = 135$ Litern pro Minute werden zum Füllen eines Wasserspeichers $u_0 = 64$ Minuten benötigt. Wie lange dauert es bei $v = 180$ Litern pro Minute?

Lösung: Würde der Zufluss verdoppelt, dauerte es nur noch halb so lange, bei der dreifachen Menge wäre es nur noch ein Drittel der Zeit, usw. Die beiden Größen sind umgekehrt proportional, also wählen wir den Ansatz:

$$u \cdot v = u_0 \cdot v_0 \text{ und folglich} \quad u = u_0 \cdot \frac{v_0}{v} = 64 \min \frac{135 \, \text{L/min}}{180 \, \text{L/min}} = 48 \min \text{ (Ergebnis)}.$$

Bemerkungen und Ergänzungen

Absolute Temperatur und Proportionalität Gelegentlich ist Proportionalität nur eine Frage des Bezugspunktes! Für das Volumen V eines idealen Gases, bei der Temperatur t, gemessen in °C, gilt:

$$V = V_0 \cdot \left(1 + \frac{t}{273}\right).$$

Hierbei bezeichnet V_0 das entsprechende Volumen dieses Gases bei Null Grad Celsius, alles bei konstantem Druck. Das ist natürlich *keine* Proportionalität $V \sim t$, denn dann müsste für $t = 0$ auch $V = 0$ sein, (Skizze 1.16 a).

(1.16)

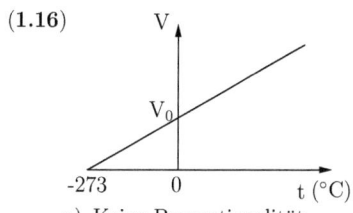

a) Keine Proportionalität

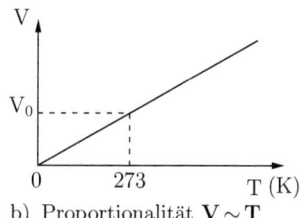

b) Proportionalität $V \sim T$

Die folgende Umformung

$$V = V_0 \cdot (1 + \frac{t}{273}) = V_0 \cdot \left(\frac{273 + t}{273}\right) = \frac{V_0}{273} \cdot \underbrace{(273 + t)}_{T}$$

legt nun nahe, bei $t = -273$ einen neuen Bezugspunkt einzuführen, den „absoluten Null-punkt" (auch V hat hier den Wert Null, und kleiner geht es sicherlich nicht)! Die von diesem Punkt aus gemessene Temperatur T heißt die „absolute Temperatur". Wählt man den gleichen Maßstab wie bei Celsius, so heißt die entsprechende Maßeinheit *Kelvin*. Für die zugehörigen Maßzahlen T in Kelvin und t in °Celsius gilt daher die einfache Beziehung

$$T = 273 + t.$$

Der letzte Ausdruck für V ergibt nun, bei entsprechend gewählter Konstante k, eine ver-blüffend einfache Proportionalität, das *Gay–Lussac Gesetz* (vgl. 1.16 b)

$$V = k \cdot T \quad \text{oder} \quad V \sim T, \quad \text{(bei konstantem Druck).}$$

In guter Näherung gilt diese Beziehung auch für reale Gase wie zum Beispiel Wasserstoff, Sauerstoff, Stickstoff, Luft, usw. Nur bei sehr niedriger Temperatur oder sehr hohem Druck wird das Volumen und somit auch der mittlere Abstand zwischen den Teilchen so klein, dass Wechselwirkungen (Anziehungskräfte) störend wirken und berücksichtigt werden müssen.

Geradengleichung und Interpolation von Funtionswerten Finden Sie in einer Tabelle für $x_1 = 1{,}10$ den Funktionswert $f(x_1) = 0{,}60$ angegeben, und als nächstes für $x_2 = 1{,}20$ den Wert $f(x_2) = 0{,}68$, so werden Sie vermutlich $f(1{,}15) = 0{,}64$ setzen. Hat man keine genauere Informationen über den Funktionsverlauf, so kann man diesen wenigstens näherungsweise durch eine Gerade ersetzen. Und welchen Funktionswert y nehmen Sie also für $x = 1{,}16$?

Bei einer Geraden ist die Änderung Δy proportional zur Änderung Δx:

$$\frac{y - y_1}{x - x_1} = \frac{y_2 - y_1}{x_2 - x_1} \quad \text{aufgelöst nach}$$

$$y = y_1 + \frac{x - x_1}{x_2 - x_1} \cdot (y_2 - y_1)$$

Das ergibt als Antwort für $x = 1{,}16$: $\quad y = 0{,}60 + \dfrac{1{,}16 - 1{,}10}{1{,}20 - 1{,}10} \cdot (0{,}68 - 0{,}60) = 0{,}65$.

Noch einmal zur Klarstellung: Geht eine Gerade so wie diese nicht durch den Nullpunkt, so ist y auch nicht proportional zu x. Es gilt aber immer noch bei *jeder* Geraden: $\Delta y \sim \Delta x$. In Worten: Die *Änderungen* von x und y sind proportional. Der Proportionalitätsfaktor

$$m = \frac{\Delta y}{\Delta x} = \frac{y - y_1}{x - x_1} = \frac{y_2 - y_1}{x_2 - x_1} \quad \text{(Geradensteigung)}$$

ist anschaulich die Steigung der Geraden. Ändern Sie den Wert von x um Δx, so ändert sich der y-Wert um das m-fache, also um $\Delta y = m \cdot \Delta x$. Üblicherweise formt man die obige Gleichung für y noch weiter um. Wir formulieren das Ergebnis als

1.17 Satz *Mit der Abkürzung* m *für* $\dfrac{y_2 - y_1}{x_2 - x_1}$ *lautet die Gleichung der Geraden durch zwei Punkte* $P_1 = (x_1|y_1)$ *und* $P_2 = (x_2|y_2)$: $\dfrac{y - y_1}{x - x_1} = m$, $(x \neq x_1)$, *oder aufgelöst nach* y:

Für alle $x \in \mathbb{R}$ *gilt* $\qquad\qquad y = m \cdot x + (y_1 - m \cdot x_1)$, $\qquad$ *(Geradengleichung)*.

Diese Gleichung gilt natürlich auch, falls nur ein einziger Punkt $P_1 = (x_1|y_1)$ bekannt ist, und als zweite Information der Wert der Steigung m. Für $x = 0$ hat y den Wert $y_1 - m \cdot x_1$. Man nennt diesen Wert daher auch den y-Abschnitt der Geraden. Eine schöne Anwendung hierfür ist Aufg. 30 auf S. 43. Die Nummerierung der Punkte ist natürlich Ihnen überlassen. Es ergibt sich die gleiche Gerade, wenn Sie die Nummern vertauschen, auch wenn es auf den ersten Blick nicht so aussieht! Sie werden den Grund spätestens an einem konkreten Zahlenbeispiel erkennen!

Die Strahlensätze Zur Erinnerung noch einmal der 1. und 2. Strahlensatz. Als kleine Übung hierzu sei die Aufgabe 11 auf S. 40 empfohlen.

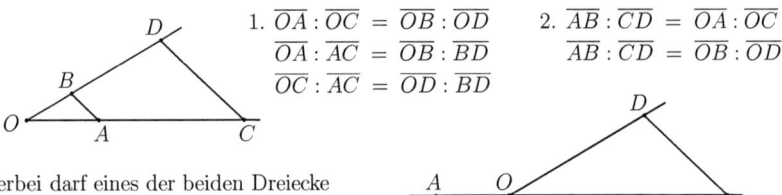

1. $\overline{OA} : \overline{OC} = \overline{OB} : \overline{OD}$
   $\overline{OA} : \overline{AC} = \overline{OB} : \overline{BD}$
   $\overline{OC} : \overline{AC} = \overline{OD} : \overline{BD}$

2. $\overline{AB} : \overline{CD} = \overline{OA} : \overline{OC}$
   $\overline{AB} : \overline{CD} = \overline{OB} : \overline{OD}$

Hierbei darf eines der beiden Dreiecke auch zur anderen Seite 'umgeklappt' sein:

Der Daumensprung dient zur Schätzung von Abstand oder Entfernung. Testen Sie es selbst: Strecken Sie den Arm vor sich aus, und richten den Daumen D der Hand auf. Wenn Sie abwechselnd eines der beiden Augen schließen, springt die Daumenspitze hin und her! Der Augenabstand, genauer gesagt der Abstand der Pupillen, beträgt rund 6,5 cm. Der Abstand des Daumens zum Gesicht beträgt etwa 65 cm, also rund das Zehnfache! Entsprechend beträgt der Abstand $\overline{DF}$ rund das 10–fache der 'Sprungstrecke' $\overline{EG}$:

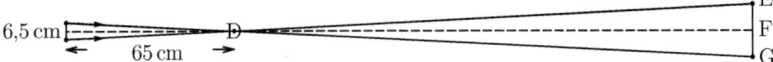

$\overline{EG}$ schätzt man mit Hilfe bekannter Objekte wie Breite eines Autos, Baumes, Fenster, etc.

Wenn Sie Kopf und Daumen waagrecht zur Seite halten, können Sie den Abstand auch anhand bekannter *Höhen* von Objekten schätzen! *Umgekehrt* springt bei einem bekannten Abstand auch die Daumenspitze um einen bekannten Betrag, bei einem Abstand von 10 m zum Beispiel um 1 m. Und falls Sie Abstand *und* Breite oder Höhe kennen, lässt sich auch das Verhältnis von Daumen– und Augenabstand genauer bestimmen, denn das Verhältnis 10 zu 1 ist natürlich nur eine grobe Schätzung und individuell verschieden.

Ein Blick zurück ...

- Proportionale Größen führen zu entsprechenden Einheiten bei den Proportionalitätskonstanten.

- Der sog. Dreisatz ist die Behandlung proportionaler Beziehungen im Schulunterricht.

- Anschaulich liefert eine Proportionalität eine Gerade durch den Nullpunkt des Koordinatensystems.

- Die Gleichung einer beliebigen Geraden lässt sich aus der Angabe zweier Geradenpunkte bestimmen, oder aus der Angabe der Geradensteigung und einem Punkt.

- Charakteristisch für eine beliebige Gerade ist die Proportionalität zwischen den entsprechenden Änderungen Δy von y und Δx von x. Geht die Gerade zusätzlich durch den Nullpunkt, so sind auch y und x proportional.

Aufgaben

1. Das Fußballspiel ist original britisch: ein Fußballtor ist 8 Yard breit und 8 Fuß hoch, der Punkt für den Strafstoß 12 yard von der Torlinie entfernt. Rechnen Sie um in Meter!

   Es gilt die Umrechnung: 36 Inch (in) $\widehat{=}$ 3 Fuß (ft) $\widehat{=}$ 1 Yard (yd) $\widehat{=}$ 0,9144 m.

   Gewindemaße für Rohre oder Schlauchanschlüsse werden auch heute noch gerne in Zoll gemessen. Das war früher die 'Daumenbreite'! 1 Zoll = 1'' = 1 Inch. Umrechnung in Zentimeter?

2. (i) Durch Wechselwirkung mit der Erde (Gezeiten) gewinnt der Mond an Energie, die Höhe seiner Umlaufbahn wächst! Pro Jahr entfernt sich der Mond um etwa 4 cm von der Erde, wie viele Meter sind das in Tausend Jahren, und wie viele Kilometer in einer Million Jahre?

   (ii) Im Gegenzug verringert sich die Rotationsgeschwindigkeit der Erde um ihre Achse. Die Tageslänge nimmt daher minimal zu, rund 1,6 Sekunden in 100 000 Jahren! Zu Beginn der Dinosaurierzeit hatte ein Tag nur gut 23 Stunden heutiger Länge, wann ungefähr lebten die Dinosaurier?

   (Bereits 50 Millionen Jahre nach Entstehung unseres Sonnensystems kollidierte die Erde mit einem anderen Urplaneten. Hierdurch soll aus den Trümmerteilen der Mond entstanden sein und die Erde ihre heutige Drehrichtung erhalten haben. Durch das Zusammenspiel mit dem Mond bleibt diese Drehachse recht stabil. Dem Mond sei Dank, eine ständige Richtungsänderung hätte fatale Folgen für unser Klima!)

3. Wie viel Weizenkörner ergeben genau 1 kg, wenn 35 Weizenkörner 2,80 Gramm wiegen? Und wieviel feinster Golddraht wiegt 1 kg, wenn 3,00 m Draht 0,125 g ergeben.

   29 L Cidre liefern 1,6 L Calvados, wieviel benötigt man demnach für 0,5 L Calvados?

   Angenommen, 5,0 cm auf einem Foto entsprechen 12,0 cm in der Realität. Wie lautet dann die allgemeine Beziehung zwischen der tatsächlichen Entfernung **e** und der fotografischen Entfernung **x**?

4. Das menschliche Gehirn benötigt etwa 120 g Glukose (Traubenzucker) pro Tag. Das Blut mit einem Gesamtgewicht von ca. 5 kg enthält ungefähr 0,1 % Traubenzucker. (i) In welcher Zeit wäre der Blutzucker hierfür bei fehlender Nachfuhr verbraucht? (ii) Falls Sie täglich 2400 kcal zu sich nehmen, wie viel Prozent davon verbraucht allein das Gehirn? (1 g Glukose $\widehat{=}$ 4 kcal.)

5. Stellen Sie sich vor, Sie wandern um eine Kugel mit dem Umfang 40 000 km. Wenn Sie 1,60 m groß sind, welche Strecke legt dann ihr Scheitel bei dieser Wanderung zurück?

6. Ein Mensch verbraucht pro Tag durchschnittlich 0,8 kg Sauerstoff O_2, der in Form von Kohlendioxid CO_2 wieder ausgeatmet wird. Bestimmen Sie diese Menge Kohlendioxid! (Hinweis $O=16$, $C=12$: 1 mol O_2 entsprechen 32 g und werden als 1 mol CO_2 entsprechend 44 g wieder ausgeatmet.)

7. Überprüfen Sie durch Zahlenbeispiele die Behauptung $\ln x \sim \log x$ (für alle $x > 0$). Wie groß ist vermutlich der zugehörige Proportionalitätsfaktor? (Zahlenbeispiele: Vergleichen Sie $\ln 10$, $\log 10$; $\ln 2$, $\log 2$; $\ln 1$, $\log 1$; $\ln \frac{1}{2}$, $\log \frac{1}{2}$, $\ln \frac{1}{10}$, $\log \frac{1}{10}$).

8. Angenommen, die durch Fettverbrennung gelieferte Energie **E** ist proportional zur aufgenommenen Fettmenge **m** in der Nahrung. Notieren Sie diesen Zusammenhang in Form einer Gleichung. (Hinweis: 32,0 g Fett liefern 1232 kJ. Dies ist der 'physiologische' Brennwert, nicht zu verwechseln mit dem Heizwert.)

9. Masse **m** und Volumen **V** einer Substanz sind proportional zueinander. Den zugehörigen Proportionalitätsfaktor nennt man die „Dichte" dieses Stoffes:

$$\mathbf{m} \sim \mathbf{V}, \qquad \mathbf{m} = \mathbf{d} \cdot \mathbf{V}, \qquad \mathbf{d} = \frac{\mathbf{m}}{\mathbf{V}}.$$

13,8 g Pfefferminzöl hat ein Volumen von 15 mL. Wieviel benötigen Sie für 100 mL? Wie groß ist die Dichte dieser Substanz?

10. Zeigen Sie, dass 1000 g Tetrachlormethan CCl_4 einer Stoffmenge von **n** $= 6{,}50$ mol entsprechen! (C $= 12{,}000$, Cl $= 35{,}453$).

11. Die folgende Aufgabe stammt aus einem altchinesischen Lehrbuch. Sie ist ohne Kenntnisse trigonometrischer Funktionen lösbar. Höhe und Abstand einer unzugänglichen Bergspitze B sollen berechnet werden!

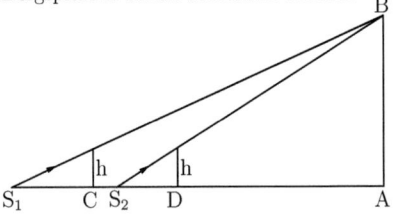

Die Punkte A und B seien nicht zugänglich.

Wie groß sind $\overline{AB}$ und $\overline{DA}$?

Zwei Stäbe gleicher Höhe werden in bekanntem Abstand $\overline{CD}$ aufgestellt. Anschließend bestimmt man die Lage der Punkte S_1 und S_2, von denen man vom Erdboden aus den Punkt B sieht. Zeigen Sie:

$$\overline{DA} = \overline{S_2D} \cdot \overline{CD}/(\overline{S_1C} - \overline{S_2D}), \qquad \overline{AB} = h + h \cdot \overline{CD}/(\overline{S_1C} - \overline{S_2D}).$$

Hinweis: $\overline{AB}/h = (\overline{DA} + \overline{S_2D})/\overline{S_2D} = (\overline{DA} + \overline{CD} + \overline{S_1C})/\overline{S_1C}$ gemäß Strahlensatz. Lösen Sie zunächst die letzte Gleichung nach $\overline{DA}$ auf, dann die erste nach $\overline{AB}$.

12. Durch Aufnahme eines Elektrons wird aus einem Wasserstoff–Ion H$^+$ ein Wasserstoff–Atom H (Bsp.: Elektrolyse von Wasser). Für 1 mol bzw. 1 g atomaren Wasserstoff sind folglich $6{,}02214 \cdot 10^{23}$ Elektronen erforderlich. Pro mol sind das also wie viel Coulomb? Dieser Wert heißt Faraday–Konstante F (Einheit: C/mol)! Hinweis: 1 Coulomb = 1 C sind $6{,}2415 \cdot 10^{18}$ Elektronen.

13. Beim Erhitzen zersetzt sich Natriumazid NaN$_3$ zu Natrium Na und Stickstoff N$_2$. (i) Formulieren Sie die Reaktionsgleichung. (ii) Wie viel Mol NaN$_3$ werden zur Herstellung von 1,00 mol N$_2$ benötigt? (iii) Welche Masse N$_2$ entsteht bei der Zersetzung von 2,50 g NaN$_3$? (iv) Welche Masse Na entsteht, wenn 1,75 g N$_2$ gebildet werden?

14. 3 Maschinen verpacken die Tagesproduktion einer Molkerei in 10 Stunden. Wie lange benötigen dann hierfür 5 Maschinen?

15. Die Wellenlänge $\boldsymbol{\lambda}$ der Strahlung eines heißen Körpers (Sonne, Glühfaden, ...) reicht vom langwelligen Infrarot (Wärmestrahlung $\boldsymbol{\lambda} > 780 \cdot 10^{-9}$ m) bis zum kurzwelligen Ultraviolett ($\boldsymbol{\lambda} < 380 \cdot 10^{-9}$ m). Die Wellenlänge $\boldsymbol{\lambda}_{\max}$ mit der größten Intensität ist umgekehrt proportional zur Temperatur $\mathbf{T}$ in Kelvin:

$$\boldsymbol{\lambda}_{\max} \cdot \mathbf{T} = 0{,}2898\,\mathrm{cm} \cdot \mathrm{K}, \quad \text{(Wiensches Verschiebungsgesetz)}.$$

Wo liegt das Maximum für $\mathbf{T} = 6000\,\mathrm{K}$ (Sonne), und wo für $\mathbf{T} = 2000\,\mathrm{K}$ (einfache Glühlampe)? (Die Empfindlichkeit des menschlichen Auges ist am größten für 'Grün', $\boldsymbol{\lambda} \approx 480 \cdot 10^{-9}$ m).

16. Ein großes Wasserbecken hat 3 Zuflüsse. Allein mit dem ersten ist das Becken in 2,6 Stunden gefüllt, entsprechend mit dem zweiten in 4,4 Stunden, mit dem dritten in 6,2 Stunden. Der Inhalt des Wasserbeckens ist nicht bekannt. Können Sie trotzdem ausrechnen: Wie viel Zeit benötigt die Füllung mit den Zuflüssen: (a) 1 + 2, (b) 1 + 3, (c) 1 + 2 + 3?

17. Die Kraft $\mathbf{F}$, mit der sich zwei Massen $\mathbf{m}_1$ und $\mathbf{m}_2$ bei einem Abstand $\mathbf{r}$ anziehen, beträgt nach dem Gravitationsgesetz

$$\mathbf{F} = \boldsymbol{\gamma} \cdot \frac{\mathbf{m}_1 \cdot \mathbf{m}_2}{\mathbf{r}^2}$$

(i) Bestimmen Sie die Einheit (Dimension) der Gravitationskonstanten $\boldsymbol{\gamma}$. Zeigen Sie: $[\boldsymbol{\gamma}] = \mathrm{N} \cdot \mathrm{m}^2 \cdot \mathrm{kg}^{-2} = \mathrm{m}^3 \cdot \mathrm{kg}^{-1} \cdot \mathrm{s}^{-2}$.

(ii) Mit welcher Kraft wird ein Körper der Masse $\mathbf{m}$ auf der Erdoberfläche von der Erde angezogen? Zeigen Sie, dass diese Kraft proportional zu $\mathbf{m}$ ist, und bestimmen Sie die zugehörige und Ihnen sicherlich bekannte Proportionalitätskonstante! (Erdmasse $\mathbf{m}_E = 5{,}9736 \cdot 10^{24}$ kg, Abstand zum Erdmittelpunkt gleich Erdradius $\mathbf{r}_E = 6\,371$ km, Gravitationskonstante $\boldsymbol{\gamma} = 6{,}674 \cdot 10^{-11}\,\frac{\mathrm{m}^3}{\mathrm{kg} \cdot \mathrm{s}^2}$).

(iii) Wie groß ist die 'Mondbeschleunigung'? ($\mathbf{m}_M = 7{,}348 \cdot 10^{22}$ kg, $\mathbf{r}_M = 1738$ km.)

18. Vergleichen Sie die Anziehungskraft zwischen Ihnen mit 75 kg

(i) und einem Auto von 1000 kg in 10 m Abstand (von seinem Schwerpunkt),

(ii) und dem Mond, (iii) und der Sonne.

Welche dieser Kräfte ist am schwächsten, welche am stärksten, und um welchen Faktor? (Siehe hierzu auch vorige Aufgabe. Der mittlere Abstand zwischen Erde und Mond beträgt $\mathbf{r}_M = 0{,}3844 \cdot 10^6$ km, zwischen Erde und Sonne $\mathbf{r}_S = 1{,}496 \cdot 10^8$ km. Die Masse des Mondes beträgt $\mathbf{m}_M = 7{,}348 \cdot 10^{22}$ kg, bei der Sonne sind es $\mathbf{m}_S = 1{,}9891 \cdot 10^{30}$ kg.)

19. Was wirkt stärker auf den Mond, die Anziehungskraft der Erde, oder die der Sonne? Die Sonnenmasse ist 333 Tausend mal größer als die Erdmasse, doch die Sonne ist 389 mal weiter vom Mond entfernt als die Erde. Zeigen Sie: Die Sonne wirkt mehr als doppelt so stark!

20. Zwei Ladungen Q_1 und Q_2 im Abstand r üben eine elektromagnetische Kraft F aufeinander aus von der Größe

$$F = -\frac{1}{4\pi \cdot \varepsilon_0} \cdot \frac{Q_1 \cdot Q_2}{r^2}$$

$\varepsilon_0 = 8{,}85 \cdot 10^{-12} \mathrm{A \cdot s \cdot V^{-1} \cdot m^{-1}}$ (elektrische Feldkonstante). Zwei Protonen mit der Ladung $Q_1 = Q_2 = 1{,}6 \cdot 10^{-19}$. C (Coulomb) stoßen sich also ab, die Massenanziehung wirkt in der anderen Richtung, Masse eines Protons $m_p = 1{,}67 \cdot 10^{-27}$kg! Welche Kraft ist betragsmäßig größer, und um welchen Faktor? Hinweis: Die Kenntnis des Abstands r ist gar nicht erforderlich, da Sie zum Vergleich nur den Quotienten $F_{elektr.}$ durch $F_{gravi.}$ bilden müssen. Der Zähler ist um diesen Faktor größer als der Nenner!

21. (i) Für das Volumen idealer Gase zeigen wir im nächsten Abschnitt $V \sim \dfrac{n \cdot T}{p}$, ($n$ Stoffmenge, T absolute Temperatur, p Druck). Der Quotient „linke Seite durch rechte Seite" ist also immer konstant. Folgern Sie:

$$R = \frac{p \cdot V}{n \cdot T} \quad \text{ist immer konstant!}$$

Man nennt R auch kurz die „Gaskonstante".

Bei einer aufwändigen Versuchsanordnung wurden folgende Werte gemessen: $n = 1{,}0000$ mol, $T = 273{,}15$ K, $V = 22{,}414$ L, $p = 101{,}325$ kPa ($= 1$ atm). Berechnen Sie hiermit möglichst genau den Wert der Gaskonstanten!

(ii) Begründen Sie die folgenden, anscheinend unterschiedlichen Angaben für R:

$$R = 8{,}3 \,\frac{\mathrm{Pa \cdot m^3}}{\mathrm{mol \cdot K}} = 8{,}3 \,\frac{\mathrm{kPa \cdot L}}{\mathrm{mol \cdot K}} = 8{,}3 \,\frac{\mathrm{kg \cdot m^2}}{\mathrm{mol \cdot K \cdot s^2}} = 8{,}3 \,\frac{\mathrm{J}}{\mathrm{mol \cdot K}} = 2{,}0 \,\frac{\mathrm{cal}}{\mathrm{mol \cdot K}}$$

(Für die inzwischen veraltete, aber immer noch gern benutzte Einheit Kalorie gilt die Umrechnung $4{,}184\,\mathrm{J} = 1\,\mathrm{cal}$.)

22. Aus den Versuchsergebnissen von Aufgabe 21 (i) wissen wir, dass 1 Mol eines idealen Gases bei Null Grad Celsius und Atmosphärendruck (sog. „Normbedingungen") ein Volumen von 22,4 Litern beansprucht.
Wasserstoff H_2, Stickstoff N_2, Sauerstoff O_2, Kohlendioxid CO_2 sind unter diesen Bedingungen annähernd ideale Gase. Bestimmen Sie das ungefähre Litergewicht dieser Gase! (Relative Atomgewichte: 1,0 für H, 12 für C, 14 für N, 16 für O).

23. Eine Menge an Wasserstoffgas hat bei 288 K und $19{,}8$ bar ein Volumen von $8{,}74$ L. Bestimmen Sie das Volumen bei 241 K und $53{,}0$ bar. Nutzen Sie die in Aufgabe 21 (i) genannte Konstanz. Die Stoffmenge ist ja in beiden Fällen gleich!
Wie groß ist eigentlich die Stoffmenge? Benutzen Sie einfach den in Aufgabe 21 (ii) genannten Wert der Konstanten!

24. Nach Gay–Lussac ist bei konstantem Druck das Volumen V eines (idealen) Gases einfach nur proportional zur absoluten Temperatur T. Zeigen Sie: Wenn bei $0°$ C ein Gasvolumen 22,4 L beträgt, dann werden daraus bei $19{,}5°$ C ziemlich genau 24 L.

Wie hoch muss man ein Gas mit der Anfangstemperatur von 27° C erhitzen, damit sich dessen Volumen verdoppelt? Und wie weit muss man es erhitzen, damit das Volumen nur um 20 % zunimmt, also auf das 1,20–fache ansteigt? (Skizze!)

25. Ein Heißluftballon fahre mit einer Füllmenge von 3600 m³, Außentemperatur 0° C, Druck 1 atm. Wie hoch muss die Luft erhitzt werden, um ein Gesamtgewicht von einer Tonne tragen zu können?
(Das Litergewicht der Außenluft beträgt unter diesen Bedingungen ungefähr 1,29 g.)

26. Wie beurteilen Sie 100° Fieber, allerdings gemessen in Fahrenheit! Und bei wieviel Grad Fahrenheit ist der absolute Nullpunkt von –273,15° C erreicht (von hier ab wird in den USA die absolute Temperatur in Grad Rankine gemessen, in gleichem Maßstab wie Fahrenheit!) Zur Information: Wasser siedet bei 212° F und gefriert bei 32° F. Rechnen Sie Fahrenheit um in Celsius und in Rankine!

27. In einem historischen Artikel fanden Sie Temperaturangaben in °Réaumur. Bekannt: Wasser siedet bei 80° Ré und gefriert bei 0° Ré. Wie viel °Réaumur entsprechen 20°C. Allgemein Umrechnung °C in °Ré und umgekehrt?

28. Bestimmen Sie zeichnerisch und rechnerisch die Geraden durch folgende Punkte:
(a) $P_1 = (2|1)$, $P_2 = (3|2)$, (b) $P_1 = (-2| - 3)$, $P_2 = (-1| - 2)$,
(c) $P_2 = (1|2)$, $P_2 = (3| - 2)$, (d) $P_1 = (-1|6)$, $P_2 = (0|4)$.

29. Schätzen Sie anhand der Funktionswerte f(1,62) = 2,88 und f(1,70) = 3,04 auch die Werte f(1,75), f(1,65), und f(1,60), mit Hilfe einer Geraden als Näherung.

30. Nicht nur mit Rechenschieber: Man kann die Multiplikation $a \cdot b$ zweier beliebiger Werte $a, b > 0$ auch mit Lineal und Parabel durchführen! Verbinden Sie einfach den Funktionswert a^2 auf der einen Seite der Parabel mit dem Funktionswert b^2 auf der anderen Seite. Der Schnittpunkt mit der y–Achse ist das gesuchte Ergebnis $a \cdot b$.

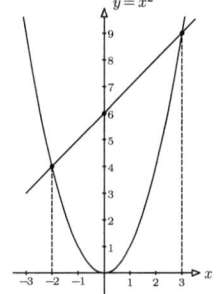

Die Skizze zeigt das Beispiel: $2 \cdot 3 = 6$.
(mit $4 = 2^2$ linke Seite, und $9 = 3^2$ rechts)

Zu zeigen ist also:
Für die Gerade $y = m \cdot x + c$ durch die Punkte $P_1 = (-a, a^2)$ und $P_2 = (b, b^2)$ erhält man für c den Wert: $c = a \cdot b$.

Beachten Sie: $b^2 - a^2 = (b - a) \cdot (b + a)$

31. Taucht man eine Glaskapillare in Wasser, so ist die Kapillarkraft $\mathbf{F}_K$ parallel zur Rohrwand proportional zur Länge der Grenzlinie Glas–Wasser (hier ein Kreis), also:
$\mathbf{F}_K = \boldsymbol{\sigma} \cdot 2\pi \, \mathbf{r}$, ($\mathbf{r}$ Radius, $\boldsymbol{\sigma} = 7{,}36 \cdot 10^{-2} \, \frac{\mathrm{N}}{\mathrm{m}}$).
Die Gewichtskraft $\mathbf{F}_W = \pi \mathbf{r}^2 \cdot \mathbf{h} \cdot \boldsymbol{\rho} \cdot \mathbf{g}$ der um $\mathbf{h}$ nach oben gestiegenen Wassersäule wirkt in entgegengesetzter Richtung ($\boldsymbol{\rho} = 1 \, \mathrm{g/cm^3}$ die Dichte, $\mathbf{g} = 9{,}81 \, \mathrm{m/s^2}$ die Erdbeschleunigung). Zeigen Sie: Bei einem Innendurchmesser von $\mathbf{d} = 0{,}30$ mm steigt das Wasser um rund 10 cm nach oben!

1 d) Rechenregeln für Proportionen

Einleitung Sicher kennen Sie Denksportaufgaben der Form: 2 Katzen fangen in 4 Stunden 8 Mäuse. Wie viel fangen 3 Katzen in 3 Stunden? Natürlich handelt es sich hier um mathematisch geschulte Katzen, die sich auch so verhalten, wie man es von ihnen erwartet! Die Satirezeitschrift 'Titanic' veröffentlichte einmal folgendes Beispiel, um die angebliche Weltfremdheit der Mathematiker zu beschreiben: Wie viele Eier legt ein Huhn pro Tag, wenn anderthalb Hühner in anderthalb Tagen anderthalb Eier legen? Nun etwas realistischer: 3 Maler lackieren in 6 Stunden 27 Heizkörper! Wie lange benötigen 5 Maler für 30 Heizkörper? Eine allgemeine Lösungsmethode zum Schluss dieses Abschnitts.

Die wichtigsten Eigenschaften und Rechenregeln

Beim Einkaufen sind Menge $\mathbf{M}$ und Preis $\mathbf{P}$ proportional, und natürlich ist auch der Preis $\mathbf{P}$ proportional zur Menge $\mathbf{M}$, kurz: $\mathbf{M} \sim \mathbf{P}$ und $\mathbf{P} \sim \mathbf{M}$. Nur die Proportionalitätskonstanten sind verschieden. Ein anderes Beispiel sind Umfang $\mathbf{U}$ und Radius $\mathbf{r}$ eines Kreises:

$$\mathbf{U} = 2\pi \cdot \mathbf{r} \;\Rightarrow\; \mathbf{r} = \tfrac{1}{2\pi} \cdot \mathbf{U}\,, \text{ somit also:} \quad \mathbf{U} \sim \mathbf{r} \;\Rightarrow\; \mathbf{r} \sim \mathbf{U}\,.$$

Mit dieser *Symmetrie* ist bereits eine wichtige Eigenschaft von Proportionen genannt, (in der Literatur findet man noch das Symbol '$\propto$' für 'proportional', ein *un*symmetrisches Zeichen):

1.18 Satz *Sind* $\mathbf{u}$ *und* $\mathbf{v}$ *proportional, dann auch* $\mathbf{v}$ *und* $\mathbf{u}$*, kurz:* $\quad \mathbf{u} \sim \mathbf{v} \;\Rightarrow\; \mathbf{v} \sim \mathbf{u}\,.$

Beweis der Symmetrie: $\quad \mathbf{u} \sim \mathbf{v} \;\Rightarrow\; \mathbf{u} = \mathbf{k} \cdot \mathbf{v} \;\Rightarrow\; \mathbf{v} = \dfrac{1}{\mathbf{k}} \cdot \mathbf{u} \;\Rightarrow\; \mathbf{v} \sim \mathbf{u}\,.$ ✓

Eine weitere Eigenschaft illustriert das folgende Beispiel: Gehen wir einmal davon aus, dass die Anzahl N der Blätter eines Baumes proportional ist zu seiner gesamten Blattfläche $\mathbf{F}$, und dass $\mathbf{F}$ wiederum proportional ist zur benötigten Menge an (Gieß–) Wasser $\mathbf{W}$, also $\mathbf{N} \sim \mathbf{F}$ und $\mathbf{F} \sim \mathbf{W}$: natürlich folgern wir daraus $\mathbf{N} \sim \mathbf{W}$! Anzahl N der Blätter und Wassermenge $\mathbf{W}$ sind letztendlich ebenfalls proportional – die Zwischengröße $\mathbf{F}$ wirkt als Überträger. Diese Eigenschaft von Proportionen nennt man auch Transitivität.

1.19 Satz $\quad \mathbf{u} \sim \mathbf{v} \quad und \quad \mathbf{v} \sim \mathbf{w} \quad \Rightarrow \quad \mathbf{u} \sim \mathbf{w}$

Beweis: $\mathbf{u} \sim \mathbf{v}$ und $\mathbf{v} \sim \mathbf{w} \Rightarrow \mathbf{u} = \mathbf{k_1}\mathbf{v}$ und $\mathbf{v} = \mathbf{k_2}\mathbf{w} \Rightarrow \mathbf{u} = \mathbf{k_1} \cdot \mathbf{k_2}\mathbf{w} = \mathbf{k} \cdot \mathbf{w} \Rightarrow \mathbf{u} \sim \mathbf{w}$ ✓

Die nun folgenden beiden Regeln sind sicherlich die wichtigsten, aber nicht ganz so schnell zu erklären! Bei vielen Anwendungen hängt der Wert einer Größe von mehreren, voneinander unabhängigen Größen ab. Beispielsweise gilt für den Flächeninhalt $\mathbf{F}$ eines Dreiecks mit der Grundseite $\mathbf{g}$ und Höhe $\mathbf{h}$ die Beziehung

$$\mathbf{F} = \tfrac{1}{2} \cdot \mathbf{g} \cdot \mathbf{h}$$

Demnach ist $\mathbf{F}$ proportional zum Wert des Produkts $\mathbf{g} \cdot \mathbf{h}$, in Kurzschreibweise also $\mathbf{F} \sim \mathbf{g} \cdot \mathbf{h}$. Natürlich verändert sich der Wert von $\mathbf{F}$ auch schon dann, wenn Sie *nur* den Wert der Höhe $\mathbf{h}$ verändern, und zwar ebenfalls proportional! Betrachten Sie die obige Formel für $\mathbf{F}$:

Wenn $\mathbf{g}$ konstant bleibt, dann natürlich auch der Faktor $\tfrac{1}{2}\mathbf{g}$, also $\mathbf{F} \sim \mathbf{h}$ (wenn $\mathbf{g}$ konstant)! Und entsprechend folgt auch $\mathbf{F} \sim \mathbf{g}$, wenn $\mathbf{h}$ konstant bleibt, und als einziges der Wert der Grundseite $\mathbf{g}$ verändert wird! Diese einfachen Überlegungen führen zu folgendem allgemeinen

1.20 Satz $\mathbf{u} \sim \mathbf{v}_1 \cdot \mathbf{v}_2$ $\Rightarrow$ $\mathbf{u} \sim \mathbf{v}_1$ *(wenn $\mathbf{v}_2$ konstant), und* $\mathbf{u} \sim \mathbf{v}_2$ *(wenn $\mathbf{v}_1$ konstant).*

Natürlich lässt sich dieser Satz auch auf mehr als zwei Faktoren verallgemeinern! Von noch größerer praktischer Bedeutung ist jedoch, dass auch die umgekehrte Schlussrichtung dieses Satzes richtig ist, allgemein formuliert:
Erhält man stets $\mathbf{u} \sim \mathbf{v}_1$, sofern die übrigen Größen konstant bleiben, analog $\mathbf{u} \sim \mathbf{v}_2$, usw., so darf man hieraus schließen, dass $\mathbf{u}$ proportional zum *Produkt* der Größen $\mathbf{v}_1$, $\mathbf{v}_2$, ... ist!
Im Falle von nur zwei Größen $\mathbf{v}_1$ und $\mathbf{v}_2$ lautet der entsprechende

1.21 Satz $\mathbf{u} \sim \mathbf{v}_1$ *(wenn $\mathbf{v}_2$ konstant), und* $\mathbf{u} \sim \mathbf{v}_2$ *(wenn $\mathbf{v}_1$ konstant)* $\implies$ $\mathbf{u} \sim \mathbf{v}_1 \cdot \mathbf{v}_2$.

Der Beweis ist nicht mehr ganz so einfach, denn $\mathbf{u} \sim \mathbf{v}_1$ (wenn $\mathbf{v}_2$ konstant) bedeutet nur $\mathbf{u} = \mathbf{k}_1(\mathbf{v}_2) \cdot \mathbf{v}_1$. Der Proportionalitätsfaktor $\mathbf{k}_1$ kann ja zumindest noch von der Wahl des Wertes $\mathbf{v}_2$ abhängen, also eine nichtkonstante Funktion von $\mathbf{v}_2$ sein (was auch der Fall ist)! Ganz entsprechend schließen wir $\mathbf{u} = \mathbf{k}_2(\mathbf{v}_1) \cdot \mathbf{v}_2$. Gleichsetzen ergibt $\mathbf{k}_1(\mathbf{v}_2) \cdot \mathbf{v}_1$ $= \mathbf{k}_2(\mathbf{v}_1) \cdot \mathbf{v}_2$, und nach Division beider Seiten dieser Gleichung durch $\mathbf{v}_1 \cdot \mathbf{v}_2$:

$$\frac{\mathbf{k}_1(\mathbf{v}_2)}{\mathbf{v}_2} = \frac{\mathbf{k}_2(\mathbf{v}_1)}{\mathbf{v}_1}$$

Denken wir uns links für $\mathbf{v}_2$ einen festen Wert eingesetzt, das Ergebnis sei $\mathbf{k}$. Offensichtlich ist es nun egal, welchen Wert wir rechts für $\mathbf{v}_1$ einsetzen, es kann immer nur $\mathbf{k}$ herauskommen! Wir folgern weiter:

$$\frac{\mathbf{k}_2(\mathbf{v}_1)}{\mathbf{v}_1} = \mathbf{k}, \quad \mathbf{k}_2(\mathbf{v}_1) = \mathbf{k} \cdot \mathbf{v}_1, \quad \mathbf{u} = \mathbf{k}_2(\mathbf{v}_1) \cdot \mathbf{v}_2 = \mathbf{k} \cdot \mathbf{v}_1 \cdot \mathbf{v}_2, \quad \mathbf{u} \sim \mathbf{v}_1 \cdot \mathbf{v}_2. \ \checkmark$$

Diese Beweisidee lässt sich auch auf mehr als zwei Größen $\mathbf{v}_1$ und $\mathbf{v}_2$ verallgemeinern. Doch hierzu nun einige weitere

Beispiele und Anwendungen

Ideales Gasgesetz Für ideale Gase gelten recht einfache Beziehungen. Beispiele für (fast) ideale Gase sind Wasserstoff, Stickstoff und Sauerstoff. Angenommen, es herrscht eine konstante Temperatur von $\mathbf{T} = 273\,\mathrm{K}$ $(=0°\mathrm{C})$, und ein konstanter Druck $\mathbf{p} = 101{,}3\,\mathrm{kPa}$ von einer Atmosphäre:

(**1.22**) Skizze einer Momentaufnahme eines Gases unter „Normbedingungen", bei einer theoretischen Vergrößerung um das Fünfmillionenfache.

Unter diesen „Normbedingungen" beanspruchen $6{,}022 \cdot 10^{23}$ Moleküle eines idealen Gases ein Volumen von 22,4 Litern – hierbei ist die reale Größe von Molekülen wie beispielsweise Wasserstoff H_2, Wasser H_2O, Sauerstoff O_2, Stickstoff N_2, Methan CH_4, Chlor Cl_2, usw. vernachlässigbar. Sie beträgt mit Werten zwischen 0,2 - 0,4 nm nur einen Bruchteil des durchschnittlichen Abstands zwischen den umherfliegenden Gasmolekülen, vgl. Abb. 1.22.

Nun bezeichnet man bekanntlich die Menge von $6{,}022 \cdot 10^{23}$ Teilchen eines Stoffes zusammenfassend auch als 1 Mol. Ist die Stoffmenge bzw. die Anzahl der Mole doppelt so groß, dann ist auch das Volumen doppelt so groß, kurz: Volumen $\mathbf{V}$ und Stoffmenge $\mathbf{n}$ eines Gases sind proportional, $\mathbf{V} \sim \mathbf{n}$. Notieren wir unser bisheriges Wissen über ideale Gase, wobei $\mathbf{p}$ wieder den Druck und $\mathbf{T}$ die absolute Temperatur des Gases bezeichnet:

$$\mathbf{V} \sim \mathbf{n} \quad (\mathbf{T}, \mathbf{p} \text{ konstant}), \qquad \mathbf{V} \sim \mathbf{T} \quad (\mathbf{p}, \mathbf{n} \text{ konstant}), \qquad \mathbf{V} \sim \frac{1}{\mathbf{p}} \quad (\mathbf{T}, \mathbf{n} \text{ konstant}).$$

Mit Hilfe von Satz 1.21 fassen wir diese drei Proportionalitäten zu einer einzigen zusammen:

$$\mathbf{V} \sim \mathbf{n} \cdot \mathbf{T} \cdot \frac{1}{\mathbf{p}} \quad \text{oder} \quad \mathbf{V} = \mathbf{R} \cdot \mathbf{n} \cdot \mathbf{T} \cdot \frac{1}{\mathbf{p}},$$

wobei $\mathbf{R}$ die Proportionalitätskonstante bezeichnet. Nach Multiplikation mit $\mathbf{p}$ erhält man eine Gleichung ohne Bruchstrich in der Form:

$$(\mathbf{1.23}) \qquad\qquad \mathbf{p} \cdot \mathbf{V} = \mathbf{n} \cdot \mathbf{R} \cdot \mathbf{T} \qquad\qquad \text{(Ideales Gasgesetz)}$$

Die meisten realen Gase erfüllen unter gewöhnlichen Bedingungen diese Gleichung sehr gut, nur bei ungewöhnlich tiefer Temperatur oder hohem Druck kommt es zu Abweichungen. Ein hypothetisches Gas, das unter *allen* Bedingungen diese Gleichung erfüllt, nennt man ein ideales Gas. Diese Gleichung heißt deshalb auch die „Zustandsgleichung eines idealen Gases", oder einfach nur „ideales Gasgesetz". Die ideale „Gaskonstante" $\mathbf{R}$ hat den Wert

$$(\mathbf{1.24}) \qquad\qquad \mathbf{R} = 8{,}31451 \,\text{Pa} \cdot \text{m}^3 \cdot \text{K}^{-1} \cdot \text{mol}^{-1} = 8{,}31451 \,\text{J} \cdot \text{K}^{-1} \cdot \text{mol}^{-1}$$

Dieses Gasgesetz und die Gaskonstante sind von großer praktischer Bedeutung.

Merke: *Was π für Kreise (und Ellipsen), bedeutet $\mathbf{R}$ für Gase (und Lösungen)!*

Beispiele

(i) In einem Behältervolumen $\mathbf{V} = 10{,}0$ Liter sind $\mathbf{n} = 0{,}490$ mol Sauerstoff bei einer Temperatur von $\mathbf{t} = 24°\text{C}$. Wie hoch ist der Gasdruck $\mathbf{p}$ in diesem Behälter?

Die 'absolute' Temperatur in Kelvin beträgt $\mathbf{T} = (273 + 24)\,\text{K} = 297\,\text{K}$. Das Behältervolumen ergibt umgerechnet $\mathbf{V} = 0{,}0100 \,\text{m}^3$. Einsetzen aller Werte liefert:

$$\mathbf{p} = \mathbf{R} \cdot \frac{\mathbf{n} \cdot \mathbf{T}}{\mathbf{V}} = 8{,}31 \,\text{Pa} \cdot \text{m}^3 \cdot \text{K}^{-1} \cdot \text{mol}^{-1} \cdot \frac{0{,}490 \,\text{mol} \cdot 297 \,\text{K}}{0{,}0100 \,\text{m}^3} = 121 \,\text{kPa}$$

(ii) Welches Volumen $\mathbf{V}$ hat ein Mol ($\mathbf{n} = 1{,}00$ mol) eines idealen Gases unter 'Normbedingungen', also bei $0°\text{C}$ und $1\,\text{atm} = 101{,}3 \,\text{kPa}$ Druck?

$$\mathbf{V} = \mathbf{R} \cdot \frac{\mathbf{n} \cdot \mathbf{T}}{\mathbf{p}} = 8{,}31 \,\text{Pa} \cdot \text{m}^3 \cdot \text{K}^{-1} \cdot \text{mol}^{-1} \cdot \frac{1{,}00 \,\text{mol} \cdot 273 \,\text{K}}{101{,}3 \,\text{kPa}} = 22{,}4 \cdot 10^{-3} \,\text{m}^3$$

Natürlich war uns bereits bekannt, dass 1 Mol eines idealen Gases unter Normbedingungen ein Volumen von 22,4 Litern beansprucht! Aber Kontrolle kann ja nie schaden!

(iii) Sperrt man 1 Mol Sauerstoff (32 g) in ein Volumen von nur einem Liter, so beträgt der Druck bei $0°$ entsprechend 22,4 atm. Dieses Ergebnis spielt sogleich eine Rolle bei den nun folgenden Ausführungen über

Osmose – hier wird Druck gemacht Der für Natur und Technik so wichtige Vorgang der Osmose ist vielleicht etwas schwierig zu verstehen, aber der formal rechnerische Zusammenhang mit dem idealen Gasgesetz ist so erstaunlich wie einfach zugleich.

Membrane von pflanzlichen oder tierischen Zellen sind „semipermeabel", oder zumindest selektiv permeabel. Eine semipermeable („halbdurchlässige") Membran zwischen zwei Lösungen lässt nur Wassermoleküle hindurch diffundieren, hält aber die viel größeren Moleküle der gelösten Stoffe zurück.

(**1.25** a)   b)

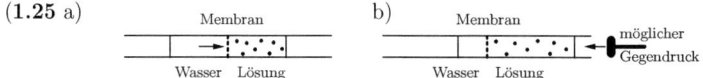

Durch die Membran in Skizze 1.25 a) diffundieren *Wassermoleküle* sowohl von links (reines Wasser) als auch von rechts (Wasser und Salz) durch die Poren der Membran. Im Vergleich zur linken Seite ist aber die Wasserkonzentration auf der rechten Seite natürlich geringer. Es gelangen mehr Wassermoleküle von links nach rechts als umgekehrt, so dass sich *insgesamt* eine Fließrate vom reinen Lösungsmittel links zur Lösung auf der rechten Seite ergibt. Ergebnis: Die Lösung rechts wird allmählich verdünnt, vgl. b).

Der Druckcharakter dieses Vorgangs wird deutlich, wenn man von rechts einen Gegendruck ausübt. Hierdurch werden vermehrt Wassermoleküle von rechts durch die Poren der Membran zur linken Seite gedrückt. Ist dieser Gegendruck nicht hoch genug, wird hierdurch die Fließrate von links nach rechts nur vermindert. Erst bei einem genügend hohen Gegendruck herrscht Gleichgewicht und der Fluss kommt insgesamt zum Erliegen.

Wird der Druck auf die Lösung noch weiter erhöht, fließt sogar mehr Wasser von rechts nach links, der Vorgang verläuft 'umgekehrt'. Durch 'Umkehr-Osmose' wird beispielsweise aus Salzwasser reines Wasser gewonnen. Der Gleichgewichtsdruck p_{osm} lässt sich sehr gut mit einem U–Rohr veranschaulichen und messen, vgl. Kommentar und Skizze 1.26.

(**1.26**) Durch die Fließrate nach rechts wird eine Flüssigkeitssäule der Höhe h aufgebaut! Der entstehende Gegendruck bringt hier den Vorgang schließlich zum Erliegen!

Man nennt diesen Druck den *osmotischen Druck* der Lösung (rechts) gegenüber dem Lösungsmittel (links). Der osmotische Druck p_{osm} hängt nur von der Anzahl der gelösten Teilchen ab, nicht von deren Art oder Größe!

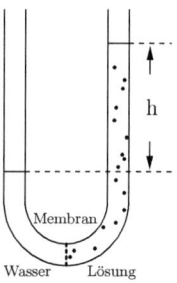

Es herrscht eine völlige Analogie zu Gasen: p_{osm} ist gleich dem Gasdruck, der sich ergäbe, wenn man dieselbe Anzahl der gelösten Teilchen gasförmig im Volumen **V** einsperren würde! So erzeugt zum Beispiel 1 Mol Traubenzucker (180 g), in 1 Liter Wasser gelöst, denselben Druck wie 1 Mol Sauerstoff (32 g) in einem Behälter von 1 Liter, also 22,4 atm (bei 0°C). Die entsprechende Wassersäule des U–Rohres wäre mit ungefähr 230 Metern höher als der Kölner Dom (157 m) oder das Ulmer Münster (höchster Kirchturm der Welt mit 161,53 m)! Und Sie können diesen osmotischen Druck ausrechnen, indem Sie einfach das Gasgesetz nach **p** auflösen:

(**1.27**)
$$p_{osm} = \frac{n}{V} \cdot R \cdot T$$

In dieser „van't- Hoff-Gleichung" bezeichnet **n** die Anzahl der gelösten Mole eines Stoffes. Sind mehrere Substanzen gelöst, so sind die entsprechenden Stoffmengen zu addieren. Elektrolyte wie zum Beispiel NaCl (Natriumchlorid) dissoziieren in stark verdünnten Lösungen fast vollständig in Na^+ und Cl^-, wodurch sich die Menge der osmotisch wirksamen Teilchen verdoppelt, was bei der Bestimmung von **n** mit dem Faktor 2 zu Buche schlägt.

Die van't–Hoff–Gleichung gilt in dieser einfachen Form auch nur für 'ideale' Lösungen, wenn diese also nicht zu hoch konzentriert sind. Und der Wert p_{osm} gilt in *Vergleich* zum reinen Lösungsmittel: Sind eine schwach konzentrierte und eine höher konzentrierte Lösung durch eine semipermeable Membran getrennt, so wirkt nur der *Differenzdruck*! Durch den Wassertransport in Richtung höherer Konzentration kann diese Differenz ausgeglichen werden.

Merke: *Ein osmotischer Druck existiert nur zwischen zwei Lösungen!*

Der osmotische Druck einer Lösung tritt überhaupt nicht in Erscheinung, solange diese Lösung nicht mit einer anderen Lösung mit anderem osmotischem Druck in Kontakt kommt! Dann kann es aber auch zu einer Zerstörung von Zellen kommen (Platzen oder Schrumpfen).

Beispiele Das Aufplatzen von Kirschen im Regen oder der Würstchen beim Kochen ist solch ein unerwünschter Effekt. Süßwasserfische nehmen durch Osmose viel Wasser auf, zu viel, und scheiden es über den Urin wieder aus – Wassertrinken überflüssig!

Umgekehrt bietet das Konservieren mit Salz oder Zucker eine gezielte Anwendung, Mikroorganismen durch Wasserentzug das Leben schwer zu machen. Salzwasserfische würden regelrecht austrocknen und verdursten – die meisten Arten trinken Salzwasser und scheiden das Salz über spezielle Chloridzellen wieder aus, zusätzlich ist der Urin hochkonzentriert, um möglichst wenig Wasser zu verlieren.

In pflanzlichen Zellen wird Traubenzucker in Form von Stärke gespeichert. Das verhindert einen zu starken Anstieg des osmotischen Drucks in den Speicherzellen gegenüber den anderen Zellen. Zum Beispiel hat 1 Gramm eines Polysaccharids, das aus 1000 Molekülen Traubenzucker gebildet wurde, nur noch die Wirkung wie 1 Milligramm Traubenzucker. Der osmotische Druck hängt ja nur von der Zahl der gelösten Teilchen ab, nicht von ihrer Masse!

Beim Menschen wird ein Überangebot von Traubenzucker im Blut mit Hilfe von Insulin in Glykogen (Leberstärke) umgewandelt und im Muskelgewebe und vor allem in der Leber gespeichert. Der osmotische Druck von Blut und menschlichen Zellen liegt bei etwa 7–8 atm (ca. 0,7–0,8 MPa). Infusionslösungen müssen den gleichen osmotischen Druck aufweisen.

Die Osmose spielt bei vielen physiologischen Prozessen eine entscheidende Rolle, zum Beispiel beim Stofftransport in der Pflanze oder bei der Funktion der Nieren. Und aufgrund von Osmose erreichen Pflanzen auch ihre mechanische Steifigkeit: Pflanzliche Zellen sind, im Gegensatz zu tierischen Zellen, zusätzlich von einer starren Zellwand umgeben. Die hohe Konzentration gelöster Stoffe in der Vakuole zieht Wasser in die Zelle, der resultierende osmotische Druck gegen die Zellwand versteift die Zellen, genau wie bei Schlauch und Mantel eines Reifens! Hierdurch wird das Gewebe und die gesamte Pflanze stabilisiert.

1 mmol (1 Tausendstel Mol) Traubenzucker pro Liter, oder 1 mmol irgendeiner unbekannten Substanz, hätte bei 0° C einen osmotischen Druck von 2,270 kPa – das entspricht bereits einer Wassersäule der Höhe 23,1 cm. Es lassen sich also mit solchen Druckmessungen erstaunlich geringe Stoffmengen **n** bestimmen. Und kennt man die Masse **m** dieser unbekannten Substanz, lässt sich mit Hilfe von **m/n** die Masse pro Mol berechnen. Das kann wiederum hilfreich sein bei der Bestimmung der chemischen Formel einer Substanz.

Der Druck zwischen Fluss– und Meerwasser lässt sich sogar zur Energieerzeugung nutzen!

Bemerkungen und Ergänzungen

Das Massenwirkungsgesetz Die meisten chemischen Reaktionen verlaufen auch in umgekehrter Richtung. Man notiert das mit einer Art Doppelpfeil:

$$A + B \rightleftharpoons C$$

Die Geschwindigkeit v_1 = Anzahl der Teilchen pro Zeit, mit der sich C bildet, ist proportional zur Konzentration $c(A)$, und natürlich auch zu $c(B)$. Nach den Rechengesetzen ist folglich v_1 proportional zum Produkt $c(A) \cdot c(B)$, beziehungsweise

$$v_1 = k_1 \cdot c(A) \cdot c(B)$$

Durch diesen Vorgang verringern sich die Konzentrationen von A und B, während die Konzentration von C natürlich ansteigt. Nun setzt auch die Rückreaktion ein, zunächst nur langsam, aber mit zunehmender Konzentration allmählich schneller. Die Geschwindigkeit v_2, mit der sich C zerlegt, ist proportional zur Konzentration $c(C)$: $v_2 = k_2 \cdot c(C)$. Schließlich hat die Geschwindigkeit der Hinreaktion so weit abgenommen, und die der Rückreaktion so weit zugenommen, dass ein dynamisches Gleichgewicht herrscht, es gilt $v_1 = v_2$:

$$k_1 \cdot c(A) \cdot c(B) = k_2 \cdot c(C) \quad \Leftrightarrow \quad \frac{c(C)}{c(A) \cdot c(B)} = \frac{k_1}{k_2} = K$$

Beispiel: $H^+ + OH^- \rightleftharpoons H_2O$, $\quad \dfrac{c(H_2O)}{c(H^+) \cdot c(OH^-)} = 5{,}56 \cdot 10^{15}$ L/mol $\quad$ (Temp. $22°$ C)

Vereinbarungsgemäß werden die Konzentrationen der *rechten Seite* in den *Zähler* geschrieben, 'man fängt von hinten wieder an'. Sind die Konzentrationen der rechten Seite vergleichsweise hoch, ist auch der Wert der *Gleichgewichtskonstanten* **K** entsprechend hoch. Man sagt in unserem Beispiel, das Gleichgewicht „liegt auf der rechten Seite". Der Wert von **K** wird für eine gegebene Reaktion und Temperatur experimentell ermittelt.

Die weiteren Ausführungen halten wir knapp, da die Rechengesetze nicht weiter als bisher berührt sind. Zum Beispiel gilt im Falle einer Reaktion

$$A + B \rightleftharpoons C + D \quad \text{entsprechend} \quad \frac{c(C) \cdot c(D)}{c(A) \cdot c(B)} = K,$$

und im Spezialfall $C = D$

$$A + B \rightleftharpoons 2\,C \quad \text{entsprechend} \quad \frac{c^2(C)}{c(A) \cdot c(B)} = K.$$

Hier ist $c^2(C)$ die Schreibweise für das Quadrat von $c(C)$, also für das Produkt $c(C) \cdot c(C)$. Das allgemeine Ergebnis verdeutlicht folgendes Beispiel:

$$4\,HCl + O_2 \rightleftharpoons 2\,H_2O + 2\,Cl_2 \quad \text{Gleichgewichtskonstante:} \quad \frac{c^2(H_2O) \cdot c^2(Cl_2)}{c^4(HCl) \cdot c(O_2)} = K$$

Elektrische Stromstärke I und Spannung U (allgemein: Spannungsdifferenz ΔU) sind proportional, also gilt aufgrund der *Symmetrie* von proportionalen Beziehungen:

$$I \sim U, \quad I = L \cdot U \quad \text{und} \quad U \sim I, \quad U = R \cdot I$$

Sie können es so wie links oder so wie rechts hinschreiben! Völlig egal ist es trotzdem nicht, denn die beiden Proportionalitätsfaktoren sind hierbei verschieden! Der Proportionalitätsfaktor $R = \frac{U}{I}$ (Einheit $\frac{V}{A} = \Omega$ Ohm) heißt elektrischer Widerstand, der Faktor $L = \frac{I}{U}$ (Einheit $\frac{A}{V} = S$ Siemens) ist die elektrische Leitfähigkeit.

Es besteht natürlich ein einfacher Zusammenhang: Elektrischer Widerstand $\mathbf{R}$ und elektrische Leitfähigkeit $\mathbf{L}$ sind reziprok zueinander:

$$\mathbf{R} = \frac{\mathbf{U}}{\mathbf{I}}, \quad \mathbf{L} = \frac{\mathbf{I}}{\mathbf{U}}, \quad \mathbf{R} \cdot \mathbf{L} = 1, \quad \mathbf{L} = \frac{1}{\mathbf{R}}, \quad \mathbf{R} = \frac{1}{\mathbf{L}}.$$

Die Werte von $\mathbf{L}$ und $\mathbf{R}$ hängen nur ab von den Materialeigenschaften und den geometrischen Gegebenheiten. Achten Sie nun einmal auf die Analogie bei folgenden beiden Größen

Volumenstromstärke I und Druck p Die Volumenstromstärke ('Fluss') wird gemessen in Kubikmeter pro Sekunde (m^3/s). Wir wählen hierfür wieder die Bezeichnung $\mathbf{I}$. Fließen beispielsweise 25 Liter Wasser pro Sekunde durch ein Rohr, so beträgt $\mathbf{I} = 0{,}025 \ m^3/s$. Der Blutfluss durch die Aorta beträgt ungefähr $0{,}0001 \ m^3/s$. Zum 'Antrieb' ist ein Druck $\mathbf{p}$ (N/m^2) erforderlich (allgemein: eine Druckdifferenz $\Delta \mathbf{p}$).

Die beiden Größen $\mathbf{I}$ und $\mathbf{p}$ sind proportional. Verglichen mit vorigem Beispiel entspricht $\mathbf{I}$ der Stromstärke, und der Druck $\mathbf{p}$ entspricht der elektrischen Spannung:

$$\mathbf{I} \sim \mathbf{p}, \quad \mathbf{I} = \mathbf{L} \cdot \mathbf{p} \quad \text{und} \quad \mathbf{p} \sim \mathbf{I}, \quad \mathbf{p} = \mathbf{R} \cdot \mathbf{I}$$

Je größer der 'Leitwert' $\mathbf{L}$ ($N^{-1} \cdot s^{-1} \cdot m^5$), umso größer $\mathbf{I}$; und entsprechend umgekehrt, je größer der Strömungswiderstand $\mathbf{R}$ ($N \cdot s \cdot m^{-5}$), um so größer der erforderliche Druck. Die Werte $\mathbf{L}$ und $\mathbf{R}$ sind wieder reziprok zueinander. Man kann diese Proportionalitätsfaktoren einfach messen, oder anhand der geometrischen Gegebenheiten und den Eigenschaften der Flüssigkeit ('Zähigkeit' oder 'Viskosität' η) ausrechnen. Zum Beispiel gilt im Falle eines zylindrischen Rohres mit Radius $\mathbf{r}$ und Länge $\mathbf{l}$ (man achte auf die Kehrwerte der Konstanten):

$$\mathbf{R} = \frac{8\,\eta \cdot \mathbf{l}}{\pi \cdot \mathbf{r}^4}, \qquad \mathbf{I} = \frac{\pi \cdot \mathbf{r}^4}{8\,\eta \cdot \mathbf{l}} \cdot \mathbf{p} \qquad \text{(Hagen–Poisseuille–Gesetz)}$$

Es wird turbulent – das Reynolds-Kriterium Die beiden letzten Gleichungen gelten allerdings nur, solange die Strömungsgeschwindigkeit nicht zu groß ist. Der Widerstand erhöht sich zusätzlich durch Wirbelbildung (Turbulenz), sobald die Geschwindigkeit einen bestimmten kritischen Wert $\mathbf{v}_k$ überschreitet! Dieser kritische Wert ist umgekehrt proportional zum Radius $\mathbf{r}$ und zur Dichte ρ der Flüssigkeit, aber proportional zu deren Viskosität η:

$$\mathbf{v}_k = \mathrm{Re}_k \cdot \frac{\eta}{\rho \cdot \mathbf{r}} \qquad \text{(Re Reynoldszahl)}$$

Die kritische Reynoldszahl Re_k hat bei Strömungen durch ein glattwandiges Rohr einen konstanten Wert von rund 1200. Turbulenzen durch Überschreiten der kritischen Geschwindigkeit $\mathbf{v}_k$ treten im Blutkreislauf des Menschen normalerweise nur im Anfangsteil des Aortabogens auf. Bei stark erniedrigter Viskosität η, z.B. bei Blutarmut, ist die Strömungsgeschwindigkeit zumeist erhöht. Eine verringerte Viskosität verkleinert aber den kritischen Wert $\mathbf{v}_k$, was dann zu Turbulenzen führen kann, wie auch im Falle krankhafter Gefäßverengungen aufgrund der stark erhöhten Fließgeschwindigkeit. Die durch Turbulenzen verursachten Strömungsgeräusche lassen sich mit dem Stethoskop hörbar machen!

Bei Pipelines führt ein Überschreiten der kritischen Geschwindigkeit zu einer starken Erhöhung des Strömungswiderstandes! Bei Heizungs- oder Kühlrohren kann dagegen Turbulenz, wegen der verbesserten Wärmeabgabe, geradezu erwünscht sein.

Will man Strömungsverhältnisse an einem verkleinerten Modell studieren, müssen Reynoldszahl von Modell und Original übereinstimmen.

Maler und Heizkörper Bezeichnen wir mit M die Anzahl der Maler, H sei die Anzahl der lackierten Heizkörper und Z die benötigte Zeit. Wir vermuten folgende Gesetzmäßigkeiten:

$$Z \sim H \text{ (bei festem } M) \text{ und } Z \sim \frac{1}{M} \text{ (bei festem } H). \text{ Wir schließen: } Z \sim \frac{H}{M}.$$

Bezeichne k die Proportionalitätskonstante, dann gilt also $Z = k \cdot \frac{H}{M}$. Die Werte des Eingangsbeispiels $M = 3$ Maler, $H = 27$ Heizkörper und $Z = 6$ Stunden liefern $k = \frac{2}{3}$. Wir verzichten auf die Notation von Einheiten, und beantworten jetzt unsere Eingangsfrage: Wie lange benötigen 5 Maler für 30 Heizkörper: $Z = \frac{2}{3} \cdot \frac{H}{M} = \frac{2}{3} \cdot \frac{30}{5} = 4$ (Stunden).

Ein Blick zurück ...

- Proportionale Beziehungen sind stets symmetrisch und transitiv.

- Aus der Proportionalität einer Größe zu *mehreren* anderen Größen (bei Konstanz der jeweils übrigen), folgt die Proportionalität zum Produkt aller dieser Größen.

- Mit Hilfe der vorigen Regel lassen sich zahlreiche Gesetze der Naturwissenschaften herleiten.

Aufgaben

1. Wie rechnen Sie eine Längenangabe in Zoll (Inch) um in Zentimeter, und wie rechnen Sie Zentimeter um in Zoll? (Hinweis: 36 englische Zoll $\widehat{=}$ 36 inch $\widehat{=}$ 1 yard $\widehat{=}$ 91,44 cm.)

2. 1 J (Joule) entspricht 0,239 cal (Kalorie). Und 1 cal entspricht wie viel J? Formulieren Sie allgemein die Umrechnung einer Energiemenge von Joule in Kalorie, und umgekehrt, mit entsprechenden Proportionalitätskonstanten.
   Die analoge Aufgabenstellung mit PS und kW, 1 PS entspricht umgerechnet 735,5 kW.

3. Proportionalität ist bekanntlich eine *symmetrische* Beziehung. Im Falle des Einkaufsbeispiels gilt für Preis P und Menge M sowohl $P \sim M$ als auch $M \sim P$. Die betreffenden Proportionalitätskonstanten

$$\frac{P}{M} \quad \text{und} \quad \frac{M}{P}$$

   haben beide eine praktische Bedeutung!
   Erläutern Sie dies am Zahlenbeispiel $P = 4{,}50\,€$ und $M = 1{,}80\,kg$.

4. Für Masse m und Volumen V gilt analog wie in voriger Aufgabe $m \sim V$ und $V \sim m$. Die entsprechenden Proportionalitätsfaktoren $m/V = d$ und $V/m = v$ heißen spezifische Dichte und spezifisches Volumen.
   Für Helium gilt $d = 0{,}166\ kg/m^3$ (bei 20° und einer Atmosphäre Druck). Bestimmen Sie den entsprechenden Wert für v. Welche Bedeutung hat dieser Wert?

5. 64 mühsam gefangene Stechmücken hatten eine Gesamtmasse von exakt 0,128 g. Masse m und Anzahl n sind natürlich (annähernd) proportional, also $m \sim n$ und $n \sim m$. Bestimmen Sie die beiden Proportionalitätskonstanten! Interpretation?

6. Für eine chemische Reaktion, bei der A und B eine Verbindung P bilden, wurden folgende Werte gemessen, v(P) die Reaktions– oder Bildungsgeschwindigkeit von P:

c(A)	c(B)	v(P)
$0{,}30\ \frac{mol}{L}$	$0{,}15\ \frac{mol}{L}$	$7{,}20 \cdot 10^{-4} \frac{mol}{L \cdot s}$
$0{,}30\ \frac{mol}{L}$	$0{,}30\ \frac{mol}{L}$	$1{,}44 \cdot 10^{-3} \frac{mol}{L \cdot s}$
$0{,}60\ \frac{mol}{L}$	$0{,}30\ \frac{mol}{L}$	$2{,}88 \cdot 10^{-3} \frac{mol}{L \cdot s}$
$0{,}15\ \frac{mol}{L}$	$0{,}90\ \frac{mol}{L}$	$2{,}16 \cdot 10^{-3} \frac{mol}{L \cdot s}$

Welche Proportionalitäten zwischen v(P) und den Werten von c(A) und c(B) vermuten Sie? Stellen Sie eine entsprechende Gleichung auf für v(P), in Abhängigkeit von den beiden Konzentrationen c(A) und c(B).

7. Wie viel Weizen pro Hektar Anbaufläche können Sie ernten, wenn auf einem Hektar (ungefähr) 4 Millionen Ähren stehen, eine Ähre 40 Weizenkörner enthält, und jedes Weizenkorn 0,08 Gramm wiegt? Was hat diese Aufgabe mit Rechenregeln für Proportionen zu tun?

8. Eine große Buche trägt etwa 500 000 Blätter mit einer Gesamtfläche von 1 000 m². An einem sonnigen Tag werden durch Photosynthese ungefähr 10 Kilogramm Traubenzucker erzeugt. Wie viele Blätter erzeugen pro Tag 1 Gramm Zucker, und wie groß ist die entsprechende Blattfläche?

9. Der Grundumsatz (Energieverbrauch bei körperlicher Ruhe) eines Menschen liegt bei rund 4,0 kJ pro Kilo Körpergewicht und Stunde. Geben Sie diesen Energiebedarf **E** formelmäßig wieder, also unter Einbeziehung des Körpergewichts **M** und der Zeit **t**.

10. Der Wert des elektrischen Widerstands **R** eines Drahtes ist proportional zu seiner Länge l (bei konstanter Querschnittsfläche) und umgekehrt proportional zu seiner Querschnittsfläche **F** (bei konstanter Länge).

(i) Fassen Sie beides zu einer einzigen Regel zusammen! Die zugehörige Proportionalitätskonstante ϱ nennt man die Resistivität (spezifischer Widerstand) des Materials.

(ii) Zeigen Sie, dass für die entsprechende Einheit gilt: $[\varrho] = \Omega \cdot m$.

Beispielsweise gilt in dieser Einheit für Kupfer der Wert $\varrho = 1{,}7 \cdot 10^{-8}$, Aluminium $2{,}9 \cdot 10^{-8}$, Eisen ungefähr $12 \cdot 10^{-8}$, Kohle $60 \cdot 10^{-8}$, Blut 1,6, Muskelgewebe 2, Fettgewebe 30, destilliertes Wasser zirka $2 \cdot 10^{5}$, Glas ungefähr 10^{13}.

Auf den unterschiedlichen Werten für Muskel– und Fettgewebe beruht die Messung des Fettgewebeanteils auf Personenwaagen!

11. Die Resistivität ϱ der meisten Metalle und Materialien in voriger Aufgabe nimmt mit wachsender Temperatur zu, gemäß

$$\varrho_T = \varrho_{20} \cdot (1 + \alpha \cdot (T - 20)), \quad \text{T in } °C. \qquad \text{Skizzieren Sie } \varrho \text{ als Funktion von T:}$$

Für Silber, Kupfer, Aluminium gilt zirka $\alpha = 0{,}004$ pro °C. Bei welcher Temperatur ist ϱ_T gegenüber ϱ_{20} um 4 % gestiegen, und bei welcher Temperatur beträgt die Erhöhung ungefähr 40 %? (Für Materialien wie z.B. Kohle ist α negativ, $\alpha = -0{,}0008$ pro °C.)

12. Unter den Gay-Lussac Gesetzen versteht man die beiden Proportionalitäten:

$$\mathbf{V} \sim \mathbf{T} \quad (\mathbf{p}, \mathbf{n} \text{ konstant}) \quad \text{und} \quad \mathbf{p} \sim \mathbf{T} \quad (\mathbf{V}, \mathbf{n} \text{ konstant}).$$

Leiten Sie diese beiden Beziehungen ab als Spezialfälle des idealen Gasgesetzes!

13. In einem Gefäß von 10 L sind 0,250 mol Sauerstoff bei 100 Grad Celsius, wie hoch ist der Druck?

14. Die Anzahl N_A der Teilchen pro Mol, multipliziert mit der Anzahl n der Mole, ergibt die Gesamtanzahl N aller Teilchen (Atome, Moleküle, Ionen, ...), kurz:

$$n \cdot N_A = N, \qquad n = \frac{N}{N_A}, \qquad \text{Avogadro–Zahl } N_A = 6{,}02214 \cdot 10^{23} \cdot \text{mol}^{-1}.$$

Einsetzen in das ideale Gasgesetz liefert:

$$V \cdot p = n \cdot R \cdot T = \frac{N}{N_A} \cdot R \cdot T = N \cdot \frac{R}{N_A} \cdot T = N \cdot k \cdot T.$$

Bestimmen Sie die 'Boltzmann–Konstante' $k = \dfrac{R}{N_A}$, (mit Einheiten)!

15. Der osmotische Druck zwischen dem Saft der Baumwurzeln und dem Wasser im Erdboden ist im Frühjahr eine der Ursachen für das Steigen des Saftes bis zur Baumkrone. Wählen wir als Zahlenbeispiel 32 mol Zucker pro m³ und 24° C. Zeigen Sie, dass der osmotische Druck rund 79 kPa beträgt und einer Wassersäule von 8 m Höhe entspricht. Der Unterdruck durch Verdunstung der Blätter ist ein weiterer Motor für den Wassertransport, doch schätzt man, dass Bäume nicht höher als 130 m werden können.

16. Blut verhält sich wie die Lösung einer Molekülverbindung mit einer Konzentration von 0,296 mol pro Liter Lösung (entsprechend 296 mol pro Kubikmeter Lösung). Zeigen Sie: Der osmotische Druck von Blut bei 37° C beträgt 763 kPa = 0,763 MPa.

17. Injektionslösungen müssen isotonisch mit dem Blut sein, also den gleichen osmotischen Druck besitzen. Eine 'physiologische Kochsalz–Lösung' ist isotonisch zum Blut. (i) Bestimmen Sie den osmotischen Druck einer Lösung von 9 g/L Kochsalz NaCl bei 37° C, unter der Annahme, dass die Kochsalzmenge vollständig in Na^+ und Cl^- Ionen aufgespalten (osmotisch also doppelt wirksam) ist. (ii) Und wie hoch ist unter der gleichen Annahme der osmotische Druck von Meerwasser mit 3,5 g NaCl pro Liter? Hinweis: Die molare Masse von NaCl beträgt M = 58,5 g/mol.

18. Beim elektrischen Plattenkondensator befinden sich zwei gleich große Metallplatten (oder Metallfolien) in einem festen Abstand gegenüber. Die Kapazität C eines solchen Kondensators ist proportional zur Fläche F einer Platte (bei konstantem Abstand), und umgekehrt proportional zum Abstand d dieser Platten (bei konstanter Fläche). Fassen Sie beide Regeln zu einer einzigen Proportionalität zusammen!

Ist der Raum zwischen den Platten leer, so hat die Proportionalitätskonstante den Wert $8{,}854 \cdot 10^{-12}$ A·s/V·m. Sie heißt elektrische Feldkonstante ϵ_0; siehe auch Aufgabe 38 auf Seite 28.

19. Membrane können für ganz bestimmte Moleküle durchlässig sein. Die durch Diffusion transportierte Substanzrate J_{Diff} (mol/s) ist natürlich proportional zur Membranfläche A (m²) bei konstantem Konzentrationsunterschied, und proportional zum Konzentrationsunterschied Δc (mol/m³) bei konstanter Membranfläche. Formulieren Sie diese Aussage als Gleichung (sog. Ficksches Diffusionsgesetz), und bestimmen Sie die Einheit der Proportionalitätskonstanten P. Deren Wert ist ein Maß für die Permeabilität (Durchlässigkeit) der Membran.

20. Ziehen Sie an einem Draht (oder elastischen Faden), so erhöht sich dessen Länge um ein gewisses Stück ΔL. Diese Längenänderung ΔL hängt natürlich ab von der Ausgangslänge L und Querschnittsfläche A des Drahtes, sowie von der Zugkraft F:

Finden Sie selbst die zugehörigen Proportionalitäten, und fassen Sie diese zum 'Hookschen Gesetz' zusammen! Welche Einheit hat der Proportionalitätsfaktor k?

Man schreibt die Proportionalitätskonstante k auch in der Form $k = \frac{1}{E}$, und nennt $E = \frac{1}{k}$ den Elastizitätsmodul des Materials. Einige Werte für E: Stahl $20 \cdot 10^{10}\,\frac{N}{m^2}$, Aluminium $7{,}0 \cdot 10^{10}\,\frac{N}{m^2}$, Knochen $1{,}6 \cdot 10^{10}\,\frac{N}{m^2}$, Eichenholz $1{,}0 \cdot 10^{10}\,\frac{N}{m^2}$, Haar $2{,}0 \cdot 10^7\,\frac{N}{m^2}$.

21. Lösen Sie mit dem Hookschen Gesetz der vorigen Aufgabe: Ein $7{,}0$ cm langes Haar dehnt sich bei einer Kraft von $3{,}0$ mN um $2{,}3$ mm. Rechnen Sie nach, dass sich hieraus ein Durchmesser von $d = 0{,}076$ mm ergibt.

22. (i) Wie viel Kilojoule Wärme benötigt man, um $1{,}50$ kg Wasser von 22 Grad Celsius auf 25 Grad Celsius zu erwärmen? (ii) Wie groß ist die spezifische Wärme von Eisen, wenn 186 J benötigt werden, um 165 g von 23,20 auf 25,70 Grad Celsius zu erwärmen?

23. Zeigen Sie, dass die zitierte Reynolds–Zahl $Re = v \cdot \rho \cdot r / \eta$ dimensionslos ist!
Hinweis: Die Einheit der Zähigkeit η ist $[\eta] = N \cdot s \cdot m^{-2} = Pa \cdot s$, $[\rho] = kg \cdot m^{-3}$.
(Als Abkürzung ist die kleinere Einheit $1\,\text{Poise} = 1\,P = 0{,}1\,Pa \cdot s$ gebräuchlich).

24. Die mittlere Geschwindigkeit in der Aorta beträgt ca. 20 cm/s, bei einem Radius von etwa $1{,}2$ cm. Wie hoch ist die kritische Geschwindigkeit $v_k = Re_k \cdot \dfrac{\eta}{\rho \cdot r}$ bei einem kreisförmigen Querschnitt ($Re_k = 1200$) und einer Viskosität des Blutes von:

    (i) $\eta = 0{,}0035$ N·s/m^2,   (ii) $\eta = 0{,}0015$ N·s/m^2?

(Rechnen Sie einfach mit $\rho \approx 1\text{g/cm}^3 = 10^3\ \text{kg/m}^3$.)

25. Die Reynoldszahl eines Vogels errechnet sich als $Re = \frac{\rho}{\eta} \cdot A \cdot v$, ($v$ die Fluggeschwindigkeit, $\rho = 1{,}2$ kg/m^3 die Dichte und $\eta = 1{,}7 \cdot 10^{-5}$ N · s · m^{-2} die Zähigkeit der Luft, A die „charakteristische Ausdehnung" des Vogels. Die *kritische* Reynoldszahl beträgt ungefähr $Re_k = 10^5$; bei Überschreitung der zugehörigen *kritischen* Geschwindigkeit v_k erhöht sich der Kraftaufwand durch übermäßige Luftwirbel erheblich! Zeigen Sie: Für $A = 17$ cm beträgt die kritische Geschwindigkeit $v_k = 30$ km/h.

26. Wie viel Blut der Viskosität $\eta = 0{,}004$ N·s/m^2 fließt durch eine Kapillare der Länge $l = 5$ cm und Radius $r = 100\ \mu$m bei einem Druck bzw. einer Druckdifferenz von $p = 500$ Pa? Berechnen Sie also I gemäß Hagen–Poiseuille, S. 50.

1 e) Konzentrationen und Anteile

Alkoholprobleme Mischen Sie 51,8 mL reinen Alkohol (Ethanol) und 51,8 mL Wasser, erhalten Sie ein Gesamtvolumen von 100 mL! Man nennt dieses Phänomen *Volumenkontraktion*. Und nun die Preisfrage: wie hoch ist der Alkoholgehalt dieses „hochprozentigen" Getränks? Falls Sie 51,8 Vol.% sagen, müssten Sie den Wassergehalt ebenfalls mit 51,8 Vol.% angeben! Das sind zusammen aber mehr als 100 %. So geht es also nicht. Aber wollen Sie nun etwa behaupten, dass in diesen 100 mL nur 50 % Alkohol, also 50 mL enthalten sind? Sie könnten aber auch den Massenanteil ausrechnen, denn 51,8 mL Alkohol wiegen 40,9 g, und das wären nur 44 % von insgesamt 92,7 g, was die Getränkeindustrie natürlich nicht mag. Falls Sie nun bereits ohne Alkohol ein wenig verwirrt sind, so war das durchaus beabsichtigt. Lassen Sie uns wenigstens *diese* Alkoholprobleme lösen, eine exakte Begriffsbildung ist gar nicht so einfach! Es geht vor allem um den Unterschied zwischen *Konzentration* und *Anteil*. Die benötigten Angaben sind in der folgenden Tabelle zusammengefasst, die entsprechenden Stoffmengen sind ebenfalls ausgerechnet:

$$(1.28) \quad \begin{array}{lll} 40,9 \text{ g Alkohol} & \equiv & 0,89 \text{ mol Alkohol} & \equiv & 51,8 \text{ mL Alkohol} \\ 51,8 \text{ g Wasser} & \equiv & 2,88 \text{ mol Wasser} & \equiv & 51,8 \text{ mL Wasser} \\ \hline 92,7 \text{ g Summe} & & 3,77 \text{ mol Summe} & & 103,6 \text{ mL Summe}: \quad 100 \text{ mL Lösung.} \end{array}$$

Wenn Sie ein bestimmtes Volumen dieser Lösung abmessen, so ist die hierin enthaltene Masse $\mathbf{m}(A)$ an Alkohol proportional zu diesem Volumen $\mathbf{V}(\text{Lös})$, kurz $\mathbf{m}(A) \sim \mathbf{V}(\text{Lös})$. Den *Proportionalitätsfaktor* $\boldsymbol{\beta}(A)$ nennt man *Massenkonzentration*. Die enthaltene Masse $\mathbf{m}(A)$ lässt sich hiermit sofort ausrechnen, sie beträgt natürlich $\mathbf{m}(A) = \boldsymbol{\beta}(A) \cdot \mathbf{V}(\text{Lös})$. Entsprechendes gilt für die enthaltene Stoffmenge und die Stoffmengenkonzentration, sowie für das gelöste Alkoholvolumen und die zugehörige Volumenkonzentration:

Konzentrationen

Definition und Beispiele Wir notieren abkürzend „A" für Alkohol und „W" für Wasser. Anhand der Tabelle lassen sich nun folgende *Konzentrationen* ausrechnen:

$$\boldsymbol{\beta}(A) = \frac{\mathbf{m}(A)}{\mathbf{V}(\text{Lös})} = \frac{40,9 \text{ g}}{0,100 \text{ L}} = 409 \ \frac{\text{g}}{\text{L}}$$

$$\boldsymbol{\beta}(W) = \frac{\mathbf{m}(W)}{\mathbf{V}(\text{Lös})} = \frac{51,8 \text{ g}}{0,100 \text{ L}} = 518 \ \frac{\text{g}}{\text{L}}$$

„Massenkonzentration"

$$\mathbf{c}(A) = \frac{\mathbf{n}(A)}{\mathbf{V}(\text{Lös})} = \frac{0,89 \text{ mol}}{0,100 \text{ L}} = 8,9 \ \frac{\text{mol}}{\text{L}}$$

$$\mathbf{c}(W) = \frac{\mathbf{n}(W)}{\mathbf{V}(\text{Lös})} = \frac{2,88 \text{ mol}}{0,100 \text{ L}} = 28,8 \ \frac{\text{mol}}{\text{L}}$$

„Stoffmengenkonzentration"

$$\boldsymbol{\delta}(A) = \frac{\mathbf{V}(A)}{\mathbf{V}(\text{Lös})} = \frac{51,8 \text{ mL}}{0,100 \text{ L}} = 518 \ \frac{\text{mL}}{\text{L}}$$

$$\boldsymbol{\delta}(W) = \frac{\mathbf{V}(W)}{\mathbf{V}(\text{Lös})} = \frac{51,8 \text{ mL}}{0,100 \text{ L}} = 518 \ \frac{\text{mL}}{\text{L}}$$

„Volumenkonzentration"

Solche Angaben lassen sich natürlich auch umrechnen, zum Beispiel 409 g Alkohol *pro Liter* Lösung in 0,409 kg Alkohol *pro Liter*, oder kurz 409 g/L in 0,409 kg/L. Entsprechend lässt sich auch die Wasserkonzentration von 518 g/L als 0,518 kg/L angeben. Möglich sind auch Angaben wie Alkohol 40,9 g/100 mL (40,9 g *pro hundert* Milli-Liter) und Wasser 51,8 g/100 mL (51,8 g *pro hundert* Milli-Liter), Das sind offensichtlich keine Prozentwerte! Prozente machen bei Konzentrationen keinen Sinn – *was soll denn insgesamt hundert Prozent ergeben?*

Charakteristischerweise tragen Konzentrationsangaben immer *Einheiten* wie kg/L, mol/L, mL/L, insbesondere auch bei der Volumenkonzentration! So sind 518 mL/L umgerechnet zum Beispiel 0,518 L/L, die Einheit Liter in Zähler und Nenner wird also nicht weggekürzt.

Einfache Aufgaben Meistens ist es nützlich, den Quotienten aufzulösen:

(**1.29**) $\qquad$ $\mathbf{m} = \beta \cdot \mathbf{V}(\text{Lös})$, $\qquad$ $\mathbf{n} = \mathbf{c} \cdot \mathbf{V}(\text{Lös})$, $\qquad$ $\mathbf{V} = \delta \cdot \mathbf{V}(\text{Lös})$,

a) Die Zuckerkonzentration einer Lösung betrage 8,75 Gramm pro Liter, $\beta(\text{Z}) = 8{,}75\,\text{g/L}$. Wie viel Zucker sind in 640 mL dieser Zuckerlösung enthalten? Mit 1.29 folgt

$$\mathbf{m}\,(\text{Z}) = 8{,}75\,\frac{\text{g}}{\text{L}} \cdot 0{,}640\,\text{L} = 5{,}60\text{ g}$$

b) Die Salzkonzentration einer Lösung betrage 0,800 Mol pro Liter, $\mathbf{c}(\text{S}) = 0{,}800\,\text{mol/L}$. Wie viel Liter dieser Salzlösung enthalten genau ein Mol Salz? Wir folgern analog:

$$1{,}000\,\text{mol} = 0{,}800\,\frac{\text{mol}}{\text{L}} \cdot \mathbf{V}(\text{Lös})\,, \quad \mathbf{V}(\text{Lös}) = \frac{1{,}000}{0{,}800}\,\text{L} = 1{,}25\text{ L}$$

c) Die Alkohol*konzentration* von Wodka betrage 51,8 mL pro 100 mL: $\delta(\text{A}) = 51{,}8\,\text{mL}/100\,\text{mL}$, (vgl. Anfangsbeispiel, man achte auf die Einheiten, also nicht Prozent!). Wie viel Alkohol sind in 0,250 Litern enthalten? Wir rechnen gemäß 1.29:

$$\mathbf{V}\,(\text{A}) = \frac{51{,}8\,\text{mL}}{100\,\text{mL}} \cdot 0{,}25\,\text{L} = 0{,}518 \cdot 0{,}250\,\text{L} = 0{,}130\,\text{L}$$

Wie zu Beginn bereits erklärt: Die Angabe 51,8 Vol.% auf der Flasche erscheint zunächst logisch, aber dann wären auch 51,8 Vol.% Wasser enthalten, und das ist unlogisch! Der Volumen*anteil* Alkohol beträgt in diesem Beispiel tatsächlich nur 50 Vol.%:

Anteile

Definition und Beispiele Allgemein ist der „Anteil" p (lat.: 'pars') der Quotient des Teils **t** durch Gesamtsumme **s** der einzelnen Teile. Somit gilt:

(**1.30**) $\qquad$ Anteil $\quad \mathbf{p} = \dfrac{\mathbf{t}}{\mathbf{s}}$ $\quad$ und $\quad$ Teil $\quad \mathbf{t} = \mathbf{p} \cdot \mathbf{s}$

Angenommen, ein Gebiet lässt sich insgesamt aufteilen in 2,1 km² Wald, in 1,6 km² Weide, und in 1,3 km² Ackerfläche. Dann beträgt der Anteil an Wald:

$$\frac{2{,}1\,\text{km}^2}{2{,}1\,\text{km}^2 + 1{,}6\,\text{km}^2 + 1{,}3\,\text{km}^2} = \frac{2{,}1\,\text{km}^2}{5{,}0\,\text{km}^2} = \frac{2{,}1}{5{,}0} = 0{,}42 = 42 \cdot \frac{1}{100} = 42\,\%$$

Merke: *Anteile lassen sich in Prozent ausdrücken, nicht aber Konzentrationen.*

Entsprechend ergeben sich die übrigen Anteile,

Weide: $\dfrac{1{,}6\,\text{km}^2}{5{,}0\,\text{km}^2} = \dfrac{1{,}6}{5{,}0} = 0{,}32 = 32\,\%$, Acker: $\dfrac{1{,}3\,\text{km}^2}{5{,}0\,\text{km}^2} = \dfrac{1{,}3}{5{,}0} = 0{,}26 = 26\,\%$.

Es handelt sich um Quotienten von gleichen Größen, deren Einheiten folglich kürzbar sind. Charakteristisch für Anteile ist, dass alle Anteile aufaddiert insgesamt immer 1 ($= 100\,\%$) ergeben müssen. In vorigem Beispiel ist das natürlich auch sofort ersichtlich, denn

$$0{,}42 + 0{,}32 + 0{,}26 = \frac{2{,}1}{5{,}0} + \frac{1{,}6}{5{,}0} + \frac{1{,}3}{5{,}0} = \frac{2{,}1 + 1{,}6 + 1{,}3}{5{,}0} = \frac{5{,}0}{5{,}0} = 1 \ (= 100\,\%)$$

Im Fall von Tabelle 1.28 lassen sich nun folgende Anteile bestimmen. Wie wählen als Abkürzung
$$\mathbf{m} = \mathbf{m}(A) + \mathbf{m}(W), \qquad \mathbf{n} = \mathbf{n}(A) + \mathbf{n}(W), \qquad \mathbf{V} = \mathbf{V}(A) + \mathbf{V}(W)$$
für die *Gesamtsumme der einzelnen Komponenten:*

$$w(A) = \frac{\mathbf{m}(A)}{\mathbf{m}} = \frac{40{,}9\,\text{g}}{92{,}7\,\text{g}} = 0{,}441 = 44{,}1\,\%$$
$$w(W) = \frac{\mathbf{m}(W)}{\mathbf{m}} = \frac{51{,}8\,\text{g}}{92{,}7\,\text{g}} = 0{,}559 = 55{,}9\,\%$$
$$\left.\vphantom{\begin{array}{c}a\\b\end{array}}\right\}\ \text{„Massenanteil"}$$

$$\chi(A) = \frac{\mathbf{n}(A)}{\mathbf{n}} = \frac{0{,}89\,\text{mol}}{3{,}77\,\text{mol}} = 0{,}236 = 23{,}6\,\%$$
$$\chi(W) = \frac{\mathbf{n}(W)}{\mathbf{n}} = \frac{2{,}88\,\text{mol}}{3{,}77\,\text{mol}} = 0{,}764 = 76{,}4\,\%$$
$$\left.\vphantom{\begin{array}{c}a\\b\end{array}}\right\}\ \text{„Stoffmengenanteil"}$$

$$\varphi(A) = \frac{\mathbf{V}(A)}{\mathbf{V}} = \frac{51{,}8\,\text{mL}}{103{,}6\,\text{mL}} = 0{,}500 = 50{,}0\,\%$$
$$\varphi(W) = \frac{\mathbf{V}(W)}{\mathbf{V}} = \frac{51{,}8\,\text{mL}}{103{,}6\,\text{mL}} = 0{,}500 = 50{,}0\,\%$$
$$\left.\vphantom{\begin{array}{c}a\\b\end{array}}\right\}\ \text{„Volumenanteil"}$$

Zurück zu unserer Frage zu Beginn des Abschnittes. Es gilt hier für diese Alkohollösung $\varphi(A) = 50\,\text{Vol.}\%$, aber $\delta(A) = 51{,}8\,\text{mL}/100\,\text{mL} = 518\,\text{mL/L} = 0{,}518\,\text{L/L}$. Mit Hilfe der Volumenkonzentration δ können wir leicht das *ursprüngliche* Alkoholvolumen bestimmen, nicht aber mit dem Volumenanteil. Das ist nur möglich, falls die Summe der Einzelvolumina der Komponenten, nennen wir sie A und B, gleich dem Gesamtvolumen der Lösung ist, kurz: wenn für den Nenner die Beziehung $\mathbf{V}(A) + \mathbf{V}(B) = \mathbf{V}(\text{Lös})$ erfüllt ist. Beim Mischen von Gasen ist das zumeist der Fall, aber nicht unbedingt bei Flüssigkeiten. Allerdings ist die Volumenkontraktion bei geringem Alkoholgehalt sehr gering, so dass ein Liter Wein mit $10\,\text{Vol.}\%$ Alkohol recht genau $\frac{1}{10}$ Liter reinen Alkohol enthält.

Massenanteil und Stoffmengenanteil machen überhaupt keine Probleme, denn die Summe der Einzelmassen ist natürlich gleich der Gesamtmasse, und ebenso addieren sich die einzelnen Stoffmengen! Kritische Überlegungen erfordert nur die Addition der Volumina.

Der Alkoholgehalt im Blut wird als Massenanteil angegeben, $w(A) = 0{,}001 = \frac{1}{1000} = 1\,\text{‰}$ (1 Promille) entsprechen 1 g Alkohol pro kg Blut bzw. 1 mg pro g.

Einfache Aufgaben Der Zuckergehalt einer Lösung betrage $w(Z) = 19,5\%$.

a) Wieviel Gramm Zucker sind in $\mathbf{m} = 0,841$ kg Zuckerlösung enthalten?

Es geht um die einfache Aufgabe: Wie viel sind 19,5 Prozent von insgesamt 0,841 kg?

$$\mathbf{m}(Z) = w(Z) \cdot \mathbf{m} = \frac{19,5}{100} \cdot 0,841 \text{ kg} = 0,195 \cdot 0,841 \text{ kg} = 0,164 \text{ kg}$$

b) Welche Menge $\mathbf{m}$ dieser Zuckerlösung enthalten $\mathbf{m}(Z) = 682$ Gramm Zucker?

$$0,682 \text{ kg} = 0,195 \cdot \mathbf{m}, \qquad \mathbf{m} = \frac{0,682 \text{ kg}}{0,195} = 3,50 \text{ kg}$$

c) Angenommen, Sie sollen die Volumenanteile von Luft umrechnen in Stoffmengenanteile!

Luft besteht zu etwa 78,08% seines Volumens aus Stickstoff N_2, 20,95% sind Sauerstoff O_2, 0,93% Edelgas Argon, und rund 0,04% Kohlendioxid CO_2:

Aus der Proportionalität $\mathbf{V} \sim \mathbf{n}$, also $\mathbf{V} = \mathbf{k} \cdot \mathbf{n}$ mit der für alle (idealen) Gase gleichen Konstanten, folgt für Stickstoff $\mathbf{V}(N_2) = \mathbf{k} \cdot \mathbf{n}(N_2)$, für Sauerstoff $\mathbf{V}(O_2) = \mathbf{k} \cdot \mathbf{n}(O_2)$, usw. Eingesetzt erhalten wir zum Beispiel:

$$\varphi(N_2) = \frac{\mathbf{V}(N_2)}{\mathbf{V}(N_2) + \mathbf{V}(O_2) + \ldots} = \frac{\mathbf{k} \cdot \mathbf{n}(N_2)}{\mathbf{k} \cdot \mathbf{n}(N_2) + \mathbf{k} \cdot \mathbf{n}(O_2) + \ldots} = \frac{\mathbf{n}(N_2)}{\mathbf{n}(N_2) + \mathbf{n}(O_2) + \ldots} = \chi(N_2)$$

Merke *Bei Gasen gilt die einfache Beziehung: Volumenanteil = Stoffmengenanteil.*

Da Luft zu 78,08% aus Stickstoff besteht, trägt dieser zu 78,08% des Luftdrucks in unserer Atmosphäre bei (insgesamt 101,3 kPa). Der *Partialdruck* von Stickstoff beträgt demnach $\mathbf{p}(N_2) = 0,7808 \cdot 101,3 \text{ kPa} = 79,10 \text{ kPa}$; für Sauerstoff $\mathbf{p}(O_2) = 0,2095 \cdot 101,3 \text{ kPa} = 21,22 \text{ kPa}$. Bezeichnet allgemein $\chi(A)$ den Stoffmengenanteil eines Gases A, und ist $\mathbf{p}$ der Gesamtdruck, so beträgt der Partialdruck

$$\mathbf{p}(A) = \chi(A) \cdot \mathbf{p} \qquad\qquad \text{(Dalton – Gesetz)}$$

Bemerkungen und Ergänzungen

Prost – Die Formel von Widmark Angenommen, Sie haben im Restaurant 0,25 Liter Wein mit einem Alkoholgehalt von 10 Vol.% getrunken. Dann sind das 25 mL Alkohol. Die Dichte beträgt rund 0,8 g/mL, so dass Sie 20 g reinen Alkohol zu sich genommen haben! Genau so viel sind es bei einem halben Liter Bier mit 5 Vol.%.

Hiervon dürfen Sie noch 10% abziehen, da ungefähr 10% des getrunkenen Alkohols direkt wieder ausgeschieden, also nicht resorbiert werden (Resorptionsdefizit). Verbleiben imernoch $\mathbf{m}(A) = 18$ g reiner Alkohol.

Diese Alkoholmenge verteilt sich über die Blutbahn in die gesamte Gewebeflüssigkeit des Körpers. Bei einer Frau sind das rund $r = 60\%$ des Körpergewichts von zum Bsp. $\mathbf{G} = 60$ kg, also $\mathbf{m} = 36$ kg Gewebeflüssigkeit.

Folglich werden $\mathbf{m}(A) = 18$ g Alkohol in $\mathbf{m} = 36$ kg 'gelöst'. Der Massenanteil beträgt somit:

$$w(A) = \frac{\mathbf{m}(A)}{\mathbf{m}} = \frac{18 \text{ g}}{36 \text{ kg}} = 0,50 \text{ ‰ (Promille)}$$

Sie haben bereits 0,5 Promille Alkohol im Blut (eigentlich im gesamten Gewebe)! Allgemein:

Formel von Widmark: $w(A) = \dfrac{\mathbf{m}(A)}{r \cdot \mathbf{G}}$ ($r \approx 0,70$ bei Männern, $r \approx 0,60$ bei Frauen).

Die Herstellung einer Lösung ist recht einfach, doch vermeiden Sie bitte folgenden Fehler: Falls Sie zum Beispiel 30 g einer Substanz in 100 mL Wasser lösen, so beträgt die Konzentration natürlich *nicht* $\frac{30,0\,\text{g}}{100\,\text{mL}} = 0{,}300\,\text{kg/L}$. Durch Zugabe der Substanz ändert sich ja auch das Gesamtvolumen der Lösung, sagen wir zum Beispiel auf insgesamt 120 mL. Die Lösung hätte dann nur noch eine Konzentration von $\frac{30,0\,\text{g}}{120\,\text{mL}} = 0{,}250\,\text{kg/L}$! Stattdessen gibt man das Lösungsmittel unter ständigem Umrühren zu den 30 g, bis 100 mL Lösung erreicht sind. Dann muss man auch nicht kontrollieren, ob vielleicht eine Volumenkontraktion stattgefunden hat.

Ähnliche Fehler sind bei Anteilen möglich: Geben Sie zum Beispiel 25 g einer Substanz zu 100 g Lösungsmittel, so beträgt der Massenanteil dieser Substanz nur $25/125 = 0{,}20 = 20\,\%$. Um 25 % zu erreichen, dürften Sie nur 75 g Lösungsmittel verwenden!

Wenig empfehlenswert ist die Schreibweise gemäß Arzneibuch. Angenommen, es sind 90,1 g Zucker und 45,0 g Wasser in 100 mL Zuckerlösung enthalten (vgl. Aufg. 21). Gemäß Deutschem und Europäischem Arzneibuch beträgt die Zucker*konzentration* dann 90,1 % $\frac{\text{g}}{\text{mL}}$. Mit Zwang lässt sich nämlich das Prozentzeichen, als Abkürzung für 1/100, überall einfügen! Hier ist es ganz besonders leicht: $\beta(\text{Z}) = \frac{90,1\,\text{g}}{100\,\text{mL}} = 90{,}1 \cdot \frac{1}{100} \cdot \frac{\text{g}}{\text{mL}} = 90{,}1\,\%\,\frac{\text{g}}{\text{mL}}$. Der Verbraucher wird vermuten, dass die 'restlichen' 9,9 % $\frac{\text{g}}{\text{mL}}$ aus Wasser bestehen, richtig wären dann aber 45,0 % $\frac{\text{g}}{\text{mL}}$. Ein Kraftstoffverbrauch von 6,35 L auf 100 km wären 6,35 % $\frac{\text{L}}{\text{km}}$. Und eine Lösung Natriumjodid NaJ mit einer Konzentration $\beta(\text{NaJ}) = 114\,\text{g}/100\,\text{mL}$, also 114 g NaJ in 100 mL Lösung, wären vorschriftsmäßig 114 % $\frac{\text{g}}{\text{mL}}$. Die arzneilich verordnete Logik schlägt hier Purzelbäume – Prozentangaben sind nur bei Anteilen wirklich sinnvoll!

Bezeichnungen Der Stoffmengenanteil $\chi(\text{A})$ wurde früher als Molenbruch bezeichnet. Die Stoffmengenkonzentration wird oft noch molare Konzentration oder Molarität genannt; für beispielsweise $c(\text{A}) = 2{,}0\,\text{mol/L}$ ist auch die Bezeichnung 2-molar üblich, abgekürzt 2M, anstelle von $c(\text{A})$ die Schreibweise [A].

Molarität und Molalität Während die Stoffmengenkonzentration oder Molarität c die Anzahl der Mole eines Stoffes pro *Liter Lösung* angibt, ist es bei der Molalität b die Anzahl der Mole dieses Stoffes pro *Kilogramm Lösungsmittel*: Sie erhalten eine Zuckerlösung der Molalität $b = 1\,\text{mol/kg}$, wenn Sie ein Mol Zucker $C_{12}H_{22}O_{11}$ (342 g) in einem Kilogramm Wasser auflösen. Sie erhalten also 1,342 kg Lösung mit einer Molalität von 1 mol/kg (das Volumen ist uninteressant)! Für eine Salzlösung NaCl der Molalität $b = 1\,\text{mol/kg}$ lösen Sie entsprechend $1\,\text{mol} = 58{,}5\,\text{g}$ Salz in einem Kilogramm Wasser, oder in irgendeinem anderen Lösungsmittel der Masse 1 kg. Im Gegensatz zur Molarität ($1\,\text{M} = 1\,\text{mol/L}$) ist die Molalität ($1\,\text{m} = 1\,\text{mol/kg}$) unabhängig von der Temperatur, da sich das Volumen der Lösung ändern kann, nicht aber deren Masse. Bevorzugte Verwendung der Molalität daher in der Kalorimetrie und in der Gefrier- und Siedepunktsbestimmung.

Ein Blick zurück ...

- Rechnerisch gesehen sind Konzentrationen und Anteile Proportionalitätsfaktoren beim Abfüllen von Lösungen.

- Bei Konzentrationen sind stets auch die betreffenden Einheiten anzugeben, Prozentangaben machen keinen Sinn.

- Anteile lassen sich in Prozenten ausdrücken, ohne Angabe von Einheiten.

Aufgaben

Zum Aufwärmen einige Prozentaufgaben (auch Anteile werden in Prozent ausgedrückt)!

1. Wenix verdient als Halbtagskraft in einem Steinbruch 2000 gallische Taler im Monat und muss hiervon $33\frac{1}{3}$ % an Abgaben entrichten, als da sind: Lohn- und Druidensteuer, Hinkelsteinversicherung, Wildschweinpfennig, Zaubertrank-Ergänzungsabgabe, usw. Duplix verdient als Ganztagskraft mit 4000 gallischen Talern doppelt so viel, und zahlt deshalb als sogenannter Besser(ver)dienender $66\frac{2}{3}$ % an Abgaben. Wieviel hat Duplix am Ende mehr als sein Freund Wenix? (Zeigen Sie: Garnix!)

2. Walnüsse bestehen zu etwa 40 % ihres Gewichts aus Öl! Wie viel Walnüsse sind also erforderlich für ein Kilogramm Walnussöl?

3. Bei Käse wird der prozentuale Fettanteil oder Fettgehalt i. Tr. (in der Trockenmasse) angegeben. Eine Faustregel besagt: Hat ein Schnittkäse x % Fett i.tr., so beträgt der Fettgehalt in der Frischmasse nur $0,6 \cdot x$ %. Wie viel Gramm Fett enthält also eine frische Scheibe Käse von 25 Gramm mit 40 % Fett i.tr. (d.h. hier $x = 40$)?

4. Ein Fahrrad koste ohne 'Mehrwertsteuer' (eigentlich 'Umsatzsteuer') 850 €. (i) Wie viel kostet es *mit* Mwst.? (ii) Wie erechnet man hieraus wieder den Preis *ohne* Mwst.? (iii) Und wie erhält man die 'im Gesamtpreis *enthaltene* Mwst.'?

5. (i) Jeder 'aufrechte' Mensch wird im Laufe des Tages zirka 2–3 cm kleiner. Wie viel Prozent sind 2,7 cm bei einer morgendlichen Größe von 1,80 m?

   (ii) Frisches Holz schrumpft beim Trocknen um ungefähr 0,3 % ('Schwundverlust'): Wie lang war ein Brett vor dem Trocknen, wenn es um 12 mm geschrumpft ist? Und wie lang muss ein Brett vor dem Trocknen sein, wenn es nach dem Trocknen genau 5 m lang sein soll?

6. Bei einer Solaranlage bedeutet ein Wirkungsgrad von 16 %, dass 16 % der Sonnenenergie in elektrische Energie umgewandelt werden. Wenn nun der Wirkungsgrad durch technische Neuerungen auf 20 % erhöht wird, um wieviel Prozent steigt dann die Ausbeute an elektrischer Energie?

7. (i) Sie nehmen 28 Tropfen Ihrer Arznei anstelle der vorgeschriebenen 20, das sind wie viel Prozent mehr? (ii) Wieviel Prozent von 7 800 € ergeben 195 €? (iii) Bei einer Bestellung machten Sie eine Anzahlung von 128 € entsprechend 8 % des Kaufpreises, wie hoch war dieser Kaufpreis? (iv) Die Einwohnerzahl eines Landes stieg von $3,680 \cdot 10^{6}$ auf $4,140 \cdot 10^{6}$, das ist ein Anstieg um wieviel Prozent?

8. Die Schwefeldioxidbelastung in einem Industriegebiet war lange Zeit konstant. Durch Ausfall eines großen Werkes sank sie um 50 %. Als das Werk die Fabrikation wieder aufnahm, wurde ein Anstieg von 100 % gemeldet! Wie hoch war die Belastung jetzt, im Vergleich zu früher?

9. Die Seehundpopulation in einem Gebiet ist gegenüber dem Vorjahr um 8 % gestiegen und beträgt jetzt 4266 Tiere. Wie viele Tiere wurden im vorigen Jahr gezählt?

10. Ein Händler gibt 10 % Rabatt auf den Bruttopreis (Preis mit Mwst.). Der andere Händler gibt 10 % auf den Nettopreis (Preis ohne Mwst.), die Mehrwertsteuer rechnet er anschließend erst hinzu. Was ist für Sie günstiger?

11. Sie bekommen beim Kauf eines wertvollen Teppichs von 10 000 € einen Aktionsrabatt von 20 % angeboten, und schließlich noch 10 % Barzahlungsrabatt! (i) Zusammen also 30 % Rabatt? (ii) Ist die Reihenfolge wichtig, also zuerst Aktions–, dann Barzahlungsrabatt, oder besser umgekehrt?

12. Sie haben mit ihrem studierenden Sohn (oder mit der Versicherung, dem Staat, etc.) vereinbart, 15 % ihrer Einkünfte an ihn zu überweisen! Durch Lohnerhöhung sind Ihre Einkünfte um 3 % gestiegen. Welche Steigerung erhält ihr Sohn (Staat, Versicherung)?

    Nennen wir es *Gummibandeffekt*: Wird ein Gummiband um einen gewissen Prozentsatz gedehnt, so dehnt sich natürlich auch jeder Abschnitt des Gummibandes um diesen Prozentsatz! Finanzpolitisch ist diese Tatsache von enormer Bedeutung, scheint aber den meisten Bürgern (und Politikern?) überhaupt nicht bewusst zu sein!

13. Der sogenannte Feingoldgehalt (Massenanteil) einer Goldlegierung wurde früher noch in 'Karat' angegeben, bei Silber in 'Loth'. Reines Gold entsprach 24 Karat, reines Silber 16 Loth. Wie hoch war der Massenanteil bei 18 Karat, und wie viel waren 12 Loth?

14. 1 m³ Luft enthalte 12 Gramm Wasserdampf. Wie hoch ist die relative Luftfeuchtigkeit (i) bei 20° C, wenn 1 m³ Luft bei dieser Temperatur höchstens 17,3 Gramm Wasserdampf aufnehmen kann, (ii) bei 15° C, mit höchstens 12,9 Gramm Wasser pro m³?

    (Relative Luftfeuchtigkeit und Haltbarkeit von Materialien und Lebensmitteln: Grünschimmel beginnt ab 85 % relativer Luftfeuchtigkeit zu wachsen, Köpfchenschimmel ab 88 %, Kahmhefe ab 95 %, Hausschwamm ab 97 %, Bakterien ab 98 %.)

15. Angenommen 0,1 % der Bevölkerung eines Landes habe Aids. Es wird ein allgemeiner Zwangstest vorgeschlagen: Mit 99 % Sicherheit wird ein Aidskranker als solcher erkannt (also 1 % der Aidskranken als gesund eingestuft). Genauso werde ein Gesunder mit 99 % Sicherheit als gesund erkannt (also 1 % der Gesunden als aidsverdächtig eingestuft). Frage: Wie hoch ist der Prozentsatz der Gesunden unter den Aidsverdächtigen?

    Falls es Ihnen beim Rechnen hilft, wählen Sie als Einwohnerzahl des Landes 100 Millionen Menschen – obwohl das gesuchte Ergebnis im Prinzip nicht davon abhängt!

16. Im Jahre 1975 wurde der CO_2 (Volumen-) Anteil der Atmosphäre noch mit 330 ppm angegeben, im Jahre 2006 mit 380 ppm. Wie hoch ist der prozentuale Anstieg, bezogen auf den damaligen Wert von 1975? (Das am stärksten wirksame Treibhausgas ist übrigens der Wasserdampf, ohne diesen wäre die Erde unbewohnbar kalt!)

17. Folgende Luftbelastung wurde gemessen: 6 μg/m³ Schwefeldioxid, 15 μg/m³ Stickstoffdioxid, 25 μg/m³ Feinstaub und 89 μg/m³ Ozon. Handelt es sich bei diesen Angaben um Anteile oder Konzentrationen, und um welche Art?

18. Der Tagesbedarf eines Erwachsenen an Eisen liegt bei etwa 12–18 mg. Der Spinat ist berühmt für seinen hohen Eisengehalt, doch die Unterschiede sind gar nicht so groß. Der Gehalt an Eisen beträgt pro 100 g bei Äpfel, Birnen, Weintrauben, Gurken, Tomaten, Weißkohl rund 0,5 mg; Erdbeeren, Himbeeren, Johannisbeeren, Pellkartoffeln, Wirsing 1 mg; *Spinat*, Möhren, Grünkohl, Walnüsse 2 mg; Haselnüsse 4 mg; dicke Bohnen 6 mg . Rechnen Sie diese Angaben um in 'ppm' Massenanteil: Bekanntlich dient ppm (parts per million) bei sehr geringen Anteilen als Abkürzung für 10^{-6}, genau wie ‰(Promille) für 10^{-3} und % (Prozent) für 10^{-2}.

19. Der Volumenanteil des Edelgases Helium in der Erdatmosphäre beträgt etwa 5 ppm, bei Kohlendioxid sind es 380 ppm. Rechnen Sie auch den Volumenanteil des Edelgases Argon von 0,93 % um in ppm. Und wie hoch ist der Prozentanteil von Kohlendioxid?

20. Der Salzgehalt (Massenanteil) von Meerwasser beträgt durchschnittlich 3,50 %, wie viel Promille sind das umgerechnet? Wie viel Meerwasser ist erforderlich zur Gewinnung von 500 Gramm Meersalz?

21. Es ist tatsächlich möglich, 100 Gramm Zucker in 50 Gramm Wasser zu lösen (vgl. Tabelle). Bestimmen Sie sämtliche möglichen Angaben über Konzentrationen und Anteile.

$$
\begin{array}{llll}
100 \text{ g Zucker} & \equiv & 0{,}292 \text{ mol Zucker} & \equiv & 63 \text{ mL Zucker} \\
50 \text{ g Wasser} & \equiv & 2{,}778 \text{ mol Wasser} & \equiv & 50 \text{ mL Wasser} \\
\hline
150 \text{ g Summe} & & 3{,}070 \text{ mol Summe} & 113 \text{ mL Summe}: & 111 \text{ mL Lösung.}
\end{array}
$$

(Auch hier findet eine Volumenkontraktion statt! Wäre dies nicht der Fall, könnte man die Dichte einer Lösung einfach aus der Dichte von Substanz und Wasser ausrechnen: Summe der Massen durch Summe der Volumina. Tabellen wären folglich überflüssig!)

22. Sie wollen 8 Liter Spritzbrühe zur Schädlingsbekämpfung herstellen (in Wasser gelöst). Wie viel cm^3 des Pflanzenschutzmittels benötigen Sie hierfür, wenn der Volumenanteil bei Anwendung 0,5 % betragen soll.

23. Sie mischen 50 g reines Glyzerin (Dichte 1,265 g/cm^3) mit 150 g Wasser. Zeigen Sie, dass der Massenanteil an Glyzerin 25 % beträgt, der Volumenanteil aber nur rund 21 %.

24. Rechnen Sie die Massenkonzentration von 9,00 g/L Kochsalz NaCl um in die entsprechende Stoffmengenkonzentration. (Molmasse von NaCl: $M(NaCl) = 58{,}44$ g/mol.)

25. Wie rechnen Sie die Stoffmengenkonzentration von 1,200 mol/L Silbernitrat $AgNO_3$ um in die entsprechende Massenkonzentration von 203,8 g/L? ($M(AgNO_3) = 169{,}87$ g/mol.)

26. (i) Massenkonzentration $\beta(A)$ und Stoffmengenkonzentration $\chi(A)$ sind proportional, $\beta(A) \sim c(A)$. Bestimmen Sie den Proportionalitätsfaktor! Hinweis: $m(A) = M(A) \cdot n(A)$.
(ii) Warum gilt diese Regel nicht für Massen– und Stoffmengenanteil $w(A)$ und $\chi(A)$?

27. Wie hoch sind die Massenanteile von Na und Cl in reinem Kochsalz NaCl? Wie hoch sind die entsprechenden Stoffmengenanteile? ($M(Na) = 23{,}0$ g/mol, $M(Cl) = 35{,}5$ g/mol.)

28. Zeigen Sie: Die Massenanteile von Fe und O der Verbindung $Fe_2O_3 = 2\,Fe + 3\,O$ betragen 70 % und 30 %, die Stoffmengenanteile hingegen 40 % und 60 %. ($M(Fe) = 56$ g/mol, $M(O) = 16$ g/mol.)

29. Wenn Sie 1 kg „normalen" Zucker ($C_{12}H_{22}O_{11}$) in 1 kg Wasser auflösen, beträgt der Massenanteil an Zucker 50 %. Welchen zahlenmäßigen(!) Anteil haben die Zuckermoleküle in dieser Zuckerlösung? (Hinweis: Stoffmengenanteile bestimmen! $M(C_{12}H_{22}O_{11}) = 342$ g/mol)

30. Für stark verdünnte Lösungen sind die Zahlenwerte von Molarität und Molalität in etwa gleich oder zumindest proportional. Lösen Sie zum Beispiel 0,010 mol = 0,585 g Kochsalz in einem Kilogramm Wasser von Zimmertemperatur, so beträgt die Molalität (exakt) $b = 0{,}010$ mol/kg, und die Molarität (gerundet) $c = 0{,}010$ mol/L.

Anders bei hohen Konzentrationen: Wie groß sind Molalität **b** und Molarität **c** bei einer Lösung von 1000 g Zucker in 500 g Wasser. (Vgl. Zahlenbeispiel Aufg. 21 auf S. 62!)

31. (i) Warum ergibt sich aus 0,75 kg Wasser durch Zugabe von 1,2 mol oder durch Zugabe von 216 g Traubenzucker $C_6H_{12}O_6$ eine Molalität von 1,6 mol/kg?

    (ii) Zeigen Sie: Der Massenanteil einer Traubenzuckerlösung der Molalität $\mathbf{b} = 1{,}389\,\text{mol/kg}$ beträgt w = 0,20 . (Die molare Masse von Traubenzucker beträgt 180 g/mol.)

32. Warum beträgt der Stoffmengenanteil einer wässrigen Lösung der Molalität $\mathbf{b} = 1\,\text{mol/kg}$ immer $\chi = 0{,}0177$, und bei einer Lösung in Tetrachlormethan CCl_4 immer $\chi = 0{,}133$, unabhängig vom gelösten Stoff? (Vorsicht: $\mathbf{b} = 2\,\text{mol/kg}$ ergibt nicht den doppelten Wert!) Hinweis: 1 kg H_2O entsprechen 55,56 mol; 1 kg CCl_4 entsprechen 6,502 mol.

33. Bestimmen Sie Stoffmengenanteil $\chi(O_2)$ und Massenanteil $w(O_2)$ von

    (i) 1 mol O_2 und 1 mol H_2, (zeigen Sie $\chi(O_2) = 0{,}50$ und $w(O_2) = 0{,}94$)

    (ii) 1 mol O_2 und 9 mol H_2, (hier $\chi(O_2) = 0{,}10$ und $w(O_2) = 0{,}64$)

    Sind Stoffmengen– und Massenanteile proportional, also der Quotient der beiden Größen immer konstant?

1 f) Mischungen

Einleitung Zum Thema Mischen gehört auch das Verdünnen einer Lösung, und umgekehrt der Entzug von Wasser, wie in folgender

Aufgabe: Ihre Firma will durch ein Trocknungsverfahren den Wassergehalt frischer Tomaten von anfänglich 94 % des Gewichts auf 50 % senken! Ihre Ausgangsmenge beträgt 100 kg frische Tomaten. Schätzen Sie: Wie viel verbleibt Ihnen am Ende des Verfahrens?

Antwort: Es bleiben zum Verkauf nur 12 kg Ware übrig! Die Ausgangsmenge von 100 kg setzt sich ja zusammen aus 94 kg Wasser und 6 kg Trockensubstanz. Letztere macht aber am Ende des Trocknens genau die Hälfte aus (50 %). Folglich sind es zum Schluss nur noch 12 kg Tomaten, bestehend aus 6 kg Wasser und 6 kg Trockensubstanz.

Verdünnen

Anhand der Massenkonzentration $\beta(S) = \dfrac{m(S)}{V(\text{Lös.})}$ lässt sich sofort die enthaltene Masse einer Substanz S ausrechnen: $\quad m(S) = V(\text{Lös.}) \cdot \beta(S).$ So enthalten z.B. $0{,}25\,L$ mit einer Konzentration von $0{,}120\,kg/L$ genau $0{,}25\,L \cdot 0{,}120\,kg/L = 0{,}030\,kg$ dieser Substanz. Bezeichne im Folgenden V_1 das Anfangsvolumen der Lösung und $\beta_1(S)$ die Massenkonzentration, so ergibt also $V_1 \cdot \beta_1(S)$ die darin enthaltene Substanzmenge im linken Gefäß:

$$V_1 \cdot \beta_1(S) = V \cdot \beta(S)$$
$$m_1 \cdot w_1(S) = m \cdot w(S)$$

Erhöht sich nun durch Zugabe von Lösungsmittel das Volumen rechts zu V, so verringert sich hierdurch die Massenkonzentration zu $\beta(S)$, aber trotzdem bleibt der Wert des Produkts $V \cdot \beta(S)$ konstant, denn die enthaltene Substanzmenge ändert sich nicht durch Zugabe von Lösungsmittel, ebensowenig wie durch Entzug von Lösungsmittel! Kurz, es muss stets gelten: $V_1 \cdot \beta_1(S) = V \cdot \beta(S)$. Ganz analog auch für Stoffmengen- und Volumenkonzentration.

Im Falle von Anteilen bezeichne S wieder die Substanz, W das Lösungsmittel. Wählen wir als nützliche Abkürzungen

$$m = m(S) + m(W) \qquad n = n(S) + n(W) \qquad V = V(S) + V(W)$$

also m die Gesamtmasse, n die Gesamtstoffmenge, und V das Gesamtvolumen der Lösung. Letzteres natürlich nur, falls die Summe der Einzelvolumina $V(S)$ und $V(W)$ auch wirklich gleich dem Gesamtvolumen V ist! Massen-, Stoffmengen-, Volumenanteile sind definiert als

$$w(S) = \frac{m(S)}{m} \qquad \chi(S) = \frac{n(S)}{n} \qquad \varphi(S) = \frac{V(S)}{V}$$

Folglich ergeben die einzelnen Produkte:

$$m \cdot w(S) = m(S) \qquad n \cdot \chi(S) = n(S) \qquad V \cdot \varphi(S) = V(S)$$

Masse bzw. Stoffmenge bzw. Volumen der enthaltenen Substanz S ändern sich natürlich nicht durch Zugabe oder Entzug von Lösungsmittel. Kurz, auch hier bleiben die betreffenden Produkte konstant! Beispielsweise gilt, wie in der Skizze bereits angegeben:

$m_1 \cdot w_1(S) = m \cdot w(S)$. Hierbei bezeichnen m_1 und $w_1(S)$ Masse und Massenanteil der einen Lösung, m und $w(S)$ Masse und Massenanteil der anderen Lösung. Entsprechende Beziehungen gelten für die anderen Anteile. Fassen wir zusammen:

1.31 Satz *Bei gleicher Substanzmenge aber unterschiedlicher Verdünnung gilt für die entsprechenden Konzentrationen der enthaltenen Substanz S:*

$$V_1 \cdot \beta_1(S) = V \cdot \beta(S) \qquad V_1 \cdot c_1(S) = V \cdot c(S) \qquad V_1 \cdot \delta_1(S) = V \cdot \delta(S)$$

und für die Anteile von S:

$$m_1 \cdot w_1(S) = m \cdot w(S) \qquad n_1 \cdot \chi_1(S) = n \cdot \chi(S) \qquad V_1 \cdot \varphi_1(S) = V \cdot \varphi(S)$$

Beispiele

(i) Der von Bienen gesammelte Nektar besteht zu etwa 70 % seines Gewichts aus Wasser. Wie viel Nektar sind erforderlich für 500 g Honig, wenn dieser nach dem Eindicken einen Wassergehalt von 16 % haben soll? (Bei über 18 % ist Gärung nicht mehr auszuschließen). Der Massenanteil der im Nektar enthaltenen Stoffe beträgt nur $w_1(S) = 30\,\%$, die gesuchte Menge an Nektar bezeichnen wir mit m_1. Durch Eindicken sollen daraus $m = 500\,\mathrm{g}$ mit einem Massenanteil $w(S) = 84\,\%$ entstehen, also

$$m_1 \cdot w_1(S) = m \cdot w(S) \qquad m_1 \cdot 0{,}30 = 0{,}500\,\mathrm{kg} \cdot 0{,}84 \qquad m_1 = 0{,}500\,\mathrm{kg}\,\frac{0{,}84}{0{,}30} = 1{,}4\,\mathrm{kg} \quad \text{(Ergebnis)}$$

(ii) Ein Student soll eine Lösung der Konzentration $c(S) = \frac{1}{10}\,\mathrm{mol/L}$ herstellen. Zur Verfügung steht eine Stammlösung der Konzentration $c_1 = 1\,\mathrm{mol/L}$. Er mischt fälschlicherweise 1 Teil Stammlösung mit 10 Teilen des reinen Lösungsmittels, (zum Beispiel 0,1 L plus 1,0 L). Warum erhält er *nicht* die gewünschte Konzentration $\frac{1}{10}\,\mathrm{mol/L}$? Wie muss er vorgehen?

Mischen

Schütten wir nun mehrere Lösungen zusammen, so addieren sich die enthaltenen Mengen der Substanz. In der ersten Lösung mit dem Volumen V_1 und der Konzentration $\beta_1(S)$ sind es $V_1 \cdot \beta_1(S)$, in der anderen entsprechend $V_2 \cdot \beta_2(S)$. Bezeichnet V das entstandene Volumen

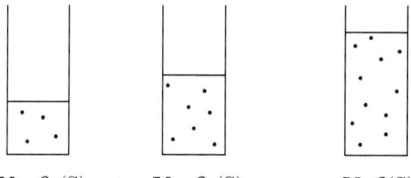

Stoffbilanz: $\qquad V_1 \cdot \beta_1(S) \quad + \quad V_2 \cdot \beta_2(S) \quad = \quad V \cdot \beta(S)$

dieser Mischung, so ist nun $V \cdot \beta(S)$ die hierin enthaltene Gesamtmenge von S, siehe Skizze.

Die analoge Argumentation gilt für die Stoffmengenkonzentration $c(S)$, und entsprechend auch für die Volumenkonzentration $\delta(S)$. Im letzteren Fall folgt also die Beziehung

$$V_1 \cdot \delta_1(S) + V_2 \cdot \delta_2(S) = V \cdot \delta(S)$$

Die gleiche Argumentation gilt auch für Anteile: Beträgt der Massenanteil $w(S) = 15\,\%$, so enthalten zum Beispiel 0,700 kg genau 15 % von der Substanz, also $0{,}700\,\mathrm{kg} \cdot 0{,}15 = 0{,}105\,\mathrm{kg}$. Beim Zusammenmischen addieren sich wieder die enthaltenen Mengen von S, so dass gilt:

$$\mathbf{m}_1 \cdot \mathbf{w}_1(S) + \mathbf{m}_2 \cdot \mathbf{w}_2(S) = \mathbf{m} \cdot \mathbf{w}(S) \qquad ,$$

Die entsprechende Beziehung gilt auch für den Stoffmengenanteil χ anstelle von w. Eine Einschränkung gilt nur wieder im Falle des Volumenanteils φ. Wir wissen zum Beispiel, dass sich das enthaltene Alkoholvolumen eines Getränks *nicht* gemäß $\mathbf{V}(A) = \mathbf{V} \cdot \varphi(A)$ ausrechnen lässt, weil hier die Summe der Einzelvolumina von Alkohol und Wasser nicht gleich dem Gesamtvolumen ist. Fassen wir unsere Überlegungen zusammen, so erhalten wir die folgenden „Mischungsformeln":

1.32 Satz *Mit den vorigen Bezeichnungen gilt allgemein für Konzentrationen*

$$\mathbf{V}_1 \cdot \boldsymbol{\beta}_1(S) + \mathbf{V}_2 \cdot \boldsymbol{\beta}_2(S) + \ldots = \mathbf{V} \cdot \boldsymbol{\beta}(S)$$
$$\mathbf{V}_1 \cdot \mathbf{c}_1(S) + \mathbf{V}_2 \cdot \mathbf{c}_2(S) + \ldots = \mathbf{V} \cdot \mathbf{c}(S)$$
$$\mathbf{V}_1 \cdot \boldsymbol{\delta}_1(S) + \mathbf{V}_2 \cdot \boldsymbol{\delta}_2(S) + \ldots = \mathbf{V} \cdot \boldsymbol{\delta}(S)$$

und für Anteile
$$\mathbf{m}_1 \cdot \mathbf{w}_1(S) + \mathbf{m}_2 \cdot \mathbf{w}_2(S) + \ldots = \mathbf{m} \cdot \mathbf{w}(S)$$
$$\mathbf{n}_1 \cdot \chi_1(S) + \mathbf{n}_2 \cdot \chi_2(S) + \ldots = \mathbf{n} \cdot \chi(S)$$
$$\mathbf{V}_1 \cdot \varphi_1(S) + \mathbf{V}_2 \cdot \varphi_2(S) + \ldots = \mathbf{V} \cdot \varphi(S)$$

(Letztere Gleichung nur unter der Voraussetzung, dass die Summe der Einzelvolumina aller beteiligten Komponenten immer gleich dem Gesamtvolumen ist.)

Beispiele

Die beiden Gleichungen für Massenanteil w und Stoffmengenanteil χ sind besonders einfach, denn selbstverständlich addieren sich die einzelnen Massen zur Gesamtmasse, und die einzelnen Stoffmengen zur Gesamtstoffmenge, kurz es gilt stets:

$$\mathbf{m}_1 + \mathbf{m}_2 + \ldots = \mathbf{m} \qquad \mathbf{n}_1 + \mathbf{n}_2 + \ldots = \mathbf{n}$$

Im Falle von Konzentrationen ist die Additivität $\mathbf{V}_1 + \mathbf{V}_2 + \ldots = \mathbf{V}$ eventuell zu überprüfen, und der tatsächliche Wert von $\mathbf{V}$ gegebenenfalls nachzumessen. Beispielsweise tritt eine geringe aber messbare Volumenkontraktion auch auf, wenn Sie Alkohollösungen verschiedener Konzentration zusammenmischen! Nun aber einige einfache Aufgaben:

(i) Sie mischen $\mathbf{V}_1 = 4{,}0\,\mathrm{L}$ eines Gases mit einem Volumenanteil $\varphi_1(O_2) = 35\,\%$ Sauerstoff und $\mathbf{V}_2 = 6{,}0\,\mathrm{L}$ mit einem Volumenanteil von $\varphi_2(O_2) = 10\,\%$ Sauerstoff, alles natürlich bei gleichem Druck und Temperatur. Wie hoch ist der Sauerstoffanteil der Mischung?
Für (ideale) Gase ist die Summe der Einzelvolumina stets gleich dem Gesamtvolumen, insbesondere gilt natürlich auch $\mathbf{V}_1 + \mathbf{V}_2 = \mathbf{V}$. Wir dürfen also anhand der letzten Gleichung des Satzes schließen:

$$4{,}0\,\mathrm{L} \cdot 0{,}35 + 6{,}0\,\mathrm{L} \cdot 0{,}10 = 10\,\mathrm{L} \cdot \varphi(O_2)$$

Es folgt $2{,}0\,\mathrm{L} = 10\,\mathrm{L} \cdot \varphi(O_2)$, und hieraus schließlich $\varphi(O_2) = 0{,}20 = 20\,\%$, \qquad (Ergebnis).

(ii) Aus zwei NaCl–Lösungen der Konzentrationen $\mathbf{c}_1 = 0{,}200\,\mathrm{mol/L}$ und $\mathbf{c}_2 = 0{,}100\,\mathrm{mol/L}$ sollen $\mathbf{V} = 0{,}400\,\mathrm{L}$ mit einer Konzentration $\mathbf{c} = 0{,}175\,\mathrm{mol/L}$ hergestellt werden. Bei solch geringen Konzentrationsunterschieden dürfen wir $\mathbf{V}_1 + \mathbf{V}_2 = \mathbf{V}$ voraussetzen, also auch $\mathbf{V}_2 = \mathbf{V} - \mathbf{V}_1$, so dass wir erhalten:

$$\mathbf{V}_1 \cdot 0{,}200\,\mathrm{mol/L} + (\mathbf{V} - \mathbf{V}_1) \cdot 0{,}100\,\mathrm{mol/L} = \mathbf{V} \cdot 0{,}175\,\mathrm{mol/L}$$

Einsetzen von $\mathbf{V} = 0{,}400\,\mathrm{L}$ liefert $\mathbf{V}_1 = 0{,}300\,\mathrm{L}$ und somit $\mathbf{V}_2 = 0{,}100\,\mathrm{L}$, \qquad (Ergebnis).

(iii) Die zugrunde liegende Idee beim Aufstellen dieser Gleichungen lässt sich analog bei vielen weiteren Aufgabentypen anwenden. Hierzu folgendes Beispiel zur *Mischtemperatur*: Wie viel heißes Wasser V_1 von 90°C und wie viel kaltes Leitungswasser V_2 von 15°C benötigen Sie, um $V = 150$ Liter Badewasser von 35° zu erhalten? Wir setzen voraus, dass Wasser pro 1°C Temperaturerhöhung eine Wärmemenge von 1 kcal benötigt (eine alte, aber hier praktische Einheit).

Wir wählen folgende Argumentation: Zur Temperaturerhöhung um 1 °C ist eine Wärmemenge von 1 kcal pro Liter erforderlich, bei 2 °C sind es $2 \frac{\text{kcal}}{\text{L}}$, usw. Rechnen wir einfach vom Nullpunkt 0 °C aus! Dann haben 150 Liter Badewasser von 35° C eine Wärmeenergie von $150\,\text{L} \cdot 35 \frac{\text{kcal}}{\text{L}}$ gespeichert – oder allgemein $V \cdot 35 \frac{\text{kcal}}{\text{L}}$. Das heisse Wasser hat analog einen Wärmeinhalt $V_1 \cdot 90 \frac{\text{kcal}}{\text{L}}$, das kalte Leitungswasser nur $V_2 \cdot 15 \frac{\text{kcal}}{\text{L}}$. Wir folgern:

$$V_1 \cdot 90 \tfrac{\text{kcal}}{\text{L}} + V_2 \cdot 15 \tfrac{\text{kcal}}{\text{L}} = V \cdot 35 \tfrac{\text{kcal}}{\text{L}} \,, \quad V = V_1 + V_2 \,.$$

Setzen wir nun $V = 150\,\text{L}$ ein, und $V_2 = V - V_1 = 150\,\text{L} - V_1$, und vereinfachen:

$$V_1 \cdot 90 \tfrac{\text{kcal}}{\text{L}} + (150\,\text{L} - V_1) \cdot 15 \tfrac{\text{kcal}}{\text{L}} = 150\,\text{L} \cdot 35 \tfrac{\text{kcal}}{\text{L}} \,, \quad V_1 \cdot 75 \tfrac{\text{kcal}}{\text{L}} + 2\,250\,\text{kcal} = 5\,250\,\text{kcal} \,,$$

$$V_1 \cdot 75 \tfrac{\text{kcal}}{\text{L}} = 3\,000\,\text{kcal} \,, \quad V_1 = 40\,\text{L} \,. \quad \text{Das bedeutet:}$$

Es sind $V_1 = 40\,\text{L}$ heisses Wasser und $V_2 = 110\,\text{L}$ kaltes Wasser erforderlich,   (Ergebnis).

Anteiliges Mischen

Die Gleichungen in Satz 1.32 lassen sich noch ein wenig anders interpretieren: Dividieren wir etwa die letzte dieser Gleichungen durch V, so ergibt sich

$$\frac{V_1}{V} \cdot \varphi_1(\text{S}) + \frac{V_2}{V} \cdot \varphi_2(\text{S}) + \ldots = \varphi(\text{S})$$

Der erste Quotient V_1/V ist der Volumenanteil von V_1 am Gesamtvolumen $V = V_1 + V_2 + \ldots$ und entsprechend V_2/V der Volumenanteil von V_2, usw. Wir erhalten nun konkret für die Zahlenwerte von Beispiel (i), wegen $V_1/V = 4\,\text{L}/10\,\text{L} = 0{,}40$ und $V_2/V = 6\,\text{L}/10\,\text{L} = 0{,}60$:

$$0{,}40 \cdot \varphi_1(\text{S}) + 0{,}60 \cdot \varphi_2(\text{S}) = \varphi(\text{S})$$

Die gesamte Mischung besteht ja zu 40 % (0,40) ihres Volumens aus dem ersten Gas, und zu 60 % aus dem zweiten – und entsprechend anteilig errechnet sich der Sauerstoffanteil $\varphi(\text{S})$, nämlich 40 % von $\varphi_1(\text{S})$ und 60 % von $\varphi_2(\text{S})$! Weitere Beispiele:

Fettcreme Eine Handcreme besteht zu 50 % ihres Gewichts aus einem Stoff 1, zu 30 % aus einem Stoff 2, und zu 20 % aus einem Stoff 3. Die einzelnen Fettanteile dieser Stoffe betragen $w_1(\text{F}) = 88\,\%$, $w_2(\text{F}) = 70\,\%$, $w_3(\text{F}) = 0{,}00\,\%$. Wie hoch ist der Fettanteil $w(\text{F})$ dieser Creme? Die entsprechende Gleichung von Satz 1.32 lautet hier

$$m_1 \cdot w_1(\text{F}) + m_2 \cdot w_2(\text{F}) + m_3 \cdot w_3(\text{F}) = m \cdot w(\text{F})$$

Die einzelnen Massen sind nicht angeben, wohl aber die einzelnen Massenanteile. Dividieren wir daher einfach durch die Gesamtmasse m. Das ergibt

$$\frac{m_1}{m} \cdot w_1(\text{F}) + \frac{m_2}{m} \cdot w_2(\text{F}) + \frac{m_3}{m} \cdot w_3(\text{F}) = w(\text{F})$$

und wir erhalten durch Einsetzen der gegebenen Werte:

$$0{,}50 \cdot 0{,}88 + 0{,}30 \cdot 0{,}70 + 0{,}20 \cdot 0{,}00 = 0{,}65$$

Ergebnis: Die Handcreme hat einen Fettanteil von 65 %.

Mittlere Atommasse Angenommen, Sie haben eine sehr große Anzahl N_1 von Kugeln, jede mit der gleichen Masse $\mathbf{m}_1$, entsprechend N_2 Kugeln mit der Masse $\mathbf{m}_2$. Die Gesamtmasse aller Kugeln beträgt demnach $N_1 \cdot \mathbf{m}_1 + N_2 \cdot \mathbf{m}_2$. Bezeichnen wir die Gesamtzahl $N_1 + N_2$ mit N, so können wir eine mittlere Masse $\mathbf{m}$ pro Kugel einführen: Anzahl N aller Kugeln mal mittlerer Masse $\mathbf{m}$ ergibt die Gesamtmasse, also

$$N_1 \cdot \mathbf{m}_1 + N_2 \cdot \mathbf{m}_2 = N \cdot \mathbf{m}$$

Wir dividieren durch N, und bezeichnen die Anteile N_1/N und N_2/N der ersten bzw. zweiten Kugelsorte mit p_1 und p_2. Das ergibt für das durchschnittliche Gewicht $\mathbf{m}$ einer Kugel

$$p_1 \cdot \mathbf{m}_1 + p_2 \cdot \mathbf{m}_2 = \mathbf{m}$$

Beträgt der Anteil der ersten Sorte zum Beispiel 60 %, von den anderen also 40 %, so ergibt sich die mittlere Masse einer einzelnen Kugel einfach als $0{,}60 \cdot \mathbf{m}_1 + 0{,}40 \cdot \mathbf{m}_2 = \mathbf{m}$. Und ganz entsprechend kommt bei einer dritten Kugelsorte noch ein dritter Summand hinzu.

Bei den Kugeln darf es sich natürlich auch um winzige Atome oder Moleküle handeln! Das chemische Element Chlor besteht, zumindest auf unserem Planeten Erde, immer zu 75,77 % aus $^{35}_{17}Cl$ mit der Masse 34,969 u, und zu 24,23 % aus $^{37}_{17}Cl$ mit der Masse 36,966 u. Die in der Literatur angegebene Atommasse von natürlichem Chlor ist der obige Mittelwert:

$$0{,}7577 \cdot 34{,}969\,\mathbf{u} + 0{,}2423 \cdot 36{,}966\,\mathbf{u} = 35{,}453\,\mathbf{u}$$

In Wirklichkeit gibt es kein einzelnes Chlor–Atom mit dieser Masse. Trotzdem kann man in der Praxis fast immer so verfahren, als bestünde Chlor nur aus Atomen dieser Masse, denn Substanzproben bestehen aus einer so großen Anzahl von Atomen, dass der obige Mittelwert immer erfüllt wird!

Dampfdruck von Lösungen Bei einer *idealen* Lösung sind die Anziehungskräfte zwischen den beteiligten Molekülen im wesentlichen gleich groß. Nehmen wir einmal an, die Anzahl der Moleküle der Flüssigkeit A beträgt 60 % (also Stoffmengenanteil $\chi(A) = 0{,}60$), und die Anzahl der Moleküle einer Substanz oder Flüssigkeit B ist 40 % ($\chi(B) = 0{,}40$). Dann folgt entsprechend für den Dampfdruck $\mathbf{p}$ dieser Lösung: $\mathbf{p} = 0{,}60 \cdot \mathbf{p}(A) + 0{,}40 \cdot \mathbf{p}(B)$. Hierbei bezeichnen $\mathbf{p}(A)$ und $\mathbf{p}(B)$ den Dampfdruck von A und B, beide Werte natürlich bei gleicher Temperatur. Und allgemein gilt analog:

$$\chi(A) \cdot \mathbf{p}(A) + \chi(B) \cdot \mathbf{p}(B) = \mathbf{p} \qquad \text{(Raoult – Gesetz)}$$

Bei einem *nichtflüchtigen* Stoff B ist der Dampfdruck $\mathbf{p}(B)$ praktisch gleich Null, $\mathbf{p}(B) \approx 0$, Beispiel: Zucker oder Ethylenglykol, in Wasser gelöst. Es gilt dann einfach nur: $\mathbf{p} = \chi(A) \cdot \mathbf{p}(A)$. Der Dampfdruck ist deutlich niedriger, die Lösung muss stärker erhitzt werden, um zu sieden. Diese *Siedepunktserhöhung* $\Delta \mathbf{T}_S$ ist bei verdünnten Lösungen proportional zum Stoffmengenanteil $\chi(B)$. Bei verdünnten Lösungen sind aber Stoffmengenanteil χ und Molalität $\mathbf{b}$ annähernd proportional. In der Praxis wird zumeist die Molalität $\mathbf{b}$ benutzt, man schreibt $\Delta \mathbf{T}_S \sim \mathbf{b}$. Die Dampfdruckerniedrigung führt auch zu einer *Gefrierpunktserniedrigung* $\Delta \mathbf{T}_G$, die bei verdünnten Lösungen gleichfalls proportional zu $\mathbf{b}$ ist. Zusammengefasst gilt also:

$$\Delta \mathbf{T}_S = \mathbf{E}_S \cdot \mathbf{b}, \qquad\qquad \Delta \mathbf{T}_G = \mathbf{E}_G \cdot \mathbf{b}.$$

Die Proportionalitätskonstanten sind charakteristische Größen des Lösungsmittels. Diese betragen zum Beispiel für Wasser $\mathbf{E}_S = 0{,}512$ K·kg·mol^{-1} und $\mathbf{E}_G = -1{,}86$ K·kg·mol^{-1}. Für Tetrachlormethan CCl_4 sind es dagegen $\mathbf{E}_S = 5{,}02$ bzw. $\mathbf{E}_G = -29{,}8$ K·kg·mol^{-1}.

Lösen Sie also 1 Mol Traubenzucker (180 g) in 1 kg Wasser, so wird der Gefrierpunkt des Wassers um 1,86 Kelvin erniedrigt, die Lösung gefriert also erst bei $-1{,}86$ °C. Die Molalität beträgt in diesem Falle $b = 1\,\text{mol/kg}$.

Bei einem Mol Kochsalz ($58\,\text{g}$) pro Kilogramm Wasser ist die Gefrierpunkterniedrigung, durch die Aufspaltung in Na– und Cl–Ionen, annähernd doppelt so groß. Durch Erhöhung der Kochsalzmenge ist eine Erniedrigung des Gefrierpunktes bis auf $-21\,°C$ möglich! Beim winterlichen Streuen von Salz schmelzen Eis und Schnee, solange der Gefrierpunkt der entstehenden Salzlösung niedriger bleibt als die Umgebungstemperatur.

Beim Schmelzen von Eis oder Schnee wird Wärme verbraucht, die Lösung kühlt stark ab: Mischen Sie $330\,\text{g}$ Kochsalz mit $1\,\text{kg}$ Eis oder Schnee, so sinkt die Temperatur dieser Mischung bis auf $-21\,°C$, und bei $1500\,\text{g}$ Kalziumchlorid $CaCl_2 \cdot 6\,H_2O$ auf $1\,\text{kg}$ Eis oder Schnee sind es sogar $-49\,°C$! Man nennt solche Mischungen daher auch *Kältemischungen*.

Glycerin oder das preiswertere Ethylenglykol sind schwerflüchtig und erniedrigen daher ebenfalls den Dampfdruck des Wassers, weshalb sie als Gefrierschutzmittel eingesetzt werden.

In der Chemie werden Siedepunktserhöhung und vor allem die Gefrierpunktserniedrigung zur Bestimmung der Molmasse M (g/mol) benutzt. Hierzu ein Beispiel:

$500\,\text{mg}$ einer unbekannten Substanz wurden in $25,0\,\text{g}$ Tetrachlormethan gelöst und bewirkten eine Siedepunktserhöhung von $0,784\,°C$. Demnach beträgt die Molalität $b = \Delta T_S\, /E_S$, das ergibt $b = 0,156\,\text{mol/kg}$, somit $0,156$ mol pro kg Lösungsmittel!
Nun wurden aber $0,500$ g dieser Substanz in $25,0$ g Lösungsmittel gelöst, umgerechnet also 20 g pro kg Lösungsmittel. Demnach haben $0,156$ mol dieser Substanz eine Masse von 20 g!
Die Masse pro Mol beträgt daher $M = (20\ \text{g})/(0,156\ \text{mol}) = 128\ \text{g/mol}$.

Bemerkungen und Ergänzungen

Das Mischungskreuz Sehr häufig mischt man nur *zwei* Lösungen oder Mischungen zusammen. Bezeichnen $w_1(S)$ und $w_2(S)$ die betreffenden Massenanteile, so gilt gemäß 1.32

$$m_1 \cdot w_1(S) + m_2 \cdot w_2(S) \;=\; m \cdot w(S)$$

Wegen $m_1 + m_2 = m$ können wir folgendermaßen umformen:

$$m_1 \cdot w_1(S) + m_2 \cdot w_2(S) = (m_1 + m_2) \cdot w(S)$$
$$m_1 \cdot w_1(S) + m_2 \cdot w_2(S) = m_1 \cdot w(S) + m_2 \cdot w(S)$$
$$m_1 \cdot w_1(S) - m_1 \cdot w(S) = m_2 \cdot w(S) - m_2 \cdot w_2(S)$$
$$m_1 \cdot (w_1(S) - w(S)) = m_2 \cdot (w(S) - w_2(S))$$

Wegen $n_1 + n_2 = n$ lässt sich auch $n_1 \cdot \chi_1(S) + n_2 \cdot \chi_2(S) = n \cdot \chi(S)$ analog umformen!
Eine entsprechende Umformung der übrigen Beziehungen von Satz 1.32 ist auch möglich, sofern $V_1 + V_2 = V$ erfüllt ist. Das gilt zum Beispiel hinreichend genau im Falle stark verdünnter Lösungen. Diese Überlegungen führen also zu folgendem Zwischenergebnis:

$$V_1 \cdot (\beta_1(S) - \beta(S)) = V_2 \cdot (\beta(S) - \beta_2(S)) \qquad m_1 \cdot (w_1(S) - w(S)) = m_2 \cdot (w(S) - w_2(S))$$
$$V_1 \cdot (c_1(S) - c(S)) = V_2 \cdot (c(S) - c_2(S)) \qquad n_1 \cdot (\chi_1(S) - \chi(S)) = n_2 \cdot (\chi(S) - \chi_2(S))$$
$$V_1 \cdot (\delta_1(S) - \delta(S)) = V_2 \cdot (\delta(S) - \delta_2(S)) \qquad V_1 \cdot (\varphi_1(S) - \varphi(S)) = V_2 \cdot (\varphi(S) - \varphi_2(S))$$

Zum sogenannten Mischungskreuz kommen wir, indem wir zum Beispiel die erste Gleichung durch V_2 und durch $\beta_1(S) - \beta(S)$ dividieren. Die analogen Umformungen der übrigen Gleichungen führen insgesamt zu folgendem Ergebnis:

1.33 Satz *Mit den Bezeichnungen und Voraussetzungen der Mischungsformel 1.32 gilt:*

$$\frac{V_1}{V_2} = \frac{\beta(S) - \beta_2(S)}{\beta_1(S) - \beta(S)} \qquad \frac{m_1}{m_2} = \frac{w(S) - w_2(S)}{w_1(S) - w(S)}$$

$$\frac{V_1}{V_2} = \frac{c(S) - c_2(S)}{c_1(S) - c(S)} \qquad \frac{n_1}{n_2} = \frac{\chi(S) - \chi_2(S)}{\chi_1(S) - \chi(S)}$$

$$\frac{V_1}{V_2} = \frac{\delta(S) - \delta_2(S)}{\delta_1(S) - \delta(S)} \qquad \frac{V_1}{V_2} = \frac{\varphi(S) - \varphi_2(S)}{\varphi_1(S) - \varphi(S)}$$

(für Konzentrationen unter der Voraussetzung $V_1 + V_2 = V$*).*

Beispiel In welchem Verhältnis müssen zwei Lösungen mit den Massenanteilen $w_1(S) = 50\%$ und $w_2(S) = 10\%$ gemischt werden, um einen Massenanteil von $w(S) = 16\%$ zu erreichen? Die entsprechende Gleichung für diesen Fall ergibt:

$$\frac{m_1}{m_2} = \frac{w(S) - w_2(S)}{w_1(S) - w(S)} = \frac{0{,}16 - 0{,}10}{0{,}50 - 0{,}16} = \frac{0{,}06}{0{,}34}$$

Die zeichnerische Vorgehensweise beim sog. Mischungskreuz erklärt sich nun fast von selbst! Wir notieren wie in der Skizze die beiden Werte $w_1 = 0{,}50$ und $w_2 = 0{,}10$ sowie $w = 0{,}16$. Hiermit können wir Zähler und Nenner 'über Kreuz' ausrechnen, (Einheiten bereits gekürzt):

Mischungskreuz:

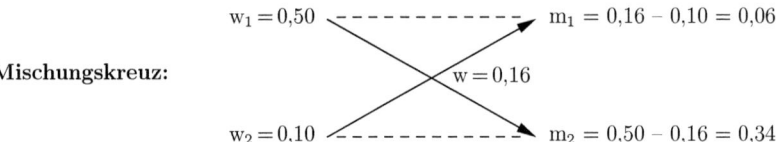

$w_1 = 0{,}50$ $m_1 = 0{,}16 - 0{,}10 = 0{,}06$

$w = 0{,}16$

$w_2 = 0{,}10$ $m_2 = 0{,}50 - 0{,}16 = 0{,}34$

(Überlegen Sie noch einmal, welche Werte Sie wo eintragen, und welche Sie wie ausrechnen!)
Ergebnis Die beiden Lösungen sind im Verhältnis $m_1 : m_2 = 0{,}06 : 0{,}34$ zu mischen.

Das wären beispielsweise 0,06 kg der 50-proz.Lösung und 0,34 kg der 10-proz.Lösung, oder auch 6 g und 34 g, oder 12 g und 68 g. Aufgrund der bei der Herleitung erfolgten Division dimensionsgleicher Größen kann man die Einheiten kürzen und nur mit Verhältnissen der entsprechenden Maßzahlen rechnen. Beachten Sie: $0{,}06 : 0{,}34 = 6 : 34 = 12 : 68$ usw.
In der Praxis wird zumeist eine der beiden Mengen vorgegeben sein, oder auch die Gesamtmenge $m = m_1 + m_2$. Falls Sie im Rechnen mit Verhältniszahlen nicht geübt sind, können Sie zunächst den folgenden Abschnitt 1 g) lesen. Aber so schwierig ist es hier eigentlich nicht, versuchen Sie es zuerst einmal mit folgender
Zusatzaufgabe: Wie erhält man 50 g der 16-prozentigen Lösung?
Vom Mischungskreuz lesen wir zunächst ab:

6 g 50%-Lösung	alles	7,5 g 50%-Lösung
34 g 10%-Lösung	mal 1,25	42,5 g 10%-Lösung
40 g 16%-Lösung	ergibt:	50,0 g 16%-Lösung

Der Faktor $x = 1{,}25$ folgt sofort aus der Bedingung $40 \cdot x = 50$, somit $x = \frac{50}{40} = 1{,}25$.
Ergebnis: Sie benötigen 7,5 g der 50-prozentigen Lösung und 42,5 g der 10-prozentigen Lösung.

Angenommen, Sie hätten noch einen Rest von 7,5 g der 50-prozentigen Lösung. Durch Zugabe der 10-prozentigen Lösung wollen Sie 16 Prozent erreichen:
Aufgrund der Ausgangswerte 6 g, 34 g, 40 g des Mischungskreuzes und der Vorgabe $6 \cdot x = 7,5$ müssten Sie natürlich auch hier wieder nur alle Ausgangswerte mit dem Faktor $x = \frac{7,5}{6} = 1,25$ multiplizieren.

Und was erhalten Sie beim Mischungskreuz mit den Werten $w_1 = 50$, $w_2 = 10$ und $w = 16$? Diese Werte ergeben sich, wenn Sie rechts Zähler und Nenner unseres Ausgangsquotienten mit 100 multiplizieren, was natürlich erlaubt ist – das 'Erweitern' dieses Bruches wäre auch mit jedem anderen Faktor ($\neq 0$) möglich. Insbesondere dürften Sie also auch die vorgegebenen *Prozent*zahlen der Anteile in das Kreuz eintragen, oder Promilleangaben!

Das Mischungskreuz wird auch oft benutzt beim *Verdünnen* von Stammlösungen. Hierzu die Aufgabe: Wie erhält man 75 g einer 1,6-proz.Lösung durch Verdünnen einer 5,0-proz.Lösung? Für die Lösung zum Verdünnen ist hier natürlich im Mischungskreuz deren tatsächliche Konzentration, also $w_2 = 0$ einzusetzen!

Und wie erhält man 75 mL einer Lösung mit einer Massenkonzentration $\beta(S) = 0,16\,\frac{g}{L}$ durch Verdünnen einer Lösung der Massenkonzentration $\beta_1 = 0,50\,\frac{g}{L}$?
Begründen Sie Ihre Vorgehensweise am Mischungskreuz mit der entsprechenden Gleichung von Satz 1.33. Es lohnt sich, das Mischungskreuz wirklich verstanden zu haben.

Ein Blick zurück ...

- Beim Verdünnen bleibt einfach rechnerisch die enthaltene Substanzmenge unverändert. Dasselbe gilt natürlich auch beim Entzug von Lösungsmittel.

- Beim Mischen genügt die Kenntnis der prozentualen Anteile der Einzellösungen an der Gesamtlösung, die jeweiligen Einzelmengen sind nicht erforderlich.

- Der Gang der Rechnung vereinfacht sich, wenn nur zwei Lösungen gemischt werden, und lässt sich als Mischungskreuz schematisieren.

Aufgaben

Setzen Sie bei allen Aufgaben über Konzentrationen voraus, dass sich die zu mischenden Volumina addieren (sofern nicht anders angegeben):

1. Was ergibt mehr: $32\,\%$ von $75\,€$, oder $75\,\%$ von $32\,€$?

2. $m_1 = 480$ g einer Legierung mit einem Silberanteil $w_1(Ag) = 20,0\,\%$, und $m_2 = 300$ g mit einem Silberanteil $w_2(Ag) = 72,0\,\%$ werden zusammengeschmolzen. Wie groß waren die hierin enthaltenen Silbermengen $m_1(Ag)$ und $m_2(Ag)$? Und wie hoch ist jetzt der Silberanteil $w(Ag)$ der Schmelze?

3. $V_1 = 0,80$ L mit einer Salzkonzentration $c_1(NaCl) = 0,25$ mol/L, und $V_2 = 1,20$ L mit einer Salzkonzentration $c_2(NaCl) = 0,45$ mol/L werden zusammengemischt. Wie groß waren die enthaltenen Stoffmengen $n_1(NaCl)$ und $n_2(NaCl)$. Und wie hoch ist jetzt die Stoffmengenkonzentration $c(NaCl)$ der Mischung?

4. (i) Sie mischen 125 g NaCl-Lösung mit einem Massenanteil $w_1(NaCl)$ =12% und 375 g mit $w_2(NaCl)$=4,0%. Bestimmen Sie den Massenanteil $w(NaCl)$ dieser Mischung.

   (ii) Sie wollen 0,25 L KOH-Lösung der Konzentration 2,0 mol/L durch Zugabe einer 1-molaren KOH-Lösung (1,00 mol/L) so weit verdünnen, bis eine 1,20-molare Lösung entsteht. Wie viel müssen Sie hinzugeben?

5. (i) Wieviel einer Vorratslösung der Konzentration 1 g/L sind erforderlich, um daraus durch Verdünnen 100 mL der Konzentration 0,15 g/L herzustellen?

   (ii) Sie verdünnen 150,0 mL einer NaCl-Lösung der (Stoffmengen-) Konzentration 0,200 mol/L durch Zugabe von 100,0 mL Wasser. Wie hoch ist jetzt die Konzentration?

   (iii) 600 mL Lösung der Konzentration 2,00 mol/L sollen auf 0,150 mol/L verdünnt werden. Wie viel Wasser muss hinzugefügt werden?

6. Die Resistenz eines Bakterienstammes von *Escherichia coli* gegen Chloramphenikol soll getestet werden. Wie viel einer Stammlösung der Konzentration 0,1 g/mL werden für 100 mL Bakterienkultur benötigt, wenn die Konzentration von Chloramphenikol in dieser Kultur 160 μg/mL betragen soll?

7. Wie viel Kochsalzlösung mit einer Konzentration von 1,25 g/L erhalten Sie durch Verdünnen von 100 mL Kochsalzlösung mit einer Konzentration von 5,00 g/L ?

   Und wie viel Kochsalzlösung mit einer Konzentration von 1,25 mol/L erhalten Sie durch Verdünnen von 100 mL Kochsalzlösung mit einer Konzentration von 5,00 mol/L ?

8. (i) Wie viel einer Vorratslösung der Konzentration von 5,0 mol/L sind erforderlich, um daraus durch Verdünnen 450 mL der Konzentration 0,60 mol/L herzustellen?

   (ii) Wie viel Lösung mit einer Konzentration von 1,5 mol/L erhalten Sie durch Verdünnen von 100 mL einer Vorratslösung der Konzentration von 5,0 mol/L ?

9. Sie verdünnen $m_1 = 300$ g Ausgangslösung mit einem Massenanteil $w_1(S) = 32\%$ durch Zugabe von $m_2 = 340$ g Wasser (bzw. dem betreffenden Lösungsmittel). Es ergeben sich $m = 640$ g Mischung: auf welchen Wert ist der Salzanteil $w(S)$ gesunken?

10. Durch Zugabe von Wasser soll der Zuckergehalt einer Zuckerlösung von 50 % Massenanteil auf 20 % gesenkt werden. Die Ausgangsmenge beträgt 3 kg. Wie viel kg Wasser muss hinzugefügt werden?

11. Wie viel Zucker müssen Sie hinzugeben, um 180 g Zuckerlösung mit einem Massenanteil von 45 % Zucker auf einen Zuckeranteil von 50 % zu bringen?

12. Der Wasseranteil einer Zuckerlösung soll durch Eindampfen von 32 % auf 15 % Massenanteil gesenkt werden. Wie viel Ausgangslösung (32 %) ist erforderlich zur Herstellung von 1000 g (15 %) ?

13. Zur Reduzierung der Transportkosten oder aus Haltbarkeitsgründen soll der Wassergehalt eines Nahrungsmittels von anfangs 90% auf (a) 50% (b) 20% Massenanteil gesenkt werden. Die Ausgangsmenge betrage 50 Tonnen wie viel ist es dann nach der Trocknung?

14. (i) Sie verdünnen eine Zuckerlösung mit 60% (Massenanteil) Zucker durch Mischen von 1 Teil Zuckerlösung mit 3 Teilen Wasser. Wie hoch ist jetzt der Zuckeranteil?

(ii) Sie wollen den Massenanteil einer Zuckerlösung von $1,00\%$ auf $0,10\%$ senken, also auf ein Zehntel des ursprünglichen Wertes. Ist es richtig, hierfür einen Teil Zuckerlösung mit zehn Teilen Wasser zu mischen?

15. (i) Sie mischen $150\,L$ Wasser von $10°\,C$ mit $75\,L$ Wasser von $100°\,C$. Zeigen Sie, dass die Mischtemperatur $40°\,C$ beträgt.

(ii) Zum Aufgießen von grünem Tee benötigen Sie Wasser von $70°\,C$: Sie haben $1/2\,L$ kochendes Wasser, wie viel Leitungswasser von $10°\,C$ müssen Sie hinzufügen?

16. Luft besteht zu rund 78% ihres Volumens aus Stickstoff, 21% sind Sauerstoff und $1,0\%$ Argon. Das Litergewicht von Stickstoff beträgt $1,25\,g$, von Sauerstoff $1,43\,g$, von Argon $1,78$. Bestimmen Sie das Litergewicht von (trockener) Luft.
(Alles bei Normbedingungen: Temp. $0°\,C$, Druck $101,325$ kPa $= 1,01325$ bar $= 1$ atm)

17. (i) Familie Müller mit 2 Personen und Familie Schmidt mit 3 Personen wollen die Unkosten einer gemeinsamen Feier in Höhe von insgesamt $90\,€$ aufteilen. Wie muss aufgeteilt werden?

(ii) Saatgut von insgesamt $90\,kg$ soll gleichmäßig auf zwei Teilflächen von $F_1 = 0,32\,ha$ und $F_2 = 0,48\,ha$ ausgebracht werden. Wie muss das Saatgut aufgeteilt werden?

(iii) In einem Behälter sind die beiden Stoffmengen $0,500\,mol$ Wasserstoff und $0,750\,mol$ Sauerstoff. Der Gesamtdruck in diesem Behälter beträgt $90\,kPa$. Wie groß sind die Partialdrücke (Teildrücke) von Wasserstoff und Sauerstoff?

18. (i) In einem Behälter sind $2,50$ mol N_2 und $1,50$ mol O_2, Gesamtdruck 160 kPa. Bestimmen Sie die Partialdrücke $p(N_2)$ und $p(O_2)$.

(ii) In einem Behälter sind genau $7\,g$ O_2 und $7\,g$ N_2. Welches Gas hat offensichtlich den grösseren Partialdruck, und warum? (Relative Atommassen $O = 16$, $N = 14$).

(iii) In einem Behälter sind $8,0\,g$ O_2 und $1,0\,g$ H_2 bei einem Gesamtdruck von $90\,kPa$. Bestimmen Sie die beiden Partialdrücke.

19. Der übliche Alkohol C_2H_5OH (Ethanol) und der hochgiftige Methylalkohol CH_3OH (Methanol) bilden eine sogenannte *ideale* Lösung. Der Dampfdruck von Ethanol bei $20\,°C$ beträgt $p(E) = 58,7$ hPa, bei Methanol $p(M) = 129$ hPa. Wie hoch ist der Dampfdruck p einer Mischung von 2 mol Ethanol und 1 mol Methanol.

20. Das natürlich vorkommende Chrom ist eine Mischung von Isotopen der Atommasse $m_1 = 49,9461\,u$, Anteil $p_1 = 4,35\%$, $m_2 = 51,9405\,u$, Anteil $p_2 = 83,79\%$, $m_3 = 52,9407\,u$, Anteil $p_3 = 9,50\%$, $m_4 = 53,9389\,u$, Anteil $p_4 = 2,36\%$.
Zeigen Sie, dass die mittlere Atommasse m von Chrom $51,9960\,u$ beträgt!

21. Natürlich vorkommendes Lithium besteht aus den Isotopen ^6Li und ^7Li mit den Atommassen $6,015\,u$ und $7,016\,u$. Die mittlere Atommasse von Li beträgt $6,941\,u$. Bestimmen Sie die Zusammensetzung aus den beiden Isotopen!

22. Silber kommt als Gemisch zweier Isotope vor, und zwar $^{107}_{47}Ag$ mit Atommasse $106,906\,u$ und $^{109}_{47}Ag$ mit Atommasse $108,905\,u$. Die mittlere Atommasse beträgt $107,868\,u$. Wie viel Prozent Anteil hat jedes Isotop?

23. In 1 kg kaltem Wasser lösen sich 330 g Kochsalz NaCl ($\mathbf{M} = 58$ g/mol). Bestimmen Sie die Gefrierpunktserniedrigung dieser Mischung. (Die Molalität $\mathbf{b}$ ist hier aufgrund der Dissoziation in Na– und Cl–Ionen zu verdoppeln.)

24. Der Goldanteil von '750-er Gold' beträgt 750 Promille, d.h. in 1000 Gramm sind 750 Gramm reines Gold enthalten (der Rest hauptsächlich Silber und Kupfer). Ein Goldschmied möchte '585-er Gold' durch Zugabe von reinem Gold zu 750-er Gold 'auflegieren'. Insgesamt benötigt er 83 Gramm dieser Legierung, was muss er zusammenschmelzen (vielleicht probieren Sie es auch einmal mit dem Mischungskreuz!)?

25. Sie mischen zusammen: 16 kg Tee, Preis 34,50 € pro Kilo , mit 24 kg Tee, Preis 48 €. Was kostet 1 kg der Mischung?

26. (i) Sie mischen 50 Gramm Wasser von 0,0 °C mit 200 Gramm Wasser von 25 °C.

    (ii) Sie mischen 50 Gramm Eis von 0,0 °C mit 200 Gramm Wasser von 25 °C.

    Bestimmen Sie die Mischtemperatur! (Die Schmelzwärme von Eis beträgt 335 J/g oder umgerechnet rund 80 cal/g.)

27. Entwickeln Sie ein Mischungskreuz für die Mischtemperatur zweier Wassermengen. Gehen Sie aus von der entsprechenden Gleichung zu Beispiel (iii) auf Seite 67!

28. Wie hoch ist die Temperatur einer Mischung von

    (i) 120 mL Kaffee von 100 °C und 30 mL Milch von 10 °C,

    (ii) 6 L Wasser von 80 °C mit 9 L Wasser von 30 °C,

    (iii) 1 L kochendes Wasser mit 5 L Wasser von 70 °C?

29. Für die Mischung zweier *unterschiedlicher* Stoffe verschiedener Temperatur errechnet sich die Mischungstemperatur $\mathbf{T_m}$ gemäß

$$\mathbf{m_1 \cdot k_1 \cdot (T_1 - T_m) = m_2 \cdot k_2 \cdot (T_m - T_2)}$$

    ($\mathbf{k_1}, \mathbf{k_2}$ die spezifische Wärme dieser Stoffe, für Wasser beträgt sie 1 Kalorie pro Gramm und Grad $\widehat{=}$ 4,184 J $\cdot$ g$^{-1} \cdot$ K^{-1}). Begründen Sie die obige Gleichung! Verallgemeinerung auf mehr als zwei Stoffe?

30. Herstellerangabe einer Diät-Margarine: „60 % ungesättigte Fettsäuren im Fettanteil! Der Anteil gesättigter Fettsäuren beträgt 20 %." (Alles Massenanteile.)

    Erkennen Sie den Bezugswechsel bei den Prozentangaben? Die 20 % beziehen sich auf die gesamte Margarine! Angenommen, die Margarine besteht nur aus gesättigten und ungesättigten Fettsäuren (bilden zusammen den *Fettanteil*), der Rest sei Wasser. Zum Knobeln: Bestimmen Sie die prozentuale Zusammensetzung dieser Margarine!

31. Zeigen Sie, dass die Interpolation $y = y_1 + \frac{x - x_1}{x_2 - x_1} \cdot (y_2 - y_1)$ von Zwischenwerten gemäß 1.17 auf S. 38 auch umgeformt werden kann zu $y = \frac{x_2 - x}{x_2 - x_1} \cdot y_1 + \frac{x - x_1}{x_2 - x_1} \cdot y_2$. Hierbei sind $p_1 = \frac{x_2 - x}{x_2 - x_1}$ und $p_2 = \frac{x - x_1}{x_2 - x_1}$ Prozentwerte, denn $p_1 + p_2 = 1$ ($= 100 \%$), und $p_1, p_2 \geq 0$. Es sind die Anteile von $x_2 - x$ und $x - x_1$ an der Gesamtstrecke $x_2 - x_1$.

1 g) Verhältnisangaben

Beispiel Die Größe von Anteilen ist nicht immer ganz leicht ersichtlich, so auch bei der folgenden, nicht ganz einfachen Aufgabe:

Ein ostfriesischer Bauer hinterließ als Erbschaft eine Herde mit 11 Kühen. Nach seinem letzten Willen sollte die Herde aufgeteilt werden an seine drei Töchter

$$\text{Antje, Bertje, Christin} \quad \text{im Verhältnis} \quad \frac{1}{2} : \frac{1}{4} : \frac{1}{6}$$

Völlig ratlos wie sie die 11 Tiere nun aufteilen sollten, ohne ein Tier schlachten zu müssen, trieben sie die Herde zum Pastor, und fragten ihn um Rat. Nach einigem Überlegen holte dieser seine magere Kuh und stellte sie zu den anderen Tieren. „So teilt nun diese Herde auf, und wir werden alle unseren Seelenfrieden wiederfinden:"

Auf diese Weise erhielt Antje 6 von nunmehr 12 Tieren, bei Bertje waren es entsprechend 3, und Christin erhielt deren 2. Das waren insgesamt aber nur wieder

$$6 + 3 + 2 = 11 \text{ Kühe.}$$

Die magere Kuh vom Pastor blieb tatsächlich übrig, und er brachte sie zurück in den Stall. So waren alle, wie versprochen, am Ende glücklich und zufrieden. Aber warum funktionierte das alles, und war diese Aufteilung wirklich korrekt?

Verhältnisse

Verhältnisse – sie sind nicht so, wie manche meinen. Die Schreibweise 6 : 2 : 3 bedeutet natürlich *nicht*, dass 6 durch 2 und dann noch mal durch 3 dividiert werden soll. Wählen wir als einführendes Beispiel die Photosynthese. Eine wirklich 'süße' Sache, mit der sich die Pflanzen da beschäftigen! Sie lässt sich, summarisch stark vereinfacht, beschreiben durch:

$$6\,CO_2 + 6\,H_2O \rightleftharpoons C_6H_{12}O_6 + 6\,O_2\,.$$

6 Moleküle CO_2 und 6 Moleküle H_2O ergeben 1 Molekül $C_6H_{12}O_6$ und 6 Moleküle O_2. Oder auf eine entsprechend höhere Anzahl von Molekülen umgerechnet (Faktor $6{,}022 \cdot 10^{23}$): 6 mol Kohlendioxid + 6 mol Wasser ergeben 1 mol Traubenzucker + 6 mol Sauerstoff. Die erforderliche Energie stammt aus dem Sonnenlicht. Beim Traubenzucker in unserem Blut verläuft dieser Prozess mit dem eingeatmeten Sauerstoff aus der Luft in umgekehrter Richtung, liefert uns also die im Traubenzucker gespeicherte Energie zurück! [*] Die Photosynthese bildet somit die Nahrungsgrundlage für Tier und Mensch. Auch der heutige Sauerstoffgehalt der Atmosphäre stammt aus diesem Prozess:

Cyanobakterien waren die ersten phototrophen Organismen auf der Erde, die Sauerstoff produzierten. Auf diese Weise wurde die Atmosphäre mit Sauerstoff angereichert. Das hierfür erforderliche Kohlendioxyd ist mit 0,04 Volumenprozent zumindest für die Pflanzen nur noch recht spärlich in der Atmosphäre enthalten. Es wäre in wenigen Jahren aufgebraucht, würde nicht umgekehrt durch Atmung, Verwesung, unterirdische Quellen, Vulkantätigkeit, und Verbrennung von Holz, Gas und Öl für (zu) reichlich Nachschub gesorgt.

---

[*]Ein komplizierter Stoffwechselprozess, bei dem das energiereiche ATP (Adenosintriphosphat) entsteht, der Energielieferant Nummer eins für Lebensprozesse. Sie produzieren und verbrauchen davon jeden Tag ungefähr so viel wie Ihr eigenes Körpergewicht beträgt!

Eine Erhöhung des CO_2-Gehalts der Atmosphäre führt zu einer verstärkten Photosynthese der Pflanzen, doch bekanntlich auch zu Klimaveränderungen. Die Mengenverhältnisse

$$\text{Kohlendioxid} : \text{Wasser} : \text{Traubenzucker} : \text{Sauerstoff}$$

betragen in voriger Gleichung, in Mol ausgedrückt, einfach nur

$$6 \quad : \quad 6 \quad : \quad 1 \quad : \quad 6$$

gesprochen „6 zu 6 zu 1 zu 6". Das Rechnen mit Stoffmengen (SI-Einheit: mol) ist offensichtlich besonders einfach! Natürlich könnte man auch mit der jeweils doppelten Stoffmenge rechnen, also mit 12 Mol CO_2, 12 Mol H_2O, 2 Mol $C_6H_{12}O_6$, 12 Mol O_2, oder jeweils mit der Hälfte, also 3 Mol CO_2, 3 Mol H_2O, $\frac{1}{2}$ Mol $C_6H_{12}O_6$, 3 Mol O_2. Das Verhältnis von 'Kohlendioxid zu Wasser zu Traubenzucker und zu Sauerstoff' ändert sich nicht, wenn alle Verhältniszahlen mit einem konstanten Faktor multipliziert werden. Man notiert das als:

$$6 \quad : \quad 6 \quad : \quad 1 \quad : \quad 6 \quad = \quad 12 \quad : \quad 12 \quad : \quad 2 \quad : \quad 12 \quad = \quad 3 \quad : \quad 3 \quad : \quad \tfrac{1}{2} \quad : \quad 3$$

Gesprochen wird das Gleichheitszeichen „=" in diesem Zusammenhang als „wie". Die Angaben müssen nicht ganzzahlig sein. Auch eine Multiplikation mit einem Faktor wie zum Beispiel $c = 1{,}3$ wäre natürlich erlaubt. Es ist wie bei einem Rezept, bei dem auch ein Vielfaches der angegebenen Mengen möglich ist. Es gilt also auch die Verhältnisgleichung

$$6 \quad : \quad 6 \quad : \quad 1 \quad : \quad 6 \quad = \quad 7{,}8 \quad : \quad 7{,}8 \quad : \quad 1{,}3 \quad : \quad 7{,}8$$

1.34 Definition Gegeben seien Größen $\mathbf{u}_0, \mathbf{u}_1, \mathbf{u}_2, \ldots$ und $\mathbf{v}_0, \mathbf{v}_1, \mathbf{v}_2, \ldots$ Die Schreibweise

$$\mathbf{u}_0 : \mathbf{u}_1 : \mathbf{u}_2 : \mathbf{u}_3 \ldots = \mathbf{v}_0 : \mathbf{v}_1 : \mathbf{v}_2 : \mathbf{v}_3 \ldots$$

soll bedeuten, dass die $\mathbf{v}$–Werte rechts ein gleiches Vielfaches der $\mathbf{u}$–Werte links sind:

$$\mathbf{v}_0 = \mathbf{c} \cdot \mathbf{u}_0, \quad \mathbf{v}_1 = \mathbf{c} \cdot \mathbf{u}_1, \quad \mathbf{v}_2 = \mathbf{c} \cdot \mathbf{u}_2, \quad \mathbf{v}_3 = \mathbf{c} \cdot \mathbf{u}_3, \quad \ldots$$

Anders ausgedrückt, die entsprechenden Quotienten sind konstant:

$$\frac{\mathbf{v}_0}{\mathbf{u}_0} = \frac{\mathbf{v}_1}{\mathbf{u}_1} = \frac{\mathbf{v}_2}{\mathbf{u}_2} = \frac{\mathbf{v}_3}{\mathbf{u}_3} \ldots \quad (= \mathbf{c})$$

Anschaulich ist das nur die Verallgemeinerung des Strahlensatzes auf mehr als zwei parallele Geraden. Die Abschnitte der einen Seite sind ein konstantes Vielfaches der anderen Seite.

Strahlensatz:

$$u_0 : u_1 : u_2 \ldots = v_0 : v_1 : v_2 \ldots$$

Offensichtlich ist auch folgender

1.35 Satz *Eine Verhältnisgleichung bleibt richtig, wenn alle Werte einer Seite mit einer positiven Konstanten multipliziert (oder dividiert) werden.*

Falls $\mathbf{u}_0, \mathbf{u}_1, \ldots$ dieselben Einheiten tragen wie $\mathbf{v}_0, \mathbf{v}_1, \ldots$, so lässt man gern die Einheiten völlig weg, da sie sich bei der Division sowieso wegkürzen. Solche reinen Zahlenverhältnisse sind natürlich sehr bequem. Bei vorigem Beispiel war die Einheit Mol gewählt worden.

Natürlich können wir auch mit der Einheit Gramm rechnen. So entsprechen beispielsweise $6\,\text{mol}$ CO_2 einer Masse von $6 \cdot 44\,\text{g} = 264\,\text{g}$, entsprechend sind es $6 \cdot 18\,\text{g} = 108\,\text{g}$ Wasser, $1 \cdot 180\,\text{g} = 180\,\text{g}$ Traubenzucker, und $6 \cdot 32\,\text{g} = 192\,\text{g}$ Sauerstoff. Diese Mengenangaben in Gramm führen hier natürlich zu einem etwas komplizierteren Zahlenverhältnis von CO_2, H_2O, $C_6H_{12}O_6$ und O_2. Es lässt sich aber noch etwas vereinfachen, vergleiche rechte Seite:

$$264 \ : \ 108 \ : \ 180 \ : \ 192 \ = \ \underline{22} \ : \ 9 \ : \ \underline{15} \ : \ 16$$

Wir lesen rechts zum Beispiel ab: 22 Gramm Kohlendioxid liefern 15 Gramm Traubenzucker, Aufgabe: Wie viel Traubenzucker können aus 100 Gramm Kohlendioxid produziert werden? Wir müssen rechts nur durch 22 dividieren und mit 100 multiplizieren. Die Traubenzuckermenge ergibt sich dann entsprechend als $(15/22) \cdot 100$, und das sind rund 68 Gramm. Die übrigen Werte interessieren bei dieser Fragestellung nicht!

Verhältnisse und Anteile In vorigem Beispiel macht es keinen Sinn, die einzelnen Mengen zu addieren und als Teile eines Ganzen zu interpretieren. Anders in den nun folgenden Beispielen. Die einzelnen Anteile lassen sich leicht bestimmen. Wir werden feststellen: Man muss nur durch die Summe der Verhältniszahlen dividieren! Daher ist es bei solchen Beispielen oft nützlich, diese Summe als zusätzliche proportionale Größe zu notieren.

(**1.36**)

Rezept	Mengenangaben in Gramm:						
Butter	600	750	375	0,375	37,5	3/8	3/8
Mehl	800	1000	500	0,500	50,0	4/8	1/2
Zucker	200	250	125	0,125	12,5	1/8	1/8
Summe	1600	2000	1000	1,000	100,0	1/1	1/1

Die Tabelle ist eine platzsparende Schreibweise für die Zeilenangabe

$$\text{Butter} \ : \ \text{Mehl} \ : \ \text{Zucker} \ = \ 600 \ : \ 800 \ : \ 200 \ = \ 750 \ : \ 1000 \ : \ 250 \ = \ \dots$$

nämlich das *Mengenverhältnis* von „Butter zu Mehl zu Zucker wie 600 zu 800 zu 200" usw. Hierbei könnte natürlich auch die Summe mit angegeben werden.

Noch einmal zur Übung:
Wie erzielen Sie in Tabelle 1.36 die Umrechnung auf $1000\,\text{g}$ Mehl in der zweiten Spalte; und wie die Umrechnung auf $1000\,\text{g}$ Gesamtsumme in der dritten Spalte?

Multiplizieren wir nun die Zahlen der ersten Spalte mit dem Faktor $c = \frac{1}{1600}$, dividieren also durch 1600, so erhalten wir sofort die Werte der vierten Spalte – und die Summe dieser Verhältniszahlen ist natürlich Eins: wir können diese Vorgehensweise auch interpretieren als Division der Einzelmassen durch die Gesamtmasse, und die Ergebnisse daher als die einzelnen *Anteile* (in diesem Falle Massenanteile)!

Nach Multiplikation mit Hundert erhalten wir die entsprechenden Prozentzahlen in der fünften Spalte. Anstelle in Hundertstel lassen sich diese Anteile in der nachfolgenden Spalte auch in Achtel ausdrücken, oder gekürzt wie in der letzten Spalte! Aber halten wir fest:

1.37 Satz *Werden die Teile eines Ganzen durch Verhältniszahlen beschrieben, so erhalten wir die einzelnen Anteile, indem wir durch die Summe der Verhältniszahlen dividieren.*

Bemerkungen und Ergänzungen

Aufteilung der Erbschaft Nun noch zur Lösung der ganz zu Anfang gestellten Aufgabe: Die Verhältniszahlen von $\frac{1}{2} : \frac{1}{4} : \frac{1}{6}$ sind wegen $\frac{1}{2} + \frac{1}{4} + \frac{1}{6} = \frac{11}{12}$ *keine Anteile*! Die Anteile ergeben sich erst nach Division durch $\frac{11}{12}$, oder nach Multiplikation mit dem Kehrwert $c = \frac{12}{11}$:

$$\text{Anteil A:} \quad \frac{1}{2} \cdot \frac{12}{11} = \frac{6}{11}, \qquad \text{Anteil B:} \quad \frac{1}{4} \cdot \frac{12}{11} = \frac{3}{11}, \qquad \text{Anteil C:} \quad \frac{1}{6} \cdot \frac{12}{11} = \frac{2}{11}.$$

Bestimmen wir nun die *Anzahl* der Tiere, die jeder Tochter anteilsmäßig zustehen. Die gesamte Herde besteht aus 11 Tieren. Wir müssen also die soeben errechneten Anteile mit der Gesamtzahl 11 multiplizieren. Für A ergibt das 6 Elftel mal Elf = 6, für B entsprechend 3 Elftel mal Elf = 3, und für C analog 2 Elftel mal Elf = 2. Oder ausführlich, ganz von vorn:

$$\left(\frac{1}{2} \cdot \frac{12}{11} \right) \cdot 11 = \frac{6}{11} \cdot 11 = 6, \quad \left(\frac{1}{4} \cdot \frac{12}{11} \right) \cdot 11 = \frac{3}{11} \cdot 11 = 3, \quad \left(\frac{1}{6} \cdot \frac{12}{11} \right) \cdot 11 = \frac{2}{11} \cdot 11 = 2.$$

Die Aufteilung war also völlig korrekt!

Bei dieser Berechnung dürfen wir die Klammern aber natürlich auch folgendermaßen setzen:

$$\frac{1}{2} \cdot \left(\frac{12}{11} \cdot 11 \right) = \frac{1}{2} \cdot 12 = 6, \quad \frac{1}{4} \cdot \left(\frac{12}{11} \cdot 11 \right) = \frac{1}{4} \cdot 12 = 3, \quad \frac{1}{6} \cdot \left(\frac{12}{11} \cdot 11 \right) = \frac{1}{6} \cdot 12 = 2.$$

Und hier treten nun die Verhältniszahlen $\frac{1}{2}, \frac{1}{4}, \frac{1}{6}$ tatsächlich als Faktoren von 12 auf, so als ob man Anteile einer Herde von 12 Tieren ausrechnen würde! Die falsche Handhabung führt auf diese Weise dann doch zum richtigen Ergebnis. Um das zu erreichen, musste der Pastor aber zunächst die Herde von 11 auf 12 Tiere vergrößern!

Als andere Lösungsmöglichkeit multiplizieren wir das Verhältnis $\frac{1}{2} : \frac{1}{4} : \frac{1}{6}$ (Summe $= \frac{11}{12}$) mit dem konstanten Faktor $c = 12$. Das ergibt das äquivalente Verhältnis $6 : 3 : 2$, Summe natürlich jetzt insgesamt 11. Da aber die Summe $6 + 3 + 2 = 11$ die Gesamtzahl der Herdentiere ergibt, handelt es sich dabei gleichzeitig um die korrekte Aufteilung der Herde!

Beraterhonorar Hier die vielleicht raffinierteste Erbschaftsaufteilung dieser Art. Zur Abwechslung die sehr beliebte, orientalische Variante:

In Kurzform geschildert sollen 35 Kamele unter den Erben A, B, C im Verhältnis $\frac{1}{2} : \frac{1}{3} : \frac{1}{9}$ aufgeteilt werden. Ein weiser Mann und sein Diener, die beide zusammen auf nur einem Kamel des Weges kommen, werden von den ratlosen Wüstenbewohnern um Hilfe gebeten. Der weise Mann stellt sein ermüdetes Tier zu den 35 Kamelen und teilt nun auf:

„A erhält von den 36 die Hälfte, also 18 Kamele. Von den 35 hätte er nur $17\frac{1}{2}$ bekommen, also wird er zufrieden sein! B erhält 12 anstelle $11\frac{2}{3}$, und auch C wird mit 4 Tieren anstelle $3\frac{8}{9}$ nicht benachteiligt. Zusammen sind das $18 + 12 + 4 = 34$ Kamele. Es bleibt also nicht nur mein Kamel übrig, sondern auch noch eines für meinen Diener“.

Alle waren mit der so wundersam vorteilhaften Aufteilung zufrieden - ganz besonders das müde Kamel, das fortan nur noch seinen weisen Besitzer zu tragen hatte! Aber war das wirklich ganz korrekt, oder könnte man zumindest hier von einem 'Beraterhonorar' sprechen?

Zweierbeziehungen Die allgemein falsche Interpretation des Doppelpunktes als Divisionszeichen hat einen einfachen Grund. Bei Verhältnisgleichungen mit nur zwei Größen ist sie nämlich richtig:

$$\mathbf{u}_0 : \mathbf{u}_1 = \mathbf{v}_0 : \mathbf{v}_1 \quad \text{ist gleichbedeutend mit} \quad \frac{\mathbf{u}_0}{\mathbf{u}_1} = \frac{\mathbf{v}_0}{\mathbf{v}_1}.$$

Das ist nur ein Spezialfall folgender Aussage, die anhand Def. 1.34 leicht zu beweisen ist:

1.38 Satz *Gleichbedeutend mit* $\mathbf{u}_0 : \mathbf{u}_1 : \mathbf{u}_2 : \mathbf{u}_3 \ldots = \mathbf{v}_0 : \mathbf{v}_1 : \mathbf{v}_2 : \mathbf{v}_3 \ldots$ *ist:*

$$\frac{\mathbf{u}_0}{\mathbf{u}_1} = \frac{\mathbf{v}_0}{\mathbf{v}_1} \quad und \quad \frac{\mathbf{u}_1}{\mathbf{u}_2} = \frac{\mathbf{v}_1}{\mathbf{v}_2} \quad und \quad \frac{\mathbf{u}_2}{\mathbf{u}_3} = \frac{\mathbf{v}_2}{\mathbf{v}_3} \quad und \quad \ldots$$

Und vielleicht erkennen Sie auch, dass zum Beispiel $\mathbf{u}_1/\mathbf{u}_3 = \mathbf{v}_1/\mathbf{v}_3$ ebenfalls richtig ist, usw.

Ein Blick zurück ...

- Mit Verhältnisgleichungen lassen sich Proportionalitäten zwischen mehreren Größen beschreiben.

- Die Werte einer Seite dürfen mit einer beliebigen positiven Konstanten multipliziert (dividiert) werden.

- Bei Verhältniszahlen ergibt die Division durch ihre Summe die jeweiligen Anteile am Ganzen oder einer Mischung.

Aufgaben

1. Das Verhältnis von Mädchen– zu Jungengeburten beträgt ungefähr 48,5 zu 51,5. Auf 97 Mädchen kommen also wie viele Jungen? Und wie viele Jungen zirka für 100 Mädchen?

2. Was bedeutet die Formatangabe $16:9$ bei einem Bildschirm? Berechnen Sie den Unterschied zum Format $4:3$, wenn beide Bildschirme 72 cm hoch sind!

3. (i) Rechnen Sie nach: Wird ein Blatt Papier im üblichen DIN – Format in der Mitte durchgeschnitten oder gefaltet, so gilt für die Hälften wiederum (vgl. Skizze)

   lange Seite : kurze Seite $= \sqrt{2} : 1$

   (ii) Die lange Seite ist also stets das $\sqrt{2}$–fache der kurzen Seite. Beweisen Sie: Ein anderes Zahlenverhältnis bliebe beim Halbieren nicht erhalten!

   (iii) Durch Halbieren entsteht aus dem DIN A4–Format das kleinere DIN A5–Format. Ausgangsgröße ist A0 (A Null) mit einer festgelegten Fläche von genau einem Quadratmeter. Berechnen Sie die Seitenlängen von A0 (Lösung: $\approx$ 118,92 cm und 84,09 cm). Bestimmen Sie in einer Tabelle die Seitenlängen von A1, A2, A3, A4, A5, A6, A7, A8. Letzteres Format wird oft für Visitenkarten benutzt. Warum wiegt ein DIN A4 Blatt 5 Gramm, wenn ein Quadratmeter Papier 80 Gramm wiegt?
   Der Faktor $\sqrt{2}$ gilt auch für die Formate DIN B und DIN C, aber die Ausgangsgröße B0 hat eine Fläche von 1,4142 m² ($= \sqrt{2}\cdot$ m²), bei C0 sind es 1,1892 m² ($= \sqrt{\sqrt{2}}\cdot$ m²).

4. Ein Rechteck mit dem Seitenverhältnis lange Seite : kurze Seite $= \Phi : 1$ nennt man genau dann ein „goldenes Rechteck", wenn die Zahl $\Phi = \frac{1}{2} \cdot (\sqrt{5} + 1) = 1,618\ldots$ beträgt. (Ein DIN A 4 Blatt ist also *kein* goldenes Rechteck!)

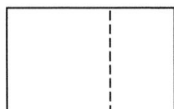 Zeigen Sie: Trennt man bei einem goldenen Rechteck das Quadrat der kurzen Seite, so verbleibt ein kleines goldenes Rechteck. Vergleiche nebenstehende Skizze!

5. (i) Zeigen Sie, dass die hier möglichen Zerlegungen jeweils 3 kongruente Teile ergeben, die zur Ausgangsfigur ähnlich sind!

Wir nennen solche Figuren 3–ähnlich.
(DIN-Blätter sind in diesem Sinne 2–ähnlich.)

(ii) Zeigen Sie, dass jedes Dreieck und jedes Parallelogramm 4–ähnlich ist! Nicht ganz so einfach sind die folgenden Beispiele. Bestimmen Sie passende Maße für die übrigen Seiten, im Verhältnis zur vorgegebenen Seite der Länge 1:

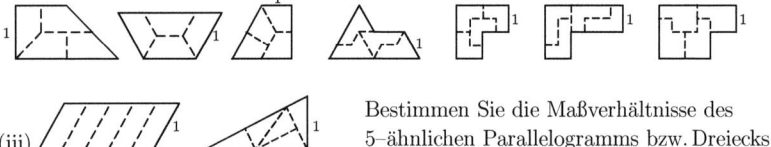

(iii) 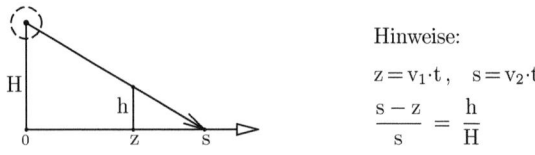 Bestimmen Sie die Maßverhältnisse des 5–ähnlichen Parallelogramms bzw. Dreiecks!

6. Teilen Sie eine Strecke von 130 Kilometern in drei Teilstrecken im Verhältnis $3 : 2 : 5$.

7. Lösen Sie folgende Varianten unserer Eingangsaufgabe, zuerst nach 'Pastorenart', und schließlich auch mathematisch:

(i) Eine Herde von 17 Tieren soll im Verhältnis $\frac{1}{2} : \frac{1}{3} : \frac{1}{9}$ aufgeteilt werden!

(ii) Eine Herde von 19 Tieren soll im Verhältnis $\frac{1}{2} : \frac{1}{4} : \frac{1}{5}$ aufgeteilt werden!

(iii) Eine Herde von 39 Tieren soll im Verhältnis $\frac{1}{2} : \frac{1}{4} : \frac{1}{8} : \frac{1}{10}$ aufgeteilt werden!

(iii) So langsam müssten Sie den Trick durchschaut haben und eigene Beispiele finden! Beginnen wir ganz einfach: Wegen $\frac{5}{6} = \frac{3}{6} + \frac{2}{6}$ wählen Sie $\frac{1}{2} : \frac{1}{3}$ bei 5 Tieren. Da zum Beispiel $\frac{7}{8} = \frac{4}{8} + \frac{2}{8} + \frac{1}{8}$, könnte man $\frac{1}{2} : \frac{1}{4} : \frac{1}{8}$ bei 7 Tieren wählen, usw.

8. Der vereinbarte Treffpunkt von Zweistein mit seiner Angebeteten wurde spätabends von einer starken Lampe in $\mathbf{H} = 9\,\text{m}$ Höhe beleuchtet. Nervös ging z hin und her und beobachtete, wie sich die Länge seines Schattens dabei änderte. Um sich die Zeit zu vertreiben, begann z zu überlegen:
Wenn er sich mit $\mathbf{v_1} = 4\,\text{km/h}$ von seinem Platz entfernt, mit welcher Geschwindigkeit $\mathbf{v_2}$ bewegt sich dann die Spitze s seines Schattens? Wird diese Geschwindigkeit immer größer, je weiter er sich von der Lampe entfernt?
(Zeigen Sie: Wenn Zweistein zum Beispiel $\mathbf{h} = 1,80\,\text{m}$ groß ist, beträgt $\mathbf{v_2} = 5\,\text{km/h}$.)

Hinweise:

$$z = v_1 \cdot t , \quad s = v_2 \cdot t$$

$$\frac{s - z}{s} = \frac{h}{H}$$

9. Bekanntlich schneiden sich die Seitenhalbierenden eines Dreiecks in einem gemeinsamen Punkt S, dem Schwerpunkt des Dreiecks. Hierbei ist der Abschnitt an der Ecke immer doppelt so groß wie der Abschnitt an der Seitenmitte. Zum Beispiel gilt:

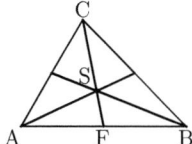

$\overline{CS} : \overline{SF} = 2 : 1 = \frac{2}{3} : \frac{1}{3}$

Wenn $\overline{CF} = 4,5\,\text{cm}$, wie groß sind

dann die Abschnitte $\overline{CS}$ und $\overline{SF}$?

10. Der Sinussatz für Dreiecke mit den Seiten **a**, **b**, **c** und den gegenüberliegenden Winkeln α, β, γ lautet: $\dfrac{\mathbf{a}}{sin\,\alpha} = \dfrac{\mathbf{b}}{sin\,\beta} = \dfrac{\mathbf{c}}{sin\,\gamma}$. Warum ist das gleichbedeutend mit der Formulierung **a** : **b** : **c** $= sin\,\alpha : sin\,\beta : sin\,\gamma$? Hinweis: Satz 1.38.

11. Die Volumina von Kegel, Kugel und Zylinder verhalten sich bei gleichem Radius immer wie $1:2:3$, also kurz:

$V_{Ke} : V_{Ku} : V_{Zy} = 1 : 2 : 3$.

Das Volumen des Zylinders beträgt
$V_{Zy} = \pi r^2 \cdot 2r = 2\pi r^3$, (Grundfläche mal Höhe).
Bestimmen Sie nun hiermit auch V_{Ke} und V_{Ku}!
(Obiges schöne Ergebnis stammt von Archimedes.
Es wurde zusammen mit der Skizze auf seinem Grabstein eingemeißelt!)

12. Der Zwergplanet Pluto wurde erst im Jahre 1930 entdeckt. Kein Wunder, denn er ist deutlich kleiner als der Erdmond! In der Zeit, die der Planet Neptun für drei Sonnenumrundungen benötigt, bewegt sich Pluto exakt zweimal um die Sonne, das bedeutet: Die (kürzere) Umlaufzeit u_N von Neptun verhält sich zur (längeren) Umlaufzeit u_P des Pluto wie 2 zu 3. Wenn Pluto 248 Jahre für eine Umrundung der Sonne benötigt ($u_P = 248$ Jahre), wie lange dauert es dann bei Neptun?

13. Bezeichnet u_M und u_E die Umlaufzeiten zweier Planeten, sowie a_M und a_E ihren mittleren Abstand zur Sonne. Dann gilt: $u_M^2 : u_E^2 = a_M^3 : a_E^3$
Die Umlaufzeit u_E der Erde beträgt bekanntlich 1 Jahr. Für den Abstand des Planeten Mars gilt $a_M = 1{,}524 \cdot a_E$. Wie groß ist also die Umlaufzeit u_M des roten Planeten?

14. In einem Rezept sind angegeben: 375 g Mehl, 225 g Zucker, 150 g Butter. Rechnen Sie das Rezept um auf 600 g Mehl. Bestimmen Sie die Anteile von Mehl, Zucker, Butter.

15. Die Dichte des unvergorenen Traubensaftes (Mostgewicht) wird oft noch in Grad Öchsle angegeben. Es bedeuten 60 °Ö eine Dichte von 1,060 g/cm³, 75 °Ö entsprechend 1,075 g/cm³. Hiermit wird nach Tabellen der Feststoffgehalt, und daraus der Zucker- und spätere Alkoholgehalt des Weines bestimmt. Bei einem Mostgewicht von z.B. 80 °Ö ist ein Alkoholgehalt von etwa 10,5 Vol.% zu erwarten. Nun zur eigentlichen Aufgabe: Bei den gelösten *Feststoffen* ging man zunächst aus von einem (Massen-) Verhältnis von Zucker : Nichtzucker = 17 : 3. Später wurde festgestellt, dass ein Massenanteil von 95,8 % beim Zucker besser mit der Realität übereinstimmte. Wie hoch war der zuerst angenommene Anteil von Zucker, in Prozenten ausgedrückt?

16. Mischen von 280 kg Zement, 170 kg Wasser und 1950 kg 'Zuschlägen' (Sand, Kies) ergibt etwa einen Kubikmeter Beton. (i) Rechnen Sie alles um, da Ihre Ausgangsmenge Zement nur 50 kg beträgt! (ii) Wie groß sind eigentlich die Massenanteile der drei Bestandteile?

17. (i) Zerlegt man Wasser in seine Bestandteile, so könnte das Ergebnis lauten: H : O = 3,76 mol : 1,88 mol. Natürlich bestehen die Wassermoleküle nicht aus 3,76 Atomen H und 1,88 Atomen O, auch nicht aus 376 Atomen H und 188 Atomen O, aber ein ganzzahliges Verhältnis muss es schon sein! Wie findet man also rein *rechnerisch* aus 3,76 : 1,88 das Verhältnis 2 : 1?

    (ii) Die sorgfältige Analyse einer chemischen Verbindung aus Phosphor und Sauerstoff ergab P : O = 1,41 mol : 3,53 mol. Versuchen Sie ein einfaches ganzzahliges Verhältnis zu entdecken – bedenken Sie, dass es sich um (leicht fehlerbehaftete) Messwerte handelt!

18. (i) Die Analyse von Wasser ergibt die Massenanteile 11,11 % H und 88,89 % O. Rekonstruieren Sie hieraus die bekannte Molekularformel H_2O. Hinweis: Rechnen Sie 11,11 g H und 88,89 g O um in Stoffmengen!

    (ii) Die Analyse eines Kohlenwasserstoffes ergab folgende Massenanteile: 85,63 % C und 14,37 %H. Wie könnte die Molekularformel C_nH_m konkret aussehen?

    (iii) Die Analyse eines Minerals ergab folgende Massenanteile: 54,19 % Fluor F, 32,79 % Natrium Na und 13,02 % Aluminium Al. Wie könnte die empirische Formel aussehen?

19. Zum Knobeln und Knabbern:

    (i) Ein Hühnerei enthält etwa doppelt so viel Eiklar wie Eigelb (Massenanteile). Das Eiklar besteht aus Eiweiß und Wasser im (Massen-) Verhältnis 1 : 9, das Eigelb aus Eiweiß, Wasser und Lezithin/Cholesterin im Verhältnis 10 : 7 : 3. Wieviel Gramm Eiweiß enthält ein durchschnittliches Ei von 60 Gramm Gesamtgewicht?

    (ii) Mögen Sie Studentenfutter? In folgendem Beispiel besteht es aus Paranüssen, Walnüssen, Haselnüssen und Rosinen:

    Eine Paranuss wiegt (durchschnittlich) so viel wie drei Walnüsse, eine Walnuss so viel wie zwei Haselnüsse, eine Haselnuss so viel wie drei Rosinen.
    In der Packung sind drei mal so viel Rosinen wie Haselnüsse, drei mal so viel Haselnüsse wie Walnüsse, drei mal so viel Walnüsse wie Paranüsse.
    Eine Paranuss wiegt 12 g, die preiswerte Familienpackung 1 380 g. Bestimmen Sie die (durchschnittliche) Anzahl x der Paranüsse in einer Packung!

20. Auf einen Elefanten kommen rund Zehntausend Menschen, auf fünf Menschen ein (Zucht-) Rind, auf sechs Menschen ein Schaf, auf sieben ein Schwein, und auf einen Menschen zwei Hühner und fünfhundert Honigbienen. Die Weltbevölkerung beträgt rund 7 Milliarden Menschen. Wie viele dieser Tiere leben auf der Welt?

21. Der Stuhlgang des Menschen besteht zu etwa 75 % seines Gewichts aus Wasser, 7,5 % sind Darmbakterien, weitere 7,5 % abgeschilferte Darmwandzellen, und nur 10 % sind unverdauliche oder unverdaute Reste unserer Nahrung! Wie sieht eine solche prozentuale Verteilung aus, wenn man das Wasser unberücksichtigt lässt?

Kapitel 2

Formen und Abbildungen

2 a) Die Satzgruppe des Pythagoras

Einleitung Auch der gute alte Pythagoras ist noch für Überraschungen gut:
(i) Ohne diesen alten Herrn zu kennen, beginnt die Spinne Thekla wieder einmal meisterhaft ein Netz zu knüpfen, siehe Skizze 2.1. Der Abstand zwischen A und B beträgt einen Meter, ihr Faden ist 50 cm länger, Fadenlänge also 1,50 m. Wie tief hängt sie in der Mitte durch? Sie werden sicherlich leicht nachrechnen, dass **a** rund 56 cm beträgt.

(2.1) Das Spannseil–Paradox:

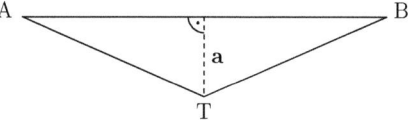

(ii) Zur gleichen Zeit spannt eine Forschungsgruppe in Amazonien ein Transportseil über einen Abgrund. Der Abstand zwischen den Punkten A und B beträgt hier Hundert Meter! Das Transportgewicht zieht nach unten, das gespannte Seil wird dadurch wieder 50 cm länger. Wie tief hängt es in der Mitte durch? Schätzen Sie erst einmal! Ergebnis siehe Fußnote.[*] Eine schöne Variante ist das 'Umweg–Paradox', Aufg. 7. Erklärung siehe Aufg. 8 und 9.

Tangens, Sinus, Cosinus

Sicherlich kennen Sie Warnhinweise im Straßenverkehr wie zum Beispiel

Achtung: Steigung 15 %.

---

[*] $a \approx 5$ Meter: Je größer $\overline{AB}$, umso mehr machen sich kleine Änderungen der Seillänge bemerkbar!

Wie ist das eigentlich definiert, und gibt es eine Steigung von 100 %?
Im Idealfall führt die Straße in einem konstanten Winkel α nach oben. Der Höhengewinn
hierbei ist *proportional*, genauer gesagt:
In Skizze 2.2 ist $\overline{AC}$ doppelt so lang wie $\overline{AB}$, folglich ist $\overline{EC}$ doppelt so groß wie $\overline{DB}$; die
entsprechenden Quotienten sind also konstant! Dahinter steckt natürlich der Strahlensatz:

$$\frac{\overline{DB}}{\overline{AB}} = \frac{\overline{EC}}{\overline{AC}} = tan\,\alpha\,.$$

(2.2)

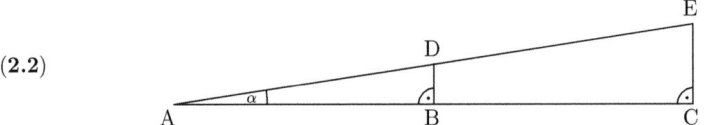

Der zum Winkel α gehörende Proportionalitätsfaktor heißt „Tangens von α", „Tangens α",
oder in mathematischer Kurzschreibweise *tan α*.

Eine Steigung von 15 % bedeutet also $tan\,\alpha = 0{,}15$.

Mit Kenntnis dieses Wertes können wir in unserem Beispiel ausrechnen, dass

$$\overline{DB} = 0{,}15 \cdot \overline{AB} \quad \text{und} \quad \overline{EC} = 0{,}15 \cdot \overline{AC}\,,$$

und allgemein natürlich $\overline{DB} = tan\,\alpha \cdot \overline{AB}$, sowie $\overline{EC} = tan\,\alpha \cdot \overline{AC}$. Entscheidend für den
Wert dieses *Proportionalitätsfaktors* ist offensichtlich nur die Größe des Winkels α, und
nicht die Größe des Dreiecks $\triangle\,ABD$ bzw. $\triangle\,ACE$. Zur Illustration genügt also irgendein
rechtwinkliges Dreieck mit dem Winkel α. Wir bezeichnen die Seiten einfach mit **a**, **b**, **c** und
wählen diesmal einen etwas größeren Winkel α. Für diesen gilt in Skizze 2.3: $tan\,\alpha = \frac{\mathbf{a}}{\mathbf{b}}$.

Natürlich sind bei festem α nicht nur die beiden Seiten **a** und **b** proportional, sondern
beispielsweise auch **a** und **c**. Man nennt die entsprechende Proportion $\frac{\mathbf{a}}{\mathbf{c}}$ den „Sinus von α",
oder „Sinus α", kurz: $sin\,\alpha = \frac{\mathbf{a}}{\mathbf{c}}$. Beipielsweise hat $\frac{\mathbf{a}}{\mathbf{c}}$ für $\alpha = 30°$ immer den Wert $\frac{1}{2}$, also
$sin\,30° = \frac{1}{2}$, und im Falle $\alpha = 45°$ ist $sin\,45° = 0{,}707$ – vgl. Aufg. 11.
Und schließlich nennt man noch $cos\,\alpha = \frac{\mathbf{b}}{\mathbf{c}}$ den „Cosinus von α", vgl. Skizze 2.3.

(2.3)

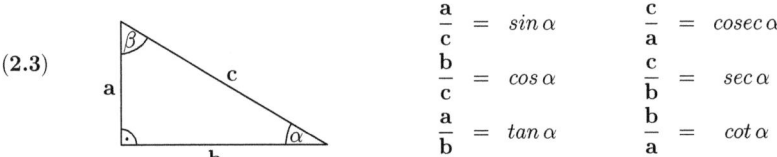

$$\frac{\mathbf{a}}{\mathbf{c}} = sin\,\alpha \qquad \frac{\mathbf{c}}{\mathbf{a}} = cosec\,\alpha$$
$$\frac{\mathbf{b}}{\mathbf{c}} = cos\,\alpha \qquad \frac{\mathbf{c}}{\mathbf{b}} = sec\,\alpha$$
$$\frac{\mathbf{a}}{\mathbf{b}} = tan\,\alpha \qquad \frac{\mathbf{b}}{\mathbf{a}} = cot\,\alpha$$

Mit Sinus, Cosinus und Tangens kennen wir nun bereits die drei wichtigsten Proportionen! An
weiteren Möglichkeiten gibt es zum Glück nur noch deren Kehrwerte, mit den Bezeichnungen
Cosecans, Secans, und Cotangens. Letztere finden Sie vielleicht nicht auf der Tastatur
Ihres Taschenrechners, denn als Kehrwerte lassen sie sich leicht aus den vorigen drei Werten
bestimmen. Beispielsweise folgt aus $sin\,30° = \frac{1}{2}\,(= \frac{\mathbf{a}}{\mathbf{c}})$ sofort $cosec\,30° = 2\,(= \frac{\mathbf{c}}{\mathbf{a}})$, und aus
$tan\,30° = 0{,}577\,(= \frac{\mathbf{a}}{\mathbf{b}})$ entsprechend $cot\,30° = \frac{1}{0{,}577} = 1{,}73\,(= \frac{\mathbf{b}}{\mathbf{a}})$, allgemein:

(2.4) $$cosec\,\alpha = \frac{1}{sin\,\alpha}\,, \qquad sec\,\alpha = \frac{1}{cos\,\alpha}\,, \qquad cot\,\alpha = \frac{1}{tan\,\alpha}\,.$$

Die dem Winkel α in Skizze 2.3 gegenüberliegende Seite **a** heißt auch Gegenkathete, die anliegende Seite **b** Ankathete. Die Hypotenuse wurde mit **c** bezeichnet. Fassen wir zusammen:

2.5 Definition Mit den Bezeichnungen wie in Skizze 2.3 ist

$$sin\,\alpha = \frac{\text{Gegenkathete}}{\text{Hypotenuse}} = \frac{a}{c}\,, \qquad cosec\,\alpha = \frac{\text{Hypothenuse}}{\text{Gegenkathete}} = \frac{c}{a}\,,$$

$$cos\,\alpha = \frac{\text{Ankathete}}{\text{Hypotenuse}} = \frac{b}{c}\,, \qquad sec\,\alpha = \frac{\text{Hypothenuse}}{\text{Ankathete}} = \frac{c}{b}\,,$$

$$tan\,\alpha = \frac{\text{Gegenkathete}}{\text{Ankathete}} = \frac{a}{b}\,, \qquad cot\,\alpha = \frac{\text{Ankathete}}{\text{Gegenkathete}} = \frac{b}{a}\,.$$

Im speziellen Fall $\mathbf{a = b}$ erhalten wir exakt $tan\,\alpha = 1$, zugehöriger Winkel ist $\alpha = 45°$. Offensichtlich sind auch Steigungen größer als 1 denkbar: Für einen Winkel von $\alpha = 56{,}31°$ bestimmt der Taschenrechner den Wert $tan\,\alpha = 1{,}50$ – für die Verkehrsbehörden wären das erstaunliche 150 % Steigung!

Interessieren wir uns nicht für das Verhältnis von **a** und **b**, sondern von **a** und **c**, so kommt anstelle des Tangens natürlich der Sinus ins Spiel. Ein kleines Zahlenbeispiel: Der Winkel α in Zeichnung 2.3 beträgt 30°. Eine Zahnradbahn klettert hier mühsam die Strecke $\mathbf{c} = 1000\,\text{m}$ empor, wie groß ist die erreichte Höhe **a**? Wir folgern:

$$\frac{a}{c} = sin\,30°\,, \qquad a = sin\,30° \cdot c = \tfrac{1}{2} \cdot 1000\,\text{m} = 500\,\text{m}\,, \qquad \text{(Ergebnis)}.$$

Aufgrund solcher Dreiecksberechnungen nennt man Sinus, Cosinus, Tangens, ... auch die trigonometrischen Funktionen, griech. 'trigon' für Dreieck. Die Bezeichnungen 'Katheten' bedeuten die 'Senkrechten', und 'Hypotenuse' das 'darunter gespannte'. Eine besonders schöne Möglichkeit zur Anwendung von Proportionen an rechtwinkligen Dreiecken bietet

Die Satzgruppe des Pythagoras

Die Höhe **h** in der folgenden Skizze 2.6 unterteilt die Seite **c** des rechtwinkligen Dreiecks in die Abschnitte **q** und **p**. Hierdurch erhalten wir zwei weitere rechtwinklige Dreiecke, das kleinere mit den Seiten **b**, **q**, **h**, und das größere mit den Seiten **h**, **p**, **a**.

(2.6)

Das Besondere an diesen Dreiecken ist, dass sie in allen drei Winkeln mit dem ursprünglichen Dreieck übereinstimmen. Natürlich genügen hierzu bereits *zwei* gleiche Winkel, denn aufgrund der Winkelsumme im Dreieck von 180 ° ist der dritte Winkel dann ebenfalls gleich: Das linke Teildreieck hat mit dem großen Dreieck den Winkel α und den rechten Winkel gemeinsam, also muss der andere spitze Winkel β betragen! Das rechte Teildreieck stimmt mit dem großen Dreieck im Winkel β und dem rechten Winkel überein, und somit muss der zweite spitze Winkel gleich α sein!

Wir skizzieren nun alle drei Dreiecke übersichtlich in gleicher Lage, vgl. Skizze 2.7, und spielen ein bisschen mit der Ähnlichkeit dieser drei Dreiecke! Die beim Strahlensatz auftretenden Verhältnisse können wir nun hier auch bezeichnen, da alle Dreiecke rechtwinklig sind:

(**2.7**)

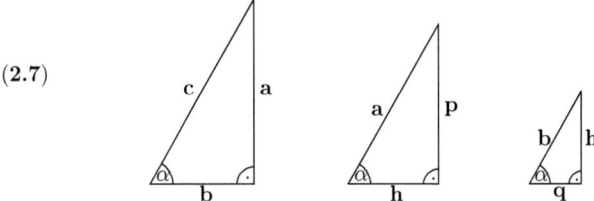

Das dritte Dreieck liefert $tan\,\alpha = \frac{h}{q}$, das zweite $tan\,\alpha = \frac{p}{h}$, also folgt für den

Tangens: $\qquad\qquad\qquad \dfrac{h}{q} = \dfrac{p}{h}\,, \qquad$ folglich $\quad h^2 = p \cdot q\,, \qquad$ (Höhensatz).

Entsprechend erhalten wir beim ersten und zweiten Dreieck für den

Sinus: $\qquad\qquad\qquad \dfrac{a}{c} = \dfrac{p}{a}\,, \qquad$ folglich $\quad a^2 = p \cdot c\,, \qquad$ (Kathetensatz a).

Das ist eine Aussage über die Kathete **a** unseres Ausgangsdreiecks in 2.6. Natürlich vergessen wir auch nicht den Cosinus von α und erhalten mit dem ersten und dem letzten Dreieck eine Aussage über die andere Kathete **b**.

Cosinus: $\qquad\qquad\qquad \dfrac{b}{c} = \dfrac{q}{b}\,, \qquad$ folglich $\quad b^2 = q \cdot c\,, \qquad$ (Kathetensatz b).

Anschaulich bildet $\mathbf{q} \cdot \mathbf{c}$ die Fläche eines Rechtecks mit den beiden Seiten **q** und **c**! Veranschaulichen wir uns hiermit die beiden Kathetensätze anhand der Skizze 2.8.

(**2.8**)

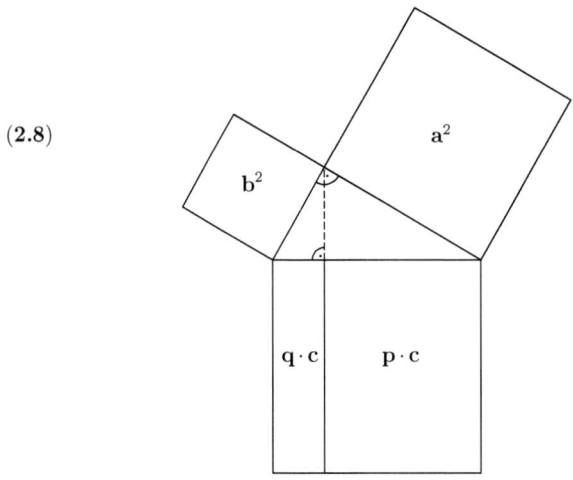

Zeichnerisch und rechnerisch ist sofort klar:
$$a^2 + b^2 = p \cdot c + q \cdot c = (p+q) \cdot c = c \cdot c = c^2\,,$$

und das ergibt die berühmte Beziehung:

Im rechtwinkligen Dreieck ist die Summe der Kathetenquadrate gleich dem Hypotenusenquadrat,

$$a^2 + b^2 = c^2 \qquad \text{(Satz des Pythagoras)}.$$

Die Umkehrung des Satzes von Pythagoras Gilt diese Beziehung vielleicht auch für Dreiecke, die *nicht* rechtwinklig sind? Die Skizze 2.9 zeigt links ein Dreieck ABC mit einem Winkel $\gamma < 90°$. Der Satz des Pythagoras gilt auf jeden Fall für das rechtwinklige Dreieck ABF. Demnach folgt links für dieses Dreieck, man beachte hier $\overline{BF} = \overline{BC} - \overline{FC} = a - x$:

(2.9)

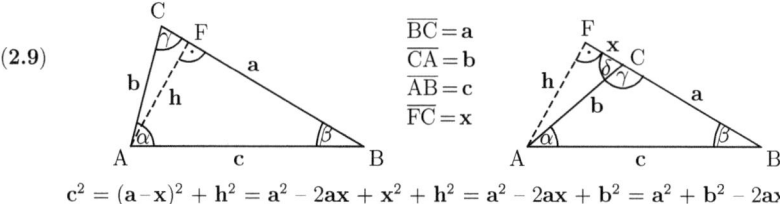

$$\overline{BC} = a$$
$$\overline{CA} = b$$
$$\overline{AB} = c$$
$$\overline{FC} = x$$

$$c^2 = (a - x)^2 + h^2 = a^2 - 2ax + x^2 + h^2 = a^2 - 2ax + b^2 = a^2 + b^2 - 2ax$$

Man muss von $a^2 + b^2$ noch $2ax$ subtrahieren, um c^2 zu erhalten, die Gleichheit $a^2 + b^2 = c^2$ gilt im spitzwinkligen Dreieck ABC offensichtlich nicht! Das ist eigentlich schon durch Hinschauen zu erkennen. Beachten wir $\frac{x}{b} = cos\,\gamma$ bzw. $x = b \cdot cos\,\gamma$, so erhalten wir konkret

(2.10) (i) $$a^2 + b^2 - 2\,a \cdot b \cdot cos\,\gamma = c^2, \qquad (\gamma \le 90°).$$

Hier ist auch $\gamma = 90°$ zulässig, denn dann folgt wegen $cos\,\gamma = 0$ wieder $a^2 + b^2 = c^2$.

Der Fall $\gamma > 90°$ wie rechts in Skizze 2.9 ist weniger offensichtlich. Hier gilt im rechtwinkligen Dreieck ABF:

$$c^2 = (a + x)^2 + h^2 = a^2 + 2ax + x^2 + h^2 = a^2 + 2ax + b^2 = a^2 + b^2 + 2ax$$

In diesem Fall ist $a^2 + b^2$ kleiner als c^2, die Beziehung $a^2 + b^2 = c^2$ gilt wiederum nicht. Wegen $\frac{x}{b} = cos\,\delta$, $x = b \cdot cos\,\delta = b \cdot cos(180° - \gamma)$ folgt hier konkret:

(2.10) (ii) $$a^2 + b^2 + 2\,a \cdot b \cdot cos\,(180° - \gamma) = c^2, \qquad (\gamma \ge 90°).$$

Wir haben also gezeigt, dass $a^2 + b^2 = c^2$ *nicht* mehr gilt, sobald $\gamma \ne 90°$ ist. Die Beziehung $a^2 + b^2 = c^2$ gilt nur, wenn der Winkel zwischen a und b gleich $90°$ ist. Das bedeutet:

Gilt in einem Dreieck $a^2 + b^2 = c^2$, *dann ist das Dreieck rechtwinklig.*   (Umkehrung)

Beispielsweise ist ein Dreieck mit den Seiten $a = 3$, $b = 4$, $c = 5$ wegen $3^2 + 4^2 = 5^2$ sicherlich rechtwinklig. Das lässt sich zur Konstruktion eines rechten Winkels nutzen, etwa mit Stäben dieser Länge, oder mit einer passend eingeteilten Schnur. Ein anderes Zahlenbeispiel dieser Art ist $a = 5$, $b = 12$, $c = 13$. Ganzzahlige Beispiele werden als 'Pythagoreische Tripel' bezeichnet! Eine andere Anwendung liefert uns

Der elastische Stoß Ob Thales (624 – 546 v.Chr.) oder Pythagoras (570 – 500 v.Chr.) schon so etwas Ähnliches wie Billard spielten, oder Curling? Sie hätten sicher ihre Freude gehabt, denn die beiden Richtungen bilden nach dem Stoß immer einen rechten Winkel! Das gilt natürlich nur für einen 'schrägen' Zusammenstoß zweier gleichschwerer Kugeln (genau zentral bliebe die stoßende Kugel liegen), unter Vernachlässigung von Reibungsverlust, Drehimpuls u.a. Das Bild ist dasselbe wie beim Stoß zweier gleicher Münzen auf einer glatten Oberfläche. Probieren Sie es aus: warum ausgerechnet immer 90°, wie in Skizze 2.11?

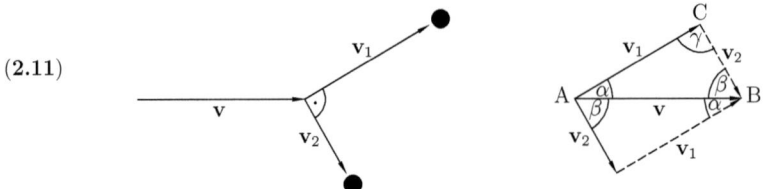

(2.11)

Aufgrund der Impulserhaltung $\mathbf{m} \cdot \mathbf{v} = \mathbf{m} \cdot \mathbf{v}_1 + \mathbf{m} \cdot \mathbf{v}_2$ folgt nach Division durch $\mathbf{m}$ nur $\mathbf{v} = \mathbf{v}_1 + \mathbf{v}_2$. Das ist bei einem Rechteck sicherlich erfüllt, vgl. Skizze 2.11 rechts, aber auch bei jedem Parallelogramm, vgl. Skizze 2.12!

(2.12) $\mathbf{v} = \mathbf{v}_1 + \mathbf{v}_2$:

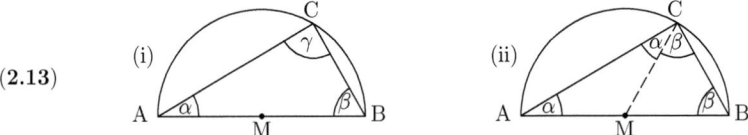

Die Beziehung $\mathbf{v} = \mathbf{v}_1 + \mathbf{v}_2$ bedeutet ja noch lange nicht, dass $\mathbf{v}_1$ und $\mathbf{v}_2$ einen rechten Winkel bilden müssen! Nun bleibt aber beim elastischen Stoß auch die kinetische Energie erhalten: $\frac{1}{2}\mathbf{m}\mathbf{v}^2 = \frac{1}{2}\mathbf{m}\mathbf{v}_1^2 + \frac{1}{2}\mathbf{m}\mathbf{v}_2^2$. Und das liefert, nach Division durch $\frac{1}{2}\mathbf{m}$, die zusätzliche Beziehung

$$\mathbf{v}^2 = \mathbf{v}_1^2 + \mathbf{v}_2^2$$

Das ist aber der 'Pythagoras' im Dreieck ABC! Folglich gilt in diesem Dreieck $\gamma = 90°$. Für die beiden übrigen Dreieckswinkel bleibt nur $\alpha + \beta = 90°$ übrig. Und das hat zur Folge: Das Parallelogramm *muss* in diesem Fall ein Rechteck sein!

Der Satz des Thales

In Skizze 2.13 liegt der Punkt C auf dem Halbkreis über der Strecke $\overline{AB}$, (Mittelpunkt M). Hierfür gilt nun: „Der Winkel im Halbkreis ist ein rechter", oder etwas weniger steif ausgedrückt, mit den Bezeichnungen der Skizze 2.13 (i):

> *Für jeden Punkt C auf dem Halbkreis über $\overline{AB}$ gilt $\gamma = 90°$.*   (Satz des Thales)

(2.13)

Der Beweis ist ein echter 'Hingucker', vgl. 2.13 (ii): Das Dreieck AMC ist gleichschenklig, es hat also zweimal den Winkel α. Analog finden wir im Dreieck CMB zweimal den Winkel β. Das ergibt für die Summe der Dreieckswinkel im Ausgangsdreieck ABC die Beziehung:

$$\alpha + \beta + \alpha + \beta = 180°, \quad \text{folglich} \quad \gamma = \alpha + \beta = 90°. \qquad \checkmark$$

Liegt C oberhalb des „Thaleskreises", so muss $\gamma < 90°$ gelten: Das folgt sofort mit Skizze 2.9, wenn wir den Schnittpunkt von $\overline{BC}$ und dem Thaleskreis mit F bezeichnen. Und liegt C innerhalb des Thaleskreises, so folgt $\gamma > 90°$, vgl. rechtes Bild in Skizze 2.9. Demnach ist auch die Umkehrung des Satzes von Thales richtig:

Gilt $\gamma = 90°$, so liegt der Punkt C auf dem Halbkreis über $\overline{AB}$.   (Umkehrung)

Hiermit sind zum Beispiel alle Möglichkeiten des elastischen Stoßes in Abb. 2.11 beschrieben!

Bemerkungen und Ergänzungen

Das Brechungsgesetz Sicherlich haben Sie bei einem Strandspaziergang schon einmal beobachtet, dass die Wellen *zum Strand hin* gebrochen werden! Warum ändert sich das nicht, wenn Sie um eine Insel *herum* spazieren? Wir werden sehen, der entscheidende Punkt ist: Je seichter das Wasser, umso geringer ist die *Geschwindigkeit* der Wasserwellen. Hierdurch werden die Wellen zum Strand hin gebrochen, sie bewegen sich immer in Richtung Strand.

Gemäß Huygens ist jede Wellenfront nur die Überlagerung kreisförmiger Elementarwellen, die von jedem Punkt dieser Front ausgehen. Ist nun die Geschwindigkeit c_2 im zweiten Medium geringer als die Geschwindigkeit c_1 im ersten, so wird die Wellenfront zum Einfallslot (Senkrechte zu $\overline{AD}$) hin gebrochen:

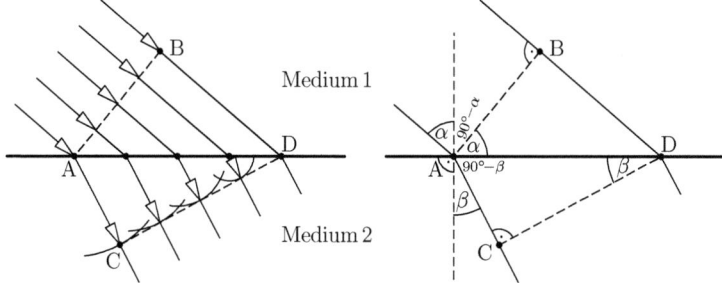

Legt nämlich B die Strecke bis zum Punkt D in der Zeitspanne Δt zurück, so gilt $\overline{BD} = \Delta t \cdot c_1$. A hat in dieser Zeit, wegen der geringeren Geschwindigkeit c_2, nur die Strecke $\overline{AC} = \Delta t \cdot c_2$ zurückgelegt. Die Anfangsfrage dürfte hiermit beantwortet sein. Natürlich verringert sich die Geschwindigkeit zum Strand hin nicht plötzlich, sondern kontinuierlich, aber der Effekt bleibt der gleiche. Rechnerisch folgt nun weiter:

$$\sin\alpha = \frac{\overline{BD}}{\overline{AD}} = \frac{\Delta t \cdot c_1}{\overline{AD}}, \quad \sin\beta = \frac{\overline{AC}}{\overline{AD}} = \frac{\Delta t \cdot c_2}{\overline{AD}}, \quad \frac{\sin\alpha}{c_1} = \frac{\Delta t}{\overline{AD}} = \frac{\sin\beta}{c_2}, \text{ also}$$

$$\frac{\sin\alpha}{c_1} = \frac{\sin\beta}{c_2} \qquad \text{(Brechungsgesetz)}$$

Diese Beziehung gilt für Schallwellen ebenso wie für Funkwellen oder Licht. Bezeichnen wir im letzteren Fall mit c die Lichtgeschwindigkeit im Vakuum, und mit c_1 die Lichtgeschwindigkeit in irgendeiner Substanz S_1. Dann nennt man $n_1 = \frac{c}{c_1}$ die Brechzahl von S_1. Dieser Wert ist dimensionslos! Je höher der Unterschied bei der Brechzahl, umso höher die Brechung. Multiplikation des Brechungsgesetzes mit c liefert wegen $n_1 = \frac{c}{c_1}$ und $n_2 = \frac{c}{c_2}$ nun einfach:

(2.14) $n_1 \cdot \sin\alpha = n_2 \cdot \sin\beta$ (Snelliussches Gesetz)

Luft in Bodennähe hat die Brechzahl 1,00029, in 8 km Höhe sind es nur noch etwa 1,00011. Streng genommen ist die Brechzahl auch noch von der Temperatur abhängig. Sie beträgt bei 20° C für Wasser 1,33, bei Glas 1,5 oder mehr (je nach Sorte), Rubin 1,76, Diamant 2,42.

Außerdem wird blaues Licht mit kurzer Wellenlänge stärker gebrochen als rotes Licht, was die Untersuchung der spektralen Zusammensetzung von Licht ermöglicht (Spektralanalyse). Blaues Licht mit höherer Frequenz ist in Materie langsamer als rotes! Bei vielen optischen Geräten ist diese „Dispersion" recht störend und erfordert aufwändige Gegenmaßnahmen. Ähnliches gilt für die Datenübertragung in Glasfaserkabeln.

Das Additionstheorem Um drei Ecken gedacht und darum vielleicht nicht ganz so elegant wirkt der Beweis des Additionstheorems. Allerdings handelt es sich hierbei, gleich nach "Pythagoras", um die wohl wichtigste trigonometrische Beziehung. Hieraus lassen sich zahlreiche weitere Beziehungen folgern (s. Aufgabenteil).

Die Frage lautet zunächst: Lassen sich Sinus und Cosinus des Winkels $\alpha + \beta$ bestimmen, wenn man bereits Sinus und Cosinus von α und β kennt?

In Skizze 2.15 stimmen die beiden Dreiecke $\triangle\,ABS$ und $\triangle CES$ im rechten Winkel überein, sowie mit dem in S skizzierten Scheitelwinkel, folglich haben auch beide den Winkel α. Die Argumentation wird außerdem vereinfacht, wenn wir die Länge von $\overline{AC}$ gleich 1 wählen. Dann gilt zum Beispiel:

$$sin\,\beta \;=\; \tfrac{\overline{CE}}{\overline{AC}} \;=\; \overline{CE}, \quad cos\,\beta \;=\; \tfrac{\overline{AE}}{\overline{AC}} \;=\; \overline{AE}, \quad sin\,(\alpha+\beta) \;=\; \tfrac{\overline{BC}}{\overline{AC}} \;=\; \overline{BC} = \overline{BF} + \overline{FC}.$$

Nun können wir schließen, wie in Skizze 2.15 angegeben.

(2.15)

$$\overline{CE} = sin\,\beta, \quad \overline{AE} = cos\,\beta \; :$$

$$sin\,\alpha = \frac{\overline{DE}}{\overline{AE}} = \frac{\overline{BF}}{cos\,\beta}$$
$$\overline{BF} = sin\,\alpha \cdot cos\,\beta$$

$$cos\,\alpha = \frac{\overline{FC}}{\overline{CE}} = \frac{\overline{FC}}{sin\,\beta}$$
$$\overline{FC} = cos\,\alpha \cdot sin\,\beta$$

$$sin\,(\alpha+\beta) \;=\; \overline{BF} + \overline{FC} \;=\; sin\,\alpha \cdot cos\,\beta + cos\,\alpha \cdot sin\,\beta$$

Ganz analog erhalten wir durch Umformen von $cos\,\alpha = \overline{AD}/\overline{AE}$, $sin\,\alpha = \overline{FE}/\overline{CE}$, und $cos\,(\alpha+\beta) = \overline{AD} - \overline{BD}$ eine Aussage über $cos\,(\alpha+\beta)$, allerdings auch hier unter der stillschweigenden Voraussetzung $\alpha+\beta \le 90°$. Wir werden später sehen, dass diese Einschränkung entfallen kann, und formulieren daher schon allgemein das sogenannte

(2.16) Additionstheorem *Für beliebige Winkel α und β gilt:*

$$\begin{aligned} sin\,(\alpha \pm \beta) &= sin\,\alpha \cdot cos\,\beta \pm cos\,\alpha \cdot sin\,\beta \\ cos\,(\alpha \pm \beta) &= cos\,\alpha \cdot cos\,\beta \mp sin\,\alpha \cdot sin\,\beta \end{aligned}$$

Für das obere Vorzeichen links gilt das obere Vorzeichen auf der rechten Seite. Analog ist diese abkürzende Schreibweise für das untere Vorzeichen zu lesen.

Ein Blick zurück ...

- Die Definitionen von Sinus, Cosinus und Tangens am rechtwinkligen Dreieck sind fundamental.

- Die beiden Sätze von Pythagoras und Thales sollte man formulieren können, ebenso deren Umkehrung.

- Die sog. Satzgruppe des Pythagoras am rechtwinkligen Dreieck umfasst noch den Höhensatz und die beiden Kathetensätze.

- Mit dem Additionstheorem von Sinus und Cosinus lassen sich zahlreiche weitere trigonometrische Beziehungen herleiten.

Aufgaben

1. Im rechtwinkligen Dreieck wie in Skizze 2.3 nennt man β auch den Komplementärwinkel von α (*complement*). Zeigen Sie:

$$sin\,\beta = cos\,\alpha\,, \quad tan\,\beta = cot\,\alpha\,, \quad sec\,\beta = cosec\,\alpha\,.$$

Die erste Beziehung machte aus '*Sinus* des *Complements*' von α den '*Cosinus*' von α! Entsprechend wurde aus Tangens der Cotangens, aus Secans der Cosecans!

2. Bestimmen Sie die Höhe eines regelmäßigen Dreiecks (Skizze)!

3. Beweisen Sie den Satz des Pythagoras nur durch Vergleich der gekennzeichneten (Rest-) Flächen!

$a^2 + b^2 = c^2$:

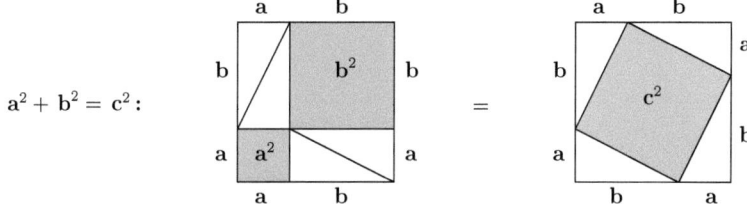

4. Bestimmen Sie für einen Würfel der Kantenlänge $a = 1\,\text{m}$ die Länge der Raumdiagonalen. Wie lang ist allgemein die Raumdiagonale eines Quaders mit den Kantenlängen a, b und c?

5. Sie wickeln spiralförmig einen Draht um ein Rohr mit Umfang U und Höhe h, wie eine Liane um einen Baum! Nach der Höhe h sind Sie einmal herum, wie lang ist der Draht? (Hinweis: Denken Sie sich das Rohr, unten beim Startpunkt des Drahtes, senkrecht aufgeschnitten. Dann erhalten Sie ein Rechteck der Länge U und Höhe h, mit dem Draht als Diagonale!)

6. Zeigen Sie anhand der Definition 2.5:

(i) $tan\,\alpha = \dfrac{sin\,\alpha}{cos\,\alpha}$ (ii) $cot\,\alpha = \dfrac{cos\,\alpha}{sin\,\alpha}$ (iii) $(sin\,\alpha)^2 + (cos\,\alpha)^2 = 1$

(iv) $\dfrac{a}{sin\,\alpha} = \dfrac{b}{sin\,\beta} = \dfrac{c}{1}$ (Seite durch Sinus des gegenüberliegenden Winkels).

7. Das Umwegparadox: In der Wüste Gobi sind drei Forschungslager A, B, C. Ein Forscher überlegt, ob er auf seinem Weg von A nach B einen Umweg über C einplanen könnte. Im Fall (i) beträgt die Entfernung $\overline{AB} = 10\,\text{km}$, im Fall (ii) hingegen $\overline{AB} = 1000\,\text{km}$. Das kann hier natürlich nicht maßstabsgerecht wiedergegeben werden. In beiden Fällen gilt aber $\mathbf{a} = 5\,\text{km}$. Um wie viel wird der Weg über C länger? Bitte schätzen Sie zuerst!

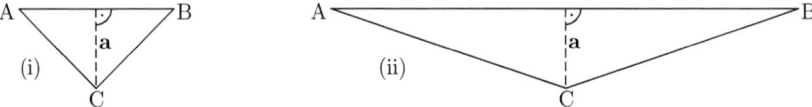

8. Den Horizont als Trennlinie zwischen Himmel und Erde sieht man am besten am Meer. In der Seefahrt spielt dieser nautische Horizont, die Kimm K, eine wichtige Rolle. Die Augenhöhe der Urlauberin Thekla T über Meereshöhe sei $\mathbf{h}$ (Skizze!). Zeigen Sie:

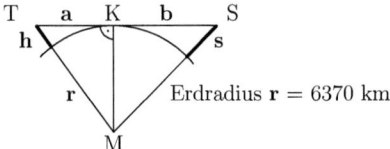

(i) $\mathbf{a} = \sqrt{2\mathbf{r}\mathbf{h} + \mathbf{h}^2} \approx \sqrt{2\mathbf{r}\mathbf{h}}$ (zuerst Pythagoras). Bestimmen Sie $\mathbf{a}$ für $\mathbf{h} = 1{,}65\,\text{m}$.

(ii) $\mathbf{a} \approx 3{,}6 \cdot \sqrt{h}$, wenn $\mathbf{a} = a \cdot$ Kilometer (also Einheit km), und $\mathbf{h} = h \cdot$ Meter.

(iii) Unter Berücksichtigung der Lichtbrechung in der Atmosphäre verwenden Seefahrer die korrigierte Formel $\mathbf{a} \approx 3{,}9 \cdot \sqrt{h}$. Wie groß ist also $\mathbf{a}$ bei einer Augenhöhe von $\mathbf{h} = 1{,}65\,\text{m}$? Und ein Schiff S mit einer Höhe von $\mathbf{s} = s \cdot$ Meter bleibt folglich noch bis zu einer Entfernung von $a + b = 3{,}9 \cdot (\sqrt{h} + \sqrt{s})$ Kilometern sichtbar!

Erkennen Sie auch hier das Spannseilparadox? Nur durch die winzige Verlängerung von $\mathbf{r}$ zu $\mathbf{r} + \mathbf{h}$ kann Thekla kilometerweit sehen (sie 'hängt durch' um $\mathbf{a}$)! Es ist gar nicht paradox: je größer $\mathbf{r}$, um so flacher die Kugel, und um so weiter der Horizont!!

9. Eine Schwimmboje ist am Grunde eines Sees befestigt. Nach oben gezogen ragt sie an der höchsten Stelle um 0,50 m aus dem Wasser. Ziehen Sie die Boje zur Seite, bis sie im Wasser liegt, so ist sie 2,50 m von der Stelle entfernt, wo die Leine vorher durch die Wasseroberfläche kam (vgl. Skizze). Bestimmen Sie die Wassertiefe! Es gibt wieder mehrere Möglichkeiten, am einfachsten ist es wohl mit dem 'Pythagoras'.

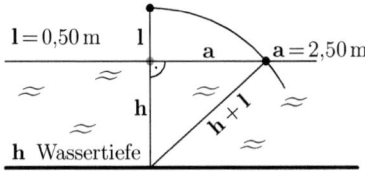

Etwas romantischer, mit einer Seerose anstelle der Schwimmboje, findet sich diese Aufgabe im Roman 'Kavanagh' von Henry Longfellow (andere Maße). Man entdeckte sie aber auch bereits in dem altchinesischen Lehrwerk: 'Neun Bücher arithmetischer Technik.' Über 2000 Jahre alt, mit 246 Aufgaben.

Das 'Spannseilparadox' lässt sich hier an dieser Skizze vielleicht am besten erklären. Wir lassen $\mathbf{l}$ konstant, und vergrößern die Wassertiefe $\mathbf{h}$: Durch den größeren Radius wird der Kreisbogen offensichtlich flacher, die 'Durchhängung' $\mathbf{a}$ natürlich größer!!

Beim Beispiel zu Beginn dieses Abschnitts war **l** konstant gleich 25 cm, und **h** wurde, von 0,5 Meter im Fall der Spinne Thekla, auf 50 Meter beim Forschungsteam vergrößert.

Beim Umwegparadox von Aufg. 7 wird ebenfalls **h** vergrößert, von 5 km auf 500 km. Da **a** konstant bleibt, aber der Kreisbogen flacher, wird die erforderliche Verlängerung **l** natürlich kleiner!

10. Zeigen Sie mit dem Additionstheorem für beliebige Winkel α, β, und $2\alpha = (\alpha + \alpha)$:

    (i) $sin\, 2\alpha = 2 \cdot sin\, \alpha \cdot cos\, \alpha$, $\quad cos\, 2\alpha = (cos\, \alpha)^2 - (sin\, \alpha)^2$, $\quad (sin\, \alpha)^2 = \frac{1}{2} - \frac{1}{2} cos\, 2\alpha$

    (ii) $\dfrac{2\, tan\, \alpha}{1 + (tan\, \alpha)^2} = sin\, 2\alpha$, $\quad \dfrac{1 - (tan\, \alpha)^2}{1 + (tan\, \alpha)^2} = cos\, 2\alpha$, $\quad$ Hinweise: Aufg. 6 (i) und (iii).

    (iii) $cos\, (\alpha + \beta) \cdot sin\, (\alpha - \beta) = sin\, \alpha \cdot cos\, \alpha - sin\, \beta \cdot cos\, \beta = \frac{1}{2} sin\, 2\alpha - \frac{1}{2} sin\, 2\beta$

    (iv) $sin\, (\alpha + \beta) \cdot sin\, (\alpha - \beta) = (sin\, \alpha)^2 - (sin\, \beta)^2 = \frac{1}{2} cos\, 2\beta - \frac{1}{2} cos\, 2\alpha$

11. Die spitzen Winkel im gleichseitigen Dreieck ABD betragen alle 60°, im gleichschenkligen Dreieck EFG 45°. Bestimmen Sie Sinus, Cosinus und Tangens von 30°, 60°, 45° und, als Grenzfälle, auch von 0° und 90°. Stimmt die Regel:

    Für $\alpha = 0°, 30°, 45°, 60°, 90°$ gilt $sin\, \alpha = \frac{1}{2} \cdot \sqrt{0}, \frac{1}{2} \cdot \sqrt{1}, \frac{1}{2} \cdot \sqrt{2}, \frac{1}{2} \cdot \sqrt{3}, \frac{1}{2} \cdot \sqrt{4}$?

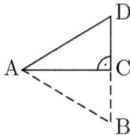 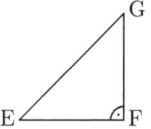

12. (i) Wie zeigt man eigentlich, dass die Winkelsumme in einem *beliebigen* Dreieck immer 180° beträgt? (Hinweis: Zeichnen Sie z.B. die Parallele zur Grundseite durch den gegenüberliegenden Dreieckspunkt. Dann finden Sie dort alle drei Dreieckswinkel).

    (ii) Wie groß ist die Winkelsumme im Viereck? Und in einem Siebeneck? Zum Beweis zerlegt man solche Vielecke meistens in Dreiecke. Allerdings kommt mit dieser Methode jemand zum Ergebnis $7 \cdot 180°$, ein anderer erhält $5 \cdot 180°$! Was ist denn nun richtig?

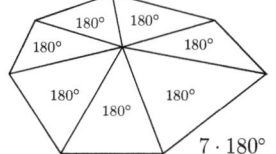 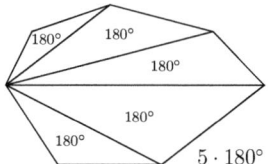

13. (i) Zeigen Sie: Die Winkelsumme in einem (konvexen) n–Eck beträgt $(n-2) \cdot 180°$. (Konvex bedeutet hier nur, dass jeder Innenwinkel kleiner als 180° ist). Hinweis: Zerlegen Sie ein n–Eck in Dreiecke, Winkelsumme bekanntlich 180°.

    (ii) Folgern Sie: Der Innenwinkel von regulären n–Ecken beträgt $\alpha = (1 - \frac{2}{n}) \cdot 180°$ (vergleichen Sie mit Skizze 2.39 auf S. 113).

14. Eine kleine, aber uralte Spielerei:

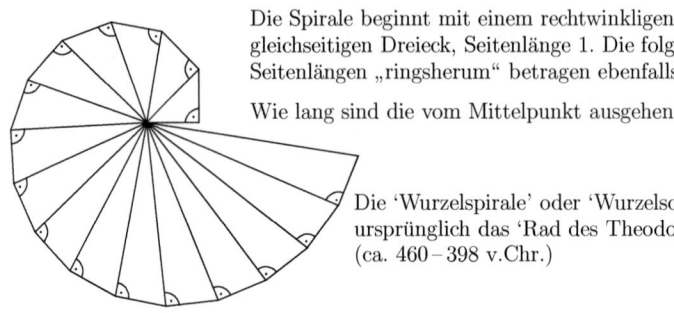

Die Spirale beginnt mit einem rechtwinkligen, gleichseitigen Dreieck, Seitenlänge 1. Die folgenden Seitenlängen „ringsherum" betragen ebenfalls 1 Einheit!

Wie lang sind die vom Mittelpunkt ausgehenden Strecken?

Die 'Wurzelspirale' oder 'Wurzelschnecke', ursprünglich das 'Rad des Theodorus', (ca. 460 – 398 v.Chr.)

15. Veranschaulichen Sie den Höhensatz am rechtwinkligen Dreieck durch ein entsprechendes Quadrat und Rechteck! Bestimmen Sie zeichnerisch die Zahlenwerte $\sqrt{10}$ und $\sqrt{12}$, indem Sie mit Zirkel und Lineal Dreiecke dieser Höhe konstruieren!

16. Für beliebige reelle Zahlen $p, q > 0$ nennt man $\sqrt{p \cdot q}$ das geometrische Mittel. In der Skizze gilt $h = \sqrt{p \cdot q}$. Der übliche Mittelwert $\frac{p+q}{2}$ wird als arithmetisches Mittel bezeichnet, in der Skizze ist es der Radius. Es gilt eine wichtige Ungleichung:

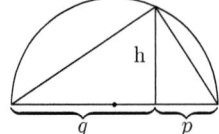

Folgern Sie mit nebenstehender Zeichnung:
$$\sqrt{p \cdot q} \leq \frac{p+q}{2},$$
und Gleichheit gilt nur im Falle $p = q$.

17. Die Geschwindigkeit einer Billardkugel betrage $\mathbf{v} = 2{,}50\,\mathrm{m/s}$.

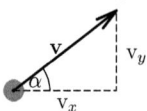

Bestimmen Sie die Komponenten v_x und v_y bei einem Winkel von $\alpha = 36{,}87°$ (zeichnerisch und rechnerisch).

18. Sie zerlegen die Kraft $F_1 = 9{,}92\,N$ gemäß Skizze in $F_2 = 7{,}98\,N$ und F_3. Bestimmen Sie F_3 (in Newton N), wenn $\alpha = 30°$ beträgt?

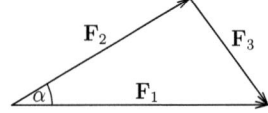

19. Die schiefe Ebene, hier $\alpha = 30°$:

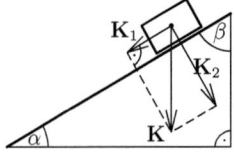

Die Länge der Pfeile ist ein Maß für die Größe der hier skizzierten Kräfte! Wenn die Gewichtskraft $|\mathbf{K}| = 2\,\mathrm{N}$ (Newton), warum gilt dann $|\mathbf{K}_1| = 1{,}00\,\mathrm{N}$, $|\mathbf{K}_2| = 1{,}73\,\mathrm{N}$?

20. Sie ordnen n gleichgroße Münzen, Kreise, oder Kugeln mit Radius $\mathbf{r}$ kreisförmig an. In der Skizze ist $n = 8$. Skizzieren Sie auch die Fälle $n = 3, 4, 5, 6$, und beweisen Sie: Für den Radius $\mathbf{r}_0$ des berührenden Kreises im Inneren gilt:

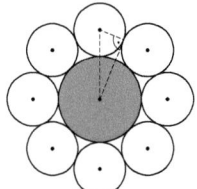

$$\frac{\mathbf{r}}{\mathbf{r} + \mathbf{r}_0} = sin\,\frac{\pi}{n}$$

folglich:

$$\mathbf{r}_0 = \mathbf{r} \cdot \frac{1 - sin\,\frac{\pi}{n}}{sin\,\frac{\pi}{n}}$$

21. Um die Anordnung der vorigen Aufgabe lässt sich natürlich immer ein Kreis legen, der die n Kreise berührt. Das spielte jedoch bei dieser Aufgabenstellung keine Rolle, wohl aber in folgender Richtung: Gegeben ein Außenkreis mit Radius $\mathbf{R} = 5$ cm. Gesucht ist der (zentrische) Innenkreis, so dass eine Kette von beispielsweise $n = 7$ Kreisen in den Kreisring dazwischen passen. 'Kette' soll hier bedeuten, dass sich die 7 Kreise nicht nur hintereinander berühren, sondern auch Innen- und Außenkreis (Skizze!). Natürlich gilt $\mathbf{R} = 2\mathbf{r} + \mathbf{r}_0$. Mit dem Ergebnis der vorigen Aufgabe ist die Lösung recht einfach.

(Ganz anders, wenn als Mittelpunkt des inneren Kreises nicht das Zentrum, sondern irgend ein anderer Punkt im Inneren vorgegeben wird! Die Kette besteht dann natürlich aus unterschiedlich großen Kreisen. Dies führt zum Problem der 'Steiner–Ketten'.)

22. Was es nicht alles gibt! Für die Winkel des Dreiecks ABC soll tatsächlich gelten:

$tan\,\alpha = 1,$

$tan\,\beta = 2,$

$tan\,\gamma = 3.$

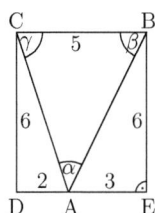

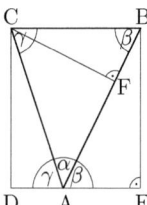

Die Skizze rechts gibt Ihnen Argumentationshilfe! Schwierig zu zeigen ist nur $tan\,\alpha = 1$: Folgern Sie mit der Ähnlichkeit der Dreiecke AEB und BFC, dass $\overline{CF} = 2 \cdot \sqrt{5}$ und $\overline{FB} = \sqrt{5}$, somit auch $\overline{AF} = \overline{AB} - \overline{FB} = 2 \cdot \sqrt{5}$. Folglich $tan\,\alpha = \overline{CF}/\overline{AF} = 1$.

23. Eine Kugel mit $\mathbf{D} = 30$ cm Durchmesser hinterließ einen Abdruck mit Durchmesser $\mathbf{d} = 18$ cm: Wie tief steckte die Kugel im Boden?

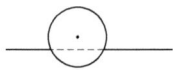

24. (i) Rundholz Radius $\mathbf{r} = 12{,}5$ cm, Balkendicke $\mathbf{d} = 7{,}0$ cm, wie groß ist die Balkenhöhe? Anders formuliert: Sie wollen aus einem Kreis mit Radius $\mathbf{r} = 12{,}5$ cm ein Rechteck mit Seitenlänge $\mathbf{d} = 7{,}0$ cm ausschneiden, so wie in der Skizze links. Wie lang ist dann die Höhe $\mathbf{h}$ des Rechtecks? (Natürlich hilft auch hier 'Pythagoras').

(ii) Das Quadrat rechts hat die Kantenlänge $\mathbf{a}$. Bestimmen Sie $\mathbf{r}$, $\mathbf{x}$ und $\mathbf{y}$.

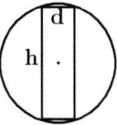

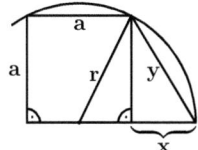

25. Gegeben: (i) $\mathbf{a} = 4{,}0\,\text{cm}$, $\mathbf{b} = 3{,}0\,\text{cm}$,   (ii) $\mathbf{q} = 2{,}5\,\text{cm}$, $\mathbf{p} = 14{,}4\,\text{cm}$.
Berechnen Sie die übrigen Größen des entsprechenden rechtwinkligen Dreiecks!

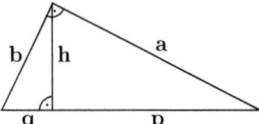

26. Folgern Sie aus dem Additionstheorem für Sinus und Cosinus ein entsprechendes Additionstheorem für den Tangens. Hier ist jedoch Vorsicht angebracht, beispielsweise dürfen wir nicht durch Null dividieren. Wir setzen daher $\alpha, \beta \geq 0$ und $\alpha + \beta < \frac{\pi}{2}$ voraus:
$$tan\,(\alpha + \beta) = \frac{sin\,(\alpha + \beta)}{cos\,(\alpha + \beta)} = \frac{sin\,\alpha \cdot cos\,\beta + cos\,\alpha \cdot sin\,\beta}{cos\,\alpha \cdot cos\,\beta - sin\,\alpha \cdot sin\,\beta} = \frac{tan\,\alpha + tan\,\beta}{1 - tan\,\alpha \cdot tan\,\beta}$$
Hinweis: Im vorletzten Ausdruck Zähler und Nenner durch $cos\,\alpha \cdot cos\,\beta$ dividieren! (Warum kann der Ausdruck $1 - tan\,\alpha \cdot tan\,\beta$ im Nenner nicht gleich Null werden?)

27. Zeigen Sie mit dem Additionstheorem der vorigen Aufgabe:
$$\frac{1 + tan\,\alpha}{1 - tan\,\alpha} = tan\,(\alpha + \frac{\pi}{4}), \quad (-\tfrac{\pi}{4} < \alpha < \tfrac{\pi}{4}).$$

28. Die Stadt Mainz liegt geographisch auf $\beta = 50°$ nördlicher Breite:
    (i) Welchen Radius $\mathbf{r}$ hat der Breitenkreis, wenn der Erdradius $\mathbf{R} = 6370\,\text{km}$ beträgt?

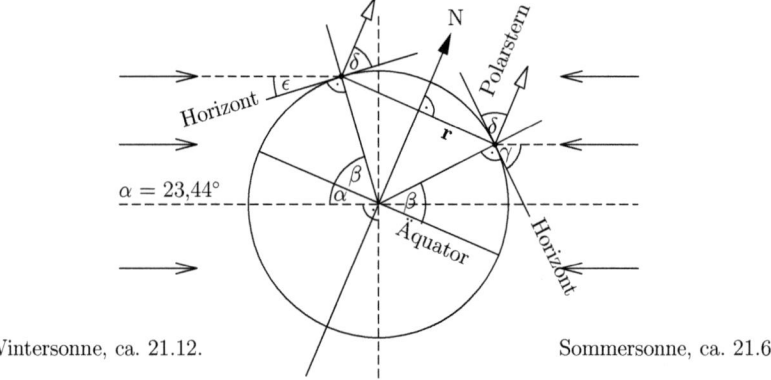

Wintersonne, ca. 21.12.   Sommersonne, ca. 21.6.

(Hinweis: Finden Sie β noch einmal als Wechselwinkel am Breitenkreis!)

(ii) Die Äquatorebene bildet mit der Bahnebene einen Winkel von $\alpha = 23{,}44°$. In welchem Winkel γ steht an einem Sommermittag die Sonne über dem Horizont, und wie groß ist der entsprechende Winkel ϵ im Winter? (Finden Sie γ bzw. ϵ als Wechselwinkel zur Bahnebene, in einem rechtwinkligen Dreieck, Winkelsumme bestimmen!)

(iii) Warum ist immer der Beobachtungswinkel δ des Polarsterns gleich der nördlichen Breite β eines Ortes? Zumindest ziemlich genau, weil der Polarstern ziemlich genau über dem geographischen Nordpol steht. (Sie können δ zu 90° ergänzen, und derselbe Winkel ergänzt β zu 90°!

2 b) Cosinussatz und Sinussatz

Einleitung In den verträumten Wüstenstädtchen Argentum A und Bleiglanz B herrscht große Aufregung, hier wurden große Erzvorkommen entdeckt! Doch der Straßenbau in dieser Gegend voller Treibsand ist extrem teuer! Wo muss der neue Hafen am Ufer u gebaut werden, damit die Straßenanbindung *insgesamt* möglichst kurz wird?
Der alte Cowboy Lucky Luke hält den Punkt S für optimal. Wenn er früher von A zum Pokerspielen bei den Daltons nach B wollte, führte ihn sein schlaues Pferd Jolly Jumper immer zuerst zum Punkt S, um einen kräftigen Schluck am Flussufer zu nehmen.
Vergleichen wir S zum Beispiel mit dem Punkt C auf der Geraden u, so messen wir tatsächlich:

$$\overline{AS} + \overline{SB} \ < \ \overline{AC} + \overline{CB}$$

Gibt es keine bessere Stelle? Geben wir den Vermessungsleuten bei ihrer kniffligen Aufgabe einen Tipp: Spiegeln Sie den Punkt A an der Geraden u! Nennen wir den neuen Punkt Ā. Das Erstaunliche daran: Von A über C nach B ist es genauso weit wie von Ā über C nach B. Und der letztere Weg lässt sich leicht minimieren. (Begründung am Ende des Abschnitts.)

(2.17)

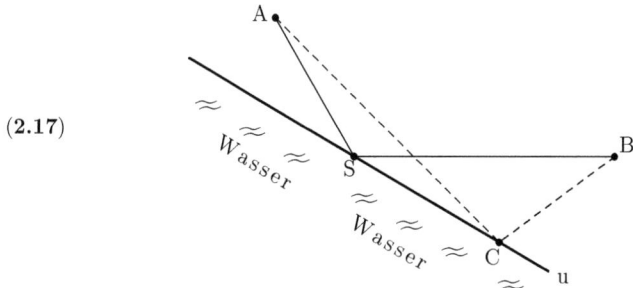

Verallgemeinerung der Winkelfunktionen

Um die Werte von Sinus und Cosinus *zeichnerisch* zu bestimmen, müssen Sie nur die Länge der Hypotenuse gleich Eins wählen! Das führt direkt zum Einheitskreis und erklärt, warum die trigonometrischen Funktionen auch als 'Funktionen am Einheitskreis' oder kurz als 'Kreisfunktionen' bezeichnet werden. Einen Kreis mit Radius Eins nennt man Einheitskreis, der Radius beträgt genau eine Einheit, eine frei wählbare Längeneinheit natürlich.
Welche Koordinaten hat der Punkt P auf dem Einheitskreis, vergleiche hierzu Skizze 2.18 (i). Aus der bisherigen Definition für Sinus und Cosinus folgt sofort, wegen $\overline{OP} = 1$:

$$cos\,\alpha = \frac{\overline{OF}}{\overline{OP}} = \frac{\overline{OF}}{1} = \overline{OF}, \qquad sin\,\alpha = \frac{\overline{FP}}{\overline{OP}} = \frac{\overline{FP}}{1} = \overline{FP}.$$

$cos\,\alpha$ und $sin\,\alpha$ sind die Koordinaten des Punktes P auf dem Einheitskreis in Skizze 2.18 (i)!
In dieser Skizze beträgt $\alpha = 60°$. Kontrollieren Sie doch einmal mit einem Lineal anhand dieser Skizze die Anzeige Ihres Taschenrechners: $cos\,60° = 0,500$ und $sin\,60° = 0,866$; vergessen Sie nicht: die Längeneinheit 1 wird hier nicht vom Lineal, sondern vom Radius festgelegt!

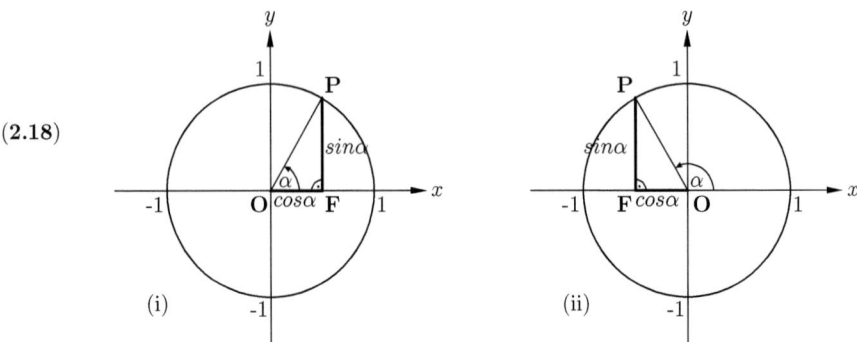

(2.18)

(i)   (ii)

Verstehen wir einfach unter $cos\,\alpha$ und $sin\,\alpha$ die x,y–Koordinaten des entsprechenden Punktes auf dem Einheitskreis, so haben wir die Definition von Sinus und Cosinus auf beliebige Winkel erweitert! (Merke: Der **Sinus** steht! 'Sinus' lat. für 'Ausbuchtung' oder 'Busen', s. Skizze 2.19). Jetzt sind natürlich auch negative Koordinaten und folglich negative Funktionswerte für Sinus und Cosinus möglich. In Skizze 2.18 (ii) erhalten wir zum Beispiel für $\alpha = 120°$ die Werte $cos\,120° = -0,\!500$ und $sin\,120° = 0,\!866$. Bewegen Sie den Punkt P in Gedanken auf dem Kreis und überlegen Sie dabei, wie sich die Werte von Sinus und Cosinus wiederholen, in einigen Winkelbereichen nur mit anderem Vorzeichen. Es ist auch jeder Winkel größer als 180° möglich, zum Beispiel 300° oder 400°. Für Dreicke hat das natürlich keine große Bedeutung. Und wenn wir schon dabei sind, führen wir auch negative Winkel ein, weshalb in der Skizze die positive Richtung für α durch die angegebene Pfeilrichtung festgelegt wurde! Prüfen Sie nach, der Taschenrechner liefert Ihnen mit Cosinus und Sinus tatsächlich nur die Koordinaten des entsprechenden Punktes auf dem Einheitskreis:

$$cos\,180° = -1; \quad sin\,180° = 0; \quad cos\,300° = cos(-60°) = 0,\!500; \quad sin\,300° = sin(-60°) = -0,\!866; \text{ usw.}$$

Diese Funktionswerte ergeben einen Kurvenverlauf wie in Skizze 2.19 (kleinerer Maßstab). Überprüfen Sie einige einfache Funktionswerte wie etwa $sin\,90° = 1$, $cos\,90° = 0$, usw.

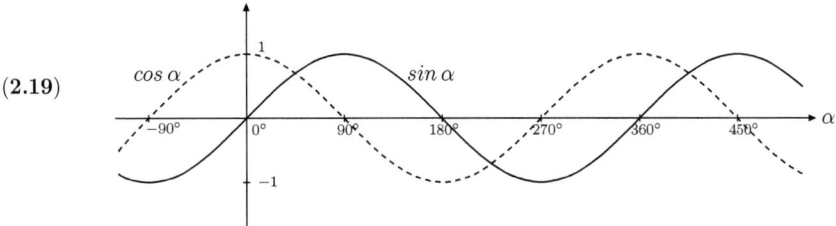

(2.19)

Tangens und Cotangens wollen wir nicht vergessen, und verallgemeinern diese aufgrund von

(2.20) $$tan\,\alpha = \frac{sin\,\alpha}{cos\,\alpha} \qquad cot\,\alpha = \frac{cos\,\alpha}{sin\,\alpha}$$

für beliebige Winkel; analog die übrigen trigonometrischen Funktionen gemäß 2.4. Für Werte von α, bei denen der Nenner zu Null wird, sind die betreffenden Funktionen nicht definiert.

Einfache Gesetzmäßigkeiten sind z.B. $cos(-\alpha) = cos\,\alpha$, $sin(-\alpha) = -sin\,\alpha$, sowie:
$$sin(90°+\alpha) = sin(90°-\alpha) = cos\,\alpha, \quad sin(180°+\alpha) = -sin\,\alpha, \quad sin(180°-\alpha) = sin\,\alpha.$$

Diese und weitere Beziehungen für Sinus und Cosinus sind in Tabelle 2.21 zusammengefasst. Aufgrund von 2.20 ergeben sich analoge Beziehungen für Tangens und Cotangens. Oberes Vorzeichen beim Winkel und oberes Vorzeichen bei der Funktion gehören zusammen! Entsprechendes gilt für die unteren Vorzeichen. Ist bei der Funktion in der Tabelle nur ein Vorzeichen angegeben, so gilt es für beide Vorzeichen des Winkels.

(**2.21**) Tabelle:

	$90° \pm \alpha$	$180° \pm \alpha$	$270° \pm \alpha$	$360° \pm \alpha$
sin	$+\cos\alpha$	$\mp\sin\alpha$	$-\cos\alpha$	$\pm\sin\alpha$
cos	$\mp\sin\alpha$	$-\cos\alpha$	$\pm\sin\alpha$	$+\cos\alpha$
tan	$\mp\cot\alpha$	$\pm\tan\alpha$	$\mp\cot\alpha$	$\pm\tan\alpha$
cot	$\mp\tan\alpha$	$\pm\cot\alpha$	$\mp\tan\alpha$	$\pm\cot\alpha$

Hiermit lässt sich nun die Gültigkeit des Additionstheorems 2.16 für beliebige Winkel zeigen. Wir unterscheiden für α vier Fälle: α zwischen $0°$ und $90°$, zwischen $90°$ und $180°$, zwischen $180°$ und $270°$, und zwischen $270°$ und $360°$, (über $360°$ beginnt es einfach wieder von vorn). Unabhängig hiervon gibt es die entsprechenden vier Möglichkeiten auch für den Winkel β! Wir greifen exemplarisch einen Fall heraus und wählen

$$90° \leq \alpha \leq 180°, \qquad 270° \leq \beta \leq 360°.$$

Wir folgern $0° \leq (\alpha - 90°) + (\beta - 270°) \leq 180°$ und unterscheiden zwei Fälle:

(i) $0° \leq (\alpha - 90°) + (\beta - 270°) \leq 90°$, dann sind $\alpha - 90°$ und $\beta - 270°$ zwei Winkel, für die das bisherige Additionstheorem gilt. Wir erhalten
$sin((\alpha - 90°) + (\beta - 270°)) = sin(\alpha - 90°) \cdot cos(\beta - 270°) + cos(\alpha - 90°) \cdot sin(\beta - 270°)$.
Alles weitere folgt mit Tabelle 2.21, beachten Sie aber z.B. $sin(\alpha - 90°) = -sin(90° - \alpha)$!

(ii) $90° < (\alpha - 90°) + (\beta - 270°) \leq 180°$, folglich $-90° > (90° - \alpha) + (270° - \beta) \geq -180°$, und nach Addition von $180°$: $90° > 180° + (90° - \alpha) + (270° - \beta) \geq 0°$, noch etwas umgeformt $90° > (180° - \alpha) + (360° - \beta) \geq 0°$. Nun sind $180° - \alpha$ und $360° - \beta$ wieder zwei Winkel, für die das bisherige Additionstheorem gilt. Weitere Vorgehensweise analog zu (i). ✓

Sinus- und Cosinussatz

Erinnern Sie sich, wie man Dreiecke mit Zirkel und Lineal konstruieren kann? Was zeichnerisch dabei herauskommt, wollen wir nun auch rechnerisch herausbekommen! Und wen wundert es noch, dass hierfür das Werkzeug Zirkel durch die Kreisfunktionen ersetzt wird?

Vereinfachen wir zunächst die Beziehung 2.10(ii), indem wir gemäß Tabelle 2.21 den Faktor $cos(180° - \gamma)$ ersetzen durch $-cos\gamma$. Das ergibt $\mathbf{a}^2 + \mathbf{b}^2 - 2\mathbf{a} \cdot \mathbf{b} \cdot cos\gamma = \mathbf{c}^2$. Dieselbe Beziehung hatten wir in 2.10(i) bereits im Falle $\gamma < 90°$ erhalten, d.h. sie gilt für jeden Dreieckswinkel γ, egal ob größer oder kleiner $90°$!

Nun sind in einem beliebigen (also nicht unbedingt rechtwinkligen) Dreieck alle drei Winkel und Seiten sozusagen gleichberechtigt; die gleiche Vorgehensweise wie beim Winkel γ können wir also auch beim Winkel α bzw. β anwenden! Im Prinzip nur Umbenennungen:

(**2.22**) **Cosinussatz** *In jedem Dreieck gelten die Beziehungen:*

$\mathbf{a}^2 + \mathbf{b}^2 - 2\mathbf{a} \cdot \mathbf{b} \cdot cos\gamma = \mathbf{c}^2$, (γ der Winkel zwischen $\mathbf{a}$ und $\mathbf{b}$).
$\mathbf{b}^2 + \mathbf{c}^2 - 2\mathbf{b} \cdot \mathbf{c} \cdot cos\alpha = \mathbf{a}^2$, (α der Winkel zwischen $\mathbf{b}$ und $\mathbf{c}$).
$\mathbf{c}^2 + \mathbf{a}^2 - 2\mathbf{c} \cdot \mathbf{a} \cdot cos\beta = \mathbf{b}^2$, (β der Winkel zwischen $\mathbf{c}$ und $\mathbf{a}$).

Es genügt, sich nur eine dieser Beziehungen zu merken, die übrigen erhalten Sie durch zyklisches Vertauschen. Man ersetzt a stets durch b, b stets durch c, und c durch a, entsprechend α durch β, β durch γ, und γ wieder durch α. Auf diese Weise erhalten Sie zum Beispiel aus der ersten Gleichung die zweite, und dann weiter die dritte Gleichung!

Trägt ein Dreieck *andere Bezeichnungen*, so achten Sie einfach darauf, dass im Cosinusterm die beiden Schenkel des eingeschlossenen Winkels als Faktoren auftauchen, davor die Summe ihrer Quadrate. Auf der anderen Seite der Gleichung steht nur das Quadrat der dritten Seite!

Bei einer der folgenden Grundaufgaben benötigen wir auch den

(**2.23**) **Sinussatz** *In jedem Dreieck gelten die Beziehungen:*

$$\frac{a}{\sin\alpha} = \frac{b}{\sin\beta} = \frac{c}{\sin\gamma}\,, \qquad \text{(Seite durch Sinus des gegenüberliegenden Winkels).}$$

Zum Beweis betrachten wir zunächst ein spitzwinkliges Dreiecks ABC wie in Skizze 2.9 und erhalten $\mathbf{h} = \mathbf{c} \cdot \sin\beta$ sowie $\mathbf{h} = \mathbf{b} \cdot \sin\gamma$. Gleichsetzen $\mathbf{c} \cdot \sin\beta = \mathbf{b} \cdot \sin\gamma$ liefert $\frac{\mathbf{c}}{\sin\gamma} = \frac{\mathbf{b}}{\sin\beta}$. Zeichnen wir entsprechend die Höhe auf der Seite $\mathbf{c}$, so erhalten wir ganz analog $\frac{\mathbf{b}}{\sin\beta} = \frac{\mathbf{a}}{\sin\alpha}$.

Der Fall eines stumpfwinkligen Dreiecks ABC wie rechts in Skizze 2.9 ist nur wenig komplizierter. Es gilt wieder $\mathbf{h} = \mathbf{c} \cdot \sin\beta$, aber zunächst $\mathbf{h} = \mathbf{b} \cdot \sin\delta = \mathbf{b} \cdot \sin(180° - \gamma) = \mathbf{b} \cdot \sin\gamma$, und somit doch wieder alles wie gehabt.   ✓

Dreiecksberechnungen

Je nach Vorgabe werden drei Grundaufgaben unterschieden.

I. drei Seiten, kein Winkel;

II. zwei Seiten, ein Winkel;

III. eine Seite, zwei Winkel.

Eine Vorgabe aller drei Winkel ist überflüssig, weil aus der Angabe von zwei Winkeln bereits der dritte Winkel folgt. Das Dreieck wäre hiermit allein noch nicht eindeutig festgelegt, es könnte beliebig groß oder klein sein.

Die nun folgende Vorgehensweise ist natürlich nur eine Empfehlung. Es sei Ihnen überlassen, für jeden dieser Fälle den Ihrer Meinung nach besten Weg zu finden. Testen wir den Einsatz von Cosinus- und Sinussatz an einem konkreten Beispiel. Gemessen wurden folgende Werte:

$\mathbf{a} = 2{,}50$ cm $\qquad \mathbf{b} = 4{,}96$ cm $\qquad \mathbf{c} = 3{,}99$ cm

$\alpha = 30°$ $\qquad\qquad \beta = 97°$ $\qquad\qquad \gamma = 53°$

Löschen wir nun zum Beispiel die Angabe aller Winkel, so sollte es möglich sein, diese wieder zu berechnen. Es handelt sich dann um den Fall I, den wir auch mit SSS abkürzen, mit S für Seite, und später W für Winkel:

Lösungsmöglichkeiten

I. SSS: $\mathbf{a} = 2{,}50$ cm, $\mathbf{b} = 4{,}96$ cm, $\mathbf{c} = 3{,}99$ cm.

Aus dem Cosinussatz folgt $\cos\gamma = \dfrac{\mathbf{a}^2 + \mathbf{b}^2 - \mathbf{c}^2}{2\mathbf{ab}} = 0{,}602$. Aber wie schließt man aus dem

Wert des Cosinus auf den Wert des Winkels? Wir werden diese Situation in einem eigenen Abschnitt ausführlich diskutieren und zitieren hier vorläufig das Ergebnis:

Zu jeder Zahl z zwischen −1 und +1 gehört genau ein Winkel α zwischen 0° und 180°, für den cos α = z gilt, nämlich α = cos⁻¹ z.

Die Gleichung $cos\,\gamma = 0{,}602$ hat dementsprechend die Lösung $\gamma = cos^{-1}0{,}602$. Auf manchen Taschenrechnern ist anstelle von cos^{-1} noch die Bezeichnung arccos zu finden, doch werden Sie sicherlich auch hier als Ergebnis $\gamma = 53°$ erhalten! Achten Sie auf die Einstellung DEG oder kurz D, als Abkürzung für Degree, im Deutschen als Alt–Grad oder nur Grad bezeichnet! Analog erhalten wir $cos\,\beta = -0{,}122$ und folglich $\beta = cos^{-1}(-0{,}122) = 97°$. Und aus der Winkelsumme von 180° im Dreieck schließen wir sofort auf $\alpha = 30°$.

Anschaulich ist klar: dieser Aufgabentyp ist stets eindeutig lösbar, wenn die Summe der beiden kleineren Seiten mindestens so groß ist wie dritte Seite, und in diesem Fall gilt natürlich auch der Cosinussatz. Diese Bedingung ist als 'Dreiecksungleichung' bekannt: Eine Seite ist nie länger als die beiden anderen zusammen:

(2.24) $\overline{AB} \leq \overline{AC} + \overline{CB}$: A ———————— B (Dreiecksungleichung)

C

Ist die Dreiecksungleichung verletzt, so ist die gestellte Aufgabe SSS sicherlich nicht lösbar. Der Cosinussatz liefert uns in diesem Falle einen Cosinuswert, den es nicht geben kann: Aus $\mathbf{a} + \mathbf{c} < \mathbf{b}$ würde zum Beispiel folgen

$$\mathbf{c} < \mathbf{b} - \mathbf{a}, \quad \mathbf{c}^2 < \mathbf{b}^2 - 2\mathbf{ab} + \mathbf{a}^2, \quad 2\mathbf{ab} < \mathbf{a}^2 + \mathbf{b}^2 - \mathbf{c}^2, \quad 1 < \frac{\mathbf{a}^2 + \mathbf{b}^2 - \mathbf{c}^2}{2\mathbf{ab}} = cos\,\gamma.$$

Einen Winkel γ mit $cos\,\gamma > 1$ gibt es nicht, spätestens hier stoßen wir auf die Unlösbarkeit!

II. SWS: $\mathbf{b} = 4{,}96$ cm, $\alpha = 30°$, $\mathbf{c} = 3{,}99$ cm.

Hier gibt es auch noch den Fall SSW, doch dazu später. Mit SWS ist nämlich gemeint, dass die beiden vorgegebenen Seiten den betreffenden Winkel einschließen, und das ist ja hier mit $\mathbf{b}$ und α und $\mathbf{c}$ erfüllt! Eine Skizze zeigt auch sofort, dass dies wohl der einfachste Aufgabentyp dieser Art ist, der auch immer eine Lösung besitzt. Der Cosinussatz liefert uns für die fehlende Seite die Information

$$\mathbf{a}^2 = \mathbf{b}^2 + \mathbf{c}^2 - 2\mathbf{b}\,\mathbf{c} \cdot cos\,\alpha = 6{,}24 \text{ cm}^2, \text{ folglich: } \mathbf{a} = 2{,}50 \text{ cm}.$$

Nun sind wieder alle drei Seiten bekannt, der Rest wie im Fall I.

II. SSW: $\mathbf{a} = 2{,}50$ cm, $\mathbf{c} = 3{,}99$ cm, $\alpha = 30°$.

Vielleicht haben Sie es schon geahnt, dass das dicke Ende noch kommt: der sogenannte *casus ambiguus* (lat.: der doppeldeutige Fall). Es ist die einzige Grundaufgabe, die *zwei* verschiedene Lösungen haben kann! Das ist aber zeichnerisch sofort klar, vgl. Skizze 2.25 (i). Sie zeichnen zuerst $\overline{AB} = \mathbf{c}$ und den anliegenden Winkel α. Es fehlt nur noch der Kreis um B mit dem Radius $\mathbf{a}$. Dieser schneidet hier den freien Schenkel von α im Punkt C_1 und im Punkt C_2. Sowohl für Dreieck ABC_1 als auch für ABC_2 gilt nun offensichtlich: $\mathbf{c} = 3{,}99$ cm, $\alpha = 30°$, und $\mathbf{a} = 2{,}55$ cm!

Rechnerisch erhalten wir aus dem Cosinussatz $\mathbf{a}^2 = \mathbf{b}^2 + \mathbf{c}^2 - 2\mathbf{b}\,\mathbf{c} \cdot cos\,\alpha$ nach einfacher Umformung die folgende quadratische Gleichung für den noch unbekannten Wert $\mathbf{b}$:

$$0 = \mathbf{b}^2 - 2\mathbf{b}\,\mathbf{c} \cdot cos\,\alpha + (\mathbf{c}^2 - \mathbf{a}^2), \quad \text{Lösung: } \mathbf{b}_{1,2} = \mathbf{c} \cdot cos\,\alpha \pm \sqrt{(\mathbf{c} \cdot cos\,\alpha)^2 - (\mathbf{c}^2 - \mathbf{a}^2)}.$$

Das ergibt $\mathbf{b}_1 = \overline{AC_1} = 4{,}96$ cm, und zusätzlich $\mathbf{b}_2 = \overline{AC_2} = 1{,}95$ cm. Wir kennen nun

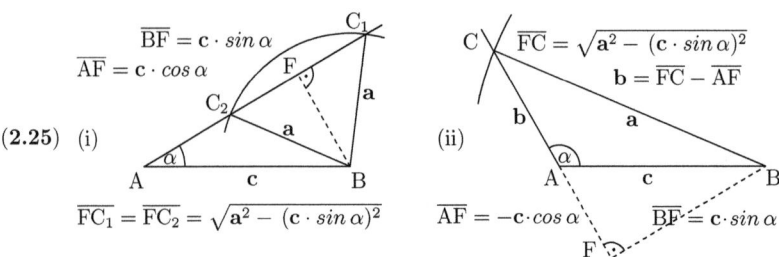

$$\textbf{(2.25)} \quad \text{(i)} \qquad \qquad \qquad \qquad \text{(ii)}$$

wieder alle drei Seiten des Dreiecks ABC_1 bzw. ABC_2, und errechnen hieraus wieder leicht die zugehörigen Winkel $\gamma_1 = 53°$ und $\beta_1 = 97°$, bzw. $\beta_2 = 23°$ und $\gamma_2 = 127°$.

Rechnerisch ist das also überhaupt kein Problem! Und unsere Lösungsformel hätten wir auch leicht an der Zeichnung 2.25 ablesen können. Hierzu vereinfachen wir den Ausdruck noch ein wenig, unter Beachtung von $(sin\,\alpha)^2 + (cos\,\alpha)^2 = 1$ bzw. $1 - (cos\,\alpha)^2 = (sin\,\alpha)^2$:

$$\mathbf{b}_{1,2} = \mathbf{c} \cdot cos\,\alpha \pm \sqrt{\mathbf{a}^2 - \mathbf{c}^2 \cdot (1 - (cos\,\alpha)^2)} = \mathbf{c} \cdot cos\,\alpha \pm \sqrt{\mathbf{a}^2 - (\mathbf{c} \cdot sin\,\alpha)^2}$$

Vergleichen Sie anhand der Skizze 2.25 (i): Wird zum Beispiel der Radius = Dreiecksseite $\mathbf{a}$ sehr groß vorgegeben, so fällt der Schnittpunkt C_2 weg, es bleibt nur eine Lösung übrig. Wir erkennen das rechnerisch daran, dass $\overline{FC_2}$ größer wird als $\mathbf{c} \cdot cos\,\alpha = \overline{AF}$, das bedeutet: die Länge der Seite $\mathbf{b}_2 = \overline{AF} - \overline{FC_2} = \mathbf{c} \cdot cos\,\alpha - \sqrt{\mathbf{a}^2 - (\mathbf{c} \cdot sin\,\alpha)^2}$ wird hierdurch negativ. Und das ist sicherlich keine Lösung der Aufgabe.

Wird der Radius $\mathbf{a}$ hingegen kleiner, so fallen die beiden Schnittpunkte C_2 und C_1 schließlich zu einer einzigen Lösung zusammen, und für noch kleineres $\mathbf{a}$ wird die Aufgabe unlösbar – rechnerisch entsprechend wird der Ausdruck unter der Wurzel zu Null, und dann negativ.

Im Falle $\alpha \geq 90°$ ist nur noch eine Lösung möglich, vgl. Skizze 2.25 (ii)! Die rechnerische Lösung ist $\mathbf{b}_1 = \mathbf{c} \cdot cos\,\alpha + \sqrt{\mathbf{a}^2 - (\mathbf{c} \cdot sin\,\alpha)^2}$, weil $\mathbf{b}_2 = \mathbf{c} \cdot cos\,\alpha - \sqrt{\mathbf{a}^2 - (\mathbf{c} \cdot sin\,\alpha)^2}$ als negative Lösung sicherlich wegfällt, denn im Falle $\alpha \geq 90°$ ist $\mathbf{c} \cdot cos\,\alpha \leq 0$.

III. SWW: $c = 3,99$ cm, $\alpha = 30°$, $\beta = 97°$.

Im Falle zweier Winkel können wir stets den dritten Winkel sofort bestimmen, hier $\gamma = 53°$. Dennoch ist dies die einzige Grundaufgabe, wo uns der Cosinussatz nicht weiterhelfen kann! Mit dem Sinussatz erhalten wir aber sofort:

$$\frac{a}{sin\,\alpha} = \frac{c}{sin\,\gamma}, \quad a = sin\,\alpha \cdot \frac{c}{sin\,\gamma} = 2,50 \text{ cm}; \quad \text{und analog: } b = sin\,\beta \cdot \frac{c}{sin\,\gamma} = 4,96 \text{ cm}.$$

Sebstverständlich muss die Summe der beiden vorgegebenen Winkel unter 180° betragen, was bei der Bestimmung des dritten Winkels sofort überprüft werden kann! Und eine Skizze zeigt sofort, dass diese Aufgabe dann immer genau eine Lösung besitzt.

Die Hafenwahl zu Beginn des Abschnitts entscheiden wir mit der Dreiecksungleichung 2.24! S bezeichnet den Schnittpunkt der Geraden u mit der Verbindungsstrecke von $\overline{A}$ und B. Offensichtlich ist die Strecke von A über S nach B genauso groß wie von $\overline{A}$ über S nach B, also gleich der direkten Verbindung von $\overline{A}$ und B! Vergleichen Sie mit Skizze 2.26. Und selbstverständlich ist es von A über C nach B genau so weit wie von $\overline{A}$ über C nach B. Aber das ist natürlich länger als die direkte Verbindung von $\overline{A}$ und B (Dreiecksungleichung)! Die Wahl von S ist eindeutig die beste.

Die Lösung dieser Aufgabe hat noch weitere Anwendungen. Genau diesen Weg nimmt auch ein Lichtstrahl von A nach B, wenn er zuvor am Spiegel u reflektiert wird:

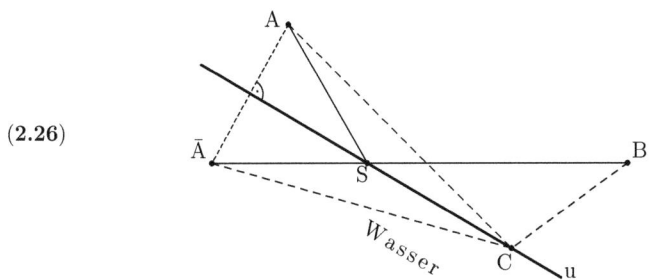

(2.26)

Nur im Punkt S gilt 'Einfallswinkel = Ausfallswinkel'. Das Licht 'wählt' hierbei den *schnellsten* Weg. Und schließlich könnten Sie über diesen Weg auch eine Billard–Kugel von A über die Bande u zum Punkt B schicken! (Eine schöne Variante finden Sie in Aufgabe 6.)

Bemerkungen und Ergänzungen

Der Randwinkel- oder Peripheriewinkelsatz Bewegt sich ein Fußballspieler S auf dem Rand des Kreises, so sieht und trifft er das Tor $\overline{AB}$ unter einem *konstanten* Winkel γ! Vergleichen Sie hierzu die Skizze 2.27.

(2.27)

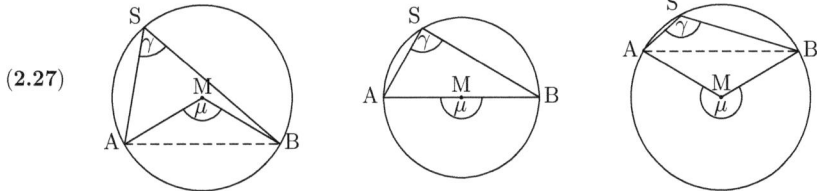

Dieser „Rand– oder Peripheriewinkel" γ beträgt nämlich immer die Hälfte des jeweiligen „Mittelpunktswinkels" μ, kurz: $\gamma = \frac{1}{2}\mu$! (Randwinkelsatz)! In der Skizze sind drei Spezialfälle gezeichnet, je nach Abstand des Spielers S vom Tor $\overline{AB}$. In der mittleren Skizze beträgt μ bereits 180°, und daher sieht der Spieler hier das Tor unter einem konstanten Winkel von $\gamma = 90°$. Diesen Spezialfall kennen wir unter der Bezeichnung „Satz des Thales"!

Die Interpretation der Sehne $\overline{AB}$ als „Tor" ist recht einprägsam, in Wirklichkeit ist sie natürlich entbehrlich. Man spricht einfach vom Randwinkel „über dem Bogen AB", ganz entsprechend beim Mittelpunktswinkel. Als Ergebnis bleibt aber:

Der Randwinkelsatz ist eine Verallgemeinerung des Satzes von Thales!

Der Sehnensatz: Schneiden sich zwei Sehnen eines Kreises, so ist das Produkt aus den beiden Abschnitten der einen Sehne gleich dem Produkt aus den beiden Abschnitten der anderen Sehne! In Skizze 2.28 bezeichnet S den Schnittpunkt der beiden Sehnen:

$$\overline{SA} \cdot \overline{SB} = \overline{SC} \cdot \overline{SD}$$

(2.28)

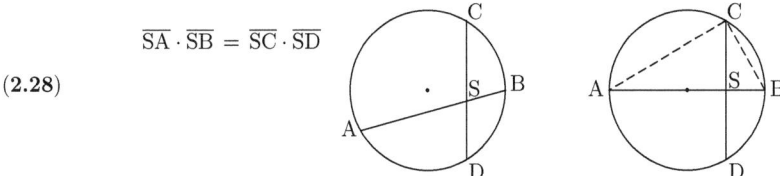

Im Spezialfall rechts verläuft die eine Sehne durch den Mittelpunkt und die andere steht senkrecht dazu. Das angedeutete Dreieck ABC ist in diesem Falle rechtwinklig und $\overline{SD} = \overline{SC}$ ist die Höhe **h** dieses Dreiecks. Mit der hier üblichen Schreibweise $\overline{SA} = \mathbf{q}$ und $\overline{SB} = \mathbf{p}$ ergibt der Sehnensatz die Beziehung $\mathbf{p \cdot q = h^2}$, der bekannte Höhensatz.

Der Sehnensatz ist eine Verallgemeinerung des Höhensatzes im rechtwinkligen Dreieck!

Der Sekantensatz Liegt der Schnittpunkt außerhalb, so gilt für die entsprechenden Sekanten analog die Beziehung $\overline{SA} \cdot \overline{SB} = \overline{SC} \cdot \overline{SD}$ (Skizze 2.29)!

$$\overline{SA} \cdot \overline{SB} = \overline{SC} \cdot \overline{SD}$$

(2.29)

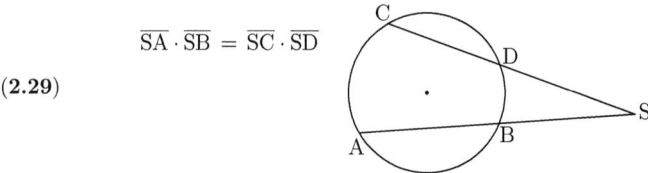

Interessant vielleicht noch die Feststellung: Beim Sehnensatz liegt der Schnittpunkt S *im* Kreis, beim Randwinkelsatz *auf* dem Rand, und beim Sekantensatz *außerhalb* des Kreises. Der Sekantensatz gilt auch für den Fall, dass die Sekante zur Tangente wird, also die beiden Punkte C und D zusammenfallen! Die Gleichung lässt sich dann schreiben als $\overline{SA} \cdot \overline{SB} = \overline{SC}^2$ („Sekantentangentensatz"). Bildet hierbei ASC speziell ein rechtwinkliges Dreieck, dann ist $\overline{AC}$ der Durchmesser des Kreises (Skizze 2.30). Der Punkt B liegt dann auf dem Thaleskreis

$$\overline{SA} \cdot \overline{SB} = \overline{SC}^2$$

(2.30)

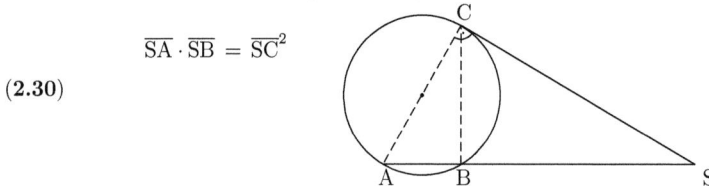

über $\overline{AC}$, sodass $\overline{BC}$ die Höhe bildet und B den Fußpunkt.
Mit der üblichen Notation $\overline{SA} = \mathbf{c}$, $\overline{SB} = \mathbf{p}$ und $\overline{SC} = \mathbf{a}$ erhalten wir für das rechtwinklige Dreieck ASC die Beziehung $\mathbf{c \cdot p = a^2}$. Das ist der bekannte Kathetensatz für **a**. Und mit dem Kreis über $\overline{SC}$ kann man entsprechend den Kathetensatz für **b** erhalten.

Der Sekantensatz ist eine Verallgemeinerung der Kathetensätze!

Der Cosinussatz $\mathbf{a^2 + b^2 - 2\,a \cdot b \cdot cos\,\gamma = c^2}$ liefert für ein rechtwinkliges Dreieck mit $\gamma = 90°$, wegen $cos\,90° = 0$, natürlich die allbekannte Aussage $\mathbf{a^2 + b^2 = c^2}$.

Der Cosinussatz ist eine Verallgemeinerung des Satzes von Pythagoras!

Der Sinussatz, im vorigen Abschnitt noch für rechtwinklige Dreiecke (Aufg. 6, S. 91), wurde schließlich in diesem Abschnitt ebenfalls auf beliebige Winkel verallgemeinert.
Diese kleine Sammlung geometrischer Sätze wird Ihnen bei weiteren geometrischen Problemen, wie ein kleiner Werkzeugkasten, sicherlich gute Dienste leisten!

Kongruenz und Ähnlichkeit Figuren heißen 'kongruent' oder 'deckungsgleich', wenn sie sich durch Drehen, Verschieben oder Spiegeln zur Deckung bringen lassen. Offensichtlich gilt: *Dreiecke sind genau dann kongruent, wenn sie in allen drei Seiten übereinstimmen.* Figuren heißen 'ähnlich', wenn sie sich höchstens in der Größe voneinander unterscheiden, sich also durch entsprechendes Vergrößern oder Verkleinern zur Deckung bringen lassen. Die Winkel bleiben hierbei unverändert, genauer gesagt: *Dreiecke sind genau dann ähnlich, wenn sie in allen drei Winkeln übereinstimmen.* Aber hierfür genügt natürlich bereits die Übereinstimmung in zwei Winkeln, weil dann wegen der konstanten Winkelsumme im Dreieck auch der dritte Winkel übereinstimmen muss.

Ein Blick zurück ...

- Die bisherigen trigonometrischen Funtionen lassen sich am Kreis für beliebige Winkel verallgemeinern und heißen daher auch Kreisfunktionen.

- Alle Kreisfunktionen sind periodisch: Der Kurvenverlauf von Sinus und Cosinus wiederholt sich nach 360°, der von Tangens und Cotangens bereits nach 180°.

- Sinussatz und Cosinussatz gelten für beliebige Dreiecke.

- Der Cosinussatz ist eine Verallgemeinerung des Satzes von Pythagoras.

Aufgaben

1. Zeichnen Sie einen Kreis mit Radius $r = 1$ dm ($= 10$ cm $= 100$ mm).
   Ermitteln Sie nun zeichnerisch die Werte von $sin\,30°$ und $cos\,30°$, (mit einem Winkelmesser wie z.B. Geo-Dreieck). Vergleichen Sie mit der Angabe des Taschenrechners! Entsprechend mit anderen Winkeln wie z.B. $\alpha = 45°$, $\alpha = 60°$, $\alpha = 90°$, $\alpha = 120°$.

2. Bestimmen Sie α:

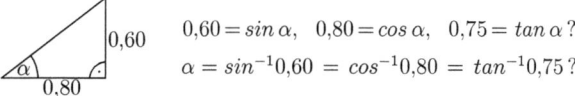

$0{,}60 = sin\,\alpha$, $\quad 0{,}80 = cos\,\alpha$, $\quad 0{,}75 = tan\,\alpha$?

$\alpha = sin^{-1}0{,}60 \;=\; cos^{-1}0{,}80 \;=\; tan^{-1}0{,}75$?

Analog wie beim Cosinus lässt sich auch bei Sinus und Tangens der entsprechende Dreieckswinkel bestimmen. Genaueres über diese Umkehrungen siehe S. 146 ff.

3. Die scheinbare Größe eines Objekts hängt ab vom Sehwinkel, unter dem es der Betrachter sieht:

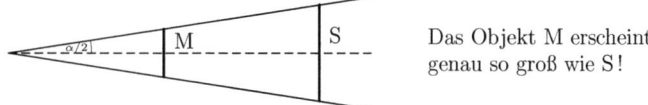

Das Objekt M erscheint genau so groß wie S!

Der Durchmesser der Sonne ist etwa 400-mal größer als der Monddurchmesser, aber die Sonne ist auch ungefähr 400-mal weiter von der Erde entfernt als der Mond! Der scheinbare „Durchmesser" von Mond und Sonne beträgt daher in beiden Fällen ungefähr $\alpha = 0{,}5°$. Er schwankt aber innerhalb gewisser Grenzen, da die Abstände Erde - Mond und Erde - Sonne innerhalb bestimmter Grenzen schwanken.

Bestimmen Sie diese Grenzen des Sehwinkels für den Mond, ebenso für die Sonne:
Mondradius 1738 km, Sonnenradius $696 \cdot 10^3$ km; Abstand Erde - Mond zwischen 356 000
und 407 000 km, Abstand Erde-Sonne $147\,100 \cdot 10^3$ bis $152\,102 \cdot 10^3$ km.

Welche Konsequenzen hat das Ergebnis für eine mögliche Sonnenfinsternis, wenn der
Mond für den Betrachter genau vor der Sonne steht – ist die Finsternis immer „total",
oder immer nur „ringförmig"?
(Die Spur des Kernschattens des Mondes auf der Erde ist nie breiter als 270 km!
Eine totale Mondfinsternis ist dagegen auf der gesamten Nachtseite der Erde zu sehen.)

4. In der folgenden Zeichnung sind drei Quadrate und drei Winkel skizziert. Hierfür gilt

      erstaunlicherweise: $\alpha + \beta = \gamma$

   Bestimmen Sie zum Beweis die Werte von $sin\,\gamma$, $sin\,\beta$, $cos\,\beta$, $sin\,\alpha$, $cos\,\beta$, und anschließend mit dem Additionstheorem von Seite 90 auch $sin\,(\alpha + \beta)$. Vergleichen Sie
   $sin\,(\alpha + \beta)$ und $sin\,\gamma$, Folgerung?

5. Ein Dreieck ist durch die Angabe der drei Seiten eindeutig festgelegt. Gilt das analog für
   ein Viereck, soll heißen: Ist ein Viereck durch Angabe der vier Seiten bereits eindeutig
   festgelegt?

6. Die Kinderseilbahn: Gesucht ist hier der „Gleichgewichtspunkt" oder „Haltepunkt" H.

   Kinderseilbahn:

   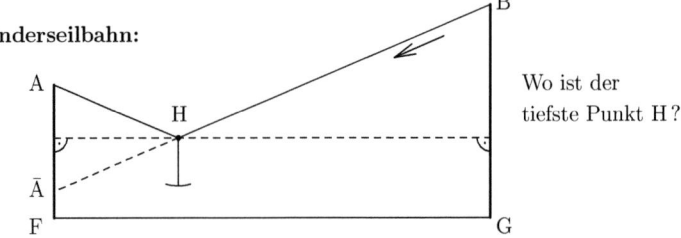

   Wo ist der
   tiefste Punkt H?

   $\overline{BG} = 4,00$ $\overline{AF} = 2,50$ $\overline{FG} = 8,40$ Gesamtlänge des Seils: 9,10

   Vielleicht bestimmen Sie als erstes den bereits eingezeichneten (Spiegel-) Punkt $\bar{A}$?

7. Begründen Sie am Einheitskreis: $(sin\,\alpha)^2 + (cos\,\alpha)^2 = 1$, für jeden Winkel α.

8. Vielleicht wollen Sie auch einmal ein (vermutlich) noch ungelöstes Problem knacken?
   Zeichnen Sie ein regelmäßiges Fünfeck mit Seitenlänge 1, und *in* das Fünfeck ein Quadrat. Gesucht ist das größtmögliche Quadrat!

9. Beweis des Randwinkelsatzes: Der skizzierte Fall ist mit den Hinweisen leicht zu lösen.
   Nicht schwieriger sind die sich ergebenden übrigen Sonderfälle, wenn Sie S auf dem
   Kreis von A nach B bewegen.

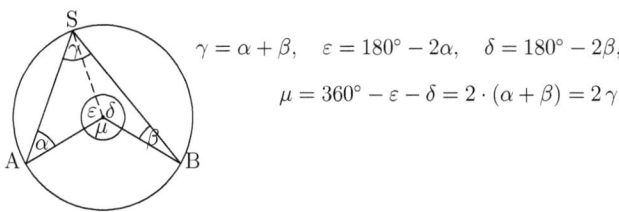

$$\gamma = \alpha + \beta, \quad \varepsilon = 180° - 2\alpha, \quad \delta = 180° - 2\beta,$$

$$\mu = 360° - \varepsilon - \delta = 2 \cdot (\alpha + \beta) = 2\,\gamma.$$

10. In einer Kirche soll der Rand einer großen Rosette vergoldet werden, in der Skizze links verstärkt gezeichnet! Die Kenntnis der Gesamtlänge dieser einzelnen Bögen wäre zur Kostenschätzung sehr nützlich! (Mehrere Kreise durch einen gemeinsamen Punkt und mit demselben Radius bilden eine 'Rosette', vgl. Skizze).

Zeigen Sie: Dieser Gesamtumfang ist immer gleich dem Umfang des großen Umkreises, der diese Rosette umschließt. Es ist egal, aus wie viel Bögen die Rosette zusammengesetzt ist (und die Bögen bzw. Kreise müssen auch nicht regelmäßig angeordnet sein)!

Hinweis: Der Winkel μ ist zwar doppelt so groß wie γ, der Radius aber nur halb so groß. (Das gilt natürlich auch bei unregelmäßig angeodneten Kreisbögen, rechts.)

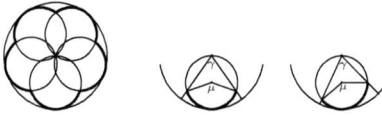

11. Zeigen Sie mit Hilfe des Randwinkelsatzes:
    Im Sehnenviereck beträgt die Summe zweier gegenüberliegender Winkel stets 180°,

Behauptung:

$\alpha + \gamma = 180°$
$\beta + \delta = 180°$

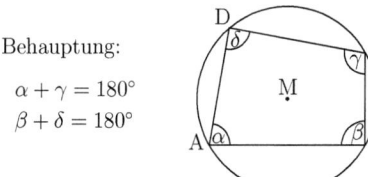

12. In zwei sich schneidende Kreise werde gemäß Skizze ein Dreieck eingezeichnet, zwei Beispiele sind nachstehend gezeigt. Warum sind diese Dreiecke ähnlich?
    (Hinweis: Randwinkelsatz, zeichnen Sie auch die Mittelpunktswinkel!)

    Warum ist das Dreieck am größten, wenn die lange Seite parallel zur Verbindungslinie der beiden Kreismittelpunkte liegt, Skizze rechts.
    (Hinweis: Warum gehen die beiden kurzen Seiten durch die Kreismittelpunkte, sind dann also am längsten: Verbinden Sie den oberen Schnittpunkt der Kreise mit den Kreismittelpunkten. Zeigen sie, dass zwei gleichseitige Dreiecke entstehen!)

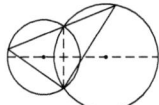 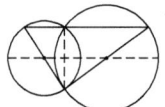

13. Gegeben ein beliebiges Dreieck ABC und der Umkreis dieses Dreiecks. Bezeichne r den Radius des Umkreises. Zeigen Sie als Ergänzung zum Sinussatz:

$$\frac{a}{\sin\alpha} = \frac{b}{\sin\beta} = \frac{c}{\sin\gamma} = 2r \; .$$

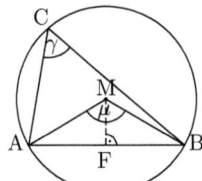

Natürlich muss z.B. nur noch $\frac{c}{\sin\gamma} = 2r$ bewiesen werden, oder gleichbedeutend:

$$\frac{c}{2r} = \sin\gamma \quad \text{oder} \quad \frac{c/2}{r} = \sin\gamma \; .$$

Hinweis: Nach dem Randwinkelsatz gilt $\frac{\mu}{2} = \gamma$ im rechtwinkligen Dreieck MFB!

14. Beweisen Sie mit dem Sinussatz: Die Winkelhalbierende eines Dreiecks ABC teilt die gegenüberliegende Seite im Verhältnis der anliegenden Seiten:

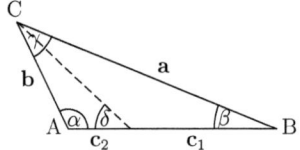

Winkelhalbierende:

$$\frac{a}{b} = \frac{c_1}{c_2}$$

Hinweis: $\frac{c_1}{\sin\frac{\gamma}{2}} = \frac{a}{\sin(180° - \delta)}$, $\quad \frac{c_2}{\sin\frac{\gamma}{2}} = \frac{b}{\sin\delta}$, und $\sin(180° - \delta) = \sin\delta$.

15. Bestimmen Sie alle Winkel eines Dreiecks mit den Seiten

   (i) $a = 4{,}50\,\text{cm}$; $\quad b = 6{,}00\,\text{cm}$; $\quad c = 7{,}50\,\text{cm}$;

   (ii) $a = 4{,}50\,\text{cm}$; $\quad b = 29{,}60\,\text{cm}$; $\quad c = 32{,}50\,\text{cm}$.

16. Warum ist der Sinussatz nicht genau so gut zur Winkelbestimmung geeignet? Angenommen, Sie erhielten $\sin\alpha = 0{,}5$. Beachten Sie, dass so ein Dreieckswinkel α zwischen 0° und 180° liegen kann – skizzieren Sie $y = \sin\alpha$ für diesen Bereich!

17. Berechnen Sie die fehlenden Winkel und Seiten eines Dreiecks mit

   (i) $a = 5{,}20\,\mu\text{m}$; $\quad \beta = 22{,}62°$; $\quad \gamma = 30{,}51°$;

   (ii) $a = 3{,}90\,\mu\text{m}$; $\quad \alpha = 143{,}13°$; $\quad \beta = 14{,}25°$

18. Bestimmen Sie die fehlenden Winkel und Seiten eines Dreiecks mit

   (i) $a = 127{,}0\,\text{mm}$; $\quad c = 280{,}0\,\text{mm}$; $\quad \beta = 36{,}88°$.

   (ii) $b = 14{,}30\,\text{mm}$; $\quad c = 26{,}00\,\text{mm}$; $\quad \alpha = 82{,}11°$.

19. Gesucht alle Dreiecke mit $c = 10{,}00\,\text{m}$, $\alpha = 53{,}13°$, und

   (i) $a = 5{,}00\,\text{m}$; $\quad$ (ii) $a = 8{,}00\,\text{m}$; $\quad$ (iii) $a = 8{,}9443\,\text{m}$; $\quad$ (iv) $a = 16{,}00\,\text{m}$;

   (nur die fehlende Seite bestimmen, und zeichnerische Erklärung).

20. Gesucht alle Dreiecke mit $a = 10{,}00\,\text{cm}$, $\beta = 30{,}00°$, und

   (i) $b = 4{,}00\,\text{cm}$; $\quad$ (ii) $b = 5{,}00\,\text{cm}$; $\quad$ (iii) $b = 7{,}07\,\text{cm}$; $\quad$ (iv) $b = 10{,}00\,\text{cm}$;

   (nur die fehlende Seite bestimmen, und zeichnerische Erklärung).

21. Formulieren Sie Sinus– und Cosinussatz für ein Dreieck mit anderen Bezeichnungen als den sonst üblichen. Wählen Sie z.B. in einer Skizze für die Seiten die Bezeichnungen k, v, u, und die Winkel ω (omega), ψ (psi), τ (tau), in irgendeiner beliebigen Reihenfolge! Sicher erkennen Sie hierbei, dass es im Grunde genommen nur *einen* Cosinussatz gibt!

22. Beweisen Sie den Sehnensatz $\overline{SA} \cdot \overline{SB} = \overline{SC} \cdot \overline{SD}$.

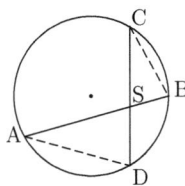

Hinweis: Nach dem Randwinkelsatz stimmen die Winkel bei A und C überein, noch mehr: Die Dreiecke ASD und CSB sind ähnlich, (Strahlensatz anwenden)!

23. Beweisen Sie den Sekantensatz in der Form: Für jede Sekante ist $\overline{SA} \cdot \overline{SB}$ konstant, nämlich gleich $\overline{SC}^2$! (Und das ist natürlich gleichzeitig der Sekantentangentensatz). Begründen Sie hierzu die in der Skizze angegebenen Hinweise.

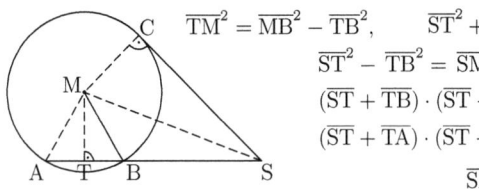

$$\overline{TM}^2 = \overline{MB}^2 - \overline{TB}^2, \qquad \overline{ST}^2 + (\overline{MB}^2 - \overline{TB}^2) = \overline{SM}^2,$$
$$\overline{ST}^2 - \overline{TB}^2 = \overline{SM}^2 - \overline{MB}^2,$$
$$(\overline{ST} + \overline{TB}) \cdot (\overline{ST} - \overline{TB}) = \overline{SM}^2 - \overline{MB}^2,$$
$$(\overline{ST} + \overline{TA}) \cdot (\overline{ST} - \overline{TB}) = \overline{SM}^2 - \overline{MC}^2,$$
$$\overline{SA} \cdot \overline{SB} = \overline{SC}^2.$$

24. Für die Lichtbrechung beim Übergang von Luft in Wasser gilt: $sin\,\alpha = 1{,}33 \cdot sin\,\beta$. (Vergleichen Sie mit den Erläuterungen auf Seite 89 zum Snelliusschen Brechungsgesetz.)

a) Bestimmen Sie den Winkel β im Falle (i) $\alpha = 0°$, (ii) $\alpha = 50°$, (iii) $\alpha = 90°$, also beim Blick von Luft ins Wasser.

b) Wie groß ist der Winkel α im Falle (i) $\beta = 0°$, (ii) $\beta = 35°$, (iii) $\beta = 48{,}75°$, also beim Blick vom Wasser nach draußen in die Luft? (Was passiert im Falle $\beta \geq 49°$?)

25. Beweisen Sie: $\cos 2\alpha = \cos^2 \alpha - \sin^2 \alpha = 1 - 2\sin^2 \alpha = 2\cos^2 \alpha - 1$. (Hinweis: Additionstheorem 2.16 auf S.90 für $\beta = \alpha$, und $\sin^2 \alpha + \cos^2 \alpha = 1$.)

26. Skizzieren und vergleichen Sie den Kurvenverlauf von: (a) $f(\alpha) = \sin 2\alpha$, (b) $g(\alpha) = 2 \cdot \sin \alpha \cdot \cos \alpha$. Tabellieren Sie zuerst beide Funktionen für (mindestens) folgende α-Werte: $0°$, $45°$, $90°$, $135°$, $180°$, $215°$, $-45°$. Vermutung? Zum Beweis das Additionstheorem speziell für $\beta = \alpha$.

27. Skizzieren Sie den Kurvenverlauf von (a) $\sin \alpha$ und $\sin(\alpha + 90°)$, (b) $\sin 10\alpha$ und $\sin(10\alpha + 90°)$.

28. Zeigen Sie, dass aus $\sin(\alpha + \beta) = \sin \alpha \cdot \cos \beta + \cos \alpha \cdot \sin \beta$ auch folgt:
$$\sin(\alpha - \beta) = \sin \alpha \cdot \cos \beta - \cos \alpha \cdot \sin \beta$$
Was folgt entsprechend für $\cos(\alpha - \beta)$, und was für $\tan(\alpha - \beta)$ in Aufg. 26 auf S. 96? Hinweis: Wählen Sie anstelle des Winkels β einfach den Winkel $(-\beta)$, und beachten Sie die bekannten Beziehungen: $\sin(-\beta) = -\sin \beta$, $\cos(-\beta) = \cos \beta$.

2 c) Etwas spitz – Dreieck und Pyramide

Nur ein Schnitt Die einfachste Figur in der *Ebene* ist das Dreieck, nicht das Quadrat. Ein Quadrat lässt sich, wie jedes Viereck, in zwei Dreiecke zerlegen. Und das einfachste Dreieck ist das gleichseitige Dreieck. Entsprechend ist die allereinfachste *räumliche* Figur nicht der Würfel mit sechs Flächen und immerhin acht Eckpunkten!
Wirklich notwendig sind nur vier Ecken, und die ergeben in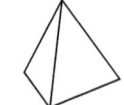
gleichen Abständen voneinander ein regelmäßiges Tetraeder,
eine Pyramide, zusammengesetzt aus vier gleichseitigen Dreiecken:

Kann ein gerader Schnitt durch diese Figur eine quadratische Schnittfläche ergeben? Sie können die Figur hierbei sogar in zwei kongruente Teile zerlegen! Das Zusammenfügen der beiden Hälften zur Pyramide ist vielleicht einfacher, aber auch hier hat unsere Anschauung Schwierigkeiten. Doch da sind wir schon bei Aufg. 28, S. 125. Beginnen wir zunächst mit

Figuren in der Ebene

Rechteck, Parallelogramm und Dreieck Rechteck und Parallelogramm mit gleicher Grundseite g und Höhe h sind flächengleich. Die Fläche ist gleich dem Produkt aus Grundseite und Höhe, (Skizze 2.31).

Fläche $\mathbf{F} = \mathbf{g} \cdot \mathbf{h}$ (Grundseite mal Höhe):

(2.31)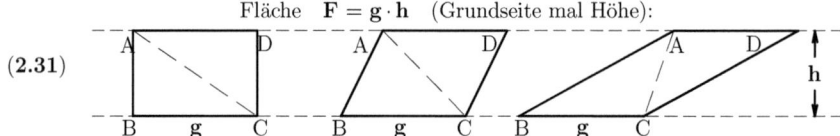

Durch die Diagonale $\overline{AC}$ wird das Rechteck/Parallelogramm ABCD in Skizze 2.31 in *zwei* Dreiecke zerlegt, die in allen drei Seiten übereinstimmen und folglich deckungsgleich sind. Die Fläche eines einzelnen Dreiecks beträgt somit die Hälfte, (Skizze 2.32).

Fläche $\mathbf{F} = \frac{1}{2}\mathbf{g} \cdot \mathbf{h}$ (Grundseite mal Höhe durch 2):

(2.32)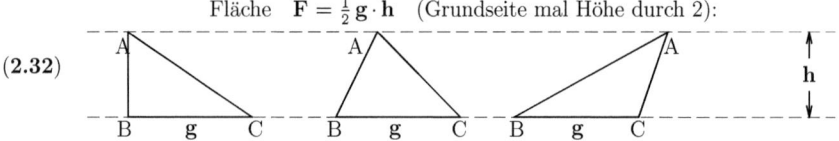

Fehlt noch der Beweis der Flächengleichheit von Rechteck und Parallelogramm in Skizze 2.31: Hierzu denken wir uns das Rechteck links aus vielen dünnen Schichten zusammengesetzt, wie ein Stapel Papier (Skizze 2.33). Dieses Rechteck werde nun seitlich ein wenig verschoben, zu einem Parallelogramm! Das gilt zunächst nur angenähert, aber der Unterschied wird beliebig klein, wenn die Schichtdicke nur gering genug gewählt wird, (vergleiche Skizze 2.33)!

Prinzip von Cavalieri:

(2.33)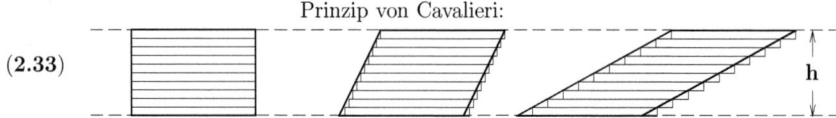

Es gibt auch einfachere Argumentationen. Beispielsweise könnten wir auf der einen Seite des Parallelogramms ein passendes Stück so abschneiden und auf der anderen Seite zu einem Rechteck anfügen, dass Grundseite und Höhe unverändert bleiben. Aber das auf *Cavalieri* zurückgehende 'Scheiblettenprinzip' ist auch bei räumlichen Figuren sehr hilfreich, weshalb wir es bereits hier benutzen wollen.

Auch die Flächengleichheit von Dreiecken mit gleicher Grundseite und Höhe ließe sich nach Cavalieri begründen. Wir müssen nur zeigen:

Scheiben in gleicher Höhe haben gleichen Querschnitt, kurz $\overline{DE} = \overline{FG}$, (vgl. Skizze 2.34).

(2.34)

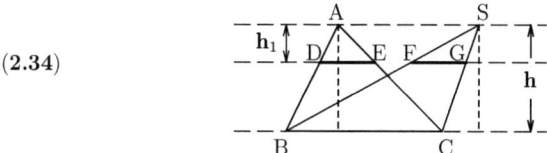

Nach dem Strahlensatz folgern wir in Skizze 2.34, ausgehend vom Scheitelpunkt A bzw. S:

$$\frac{h_1}{h} = \frac{\overline{AD}}{\overline{AB}} = \frac{\overline{DE}}{\overline{BC}}, \qquad \frac{h_1}{h} = \frac{\overline{SF}}{\overline{SB}} = \frac{\overline{FG}}{\overline{BC}}, \qquad \frac{\overline{DE}}{\overline{BC}} = \frac{\overline{FG}}{\overline{BC}}, \qquad \overline{DE} = \overline{FG}.$$

Zerlegen wir also das Dreieck ABC in genügend dünne Scheiben, so können wir es in das flächengleiche Dreieck SBC transformieren.

Polygone Kompliziertere Vielecke (Polygone) lassen sich in einfachere Figuren wie Rechtecke oder Dreiecke zerlegen. Die Summe der einzelnen Flächen ergibt dann die Fläche des betreffenden Polygons. Nehmen wir als Beispiel ein Trapez (ein 'abgeschnittenes Dreieck'). Die Trapeze in Skizze 2.35 sind gemäß Cavalieri alle flächengleich.

Flächengleiche Trapeze:

(2.35)

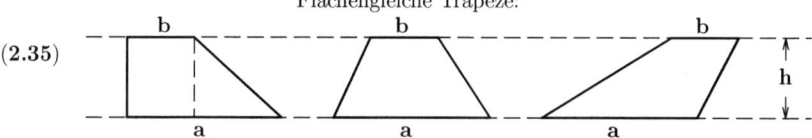

Wählen wir uns zur Flächenbestimmung das linke Trapez. Durch die gestrichelte Linie wird es aufgeteilt in ein Dreieck mit der Grundseite a - b und Höhe h, sowie in ein Rechteck mit der Grundseite b und Höhe h. Die Gesamtfläche des Trapezes beträgt demnach:

$$F_{Tr} = \tfrac{1}{2}\,(a - b)\cdot h + b\cdot h = (\tfrac{1}{2}\,a - \tfrac{1}{2}\,b + b)\cdot h = \tfrac{1}{2}\,(a + b)\cdot h$$

Figuren im Raum

Auch hier betrachten wir wieder zwei Arten von Figuren. Bei ersteren sind Grund– und Deckfläche gleich groß und parallel. Analog zu $F = g \cdot h$ hat so ein Körper mit Grundfläche G und Höhe h das Volumen $V = G \cdot h$, vgl. Skizze 2.36. Maßgebend ist also nur die Größe dieser Grundfläche, nicht deren Form. Wenn Sie Wasser in ein solches Gefäß gießen, so ist es natürlich gleichgültig, ob es sich zum Beispiel auf einem Quadrat oder einer gleichgroßen Kreisfläche verteilt. Und für einen schrägen Körper rechts ist wiederum nur dessen *senkrechte* Höhe entscheidend, ganz analog wie in Skizze 2.33. Solche Vorüberlegungen erleichtern die Volumenberechnung!

Volumen $V = G \cdot h$ (Grundfläche mal Höhe):

(2.36)   h

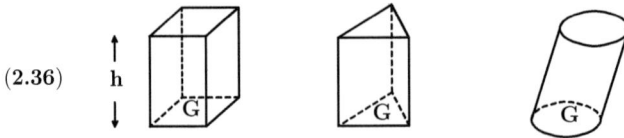

Bei den anderen Figuren laufen die Verbindungslinien, wie bei einer klassischen Pyramide, vom Rand der Grundfläche strahlenartig zur Spitze, vgl. Skizze 2.37.

Volumen $V = \frac{1}{3} G \cdot h$ (Grundfläche mal Höhe durch 3):

(2.37)   h

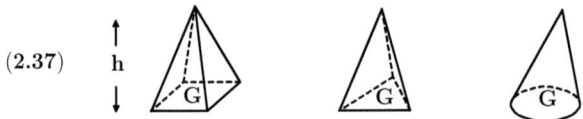

Solche Figuren ergeben, von der Seite aus betrachtet, ein Bild wie in Skizze 2.34. Bleibt die Spitze in gleicher Höhe, bleiben auch Querschnitt und Volumen gleich. Etwas allgemeiner:

Prinzip von Cavalieri *Körper, die parallel zur Grundfläche in gleichen Höhen gleich große Querschnitte aufweisen, besitzen auch das gleiche Volumen.*

Das erklärt noch nicht die Größe des Volumens, also hier die Beziehung $V = \frac{1}{3} G \cdot h$. Zum Beweis betrachten wir das Prisma ABCDEF von Skizze 2.38, Höhe $h = \overline{FA} = \overline{DB} = \overline{EC}$, die Grundfläche DEF betrage G. Das Volumen dieser Figur vom Typ 2.36 beträgt also $G \cdot h$. Dieses Prisma lässt sich nun in *drei* volumengleiche Pyramiden zerlegen, vgl. Skizze 2.38!

(2.38)

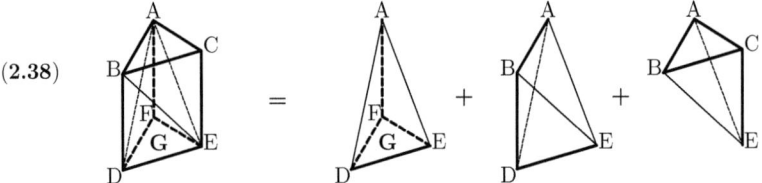

Das Rechteck ABDF wird von der Diagonalen $\overline{AD}$ in zwei gleich große Dreiecke AFD bzw. ABD geteilt. Wir wählen diese als Grundfläche der ersten bzw. zweiten Pyramide. Dann ist die Höhe dieser Pyramiden in beiden Fällen das Lot von E auf die gemeinsame Ebene dieser beiden Grundflächen. Folglich sind erste und zweite Pyramide auch volumenmäßig gleich. Aber auch die erste und die dritte Pyramide besitzen dasselbe Volumen. Sie stimmen mit den beiden gleichgroßen Dreiecken DEF und ABC als Grundfläche überein, und mit den beiden gleichlangen Kanten $\overline{FA}$ und $\overline{EC}$ als Höhe. Demnach sind alle drei Volumina gleich, das Einzelvolumen beträgt $\frac{1}{3}$ des Ausgangsvolumens $G \cdot h$ des Prismas ABCDEF.

Bei einer Pyramide wie in 2.37 links kann man die quadratische Grundfläche G in zwei Dreiecke G_1 und G_2 zerlegen. Man denke sich die gesamte Pyramide, von der Spitze ausgehend, in zwei solche Pyramiden gleicher Höhe h zerlegt. Das Volumen beträgt dann insgesamt $\frac{1}{3} G_1 \cdot h + \frac{1}{3} G_2 \cdot h = \frac{1}{3} (G_1 + G_2)$, also auch wieder $\frac{1}{3} G \cdot h$.

Bei unregelmäßiger Grundfläche müssen wir die Anzahl der Dreiecke nur entsprechend erhöhen, man vergleiche das Bild von Skizze 2.40. Wir können auf diese Weise die Grundfläche und das gesuchte Volumen beliebig genau annähern. Beträgt die Summe der kleinen Dreiecksflächen beliebig genau $\mathbf{G}$, beträgt die Summe der kleinen Pyramiden beliebig genau $\frac{1}{3}\mathbf{G}\cdot\mathbf{h}$. Im Grenzfall erhalten wir $\mathbf{G}$ für die Fläche und $\frac{1}{3}\mathbf{G}\cdot\mathbf{h}$ für das gesuchte Volumen.   ✓

Ölfleck auf dem Wasser Dünne Schichten wie Blattgold, oder ein Ölfilm auf dem Wasser, sind Figuren wie in Abbildung 2.36, mit einer relativ großen Grundfläche, aber einer äußerst geringen Höhe! Bei einem „Ölfleckversuch" erzeugte eine Menge $\mathbf{V} = 0{,}050$ mm^3 Ölsäure ($C_{17}H_{33}COOH$) einen Ölfilm der Größe von etwa 600 cm^2, also $\mathbf{G} = 6\cdot 10^4$ mm^2.
Aus $\mathbf{V} = \mathbf{G}\cdot\mathbf{h}$ errechnet sich hieraus eine Dicke

$$\mathbf{h} = \frac{\mathbf{V}}{\mathbf{G}} = \frac{0{,}050 \text{ mm}^3}{6\cdot 10^4 \text{mm}^2} = 0{,}8\cdot 10^{-6}\text{mm} = 0{,}8\cdot 10^{-9}\,\text{m}$$

Um einen möglichst dünnen Ölfilm zu erreichen, wird das dickflüssige Öl zumeist mit einer leichtflüchtigen Flüssigkeit verdünnt. Mit diesem einfachen Versuch konnte man bereits sehr früh zeigen, dass Moleküldurchmesser im Nanometerbereich liegen! Und aus dessen Kenntnis lässt sich die Anzahl der Moleküle in einem Mol bestimmen. Umgekehrt kann man auch mit Hilfe der Avogadroschen Zahl N_A den Moleküldurchmesser abschätzen, vergleiche hierzu Aufgabe 11. Das ergibt für das kleine Wassermolekül (H_2O) einen Durchmesser von ungefähr

$$\mathbf{d} = 0{,}3\cdot 10^{-9}\,\text{m}$$

Parkettierungen

Nicht nur Parkett- oder Fliesenleger sind mit dieser Aufgabe vertraut. Besonders die Natur bietet eine überraschende Vielzahl und Komplexität solcher Muster! Der Mathematiker versteht unter einer *Parkettierung* oder auch *Pflasterung* eine lückenlose und überschneidungsfreie Überdeckung der Ebene mit irgendwelchen Teilen. Die Form des Randes ist belanglos, da wir uns die Parkettierung beliebig fortgesetzt denken. In der Praxis müsste das Parkett an der Randbegrenzung natürlich zugeschnitten werden. Der einfachste Fall sind

Reguläre Parkettierungen in der Ebene Ein gleichseitiges Dreieck nennt man auch ein *reguläres* Dreieck (lat. regulär: regelgemäß). Allgemein heißt ein n–Eck mit gleichlangen Seiten und gleichgroßen Winkeln regulär bzw. regelmäßig, siehe Skizze 2.39.

Reguläre n–Ecke und Innenwinkel α:

(**2.39**)

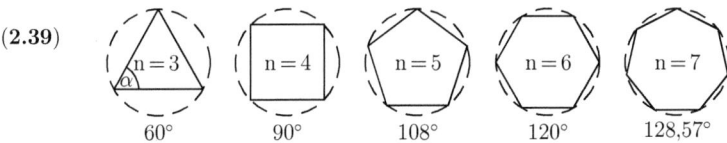

60°   90°   108°   120°   128,57°

Eine Parkettierung aus regulären n–Ecken desselben Typs und gleicher Größe heißt regulär, wobei Ecken aber stets nur mit Ecken zusammentreffen sollen. Ein solches Parkett aus Quadraten ist wohl das einfachste dieser Art. Bienenwaben sind aus regulären Sechsecken zusammengesetzt. Und da jedes Sechseck in reguläre Dreiecke zerlegbar ist, ergibt das auch ein Parkett aus gleichseitigen Dreiecken, vergleiche Skizze 2.40.
Weitere Möglichkeiten gibt es nicht: Legt man zum Beispiel drei reguläre Fünfecke an einer Ecke zusammen, bleibt eine Lücke, aber vier Fünfecke überlappen sich bereits. Und ab n = 7 passen noch nicht einmal drei an einer Ecke zusammen, während zwei natürlich immer eine

Die regulären Parkettierungen der Ebene:

(2.40)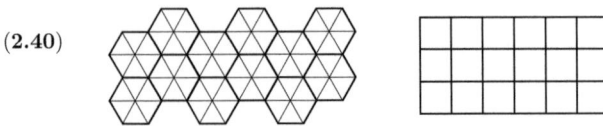

Lücke lassen! Unter den möglichen Wabenformen ist das Sechseck sicherlich die 'rundeste' Wahl, und nicht nur bei Pflasterungen auch die stabilste. Bei Dreiecken und Quadraten gibt es dagegen Linien, an denen entlang die Platten verschoben werden können. Die Regularität geht dabei verloren, aber es sind natürlich weitere Möglichkeiten der Pflasterung.

Nichtreguläre Polygone Es ist nicht besonders verwunderlich, dass sich die Ebene mit regulären Drei- und Vierecken pflastern lässt. Das ist mit allen Drei- und Vierecken möglich! Hierzu müssen nur gleiche Seiten solcher Fliesen aneinander gelegt werden, also **a** an **a**, **b** an **b**, usw. Aus vier Vierecken entsteht auf diese Weise ein Grundmuster, das sich in alle Richtungen periodisch wiederholen lässt, vgl. Skizze 2.41 rechts. Im Fall von Dreiecken ist dieses Grundmuster einfach nur ein Parallelogramm, vgl. 2.41 links.

(2.41)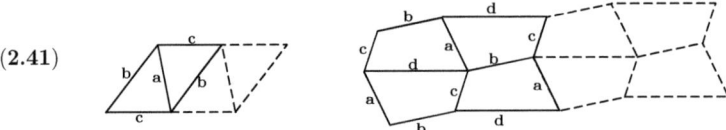

Für spezielle Drei- und Vierecke gibt es oft noch überraschend viele weitere Möglichkeiten. Probieren Sie das einmal aus mit Rauten, die aus zwei gleichseitigen Dreiecken zusammengesetzt sind. Ein besonders schönes Muster zeigt das folgende Bild. Hier lassen sich je drei aneinanderliegende Rauten zu einem Sechseck zusammenfassen. Bei solchen Betrachtungen 'kippt' das Bild sehr oft und täuscht gestapelte Würfel vor. Mit verschieden gefärbten Rauten lässt sich dieser Effekt noch verstärken oder gezielt verändern.

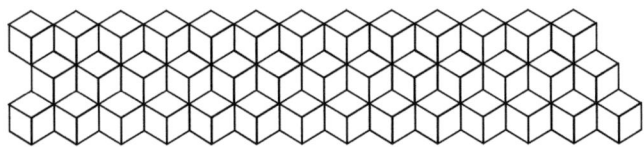

Parkettierung mit Rauten (aus zwei regulären Dreiecken)

Im Falle n = 5 wird die Sache gleich wesentlich schwieriger. Die Ebene lässt sich nämlich *nicht mit jedem* Fünfeck pflastern! Aber das wissen wir bereits vom regelmäßigen Fünfeck. Abbildung 2.42 zeigt drei Grundmuster, mit denen eine Fünfeck–Parkettierung möglich ist.

(2.42)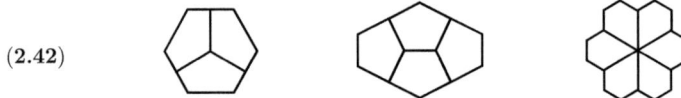

Die Aufteilung des regulären Sechsecks links in Abbildung 2.42 in drei gleiche Fünfecke ist offensichtlich, und ebenso, dass mit diesem Grundmuster die gesamte Ebene parkettiert werden kann. Beim zweiten und dritten Beispiel ist dies weniger leicht zu erkennen, ergänzende

Hinweise finden Sie in Aufgabe 17. Wir setzen übrigens immer voraus, dass die verwendeten n–Ecke 'konvex' sind, was in diesem Falle nur bedeutet: es gibt keine Innenwinkel über 180°. Bis heute wurden 14 Typen konvexer Fünfecke entdeckt, mit denen sich die Ebene parkettieren lässt. Es ist nicht bekannt, ob dies bereits alle Möglichkeiten sind!

Nun noch zum Fall n = 6: Wollen wir außer dem regelmäßigen Sechseck weitere Sechsecke zur Parkettierung konstruieren, so wird es auch hier erstaunlich schwierig! Bleiben wir bei der in 2.43 gewählten Bezeichnungsweise. Jedes bisher bekannte Sechseck, das zur Parkettierung geeignet ist, gehört (mindestens) zu einem der dort angegebenen Typen (i), (ii), oder (iii)!

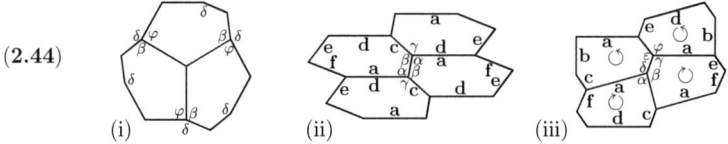

(2.43)

(i) $a = b$, $c = d$, $e = f$, $\alpha = \gamma = \varepsilon = 120°$;

(ii) $a = d$, $\alpha + \beta + \gamma = 360°$;

(iii) $a = d$, $c = e$, $\alpha + \beta + \delta = 360°$;

Die in 2.44 skizzierten Grundmuster aus Sechsecken des entsprechenden Typs lassen sich, allein durch Translation, zu einer Parkettierung der Ebene fortsetzen. Die mehr oder weniger ausführliche Argumentation sei Ihnen überlassen!

(2.44)

(i)   (ii)   (iii)

Geben Sie sich keine Mühe, ein Siebeneck zum Parkettieren zu finden, es ist nicht möglich. Das liegt nicht an der 'mystischen' Sieben, denn auch für n = 8 oder höher geht es nicht! Das ist nicht ganz leicht zu beweisen, aber irgendwie plausibel. Es sind zu viele Seiten und Winkel, die unter einen Hut gebracht werden müssen – und was zu viel ist, ist zu viel!

Noch eine wichtige Anmerkung: Bei unregelmäßigen n–Ecken sollte man zwischen Pflastersteinen und Fliesen unterscheiden! Normale Pflastersteine lassen sich umdrehen, Ober– und Unterseite sind nicht zu unterscheiden. Beim Umdrehen eines *un*regelmäßigen Steines kann sich allerdings die Form ändern, der eine Pflasterstein wird zum Spiegelbild des anderen (wobei sich die Orientierung der Ecken ändert)!

Fliesen hingegen besitzen in der Regel eine vergütete, zum Beispiel eine verzierte oder glasierte Oberfläche: Die Fliese lässt sich auf der Unterlage drehen, aber sie lässt sich nicht *um*drehen – das reduziert die Möglichkeiten der Parkettierungen! Von den hier skizzierten Parkettierungen würde aber nur das Beispiel 2.44 (iii) entfallen, denn nur bei dieser Parkettierung wurde von einem unterschiedlichen Spiegelbild des n–Ecks Gebrauch gemacht (vergleichen Sie die dort angegebene Orientierung der Sechsecke)!

Vielleicht achten Sie demnächst noch mehr auf Straßen- und Wegepflasterungen, auf Fliesenornamente, Netzmuster usw. Was Größe und Form anbelangt, muss sich die Natur natürlich nicht nach unseren strengen Vorgaben richten. Bei den Bienenwaben ist es noch am ehesten der Fall. Graphit ist aus ebenen Schichten aufgebaut, gebildet von regulären Sechsecken aus Kohlenstoffatomen. Die einzelnen Schichten lassen sich leicht gegeneinander verschieben, deshalb ist Graphit weich und als Schmiermittel verwendbar. Sie werden aber auch manche Regelmäßigkeiten entdecken bei einem Schildkrötenpanzer, auf der Lederhaut von Reptilien, beim Netzmuster von Giraffen, auf der Oberfläche von Früchten und Blättern bis hin zum mikroskopischen Bereich von Zellverbänden.

Reguläre Körper und Parkettierungen im Raum Das Analogon zu den regelmäßigen Polygonen sind die regelmäßigen Polyeder, von denen es aber nur fünf verschiedene Typen gibt, die berühmten platonischen Körper! Wir bezeichnen sie auch einfach nur als Würfel. Es gab schon früher nicht nur eine einzige Form des Würfels, also den guten alten Spielwürfel mit den sechs quadratischen Flächen. Allerdings müssen wir erst einmal festlegen, was wir allgemein unter einem Würfel verstehen wollen:

Ein Würfel sollte möglichst regelmäßig sein! Unser Standardwürfel zum Beispiel besteht nur aus Quadraten, also aus regulären Vierecken, von denen immer drei an einer Ecke zusammenstoßen. Drei Quadrate aneinandergefügt bilden bereits eine räumliche Ecke von 90°. Da Sie weitere Quadrate auch nur mit 90° anfügen können, schließt sich der 'Kreis', oder besser gesagt die 'Kugel', nach weiteren drei Quadraten. Nun werden wir es aber auch mit gleichgroßen, gleichseitigen Dreiecken oder anderen regulären n–Ecken probieren: in jeder Ecke sollen gleichviele zusammentreffen und gleichgroße Winkel bilden. Wir nennen einen derart regelmäßigen Körper ein 'reguläres Polyeder' (regelmäßiger Vielflächner), kurz 'Würfel'.

In Skizze 2.45 sind alle fünf möglichen Typen dieser Würfel skizziert, und zwar mit vier (tetra), sechs (hexa), acht (okta), zwölf (dodeka), und zwanzig (ikosa) Flächen. Dass es beim Dodekaeder und Ikosaeder wirklich klappt, ist nicht ganz selbstverständlich. Dagegen ist leicht einzusehen, dass es keine weiteren Möglichkeiten gibt: Sollen nämlich nur drei gleichseitige Dreiecke an jeder Ecke aneinanderstoßen, entsteht zwangsläufig ein Tetraeder, im Falle von vier Dreiecken ein Oktaeder, und bei fünf Dreiecken ein Ikosaeder. Treffen aber sechs gleichseitige Dreiecke an einer Ecke zusammen, bildet sich bereits ein ebener Winkel von 360°. Bei einem normalen Würfel (Hexaeder) stoßen nur drei Quadrate an jeder Ecke zusammen, während vier Quadrate bereits wieder einen ebenen Winkel von 360° bilden. Beim Dodekaeder treffen nur drei Fünfecke zusammen, während vier bereits 360° überschreiten. Für eine räumliche Ecke sind mindestens drei Flächen erforderlich. Drei Sechsecke ergeben aber bereits 360°, so dass mit Sechsecken überhaupt keine regulären Polyeder möglich sind! Und das gilt natürlich ganz allgemein für n–Ecke mit n ≥ 6.   ✓

Die fünf regulären Polyeder (platonische Körper):

(2.45)

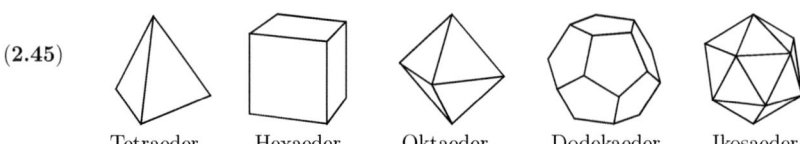

Tetraeder   Hexaeder   Oktaeder   Dodekaeder   Ikosaeder

Die Ecken eines Würfels liegen alle auf einer Kugel! Ein Würfel ist 'annähernd' rund. Vereinbaren wir als Ergebnis eines Wurfes die *unten* liegende Auflagefläche, so wäre jeder dieser Würfel auch als Spielwürfel geeignet! Einfacher ist natürlich die nach *oben* zeigende Fläche. Dann scheidet das Tetraeder zwar aus, aber bei allen anderen zeigt eine der Flächen stets *senkrecht* nach oben: das Ergebnis ist von allen Seiten gleichgut erkennbar. Tatsächlich hat auch das Ikosaeder bereits im alten Ägypten als Spielwürfel gedient!

Die regulären Polyeder spielen auch eine wichtige Rolle in der Clusterpyhysik. Cluster (engl.: Haufen) sind Ansammlungen von Atomen oder Molekülen mit einer Anzahl von 3 bis etwa 50 000. Von besonderer Bedeutung ist das Ikosaeder, es hat die 'kugelförmigste' Gestalt. Auch viele Viren besitzen einen ikosaedrischen Aufbau!

Die fünf regulären Polyeder wurden vom griechischen Philosophen Plato ausführlich beschrieben und mit den fünf Elementen 'Feuer, Erde, Luft, Geist, Wasser' des platonischen

Weltbildes in Verbindung gebracht. Sie werden daher auch kurz als 'Platonische Körper' oder 'Kosmische Körper' bezeichnet.

Raumfüllend sind die platonischen Körper, mit Ausnahme des Hexaeders, nicht! Eine reguläre Parkettierung des Raumes, also ein lückenloses Füllen des Raumes mit gleichgroßen regulären Polyedern des gleichen Typs, ist *nur* mit dem normalen Würfel (lat.: Kubus) möglich. Lassen wir die Forderung der Regularität fallen: dann gelingt eine Parkettierung des Raumes natürlich mit jedem Quader (Ziegelstein). Der normale Würfel ist hiervon nur ein Spezialfall! Oder wir wählen zum Beispiel eine Säule mit dreieckiger Grundfläche, oder mit vier-, fünf-, oder sechseckiger Grundfläche. Offensichtlich ist jede Säule geeignet, sofern sich mit ihrer Grundfläche die Ebene parkettieren lässt! Und diese Säulen dürfen auch 'windschief' sein. Als Beispiele zeigt Abbildung 2.46 sogenannte Elementarzellen der sieben Kristallsysteme.

(**2.46**)

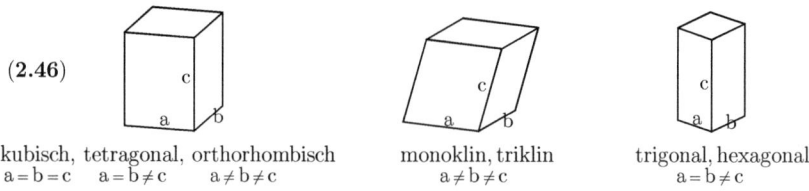

kubisch, tetragonal, orthorhombisch   monoklin, triklin   trigonal, hexagonal
a = b = c   a = b ≠ c   a ≠ b ≠ c   a ≠ b ≠ c   a = b ≠ c

Im Fall der ersten drei Kristallsysteme sind alle drei Winkel zwischen a, b, c rechte Winkel. Beim monoklinen System ist ein Winkel ungleich 90°, also eine Achse 'geneigt', ('klin' griech. für 'Neigung'). Beim triklinen System sind alle drei Achsen geneigt. Beim trigonalen System beträgt der Winkel zwischen a und b 120°, die beiden übrigen 90°. Drei dieser Zellen lassen sich zu einer sechseckigen Zelle des hexagonalen Systems zusammenfügen (s. Rauten S. 114).

Die Elementarzelle ist die kleinste Volumeneinheit, aus der durch Parallelverschiebung der gesamte Kristall gebildet werden kann. Ein Kristall kann aus Atomen, Ionen, oder Molekülen bestehen. Die vorhandenen Teilchen sitzen regelmäßig an bestimmten Stellen der Elementarzellen. Das können also nicht nur Ecken sein, sondern auch Plätze an den Seitenflächen oder im Inneren der Zelle, was eine Vielzahl von Kristalltypen ermöglicht. Es sind sorgfältige Symmetrieüberlegungen erforderlich, die schließlich zu einer Einteilung in diese sieben Kristallsysteme mit insgesamt 32 Kristallklassen führen.

Natürlich gibt es noch viele weitere Möglichkeiten, mit gleichgroßen Polyedern den Raum zu füllen. Diese sind schon recht kompliziert, zum Beispiel das 'abgestumpfte Oktaeder' von Aufgabe 29, der 'verdrehte Doppelkeil' und das 'rhombische Dodekaeder' (Aufg. 31 und 32).

Bemerkungen und Ergänzungen

Parkplätze und staubige Ecken im Weltall Es gibt *gleichseitige Dreiecke* im Weltall von wahrhaft astronomischen Ausmaßen! Wählen wir als Beispiel das System Sonne – Erde, Abstand rund 150 Millionen Kilometer. Für ein solches System zweier Massekörper bestimmte Joseph–Louis Lagrange (1736 - 1813) fünf Gleichgewichtspunkte, soll heißen: Ein dort befindlicher dritter Körper rotiert hier synchron mit der Erde um die Sonne, vgl. nachfolgende Skizze.

Der Punkt L_1 bietet sich für Sonnenbeobachtungen an, hingegen L_2 im Schatten der Erde zum Beispiel für Weltraumteleskope. Die Punkte L_1, L_2 und L_3 haben zwar nichts mit Dreiecken

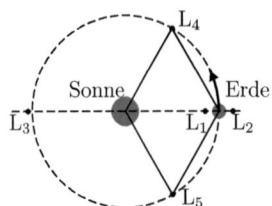

Die fünf Lagrange– oder Librationspunkte
eines speziellen Dreikörperproblems.
(Darstellung nicht maßstabsgerecht.)

zu tun, illustrieren aber das Parkphänomen: L_1 befindet sich etwa 1,5 Millionen Kilometer von der Erde entfernt. Wegen der stärkeren Anziehungskraft der Sonne müsste sich dort ein Körper eigentlich schneller um die Sonne bewegen als die Erde! Die Erdanziehung schwächt jedoch die Anziehung durch die Sonne an dieser Stelle gerade so, dass sich der Körper im Punkt L_1 synchron mitbewegt, also seine Lage relativ zu Erde und Sonne beibehält! Analoge Argumentationen mit umgekehrtem Vorzeichen gelten für L_2, etwa 1,5 Millionen Kilometer von der Erde entfernt, sowie für L_3, beide außerhalb der Erdbahn.

Die Existenz der Punkte L_4 und L_5 können wir an dieser Stelle nicht so einfach begründen. Hier spielt nämlich auch das Massenverhältnis des größeren Körpers (hier die Sonne) zum kleineren (hier die Erde) eine Rolle und sollte größer als 24,96 sein. Der im Lagrangepunkt geparkte Körper muss eine vergleichsweise geringe Masse besitzen. L_4 bildet mit Sonne und Erde ein gleichseitiges Dreieck, das um den gemeinsamen Schwerpunkt nahe der Sonne rotiert (analog L_5)!

Die Lage in den Punkten L_1, L_2, L_3 entlang der eingezeichneten Linie ist instabil! Driftet zum Beispiel ein Körper in L_1 ein wenig in Richtung Sonne, nimmt deren Anziehungskraft zu, während sie gleichzeitig aus Gegenrichtung der Erde abnimmt. Eine stabile Positionierung erfordert in dieser Umgebung daher ständig (geringe) Korrekturen, doch erweist sich das auch als Vorteil! So ermöglichen zwar L_4 und L_5 eine stabile Positionierung, aber gerade deswegen sammeln sich dort Staub und andere Partikel aus dem Weltall, so wie in manchen staubigen Ecken eines Wohnzimmers! Bei den Punkten L_4 und L_5 des Systems Sonne – Jupiter halten sich sogar Asteroiden auf, auch als 'Trojaner' bezeichnet. Kleinere Trojaner wurden auch bei Mars, Neptun und Erde entdeckt. In den Punkten L_4 und L_5 des Systems Erde – Mond wurden ebenfalls schwache Staubwolken entdeckt. Hingegen gibt es im Mondsystem des Saturn und des Jupiter wieder zusätzlich eine ganze Reihe von Trojanern!

Archimedische Parkettierungen sind aus *mehreren* Typen regulärer Polygone zusammengesetzt, aber alle Ecken sind immer noch von gleicher Art oder 'uniform', genauer gesagt: an jeder Ecke sind Anzahl, Art und Reihenfolge der zusammentreffenden Polygone gleich. Und natürlich soll jede Polygonecke mit anderen Polygonen nur in Ecken zusammentreffen. Es gibt genau acht 'archimedische' oder 'semireguläre' Parkettierungen. Die folgende Skizze zeigt acht Muster, aus denen Sie durch wiederholtes Verschieben (Translation) diese acht Parkettierungen erzeugen können! Es sind bereits recht hübsche Muster darunter.

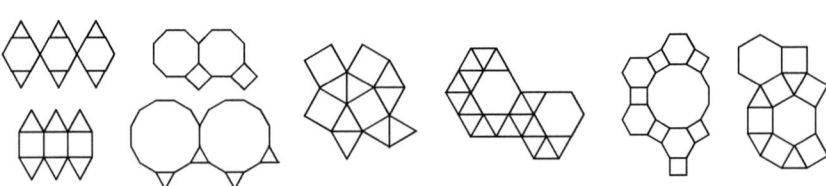

Archimedische Körper und Fußbälle Konvexe Polyeder aus *regelmäßigen* Polygonen werden in mehrere Gruppen eingeteilt. Wichtiges Kriterium hierfür ist wieder die Uniformität. Lassen sich zwei Ecken oder zwei gleiche Flächen auf irgend eine Weise unterscheiden, zum Beispiel durch Anzahl, Art oder Reihenfolge der zusammentreffenden oder umgebenden Flächen, so nennt man dieses Polyeder einen 'Johnson–Körper'. Hiervon gibt es 92 verschiedene Typen. Sind die Ecken aber alle uniform, so hat das entsprechende Polyeder eine besonders hohe Symmetrie, herausragende Gruppe hier die 5 platonischen Körper. (Die vielen regulären Prismen und Antiprismen, vgl. Aufgabe 24, spielen eine Sonderrolle.) Die übrigen Polyeder mit uniformen Ecken werden als Archimedische Körper bezeichnet. Hiervon gibt es je nach Zählweise 13 oder 15 Typen, denn zwei davon sind nur das Spiegelbild des anderen. Im Unterschied zu den platonischen Körpern bestehen die archimedischen Körper alle *aus mindestens zwei verschiedenen Arten* von Polygonen. Und die beiden bekanntesten Archimedischen Körper sind natürlich Fußbälle:

Beim Tischfußballspiel Tipp–Kick hat der Ball die Form eines sogenannten Kuboktaeders, bestehend aus 8 Dreiecksflächen und 6 Quadraten, siehe Skizze 2.47 links. An jeder Ecke stoßen zusammen: Dreieck, Quadrat, Dreieck, Quadrat. Jedes Dreieck ist nur von Quadraten begrenzt, und jedes Quadrat nur von Dreiecken. Dies ist nicht ganz so leicht am Netz (Mantelfläche) des Kuboktaeders zu erkennen, rechts daneben in etwas kleinerem Maßstab. Die gestrichelte senkrechte Linie zeigt die Unterteilung dieses Balles in in zwei 'Halbkugeln': um ein Dreieck gruppieren sich je drei Quadrate mit je einem Dreieck.

Der Tipp–Kick Ball:

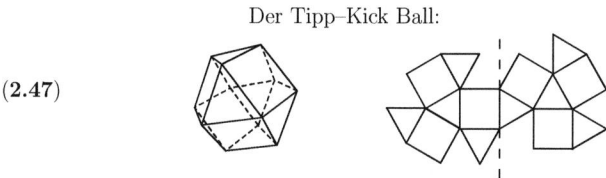

(2.47)

Allerdings lassen sich solche Polyedernetze auf vielerlei Weise erhalten. Es ist ja nicht vorgeschrieben, entlang welcher Kanten aufzuschneiden ist. Hauptsache das Ergebnis lässt sich wie ein Schnittmuster in der Ebene ausbreiten.

Als richtiger Lederfußball genutzt wird oder wurde zumindest das 'abgestumpfte Ikosaeder', zusammengenäht aus 12 Fünfecken und 20 Sechsecken (zumeist aus Leder und in unterschiedlicher Farbe). Die sonderbare Bezeichnung 'abgestumpft' ist bei genauer Betrachtung eines Ikosaeders leicht zu erklären. Schneiden Sie nämlich die 12 Ecken eines Ikosaeders so ab, dass alle Kanten gleich lang werden, so entstehen als Schnittflächen 12 reguläre Fünfecke, und aus den 20 Dreiecken werden 20 reguläre Sechsecke!

Übrigens ist auch das C_{60}–Fulleren ein solcher Fußball. Fullerene sind Modifikationen des Kohlenstoffs und bestehen aus käfigartigen Molekülen. Beim Molekül des 'Buckminsterfulleren' C_{60} bilden je 60 Kohlenstoff-Atome die 60 Ecken des abgestumpften Ikosaeders.

Beim Oktaeder entsteht beim Abstumpfen zunächst ganz analog das so genannte 'abgestumpfte Oktaeder' aus 6 Quadraten (Schnittflächen) und 8 regulären Sechsecken. Sie können aber noch stärker abstumpfen! Dann werden die 6 Quadrate einfach nur größer, aber von den 8 Sechsecken bleiben nur noch 8 Dreiecke übrig. Es entsteht der Tipp–Kick Ball oder Kuboktaeder! Ein einfaches Oktaeder wäre nicht rund genug und wird durch das Abschneiden der Ecken sozusagen aufgerundet. Tatsächlich lässt sich jeder archimedische Körper durch Abstumpfen eines platonischen Köpers erzeugen.

Kanten und Ecken Ein Dreieck hat natürlich $n = 3$ Seiten, bei $f = 4$ Dreiecken sind das zusammen also 12 Seiten. Werden diese Dreiecke nun zu einem Tetraeder zusammengefügt, so wird aus 2 Seiten stets eine Kante, die Anzahl k der Kanten ist also nur halb so groß, $k = 6$. Diese Argumentation lässt sich leicht auf andere Polyeder übertragen. Um die Anzahl k der Kanten zu bestimmen, muss nur die Anzahl der Seiten aller Polygone zusammengezählt und deren Summe s durch 2 dividiert werden, kurz:

Die Anzahl k aller Kanten eines konvexen Polyeders ist
genau halb so groß wie die Anzahl s aller Seiten der Polygone.

Für die Anzahl e der Ecken, f der Flächen, k der Kanten eines konvexen Polyeders gilt die

Eulersche Polyederformel $e + f = k + 2$

Das Ikoseder hat also $k = \frac{20 \cdot 3}{2} = 30$ Kanten, und $e = k + 2 - f = 30 + 2 - 20 = 12$ Ecken! Das abgestumpfte Ikosaeder bzw. der Fußball (vgl. o) aus 12 Fünfecken und 20 Sechsecken hat $k = \frac{12 \cdot 5 + 20 \cdot 6}{2} = 90$ Kanten (soviel wie das Fußballspiel Minuten). Wegen $f = 12 + 20 = 32$ Flächen sind es $e = 90 + 2 - 32 = 60$ Ecken. Und wie viele Kanten und Ecken hat das Kuboktaeder aus 8 Dreiecken und 6 Quadraten (der obig skizzierte Tipp–Kick– Ball)?
Eine Menge von Punkten heißt konvex, wenn mit je zwei Punkten auch deren Verbindungslinie dazu gehört. Die Polyederformel gilt auch für nichtkonvexe Polyeder wie zum Beispiel 'Weihnachtssterne', aber sie gilt nicht unbedingt für ein beliebig aus Ecken und Kanten gebildetes Polyeder wie z.B. einen Bilderrahmen, oder wenn zwei 'normale' Polyeder einfach an zwei Ecken oder Kanten zusammengefügt werden. Die Formel wird aber allgemein richtig durch einen Korrekturterm, das 'Geschlecht der Mannigfaltigkeit'.

Ein Blick zurück ...

- Zur Bestimmung von Flächen und Volumina ist das Prinzip von Cavalieri sehr hilfreich.

- Die betreffenden Formeln für elementare Figuren sollte man sich merken.

- Regelmäßige Polygone und Polyeder sind in vielen Bereichen von Bedeutung.

Aufgaben

1.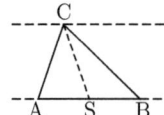
    Warum halbiert die Seitenhalbierende auch die Fläche des Dreiecks ABC?

2. Das folgende Bild zeigt eine einfache Variante des Malteser Kreuzes, eingezeichnet in einem großen Quadrat der Seitenlänge 5 (Längeneinheiten).

    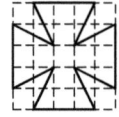
    Zeigen Sie:
    Die Fläche des Kreuzes beträgt 17 (Flächeneinheiten).

3. Da hat doch einer 'im Pythagoras herumgemalt'! Ob er auch weiß, dass die grauen Dreiecke alle die gleiche Fläche besitzen, und zwar genau so groß wie die Fläche des ursprünglichen Dreiecks?

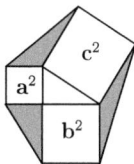 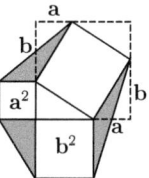

Zeigen Sie mit Hilfe der rechten Skizze, dass die grauen Dreiecke links eine Grundseite a und Höhe b besitzen, das rechte graue eine Grundseite b und zugehörige Höhe a!

4. Bestimmen Sie die Fläche $\mathbf{F}$ eines gleichseitigen Dreiecks, Seitenlänge $\mathbf{a}$, mit Hilfe
   (i) der Höhe des Dreiecks, und der Beziehung $\mathbf{F} = \frac{1}{2}\,\mathbf{g} \cdot \mathbf{h}$,
   (ii) der Heronschen Formel: Für jedes Dreieck gilt $\mathbf{F} = \sqrt{\mathbf{s} \cdot (\mathbf{s} - \mathbf{a}) \cdot (\mathbf{s} - \mathbf{b}) \cdot (\mathbf{s} - \mathbf{c})}$,
   wobei $\mathbf{s} = \frac{1}{2} \cdot (\mathbf{a} + \mathbf{b} + \mathbf{c})$ und $\mathbf{a}$, $\mathbf{b}$, $\mathbf{c}$ die Längen der Dreiecksseiten bedeuten.

5. Gegeben das gleichseitige Dreieck ABC. Von einem Punkt P im Inneren werden die Lote auf die drei Seiten gezeichnet. Beweisen Sie den **Satz von Viviani:**
   Die Summe $i + k + l$ der drei Lote ist immer konstant gleich der Höhe h des Dreiecks ABC, also unabhängig von der Lage des Punktes P!

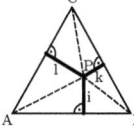

Bestimmen Sie zunächst die Flächen der Teildreiecke APB, BPC, CPA. Addieren Sie diese Flächen, denn die Summe ist natürlich gleich der Fläche von ABC.

6. Zeigen Sie: Die Fläche eines Dreiecks $\mathbf{F} = \frac{1}{2}\mathbf{g} \cdot \mathbf{h}$ lässt sich auch bestimmen aus zwei Seiten und dem *eingeschlossenen* Winkel. Mit der bei Dreiecken üblichen Bezeichnungsweise lautet also die Behauptung: $\frac{1}{2}\,\mathbf{a} \cdot \mathbf{b} \cdot sin\,\gamma = \frac{1}{2}\,\mathbf{b} \cdot \mathbf{c} \cdot sin\,\alpha = \frac{1}{2}\,\mathbf{a} \cdot \mathbf{c} \cdot sin\,\beta$

7. Hier nun einmal anscheinend etwas völlig anderes: Zwei Gläser sind mit derselben Menge Wein gefüllt, das eine mit Rotwein, das andere jedoch mit Weißwein. Ein Witzbold gibt einen Löffel voll aus dem Rotweinglas in das Glas mit Weißwein, rührt um, und gibt dann einen Löffel voll von dieser Mischung in das Rotweinglas zurück. Ist nun mehr Rotwein im Weißweinglas, oder umgekehrt, oder was?

   (Anstelle von Wein ist alternativ auch Kaffee und Milch möglich, oder was Sie mögen. Ergänzen und Zerlegen spielen bei Flächen- und Volumenbestimmung eine wichtige Rolle. Die fehlenden und ergänzten Mengen sind im vorigen Beispiel natürlich gleich!)

8. Wie groß ist die Fläche $\mathbf{F}_D$ des Drachens im Vergleich zur Rechtecksfläche $\mathbf{F}_R$?

Hinweis: Skizzieren Sie die Diagonalen des Drachens!

9. Ein Rechteck mit den Seiten $\mathbf{a}$ und $\mathbf{b}$ soll zeichnerisch in ein anderes Rechteck mit derselben Fläche umgewandelt werden. Die Seite $\mathbf{c}$ ist bereits vorgegeben, vergleichen Sie hierzu die folgende Skizze links.

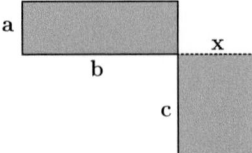 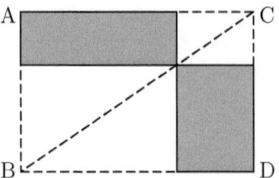

Gesucht ist also die andere Seite **x**. Erklären Sie die Lösung anhand der rechten Skizze, und wie man die Punkte B, C und D zeichnerisch erhält.

Zur Lösung beachten Sie nur: Die beiden Dreiecke ABC und BCD sind gleich groß, ebenso wie die beiden hierin enthaltenen kleineren Dreiecke!

10. Das Volumen eines Quaders (Ziegelstein) mit den Seiten a, b, c beträgt $V = a \cdot b \cdot c$. Warum lässt sich das auch schreiben in der Form $V = G \cdot h$? Skizze!

11. 18 Gramm Wasser H_2O entsprechend 1 Mol besteht aus $N_A = 6 \cdot 10^{23}$ Molekülen mit einem Gesamtvolumen von 18 cm³. Stellen wir uns also dieses Volumen in $6 \cdot 10^{23}$ winzige, gleichgroße Würfel aufgeteilt, mit je einem Wassermolekül darin! Zeigen Sie, dass die Kantenlänge **d** eines solchen Würfels und somit der Durchmesser eines Wassermoleküls rund 0,3 Nanometer beträgt.

12. Eine Lackdose enthielt 750 mL Lack, der Lack reichte für 5 m². Wie dick war die aufgebrachte Lackschicht?

13. Gold ist nicht nur seltener als Uran, sondern auch das dehnbarste und eines der schwersten Elemente! Die Dichte beträgt rund 19,3 g/cm³.
    (i) Wie groß ist ein Würfel aus Gold mit einem Gewicht von einem Kilogramm?
    (ii) Blattgold ist nur zirka 1/9000 mm dick, wie viel wiegt ein Quadratmeter Blattgold? (Ein Quadratmeter normales Schreibpapier wiegt ungefähr 80 Gramm).
    (iii) Ein Kilo Gold kann zu einem Draht von etwa 24 km Länge gezogen werden. Wie groß ist ungefähr der Durchmesser des Drahtes? Vergleichen Sie mit der Dicke eines Haares ($\approx$ 0,1 mm).

14. Zerlegen Sie einen Würfel in drei gleiche Pyramiden mit quadratischer Grundfläche! Vorlage für das Netz der Pyramiden:

15. Ein kegelförmiger Ameisenhaufen habe eine Höhe von etwa 75 cm und einen Radius der Grundfläche von 80 cm. Wie groß ist ungefähr sein Volumen (in Liter)?

16. Finden Sie möglichst viele verschiedene Pflasterungen mit einem Rechteck, das genau doppelt so lang wie breit ist.

17. Zeigen Sie, dass sich mit dem ersten Fünfeck die sechseckige Grundform in Abbildung 2.42, Mitte, zusammensetzen lässt, und mit dem zweiten Fünfeck die rosettenartige Grundform in 2.42 rechts. (Die gestrichelten Linien sind nur Hilfslinien).

   'abgeschnittene Raute': das gleichseitige Dreieck rechts wird auf halber Länge gekappt, zu einem 'halben Sechseck'.

18. Es gibt insgesamt 11 verschiedene Netze, aus denen man einen üblichen Würfel falten kann. Fünf davon sind etwas kompliziert und nachfolgend skizziert. Die restlichen sechs Möglichkeiten werden Sie sicherlich selbst finden können! Bei den gesuchten sind stets vier Quadrate hintereinander in einer Reihe angeornet, und nur oben und unten an verschiedenen Stellen die beiden 'Deckel'. Aber Vorsicht, drehen oder wenden eines Netzes ergibt natürlich kein neues – freut man sich über ein neu gefundenes Netz, so erweist es sich oft als ein altes, das man nur geeignet drehen oder wenden muss.

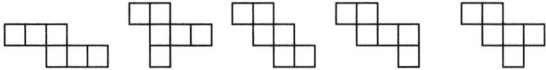

19. (i) Eine Spinne S sitzt in einem würfelförmigen Raum (Skizze links). Eine Fliege F hat sich gegenüber, möglichst weit entfernt, niedergelassen und schläft, während sich die Spinne den kürzesten Weg überlegt! Zeigen Sie, dass die Länge dieses Weges $\sqrt{5} \cdot \mathbf{a}$ beträgt! (Es gibt hierfür sogar 6 mögliche Wege).

(ii) Zimmer sind eigentlich eher quaderförmig, wie rechts daneben. Bestimmen Sie die skizzierten Weglängen: Für verschiedene Wege sind verschiedene Netze hilfreich (die Netze sind nicht vollständig gezeichnet). Vorgegebene Positionen einzuzeichnen, oder gar Bewegungen, ist nicht einfach! Hilfreich ist eine Kennzeichnung (Färbung, Nummerierung) entsprechender Felder in der räumlichen und in der Netzdarstellung:

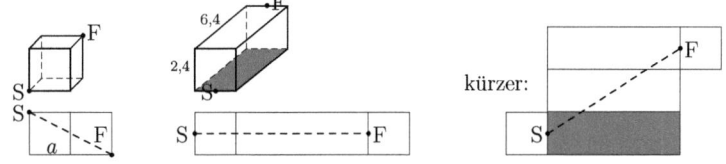

20. Konstruieren und bauen Sie platonische und andere Körper, um sie zu 'begreifen'! Hier als Vorlage die Netze der fünf platonischen Körper, zum Vergrößern, Kopieren, Abzeichnen:

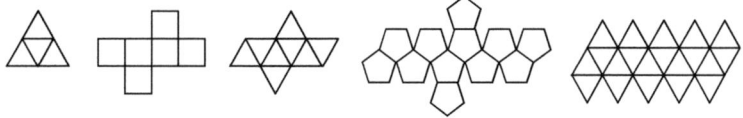

Ritzen Sie die Kanten mit der Schere oder einem Messer vorsichtig ein, um besser falten zu können. Vielleicht ergänzen Sie die Netze mit den erforderlichen Klebefalzen an den Kanten. Es ist gar nicht so leicht zu erkennen, welche Kanten zusammentreffen, denn pro Paar benötigt man nur einen Klebestreifen!

21. Bestimmen Sie die Anzahl der Ecken von Tetraeder, Hexaeder, Oktaeder, Dodekaeder und Ikosaeder mit Hilfe der Eulerschen Polyederformel. Und wie viele Kanten und Ecken hat das Fußballmolekül, also das abgestumpfte Ikosaeder aus 12 Fünfecken und 20 Sechsecken?

22. Zeigen Sie: Die Höhe im regulären Tetraeder der Seitenlänge $\mathbf{a}$ beträgt $\mathbf{h} = \sqrt{\frac{2}{3}} \cdot \mathbf{a}$, und das Volumen $\mathbf{V} = \frac{\sqrt{2}}{12} \cdot \mathbf{a}^3$. (Hinweis: Die Höhe im gleichseitigen Dreieck, Seitenlänge $\mathbf{a}$, beträgt $\sqrt{\frac{3}{4}} \cdot \mathbf{a}$, die Höhen = Seitenhalbierenden schneiden sich im Verhältnis $2:1$.)

23. Zu den platonischen Körpern: Die Mittelpunkte der 4 Flächen beim Tetraeder ergeben 4 Ecken eines kleineren, inliegenden Tetraeders! Die Mittelpunkte der 12 Flächen eines Dodekaeders bilden die 12 Ecken eines inliegenden Ikosaeders. Und die 20 Mittelpunkte beim Ikosaeder ergeben die 20 Ecken eines Dodekaeders! (Skizze 2.45 auf Seite 116). Und welcher Zusammenhang lässt sich zwischen Hexaeder und Oktaeder vermuten?

24. Die folgende Skizze zeigt links das Netz eines 5–eckigen 'regulären Prismas'. Boden und Deckel sind in diesem Falle reguläre 5-Ecke. Offensichtlich gibt es beliebig viele solcher regulärer Prismen. Eines davon gehört zu den fünf platonischen Körpern, welches? Die Skizze zeigt rechts ein 5–eckiges 'reguläres Antiprisma'. Wie sehen weitere aus? Welches dieser regulären Antiprismen gehört zu den platonischen Körpern?

25. Die folgende Skizze zeigt sowohl links als auch rechts eine Parkettierung der Ebene aus regulären Dreiecken und Sechsecken. Bei der linken Parkettierung handelt es sich um eine archimedische Parkettierung, warum nicht bei der rechten?

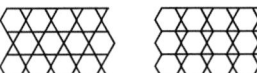
Untersuchen Sie die Reihenfolge der zusammentreffenden Flächen in den Ecken.

26. Erstaunlich sind die Schnittflächen, wenn Sie einen normalen Würfel oder eine Würfelpackung wie mit einem Messer geradlinig durchschneiden. Hierbei können sogar regelmäßige Sechsecke entstehen, senkrecht zu einer Raumdiagonalen, vgl. Skizze rechts! Parallel dazu liegt das regelmäßige Dreieck, das sich noch vergrößern ließe, vgl. links. (i) Warum ist kein Siebeneck möglich, und warum ein Fünfeck, aber kein regelmäßiges? (Beachten Sie, dass ein regelmäßiges Fünfeck keine zueinander parallelen Seiten besitzt).

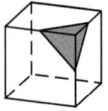 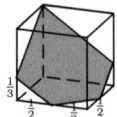 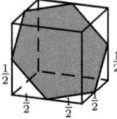

(ii) Wenn Sie bei einer *regulären Würfelpackung* den Schnitt so ansetzen wie in der Skizze rechts, erhalten Sie eine Parkettierung aus regelmäßigen Sechs- *und* Dreiecken, wie in der vorigen Aufgabe in kleinerem Maßstab skizziert; bleibt aber immer noch die Frage: ist es die linke oder die rechte Parkettierung von Aufg. 25 ?

27. In der folgenden Skizze sehen Sie in einer würfelförmigen Umzugskiste eine Tischplatte. Beachten Sie: die beiden gestrichelt dargestellten Seiten befinden sich im Innenraum, berühren also nicht die Seitenflächen des Würfels, wie es oben und unten der Fall ist.

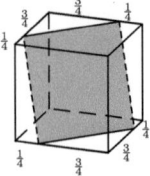
Rechnen Sie nach:
Es handelt sich um ein Quadrat,
mit Seitenlänge echt größer Eins!

Außerdem bemerkenswert: Es ist das größtmögliche Quadrat, was sich in diesem Würfel unterbringen lässt – und durch ein quadratisches Loch dieser Art könnten Sie einen zweiten Würfel, sogar noch etwas größer als der Ausgangswürfel, hindurchschieben!

28. Auch die folgende Aufgabe ist einfach verblüffend, und zugleich verblüffend einfach: Kann ein Schnitt durch ein reguläres Tetraeder als Schnittfläche ein Quadrat ergeben? Ein Hinweis: Das Tetraeder zerfällt durch diesen Schnitt in zwei kongruente Teilkörper!

Als weiterer Hinweis sind die Netze dieser beiden Hälften skizziert. Vielleicht fügen Sie Klebefalze hinzu und bauen die beiden Hälften zusammen, es lohnt sich – aufgrund einer optischen Täuschung wirken die Quadrate wie Rechtecke, ein Zusammenfügen der beiden Teile zu einem Tetraeder scheint gar nicht möglich!

   Seitenlängen 1 und 2,
Winkel 60°, 90°, 120°.

29. Wenn Sie die sechs Ecken eines Oktaeders so abschneiden, dass alle Kanten gleich lang werden, so nennt man diesen archimedischen Körper ein 'abgestumpftes Oktaeder'. Wo sind die entstandenen Schnittflächen in dem hier skizzierten Netz?

 Versuchen Sie, einen solchen
archimedischen Körper zu bauen.

Mit diesen Körpern kann man lückenlos den gesamten Raum ausfüllen (parkettieren)! Dies ist auch möglich mit einer Kombination von abgestumpften Oktaedern, Würfeln und Oktaedern im Verhältnis 1 : 3 : 1, oder aber nur durch Kombination von Tetraedern und Oktaedern (von denen keine von beiden alleine den Raum füllen).

30. Versuchen Sie ein Netz des 'abgestumpften Tetraeders' zu skizzieren! Aus welchen Flächen besteht das Netz, von welchen Flächen sind die Schnittflächen umgeben?

31. Das folgende konvexe Polyeder ist aus regelmäßigen Vielecken aufgebaut, erfüllt aber nicht die von archimedischen Körpern geforderte 'Uniformität der Ecken'. Solche Polyeder nennt man Johnson–Körper, von denen es 92 verschiedene Typen gibt, hier zum

  Beispiel: der 'verdrehte Doppelkeil', auch 'Gyrobifastigium'
genannt. Auch mit diesem lässt sich der Raum parkettieren.

32. Warum ist das 'Rhombendodekaeder' weder ein platonischer noch ein archimedischer Körper? Bauen Sie ein solches Dodekaeder, das in diesem Falle aus 12 'Rhomben' besteht, (ein gleichseitiges Parallelogramm nennt man kurz 'Rhombus' oder 'Raute'). Auch hiermit lässt sich der Raum parkettieren.

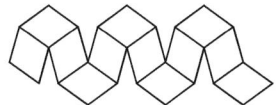 Länge der kleinen zur großen
Diagonale der Rauten wie $1 : \sqrt{2}$.
Die Winkel betragen 70,53° und 109,47°.

33. Der Schritt zum Kunstunterricht ist nicht weit. Flächenfüllende Motive zum Beispiel für Tapeten oder Geschenkpapier gibt es zwar beliebig viele, doch ist schon lange bekannt, dass es genau 28 verschiedenene *Konstruktionsverfahren* hierfür gibt. Diese wurden auch alle in den Bildern des holländischen Grafikers M.C. Escher verwendet.

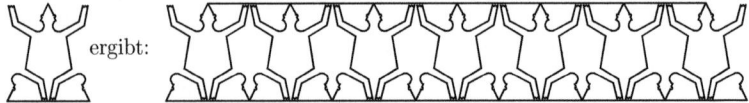

Zeichnen Sie zum Beispiel irgendein Dreieck mit den Eckpunkten P, Q, R. Sei M_1 der Mittelpunkt der Strecke $\overline{QR}$. Zeichnen Sie nun eine Verbindungslinie von M_1 nach R, und *punktsymmetrisch* dazu von M_1 nach Q. Das gleiche Spiel mit $\overline{PR}$ und $\overline{PQ}$. Dann können Sie mit diesem Muster die ganze Ebene ausfüllen! Beginnen Sie mit einfachen Beispielen. Auch die hier skizzierte 'Eidechse' ist noch sehr speziell gewählt.

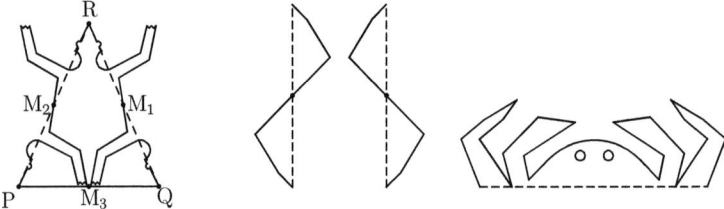

Für die folgenden 'Krabben' benötigen Sie auch nur drei 'Bauteile', siehe Mitte und rechts. Die beiden Seitenteile sind punktsymmetrisch wie gehabt. Die obere Seite ist nur irgendeine Verbindungslinie, die sich unten einfach *wiederholt* (hier mit Augen)! Das entstehende Muster passt aufgrund der Wiederholung untereinander, und nach Drehen um 180° nebeneinander, wegen der Punktsymmetrie der Seiten!

2 d) Eine runde Sache – Kreis und Kugel

Kreis und Winkel

Gleichdicks Was ist das Besondere an einem Kreis – dass er rundherum gleich dick ist, meinen Sie? Stimmt aber nicht, denn es gibt genügend andere Figuren mit dieser Eigenschaft! Die folgende Skizze zeigt links neben einem Kreis ein „Reuleaux–Dreieck", benannt nach dem Mathematiker und Feinmechaniker Franz Reuleaux. Kreis und 'Dreieck' sind gleich dick:

(**2.48**)

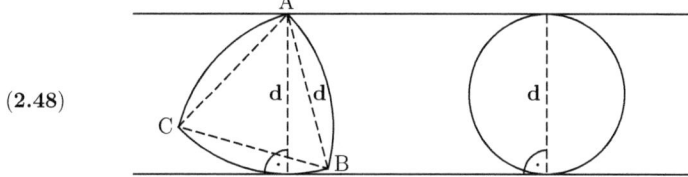

Die Ecken eines Reuleaux–Dreiecks bilden ein gleichseitiges Dreieck, und von B nach C führt der Kreisbogen um A, mit der Seitenlänge **d** als Radius. Analog die beiden anderen Bögen. Legen Sie ein Brett auf solche Rollen, so bewegt es sich mit konstantem Abstand **d** über dem Boden, genau wie bei Rollen mit kreisförmigem Querschnitt und Durchmesser **d**!

Es gibt sogar unendlich viele verschiedene Rollen dieser Art, auch ohne Spitzen, und andersartig gerundet. Von allen Gleichdicks besitzt aber das Reuleaux–Dreieck die kleinste Fläche, der Kreis hingegen die größte. Doch eines haben alle gemeinsam:

*Der Umfang eines Gleichdicks mit der Dicke **d** beträgt stets $\pi \cdot$ **d**.*   (Minkowski/Barbier)

Speziell für den Kreis war das natürlich schon lange bekannt: Der Umfang ist proportional zum Durchmesser, die Proportionalitätskonstante wird mit π bezeichnet! Diese faszinierende Zahl lässt sich nur näherungsweise, aber beliebig genau bestimmen, zum Beispiel mit Hilfe von um- und einbeschriebenen Vielecken (ähnlich wie in der folgenden Skizze, links).

Der Kreis Nur hier gibt es einen Punkt, von dem alle Randpunkte den gleichen Abstand haben, nämlich $\frac{d}{2} =$ **r**. Es ist natürlich der Mittelpunkt des Kreises, und **r** der Radius. Genau das führte zur Erfindung des Rades! Ein Reuleaux–Dreieck bietet keinen entsprechenden Punkt für die Platzierung einer Achse. Der Mittelpunkt des rollenden Dreiecks bewegt sich nämlich auf und ab! Das Reuleaux–Dreieck ist aber ein Bauteil des Wankel-Kreiskolbenmotors, der Verbrennungsenergie ohne Hub- direkt in Drehbewegung umwandelt.

(**2.49**)

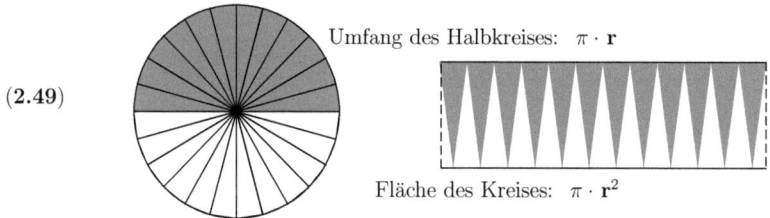

Umfang des Halbkreises: $\pi \cdot$ **r**

Fläche des Kreises: $\pi \cdot$ **r**^{2}

Wir nutzen die Besonderheit des Kreises zur Bestimmung seiner Fläche: Die in der Skizze links eingezeichneten Dreiecke sind alle gleich groß, und ihre Schenkellänge gleich dem Radius. Die Gesamtfläche aller Dreiecke wird mit wachsender Anzahl zur Kreisfläche.

Gemäß der Skizze rechts lassen sich nun die oberen und unteren Dreiecke zu einem Rechteck zusammensetzen. Die *Länge* dieses Rechtecks geht mit wachsender Anzahl der Dreiecke gegen den Umfang $\pi \cdot \mathbf{r}$ des Halbkreises. Die *Höhe* des Rechtecks geht gegen den Radius $\mathbf{r}$. Im Grenzfall ist die Kreisfläche gleich der Rechtecksfläche, also gleich $(\pi \cdot \mathbf{r}) \cdot \mathbf{r} = \pi \cdot \mathbf{r}^2$.

Winkelmessung

Winkel im Bogenmaß Ein Winkel ist doch meistens spitz, werden Sie denken, und zum Messen benutzt man den Winkelmesser. Aber genau genommen steckt dahinter der Kreis!

In der folgenden Skizze umrundet das Raumschiff Enterprise das unbekannte Objekt O auf einer Kreisbahn mit Radius $\mathbf{r}$ und hat soeben den Kreisbogen der Länge l zurückgelegt. Der Bahnradius $\mathbf{R}$ von Raumschiff Surprise ist doppelt so groß, aber es kann mithalten, da seine Geschwindigkeit und folglich der Kreisbogen $\mathbf{L}$ doppelt so groß ist. Die *Winkel* sind *gleich* groß, weil der Quotient aus Bogenlänge durch Radius in beiden Fällen gleich groß ist! Und genau so wird auch im internationalen Maßsystem (SI) die Größe eines ebenen Winkels α definiert, nämlich als das Verhältnis von Bogenlänge zu Radius. Das macht Sinn, weil Bogenlänge und Radius *proportional* sind. Der Quotient aus Bogenlänge und Radius ist daher unabhängig vom gewählten Radius:

(2.50)

$$\alpha = \frac{\mathbf{L}}{\mathbf{R}} = \frac{l}{\mathbf{r}} \quad \text{also auch:}$$

$$\mathbf{L} = \alpha \cdot \mathbf{R} \quad \text{und} \quad l = \alpha \cdot \mathbf{r}$$

Im Falle des Einheitskreises ist der Radius gleich Eins: der Winkel α lässt sich daher auch anschaulich als entsprechende 'Bogenlänge auf dem Einheitskreis' interpretieren!

Fliegen die Raumschiffe in der Zeichenebene in umgekehrter Richtung, also im Uhrzeigersinn, so erhält der Quotient ein negatives Vorzeichen, der entsprechende Winkel ist negativ.

Für Raumschiff Surprise beträgt $\mathbf{L} = 200\,\mathrm{km}$ und $\mathbf{R} = 382\,\mathrm{km}$. Wir errechnen den Winkel

$$\alpha = \frac{200\,\mathrm{km}}{382\,\mathrm{km}} = 0,524.$$

Der Winkel ist also eine abgeleitete Größe wie Fläche oder Geschwindigkeit. Wir erhalten als Einheit: $[\alpha] = [\mathbf{L}]/[\mathbf{R}] = \mathrm{m/m} = 1$ (dimensionslos). Das ist zunächst gewöhnungsbedürftig! Für das „leere" Einheitenprodukt $\mathrm{m/m} = 1$ darf aber als abkürzendes Zeichen „rad" für Radiant benutzt werden, doch ohne SI-Vorsilben und deren Abkürzungen. Hiermit lassen sich Winkel kennzeichnen, in vorigem Beispiel handelt es sich also um 0,524 rad (Bogenmaß). Die Bogenlänge des Halbkreises beträgt $\mathbf{L} = \pi \cdot \mathbf{R}$. Für einen gestreckten Winkel ist daher $\alpha = \frac{\pi \cdot \mathbf{R}}{\mathbf{R}} = \pi$. Für einen rechten Winkel entsprechend nur die Hälfte, also hier $\alpha = \frac{\pi}{2}$ (siehe nächste Skizze). In Dezimalzahlen ausgedrückt wäre $\alpha = 3,142$ (π) bzw. $\alpha = 1,571$ ($\frac{\pi}{2}$).

Es gibt keinen Grund, die Winkelmessung nach einer vollen Umrundung einzustellen, oder von vorne anzufangen: Nach $\alpha = 3\pi$ zum Beispiel befindet sich das Raumschiff zwar an gleicher Position wie nach $\alpha = \pi$, aber der zurückgelegte Weg ist schließlich dreimal so groß! Im Falle $\alpha = 3\pi$ beträgt der Weg natürlich $\mathbf{L} = 3\pi \cdot \mathbf{R}$, oder allgemein: $\mathbf{L} = \alpha \cdot \mathbf{R}$.

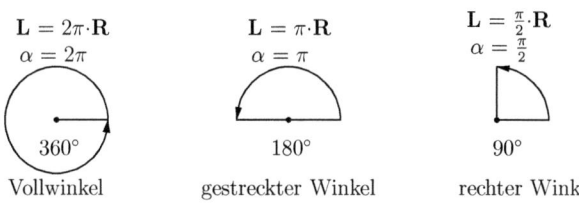

$$L = 2\pi \cdot R \qquad\qquad L = \pi \cdot R \qquad\qquad L = \tfrac{\pi}{2} \cdot R$$
$$\alpha = 2\pi \qquad\qquad\qquad \alpha = \pi \qquad\qquad\quad \alpha = \tfrac{\pi}{2}$$

360°	180°	90°
Vollwinkel	gestreckter Winkel	rechter Winkel

Altgrad und Neugrad Für den 180-ten Teil des Winkels π benutzt man als *abkürzende Schreibweise* 1°, kurz: $1° = \frac{\pi}{180}$. Diesen Winkel nennt man ein „Altgrad", kurz ein „Grad"!

Hierzu ein Beispiel aus dem alten Ägypten:
Angenommen, der Winkel A0K in folgender Zeichnung beträgt $\alpha = 7°$, und die Länge des Bogens zwischen den Punkten A und K sei 780 km. Wie groß ist dann der Radius **R**?

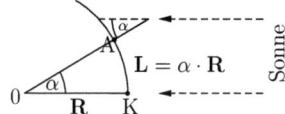

$$L = \alpha \cdot R$$

$$L = \alpha \cdot R: \qquad 780\,\text{km} = 7° \cdot R = 7 \cdot \frac{\pi}{180} \cdot R, \qquad \text{also } R = \frac{780\,\text{km}}{7} \cdot \frac{180}{\pi} = 6380\,\text{km}.$$

Auf dieselbe Weise bestimmte der Grieche Eratosthenes, damals Direktor der berühmten Bibliothek in Alexandria, den Erdradius. Er wusste, an welchem Tag um 12 Uhr die Sonne in Kom Ombo (bei Assuan) genau senkrecht stand. Er maß zum gleichen Zeitpunkt den Winkel α, mit dem Schatten eines hohen Obelisk in Alexandria A. Fehlerbehaftet war hierbei natürlich die Bestimmung der Entfernung, des Winkels, der Zahl π und der Uhrzeit, so dass sein Ergebnis von 7055 km noch erstaunlich gut war. Nun weiter mit der Abkürzung $1° = \frac{\pi}{180}$:

Multiplikation mit 180 liefert $\pi = 180°$, anschließende Division durch π ergibt $1 = 180°/\pi$:

(2.51)   (i) $1° = \dfrac{\pi}{180}$,   (ii) $\pi = 180°$,   (iii) $1 = \dfrac{180°}{\pi}$.

Diese Beziehungen sind natürlich alle äquivalent, aber je nach Aufgabenstellung wird man eine davon bevorzugen:

(i) Wie groß ist ein Winkel von 30°, also ausgedrückt mit Radiant?
Multiplikation der ersten Beziehung mit 30 liefert sofort:
$$30° = 30 \cdot \frac{\pi}{180} = 0{,}524.$$

(ii) Wie groß ist der Winkel $\frac{\pi}{6}$, ausgedrückt mit Grad?
Wir dividieren die zweite Beziehung durch 6 und erhalten:
$$\frac{\pi}{6} = \frac{180°}{6} = 30°.$$

(iii) Wie groß ist der Winkel 0,542, ausgedrückt mit Grad?
Multiplikation der dritten Beziehung mit 0,524 liefert sofort:
$$0{,}524 = 0{,}524 \cdot \frac{180°}{\pi} = 30°.$$

In der Vermessungstechnik sind Neugrad (Gon) gebräuchlich. Hier bedeutet analog $1^g = \frac{\pi}{200}$ die Aufteilung eines gestreckten Winkels in 200 Teile, oder eines rechten Winkels in 100.

Demnach gilt $\pi = 200^g$ und $1 = \frac{200^g}{\pi}$. Daraus folgt zum Beispiel

$$0{,}524 = 0{,}524 \cdot \frac{200^g}{\pi} = 33{,}4^g.$$

Die Ausgabe eines Winkels α geschieht nun je nach Einstellung des Rechners in Radiant (rad), Altgrad (deg) oder Neugrad (gra)! Probieren Sie es aus:

Gilt zum Beispiel für einen gesuchten Dreieckswinkel α die Beziehung $cos\,\alpha = 0{,}866$, so können Sie die Lösung ja sofort ausrechnen, nämlich $\alpha = cos^{-1}0{,}866$. Ist nun der Rechner auf Radiant eingestellt, erhalten Sie als Ausgabe 0,524. Bei Einstellung auf Altgrad erhalten Sie den Wert 30, und bei Neugrad 33,4 (alle Werte gerundet!). Kurz zusammengefasst:

$$cos^{-1}0{,}866 = \quad \alpha = 0{,}524 \text{ (rad)} = 30° \text{ (deg)} = 33{,}4^g \text{ (gra)}.$$

Die Frage, „wann muss man Radiant und wann muss man Grad benutzen?" ist also völlig falsch gestellt! Es gibt eigentlich nur Bogenmaß, aber Sie können jeden Winkel auch als Vielfaches von $\frac{\pi}{180}$ ausdrücken (Altgrad) oder als Vielfaches von $\frac{\pi}{200}$ (Neugrad), Beispiel siehe oben: $\alpha = 0{,}524 = 30° = 33{,}4^g$. Vor der Bestimmung trigonometrischer Funktionswerte ist der Rechner entsprechend auf Radiant (rad), Grad (deg), oder Neugrad (gra) einzustellen. Der Rechner hat keine Taste für den Faktor $° = \frac{\pi}{180}$. Das ist eine lästige Fehlerquelle!

Achten Sie auf die Voreinstellung des Rechners, und ob eine geänderte Einstellung wieder verloren geht, wenn Sie eine Eingabe löschen, oder den Rechner ausschalten! Vielleicht testen Sie das einmal an folgenden Zahlenbeispielen:

$$cos\,0{,}524 \;(rad) \;=\; cos\,30°\;(deg) \;=\; cos\,33{,}4^g\;(gra) \;=\; 0{,}866\,;$$

$$sin\,\frac{\pi}{2}\;(rad) \;=\; sin\,90°\;(deg) \;=\; sin\,100^g\;(gra) \;=\; 1{,}000\,.$$

Winkelgeschwindigkeit Die Geschwindigkeit des Raumschiffes Surprise in unserem Beispiel ist zwar doppelt so groß wie beim Raumschiff Enterprise, aber beide *umrunden* das Objekt O gleich schnell, genauer gesagt *mit gleicher Winkelgeschwindigkeit*. Sie benötigen für den gleichen Winkel α die gleiche Zeit **t**, für beide ist $\frac{\alpha}{t} = \boldsymbol{\omega}$ („omega") gleich groß. Andere Bezeichnungen für Winkelgeschwindigkeiten sind Winkelfrequenz und Kreisfrequenz. Die benötigte Zeit **T** für *einen* vollen Umlauf, entsprechend 2π bzw. 360°, nennt man die Umlaufszeit. Es gilt also für die

Winkelgeschwindigkeit: $\quad \boldsymbol{\omega} = \dfrac{\alpha}{t} = \dfrac{2\pi}{T} = \dfrac{360°}{T}\,, \quad$ **T** = Umlaufszeit (Zeit für einen Umlauf).

Beispiel Wie groß ist die Winkelgeschwindigkeit der Erde?

$$\boldsymbol{\omega} = \frac{360°}{24\,\mathrm{h}} = \frac{15°}{\mathrm{h}} = \frac{15 \cdot \frac{\pi}{180}}{3600\,\mathrm{s}} = 7{,}27 \cdot 10^{-5}\,\mathrm{s}^{-1} \text{ (SI - Einheit)}.$$

Umgekehrt lässt sich wegen $T = \frac{2\pi}{\omega}$ aus der Winkelgeschwindigkeit $\boldsymbol{\omega}$ die Zeit **T** für einen Umlauf bestimmen. Und durch Multiplikation von $\boldsymbol{\omega}$ mit dem Radius des Kreises erhalten wir die (vgl. Aufg. 15, S. 141)

Geschwindigkeit auf dem Kreis: $\quad \mathbf{v} = \boldsymbol{\omega} \cdot \mathbf{R}$

Eine gleichwertige Definition der Winkelgeschwindigkeit wäre also $\boldsymbol{\omega} = \mathbf{v/R}$. Die hier eingeführten Größen spielen auch in anderen Bereichen eine Rolle, z. B. bei Schwingungsvorgängen (siehe Aufg. 20, S. 141). Bleiben wir bei unserem Beispiel:

Wie groß ist die Geschwindigkeit eines Punktes am Äquator?

Multiplikation von $\boldsymbol{\omega}$ mit dem Erdradius $\mathbf{R} = 6\,378\,\text{km}$ ergibt

$$\mathbf{v} = 7,27 \cdot 10^{-5}\,\text{s}^{-1} \cdot 6\,378\,\text{km} = 0,46\,\tfrac{\text{km}}{\text{s}}$$

Das ist schneller als die Schallgeschwindigkeit von 0,34 $\tfrac{\text{km}}{\text{s}}$. Zum Glück dreht sich die Lufthülle zusammen mit der Erde, sonst hätten wir einen Orkan von über 1 000 Stundenkilometern!

Oberfläche und Volumen der Kugel

Gib mir die Kugel Wir betrachten aber zuerst in der Skizze 2.52 links einen Zylinder mit Radius $\mathbf{r}$ und Höhe $2\,\mathbf{r}$. Aus diesem Zylinder wurden oben und unten je ein Kegel mit Radius $\mathbf{r}$ und Höhe $\mathbf{r}$ ausgeschnitten. Das verbleibende Volumen beträgt demnach

$$\mathbf{V} = \mathbf{V}_{\text{Zyl.}} - \mathbf{V}_{\text{Keg.}} \cdot 2 = (\pi\mathbf{r}^2) \cdot 2\mathbf{r} - \tfrac{1}{3}(\pi\mathbf{r}^2) \cdot \mathbf{r} \cdot 2 = \tfrac{4}{3}\pi \cdot \mathbf{r}^3$$

Das ist erstaunlicherweise gleich dem Volumen der Kugel mit Radius $\mathbf{r}$, in der Skizze rechts daneben: Vergleichen wir zunächst die beiden Schnittflächen in irgendeiner Höhe $\mathbf{h}$. Links ist es ein Kreisring mit dem äußeren Radius $\mathbf{r}$ und dem inneren Radius $\mathbf{h}$ – rechts ist es eine Kreisscheibe mit dem Radius $\mathbf{s} = \sqrt{\mathbf{r}^2 - \mathbf{h}^2}$. Folglich gilt für die Flächen:

Kreisring: $\quad \pi \cdot \mathbf{r}^2 - \pi \cdot \mathbf{h}^2 = \pi \cdot (\mathbf{r}^2 - \mathbf{h}^2)$, $\qquad$ Kreisscheibe: $\quad \pi \cdot \mathbf{s}^2 = \pi \cdot (\mathbf{r}^2 - \mathbf{h}^2)$.

Die Schnittflächen sind gleich, nach dem Prinzip von Cavalieri also auch die Volumina! ✓

Kugelvolumen: $\mathbf{V} = \tfrac{4}{3}\pi \cdot \mathbf{r}^3$ $\quad$ Kugeloberfläche: $\mathbf{F} = 4\pi \cdot \mathbf{r}^2$

(2.52)

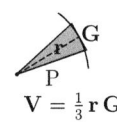

$$\mathbf{V} = \tfrac{1}{3}\mathbf{r}\,\mathbf{G}$$

Nun zur Oberfläche: Hierzu denken wir uns die Kugel in viele Pyramiden $\mathbf{P}_1$, $\mathbf{P}_2$, $\mathbf{P}_3$, ... zerlegt, besser gesagt „eingehüllt", mit entsprechend kleinen Grundflächen $\mathbf{G}_1$, $\mathbf{G}_2$, $\mathbf{G}_3$, ... und mit allen Pyramidenspitzen im Kugelmittelpunkt. In der Skizze rechts ist nur eine dieser Pyramiden angedeutet. Das Gesamtvolumen dieser Pyramiden beträgt, wegen der Höhe $\mathbf{h} = \mathbf{r}$ aller dieser Pyramiden:

$$\mathbf{V}_{\text{ges.}} = \tfrac{1}{3}\mathbf{r}\,\mathbf{G}_1 + \tfrac{1}{3}\mathbf{r}\,\mathbf{G}_2 + \tfrac{1}{3}\mathbf{r}\,\mathbf{G}_3 + \ldots = \tfrac{1}{3}\mathbf{r} \cdot (\mathbf{G}_1 + \mathbf{G}_2 + \mathbf{G}_3 + \ldots)$$

Wird nun die Zerlegung mit wachsender Anzahl der Pyramiden immer feiner, so geht die Summe der Grundflächen gegen die Kugeloberfläche $\mathbf{F}$, und das Gesamtvolumen $\mathbf{V}_{\text{ges.}}$ gegen das Kugelvolumen. Im Grenzfall ergibt sich demnach $\tfrac{4}{3}\pi\mathbf{r}^3 = \tfrac{1}{3}\mathbf{r} \cdot \mathbf{F}$, folglich $\mathbf{F} = 4\pi\,\mathbf{r}^2$, ✓

Kreis– und Kugelpackungen

Störe meine Kreise nicht Mit Kreisscheiben lässt sich die Ebene nur lückenhaft überdecken. Die folgende Skizze zeigt links einen Ausschnitt aus einer quadratischen Anordnung. Wir denken sie uns, wie bei den Parkettierungen, beliebig fortgesetzt! Für die Seitenlänge der angedeuteten Quadrate gilt $\mathbf{a} = 2\mathbf{r}$. Eine Quadratfläche beträgt also $4 \cdot \mathbf{r}^2$, wovon die Kreisscheibe nur $\pi \cdot \mathbf{r}^2$ überdeckt, also einen Anteil von $(\pi \cdot \mathbf{r}^2)/(4 \cdot \mathbf{r}^2)$. Wir erhalten als

'Dichte': $\qquad\qquad \delta = \dfrac{\pi \cdot \mathbf{r}^2}{4 \cdot \mathbf{r}^2} = \dfrac{\pi}{4} \approx 78,5\,\%$

Der Versuch, eine möglichst *dichte* Packung zu erzielen, führt intuitiv zu einer hexagonalen

(2.53)   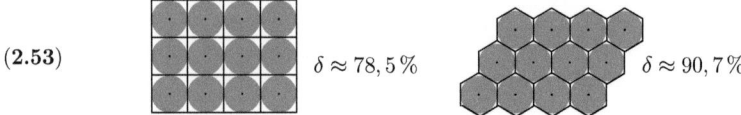 $\delta \approx 78,5\,\%$ $\delta \approx 90,7\,\%$

Anordnung, rechts im Bild. Ein Sechseck besteht aus 6 gleichseitigen Dreiecken der Höhe **r** und Seitenlänge $\mathbf{a} = \frac{2}{\sqrt{3}} \cdot \mathbf{r}$. Das ergibt eine Sechseckfläche von $6 \cdot \frac{1}{\sqrt{3}} \mathbf{r}^2 = \frac{\sqrt{36}}{\sqrt{3}} \mathbf{r}^2 = \sqrt{12} \cdot \mathbf{r}^2$. Wir erreichen in diesem Fall eine noch bessere *Dichte* von

$$\delta = \frac{\pi \cdot \mathbf{r}^2}{\sqrt{12} \cdot \mathbf{r}^2} = \frac{\pi}{\sqrt{12}} \approx 90,7\,\%$$

In beiden Fällen bilden hier die Mittelpunkte der Kreise die Schnittpunkte eines regelmäßigen Gitters, man spricht daher von Gitterpackungen der Kreisscheiben. Bereits 1773 bewies der französische Mathematiker Legendre, dass eine Gitterpackung eine Dichte von höchstens $\frac{\pi}{\sqrt{12}}$ besitzt, und dieser Wert nur mit hexagonaler Packung erreicht wird.

Dürfen die Mittelpunkte der Kreise auch völlig unregelmäßig angeordnet sein, versagen die bisher benutzten Konzepte, und selbst die allgemeine Definition der Dichte ist nicht mehr ganz so einfach. Erst im Jahre 1910 veröffentlichte der norwegische Mathematiker Thue einen Beweis, der jedoch noch eine Lücke enthielt. Diese wurde 1940 unabhängig von Tóth und von Mahler und Segre geschlossen, so dass wir endlich ganz sicher wissen:

2.54 Satz *Die Dichte einer beliebigen Packung von Kreisscheiben in der Ebene ist nie größer als* $\delta = \frac{\pi}{\sqrt{12}}$, *und dieser Wert wird durch hexagonale Gitterpackungen erreicht.*

Granatapfelkerne und Kanonenkugeln Bei Kugelpackungen könnten wir genauso vorgehen wie bei Kreispackungen. Beispielsweise lässt sich je eine Kugel in einen Würfel packen und mit solchen Würfeln der gesamte Raum ausfüllen. Als Packungsdichte erhält man hier den Quotienten aus Kugelvolumen $\frac{4}{3}\pi \mathbf{r}^3$ und Würfelvolumen $(2\mathbf{r})^3$, was den Wert $\frac{\pi}{6}$ ergibt, also nur etwa 52,4 %. Eine Kugel lässt sich aber noch platzsparender in ein Rhombendodekaeder der Aufgabe 32 (Seite 125) packen, und auch mit diesen ließe sich der Raum lückenlos füllen. Hiermit würden wir immerhin eine Dichte von $\delta = \frac{\pi}{\sqrt{18}} \approx 74\,\%$ erreichen! Das Ganze ist aber weder anschaulich noch rechnerisch besonders einfach.

Eine leicht verständliche Vermutung gibt es nämlich schon lange. Interpretieren wir hierzu die Skizze 2.55, rechts, als Bild einer hexagonalen *Kugel*schicht in der Ebene. In die 'Lücken'

(2.55)   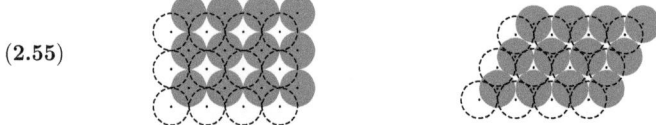

oder 'Mulden' zwischen den Kugeln lässt sich eine zweite Kugelschicht legen, wie in der Skizze angedeutet, hierauf eine dritte, usw. Ein Obsthändler wird seine Ware auf dem Verkaufstisch wohl eher quadratisch anordnen, wie links in Skizze 2.55 dargestellt. Auch hier sind Mulden, in die er eine zweite Schicht legen kann. Die Kugeln der dritten Schicht liegen genau über den Kugeln der ersten Schicht, die der vierten genau über der zweiten, und abwechselnd so weiter. Welche der beiden Packungsvarianten links bzw. rechts hat die größere Dichte? Das Ergebnis ist etwas überraschend, denn die linke Anordnung ist flächenmäßig im Nachteil. Wir werden zeigen, dass man in *beiden* Fällen eine Dichte von $\delta = \frac{\pi}{\sqrt{18}} \approx 74\%$ erreicht!

Der Mathematiker und Astronom Johannes Kepler vermutete, dass es nicht besser geht! Er hat das bei Betrachtungen über die dichte Anordnung der Samenkörner beim Granatapfel diskutiert, in einer Abhandlung über Formen und Muster der Natur mit dem schönen Titel: „Vom sechseckigen Schnee" (De Nive Sexangula, 1611). Diese Vermutung interessierte seinerzeit auch wegen der möglichst raumsparenden Lagerung von Kanonenkugeln – heutzutage ist es z. B. die regelmäßige Anordnung von Atomen im kristallinen Aufbau. Der Beweis seiner Vermutung beschäftigt die Mathematiker bis heute! Die übrigen Wissenschaftler gehen davon aus, dass die Natur eine noch dichtere Anordnung schon längst genutzt hätte. Aber bitte, vielleicht haben wir sie noch gar nicht entdeckt? Die Chancen dafür stehen allerdings schlecht, denn 1831 bewies C.F. Gauß, dass eine Gitterpackung von Kugeln eine Dichte von höchstens $\frac{\pi}{\sqrt{18}}$ erreichen kann. Für Packungen allgemeiner Art bewies das T.C. Hales 1998. Eine Meisterleistung und ein mathematischer Kraftakt! Die Verifikation vieler Teile des Beweises gelang nämlich nur mit massivem Computereinsatz. Mathematiker akzeptieren solche Ergebnisse nur ungern, die sie nicht Schritt für Schritt selbst nachprüfen können. Wissen Sie, dass die erste Version des Pentium–Prozessors im Jahre 1994 fehlerhaft war? Zum Beispiel ergab die Division von 4 195 835 durch 3 145 727 das (falsche) Ergebnis 1,333 739 07. Und die Firma Microsoft musste 2007 zugeben, dass damals ihre Tabellenkalkulation Excel schon bei ganz einfachen Multiplikationen falsche Ergebnisse anzeigte: Beispielsweise anstelle von $850 \cdot 77{,}1 = 65\,535$ das Ergebnis $100\,000$. Das war nun wirklich 'richtig falsch'!

Dichtebestimmung von kubisch und hexagonal dichtester Packung Studieren wir doch einmal die ganz regelmäßigen Anordnungen von Atomen in Kristallen. Zur besseren Übersicht sind die Kugeln in solchen Skizzen wie (2.56 i) stark verkleinert und zeigen eigentlich nur, welche Stellen besetzt sind. Wir müssen uns also die kleinen Kugeln in Wirklichkeit so weit gleichmäßig aufgeblasen vorstellen, bis sie sich irgendwo berühren – sie sollen sich ja nicht durchdringen! Folglich besteht die erste Aufgabe darin, die *kürzeste* Verbindung zwischen den mit Kugeln besetzten Punkten, also den Kugelmittelpunkten, zu bestimmen. Die Hälfte dieses Abstands ist dann der größtmögliche Radius: ●—r—∧—r—●

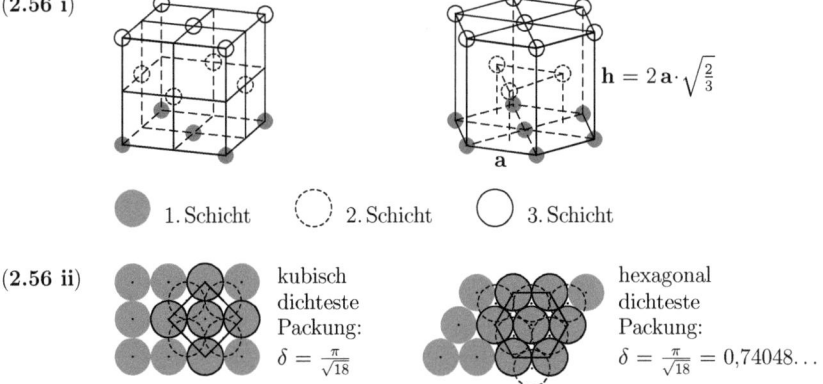

(2.56 i)

$$h = 2\,a \cdot \sqrt{\tfrac{2}{3}}$$

a

● 1. Schicht ◌ 2. Schicht ○ 3. Schicht

(2.56 ii)

kubisch dichteste Packung: $\delta = \frac{\pi}{\sqrt{18}}$

hexagonal dichteste Packung: $\delta = \frac{\pi}{\sqrt{18}} = 0{,}74048\dots$

Beginnen wir mit der 'kubisch–flächenzentrierten' Elementarzelle links in Skizze (2.56 i). Sie sieht aus wie ein normaler Würfel, der aber auf allen Seiten die Augenzahl 5 anzeigt! Nennen wir die gesamte Kantenlänge **a**. Das ist natürlich auch der Abstand benachbarter Eckpunkte des großen Würfels (die Hilfslinien in der Mitte zeigen nur die Flächenzentrierung). Die Länge der Diagonalen eines Quadrats beträgt $\sqrt{2} \cdot \mathbf{a} > \mathbf{a}$, der Abstand von einer Ecke bis zur Mitte der Diagonalen natürlich nur $\frac{1}{2}\sqrt{2} \cdot \mathbf{a} \approx 0,707\,\mathbf{a} < \mathbf{a}$. Auch der Abstand zweier Punkte in den Flächenmitten ist nicht kleiner. Der gesuchte Kugelradius beträgt also $\mathbf{r} = \frac{1}{4}\sqrt{2} \cdot \mathbf{a}$.

Nun ist der Kristall aus lauter solchen Elementarzellen zusammengesetzt, und wo bereits eine Kugel ist, kann natürlich keine weitere sein. Die Kugeln gehören also teilweise zu benachbarten Zellen, auch wenn sie bei einer Elementarzelle vollständig gezeichnet werden: Die Kugeln in den Flächenmitten gehören immer zu *zwei* Elementarzellen, es liegt stets nur eine Kugel*hälfte* in der Elementarzelle. Bei Kugeln an einer Ecke ist es sogar nur 1/8 der Kugel, die in der Elementarzelle liegt! Vergleichen Sie folgende Skizze:

 Eine Kugel am Eckpunkt eines Würfels gehört gleichzeitig zu 8 Würfeln: 4 Würfel in einer Ebene, und 4 Würfel darüber (oder darunter, je nach Lage).

Zählen wir endlich zusammen: 8 Kugeln je zu 1/8 an den Eckpunkten, und 6 Kugeln zu je 1/2 in der Mitte der sechs Würfelflächen – das sind insgesamt 4 volle Kugeln in einer Zelle. Ein Kugelvolumen beträgt $\frac{4}{3}\pi\mathbf{r}^3$, und das ergibt für 4 volle Kugeln mit Radius $\mathbf{r} = \frac{1}{4}\sqrt{2} \cdot \mathbf{a}$:

Kugelvolumen: $\quad 4 \cdot \frac{4}{3}\pi(\frac{1}{4}\sqrt{2} \cdot \mathbf{a})^3 = \dfrac{\pi}{\sqrt{18}} \cdot \mathbf{a}^3$, $\quad$ Würfelvolumen: $\mathbf{a}^3$, $\quad$ Dichte: $\delta = \dfrac{\pi}{\sqrt{18}}$. $\checkmark$

Skizze (2.56 ii) zeigt links den Würfel noch einmal in Aufsicht senkrecht von oben. Sie erkennen hoffentlich: Der Obsthändler stapelt seine Ware tatsächlich kubisch-flächenzentriert! Auch die Atome von Platin, Gold, Silber, Blei, Kupfer und Aluminium sind so angeordnet.

Bei der hexagonalen Elementarzelle rechts in Skizze (2.56 i) liegt jede Kugel der mittleren Schicht über einem gleichseitigen Dreieck der unteren Schicht. Die entsprechenden Kugelmittelpunkte bilden ein regelmäßiges Tetraeder. Wir bezeichnen die Kantenlänge mit **a**. Analog ergeben sich solche Tetraeder auch mit den gleichseitigen Dreiecken der obersten Schicht. Der kleinste Abstand zweier Kugelmittelpunkte beträgt somit **a**, der größtmögliche Kugelradius $\mathbf{r} = \frac{1}{2}\mathbf{a}$. Die Höhe **h** der Elementarzelle ist gleich der Höhe zweier Tetraeder. Da die Grundfläche des Sechseckes $\mathbf{G} = 6 \cdot \frac{\mathbf{a}}{2} \cdot \frac{\sqrt{3}}{2}\mathbf{a}$ beträgt, ergibt sich als Volumen der Elementarzelle $\mathbf{V}_{\text{Hex}} = \mathbf{G} \cdot \mathbf{h} = \sqrt{18} \cdot \mathbf{a}^3$.

Eine Kugel am Eckpunkt einer hexagonalen Elementarzelle gehört zu insgesamt 6 solcher Zellen (3 in einer Ebene, und 3 darüber, bzw. darunter). Die 3 Kugeln der mittleren Schicht sind vollständig zu zählen. Wie die Skizze (2.56 ii) rechts zeigt, ragen sie zwar etwas aus der Zelle heraus, aber von den Nachbarzellen kommt das auch wieder herein!

Zählen wir also zusammen: Von der unteren Schicht 6 Kugeln zu je $\frac{1}{6}$ und 1 Kugel zu $\frac{1}{2}$, desgleichen von der oberen Schicht, und noch die 3 Kugeln in der Mitte. Macht zusammen 6 volle Kugeln, mit Radius $\mathbf{r} = \frac{\mathbf{a}}{2}$, Gesamtvolumen $\mathbf{V}_{\text{Kug}} = 6 \cdot \frac{4}{3}\pi \cdot (\frac{\mathbf{a}}{2})^3$, also $\mathbf{V}_{\text{Kug}} = \pi \cdot \mathbf{a}^3$:

$$\mathbf{V}_{\text{Kug}} = \pi \cdot \mathbf{a}^3, \qquad \mathbf{V}_{\text{Hex}} = \sqrt{18} \cdot \mathbf{a}^3, \qquad \delta_{\text{Hex}} = \frac{\pi}{\sqrt{18}} = 0,74048\ldots \qquad \checkmark$$

Zu diesem Typ von Kugelpackung gehören zum Beispiel Titan, Kobalt, und Magnesium. Recht häufig ist bei Metallen noch die kubisch innenzentrierte Packung ($\delta \approx 68\,\%$, s. Aufg. 34), zum Beispiel bei Wolfram, Chrom, Natrium und Kalium. Die meisten Metalle kristallisieren mit einer dieser drei Kugelpackungen, was ihre relativ hohe Dichte erklärt. Manche Metalle nehmen bei unterschiedlichen Bedingungen, etwa bei unterschiedlichen Temperaturen, auch unterschiedliche Kristallstrukturen an. So kann z.B. das kubisch flächenzentrierte Calcium als 'Modifikation' auch in den beiden anderen Packungstypen auftreten (sog. „Polymorphie").

Und reines Eisen ist über 911° kubisch flächenzentriert, darunter kubisch innenzentriert.

Mut zur Lücke Die Übereinstimmung der soeben bestimmten Dichten ist kein Zufall! Markieren wir nämlich die Kugeln bei der flächenzentrierten Anordnung in einer etwas

kubisch dichteste Packung:

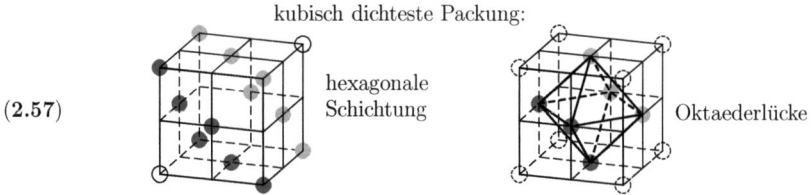

(2.57)   hexagonale
            Schichtung   Oktaederlücke

schrägen Blickrichtung, senkrecht zu einer Würfeldiagonalen, so wird die hexagonale Schichtung erkennbar! Es ist schon recht verblüffend: die *kubisch* dichteste Anordnung lässt sich auch durch Übereinanderlegen von *hexagonalen* Schichten erreichen, vgl. Skizze 2.57 links, und die mittlere Skizze zu Aufg. 26. Wodurch unterscheidet sich dann eigentlich die kubisch dichteste von der hexagonal dichtesten Packung?

Betrachten wir zunächst nur *zwei* hexagonale Schichten übereinander: Erstaunlicherweise gibt es zwei verschiedene Arten von Lücken, vergleiche folgende Skizze, links! Bei den größeren kann man hindurchsehen, es sind die 'Oktaederlücken'. Je drei Kugeln der einen Schicht bilden mit drei Kugeln der anderen Schicht ein Oktaeder, (genauer: die Kugelmittelpunkte).

Tetraeder-, Oktaederlücken   kubisch dichteste Packung   hexagonal dichteste Packung

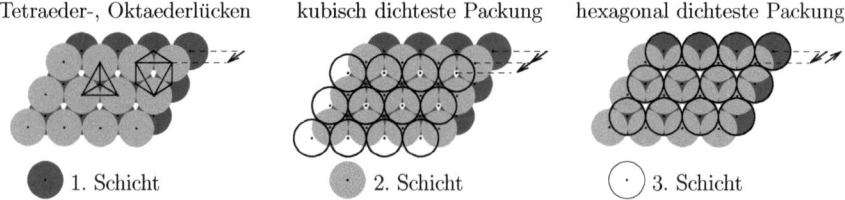

● 1. Schicht   · 2. Schicht   (·) 3. Schicht

Das sieht man wieder leichter anhand der kubisch–flächenzentrierten Elementarzelle, vgl. Skizze 2.57 rechts. Die kleineren Zwischenräume dagegen nennt man Tetraederlücken. Liegt nämlich in der Mulde dreier Kugeln eine Kugel der benachbarten Schicht, so bilden die 4 Kugelmittelpunkte ein Tetraeder. Diese beiden Lücken treten bei kubisch und bei hexagonal dichtesten Packungen natürlich immer auf, egal wie leicht sie zu erkennen sind. Versuchen Sie es auch einmal in Skizze 2.56. Betrachten wir aber nun den weiteren Aufbau der hexagonalen Schichten anhand der vorigen Skizze, Mitte:

Die 2. hexagonale Schicht kann man sich durch *Verschieben* der 1. Schicht entstanden denken! Erzeugt man nun auf gleiche Weise die 3. Schicht aus der 2. Schicht, und so weiter die nächste Schicht aus der vorangehenden, so entsteht die kubisch dichteste Packung! Die Kugeln der vierten Schicht liegen dann genau wieder über den Kugeln der ersten, man notiert diese Anordnung daher als ABC ABC .... Die Kugeln der 3. Schicht liegen übrigens alle über den Oktaederlücken. Nun zur Skizze rechts:

Bei der hexagonal dichtesten Packung geht man mit den Kugeln für die 3. Schicht praktisch wieder zurück, die Kugeln liegen hiernach bereits wieder über den Kugeln der 1. Schicht. Das ist auch gut in der Skizze 2.56 i) rechts zu erkennen. Wir erhalten die Reihenfolge AB AB ... Auf die Packungsdichte hat das keinen Einfluss! Die Kugeln der 3. Schicht liegen aber in diesem Fall über den Tetraederlücken, vergleichen Sie vorige Skizze links und rechts.

Beginnen Sie also versehentlich bei einer Oktaederlücke, so wechseln Sie automatisch zum kubischen Typ, oder Sie fangen an zu mischen. Tatsächlich gibt es auch in der Natur solche Stapelfolgen wie zum Beispiel ABAC..., und deren mögliche Fortsetzung gibt es natürlich beliebig viele! Dieses 'hin und her' ist bei der quadratischen Grundschicht des Obsthändlers nicht möglich. Er hat es bei seinen *Schichtebenen* nur mit einer Art von Mulden zu tun.

In eine Hexaederlücke passt noch eine kleinere Kugel mit Radius $(\sqrt{2}-1)\cdot\mathbf{r} = 0,414\cdot\mathbf{r}$, und bei einer Tetraederlücke $(\frac{1}{2}\sqrt{6}-1)\cdot\mathbf{r} = 0,225\cdot\mathbf{r}$. Bei vielen chemischen Verbindungen bilden die Atome eines Elements eine dichteste Kugelpackung, und die anderen, kleineren Atome befinden sich in den Lücken! Erwähnenswert noch, dass die Anzahl der Oktaederlücken gleich der Anzahl der Kugeln ist, und die Anzahl der Tetraederlücken ist sogar doppelt so groß. Zum Beispiel kann man beim Kochsalz NaCl die Natriumchlorid–Struktur als kubisch–dichteste Kugelpackung von Cl^- Ionen auffassen, also mit einer flächenzentrierten Anordnung der Cl^- Ionen; und alle Oktaederlücken dieser Kugelpackung sind mit Na^+ Ionen besetzt.

Bemerkungen und Ergänzungen

Gezielt unsauber Stellen Sie sich einmal vor, Sie mischen absichtlich ein paar Orangen unter eine Lieferung von Äpfeln, und stapeln nun diese 'verunreinigte' Mischung. Auch bei Halbleitern für die Chipfabrikation oder zur Herstellung von Leuchtdioden wird ein winziger Anteil der Atome im Kristallgefüge durch Fremdatome ersetzt. Durch diese 'Dotierung' lassen sich die Eigenschaften von Halbleitern gezielt beeinflussen. Was wären wir heutzutage ohne Rechner, Handy, usw.

Stahl – Kohlenstoff hinter Gittern Reines Eisen als Werkstoff ist relativ weich. Wirklich 'spannend' sind die Vorgänge beim Härten von Stahl, genauer gesagt bei Eisen mit einem Kohlenstoffgehalt von ca. 0,2 % bis 2 %. Das kubisch innenzentrierte Eisengitter (Skizze zu Aufg. 34, S. 143 rechts, sog. Ferrit oder α-Eisen) klappt bei Erwärmung auf 723° um: Es wird zu einem kubisch–flächenzentrierten Gitter (Skizze S. 133 (i) links, sog. Austenit oder γ-Eisen). Je nach Kohlenstoffgehalt ist dieser Vorgang oberhalb einer bestimmten Temperatur-Kennlinie vollständig abgeschlossen. Die bei der Umwandlung frei werdenden Plätze in der Würfelmitte können aber von den kleineren Kohlenstoffatomen besetzt werden (Diffusion). Bei langsamer Abkühlung diffundieren die C–Atome allmählich wieder heraus, denn das Gitter klappt ja wieder um. Durch rasches Abkühlen (Abschrecken) wird aber dieser Vorgang unterbrochen, die C–Atome in der Mitte gefangen! Es befindet sich also nun neben dem Eisenatom des Ferrits zusätzlich ein Kohlenstoffatom im Ferritgitter. Das Gitter wird stark verzerrt und das Material durch diese Verspannungen eben 'hart wie Stahl'!
Die thermischen Prozesse und Zusatzstoffe bei der Stahlfabrikation sind hochinteressant und eine Wissenschaft für sich.

Ein gerüttelt Maß Schütten Sie Kugeln oder Maiskörner in ein Gefäß, und rütteln vielleicht noch ein wenig, 'bis sich nichts mehr tut', so werden Sie vielleicht eine Packungsdichte um die 60 % erreichen, oder wie manche vermuten, $\delta \approx \frac{2}{\pi}$. Solche zufälligen Packungen spielen in der Praxis ebenfalls eine wichtige Rolle, etwa beim Transport von Schüttgut, Verpacken von Lebensmitteln, bei der Porenstruktur des Bodens (Wasser- und Luftdurchlässigkeit), bei gesinterten Materialien, u.v.a. Mathematisch ist das äußerst schwierig, und bei Materialien unterschiedlicher Form oder Größe helfen nur noch Experiment oder Computersimulation.

Der Gärtner war's Ein Kreis ist die Menge aller Punkte P der Ebene, deren Abstand von *einem* festen Punkt (dem Mittelpunkt) konstant ist. So gesehen ist eine Ellipse nur die Menge aller Punkte P, deren Entfernung von *zwei* festen Punkten insgesamt konstant ist. Anders ausgedrückt:

$\overline{M_1P} + \overline{M_2P}$ ergibt für jeden Punkt P der Ellipse den gleichen festen Wert, vgl. Skizze links:

(2.58)

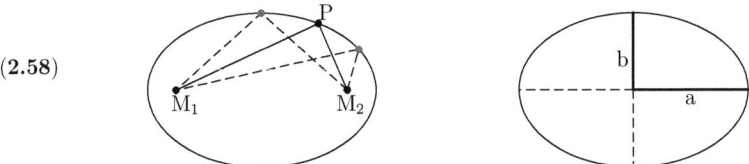

Schlagen Sie also einfach zwei Pflöcke M_1 und M_2 in den Sand oder in lockere Erde, und knoten Sie die beiden Enden eines Seils daran. Halten Sie nun das Seil mit einer Art Zeichenstift P gespannt, so können Sie mit diesem Stift ein ellipsenförmiges Beet in den Sand bzw. Gartenboden zeichnen („Gärtnerkonstruktion"). Die lange Halbachse einer Ellipse wird zumeist mit **a** bezeichnet, die kurze mit **b**, vgl. Skizze rechts. M_1 und M_2 heißen Brennpunkte. Alle von einem Brennpunkt ausgehende Strahlen treffen sich wieder im anderen Brennpunkt. Man kann zeigen, dass die Reflexion tatsächlich so verläuft wie das Gärtnerseil! Da jeder dieser Wege gleich lang ist, kommen zum Beispiel auch Schallwellen gleichzeitig wieder an, also ohne störenden Nachhall. So wurden früher in ellipsenförmigen Räumen gezielt Gespräche belauscht oder heimlich Kommunikation betrieben. Dazwischen stehende Personen konnten hiervon nichts hören, sie befanden sich nicht 'im Brennpunkt des Geschehens'. Solche Eigenschaften von Ellipsen und Parabeln werden in sog. Flüstergalerien gerne demonstriert. Vielleicht können Sie anhand der Konstruktion zeigen, dass die Seillänge 2a betragen muss. Betrachten Sie hierzu den Punkt P auf der Halbachse **a**, und die beiden Abschnitte des Seils! Die Größe von **b** lässt sich durch den Abstand der Brennpunkte verändern. Ist **e** der Abstand der Brennpunkte vom Mittelpunkt der Ellipse, so folgt $b^2 = a^2 - e^2$ (Skizze!). Je geringer der Abstand zwischen M_1 und M_2 gewählt, umso kreisförmiger wird die Ellipse. Letzlich ist ein Kreis nur eine spezielle Ellipse mit **b** = **a** = **r**. Nun zu Fläche und Umfang einer

Ellipse: $\qquad \mathbf{F} = \pi \cdot \mathbf{a} \cdot \mathbf{b} \qquad\qquad \mathbf{U} \approx \pi \cdot \left(1,5 \cdot (\mathbf{a} + \mathbf{b}) - \sqrt{\mathbf{a} \cdot \mathbf{b}} \right)$

Die Berechnung der Fläche ergibt im Falle eines Kreises natürlich $\mathbf{F} = \pi \cdot \mathbf{r}^2$. Entsprechend muss sich bei einer Formel für den Umfang U im Fall **b** = **a** = **r** der Wert $U = \pi \cdot 2\mathbf{r}$ ergeben. Die Sache hat nur einen Haken, es gibt nämlich keine elementare Formel für den Umfang! Daher ist auch die obige Formel für **U** nur eine Näherung, die aber zumindest im Falle eines Kreises wieder exakt ist.

Kegelschnitte zum Frühstück Schneiden Sie einen Zweig oder zum Frühstück eine Fleischwurst, oder sägen Sie ein Rohr, dann ergibt der genau senkrechte Schnitt einen Kreis, ansonsten erhalten Sie eine Ellipse. Und wenn Sie Ihren Frühstücksbecher beim Trinken schräg halten, bildet die Oberfläche ihres Getränks ebenfalls eine Ellipse! Kreis und Ellipse gehören zu den Kegelschnitten. Beim zylindrischen Glas, dem Zweig oder der Wurst handelt es sich um den Grenzfall eines Kegels. Der ist gar nicht so selten, liefert aber nur noch Kreis und Ellipse! Wenn Sie den Lichtkegel einer Taschenlampe auf eine glatte Fläche richten, können Sie jeden der vier Typen eines Kegelschnitts erzeugen, als da sind: Kreis, Ellipse, Parabel, Hyperbel. Tauchen Sie ein kegelförmiges Sektglas oder einen kegelförmigen Messbecher entsprechend ins Wasser, erhalten Sie ebenfalls alle vier Fälle eines Kegelschnitts.

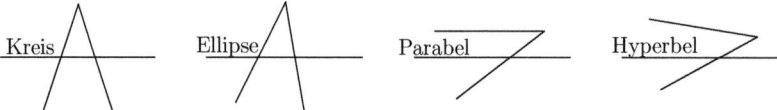

Aber nur eine einzige dieser Schnittrichtungen liefert einen Kreis, und auch nur eine einzige eine Parabel. So gesehen sind Kreis und Parabel reiner Zufall. In allen übrigen Fällen ergibt sich eine Ellipse oder eine Hyperbel.

Auch die Druckwelle eines Überschallflugzeuges hat Kegelform, zieht daher in Form einer Hyperbel über den Erdboden und macht sich dort als Überschallknall deutlich bemerkbar.

Die Erdbahn Auch im Weltall wird irgendwie geschnitten, denn Planeten– und Kometenbahnen sind Kegelschnitte! Bei einer hyperbelförmigen Flugbahn ist die Geschwindigkeit groß genug, um nach einer Kurve um die Sonne für immer unser Sonnensystem zu verlassen. Die Parabel ist der Grenzfall, eine winzige Verringerung der Geschwindigkeit führt zu einer Ellipsen- oder Kreisbahn um die Sonne. Die Erdbahn wird oft übertrieben ellipsenförmig skizziert. In Wirklichkeit ist $\mathbf{a}$ nur $0{,}014\,\%$ größer als $\mathbf{b}$. Bei einer maßstabsgerechten Skizze ist die Ellipsenform kaum zu erkennen!

Die Sonne bzw. das Zentralgestirn befindet sich nicht im Mittelpunkt, sondern stets in einem der Brennpunkte der Ellipse, sagen wir in M_1. Auf der einen Seite der großen Halbachse kommt die Erde der Sonne daher am nächsten, beim Perihel ca. am 5.Jan. Auf der gegenüberliegenden Seite ist sie am weitesten von der Sonne entfernt, beim Aphel ca. am 4.Juli. Der Abstand beim Perihel beträgt $147{,}1{\cdot}10^6$ km, beim Aphel sind es $152{,}1{\cdot}10^6$ km. Die Summe dieser beiden Entfernungen ergibt $2\mathbf{a}$, so dass $\mathbf{a} = 149{,}6{\cdot}10^6$ km beträgt. Daraus folgt für die Entfernung der Sonne vom Mittelpunkt der Ellipse: $\mathbf{e} = 152{,}1{\cdot}10^6\,\text{km} - 149{,}6{\cdot}10^6\,\text{km}$, also $\mathbf{e} = 2{,}5{\cdot}10^6$ km. Der Quotient $\varepsilon = \frac{\mathbf{e}}{\mathbf{a}}$ heißt numerische Exzentrizität der Ellipse und beträgt im Fall der Erdbahn nur $\varepsilon = 0{,}0167$. Viel stärker 'ex-zentrisch' sind die Bahnen von Mars und Merkur mit $\varepsilon = 0{,}0935$ bzw. $\varepsilon = 0{,}2056$. Die Exzentrizität ist ein Maß für die Abweichung der Ellipse von der zentrischen Kreisform. Im Fall eines Kreises gilt offensichtlich $\varepsilon = 0$.

Die Erde bewegt sich schneller, wenn sie der Sonne näher ist, also in der Nähe des Perihel im Winter. Die geringe Exzentrizität reicht bereits aus, dass das Winterhalbjahr bei uns auf der Nordhalbkugel ungefähr eine Woche kürzer ist als das Sommerhalbjahr. Zählen Sie nach: Von der Herbst–Tagundnachtgleiche am 22. oder 23. Sept. bis zur Frühjahrs–Tagundnachtgleiche am 20. oder 21. März sind es meistens nur 179 Tage, von der Frühjahrs– bis zur Herbst– Tagundnachtgleiche dagegen 186 Tage!

Ein Blick zurück ...

- Ein Kreis ist eines von vielen Gleichdicks. Sein Umfang beträgt $2\pi\mathbf{r}$, seine Fläche $\pi\,\mathbf{r}^2$.

- Bogenlänge und Radius des Kreises sind proportional: Winkel ist das Verhältnis von Bogenlänge durch Radius.

- Der Winkel im Halbkreis beträgt π. Jeder Winkel lässt sich als Vielfaches von $° = \frac{\pi}{180}$ $=$ (Alt-) Grad ausdrücken, beim Halbkreis also $180°$.

- Die Oberfläche der Kugel beträgt $4\pi\mathbf{r}^2$, das Volumen $4\pi\,\frac{\mathbf{r}^3}{3}$. Merkregel, kein Beweis: Differenzieren nach $\mathbf{r}$ ergibt die Oberfläche!

- Regelmäßige Kugelpackungen findet man in Technik und Naturwissenschaften.

Aufgaben

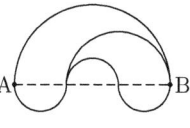

1. In dieser Parkanlage gibt es mehrere Wegstrecken, um vom Punkt A nach B zu kommen. Warum sind diese Wege alle gleich lang? (Die Strecken sind aus Halbkreisen zusammengesetzt!)

2. Zeigen Sie: Die Fläche des Umkreises eines Quadrats ist immer doppelt so groß wie die Fläche des Inkreises! Machen Sie zunächst eine Skizze.

3. Wie groß ist die Fläche dieser 'Blume' im Quadrat der Seitenlänge a:

4. Zeigen Sie: Die Fläche eines Reuleaux - Dreiecks der Dicke d beträgt $F = \frac{1}{2} \cdot (\pi - \sqrt{3}) \cdot d^2$.
   Vergleichen Sie diesen Wert mit der Fläche eines Kreises vom Durchmesser d.
   Hinweis: Nutzen Sie die 'Differenzflächen' von Aufgabe 7.

5. (i) Skizzieren Sie ein gleichseitiges Fünfeck. Analog zum Dreieck lässt sich hiermit ein weiteres Gleichdick konstruieren, nämlich ein Reuleaux–Fünfeck! Entsprechend konstruiert man ein Reuleaux–Siebeneck, usw. (Die Konstruktion funktioniert nicht bei gerader Eckenzahl, weil hier jeder Ecke eine andere Ecke diametral gegenüber liegt.) Die britischen 20– und 50–Pence Münzen sind Reuleaux–Siebenecks!

   (ii) Begründen Sie: Man kann jedes Reuleaux–Dreieck, –Fünfeck, usw. in ein entsprechend kleines Quadrat „einsperren". Trotzdem lässt es sich herumdrehen, wobei es ständig alle vier Seiten berührt (Skizze!).

6. Hier ein Gleichdick *ohne* Spitzen! Verbinden Sie einfach 3 Kreisbögen von 60° mit Radius R abwechselnd mit drei Bögen von 60° mit Radius r, wie in der Skizze zu sehen. Die Mittelpunkte der Kreise bilden hierbei wieder ein gleichseitiges Dreieck. Zeigen Sie: Bewegen Sie eine Platte auf zylindrischen Rollen mit diesem Querschnitt über einen ebenen Boden, so beträgt der Abstand vom Boden konstant $d = R + r$.

   Speziell mit $r = 0$ erhalten Sie ein Reuleaux–Dreieck, im Fall $r = R$ einen Kreis. Prüfen Sie nach, dass der Umfang dieser Rolle $\pi \cdot d$ beträgt! Hinweis: Fügen Sie die Kreisabschnitte zu je einem Halbkreis zusammen.

7. Das Sechseck besteht aus sechs gleichseitigen Dreiecken. Es kann daher leicht mit Zirkel und Lineal konstruiert werden, wie? Ganz ähnlich ist die Konstruktion von 'Blume' oder 'Stern' rechts. (Rechts sind übrigens auch sechs Reuleaux–Dreiecke zu erkennen).

   Warum ist die Fläche der Blüte insgesamt genau doppelt so groß wie die Differenz–fläche zwischen Kreis und Sechseck?

8. Wie lang ist der Bogen l_α und wie groß die Fläche F_α des Kreisabschnitts für $\alpha = 60°$?

   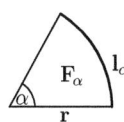

   Zeigen Sie für einen beliebigen Winkel α: $F_\alpha = \frac{\alpha}{2} \cdot r^2$,
   $(0° \leq \alpha \leq 360°$ bzw. $0 \leq \alpha \leq 2\pi)$.

   Hinweis: $F_\alpha \sim \alpha$, $F_\alpha = c \cdot \alpha$, $c = \dfrac{F_\alpha}{\alpha} = \dfrac{F_{2\pi}}{2\pi} = \dfrac{\pi \cdot r^2}{2\pi} = \ldots$

9. Ein noch ungelöstes Problem: Mutter Wurm will Baby Wurm zum Schlafen legen. Sie sucht nach einer universellen Decke, also einer ebenen Figur, mir der sie jede Kurve der Länge 1 überdecken kann (Baby Wurms Körperlänge = 1). Helfen Sie der sparsamen Mutter Wurm bei der Suche nach einer universellen Decke mit *möglichst kleiner* Fläche:

(i) Ein Kreis mit Durchmesser 1 ist sicher universell, aber vielleicht können Sie zeigen, dass es der halbe Kreis auch tut, sogar wenn man oben parallel etwas abschneidet. (Hinweis: Hat das zusammengekauerte Würmchen nur noch eine Länge $L < 1$, so passt es im ungünstigsten Fall, als gleichschenkliges Dreieck, immernoch auf ein Rechteck der Breite $\frac{1}{2}\sqrt{1 - L^2}$. Man könnte auch von einer 'Liegedecke' für Baby Wurm sprechen.)

(ii) Die bislang kleinste universelle Wurmdecke besteht aus einem Kreisabschnitt von 60° mit Radius $\frac{1}{2}$, und zwei anliegenden rechtwinkligen Dreiecken, spitzer Winkel 30°. Vielleicht können Sie zumindest den Abstand zwischen A und B berechnen, und dass die Gesamtfläche nur rund 0,27524 beträgt!

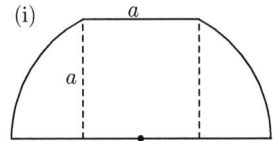   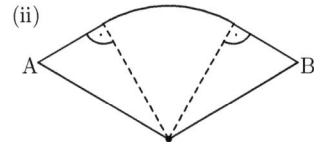

10. Sie sehen hier drei Flächen ineinander:

 Der Radius des Kreisbogens sei 1. Die gestrichelte senkrechte Strecke beträgt $sin\,\alpha$, und ist als Lot auf die Horizontale natürlich kürzer als der Kreisbogen. Es folgt also: $sin\,\alpha < \alpha$ bzw. $\dfrac{sin\,\alpha}{\alpha} < 1$.

Zur Abschätzung in umgekehrter Richtung bestimmen wir die kleinere Fläche des Kreisabschnitts links gemäß Aufgabe 8, sowie der größeren Dreiecksfläche rechts:

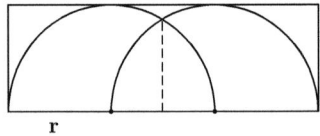   Folgern Sie weiter:

$$\frac{1}{2}\cdot\alpha \quad < \quad \frac{1}{2}\cdot\tan\alpha \qquad\qquad \cos\alpha \;<\; \frac{\sin\alpha}{\alpha} \;\;(\text{für } 0 < \alpha < \tfrac{\pi}{2}.)$$

(Wegen $\cos x = \cos(-x)$, sowie $\sin x = -\sin(-x)$, gilt $\cos\alpha < \dfrac{\sin\alpha}{\alpha} < 1$ auch für den negativen Bereich $-\frac{\pi}{2} < \alpha < 0$.)

11. Vielleicht haben Sie auch solche zweiarmigen Scheibenwischer? Wie viel Prozent der Rechteckfläche werden eigentlich gewischt?

Berechnen Sie zuerst die gestrichelt skizzierte Höhe, und dann die doppelt gewischte Fläche.

12. Es ist gerade 12.00 Uhr! Nach wie viel Minuten bilden die beiden Zeiger der Uhr zum ersten Mal einen rechten Winkel? Und wie oft in 24 Stunden? Hinweis: Welchen Winkel legt der große Minutenzeiger nach 1 Minute zurück, und welchen der kleine Zeiger?

13. Einem angreifenden Krokodil klemmt man bekanntlich einen Stock ins offene Maul, (weshalb man immer einen Stock bei sich trägt)! Der Stock hat sich hierbei kreisförmig gebogen, so wie in der Abbildung von Aufgabe 8. Die Stocklänge beträgt l = 0,65 m, der Öffnungswinkel α = 28,7°. Wie groß ist die Länge r des Rachens?

14. Zwischen zwei berührenden Seiten rollen zwei sich berührende Kugeln oder Walzen. Welche bewegt sich schneller nach vorn, und warum? Probieren Sie es aus. Drücken Sie zwei Münzen an ein Lineal und drehen Sie die äußere Münze. Begründen Sie

das Walzenparadox:

Beide sind gleich schnell!

15. Zeigen Sie für eine Kreisbewegung: Die tatsächliche Geschwindigkeit $v = \frac{s}{t}$ auf dem Kreisrand ergibt sich aus der Winkelgeschwindigkeit $\omega = \frac{\alpha}{t}$ durch Multiplikation mit dem Kreisradius R, also: $v = \omega \cdot R$.
(Hinweis: $\alpha \cdot R = L$ ist die in der Zeit t zurückgelegte Strecke auf dem Kreisrand).

16. Die Erde dreht sich annähernd kreisförmig um die Sonne. Wie groß ist hierbei die Winkelgeschwindigkeit (in Grad pro Tag, und in SI-Einheiten), und wie groß ist die Geschwindigkeit auf dieser Bahn (Entfernung zur Sonne rund 150 Millionen km)?

17. Ein Satellit in zirka 500 km Höhe umrundet die Erde in ungefähr 95 Minuten (Kreisbahn mit Radius 6900 km). Bestimmen Sie die ungefähre Winkelgeschwindigkeit ω in Grad pro Minute, und auch in SI–Einheit s^{-1}. Wie groß ist, grob geschätzt, die Geschwindigkeit des Satelliten auf seiner Kreisbahn?

18. Die Flieh- oder Zentrifugalkraft beträgt für einen Körper der Masse m auf einer Kreisbahn mit Radius R: $F_Z = m \cdot \omega^2 \cdot R$. Für die Anziehungs- oder Gravitationskraft durch die Erde mit der Masse M gilt: $F_G = \gamma \cdot m \cdot M/R^2$. Die Gravitationskonstante beträgt $\gamma = 6{,}674 \cdot 10^{-11} \frac{m^3}{kg \cdot s^2}$, die Erdmasse $M = 5{,}9736 \cdot 10^{24}$ kg. Bestimmen Sie durch Gleichsetzen den genauen Wert von ω zum Beispiel für (i) $R = 6900$ km (Satellit), (ii) $R = 384\,400$ km (Mond), und hieraus die Umlaufzeit T. (iii) In welcher Höhe über dem Äquator beträgt die Umlaufzeit genau 24 Stunden, wie zum Beispiel bei einem geostationären Fernseh- oder Wettersatellit?

19. (i) Eine Zentrifuge rotiert mit 6000 Umdrehungen pro Minute, wie groß ist ω? (Nicht 600 s^{-1}! Zeigen Sie: $\omega \approx 628$ s^{-1}).
(ii) Man nennt den reziproken Wert $f = 1/T$ der Umlaufzeit T auch die Frequenz (Anzahl der Umläufe pro Zeiteinheit). Zeigen Sie: $\omega = 2\pi \cdot f$!

20. Skizzieren Sie $A(t) = A_0 \cdot sin\left(\frac{2\pi}{T} \cdot t - \psi\right)$, anschaulich die Auslenkung eines ungedämpft schwingenden Federpendels als Funktion der Zeit, speziell für folgende Werte:
(i) $A_0 = 1$, $T = 1$, $\psi = 0$, (ii) $A_0 = 1$, $T = 1$, $\psi = \frac{\pi}{6}$,
(iii) $A_0 = 1$, $T = \frac{1}{4}$, $\psi = 0$, (iv) $A_0 = \frac{1}{2}$, $T = 2$, $\psi = -\frac{\pi}{6}$.
Welche Bedeutung haben A_0, T, ψ? Oft wird als Abkürzung $\omega = \frac{2\pi}{T}$ benutzt. Erklären Sie das anhand eines Kreises mit Radius A_0, mit Mittelpunkt im Ursprung eines üblichen kartesischen Koordinatensystems: Wie groß ist die y–Koordinate eines Punktes, der sich mit Winkelgeschwindigkeit ω auf diesem Kreis bewegt?

21. Wie müssen Sie den inneren Kreis wählen, damit Sie nach dreimaliger Tangente wieder zum Ausgangspunkt kommen?

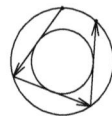
Und wie muss der innere Kreis gewählt werden, damit Sie nach viermaliger Tangente wieder genau am Ausgangspunkt ankommen?

Allgemein nach n–maliger Tangente?

22. Zwei Räder mit Radius R und r sind mit einem straffen Riemen verbunden, der Abstand der Mittelpunkte sei a. Zeigen Sie: $m = \sqrt{a^2 - (R - r)^2}$ ist die Länge des äußeren Geradenstücks. Und für den skizzierten Winkel α gilt: $\sin \alpha = \frac{R-r}{a}$.

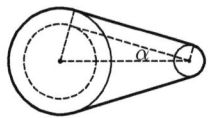
Bestimmen Sie den Gesamtumfang des Riemens für die Werte $R = 10\,\text{cm}$, $r = 5\,\text{cm}$, $a = 50\,\text{cm}$.

23. Gegeben der Einheitskreis K, also mit Radius $r = 1$. Zeigen Sie: Ist K der *Inkreis* eines regelmäßigen n–Ecks, so beträgt die Fläche dieses n–Ecks $F = n \cdot \tan \frac{\pi}{n}$ (Skizze!). Ist K der *Umkreis* eines regelmäßigen n–Ecks, so beträgt die Fläche nur $F = n \cdot \sin \frac{\pi}{n} \cdot \cos \frac{\pi}{n}$.

(ii) Berechnen Sie diese Flächen für n = 3, 4, 5, 6 und n = 1000. Warum ergeben sich obere und untere Schranken für den Zahlenwert π? (Hinweis: Fläche von K).

(iii) Überprüfen Sie: Ein Quadrat mit dem Einheitskreis als Umkreis hat die Fläche 2, ein entsprechendes Zwölfeck die Fläche 3. Gibt es noch weitere solcher regelmäßigen n–Ecke im Einheitskreis mit ganzzahligen Flächenwerten?

24. Eine seltsame Bewegung: Ein Kreis mit Mittelpunkt M und Radius r rollt (ohne Schlupf) in einem Halbkreis mit Mittelpunkt L, Radius $R = 2r$. Behauptung:

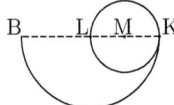 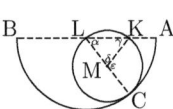
Der Punkt K des kleinen Kreises bewegt sich entlang einer Geraden, dem Durchmesser des Halbkreises.

Hinweis: Die abgerollte Bogenlänge $\overline{AC}$ auf dem großen Kreis ist genauso groß wie $\overline{KC}$ auf dem kleinen, aber wegen der unterschiedlichen Radien gilt $\varepsilon = 2\alpha$!

25. Ein Spezialballon zur Erforschung der Atmosphäre der Venus hatte einen Durchmesser von acht Metern, das Material der Ballonhülle eine Masse von 250 Gramm pro m^2. Welche Masse hatte diese Ballonhülle?

26. (i) Wie schwer ist eigentlich eine Seifenblase? Wählen wir als Beispiel einen Durchmesser von 5 cm. Die Dicke der Seifenhaut beträgt ungefähr 300 nm. Die Seifenlösung hat natürlich eine Dichte von rund einem Gramm pro Kubikzentimeter.

(ii) Die Schale eines Hühnereis hat eine Dicke von etwa 0,3 mm. Das Ei ist, stark vereinfacht, eine Kugel mit einem Radius von ungefähr 2,5 cm. Wie hoch ist dann der prozentuale Anteil der Ei–Schale am Gesamtvolumen?

27. Die folgende Skizze zeigt im Querschnitt eine Kugel in einem offenen Zylinder mit Radius r und Höhe $2\,r$:

Bestimmen und vergleichen Sie
die Mantelfläche des Zylinders
und die Oberfläche der Kugel!

28. Zeichnen Sie einen Halbkreis mit Radius $s = 10\,\text{cm}$ auf Papier und schneiden Sie ihn aus. Sie können nun die geraden Seiten so zusammenfügen, dass ein spitzer Kegel entsteht, genauer: der Mantel eines Kegels (Skizze!). Zeigen Sie, dass der Schnittwinkel an der Kegelspitze 60° beträgt. Hinweis: Die Seitenlänge des Kegels beträgt s, und dieser Wert ergibt sich auch für den Durchmesser der Grundfläche! Der Schnitt ist daher ein gleichseitiges Dreieck!

29. Die Firma Rohre + Co. verschickte ihre Rohre von 10 cm Durchmesser immer in langen Kisten mit der Breite 1 Meter und Höhe 80 Zentimeter, 80 Rohre pro Kiste! Bis der neue Lehrling* behauptete, es würden sogar 86 Rohre in so eine Kiste passen: (*falscher Sprachgebrauch, Pardon! Korrekt ist natürlich: Auszubildende(r), die/der).

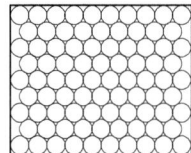

Er stapelte die Rohre, wie nebenstehend: Abwechselnd eine Schicht mit 10 Rohren, und dann eine Schicht mit nur 9 Rohren. Stimmt es, dass auf diese Weise mehr als 80 Rohre in eine Kiste passen? Oder mogelt die Skizze, Begründung!

30. Denken Sie sich die Ebene mit gleichseitigen Dreiecken parkettiert, jedes Dreieck mit Inkreis. Es entsteht eine interessante Packung von Kreisscheiben in der Ebene. Machen Sie eine Skizze und zeigen Sie für die Packungsdichte: $\delta = \frac{\pi \cdot \sqrt{3}}{9} \approx 60{,}5\,\%$.

Und nun für Experten, zum Vergleich, folgende Packungsart:

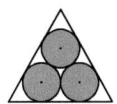

$$\delta \approx \frac{\pi\sqrt{3}}{(1+\sqrt{3})^2} \approx 72{,}9\,\%$$

Hinweise: $\cot 30° = \sqrt{3}$, und $(\sqrt{3}+1)\cdot \mathbf{r} = \frac{1}{2}\,\mathbf{a}$

31. Sie können genau zwei Kreise bzw. Kugeln entfernen, ohne dass diese Anordnung instabil wird, welche zwei?

32. In einem Öltank, in Form eines liegenden Zylinders mit Durchmesser von genau 1 m, steht das Öl momentan 20 cm hoch. Zu wie viel Prozent ist der Behälter noch gefüllt?

33. Einfach nur schätzen: Sie sind sicherlich in der Lage, 1 Million Stahlkugeln von je einem Millimeter Durchmesser zu transportieren, warum?

34. Überprüfen Sie die angegebenen größtmöglichen Dichten dieser kubisch–primitiven und kubisch–innenzentrierten Packungen. (Achten Sie auf die verschiedenen Radien!)

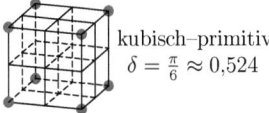

kubisch–primitiv
$\delta = \frac{\pi}{6} \approx 0{,}524$

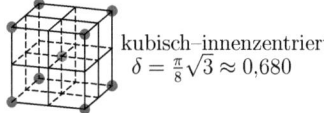

kubisch–innenzentriert
$\delta = \frac{\pi}{8}\sqrt{3} \approx 0{,}680$

35. Bei einer Kreispackung in der Ebene wird jede Kreisscheibe von höchstens 6 benachbarten Kreisscheiben berührt, in der Billardsprache „geküsst". Bei Kugelpackungen im

Raum beträgt die maximale Kusszahl 12, (der Chemiker spricht in diesem Zusammenhang etwas weniger romantisch von der „Koordinationszahl"). Begründen Sie: Die Kusszahl k für die kubisch–primitive Packung beträgt $k_p = 6$, für die kubisch–innenzentrierte $k_i = 8$, und für die kubisch flächenzentrierte Packung $k_f = 12$. (Immer in der jeweils dichtmöglichsten Form, die Kugeln also weitmöglichst, aber gleichgroß 'aufgeblasen').

36. Wie hoch ist die größtmögliche Dichte bei folgender hexagonal–primitiven Kugelpackung, und wie groß ist die in voriger Aufgabe definierte Kusszahl? (Hinweis: $h = a$)

hexagonal–primitiv:

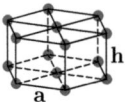

37. (i) Zeigen Sie, dass in die Lücken der quadratischen Kreispackung von Abbildung 2.53 kleinere Kreise passen, mit maximalem Radius $r_q = (\sqrt{2} - 1)r \approx 0{,}414\,r$, während im hexagonalen Fall der größtmögliche Radius nur $r_h = (\frac{2}{3}\sqrt{3} - 1)r \approx 0{,}155\,r$ beträgt.
Hinweis: Die Höhen im gleichseitigen Dreieck sind auch die Seitenhalbierenden des Dreiecks, schneiden sich also im Verhältnis $\frac{2}{3} : \frac{1}{3}$.
(ii) Und bei einer kubisch–primitiven Kugelpackung größtmöglicher Dichte passen in die Lücken noch Kugeln mit maximalem Radius $r_k = (\sqrt{3} - 1)r \approx 0{,}732\,r$.

38. Sei M eine fest vorgegebene Menge von einzelnen Punkten in der Ebene, z.B. die Menge der Mittelpunkte einer Kreispackung. Für jeden Punkt P von M sei die „Voronoi–Zelle" Vor(P) die Menge derjenigen Punkte Q der Ebene, für die P ein 'nächster Punkt' von M ist. Anders ausgedrückt:
Ein Punkt Q der Ebene gehört genau dann zu Vor(P), falls gilt: $|Q - P| \leq |Q - X|$, für jeden Punkt X von M. Mit den Betragsstrichen ist der übliche (euklidische) Abstand zweier Punkte gemeint. Zeigen Sie:
In Abbildung 2.53, links, sind die Voronoi–Zellen der Kreismittelpunkte genau die dort skizzierten Quadrate, rechts die Sechsecke. Die Anordnung der Punkte in dieser Skizze ist, wie bereits erwähnt, in der gesamten Ebene fortgesetzt zu denken. Voronoi–Zellen lassen sich analog auch für Punkte im Raum definieren und spielen in vielen Gebieten der Geometrie eine wichtige Rolle.

39. Eine gute Hilfe zu Berechnungen am Tetraeder ist auch die Darstellung am Würfel. Überlegen Sie zunächst anhand der Abstände, warum die vier Kugeln (genauer: die Kugelmittelpunkte) an den Würfelecken ein Tetraeder bilden. Und der Mittelpunkt des Würfels ist auch der Mittelpunkt des Tetraeders, denn die Abstände zu allen vier Tetraederecken sind gleich. Zeigen Sie nun, dass der sog. Tetraederwinkel 109,47° beträgt, (oder 109,28' wegen $1° \simeq 60'$). Hinweis: Zeigen Sie zunächst $tan\frac{\alpha}{2} = \frac{\frac{1}{2}\sqrt{2}a}{\frac{1}{2}a} = \sqrt{2}$.

Kantenlänge $\mathbf{a}$
Diagonale $\sqrt{2} \cdot \mathbf{a}$

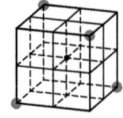

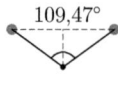

109,47°

Ein wichtiges Molekül in Tetraederform ist Methan CH_4, mit dem Kohlenstoffatom in der Mitte, die Wasserstoffatome an den Ecken.

40. (i) Zeigen Sie dass die Fläche eines Sechsecks mit Seitenlänge Eins von sechs Kreisscheiben mit Durchmesser Eins überdeckt werden kann. (Hinweis: Die Mittelpunkte der gestrichelt gezeichneten Dreiecksseiten in Aufg. 7 als Kreismittelpunkte.) (ii) Wie kann die Fläche eines Kreises mit Radius Eins von sieben Kreisscheiben mit Durchmesser Eins überdeckt werden? (Hinweis: Wählen Sie die Ecken des Sechsecks von Aufg. 7 als Kreismittelpunkte, und einen weiteren Kreis in der Mitte.)

41. Vergleichen Sie die Massigkeit eines Würfels der Kantenlänge a mit der Massigkeit einer Kugel mit Durchmesser a. (Zur Definition der Massigkeit siehe Aufg. 8 auf S. 25.)

42. Schneiden Sie von einer Kugel ein Stück ab, so spricht man von einem *Kugelabschnitt* oder Kugelsegment. Zeigen Sie: Ist r der Kugelradius, und h_1 die Höhe des Abschnitts, so gilt für das Volumen des Kugelabschnittes:

$$V_1 = \tfrac{1}{3}\pi\, h_1^2 \cdot (3r - h_1) = \pi\, r\, h_1^2 - \tfrac{1}{3}\pi\, h_1^3$$

Skizze:

$$V_1 + V_2 = \tfrac{2}{3}\pi \cdot r^3$$
$$h_1 + h_2 = r$$

Hinweis: V_2 ergänzt V_1 zur Kugelhälfte, und lässt sich nach dem Prinzip von Cavalieri mit der linken Figur in 2.52 leicht bestimmen, nämlich: Zylindervolumen minus spitzer Kegel, beides Höhe h_2, aber Zylinderradius r, Kegelradius h_2:

$$V_2 = \pi\, r^2\, h_2 - \tfrac{1}{3}\pi\, h_2^2\, h_2 = \tfrac{1}{3}\pi \cdot (2r^3 - 3rh_1^2 + h_1^3)$$

43. Wie Aufgabe 32, aber mit einem kugelförmigen Öltank, Durchmesser exakt 1,5 m.

44. Der Winkel in einem Kreis ist definiert als Bogenlänge durch Radius. Der volle Winkel im Vollkreis beträgt demnach $(2\pi \cdot r)/r = 2\pi$ (rad), mit 'rad' als abgeleiteter, dimensionsloser Einheit 'Radiant'. Bei einem Viertelkreis beträgt der Winkel entsprechend $\alpha = \pi/2$, der sogenannte 'rechte Winkel' in einer Ecke.
   Der *Raumwinkel* Ω in einer Kugel ist definiert als Oberfläche durch Quadrat des Radius. Der volle Winkel der Vollkugel beträgt demnach $4\pi\, r^2/r^2 = 4\pi$ (sr), mit 'sr' als abgeleitete, dimensionslose Einheit 'Steradiant'. Wie groß ist also der räumliche Winkel Ω in einer Zimmerecke?
   (Natürlich mit dem Eckpunkt als Mittelpunkt der Kugel, und angegeben in 'sr')!

45. (i) Wie viel Liter Wasser pro Sekunde fließt durch ein Rohr mit Radius $r = 28{,}2$ cm (Querschnittsfläche $F = \pi \cdot r^2$) bei einer Strömungsgeschwindigkeit $v = 6{,}0$ m/s? (ii) Die Querschnittsfläche F_1 links verändert sich rechts zu F_2, wodurch sich natürlich die Fließgeschwindigkeit ändert.

Zeigen Sie: $v_2 = \dfrac{F_1}{F_2} \cdot v_1$

46. Der Äquator oder jeder andere Großkreis (z.B. Längenkreis) mit einem Umfang von rund 40 000 km lässt sich in 360° unterteilen. Teilen Sie nun 1° noch einmal in 60 Teile, so entspricht jeder Teil einer 'Seemeile' (nautische Meile). (i) Rechnen Sie Seemeile um in Meter (gerundet). (ii) Die Geschwindigkeit von einer Seemeile pro Stunde wird als 'Knoten' bezeichnet. Wenn Sie 3 Stunden lang mit 20 Knoten unterwegs sind, haben Sie welchen Winkel zurückgelegt?

2 e) Umkehrung von Abbildungen

Die Umkehrfunktion cos^{-1} haben wir bereits zur Bestimmung von Dreieckswinkeln benutzt, mit dem Hinweis: $z = cos\,\alpha \;\Rightarrow\; cos^{-1}z = \alpha$ Eine feine Sache, aber warum hat sie funktioniert? Geht das auch mit dem Sinus, und was ist eigentlich allgemein eine Umkehrabbildung? Wir sollten noch einmal wiederholen, was man unter einer Abbildung versteht:

Es ist ganz so wie bei einem Taschenrechner. Bei Eingabe eines x–Wertes erhalten Sie einen Ausgabewert y, und zwar *genau einen*. Beispiel $\sqrt{9} = 3$, (und *nicht* ±3)! Allerdings erhalten Sie im Falle $\sqrt{-9}$ gar keinen Ausgabewert, weil $x = -9$ nicht zum Definitionsbereich gehört. Den betreffenden Definitionsbereich sollte man also kennen. Und selbstverständlich ist auch von Interesse, in welchem Bereich die Ausgabe garantiert zu finden ist.

Der Abbildungsbegriff

2.59 Definition Eine *Abbildung* besteht aus drei Angaben, und zwar der Angabe eines Definitionsbereiches, eines Wertebereiches, und einer Vorschrift, *die jedem Element des Definitionsbereichs genau ein Element des Wertebereichs zuordnet.*

Die Bezeichnungen für diese Bereiche, für deren Elemente, und für die Zuordnungsvorschrift sind natürlich frei wählbar. Bezeichnet zum Beispiel D den Definitionsbereich, W den Wertebereich, und f die Zuordnung, so schreibt man kurz

$$f : D \to W \,, \text{ oder ausführlicher } \; x \in D \stackrel{f}{\mapsto} y \in W$$

('$\mapsto$' für einzelne Elemente von D, '$\to$' zusammenfassend für die gesamte Menge D).

In folgenden einfachen Beispielen bezeichnet $\mathbb{R}$ die Menge aller reellen Zahlen, und $\mathbb{R}_0^+$ nur die Menge aller positiven reellen Zahlen, zusammen mit der Null:

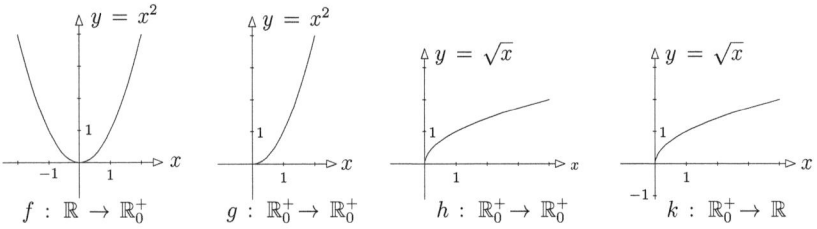

$$f : \mathbb{R} \to \mathbb{R}_0^+ \qquad g : \mathbb{R}_0^+ \to \mathbb{R}_0^+ \qquad h : \mathbb{R}_0^+ \to \mathbb{R}_0^+ \qquad k : \mathbb{R}_0^+ \to \mathbb{R}$$

Die Abbildungen f und g sind verschieden, weil sie sich im Definitionsbereich unterscheiden! Wegen unterschiedlicher Wertebereiche sind auch h und k verschieden. Die obige Definition schreibt ja nicht vor, dass jedes Element $y \in W$ auch wirklich als Wert vorkommen *muss*! Es ist wie in der Rechtsprechung, Sie dürfen sinngemäß nichts weglassen oder hinzufügen:

Merke *Zwei Abbildungen sind dann und nur dann gleich, wenn sie im Definitionsbereich, im Wertebereich, und im Ergebnis der Zordnungsvorschrift übereinstimmen!*

Das erscheint zunächst übertrieben oder spitzfindig, mal wieder 'typisch Mathematiker'. Doch die *Eigenschaften* einer Abbildung können sich durch die Wahl von Definitions– oder Wertebereich grundlegend ändern. Beispielsweise sind die Abbildungen g und h umkehrbar, f und k jedoch nicht. Machen wir uns klar, warum es dabei Schwierigkeiten geben kann!

Richtungswechsel Die Grundidee besteht darin, die Zuordnungsvorschrift umzukehren: Die neue Umkehrabbildung sollte nun umgekehrt jedem $y \in W$ *genau ein* $x \in D$ zuordnen!

Das funktioniert aber beispielsweise nicht, wenn irgendein $y \in W$ *gar nicht* als Bild eines $x \in D$ vorkommt! Bei der Funktion $k : \mathbb{R}_0^+ \to \mathbb{R}$ kommt z.b. $y = -1$ nicht als Bild vor. Folglich lässt sich diesem $y \in \mathbb{R}$ umgekehrt gar kein $x \in \mathbb{R}_0^+$ zuordnen!

Ebenso geraten wir in Schwierigkeiten, wenn ein $y \in W$ gleich *mehrmals* als Bild vorkommt: Bei der Funktion $f : \mathbb{R} \to \mathbb{R}_0^+$ ist $y = 1$ sowohl das Bild von $x = 1$ als auch von $x = -1$.

Die Sache funktioniert offensichtlich nur, falls *jedes* $y \in W$ *genau einmal* als Bild eines $x \in D$ vorkommt! Prüfen Sie bitte nach, dass dies bei den Beispielen g und h der Fall ist. Deshalb können wir bei diesen Beispielen tatsächlich jedem $y \in W$ umgekehrt genau das betreffende $x \in D$ als Bild zuordnen. Man nennt die entstehende Abbildung $f^{-1} : W \to D$ die Umkehrabbildung von $f : D \to W$.

Vielleicht haben Sie schon erkannt, dass in voriger Skizze die Abbildung h die Umkehrung von g ist, oder in Worten: Die Umkehrung der Quadratfunktion ist die Wurzelfunktion! Und offensichtlich ist die Umkehrung der Wurzelfunktion wieder die Quadratfunktion. Doch dazu später mehr, zuächst einmal halten wir fest:

2.60 Definition   Gegeben sei eine Abbildung $f : D \to W$ bzw. $x \in D \overset{f}{\longmapsto} y \in W$ mit der Eigenschaft, dass jedes $y \in W$ genau einmal als Bild eines $x \in D$ auftritt. Dann nennen wir die Abbildung $f^{-1} : W \to D$ bzw. $y \in W \overset{f^{-1}}{\longmapsto} x \in D$, die jedem $y \in W$ das entsprechende Urbild $x \in D$ zuordnet, die *Umkehrabbildung*. Das bedeutet also:

$$f(x) = y \quad \Leftrightarrow \quad x = f^{-1}(y), \qquad (\text{mit } x \in D \text{ und } y \in W).$$

Das erscheint zunächst sehr theoretisch, daher einige mehr oder weniger vertraute Beispiele. Sie werden erkennen, dass zumindest zeichnerisch die Umkehrung gar nicht so schwierig ist, sofern wir uns auf reelle Intervalle als Definitions- und Wertebereich beschränken. In diesem Falle spricht man anstelle von Abbildungen auch von 'Funktionen'.

Es gibt aber auch völlig andere Arten von Abbildungen, zum Beispiel mit der Ebene als Definitions- und Wertebereich:

Eine Translation T der Ebene E verschiebt jeden Punkt $x \in E$ nur um ein konstantes Stück. Jeder Punkt $y \in E$ hat also genau ein Urbild $x \in E$, eine Translation ist folglich umkehrbar. Die Umkehrung T^{-1} ist offensichtlich wieder eine Translation, die alles nur zurück schiebt. Ebenso ist jede Drehung D um einen festen Punkt und Winkel α umkehrbar. Die Umkehrung D^{-1} dreht alles einfach zurück. Und bei einer Spiegelung S an einer festen Geraden macht S selbst alles wieder rückgängig, kurz: $S = S^{-1}$.

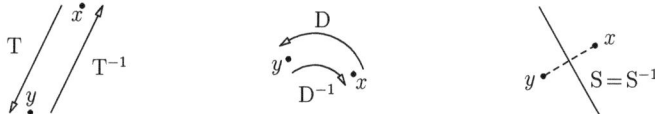

Bei einer Umkehrung handelt es sich also keineswegs um *rechnerische* Kehrwerte, d.h.: Verwechseln Sie nicht die 'Umkehrung' f^{-1} bzw. $f^{-1}(x)$ mit dem 'Kehrwert' $\frac{1}{f}$ bzw. $\frac{1}{f(x)}$! Zum Beispiel ist die Wurzelfunktion h auf S. 146 die Umkehrung der Quadratfunktion g, aber $\sqrt{x}$ ist natürlich nicht das Reziproke (= Kehrwert) von x^2. Und wir werden auch sehen, dass etwa $\cos^{-1} x$ nichts mit dem betreffenden Kehrwert $(\cos x)^{-1} = \frac{1}{\cos x}$ zu tun hat!

Einfache Beispiele

Celsius oder Fahrenheit Als Tourist in den USA kommen Sie schnell in die Verlegenheit, die dort üblichen Temperaturangaben von Grad Fahrenheit in gewohnte Grad Celsius und umgekehrt Celsiusangaben in Fahrenheit umzurechnen.

Bezeichnen wir die Temperaturangabe in Celsius mit x und für Fahrenheit mit y. Dann gilt:
$$y = \tfrac{9}{5} \cdot x + 32 \qquad\qquad (x \text{ Grad Celsius} \rightarrow y \text{ Grad Fahrenheit}).$$
$0°$ Celsius entsprechen $32°$ Fahrenheit, und bei $100°$ Celsius sind es genau $212°$ Fahrenheit.

Die Angabe dieser beiden Punkte genügt eigentlich schon, um diese Gerade zu zeichnen. Vergleichen Sie hierzu die Skizze links. Für die Umkehrung genügen analog die Angaben:

$32°$ Fahrenheit entsprechen $0°$ Celsius, und bei $212°$ Fahrenheit sind es genau $100°$ Celsius.

Sie sehen rechts die Skizze dieser Umkehrung:
Aus 'x Grad Celsius $\mapsto y$ Grad Fahrenheit' wird 'y Grad Fahrenheit $\mapsto x$ Grad Celsius'.

Rollentausch Sie erkennen, dass die Koordinaten der Punkte nur umgekehrt wurden, weil beide Achsen nur die Rollen getauscht haben. Diese Vertauschung erreicht man zeichnerisch einfach durch Spiegelung aller Punkte an der $45°$ Linie (Winkelhalbierende). Diese ist als Hilfslinie gestrichelt eingezeichnet.

Tatsächlich können Sie auf diese Weise *jeden* Funktionsverlauf umkehren, präzise gesagt: Durch Spiegeln der Punkte des Graphen von f erhält man die Punkte des Graphen von f^{-1}. Natürlich nur, falls f umkehrbar ist: jedes $y \in W$ kommt genau einmal als Funktionswert vor:

(2.61)

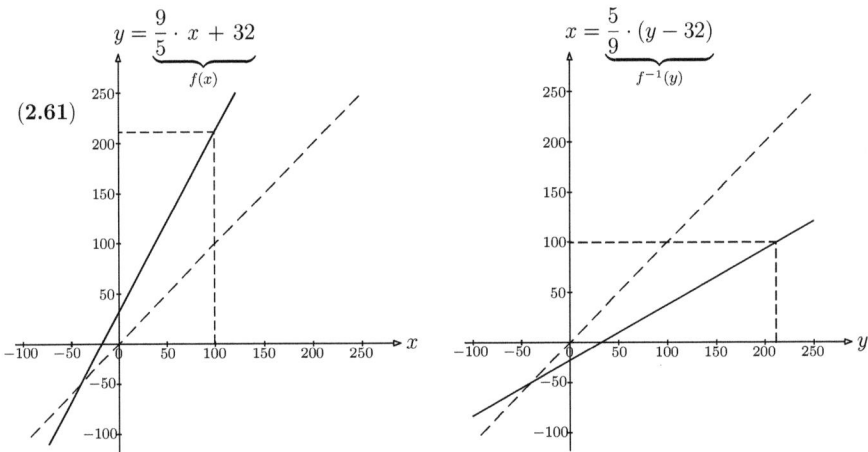

$$y = \frac{9}{5} \cdot x + 32 \qquad\qquad x = \frac{5}{9} \cdot (y - 32)$$

Die rechnerische Umkehrung der Zuordnungsvorschrift geschieht gemäß Definition, also $f(x) = y \Leftrightarrow x = f^{-1}(y)$, (falls diese Auflösung nach x überhaupt elementar möglich ist):
$$\underbrace{\frac{9}{5} \cdot x + 32}_{f(x)} = y \quad \Leftrightarrow \quad \frac{9}{5} \cdot x = y - 32 \quad \Leftrightarrow \quad x = \underbrace{\frac{5}{9} \cdot (y - 32)}_{f^{-1}(y)}$$

Hierbei ist es allerdings für die Skizze der Umkehrung etwas ungewohnt, die senkrechte Achse (Ordinate) mit x und die waagrechte Achse (Abszisse) mit y zu bezeichnen. Nun kommt es aber auf die Bezeichnungen nicht an. Selbstverständlich dürften wir anstelle von $x = \frac{5}{9} \cdot (y - 32)$ genauso gut $w = \frac{5}{9} \cdot (u - 32)$ oder $y = \frac{5}{9} \cdot (x - 32)$ schreiben.

Der formale Zusammenhang bliebe der gleiche. Die letztere Notation hat allerdings den Vorteil, dass wir *beide* Graphen *zusammen* in ein Koordinatensystem zeichnen können! Diese Vertauschung von x und y müssen wir natürlich in voriger Rechnung nachholen, spätestens am Ende, oder gleich zu Beginn, wie auch immer. Als Ergebnis erhalten wir dann:

(**2.62**)

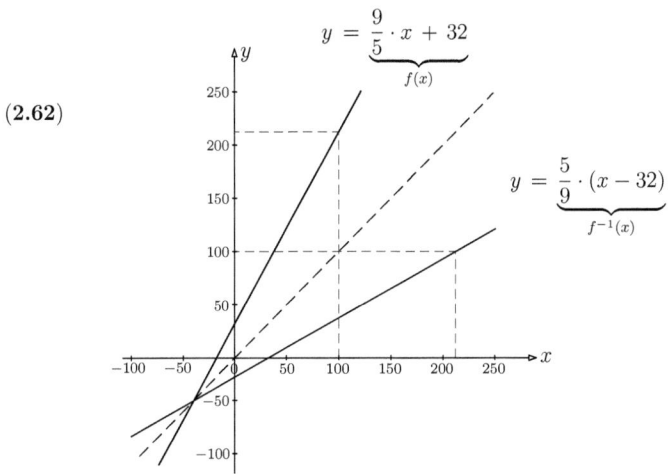

Teile und herrsche

Knacken wir die Kosinuss Wir notieren die Cosinusfunktion hier mit den Bezeichnungen $z = \cos \alpha$. Der Funktionsverlauf ist unten links skizziert und Ihnen sicherlich vertraut:

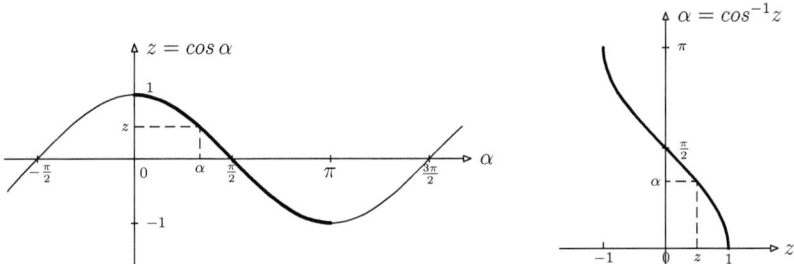

In dieser Skizze wählen wir zunächst $\alpha \in \mathbb{R}$ beliebig, sowie $[-1;\, 1]$ als Wertebereich. Frage: Ist $\cos\colon \mathbb{R} \to [-1;\, 1]$ umkehrbar? Hierfür müsste jeder Wert $z \in [-1;\, 1]$ *genau einmal* als Funktionswert von $\alpha \in \mathbb{R}$ vorkommen! Da sich aber die z-Werte periodisch wiederholen, ist das sicherlich nicht der Fall. Kurzum, die Cosinusfunktion ist eigentlich *nicht* umkehrbar!

Beispielsweise wird $\alpha = -\frac{\pi}{2}$, aber auch $\alpha = \frac{\pi}{2}$, und $\alpha = \frac{3\pi}{2}$ auf $z = 0$ abgebildet. Umgekehrt soll aber $cos^{-1}z$ dem Wert $z = 0$ nur *genau einen* Funktionswert α zuordnen! Oder soll der Taschenrechner nach Eingabe von $cos^{-1}0$ vielleicht mehrere Werte anzeigen?

Der Ausweg ist überraschend einfach. Kann man den gesamten Verlauf nicht umkehren, dann vielleicht wenigstens einen Teil davon? Betrachten Sie nur den dick gezeichneten Teil. Beschränkt man sich beim Definitionsbereich auf das Intervall $[0; \pi]$, so gilt tatsächlich: Jeder Wert $z \in [-1; 1]$ kommt genau einmal als Bild eines $\alpha \in [0; \pi]$ vor. Das bedeutet:

$$\text{Die Funktion } cos : [0; \pi] \to [-1; 1] \text{ ist umkehrbar!}$$

Man erhält auf diese Weise die Funktion $cos^{-1} : [-1; 1] \to [0; \pi]$, auf dem Taschenrechner!

Überprüfen Sie bitte, dass die Skizze rechts wirklich die betreffende Umkehrung dargestellt. Präzise gesagt ist es nur *eine* Möglichkeit der Umkehrung, denn selbstverständlich ist der Cosinus auch auf anderen Teilbereichen umkehrbar. Die Vorgehensweise ist dabei allerdings immer dieselbe, und sie wird auch bei anderen Funktionen oft angewandt. Man nutzt die

Strenge Monotonie Genau wie der Cosinus sind auch die meisten Funktionen, zumindest intervallweise, *streng monoton*. Bei strenger Monotonie kommt kein Funktionswert mehrmals als Bild vor! Die Cosinusfunktion ist beispielsweise auf $D = [0; \pi]$ streng monoton fallend:

$$\text{streng monoton fallend:} \quad x_1 < x_2 \quad \Rightarrow \quad f(x_1) > f(x_2), \quad \text{für alle } x_1, x_2 \in D.$$

(Analog *streng monoton steigend*: $x_1 < x_2 \Rightarrow f(x_1) < f(x_2)$, *für alle* $x_1, x_2 \in D$.)

Ist f zusätzlich differenzierbar oder zumindest stetig, so bildet die Menge aller $f(x)$, mit x aus dem Intervall D, wiederum ein Intervall. Wir werden das später noch beweisen. Bezeichnen wir nun dieses Bildintervall mit W, dann ist $f : D \to W$ natürlich umkehrbar: Wegen der strengen Monotonie kommt ja jedes Element von W genau einmal als Bild eines Elements von D vor! Beim Cosinus mit $D = [0; \pi]$ war offensichtlich $W = [-1; 1]$.

Wir werden diese einfache Vorgehensweise noch öfter nutzen. Die Umkehrfunktion ist zwangsläufig ebenfalls streng monoton, und zwar im gleichen Sinne wie die Ausgangsfunktion! Vergleichen Sie: Der Cosinus ist auf $D = [0; \pi]$ streng monoton fallend, und die Umkehrfunktion ist auf $W = [-1; 1]$ ebenfalls streng monoton fallend.

Anwendungen

Wozu die viele Mühe? Bleiben wir bei unserem konkreten Beispiel der Cosinusfunktion. Warum ist $cos^{-1} : [-1; 1] \to [0; \pi]$ als Umkehrung von $cos : [0; \pi] \to [-1; 1]$ so wichtig? Zum Beispiel liegen Dreieckswinkel α immer zwischen $0°$ und $180°$ bzw. zwischen 0 und π. Kennen wir nur $z = cos\,\alpha$, lässt sich *umgekehrt* auch der Winkel $\alpha = cos^{-1}z$ bestimmen! Ist der Rechner auf $\underline{R}$AD eingestellt, so erhalten wir den Winkel in der SI–Einheit Radiant, bei der Einstellung $\underline{D}$EG wird er in übliche Alt–Grad umgerechnet. Das haben wir bereits ausgenutzt, vergleichen Sie die Dreiecksberechnungen in Abschnitt 2 b), Fälle I und II.

Selbstverständlich könnten wir den Cosinus auch auf dem Bereich $[\pi; 2\pi]$ umkehren, oder auf dem Bereich $[2\pi; 3\pi]$ oder $[-\pi; 0]$, Skizze? Dies wäre aber praktisch nur sinnvoll, wenn der gesuchte Winkel α in einem solchen Bereich liegt. Den vorhin skizzierten Kurvenverlauf nennt man aus naheliegenden Gründen den 'Hauptwert' von cos^{-1}. Es handelt sich um die Funktionswerte, die man hauptsächlich braucht, und die uns der Taschenrechner liefert!

Allgemein Steht uns f^{-1} zur Verfügung, so lässt sich hiermit *jede Gleichung der Form* $f(x) = y$, mit $y \in W$, sofort lösen! Gemäß 2.60 gilt ja

$$f(x) = y \quad \Leftrightarrow \quad x = f^{-1}(y).$$

Hierzu einige einfache

Beispiele

(i)	$\tan x$	$=$	$0{,}5$	(ii)	x^2	$=$	$0{,}5$	(iii)	e^x	$=$	$0{,}5$
	x	$=$	$\tan^{-1} 0{,}5$		x	$=$	$\sqrt{0{,}5}$		x	$=$	$\ln 0{,}5$
	x	$=$	$0{,}464$		x	$=$	$0{,}707$		x	$=$	$-0{,}693$

Hierbei gehört $y = 0{,}5$ zum Wertebereich der jeweiligen umkehrbaren Funktion:

(i) $f :]-\frac{\pi}{2}; \frac{\pi}{2}[\to \mathbb{R}$ (ii) $f : \mathbb{R}_0^+ \to \mathbb{R}_0^+$ (iii) $f : \mathbb{R} \to \mathbb{R}_0^+$

Hingegen haben die Gleichungen wie $x^2 = -1$ oder $e^x = -1$ natürlich keine Lösungen, denn $y = -1$ gehört nicht zu den Funktionswerten dieser beiden Funktionen.

Bemerkungen und Ergänzungen

Der Tangens Sie sind jetzt sicherlich auch in der Lage, die Hauptwerte von sin^{-1}, tan^{-1}, und cot^{-1} zu skizzieren? Zeichnen Sie zuerst den umkehrbaren Teil der Funktion!

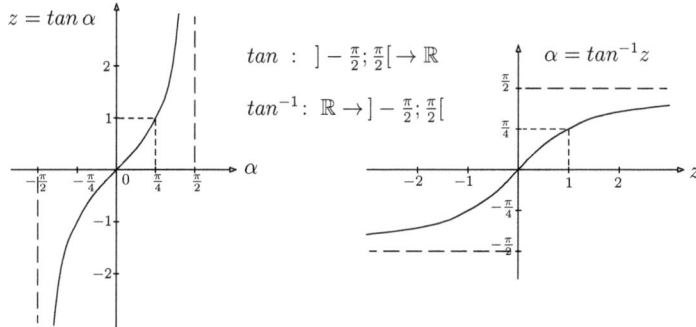

$$tan \; : \;]-\tfrac{\pi}{2}; \tfrac{\pi}{2}[\to \mathbb{R}$$

$$tan^{-1}: \; \mathbb{R} \to]-\tfrac{\pi}{2}; \tfrac{\pi}{2}[$$

Die Umkehrung $tan^{-1} x$ wurde früher als 'Arcustangens x' bezeichnet, kurz 'arctan x'.

Für die Umkehrung der Sinusfunktion nutzt man wie beim Tangens die strenge Monotonie auf dem Bereich $D = [-\frac{\pi}{2}; \frac{\pi}{2}]$. Dieser Bereich wird auf das Intervall $W = [-1; 1]$ abgebildet. Eine Skizze des entsprechenden Kurvenverlaufs sei in diesem Falle Ihnen überlassen.

Umgekehrt ist nun das Intervall $W = [-1; 1]$ der Definitionsbereich der Umkehrung sin^{-1}, früher 'arcsin', und deren Hauptwerte ergeben das Intervall $[-\frac{\pi}{2}; \frac{\pi}{2}]$.

Man benutzt also zur Umkehrung individuell angepasste Teile des Definitionsbereiches:

$$sin : [-\tfrac{\pi}{2}; \tfrac{\pi}{2}] \to [-1; 1] \quad \text{und} \quad sin^{-1} : [-1; 1] \to [-\tfrac{\pi}{2}; \tfrac{\pi}{2}]$$
$$cos : [0; \pi] \to [-1; 1] \quad \text{und} \quad cos^{-1} : [-1; 1] \to [0; \pi]$$

Hierüber sollte man zur sinnvollen Nutzung des Taschenrechners natürlich Bescheid wissen! Bei der Interpretation der angezeigten Ergebnisse wird uns das Denken nicht abgenommen.

Die Wurzelfunktionen $\sqrt[n]{x}$ sind definiert als die Umkehrung der Potenzfunktionen:

$$\textbf{(2.63)} \quad \begin{array}{l} n \text{ ungerade: } \quad y = \sqrt[n]{x} \Leftrightarrow y^n = x, \quad \text{für alle } x, y \in \mathbb{R}, \\ n \text{ gerade: } \quad y = \sqrt[n]{x} \Leftrightarrow y^n = x, \quad \text{für alle } x, y \in \mathbb{R}_0^+, \end{array}$$

wobei ebenfalls nachzutragen wäre, dass die Bedingungen der Umkehrbarkeit erfüllt sind. Siehe hierzu die Ausführungen ab Seite 217, Stetigkeit der Umkehrung und Folgerungen.

Natürlich gilt $\sqrt[1]{x} = x$, weshalb das Zeichen $\sqrt[1]{}$ gar nicht verwendet wird. Und anstelle von $\sqrt[2]{}$ für die „2–te Wurzel" oder „Quadratwurzel" wird häufig nur $\sqrt{}$ geschrieben.

Zu einer Skizze im Falle $n = 2$ vergleiche die Beispiele g bzw. h auf Seite 146. Der Fall $n = 3$ ist stellvertretend für alle ungeraden n in 2.64 skizziert.

(2.64)

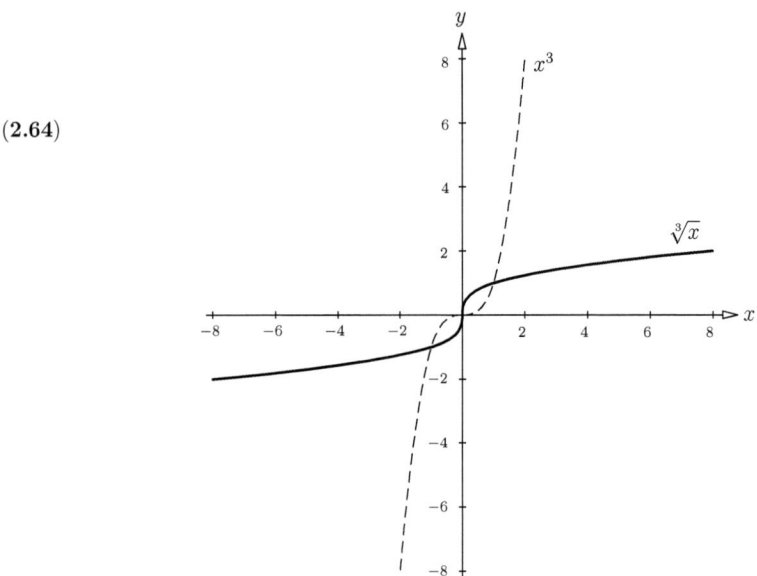

Nur etwas anders formuliert bedeutet 2.63:

$$\begin{array}{l} n \text{ ungerade: } \quad (\sqrt[n]{x})^n = x \text{ und } \sqrt[n]{x^n} = x, \quad \text{für alle } x \in \mathbb{R}, \\ n \text{ gerade: } \quad (\sqrt[n]{x})^n = x \text{ und } \sqrt[n]{x^n} = x, \quad \text{für alle } x \in \mathbb{R}_0^+. \end{array}$$

Der Fall $n = 2$ dürfte Ihnen wohlvertraut sein: $(\sqrt{x})^2 = x$ und $\sqrt{x^2} = x$, für alle $x \in \mathbb{R}_0^+$.

Leider wird die Voraussetzung $x \in \mathbb{R}_0^+$, also $x \geq 0$, oft vergessen, und durch $x \in \mathbb{R}$ ersetzt. Falls Sie nun fälschlicherweise für x auch negative Werte zulassen, werden Sie Ihren Fehler im Falle $(\sqrt{x})^2 = x$ schnell bemerken, denn die Wurzel ist für negative x gar nicht definiert.

Absolut richtig Die Beziehung $\sqrt{x^2} = x$ ist nun aber eine der häufigsten Fehlerquellen: Beispielsweise ist $\sqrt{3^2} = 3$ vollkommen korrekt, aber $\sqrt{(-3)^2} = -3$ ist 'absolut' falsch. Schon allein wegen $(-3)^2 = 3^2$ muss dann natürlich auch $\sqrt{(-3)^2} = \sqrt{3^2} = 3$ gelten! Sicherlich ist der Fehler im Falle $\sqrt{(-3)^2} = -3$ ebenfalls noch leicht zu bemerken, da $\sqrt{x} \geq 0$. Aber würden Sie im Eifer des Gefechts $\sqrt{(a-b)^2}$ nicht auch zu $a - b$ vereinfachen? Falls nun beispielsweise $a - b = -3$ gilt, ist Ihre Vereinfachung sicherlich falsch!

Vielleicht haben Sie schon bemerkt: Das Ergebnis wird immer richtig, falls Sie den Betrag davon nehmen. Sie erinnern sich noch an die 'Betragsstriche'? Durch Fallunterscheidung $x \geq 0$ und $x \leq 0$ stellt man nämlich leicht fest:

$$(2.65) \qquad n \text{ gerade:} \quad \sqrt[n]{x^n} = |x|, \text{ für alle } x \in \mathbb{R}.$$

Wir erhalten nun völlig korrekt in beiden Fällen:

$$\sqrt{3^2} = |3| = 3 \quad \text{und} \quad \sqrt{(-3)^2} = |-3| = 3.$$

Man spricht hier auch vom 'Absolutbetrag'. Da man bei einer beliebigen Zahl x das Vorzeichen nicht kennt, definiert man den (Absolut-) Betrag folgendermassen:

$$(2.66) \qquad |x| = \begin{cases} x & \text{im Falle } x \geq 0, \\ -x & \text{im Falle } x < 0, \end{cases}$$

Man kann also durch Fallunterscheidung die 'Betragsstriche auflösen'. In vorigem Beispiel:

$$\sqrt{(a-b)^2} = a - b, \text{ falls } (a-b) \geq 0, \quad \text{bzw.} \quad \sqrt{(a-b)^2} = -(a-b), \text{ falls } (a-b) < 0.$$

Da $-(a-b) = -a+b = b-a$, kann man im letzten Fall auch noch die 'Klammern auflösen'!

Kann man den Betrag nicht explizit bestimmen, lässt man die Betragsstriche einfach stehen, beispielsweise: $\sqrt{(a-b)^2} = |a-b|$.

Kritische Anmerkungen Eine Skizze ist immer zu empfehlen, um eine bessere Vorstellung von der Umkehrbarkeit und der Umkehrung zu bekommen. Der rechnerische Aspekt wird oft übertrieben: Zu viele Beispiele erwecken leicht den Eindruck, als ob alles nur eine Frage der Rechenfertigkeit sei, besonders nach oft notwendigen und aufwändigen Fallunterscheidungen, wie etwa bei $f(x) = x \cdot (x-4)$, $x \in \mathbb{R}$. Sie müssen hier zunächst erkennen, dass $y = f(x)$ für $x \geq 2$ mit Werten $y \geq -4$ umkehrbar ist, und in diesem Fall die Umkehrung $y = 2 + \sqrt{x+4}$ mit $x \geq -4$ und Werten $y \geq 2$ ergibt. Und für $x \leq 2$ ist $y = f(x)$ mit Werten $y \geq -4$ ebenfalls umkehrbar, und das ergibt in diesem Falle $y = 2 - \sqrt{x+4}$ mit $x \geq -4$ und $y \leq 2$. Durch solche, oft langwierigen Diskussionen wird die grundlegende Schwierigkeit leicht übersehen, ob nämlich der betreffende Ausdruck explizit nach y auflösbar ist! Probieren Sie das am Beispiel $y = x^5 + x^3 + x$. Die Funktion $f : \mathbb{R} \to \mathbb{R}$ mit $f(x) = x^5 + x^3 + x$ ist auf dem gesamten Definitionsbereich streng monoton steigend, und die Menge aller Funktionswerte ist wiederum ganz $\mathbb{R}$. Demnach ist $f : \mathbb{R} \to \mathbb{R}$ umkehrbar. Dann bestimmen Sie doch einmal *rechnerisch* die Funktionswerte von $f^{-1} : \mathbb{R} \to \mathbb{R}$, d.h. lösen Sie $x = y^5 + y^3 + y$ nach y auf!

Letzteres nennt man übrigens eine Gleichung 5.Grades: In gewohnter Schreibweise müssten Sie $c = x^5 + x^3 + x$ nach x auflösen. Das können Sie schon längst im Falle einer Gleichung 2.Grades: $c = bx + x^2$ (quadratische Gleichung). Im Falle 3.Grades gelingt es mit den sog. Cardanoschen Formeln (die in Wirklichkeit von Nicolo Tartaglia stammen), und für Gleichungen 4.Grades gibt es ebenfalls geschlossene Ausdrücke für die Lösungen. Diese sind von Ludovico Ferrari (1522 – 1569), einem Schüler von Cardano.

In Formelsammlungen werden Sie vergeblich nach Lösungsformeln für Gleichungen 5. und höheren Grades suchen. Viele Mathematiker haben sich intensiv mit der Lösung dieses Problems beschäftigt, bis 1824 der Mathematiker Niels–Henrik Abel beweisen konnte, dass es solche Formeln nicht gibt!

Und in einem Fall wie $y = \cos x$, $x \in [0; \pi]$, haben wir zum Rechnen eigentlich gar nichts mehr in der Hand. Das Auflösen von $x = \cos y$ in der Form $y = \cos^{-1} x$ ist rein formal! Uns fehlt ein Rechenausdruck für Cosinus. Selbst wenn, möglicherweise ist dieser gar nicht zur expliziten Umkehrung geeignet. Wie kann man trotzdem die Werte von Cosinus^{-1} berechnen? Hierfür gibt es beliebig genaue Näherungs–Verfahren, natürlich auch zur Lösung von Gleichungen 5. oder höheren Grades.

Hier steckt jedoch viel Mathematik dahinter, die wir erst an späterer Stelle erklären können!

Ein Blick zurück ...

- Der Abbildungsbegriff spielt eine zentrale Rolle in der Mathematik.

- Nicht jede Abbildung $f : D \to W$ ist umkehrbar.

- Falls möglich, ist eine Unterteilung in streng monotone Abschnitte hilfreich.

- Anschaulich erhält man die Umkehrung einer Funktion durch Spiegeln an der Winkelhalbierenden.

- Umkehrbarkeit bedeutet die Auflösbarkeit der Gleichung $f(x) = y$ nach $x = f^{-1}(y)$. Es bedeutet nicht, dass es einen elementaren Rechenausdruck für f^{-1} geben muss.

Aufgaben

1. Als der deutsche Physiker Fahrenheit im Jahre 1714 seine Temperaturskala einführte, wählte er 100°F als normale Körpertemperatur. Rechnen Sie mit den Angaben von 2.61 nach: Er muss wohl damals leichtes Fieber gehabt haben?!
   Und 0°F soll der Temperatur einer Mischung aus Eis und Salmiak (NH_4Cl) zu gleichen Teilen entsprochen haben, wie viel °C hatte diese 'Kältemischung'?
   Bei welcher Temperatur stimmen die Angaben in Celsius und Fahrenheit überein?

2. Skizzieren Sie die Umkehrung folgender Funktionen von $\mathbb{R}$ nach $\mathbb{R}$ (bei h ohne Null), indem Sie also den Funktionsverlauf an der Winkelhalbierenden spiegeln:
   (i) $f(x) = \frac{1}{3}x + 1$, $g(x) = 3x - 3$, $h(x) = \dfrac{1}{x}$.
   (ii) Bestimmen Sie die Umkehrfunktionen auch rechnerisch und vergleichen Sie.

3. Bestimmen Sie zeichnerisch und rechnerisch die Umkehrfunktion von $f : \mathbb{R}_0^+ \to \mathbb{R}_0^+$ mit $f(x) = x^2 + 2x$. Zeigen Sie: $f^{-1} : \mathbb{R}_0^+ \to \mathbb{R}_0^+$ mit $f^{-1}(x) = \sqrt{x+1} - 1$.

4. Skizzieren Sie $f, g : \mathbb{R} \to \mathbb{R}^+$ mit $f(x) = 2^x$ bzw. $g(x) = 3^x$, und durch Spiegeln auch deren Umkehrfunktionen $f^{-1}(x) = \log_2 x$ bzw. $g^{-1}(x) = \log_3 x$, den sogenannten Logarithmus zur Basis 2 bzw. 3.

5. Sie wissen natürlich sofort, dass $\tan^{-1} 1 = \frac{\pi}{4}$ (45°) ist? Eine praktische Hilfe hierfür war die alte Schreibweise als $\arctan 1 = \frac{\pi}{4}$ (lat. *arcus* für Kreisbogen bzw. Winkel): $\arctan 1 = \frac{\pi}{4}$ lässt sich formulieren als „der Bogen mit Tangens gleich 1 ist $\frac{\pi}{4}$ ".
   Die Umkehrungen der trigonometrischen Funktionen heißen daher auch *Arcus-Funktionen*.

Überprüfen Sie mit entsprechender Ausdrucksweise: $sin^{-1} 1 = arc\,sin\,1 = \frac{\pi}{2} = 90°$, $cos^{-1} \frac{1}{2} = arc\,cos\,\frac{1}{2} = \frac{\pi}{3} = 60°$.

6. Skizzieren Sie die Umkehrung von $cos : [\pi; 2\pi] \to [-1; 1]$.

7. Skizzieren Sie die Umkehrung von $sin : [-\frac{\pi}{2}; \frac{\pi}{2}] \to [-1; 1]$, der sogenannte Hauptwert von sin^{-1} oder Arcus–Sinus.

8. (i) Skizzieren Sie die identische Abbildung auf $\mathbb{R}$ in kartesischen Koordinaten (die Winkelhalbierende $y = x$). Was ist hier die Umkehrung?

    (ii) Welche elementare Funktion ist niemals umkehrbar, auch wenn Sie ein beliebig kleines Intervall als Definitionsbereich wählen?

9. Zeigen Sie: Ist $f^{-1} : [c; d] \to [a; b]$ die Umkehrfunktion von $f : [a; b] \to [c; d]$, und ist f streng monoton wachsend, dann ist auch f^{-1} streng monoton wachsend.

10. Die Geschwindigkeit einer Tsunami–Welle beträgt in einem Ozean der Tiefe $\mathbf{h}$ ungefähr $\mathbf{v} \approx \sqrt{\mathbf{g} \cdot \mathbf{h}}$ ($\mathbf{g} \approx 10\,\mathrm{m \cdot s^{-2}}$ die Erdbeschleunigung). Wie groß ist $\mathbf{v}$ bei einer Wassertiefe $\mathbf{h} = 1\,\mathrm{km}$ bzw. $\mathbf{h} = 9\,\mathrm{km}$, (in m/s und km/h)? Skizzieren Sie $\mathbf{v}$ als Funktion von $\mathbf{h}$.

11. Begründen Sie: $\sqrt[k \cdot n]{a} = \sqrt[k]{\sqrt[n]{a}}$, $a \in \mathbb{R}_0^+$ (k,n $\in \mathbb{N}$). Hinweis: Links steht diejenige Zahl, die 'hoch k·n' den Wert a ergibt. Sie müssen also nur zeigen, dass auch die rechte Seite, mit den üblichen Potenzrechenregeln, hierbei den Wert a liefert. Beweisen Sie mit ähnlicher Argumentation auch: $\sqrt[n]{a \cdot b} = \sqrt[n]{a} \cdot \sqrt[n]{b}$, und als Folgerung $\sqrt[n]{a^m} = (\sqrt[n]{a})^m$.

2 f) Verkettung von Abbildungen

Einleitung Die Umkehrfunktionen cos^{-1} und tan^{-1} haben wir bereits zur Bestimmung von Dreieckswinkeln benutzt, gemäß $z = cos\,\alpha \Rightarrow cos^{-1}z = \alpha$ bzw. $cos^{-1}\underbrace{(cos\,\alpha)}_{z} = \alpha$.

Gilt auch $cos\,(cos^{-1}x) = x$, und kann man Cosinus auch durch Sinus oder Tangens ersetzen? Probieren kostet nichts, wir haben im folgenden die Einstellung 'Radiant' gewählt. Überprüfen Sie nun selbst einmal folgende Angaben:

$$
\begin{aligned}
\cos^{-1}(\cos 1) &= 1 & \sin^{-1}(\sin 1) &= 1 & \tan^{-1}(\tan 1) &= 1 \\
\cos^{-1}(\cos 2) &= 2 & \sin^{-1}(\sin 2) &\neq 2 & \tan^{-1}(\tan 2) &\neq 2 \\[2mm]
\cos(\cos^{-1} 1) &= 1 & \sin(\sin^{-1} 1) &= 1 & \tan(\tan^{-1} 1) &= 1 \\
\cos(\cos^{-1} 2) &= \text{keine Anzeige} & \sin(\sin^{-1} 2) &= \text{keine Anzeige} & \tan(\tan^{-1} 2) &= 2
\end{aligned}
$$

Das Verhalten des Rechners scheint doch etwas rätselhaft. Wie ist es zu erklären? Übrigens wurde hier jede Funktion mit ihrer Umkehrung verkettet. Das funktioniert aber auch wesentlich allgemeiner:

Verkettung (Hintereinanderausführung) von Abbildungen

Vielleicht erinnern Sie sich noch aus dem Schulunterricht an eine sogenannte 'Kettenregel' beim Differenzieren. Vorher sollte man natürlich diese Verkettung auch verstanden haben. Üben wir zunächst einmal den Umgang mit der

Rechenvorschrift – typisch Funktion Wenn die Vorschrift $f(x) = x^2$ lautet, was ist dann $f(a + b)$? Beschreiben Sie einfach die Rechenvorschrift in Worten: Die Funktion f quadriert das Argument, in diesem Falle den Ausdruck $a+b$. Das bedeutet also hier $f(a + b) = (a + b)^2$. Da es auf die Bezeichnungen nicht ankommt, sondern nur auf den formalen Zusammenhang, so gilt natürlich entsprechend $f(x+\frac{1}{3}) = (x+\frac{1}{3})^2$. Das kann beliebig kompliziert werden, am besten formuliert man zunächst in Worten, wie man den jeweiligen Funktionswert aus dem Argumentwert ausrechnen muss:

$s(x) = sin\,x$: $\quad s(x+1) = sin\,(x+1), \quad s(2x^3+1) = sin\,(2x^3+1)$.

$h(x) = x^2 + 7$: $\quad h(2x+1) = (2x+1)^2 + 7, \quad h(\frac{x}{x^2+1}) = (\frac{x}{x^2+1})^2 + 7$.

$j(x) = \dfrac{2 \cdot x}{x^2 + 7}$: $\quad j(2x+1) = \dfrac{2 \cdot (2x+1)}{(2x+1)^2 + 7}, \quad j(\frac{x}{x^2+1}) = \dfrac{2 \cdot \frac{x}{x^2+1}}{(\frac{x}{x^2+1})^2 + 7}$.

$r(x) = cos\,(\sqrt[3]{x}+2)$: $\quad r(x+1) = cos\,((\sqrt[3]{x+1} + 2), \quad r(2x^3+1) = cos(\sqrt[3]{2x^3+1} + 2)$.

Grundsätzlich ist es egal, ob die Zahl zum Einsetzen einfach x lautet, oder $2x+1$ oder $\frac{x}{x^2+1}$, oder wie auch immer. Hauptsache dabei, diese Zahl gehört zum Definitionsbereich der betreffenden Funktion.

Sicherlich ist Ihnen aber auch bereits aufgefallen, dass die eingesetzten Werte selbst wieder als Funktionswerte interpretiert werden können! Es handelt sich also, der Reihe nach gesehen, um zwei Funktionen. Das ist allgemein mit zwei beliebigen Abbildungen möglich, sofern der Wert der ersten Abbildung zum Definitionsbereich der zweiten gehört. Man nennt diese Möglichkeit auch 'Verkettung' oder 'Hintereinanderausführung' von Abbildungen.

Immer schön der Reihe nach Wie es die Bezeichnung bereits ausdrückt: Kennen Sie eine Zugverbindung von A nach B, und eine von B nach C, so können Sie diese natürlich hintereinanderausführen, als Verbindung von A nach C. Die gewählten Bezeichnungen sind wieder willkürlich, beziehen sich also nicht unbedingt auf die vorigen Beispiele.

2.67 Definition Gegeben $f : A \to B$ mit B als Wertebereich und $g : B \to C$ mit B als Definitionsbereich. Dann verstehen wir unter $g \circ f$ („g verknüpft mit f") die Abbildung

$$g \circ f : A \to C, \text{ festgelegt durch } g \circ f(x) = g(f(x)).$$

$g \circ f$ heisst auch *Verkettung, Verknüpfung, Komposition* oder *Hintereinanderausführung* von f und g.

Jedes $x \in A$ wird zunächst mit f auf das zugehörige $y \in B$ abgebildet, und dieses $y = f(x)$ schließlich durch g auf das entsprechende $z \in C$, kurz: $z = g(y) = g(f(x))$:

$$x \overset{f}{\longmapsto} f(x) = y \overset{g}{\longmapsto} g(y) = g(f(x)) = z$$

Als Ergebnis wird also jedes $x \in A$ auf genau ein $z \in C$ abgebildet. Es handelt sich demnach bei $g \circ f$ um eine neue Abbildung von A nach C, nennen wir sie abkürzend $h : A \to C$. Die gemeinsame Menge B dient nur als Zwischenstation, als 'Umsteigebahnhof'.

Die drei Mengen A, B, C können aber müssen natürlich nicht verschieden sein. Achten Sie auf die *Reihenfolge*, die Schreibweise von links nach rechts ist genau anders herum als der rechnerische Vorgang. Das ist wichtig, denn $g \circ f$ und $f \circ g$ sind in der Regel verschieden, falls die entsprechenden Verkettungen überhaupt möglich sind. Die Werte der ersten Abbildung müssen ja zum Definitionsbereich der nachfolgenden Abbildung gehören! Hier ein paar

Beispiele Sei $u : \mathbb{R} \to \mathbb{R}$ mit $u(x) = \frac{x}{x^2+1}$ und $f : \mathbb{R} \to \mathbb{R}$ mit $f(x) = x^2 + 7$. Dann gilt $f \circ u : \mathbb{R} \to \mathbb{R}$ mit: $f \circ u(x) = f(u(x)) = f\left(\frac{x}{x^2+1}\right) = \left(\frac{x}{x^2+1}\right)^2 + 7$.

Und das ist eigentlich nur eines der vorigen Beispiele! Vergleichen wir es doch einmal mit $u \circ f : \mathbb{R} \to \mathbb{R}$ und: $u \circ f(x) = u(f(x)) = u(x^2+7) = \frac{x^2+7}{(x^2+7)^2+1}$.

Die beiden Funktionen sind verschieden, z.B. gilt $f \circ u(0) = 7$, aber $u \circ f(0) = \frac{7}{50}$.

Probieren wir es nun auch einmal mit den Beispielen der Skizze auf S. 146. Zum Beispiel geht es mit f zunächst von $\mathbb{R}$ nach $\mathbb{R}_0^+$, und dann mit g von $\mathbb{R}_0^+$ weiter nach $\mathbb{R}_0^+$. Das 'passt', die Werte von f gehören zum Definitionsbereich von g! Wir erhalten insgesamt eine Abbildung $g \circ f$ von $\mathbb{R}$ nach $\mathbb{R}_0^+$, also vom Definitionsbereich $\mathbb{R}$ von f zum Wertebereich $\mathbb{R}_0^+$ von g. Und bei der Abbildungsvorschrift wird beide Male quadriert, folglich:

$$g \circ f : \mathbb{R} \to \mathbb{R}_0^+, \quad g \circ f(x) = g(f(x)) = g(x^2) = (x^2)^2 = x^4,$$

Das ergibt also einfach die Funktion, die jeder reellen Zahl ihre vierte Potenz zuordnet.

Auch nicht besonders schwierig ist die Verknüpfung von g mit h:

$$g \circ h : \mathbb{R}_0^+ \to \mathbb{R}_0^+, \quad g \circ h(x) = g(h(x)) = g(\sqrt{x}) = (\sqrt{x})^2 = x.$$

Ebenso ergibt $f \circ k : \mathbb{R}_0^+ \to \mathbb{R}_0^+$ mit $f \circ k(x) = x$, so dass in diesem Falle gilt: $f \circ k = g \circ h$.

Mit letzterer Schreibweise meint man, dass die *Abbildungen* $f \circ k$ und $g \circ h$ gleich sind, also mit dem Definitionsbereich, dem Wertebereich, und im Ergebnis der Zuordnung übereinstimmen. Den Nutzen dieser abkürzenden Schreibweise werden Sie noch an vielen Beispielen erfahren. Man kann mit Abbildungen ganz ähnlich rechnen wie mit Zahlen!

Bitte einmal hin und zurück Haben Sie bereits die Frage zu Beginn beantwortet? Verknüpfen wir ganz allgemein eine Abbildung $f : A \to B$ mit ihrer Umkehrung $f^{-1} : B \to A$: Offensichtlich ist $f^{-1} \circ f$ eine Abbildung von A nach A. Genauer gesagt wird $x \in A$ durch f zunächst auf ein $y \in B$ abgebildet, und anschließend wird dieses $y \in B$ durch f^{-1} wieder zurück auf das betreffende $x \in A$ abgebildet. Das bedeutet $f^{-1} \circ f(x) = x$ für jedes $x \in A$. Vertauschen ergibt $f \circ f^{-1} : B \to B$ und $f \circ f^{-1}(y) = y$ für jedes $y \in B$.

Untersuchen wir nun die Beipiele ganz zu Beginn.

Es ist $f^{-1} = \sin^{-1} : [-1; 1] \to [-\frac{\pi}{2}; \frac{\pi}{2}]$ die Umkehrung von $f = \sin : [-\frac{\pi}{2}; \frac{\pi}{2}] \to [-1; 1]$: Also ist $f \circ f^{-1}(2) = \sin \sin^{-1} 2$ nicht definiert, weil schon $\sin^{-1} 2$ gar nicht definiert ist!

Ansonsten gilt natürlich: $\quad \sin \circ \sin^{-1}(y) = \sin(\sin^{-1} y) = y \quad$ für alle $y \in [-1; 1]$, und selbstverständlich auch: $\quad \sin^{-1} \circ \sin(x) = \sin^{-1}(\sin x) = x \quad$ für alle $x \in [-\frac{\pi}{2}; \frac{\pi}{2}]$.

Da aber $2 \notin [-\frac{\pi}{2}; \frac{\pi}{2}]$, ist es nicht verwunderlich, dass wir $\sin^{-1} \sin 2 \neq 2$ erhalten! Analog ist $g^{-1} = \cos^{-1} : [-1; 1] \to [0; \pi]$ die Umkehrung von $g = \cos : [0; \pi] \to [-1; 1]$, woraus folgt: $\cos \cos^{-1} y = y$ für alle $y \in [-1; 1]$, und $\cos^{-1} \cos x = x$ für alle $x \in [0; \pi]$. Und auch hier ist offensichtlich $\cos^{-1} 2$ und somit $\cos \cos^{-1} 2$ nicht definiert. Halten wir als allgemeines Ergebnis unserer Überlegungen fest:

2.68 Satz *Für jede umkehrbare Abbildung* $f : A \to B$ *gilt:*
$$f^{-1} \circ f(a) = f^{-1}(f(a)) = a \quad \text{für alle } a \in A,$$
$$f \circ f^{-1}(b) = f(f^{-1}(b)) = b \quad \text{für alle } b \in B.$$

Das ist Ihnen bei der Quadratfunktion $f : \mathbb{R}_0^+ \to \mathbb{R}_0^+$ mit $f(x) = x^2$, und der Wurzelfunktion $f^{-1} : \mathbb{R}_0^+ \to \mathbb{R}_0^+$ mit $f^{-1}(x) = \sqrt{x}$ als Umkehrung, wohl vertraut. Überprüfen Sie, dass die Aussage des Satzes einfach nur bedeutet:

$$\sqrt{a^2} = a, \, a \in \mathbb{R}_0^+; \quad \cos^{-1}(\cos a) = a, \, a \in [0; \pi]; \quad \tan^{-1}(\tan a) = a, \, a \in \left]-\tfrac{\pi}{2}; \tfrac{\pi}{2}\right[$$
$$(\sqrt{b})^2 = b, \, b \in \mathbb{R}_0^+; \quad \cos(\cos^{-1} b) = b, \, b \in [-1; 1]; \quad \tan(\tan^{-1} b) = b, \, b \in \mathbb{R}$$

Nichtstun ist wichtig – die identische Abbildung Das Ergebnis einer Rechnung kann selbstverständlich Null ergeben, und schon deswegen ist die Null eine wichtige Erfindung. Im Bereich der Abbildungen gibt es hierzu ein Analogon, die sogenannte

identische Abbildung: $\quad id_A : A \to A \quad$ mit $\quad id_A(x) = x$, $\qquad$ für jedes $x \in A$.

Die identische Abbildung oder 'Identität auf A' scheint auf den ersten Blick nicht besonders aufregend, ist aber bei Abbildungen ebenso nützlich und wichtig wie die Null bei Zahlen. Es ist die Abbildung, die eigentlich nichts tut und letztendlich alles unverändert lässt. Sei zum Beispiel $f : A \to B$ irgendeine Abbildung, so werden Sie sofort bestätigen, dass

$$f \circ id_A(x) = f(id_A(x)) = f(x), \quad \text{kurz:} \quad f \circ id_A = f,$$
$$id_B \circ f(x) = id_B(f(x)) = f(x), \quad \text{kurz:} \quad id_B \circ f = f.$$

Im Falle $A = B$ gilt natürlich auch $id_A = id_B$. Es ist doch eine bemerkenswerte Analogie: Die identische Abbildung id lässt die Abbildung f unverändert, so wie die Null bei der Addition jede Zahl unverändert lässt, oder die Eins bei der Multiplikation! Und nutzen wir diese Kurzschreibweise auch für Satz 2.68, so erhalten wir die einfache Formulierung:

Für jede umkehrbare Abbildung $f : A \to B$ gilt: $\quad f^{-1} \circ f = id_A \quad$ und $\quad f \circ f^{-1} = id_B$

Wiederum eine bemerkenswerte Ähnlichkeit zum Rechnen mit Zahlen! Und diese beiden Beziehungen sind sogar charakteristisch für die Umkehrung. Die Umkehrabbildung lässt sich nämlich eindeutig an dieser Eigenschaft erkennen. Präzise gesagt, gilt

2.69 Satz *Gegeben* $f : A \to B$. *Gibt es dann eine Abbildung* $u : B \to A$ *mit der Eigenschaft*

$$u \circ f = id_A \quad und \quad f \circ u = id_B,$$

so ist die Abbildung f *umkehrbar, und es gilt:* $u = f^{-1}$.

Zum Beweis begründen wir zunächst, warum jedes $y \in B$ höchstens einmal als Bild von $f : A \to B$ vorkommen kann. Wäre dies nämlich nicht der Fall, gäbe es $x_1 \neq x_2$, so dass $f(x_1) = y$ und $f(x_2) = y$. Folglich wäre auch $u(f(x_1)) = u(f(x_2))$, aber

$$u(f(x_1)) = u \circ f(x_1) = id_A(x_1) = x_1 \quad und \quad u(f(x_2)) = u \circ f(x_2) = id_A(x_2) = x_2,$$

im Widerspruch zu $x_1 \neq x_2$. Andererseits kommt auch jedes $y \in B$ mindestens einmal als Bild eines $x \in A$ vor, denn: $y = id_B(y) = f \circ u(y) = f(u(y)) = f(x)$, mit $x = u(y) \in A$. Bleibt noch zu zeigen, dass $u = f^{-1}$:

$$u = u \circ id_B = u \circ (f \circ f^{-1}) = (u \circ f) \circ f^{-1} = id_A \circ f^{-1} = f^{-1} \qquad \checkmark$$

Beispiel Jemand behauptet, $u : \mathbb{R}_0^+ \to \mathbb{R}_0^+$ mit $u(x) = \sqrt{x+1} - 1$ sei die Umkehrung der Funktion $f : \mathbb{R}_0^+ \to \mathbb{R}_0^+$ mit $f(x) = x^2 + 2x$. Wir prüfen einfach nach, ob bei Verkettung von u und f jedes $x \in \mathbb{R}_0^+$ tatsächlich wieder auf sich selbst abgebildet wird:

$$u \circ f(x) = u(f(x)) = u(x^2 + 2x) = \sqrt{x^2 + 2x + 1} - 1 = \sqrt{(x+1)^2} - 1 = (x+1) - 1 = x$$
$$f \circ u(x) = f(u(x)) = f(\sqrt{x+1} - 1) = (\sqrt{x+1} - 1)^2 + 2(\sqrt{x+1} - 1) =$$
$$(x+1) - 2\sqrt{x+1} + 1 + 2\sqrt{x+1} - 2 = x$$

Ergebnis: $u \circ f(x) = x$ und $f \circ u(x) = x$, für alle $x \in \mathbb{R}_0^+$, in Kurzschreibweise also: $u \circ f = id_{\mathbb{R}_0^+}$ und $f \circ u = id_{\mathbb{R}_0^+}$. Die Behauptung $u = f^{-1}$ ist tatsächlich richtig.

Zum Schluss des Beweises von 2.69 nutzten wir bereits die 'Assoziativität' der Verkettung:

Assoziativität – Klammern nicht nötig Die Addition 5+3+2 lässt sich auf zweierlei Weise durchführen, nämlich als (5+3)+2, oder als 5+(3+2). Allerdings beachtet das niemand, weil sowieso das gleiche herauskommt! Deshalb darf man hier die Klammern ganz unbekümmert weglassen. Und das gilt dann sogar auch für mehr als nur drei Summanden!

Zum Glück ist diese Unbekümmertheit auch bei der Verknüpfung von Abbildungen erlaubt. Mit obiger Kurzschreibweise gilt für Abbildungen $f : A \to B$, $g : B \to C$, $h : C \to D$ stets:

$$(h \circ g) \circ f = h \circ (g \circ f) \qquad \text{(Assoziativität)}$$

Der Beweis geschieht einfach durch direktes Ausrechnen und Vergleich der beiden Seiten. In beiden Fällen erhält man als Ergebnis $h(g(f(x)))$, für jedes $x \in A$.

Bemerkungen und Ergänzungen

Vertrauen ist gut, Kontrolle ist besser? Sicherlich können Sie noch Nullstellen von Funktionen bestimmen. Wählen wir als Beispiel:

$$f(x) = x - 3 - \sqrt{x \cdot (x+3)}, \quad (x \geq 0).$$

Diese Funktion ist für alle Werte $x \geq 0$ definiert. Für $x = 1$ zum Beispiel erhalten wir:

$f(1) = 1 - 3 - \sqrt{4}$, und das ergibt $f(1) = -4$. Rechnen wir nun endlich los:

$$f(x) = 0 \qquad x - 3 - \sqrt{x \cdot (x+3)} = 0 \qquad x - 3 = \sqrt{x \cdot (x+3)}$$

$$(x-3)^2 = x \cdot (x+3) \qquad x^2 - 6x + 9 = x^2 + 3x \qquad -9x + 9 = 0 \qquad \boxed{x = 1}$$

Aber das ist sicherlich *keine* Nullstelle! Schließlich wissen wir ja bereits, dass $f(1) = -4$. Wir sollten hier einige grundlegende Dinge klären!

Von links nach rechts wurde ja nur gezeigt: $\quad f(x) = 0 \;\Rightarrow\; x = 1$.
Das heißt, $f(x) = 0$ 'impliziert' $x = 1$, oder etwas ausführlicher und verständlicher: Falls $f(x) = 0$, so kommt hierfür nur $x = 1$ in Frage! Wir machen daher die
Probe: $f(1) = -4$. Folgerung, die einzig mögliche Nullstelle ist keine!

Aber warum kann man nicht Schritt für Schritt auch *rückwärts* schließen, genauer gesagt

$$x = 1 \quad \Rightarrow \quad -9x + 9 = 0 \quad \Rightarrow \quad \ldots \quad \Rightarrow \quad f(x) = 0 \,?$$

Der kritische Schritt ist natürlich $\sqrt{(x-3)^2}$! Wir wissen von den Beispielen zu Satz 2.68: $\sqrt{a^2} = a$ für $a \in \mathbb{R}_0^+$. Das liefert $a = (x-3)$ für $a \geq 0$, also für $x - 3 \geq 0$ bzw. $x \geq 3$. Wegen der Voraussetzung $x = 1$ ist dieser Fall natürlich ausgeschlossen!

Wir könnten auch die allgemeinere Beziehung 2.65 benutzen und erhielten als Folgerung: $\sqrt{a^2} = |a|$ für $a \in \mathbb{R}$, und das liefert $\sqrt{(x-3)^2} = |x - 3|$. Im Falle $x - 3 \geq 0$ erhielten wir wieder $x - 3$, was nach Voraussetzung aber ausgeschlossen ist. Im anderen Fall liefert 2.66: $|x-3| = -(x-3) = 3 - x$.

Überprüfen Sie: Das führt nicht mehr zum gewünschten Ziel $f(x) = 0$.

Umformen von Gleichungen ist manchmal nur in einer Richtung möglich! Für jede zur Umformung benutzte Abbildung $u : A \to B$ gilt für beliebige $c, d \in A$ die einfache Regel:

$$c = d \qquad \Longrightarrow \qquad u(c) = u(d)$$

Am häufigsten ist wohl die Addition einer Konstanten k, also die Anwendung der Funktion $u : \mathbb{R} \to \mathbb{R}$ mit $u(x) = x + k$. Sie liefert die einfache Regel: $c = d \Rightarrow c + k = d + k$.
Analog die Multiplikation beider Seiten mit einer Konstanten, also die Anwendung der Funktion $u : \mathbb{R} \to \mathbb{R}$ mit $u(x) = k \cdot x$: $\quad c = d \Rightarrow k \cdot c = k \cdot d$.
Ebenso das Quadrieren mit $u(x) = x^2$: $c = d \Rightarrow c^2 = d^2$. Natürlich ist auch jede andere Funktion möglich, sofern c bzw. d zum Definitionsbereich gehört, z.B. Cosinus $u(x) = cos\, x$, Logarithmus $u(x) = \log x$, oder $u(x) = \sqrt{x}$!

Besonders nützlich sind wieder *umkehrbare* Abbildungen. Wenden wir nämlich u^{-1} auf die Gleichung $u(c) = u(d)$ an, so ergibt dies $u^{-1}(u(c)) = u^{-1}(u(d))$, also $c = d$. Wir dürfen somit aus $u(c) = u(d)$ auch *umgekehrt* $c = d$ folgern.
Dies trifft zum Beispiel zu für die Addition einer Konstanten, oder für die Multiplikation mit einer Konstanten ($k \neq 0$). Hingegen ist die Quadratfunktion $u : \mathbb{R} \to \mathbb{R}_0^+$ nicht umkehrbar! Daher folgt zum Beispiel aus $(-3)^2 = 3^2$ auch nicht $(-3) = 3$.

2.70 Satz *Für alle $c, d \in A$ und für jede Abbildung $u : A \to B$ gilt: $c = d \;\Rightarrow\; u(c) = u(d)$. Und im Falle der Umkehrbarkeit der Abbildung $u : A \to B$ gilt auch: $c = d \;\Leftrightarrow\; u(c) = u(d)$.*

Bei nicht umkehrbaren Umformungen ist daher eine Probe erforderlich, wie auch bei unserem einführenden Beispiel. Bei umkehrbaren Umformungen kann die Probe hingegen entfallen!

Potenzen und Beträge Achten Sie in diesem Falle auf den Betrag, sonst müssen Sie bezahlen, möglicherweise mit dem falschen Ergebnis! Eine wichtige, umkehrbare Umformung ist nämlich die auf 2.65 beruhende Regel:

(2.71) *Für alle reellen Zahlen c, d gilt:* $\qquad c^n = d^n \quad \Leftrightarrow \quad |c| = |d| \qquad (n = 2, 4, 6, \ldots)$

(Für ungerade n sind die Potenzfunktionen alle umkehrbar, folglich: $c^n = d^n \quad \Leftrightarrow \quad c = d$).

Der häufigste Fall ist natürlich $n = 2$: $\qquad c^2 = d^2 \quad \Leftrightarrow \quad |c| = |d|$

und fast genau so häufig werden die Betragsstriche vergessen, mit unangenehmen Folgen: Manchmal ist das Ergebnis nur 'halb' richtig, gelegentlich sogar falsch. Und das ist eigentlich schon etwas peinlich, denn die Quadratfunktion ist doch eine einfache Allerweltsfunktion.

Beispiel 1: Bestimmen Sie alle $x \in \mathbb{R}$, für die gilt: $\quad (x - 3)^2 = 4$.

$(x - 3)^2 = 4 \Leftrightarrow |x - 3| = 2 \Leftrightarrow$
falls $(x - 3) \geq 0$: $\quad x - 3 = 2$, oder falls $(x - 3) < 0$: $\quad -(x - 3) = 2 \quad \Leftrightarrow$
falls $\qquad x \geq 3$: $\quad x = 3 + 2$, oder falls $\qquad x < 3$: $\quad x - 3 = -2 \Leftrightarrow x = 3 - 2$.

Ergebnis: Sämtliche Lösungen sind $x_1 = 5$ sowie $x_2 = 1$.

Ohne Betragsstriche erhalten Sie übrigens nur die Lösung $x_1 = 5$.
Ganz genau betrachtet, war der erste Schritt natürlich $(x - 3)^2 = 2^2$, und anschließend $|x - 3| = |2|$. Wobei $|2| = 2$, weil $2 \geq 0$.
Allgemein könnte man rechts jeden Zahlenwert $a \geq 0$ schreiben als $(\sqrt{a})^2$, wobei dann wieder $|\sqrt{a}| = \sqrt{a}$, weil $\sqrt{a} \geq 0$. Wir erinnern noch einmal an 2.66 auf S. 153.

$$y = (x - 3)^2$$

(2.72)

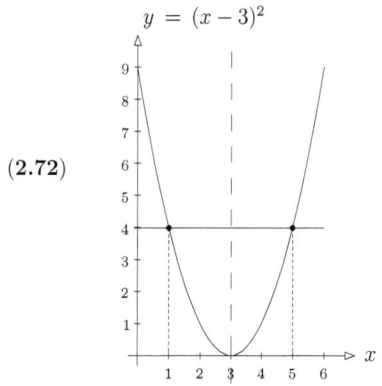

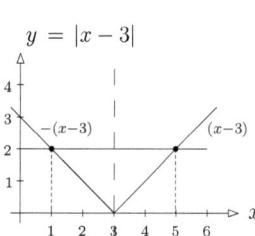

$$y = |x - 3|$$

Die zeichnerische Lösung von $(x - 3)^2 = 4$ zeigt Abbildung 2.72 links, und gleichwertig dazu, rechterhand die Skizze von $|x - 3| = 2$. Die Funktion $y = |x - 3|$ besteht aus den beiden 'Ästen' oder Halbgeraden $y = x - 3$, (für $x \geq 3$), und $y = -(x - 3) = -x + 3$, (für $x \leq 3$).

Wie lösen Sie eigentlich eine quadratische Gleichung?

Beispiel 2: Bestimmen Sie alle $x \in \mathbb{R}$, für die gilt: $\quad x^2 - 6x + 5 = 0$.

Ein übliches Verfahren ist die 'quadratische Ergänzung':
$x^2 - 6x + 5 = 0 \Leftrightarrow (x^2 - 6x + 9) - 9 + 5 = 0 \Leftrightarrow (x - 3)^2 - 4 = 0 \Leftrightarrow (x - 3)^2 = 4$

Letztere Aufgabe haben wir bereits gelöst, also weiter wie in Beispiel 1. Hiernach müssten Sie nun auch 'sauber' die Aufgabe 4 lösen können, soll heißen: korrekt mit Betragsstrichen und deren Auflösung durch Fallunterscheidung!

Beispiel 3: Bestimmen Sie alle $x \in \mathbb{R}$, für die gilt: $(x+2)^2 = (x-3)^2$.

Der 'Schnellschuss' liefert $x + 2 = x - 3$, und weiter $2 = -3$. Überraschend, sensationell? Solche Implikationen werden oft falsch interpretiert! Beachten Sie:

$$x + 2 = x - 3 \quad \Rightarrow \quad 2 = -3, \quad (x+2 = x-3 \text{ impliziert } 2 = -3),$$

würde bedeuten: „Gilt $x + 2 = x - 3$ für irgendein x, dann gilt auch $2 = -3$."
Die Annahme $x + 2 = x - 3$ kann folglich für kein x richtig sein, denn das würde zum genannten Widerspruch führen. Kurzum: Die Gleichung $x + 2 = x - 3$ hat keine Lösung, und das ist weder überraschend noch sensationell!

Allerdings war diese Umformung von Beispiel 3 sowieso nicht korrekt! Die Umformung gemäß 2.71 liefert nämlich $|x + 2| = |x - 3|$. Und zum Auflösen der Betragsstriche oder für eine Skizze sind nun Fallunterscheidungen nötig. Diese unterteilen den Bereich $\mathbb{R}$ einfach nur in mehrere Teilbereiche. Dazu genügen in diesem Falle die Bereiche

I. $x \leq -2$,   II. $-2 < x < 3$,   III. $3 \leq x$ (bzw. $x \geq 3$).

Dies zeigt nun die folgende Durchführung der Rechnung, aber besonders deutlich die entsprechende Abbildung 2.73. Letztere würde auch sofort zeigen, dass wir die Suche nach einer

(2.73)

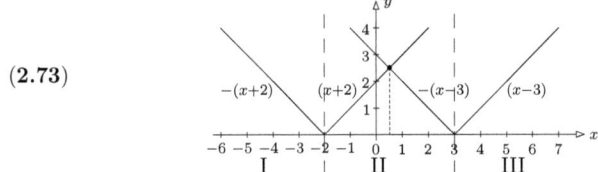

Lösung auf den Bereich $-2 < x < 3$ beschränken könnten. Vergleichen Sie auch einmal rechnerisch und zeichnerisch die jeweils gültigen 'Äste' der beiden Beträge $|x + 2|$ und $|x - 3|$:

$(x + 2)^2 = (x - 3)^2 \Leftrightarrow |x + 2| = |x - 3| \Leftrightarrow$
falls $x \leq -2$ (also auch $x \leq 3$): $-(x + 2) = -(x - 3) \Leftrightarrow -2 = 3$, Wdspr., keine Lösung;
falls $-2 < x < 3$: $(x + 2) = -(x - 3) \Leftrightarrow x + 2 = -x + 3 \Leftrightarrow 2x = 1 \Leftrightarrow x = \frac{1}{2}$;
falls $3 \leq x$ (also auch $2 \leq x$): $x + 2 = x - 3 \Leftrightarrow 2 = -3$, Widerspruch, keine Lösung.

Ergebnis: $x_1 = \frac{1}{2}$ ist die einzige Lösung der Gleichung.

Zugegeben, das ist durch Ausmultiplizieren der quadratischen Ausdrücke einfacher zu finden. Aber hier sollten die so unvermeidbaren Fallunterscheidungen bei Beträgen gezeigt werden. Versuchen Sie doch nun einmal $|x + 2| = 2 \cdot |x - 1|$ rechnerisch wie zeichnerisch zu lösen.

Diese einfachen Beispiele sollten auch zeigen, dass Umformungen mit Wurzelziehen und Quadrieren recht 'unfallträchtig' sein können! Zum Üben finden Sie deshalb noch weitere Beispiele im Aufgabenteil.

Gleichungen mit einer Unbekannten lassen sich stets auf die einfache Form $f(x) = 0$ bringen. Oft ist es praktischer, nicht alles auf eine Seite zu schreiben, sondern anstelle der Null irgendeine andere Zahl rechts stehen zu lassen. Beispiel: $cos\, x = 0,5$ anstelle $cos\, x - 0,5 = 0$. Wählen wir also allgemein die Form

$$f(x) = c \qquad\qquad (c \in \mathbb{R})$$

Gesucht sind alle x aus dem Definitionsbereich A, die diese Gleichung erfüllen. Gehört c gar nicht zum Wertebereich B von f, so hat diese Gleichung natürlich gar keine Lösung! Ist aber $c \in B$ und $f : A \to B$ umkehrbar, so hat diese Gleichung genau eine Lösung!

Denken Sie daran, dass sich f^{-1} und f gemäß 2.68 gegenseitig 'aufheben':

$$f : A \to B \qquad\qquad \text{Beispiel:} \quad cos : [0; \pi] \to [-1; 1]$$
$$f(x) = c \qquad\qquad\qquad cos\, x = \tfrac{1}{2}$$
$$\Leftrightarrow \quad f^{-1}(f(x)) = f^{-1}(c) \qquad\qquad cos^{-1}(cos\, x) = cos^{-1}\tfrac{1}{2}$$
$$\Leftrightarrow \qquad\quad x = f^{-1}(c) \qquad\qquad\qquad x = 1{,}0472 \ \ (60°)$$

Ist $f : A \to B$ nicht auf dem gesamten Bereich A umkehrbar, so kann man versuchen, f auf einzelnen Teilbereichen umzukehren, und auf jedem Teilbereich eine Lösung zu bestimmen. Eine Skizze ist hier oft hilfreich.

Auch wird man bei komplizierten Abbildungen f den Schritt von $f(x) = c$ zur gesuchten Lösung $x = f^{-1}(c)$ in mehrere Schritte *zerlegen*: Man verwendet zur Umformung der Reihe nach einfache, umkehrbare Abbildungen $f_1, f_2, \ldots, f_k$. Das Ziel ist erreicht, wenn schließlich gilt $x = f_k \circ \ldots \circ f_2 \circ f_1\,(c)$, was aber nur eine Zerlegung $f^{-1} = f_k \circ \ldots \circ f_2 \circ f_1$ bedeutet.

Ein Blick zurück …

- Viele Abbildungen sind gegeben als Verkettung von einfacheren Abbildungen.

- Die Verkettung ist assoziativ, aber nicht kommutativ.

- Eine Abbildung $f : D \to W$ und ihre Umkehrung heben sich bei Verkettung auf:
  $f^{-1} \circ f(x) = f^{-1}(f(x)) = x$ für $x \in D$, und $f \circ f^{-1}(y) = f(f^{-1}(y)) = y$ für $y \in W$.

- Durch Verkettung mehrerer Abbildungen kann das Lösen einer Gleichung in mehrere Schritte zerlegt werden.

Aufgaben

1. (i) Gesucht sind alle Lösungen von $2x - 15 - \sqrt{x} = 0$, $(x \geq 0)$. Wir formen um:
   $2x - 15 = \sqrt{x}$, $(2x - 15)^2 = x$, $4x^2 - 60x + 225 = x$, $4x^2 - 61x + 225 = 0$,
   $x^2 - \frac{61}{4}x + \frac{225}{4} = 0$. Das ergibt für $x \in \mathbb{R}$ die Lösungen

   $$x_{1,2} = \frac{61}{8} \pm \sqrt{\frac{3721}{64} - \frac{3600}{64}}, \quad x_{1,2} = \frac{61}{8} \pm \frac{11}{8} : \quad \boxed{x_1 = 9,\ x_2 = \frac{25}{4}}$$

   Aber warum ist nur x_1 eine Lösung, nicht aber x_2? Ist die Welt noch in Ordnung? (Untersuchen Sie die einzelnen Rechenschritte auf Umkehrbarkeit!)

   Vielleicht etwas einfacher:

   (ii) $\sqrt{2 - x} = x$, $(x \leq 2)$,

   (iii) $x + \sqrt{x - 1} = 1$, $(x \leq 1)$.

2. Bestimmen Sie alle Lösungen $x \in \mathbb{R}$ der folgenden Gleichungen:

   (i) $\dfrac{2}{2x - 2} = \dfrac{1}{x - 1}$ \qquad (ii) $\dfrac{2x}{x - 1} = 2$ \qquad (iii) $\dfrac{2}{x - 1} = \dfrac{1}{x - 1}$ \qquad (für $x \neq 1$),

   (iv) $2 + \dfrac{1}{x^2} = \dfrac{4x^2 + 2}{2x^2}$ \qquad (v) $2 + \dfrac{3}{x^2} = 1 - \dfrac{4}{x^2}$ \qquad (vi) $\dfrac{1}{x^2} + 5x = \dfrac{2 + 5x^3}{2x^2}$ \qquad (für $x \neq 0$).

3. (i) Bitte rechnen Sie nach: $\quad x^2 - 2x(x+1) + (x+1)^2 \; = \; x^2 + 2x(1-x) + (1-x)^2$.
Das ist ohne Zweifel für alle reellen x richtig!
Also mit 'Binomi': $\quad (x - (x+1))^2 \; = \; (x + (1-x))^2, \quad x - (x+1) = x + (1-x)$,
$x - x - 1 = x + 1 - x$, Ergebnis: $\boxed{-1 = 1}$. Wo steckt der Fehler? Korrigieren Sie!

(ii) $2x - 1 = \sqrt{(x-2)^2}, \quad 2x - 1 = x - 2, \quad x = -1$. Das ist falsch! Und die Lösung
$x = 1$ fehlt!

4. Gegeben die quadratische Gleichung $\quad x^2 + p \cdot x + q = 0$, mit $\frac{p^2}{4} - q \geq 0$. Zeigen Sie
mit Hilfe 'quadratischer Ergänzung':

$$x^2 + px + q = 0 \quad \Leftrightarrow \quad (x + \tfrac{p}{2})^2 = \tfrac{p^2}{4} - q \quad \Leftrightarrow \quad x_{1,2} = -\tfrac{p}{2} \pm \sqrt{\tfrac{p^2}{4} - q}$$

Hinweis zur Auflösung der Betragsstriche: Fallunterscheidung $x \leq -\frac{p}{2}$ sowie $x > -\frac{p}{2}$.

5. Noch ein dicker Brocken, gesucht sind alle reellen Zahlen $x \geq 0$, die folgende Gleichung
erfüllen: $\sqrt{x \cdot (x+9)} - x + 36 = 0$. Wir formen um:

$$\sqrt{x \cdot (x+9)} = x - 36, \quad x \cdot (x+9) = (x-36)^2, \quad x^2 + 9x = x^2 - 72x + 36^2,$$
$81x = 1296, \quad \boxed{x = 16}$. Aber das ist gar keine Lösung unserer Ausgangsgleichung!

6. Nach alledem düften Sie den Fehler in folgender Schlusskette leicht finden:
$$9 - 21 = 16 - 28, \quad 9 - 21 + \tfrac{49}{4} = 16 - 28 + \tfrac{49}{4}, \quad (3 - \tfrac{7}{2})^2 = (4 - \tfrac{7}{2})^2, \quad 3 - \tfrac{7}{2} = 4 - \tfrac{7}{2}, \quad 3 = 4.$$

7. Noch ein 'Sahnehäubchen' zum Abschluss: Wir wählen zwei ganze Zahlen a und b, so
dass $a > b$ erfüllt ist. Dann gibt es eine natürliche Zahl c, so dass $a = b + c$ ist. Daraus
folgt, durch Multiplikation beider Seiten dieser Gleichung mit $a - b$:

$a \cdot (a - b) = (a - b) \cdot (b + c), \quad a^2 - ab = ab - b^2 + ac - bc$,
$a^2 - ab - ac = ab - b^2 - bc, \quad a \cdot (a - b - c) = b \cdot (a - b - c), \quad a = b$, obwohl $a > b$?

8. Die Seitenlänge eines Würfels wurde um $2\,\text{cm}$ vergrößert. Das Volumen vergrößerte
sich hierdurch um $728\,\text{cm}^3$. Wie groß war die ursprüngliche Seitenlänge?
(Hinweis: $(x+2)^3 = x^3 + 6x^2 + 12x + 8$)

9. Skizzieren Sie (i) $f, g : \mathbb{R} \mapsto \mathbb{R}$ mit $f(x) = \sqrt{x^2} \; (= |x|)$, und $g(x) = x + \sqrt{x^2}$.
(ii) $h : \mathbb{R} \mapsto \mathbb{R}$ mit $h(x) = \sqrt{x^2 - 2x + 1} = \sqrt{(x-1)^2}$.

10. Bestimmen Sie alle $x \in \mathbb{R}$, die die Gleichung $(3x^2 - 5)^3 + 8 = 0$ erfüllen. Bitte
begründen Sie jeden Schritt. Skizzieren Sie die 3.Potenz ($x \in \mathbb{R}$), und die 3.Wurzel als
Umkehrung!

11. Gesucht ist die Lösung von $\quad x \cdot \sqrt{2} = x - 1$.
Lösung I: $\quad x^2 \cdot 2 = (x-1)^2, \quad 2 \cdot x^2 = x^2 - 2x + 1, \quad x^2 + 2x - 1 = 0$,
$x_1 = -1 + \sqrt{2}$ und $x_2 = -1 - \sqrt{2}$.

Lösung II: $\quad x \cdot \sqrt{2} - x = -1, \quad x \cdot (\sqrt{2} - 1) = -1, \quad x = \dfrac{-1}{\sqrt{2} - 1}$?

12. Lösen Sie folgende Gleichung nach T_2 auf:

$$a = \frac{c}{b} \cdot \frac{T_2 - T_1}{T_2 \cdot T_1} \qquad \text{Hinweis: Vereinfachen Sie zunächst} \; (T_2 - T_1)/(T_2 \cdot T_1)$$

13. Für eine streng monoton fallende Funktion $f : [a; b] \to \mathbb{R}$ gilt bekanntlich (Skizze!):

$$c, d \in [a; b] \text{ und } c < d \quad \Rightarrow \quad f(c) > f(d).$$

Was bedeutet das speziell für die beiden folgenden, streng monoton fallenden Funktionen $f : \mathbb{R}^+ \to \mathbb{R}$ mit $f(x) = \frac{1}{x}$, und $g : \mathbb{R}^- \to \mathbb{R}$ mit $g(x) = \frac{1}{x}$?

14. Gegeben die folgenden Abbildungen $f, g, h, i, r, s : A \to A$, wobei hier A die Menge aller reellen Zahlen bezeichne, aber ohne die Null und ohne die Zahl Eins:

$$i(x) = x, \quad f(x) = \frac{1}{1-x}, \quad g(x) = \frac{x-1}{x}, \quad h(x) = \frac{x}{x-1}, \quad r(x) = \frac{1}{x}, \quad s(x) = 1-x.$$

(i) Rechnen Sie nach: $\quad f \circ g\,(x) = g \circ f\,(x) = x, \quad h \circ h\,(x) = x, \quad r \circ r\,(x) = x,$
$s \circ s\,(x) = x, \quad i \circ i\,(x) = x, \quad f \circ h\,(x) = s(x), \quad h \circ f\,(x) = r(x), \quad g \circ g\,(x) = f(x).$

(ii) Begründen Sie, warum alle Abbildungen umkehrbar sind. Bestimmen Sie alle Umkehrabbildungen $f^{-1}, g^{-1}, h^{-1}, r^{-1}, s^{-1}, i^{-1}$.

15. Die Funktionen der vorigen Aufgabe gehören irgendwie zusammen! Der Mathematiker sagt, sie bilden eine „Gruppe". Einige Felder der Verknüpfungstafel sind bereits ausgefüllt, denn einige Ergebnisse kennen wir schon von der vorigen Aufgabe, zum Beispiel: $f \circ g = g \circ f = i, \quad h \circ h = i, \quad f \circ h = s, \quad h \circ f = r, \quad \dots$ (in Kurzschreibweise notiert).

$\circ$	i	f	g	h	r	s
i	i					
f			i	s		
g		i	f			
h		r		i		
r				i		
s						i

Bitte füllen Sie auch die übrigen Felder aus. Vielleicht entdecken Sie hier einige Gesetzmäßigkeiten, zum Beispiel dass in jeder Zeile und jeder Spalte jede Funktion genau einmal vorkommt!

16. Selbstverständlich gibt es auch Abbildungen $f : \mathbb{N} \to \mathbb{N}$, wobei $\mathbb{N}$ die Menge der natürlichen Zahlen bezeichnet (ohne die Null). Viele sind umkehrbar, manche wiederum nicht. Hier etwas für Experten:

Sei $f : \mathbb{N} \to \mathbb{N}$ mit $f(x) = 2x$ für ungerade x, und $f(x) = 2x - 1$ für gerades x. Beispielsweise ist $f(3) = 6$, und $f(4) = 7$. Und ganz entsprechend, als zweite Abbildung sei $u : \mathbb{N} \to \mathbb{N}$ mit $u(x) = \frac{1}{2}(x+1)$ für ungerade x, und $u(x) = \frac{1}{2}x$ für gerades x.

(i) Zeigen Sie: $u \circ f\,(x) = x$ für jedes $x \in \mathbb{N}$, \quad (kurz: $u \circ f = id_{\mathbb{N}}$).

(ii) Gilt auch: $f \circ u\,(x) = x$ für jedes $x \in \mathbb{N}$, \quad (kurz: $f \circ u = id_{\mathbb{N}}$)?
(Hinweis: Bestimmen Sie $f \circ u\,(x)$ zum Bsp. für $x = 1, 4, 5, 8, 9, \dots$!)

Tatsächlich ist diese Abbildung f *nicht* umkehrbar! Allein aus $u \circ f = id$ dürfen wir also noch nicht schließen, dass f umkehrbar und u die Umkehrung f^{-1} ist! (Vgl. 2.69).

17. Vereinfachen Sie mit dem Additionstheorem: $cos^{-1}(cos\,\alpha \cdot cos\,\beta - sin\,\alpha \cdot sin\,\beta)$, ($0 \le \alpha, \beta \le \frac{\pi}{2}$).

18. Nicht ganz einfach zu beweisen ist folgendes Ergebnis. Zeigen Sie, das im Falle $a, b \ge 0$ und $tan^{-1}a + tan^{-1}b < \frac{\pi}{2}$ gilt:

$$tan^{-1}a + tan^{-1}b = tan^{-1}\frac{a+b}{1-a \cdot b}$$

Hinweise: Sei $tan^{-1}a = \alpha$, $tan^{-1}b = \beta$. Die linke Seite der Gleichung lautet hiermit also nur $\alpha + \beta$. Wegen $a, b \geq 0$ gilt auch $\alpha, \beta \geq 0$, und wegen $tan^{-1}a + tan^{-1}b < \frac{\pi}{2}$ gilt auch $\alpha + \beta < \frac{\pi}{2}$. Wir dürfen daher das Additionstheorem von Aufgabe 26 auf Seite 96 heranziehen, und erhalten für die rechte Seite:

$$tan^{-1}\frac{a+b}{1-a\cdot b} = tan^{-1}\frac{tan\,\alpha + tan\,\beta}{1 - tan\,\alpha \cdot tan\,\beta} = tan^{-1}tan\,(\alpha + \beta)$$

19. Beweisen Sie analog zu 18 (mit entsprechenden Einschränkungen für a, b):

    $$sin^{-1}a + sin^{-1}b = sin^{-1}(a\cdot\sqrt{1-b^2} + b\cdot\sqrt{1-a^2}),$$
    $$cos^{-1}a + cos^{-1}b = cos^{-1}(a\cdot b - \sqrt{1-a^2}\cdot\sqrt{1-b^2}).$$

    Beachten Sie hier zusätzlich $(sin\,\alpha)^2 = 1 - (cos\,\alpha)^2$, und $(cos\,\alpha)^2 = 1 - (sin\,\alpha)^2$.

20. Beweisen Sie: $\frac{\pi}{4} = 4\cdot tan^{-1}\frac{1}{5} - tan^{-1}\frac{1}{239}$. Zeigen Sie zunächst mit Aufg. 18:

    $tan^{-1}\frac{120}{119} = 2\cdot tan^{-1}\frac{5}{12} = 4\cdot tan^{-1}\frac{1}{5}$, sowie $tan^{-1}1 + tan^{-1}\frac{1}{239} = tan^{-1}\frac{120}{119}$.

21. Wir diskutieren hier Funktionen der Form $f(x) = \frac{a\cdot x + b}{c\cdot x + d}$, wobei für die Konstanten $a, b, c, d \in \mathbb{R}$ zumindest gelten soll $a\cdot d \neq b\cdot c$ (Kommentar siehe unten). Im Falle $c = 0$ handelt es sich nur um eine Gerade, weshalb wir im Folgenden $c \neq 0$ voraussetzen. Der Funktionsausdruck ist für alle x definiert, für die der Nenner ungleich Null ist, also für alle reellen Zahlen $x \neq -\frac{d}{c}$. Zeigen Sie:

    Als Funktionswerte ergeben sich alle reellen Zahlen $y \neq \frac{a}{c}$, und die Umkehrfunktion lässt sich schreiben in der Form $f^{-1}(x) = \frac{-d\cdot x + b}{c\cdot x - a}$, $x \neq \frac{a}{c}$.

    (Kommentar: Im Falle $a\cdot d = b\cdot c$ wäre das d-fache des Zählers gleich dem b-fachen des Nenners, also $f(x)$ konstant und somit nicht umkehrbar, und speziell für $c, d = 0$ wäre der Ausdruck gar nicht definiert.)

22. Wissen Sie sofort, dass $tan^{-1}1 = \frac{\pi}{4}$ (45°) ist? Natürlich, denn auf beiden Seiten der Gleichung tan angewandt, ergibt sofort $1 = tan\frac{\pi}{4}$. Aber die alte Schreibweise $arc\,tan\,1 = \frac{\pi}{4}$ war ebenso eine Hilfe (wegen lat. *arcus* für Kreisbogen bzw. Winkel): $arc\,tan\,1 = \frac{\pi}{4}$ lässt sich formulieren als „der Bogen mit Tangens gleich 1 ist $\frac{\pi}{4}$".

    Die Umkehrung der trigonometrischen Funktionen heißen daher auch *Arcus-Funktionen*. Bestimmen Sie mit entsprechender Ausdrucksweise die Werte von $sin^{-1}1$, $cos^{-1}\frac{1}{2}$.

    (Lösung: $sin^{-1}1 = arc\,sin\,1 = \frac{\pi}{2} = 90°$, $cos^{-1}\frac{1}{2} = arc\,cos\frac{1}{2} = \frac{\pi}{3} = 60°$).

23. Für Experten: Sind $f : A \to B$ und $g : B \to C$ umkehrbar, dann ist auch $g \circ f : A \to C$ umkehrbar! Es gilt nämlich: $(g \circ f)^{-1} = f^{-1} \circ g^{-1}$.

    Hinweis: Überprüfen Sie gemäß 2.69, dass für den angegebenen Ausdruck gilt: $(g \circ f)^{-1} \circ (g \circ f) = id_A$ und $(g \circ f) \circ (g \circ f)^{-1} = id_C$. Nutzen Sie die Assoziativität.

Kapitel 3

Exponential- und Potenzfunktionen

3 a) Definition der Exponentialfunktionen a^x

Versuchen wir doch wieder einmal, die Welt der Mathematik aus den Angeln zu heben! Die dritte Wurzel ist für positive und negative x–Werte definiert. Nehmen Sie dazu vielleicht die Skizze 2.64 auf S. 152 zur Hilfe. Wir erhalten zum Beispiel $\sqrt[3]{8} = 2$ und $\sqrt[3]{-8} = -2$. Schließlich ist die dritte Wurzel nur die Umkehrung der dritten Potenz, also gilt allgemein: $\sqrt[3]{x^3} = x$ für alle $x \in \mathbb{R}$. Konkret beutet das $\sqrt[3]{8} = \sqrt[3]{2^3} = 2$, und $\sqrt[3]{-8} = \sqrt[3]{(-2)^3} = -2$. Und mit den bekannten Rechenregeln für Wurzeln und Potenzen schließen wir nun einfach:
$$-2 = \sqrt[3]{(-2)^3} = \sqrt[3]{(-8)} = (-8)^{\frac{1}{3}} = (-8)^{\frac{2}{6}} = \sqrt[6]{(-8)^2} = \sqrt[6]{64} = \sqrt[6]{2^6} = 2, \quad \text{also: } -2 = 2\,?$$

Definition und Eigenschaften

Wir beginnen lieber noch einmal von vorn! Für beliebiges $a \in \mathbb{R}$ und für jede natürliche Zahl $n \in \mathbb{N}$ vereinbaren wir $a^n = a \cdot a \cdot \ldots \cdot a$ (n–mal). Hierfür sind folgende Rechenregeln leicht zu beweisen:

(i) $(a \cdot b)^n = a^n \cdot b^n$ $\qquad$ (ii) $a^n \cdot a^m = a^{n+m}$ $\qquad$ (iii) $(a^n)^m = a^{n \cdot m}$

Als nächstes definiert man gemäß S. 152 (2.63) die n-te Wurzel $\sqrt[n]{a}$. Mit Hilfe der vorigen Potenzrechenregeln folgt dann (vgl. auch Aufg. (11), S. 155):

(i) $\sqrt[n]{a \cdot b} = \sqrt[n]{a} \cdot \sqrt[n]{b}$ $\qquad$ (ii) $\sqrt[n]{a^m} = (\sqrt[n]{a})^m$ $\qquad$ (iii) $\sqrt[m \cdot n]{a} = \sqrt[m]{\sqrt[n]{a}}$

(im Fall n ungerade gelten (i) und (ii) auch für negative Werte von a und b aus $\mathbb{R}$. Sind m und n ungerade, gilt (iii) auch für negative a aus $\mathbb{R}$). Wir vereinbaren nun:

(3.1) $a^{\frac{m}{n}} = (\sqrt[n]{a})^m$,   für jedes $a \in \mathbb{R}_0^+$ und $n, m \in \mathbb{N}$.

Könnte man $a^{\frac{m}{n}}$ auch als $\sqrt[n]{a^m}$ definieren? Sicherlich, denn bekanntlich gilt:
$$\sqrt[n]{a^m} = \sqrt[n]{a \cdot a \cdots a} = \sqrt[n]{a} \cdot \sqrt[n]{a} \cdot \sqrt[n]{a} \cdots \sqrt[n]{a} = (\sqrt[n]{a})^m, \qquad \text{(für } a \in \mathbb{R}_0^+).$$
Ließe sich eigentlich $a^{\frac{m}{n}}$ mit (3.1) auch für negative a definieren, zum Beispiel für $a = -8$? Leider ist das von Anfang an zum Scheitern verurteilt, denn bereits $a^{\frac{1}{n}} = \sqrt[n]{a}$ wäre dann nur noch für ungerade n definiert. Beispiel: $(-8)^{\frac{1}{3}} = \sqrt[3]{-8} = -2$, aber $(-8)^{\frac{1}{6}} = \sqrt[6]{-8}$ wäre nicht definiert. Und beispielsweise auch nicht $(-8)^{\frac{2}{6}} = (\sqrt[6]{-8})^2$.

Dann wählen wir eben die andere Möglichkeit $a^{\frac{m}{n}} = \sqrt[n]{a^m}$? Aber auch dann wäre $a^{\frac{1}{n}}$ für gerade n und negative a nicht definiert. Zusätzlich könnten verschiedene Darstellungen ein- und derselben Bruchzahl zu verschiedenen Ergebnissen führen, zum Beispiel $\frac{1}{3} = \frac{2}{6}$:
$$(-8)^{\frac{1}{3}} = \sqrt[3]{-8} = -2, \quad \text{aber} \quad (-8)^{\frac{2}{6}} = \sqrt[6]{(-8)^2} = \sqrt[6]{64} = 2.$$
Wir müssen einsehen: $a^{\frac{m}{n}}$ macht für negative a keinen Sinn, womit auch der Fehler zu Beginn des Abschnitts aufgedeckt wäre. Achten Sie auch im mathematischen Alltag darauf, dass zum Beispiel $\sqrt[3]{a}$ für alle $a \in \mathbb{R}$ definiert ist, dagegen $a^{\frac{1}{3}}$ nur für $a \geq 0$. Auf dem gemeinsamen Bereich $\mathbb{R}_0^+$ stimmen sie natürlich überein.

Merke $a^{\frac{m}{n}}$ *ist nur für* $a \in \mathbb{R}_0^+$ *definiert, also nur für Zahlenwerte* $a \geq 0$.

Vergleichen wir nun die Ergebnisse für $r = \frac{m}{n}$ und $r = \frac{k \cdot m}{k \cdot n}$, so gibt es keine Schwierigkeiten. Die betreffenden Ausdrücke existieren im Falle $a \geq 0$ und führen zum gleichen Ergebnis:
$$a^{\frac{k \cdot m}{k \cdot n}} = \left(\sqrt[k \cdot n]{a}\right)^{k \cdot m} = \left(\left(\sqrt[k \cdot n]{a}\right)^k\right)^m = \left(\left(\sqrt[k]{\sqrt[n]{a}}\right)^k\right)^m = \left(\sqrt[n]{a}\right)^m = a^{\frac{m}{n}} \qquad \checkmark$$

Das bedeutet aber immerhin, dass wir mit (3.1) den Ausdruck a^r für jeden rationalen Exponenten $r > 0$ in sinnvoller Weise definiert haben. Für negative Exponenten erweitern wir die Definition so, wie es bereits für $m \in \mathbb{N}$ und $a \in \mathbb{R}$ definiert ist, nämlich durch Reziprokbildung $a^{-m} = \frac{1}{a^m}$, $(a \neq 0)$, und $a^0 = 1$. Entsprechend für $r \in \mathbb{Q}$,

(3.2) $a^0 = 1$ und $a^{-r} = \dfrac{1}{a^r}$ $(a \in \mathbb{R}^+)$.

Wobei wir nun an dieser Stelle offensichtlich auch noch den Wert $a = 0$ ausschließen müssen! Fassen wir das Zwischenergebnis unserer Bemühungen erst einmal zusammen:

> *Für jede 'Basis'* $a \in \mathbb{R}^+$ *ist der Funktionsausdruck* $f(r) = a^r$
> *für beliebige rationale Zahlen* r*, also für alle* $r \in \mathbb{Q}$*, definiert.*

Auch die alten Rechenregeln gelten noch für die neuen, rationalen Exponenten:
$$(a \cdot b)^r = a^r \cdot b^r, \quad \left(\tfrac{a}{b}\right)^r = \tfrac{a^r}{b^r}, \quad a^r \cdot a^s = a^{r+s}, \quad \tfrac{a^r}{a^s} = a^{r-s}, \quad (a^r)^s = a^{r \cdot s}, \quad (a, b \in \mathbb{R}^+, \; r, s \in \mathbb{Q}).$$

Die Beweise sind langwierig und langweilig. Wir beweisen exemplarisch für $r, s > 0$ mit $r = \frac{m}{n}$ und $s = \frac{k}{l}$ $(k, l, m, n \in \mathbb{N})$:
$$a^{r+s} = a^{\frac{m}{n} + \frac{k}{l}} = a^{\frac{m \cdot l + k \cdot n}{n \cdot l}} = \sqrt[n \cdot l]{a^{m \cdot l + k \cdot n}} = \sqrt[n \cdot l]{a^{m \cdot l} \cdot a^{k \cdot n}} =$$
$$= \sqrt[n \cdot l]{a^{m \cdot l}} \cdot \sqrt[n \cdot l]{a^{k \cdot n}} = (\sqrt[n \cdot l]{a})^{m \cdot l} \cdot (\sqrt[n \cdot l]{a})^{k \cdot n} = a^{\frac{m \cdot l}{n \cdot l}} \cdot a^{\frac{k \cdot n}{l \cdot n}} = a^r \cdot a^s \qquad \checkmark$$

Und schließlich folgen für $a, b \in \mathbb{R}^+$ und $r, s \in \mathbb{Q}$ mit entsprechendem Aufwand auch die

(3.3) Monotoniebeziehungen

(i) $r < s \ \Rightarrow \ a^r < a^s$ falls $a > 1$; $\quad r < s \ \Rightarrow \ a^r > a^s$ falls $a < 1$.

(ii) $a < b \ \Rightarrow \ a^r < b^r$ falls $r > 0$; $\quad a < b \ \Rightarrow \ a^r > b^r$ falls $r < 0$.

Beispiele

Wählen wir als konkretes Beispiel $\quad f(x) = 2^x \quad$ (Basis $a=2$):
Was wissen wir über den Funktionsverlauf? Auf Grund der ersten Monotonieregel gilt
$r < s \ \Rightarrow \ 2^r < 2^s$, anschaulich: der Kurvenverlauf von f ist streng monoton wachsend.
Entsprechend ist $g(x) = (\frac{1}{2})^x$ streng monoton fallend, weil hier die Basis $a = \frac{1}{2}$ kleiner ist
als Eins. Und vergleichen wir noch $f(x) = 2^x$ mit $h(x) = 3^x$, so gilt wegen der Monotonie-
beziehung (ii): $2^x < 3^x$ für $x > 0$, und $2^x > 3^x$ für $x < 0$. Das aber alles nur für *rationale*
Werte von x, also für Zahlenwerte $x \in \mathbb{Q}$! Eine übliche Skizze mit $x \in \mathbb{R}$ würde also Lücken
aufweisen! Der große 'Lückenschluss' geschieht erst mit Hilfe der Vollständigkeitseigenschaft
der reellen Zahlen. Der folgende Satz besagt, dass man die Lücken so auffüllen kann, dass
die Monotonie erhalten bleibt! Und auch die Rechenregeln gelten weiterhin. Eine elegante
Lösung des Problems, und sogar eindeutig und anschaulich irgendwie evident. Am einfach-
sten natürlich der Fall $a=1$, denn wegen $a^r = 1$ für alle $r \in \mathbb{Q}$ definieren wir allgemein $a^x = 1$
für alle $x \in \mathbb{R}$. Und in diesem Falle gelten auch weiterhin die Rechenregeln. Zum Beweis im
eigentlich schwierigen Falle $a \neq 1$ siehe unter Bemerkungen und Ergänzungen.

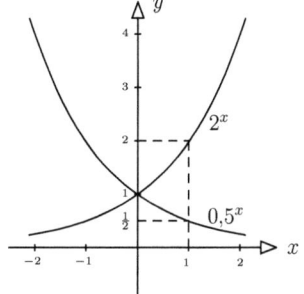 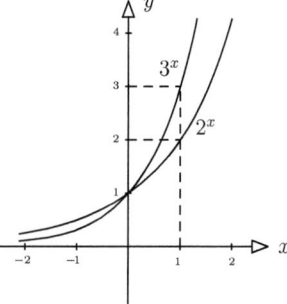

3.4 Satz und Definition *Zu jeder positiven reellen Zahl $a \neq 1$ gibt es genau eine streng
monotone Funktion $\exp_a : \mathbb{R} \to \mathbb{R}^+$, die für alle $r \in \mathbb{Q}$ mit $f(r) = a^r$ übereinstimmt, also*
$$\exp_a(r) = a^r, \quad \text{für alle } r \in \mathbb{Q}.$$
*Wir schreiben daher für die Funktionswerte $\exp_a(x)$ auch wieder allgemein a^x, für alle
$x \in \mathbb{R}$, und nennen $\exp_a(x) = a^x$ die 'Exponentialfunktion zur Basis a'.*
*Die Menge aller Funktionswerte ist die gesamte Menge $\mathbb{R}^+$ der positiven reellen Zahlen.
Es gelten wieder folgende Regeln, die 'allgemeinen Potenzrechenregeln':*

$\quad$ (i) $(a \cdot b)^x = a^x \cdot b^x,$ $\qquad$ (ii) $\left(\dfrac{a}{b}\right)^x = \dfrac{a^x}{b^x},$

$\quad$ (iii) $a^x \cdot a^y = a^{x+y},$ $\qquad$ (iv) $\dfrac{a^x}{a^y} = a^{x-y},$

$\quad$ (v) $(a^x)^y = a^{x \cdot y},$ $\qquad (a, b \in \mathbb{R}^+, x, y \in \mathbb{R}).$

Wir dürfen also den Kurvenverlauf von $y = a^x$ lückenlos zeichnen! Beachten und kontrollieren Sie in der Skizze, dass natürlich für *jede* Basis gilt:

$$a^0 = 1 \quad \text{und } a^1 = a.$$

Überlegen Sie nun selbst den Kurvenverlauf von beispielsweise 4^x und $(\tfrac{1}{4})^x$.

Die gleichtemperierte Gitarre Sie können die Tonhöhe bzw. die Frequenz einer Gitarrensaite *erhöhen*, indem Sie die Länge der Saite *verkürzen*, durch Herunterdrücken der Saite direkt hinter einem Bundstab! Genauer gesagt:
Das Produkt aus Frequenz ν („nü") und Länge l bleibt konstant, $\nu \cdot l = const.$

Die Oktave ist in 12 Halbtöne unterteilt. Das Frequenzverhältnis zweier aufeinander folgender Halbtöne ist stets konstant gleich $\sqrt[12]{2} = 1{,}0594\ldots$ (gleichtemperiert). Ist zum Beispiel ν_0 die Frequenz des Tones E, so ist $\nu_1 = \nu_0 \cdot \sqrt[12]{2}$ die Frequenz des nachfolgenden Halbtones F. Die Frequenz für den nächsten Halbton Fis ist gleichfalls wieder um den Faktor $\sqrt[12]{2}$ größer, also $\nu_2 = \nu_1 \cdot \sqrt[12]{2} = \nu_0 \cdot (\sqrt[12]{2})^2$. Für G ist entsprechend $\nu_3 = \nu_2 \cdot \sqrt[12]{2} = \nu_0 \cdot (\sqrt[12]{2})^3$ usw.
Sei nun l_0 die Länge der Gitarrensaiten, gemessen vom Steg als Nullpunkt. Da das Produkt aus Frequenz und Länge konstant ist, beträgt die Saitenlänge für den nächstfolgenden Halbton $l_1 = l_0 \cdot \tfrac{1}{\sqrt[12]{2}}$, weiter $l_2 = l_0 \cdot (\tfrac{1}{\sqrt[12]{2}})^2$, $l_3 = l_0 \cdot (\tfrac{1}{\sqrt[12]{2}})^3$ usw. Somit ergibt sich für die einzelnen Saitenlängen = Bundhöhen folgendes Bild 3.5:
Nach $x = 12$ Halbtönen hat sich die Saitenlänge halbiert und die Frequenz verdoppelt.
(Als einfache und gute Näherung für $\sqrt[12]{2}$ wurde früher beim Instrumentenbau das ganzzahlige Verhältnis $\tfrac{18}{17}$ verwendet: Vergleichen Sie $\tfrac{17}{18} = 0{,}944\ldots$ und $a = \tfrac{1}{\sqrt[12]{2}} = 0{,}943\ldots$)

(3.5)

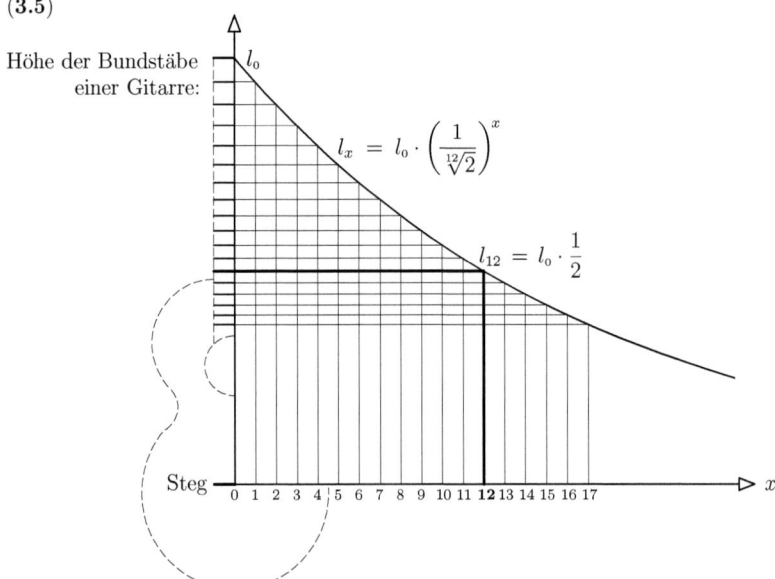

Papierfalten Jeder sollte sich einmal das Wachstumsverhalten einer Exponentialfunktion wie etwa 2^x veranschaulichen. Wenn Sie zum Beispiel ein Blatt Papier falten, wird es doppelt so dick, und nach zweimaligem Falten sind es bereits $2^2 = 4$ Blätter übereinander. Wenn Sie noch einmal falten, verdoppelt sich die Anzahl wiederum, so dass es nach dreimaligem Falten bereits $2^3 = 8$ Blatt Papier übereinander sind, usw. Eine Papierdicke von zirka $\frac{1}{10}$ mm ist ganz realistisch. Und jetzt bitte nur einmal angenommen, Sie könnten 100–mal falten, wie hoch wäre dann dieser Stapel?

Das Ergebnis ist natürlich $2^{100} \cdot \frac{1}{10}$ mm $= 1{,}268 \cdot 10^{23}$ km. Das sind umgerechnet 13,40 Milliarden Lichtjahre, also die Strecke, die das Licht in 13,40 Milliarden Jahren zurücklegt. Und etwa seit so vielen Jahren existiert unser Universum! Sie werden sich vielleicht auch darüber wundern, dass so etwas unter die Rubrik 'natürliches Wachstum' fällt. Tatsächlich liegt die Beschreibung vieler Wachstumsvorgänge durch eine Exponentialfunktion 'in der Natur der Sache'. Wir werden sehen, dass die oft selbstverständliche Proportionalität zwischen dem Zuwachs Δy und der bereits vorhandenen Menge $y(x)$ immer zu einer Exponentialfunktion führt. Sie finden daher die Exponentialfunktion in allen Bereichen von Wissenschaft und Technik, hierzu als wichtiges Beispiel

Natürliches Wachstum

Aufgabe und Lösung Wenn Sie irgend einen festen Geldbetrag anlegen, so erwarten Sie von der Bank natürlich einen Zuwachs, einen Zinsbetrag. Hierdurch wird die angelegte Geldmenge höher. Sollte hierdurch der Betrag schließlich auf das Doppelte angestiegen sein, so erwarten Sie selbstverständlich den doppelten Zinsertrag – genau so, als ob Sie gleich zu Anfang die doppelte Geldmenge angelegt hätten. Aber egal, wie hoch dieser Betrag war, Sie erwarten natürlich jederzeit, dass der Geldzuwachs proportional zur Geldmenge $\mathbf{M}$ ist! Konkret bei 6 % pro Jahr wären das $0{,}06 \cdot \mathbf{M}$, die Proportionalitätskonstante ist hier $p = 0{,}06$. Sind es zu Beginn also $\mathbf{M}_0$, dann nach einem Jahr bereits:

$$\mathbf{M}_1 = \mathbf{M}_0 + 0{,}06 \cdot \mathbf{M}_0 = 1{,}06 \cdot \mathbf{M}_0, \qquad \text{nach 2 Jahren:}$$
$$\mathbf{M}_2 = \mathbf{M}_1 + 0{,}06 \cdot \mathbf{M}_1 = 1{,}06 \cdot \mathbf{M}_1 = 1{,}06^2 \cdot \mathbf{M}_0, \qquad \text{nach 3 Jahren:}$$
$$\mathbf{M}_3 = \mathbf{M}_2 + 0{,}06 \cdot \mathbf{M}_2 = 1{,}06 \cdot \mathbf{M}_2 = 1{,}06^3 \cdot \mathbf{M}_0, \qquad \text{nach 4 Jahren:}$$
$$\mathbf{M}_4 = \mathbf{M}_3 + 0{,}06 \cdot \mathbf{M}_3 = 1{,}06 \cdot \mathbf{M}_3 = 1{,}06^4 \cdot \mathbf{M}_0, \qquad \text{allgemein nach } x \text{ Jahren:}$$

$\mathbf{M}_x = 1{,}06^x \cdot \mathbf{M}_0$. Wir erhalten eine Exponentialfunktion mit der Basis $a = 1{,}06$. So einfach bleibt die Situation natürlich nur, so lange sich die 'Konditionen' nicht irgendwie ändern.

Wenn Sie im Labor eine Bakterienkultur anlegen, so wird auch diese anwachsen. Ist sie irgendwann auf das Doppelte angewachsen, wird auch der Zuwachs doppelt so groß sein. Er ist stets proportional zur momentanen Größe der Population, zumindest so lange sich die 'Wachstumsbedingungen' nicht irgendwie ändern!

(**3.6**)

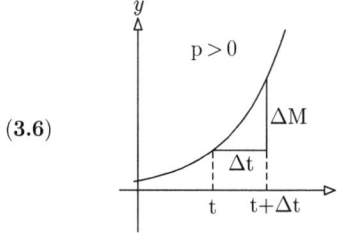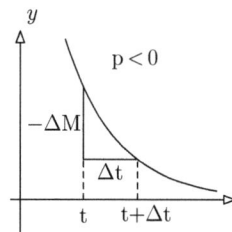

Setzen wir also im folgenden voraus, dass sich die Konditionen nicht ändern. Bezeichnet $\mathbf{M(t)}$ die Menge zur Zeit $\mathbf{t}$, so ist sie nach einem Zeitabschnitt $\Delta \mathbf{t}$ auf $\mathbf{M(t} + \Delta \mathbf{t)}$ angewachsen, (womit wir hier natürlich sinnvollerweise eine streng monotone Funktion voraussetzen). Und wir erwarten nun, dass der Zuwachs $\Delta M(t) = M(t + \Delta t) - M(t)$ stets proportional zur Menge $M(t)$ ist, unabhängig vom Zeitpunkt t, kurz: $\Delta M(t) \sim M(t)$. Bezeichnen wir die Proportionalitätskonstante mit p, so erhalten wir die Beziehungen:

$$\Delta M(t) \sim M(t), \quad \Delta M(t) = p \cdot M(t), \quad M(t + \Delta t) - M(t) = p \cdot M(t), \quad \text{oder umgeformt:}$$

$$(3.7) \qquad M(t + \Delta t) = (1 + p) \cdot M(t), \quad \text{bzw.} \quad \frac{M(t + \Delta t)}{M(t)} = (1 + p) \qquad \text{(Aufgabe)}$$

In vorigem Beispiel der Geldanlage war $p = 0{,}06$ ($= 6\,\%$) und $\Delta t = 1$ Jahr. Sie könnten natürlich auch monatliche Verzinsung aushandeln, und erhielten im Falle von $\Delta t = 1$ Monat vielleicht $0{,}5\,\%$ ($p = 0{,}005$). Auf jeden Fall hängt der Wert der dimensionslosen Konstanten p nur vom gewählten $\Delta t \neq 0$ ab. Ist Δt fest gewählt, so ist auch p ein fester Wert. Und ist der Wert des Proportionalitätsfaktors nicht bekannt, lässt er sich mit Kenntnis zweier Funktionswerte sofort bestimmen, vgl. (3.7) rechts.

Eine Lösung von (3.7) ist leicht anzugeben! Die Konstante 1+p bestimmt die Basis a. Einsetzen in 3.7 zeigt nämlich, dass $M(t) = a^t$ mit $a = (1 + p)^{\frac{1}{\Delta t}}$ oder zusammengefasst

$$(3.8) \qquad\qquad M(t) = M_0 \cdot (1 + p)^{\frac{t}{\Delta t}} \qquad\qquad \text{(Lösung)}$$

die Gleichung (3.7) erfüllt, wobei $M_0 = M(0)$ abkürzend für die Anfangsmenge steht! Wir werden noch feststellen, dass es keine weitere monotone Funktion als Lösung von (3.7) gibt, so dass wir tatsächlich von *der* Lösung sprechen dürfen!

Beispiele (i) Sie bringen einen Geldbetrag $M_0 = 10\,000\,€$ zur Bank, und erhalten einen Zinssatz von $p = 6\,\% = 0{,}06$ pro Jahr, also $\Delta t = 1$ Jahr. Das ergibt nach $t = 10$ Jahren:

$$M(t) = M_0 \cdot (1 + 0{,}06)^{10} = 10\,000\,€ \cdot 1{,}06^{10} = 17\,908{,}48\,€.$$

Das sind fast $80\,\%$ mehr als zu Beginn, und natürlich auch mehr als $10\,\text{mal}\,6\,\% = 60\,\%$. Noch etwas günstiger wäre eine monatliche Verzinsung mit $0{,}5\,\%$. Sie erhielten dann, bei einer entsprechenden Laufzeit von 120 Monaten:

$$10\,000\,€ \cdot (1 + 0{,}005)^{120} = 10\,000\,€ \cdot 1{,}005^{120} = 18\,193{,}97\,€.$$

Bei einer linearen, monatlichen Erhöhung von $0{,}5\,\%$ des Anfangsbetrages wäre wieder nur eine Steigerung von $120 \cdot 0{,}5\,\% = 60\,\%$ zu erwarten gewesen, also eine Gesamtsumme von $16\,000\,€$. In Wirklichkeit bringen auch die angehäuften Zinsen wieder Zinsen, tragen also zum weiteren Wachstum bei. Dieser sogenannte 'Zinseszinseffekt' tritt natürlich bei jedem Wachstumsvorgang dieser Art auf! Sollten Sie sogar jemanden finden, der Ihre Geldscheine jedes Jahr verdoppelt, was p=1 ($100\,\%$) und $\Delta t = 1$ Jahr entspricht, so würde Ihr Vermögen nach 100 Jahren tatsächlich bis ans Ende der Welt reichen, vergleichen Sie mit dem Abschnitt über das Papierfalten!

(ii) Eine Anzahl oder Population $\mathbf{P}$ von Einzellern wachse in 3,2 Stunden „*um* $28\,\%$", oder wie man auch sagen könnte, „*auf* das 1,28–fache"! Das bedeutet p=0,28 bzw. 1+p = 1,28:

$$P(t + \Delta t) = 1{,}28 \cdot P(t), \quad \text{für } \Delta t = 3{,}2\,\text{h}. \text{ Ist } P_0 \text{ die Population zu Beginn, so folgt mit 3.8:}$$

$$P(t) = P_0 \cdot 1{,}28^{\frac{t}{3{,}2\,\text{h}}} = P_0 \cdot 1{,}28^{\frac{1}{3{,}2} \cdot \frac{t}{\text{h}}} = P_0 \cdot (1{,}28^{\frac{1}{3{,}2}})^{\frac{t}{\text{h}}} = P_0 \cdot 1{,}0802^{\frac{t}{\text{h}}}$$

Die angegebene Umformung ist nicht unbedingt erforderlich. Sie zeigt aber zum Beispiel, dass die Population pro Stunde um $8\,\%$ zunimmt! Ersetzen wir eine Stunde gemäß $h = \frac{d}{24}$ ($d = \text{Tag}$) bzw. $\frac{1}{h} = \frac{24}{d}$, so erhalten wir

$$\mathbf{P(t)} = \mathbf{P}_0 \cdot 1{,}0802^{\frac{24t}{d}} = \mathbf{P}_0 \cdot (1{,}0802^{24})^{\frac{t}{d}} = \mathbf{P}_0 \cdot 6{,}37^{\frac{t}{d}}$$

Das bedeutet täglich einen *Zuwachs um* $537\,\%$ *auf* das 6,37–fache! Allerdings nur so lange, wie sich die Kulturbedingungen nicht ändern, denn irgendwann wird sicher das Nahrungsangebot knapper werden.

(iii) Jeder kann mal etwas vergessen: Stellen Sie sich vor, Sie bringen einen festen Geldbetrag $\mathbf{M}_0$ zur Bank, haben aber nach drei Jahren den genauen Betrag vergessen, ganz zu schweigen von der Verzinsung. Sie finden nur noch zwei Kontoauszüge, wonach der Kontostand nach einem Jahr $9\,434\,€$ betrug, und nach drei Jahren $10\,600\,€$. Wir wissen aber wegen 3.7:

$$(1 + p) = \frac{\mathbf{M(t + \Delta t)}}{\mathbf{M(t)}} = \frac{10\,600}{9\,434} = 1{,}1236 \qquad (\Delta t = 2\,\text{Jahre}).$$

woraus mit 3.8 sofort wieder folgt:

$$\mathbf{M(t)} = \mathbf{M}_0 \cdot (1 + p)^{\frac{t}{\Delta t}} = \mathbf{M}_0 \cdot 1{,}1236^{\frac{t}{2}} = \mathbf{M}_0 \cdot (1{,}1236^{\frac{1}{2}})^t = \mathbf{M}_0 \cdot 1{,}06^t \qquad (t = t\,\text{Jahre}).$$

Die letzte Umformung liefert den *jährlichen* Zinssatz von $6\,\%$. Der fehlende Anfangsbetrag folgt sofort aus dem bekannten Betrag für $t = 1$, bzw. für $t = 3$:

$$9\,434\,€ = \mathbf{M}_0 \cdot 1{,}1236^{\frac{1}{2}} = \mathbf{M}_0 \cdot 1{,}06 \qquad \text{bzw.} \qquad 10\,600\,€ = \mathbf{M}_0 \cdot 1{,}1236^{\frac{3}{2}} = \mathbf{M}_0 \cdot 1{,}06^3$$

In beiden Fällen erhalten wir natürlich denselben Anfangsbetrag, nämlich $\mathbf{M}_0 = 8\,900\,€$.

Verdopplungszeit T ist eine wichtige Kenngröße von Wachstumsvorgängen. *Verdoppelt* sich zum Beispiel eine Population $\mathbf{P(t)}$ alle $3{,}5\,\text{Stunden} = \mathbf{T}$ (zugehöriges Δt), so wissen wir:

$$2 = (1 + p) = \frac{\mathbf{P(t + T)}}{\mathbf{P(t)}}, \quad \text{folglich:} \quad \mathbf{P(t)} = \mathbf{P}_0 \cdot 2^{\frac{t}{T}} = 2^{\frac{t}{3{,}5}} \qquad (\,\mathbf{t} = \text{t Stunden})$$

Allgemein:
$$\mathbf{M(t)} = \mathbf{M}_0 \cdot 2^{\frac{t}{T}}, \qquad (\mathbf{T}\ \text{die Verdopplungszeit})$$

Natürliche Abnahme

Ein Loch ist im Eimer Hoffentlich haben Sie das noch nicht erlebt, aber stellen Sie sich einmal vor, am Boden eines Aquariums ist ein kleines Leck, vgl. Aufg. 25. Der Wasserverlust ist ungefähr proportional zur momentanen Wasserhöhe. Ist nur noch die Hälfte vorhanden, ist der Druck nur noch halb so groß und es fließt nur noch halb so viel. Das ist zwar nicht sehr beruhigend, aber mathematisch ganz entsprechend zur

Radioaktivität Beim Zerfall einer radioaktiven Substanz gilt analog: Ist die vorhandene Menge auf die Hälfte gesunken, so ist die Radioaktivität beziehungsweise die Massenabnahme nur noch halb so groß! Sie ist stets proportional zur noch vorhandenen Menge. Eine *Zerfallsrate* von beispielsweise $6\,\%$ Prozent pro Jahr bedeutet $\Delta\mathbf{M} = -0{,}06 \cdot \mathbf{M(t)}$, und $\Delta t = 1\,\text{Jahr}$. In voriger Schreibweise, vgl. Skizze 3.6 rechts:

$$\mathbf{M(t + \Delta t)} - \mathbf{M(t)} = -0{,}06 \cdot \mathbf{M(t)} \qquad \text{bzw.} \qquad \mathbf{M(t + \Delta t)} = (1 - 0{,}06) \cdot \mathbf{M(t)}$$

In Gleichung (3.7) ist also, bei natürlicher Abnahme, der Wert von p einfach nur mit negativem Vorzeichen einzusetzen. Die in (3.8) angegebene Lösung gilt offensichtlich auch für diesen Fall. Aufgrund des negativen Vorzeichens von p ist die Basis a kleiner 1 und der entsprechende Exponentialausdruck daher streng monoton fallend. In unserem Zahlenbeispiel beträgt die Menge zum Beispiel nach $t = 10$ Jahren noch $53{,}86\,\%$ des Anfangswertes M_0:

$$M(t) = M_0 \cdot (1 - 0{,}06)^{10} = M_0 \cdot 0{,}94^{10} = M_0 \cdot 0{,}5386.$$

Nach 10 Jahren sind nicht $10\,\mathrm{mal}\,6\,\% = 60\,\%$ verschwunden, sondern nur $46{,}14\,\%$! Da die entsprechende Strahlung proportional zur Masse ist, ist nun auch die radioaktive Strahlung um $46{,}14\,\%$ gesunken. Hierauf beruht die Altersbestimmung mit Hilfe der Radiokarbonmethode: Die energiereiche Höhenstrahlung aus dem Weltall bildet ständig eine geringe Menge radioaktives Kohlendioxid mit dem instabilen $^{14}_{6}C$, während normaler Kohlenstoff $^{12}_{6}C$ stabil ist. Dieses radioaktive CO_2 hat sich in der Atmosphäre so weit angereichert, bis die Zerfallsrate so groß wurde wie die Bildungsrate. In der gleichen Zusammensetzung wie in der Atmosphäre wird nun der Kohlenstoff auch von den Pflanzen aufgenommen. Nach dem Absterben der Pflanze zerfällt allmählich der $^{14}_{6}C$–Anteil, was Rückschlüsse auf das Alter der Pflanze ermöglicht. Zur Datierung geologischer Vorgänge wie der Bildung von Mineralien nutzt man das Uran–Isotop $^{238}_{92}U$ mit einer Halbwertszeit von rund 4,47 Milliarden Jahren.

Halbwertszeit ist die wichtigste Kenngröße bei natürlichen Abnahmevorgängen. Der Gehalt an radioaktivem $^{14}_{6}C$ in einer abgestorbenen Pflanze ist nach 5730 Jahren $= T$ (gleich Δt) nur noch halb so groß, entsprechend auch die gemessene Strahlung $R(t)$. Das bedeutet:

$$\frac{1}{2} = \frac{R(t+T)}{R(t)}, \quad \text{folglich:} \quad R(t) = R_0 \cdot (\tfrac{1}{2})^{\frac{t}{T}} = R_0 \cdot (2^{-1})^{\frac{t}{T}} = R_0 \cdot 2^{-\frac{t}{T}} = 2^{-\frac{t}{5730}}$$

(t in Jahren). Allgemein gilt analog:

$$M(t) = M_0 \cdot (\tfrac{1}{2})^{\frac{t}{T}} = M_0 \cdot 2^{-\frac{t}{T}} \qquad \text{(T die Halbwertszeit)}$$

Honigbildung geschieht durch Zerfall! Der gewöhnliche Haushaltszucker (= Rübenzucker = Rohrzucker) ist ein Disaccharid, ein Doppelzucker. Er spaltet sich in wässriger Lösung zwar langsam, aber nahezu vollständig in ein Gemisch aus Frucht- und Traubenzucker:

$$\underbrace{C_{12}H_{22}O_{11}}_{\text{Zucker}} + H_2O = \underbrace{C_6H_{12}O_6}_{\text{Fruchtzucker}} + \underbrace{C_6H_{12}O_6}_{\text{Traubenzucker}}$$

(Frucht– und Traubenzucker haben gleiche Molekularformel, aber unterschiedliche Struktur.) Aufspaltung bzw. Zerfall des Zuckers entsprechen ganz analog dem radioaktiven Beispiel! Der Chemiker spricht hier von einer Reaktion 1. Ordnung:

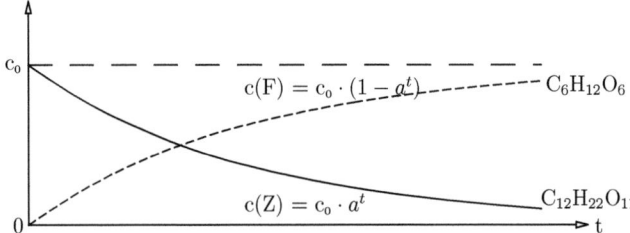

Die Abnahme Δc der Zuckerkonzentration, bzw. die Bildung von Frucht- und Traubenzucker, *ist proportional* zur noch vorhandenen Anzahl der Zuckermoleküle, also *zur momentanen Stoffmengenkonzentration* $c(Z)$ *des Zuckers.* Daraus resultiert eine exponentielle Abnahme der Zuckerkonzentration $c(Z)$. Und in gleichem Maße wie die Konzentration des normalen Zuckers abnimmt, bildet sich die entsprechende Menge Frucht- und Traubenzucker:

$$c(Z) = c_0 \cdot a^t, \qquad c(F) = c(T) = c_0 - c(Z) = c_0 \cdot (1 - a^t), \qquad (a < 1).$$

Auf diese Weise wird tatsächlich Kunsthonig hergestellt: Lösen Sie zum Beispiel 500 g feinsten

Zucker unter Umrühren und Erwärmen in 200 g Wasser. Geben Sie noch 3 - 4 Gramm Wein– oder Zitronensäure dazu, und halten Sie das ganze ungefähr 2 Stunden bei 80°C. Der als 'Hydrolyse' bezeichnete Vorgang wird durch Temperaturerhöhung und Säurezugabe beschleunigt! Auch Blütennektar besteht aus mehr oder weniger gespaltenem Rohrzucker. Die Aufspaltung wird im Bienenmagen durch Fermente weitergeführt, und hört auch bei der Lagerung nicht ganz auf. Honig besteht nur noch zu wenigen Prozent aus gewöhnlichem Zucker. Eine allmähliche Aufspaltung findet auch in Getränken statt, die mit Rohrzucker gesüßt sind, wodurch sie noch etwas süßer schmecken. Und durch Hydrolyse wird aus Kartoffelstärke(!) reiner Traubenzucker gewonnen: $(C_6H_{10}O_5)_n + n \cdot H_2O = n \cdot C_6H_{12}O_6$ (n sehr groß). Die Herstellung aus Trauben oder Rosinen wäre sicherlich viel teurer!

Der Luftdruck p_0 in Meereshöhe nimmt mit wachsender Höhe ab. Die Abnahme ist stets proportional zum jeweiligen Luftdruck, konkret:

Misst man den Luftdruck $p(h)$ in der Höhe h über dem Meer, so beträgt er nach weiteren 100 Metern nur noch 98,82 % dieses Wertes. Der Luftdruck verliert also nach $\Delta h = 0{,}100\,\mathrm{km}$ stets 1,18 % seines Wertes, $\Delta p = -0{,}0118 \cdot p(h)$. Ausführlich:

$$p(h+\Delta h) - p(h) = -0{,}0118 \cdot p(h) \quad \text{bzw.} \quad p(h+\Delta h) = (1-0{,}0118) \cdot p(h)$$

Wir erhalten wegen $\Delta h = 0{,}100\,\mathrm{km} = \tfrac{1}{10}\,\mathrm{km}$, zusammen mit (3.7) und (3.8) die Lösung:

$$p(h) = p_0 \cdot (1-0{,}0118)^{\frac{h}{\Delta h}} = p_0 \cdot 0{,}9882^{\frac{h}{\Delta h}} = p_0 \cdot 0{,}9882^{\frac{10\,h}{km}} = p_0 \cdot (0{,}9882^{10})^{\frac{h}{km}} = p_0 \cdot 0{,}8881^{\frac{h}{km}}$$

In diesem Ausdruck können Sie natürlich wieder jederzeit die Maßeinheit wechseln, also die Einheit 1 km im Nenner zum Beispiel durch 0,6251 Meilen ersetzen, oder durch 1000 Meter, oder durch 3281 Fuß. Wählen wir als Einheit die Meile (engl.: *mile*), so erhalten wir:

$$p(h) = p_0 \cdot 0{,}8881^{\frac{h}{0,6251\,\mathrm{mile}}} = p_0 \cdot 0{,}827^{\frac{h}{\mathrm{mile}}}$$

Aber beachten Sie bitte, dass im Exponent letztlich immer nur eine Zahl *ohne* Einheit steht, dass sich also Einheiten 'wegkürzen' lassen! Im Unterschied etwa zu $km^2 = km \cdot km$ lässt sich 2^{km} oder allgemein a^{km} nicht sinnvoll definieren! Ebenso machen Ausdrücke wie z.B. $\cos{(5\mathrm{km})}$, $\sin(3\tfrac{m}{s})$, $\log{(8N)} \cdot m$ und analog mit $\cos^{-1}$, $\sin^{-1}$, $\tan$, $\tan^{-1}$ usw. keinen Sinn. Will man sich trotzdem für eine feste Einheit entscheiden, zum Beispiel $h = h\,\mathrm{km}$, so kann man wegen $\frac{h}{km} = h$ in diesem Falle auch schreiben:

$$p(h) = p_0 \cdot 0{,}8881^h, \quad h \text{ Angabe in Kilometer.}$$

Und natürlich könnte man hier auch h jederzeit wieder durch h/km ersetzen.

Kalter Kaffee und Kondensatoren Falls Sie eine heiße Tasse Kaffee oder ihr warmes Essen einfach stehen lassen, so sinkt die Temperatur t, ausgehend von der Anfangstemperatur t_A, allmählich ab auf Zimmertemperatur gleich Endtemperatur t_E.

Die Wärmeabgabe ist, zumindest in guter Näherung, proportional zur Temperaturdifferenz $t(x) - t_E$, wobei hier x die Zeit bezeichne, (x, t die Maßzahlen zu entsprechenden Einheiten). Nehmen wir zur Vereinfachung zunächst an, dass $t_E = 0$. Am Anfang ist die Wärmeabgabe und somit der Temperaturverlust noch recht hoch. Ist aber die Temperatur $t(x)$ auf die Hälfte gesunken, so ist auch der Temperaturverlust nur noch halb so groß, usw. Das steht in völliger Analogie zum Massenverlust radioaktiver Stoffe, oder zum Wasserverlust eines defekten Aquariums!

Wir erhalten also wieder einen exponentiell abfallenden Verlauf, d.h. mit einer Basis $a < 1$: $t(x) = t_A \cdot a^x$, vgl. Skizze (3.9) links. Das gilt aber auch für den Fall, dass Sie ein Tiefkühlessen aus dem Gefrierfach nehmen, also t_A negativ ist oder genauer gesagt, kleiner ist als t_E.

Es sind die gleichen Verhältnisse, nur mit negativem Vorzeichen (unterer Kurvenverlauf)! Im allgemeinen Fall ist der gesamte Kurvenverlauf entsprechend um t_E verschoben, es ergibt sich die angegebene Kurve in der Mitte. Beachten Sie, dass a^x für x = 0 den Wert 1 besitzt. Und wegen $a < 1$ geht der Term $(t_A - t_E) \cdot a^x$ mit wachsendem x exponentiell gegen Null. Speziell für $t_E = 0$ erhalten Sie wieder den Fall links. Übrigens wird auch der Todeszeitpunkt einer Leiche, z.b. im Falle eines Mordes, anhand solcher Kurven bestimmt: Der Temperaturabfall bei Zimmertemperatur beträgt zu Beginn ungefähr 1° C pro Stunde.

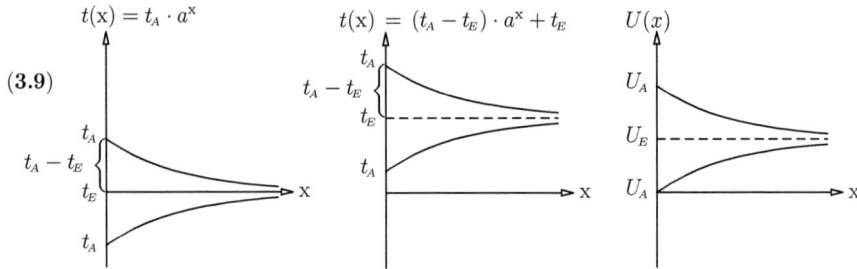

Beispiel Ihr Tee hatte eine Anfangstemperatur $t_A = 97° C$, nach 10 Minuten waren es noch $t(10) = 76°C$, bei einer Zimmertemperatur von $t_E = 22°C$. Bestimmen Sie den Temperaturverlauf in Abhängigkeit der Zeit x (in Minuten): Es gilt $t(x) = (t_A - t_E) \cdot a^x + t_E$. Der gesuchte Wert von a ergibt sich sofort durch Einsetzen der gegebenen Werte:

$$76 = (97 - 22) \cdot a^{10} + 22, \qquad a^{10} = \frac{76 - 22}{97 - 22}, \qquad a = 0,72^{\frac{1}{10}},$$

Ergebnis: $t(x) = 75 \cdot 0,72^{\frac{x}{10}} + 22,$ (Einheit t in °C, x in Minuten).

Falls Sie einen Kondensator über einen elektrischen Widerstand entladen so ist die Ladungsmenge während der Zeit Δx, und folglich auch die Spannungsänderung, proportional zur momentanen Spannungsdifferenz. Die Ladungsmenge entspricht der Wärmemenge bei der Kaffeetasse, die Spannung entspricht der Temperatur.

Oder im Vergleich zum defekten Aquarium: Die Ladungsmenge entspicht der Wassermenge, die Spannung entspricht dem Wasserdruck bzw. der Wasserhöhe im Aquarium:

Die Skizze (3.9) rechts zeigt oben den Verlauf einer Entladung, mit der Anfangsspannung U_A und Endspannung U_E. In Analogie zu vorigem Beispiel entspricht U_A dem Wert t_A, und U_E dem Wert t_E.

Verbinden Sie umgekehrt einen völlig entladenen Kondensator mit einer Spannungsquelle, so beträgt die Anfangsspannung $U_A = 0$. Das ergibt in unserer Analogie die Kurve

$$(U_A - U_E) \cdot a^x + U_E = (0 - U_E) \cdot a^x + U_E = U_E \cdot (1 - a^x)$$

(mit $a < 1$), das ist der untere Kurvenverlauf in Skizze (3.9) rechts. Es handelt sich um einen typischen *Sättigungsprozess*. Derartige Prozesse spielen auch in der Biologie bei der Änderung von Membranpotenzialen eine Rolle. Sie werden im Laufe der Zeit sicher noch weitere Beispiele dieser Art entdecken und irgendwann der Meinung zustimmen:

Merke *Die Exponentialfunktion ist nicht irgendeine Funktion, sie ist eine Institution !*

Bemerkungen und Ergänzungen

Wie im Traum – die berühmte Zahl e Nur einmal angenommen, Sie legen für zwanzig Jahre einen festen Geldbetrag K_0 an. Die Bank bietet ihnen nach Ablauf dieser Zeit einen Zuwachs von 100 %. Dann erhalten Sie am Ende den doppelten Geldbetrag:

$$K = K_0 \cdot (1+1) = K_0 \cdot 2$$

Die nächste Bank bietet ihnen eine jährliche Verzinsung von 5 % ($= \frac{1}{20}$), ebenfalls wieder bei einer Laufzeit von insgesamt 20 Jahren. Nach einem Jahr sind aus K_0 schon $K_0 \cdot (1 + \frac{1}{20})$ geworden, nach zwei Jahren bereits $K_0 \cdot (1 + \frac{1}{20})^2$, und am Ende der Laufzeit sind es

$$K = K_0 \cdot (1 + \tfrac{1}{20})^{20} = K_0 \cdot 2{,}653$$

Der Zinseszinseffekt wird deutlich! Und nun bietet ihnen die dritte Bank sogar eine monatliche Verzinsung von $\frac{1}{12} \cdot 5\%$, d.h. $\frac{1}{12} \cdot \frac{1}{20} = \frac{1}{240}$ pro Monat, bei einer Laufzeit von insgesamt $12 \cdot 20 = 240$ Monaten. Das ergibt nun wiederum:

$$K = K_0 \cdot (1 + \tfrac{1}{240})^{240} = K_0 \cdot 2{,}713$$

Der Bankangestellte bemerkt den Glanz in ihren Augen. Sie warten bereits auf das entsprechende Angebot einer täglichen Verzinsung, aber Sie wollen ja nicht unverschämt werden, vielleicht ginge es sogar stündlich. Und wie im Traum hören Sie ihn sagen: „Wir bieten ihnen als Endkapital

$$K = K_0 \cdot (1 + \tfrac{1}{n})^n$$

und die Zahl n dürfen Sie sich jetzt selbst aussuchen!"

Es geht hier offensichtlich um die Folge von Zahlen der Form $a_n = (1 + \frac{1}{n})^n$, $n = 1, 2, 3, \ldots$ Wir haben oben bereits ausgerechnet: $a_1 = 2$, $a_{20} = 2{,}653$ und $a_{240} = 2{,}713$. Und aufgrund des Zinseszinseffektes ist klar, dass diese Zahlenfolge mit wachsendem n immer größer wird, sie ist streng monoton wachsend. Sie werden sich also einen riesigen Wert für n aussuchen! Und wie groß wird der Geldbetrag, genauer gesagt der entsprechende Faktor a_n? Sie kennen bereits $a_{240} = 2{,}713$ und fragen sich natürlich: „Wie viel ist noch drin"?

Die Folge a_n ist bestens untersucht, wobei die Zahlenfolge $b_n = (1 + \frac{1}{n})^{n+1}$, $n = 1, 2, 3, \ldots$ hierfür eine große Hilfe darstellt: Erstaunlicherweise ist die Folge b_n streng monoton fallend (Aufg. 36). Außerdem gilt offensichtlich

$$a_n = (1 + \tfrac{1}{n})^n < (1 + \tfrac{1}{n})^{n+1} = b_n$$

also $a_n < b_n$, $n = 1, 2, 3, \ldots$ Anschaulich:

Offensichtlich sind alle a–Werte kleiner als jeder b–Wert! Und Sie wissen bereits $a_{240} = 2{,}713$. Die Ernüchterung kommt schnell, wenn Sie z.B. $b_{2000} = (1 + \frac{1}{2000})^{2001} = 2{,}719$ ausrechnen. Das ist offensichtlich eine obere Schranke für den Faktor ihrer Geldvermehrung. Ebenso wäre z.B. $a_{10\,000} = (1 + \frac{1}{10\,000})^{10\,000} = 2{,}718$ eine untere Schranke. Viel ist also nicht mehr drin! Aber wer glaubt schon, dass eine Bank Geld verschenkt? Die 20 Jahre Laufzeit sind bei dieser Aufgabe natürlich nur als Beispiel gewählt. Sie kommen zu dieser Zahlenfolge auch, wenn Sie bereits nach Ablauf von 10 Jahren einen 100–prozentigen Zuwachs annehmen, oder schon nach einem Jahr! Das ist nur weniger realistisch.

Aber diskutieren wir noch ein wenig die beiden Zahlenfolgen. Aufgrund des Zusammenhangsaxioms gibt es zwischen der Menge M der Zahlen a_n und der Menge N der Zahlen b_n mindestens eine reelle Zahl. Da nun der Abstand

$$b_n - a_n = (1 + \tfrac{1}{n})^{n+1} - (1 + \tfrac{1}{n})^n = \left((1 + \tfrac{1}{n}) - 1 \right) \cdot (1 + \tfrac{1}{n})^n = \tfrac{1}{n} \cdot (1 + \tfrac{1}{n})^n < \tfrac{1}{n} \cdot 4$$

mit wachsendem n gegen Null geht, können offensichtlich nicht zwei (oder mehr) relle Zahlen dazwischen liegen, denn diese hätten einen festen Abstand $\neq 0$. Die betreffende Zahl wird als Eulersche Zahl bezeichnet und mit e abgekürzt. Man weiß, dass es sich *nicht* um eine Bruchzahl handelt. Wir können sie aber beliebig genau bestimmen! Obere und untere Schranken hierfür kennen wir mit b_n und a_n genug, doch es gibt noch viele weitere und günstigere Berechnungsverfahren für die berühmte und wichtige Zahl $e = 2{,}71828\,18284\,59045\,23536 \ldots$

Lückenschluss Für mathematisch Interessierte wollen wir noch einen Beweis des Satzes 3.4 anfügen. Sei im folgenden $a > 1$, der Fall $a < 1$ verläuft analog. Zunächst einmal ist a^x für alle $x \in \mathbb{Q}$ bereits definiert, und die strenge Monotonie 3.3 bekannt. Für $x \notin \mathbb{Q}$ teilen wir nun die rationalen Zahlen auf in $r, s \in \mathbb{Q}$ mit $r < x$, und in $s > x$. Wegen $a^r < a^s$ liegt zwischen der Menge M aller Funktionswerte a^r und der Menge N aller Funktionswerte a^s mindestens eine relle Zahl y (Zusammenhangsaxiom). Vorausgesetzt dass es nur eine solche Zahl y gibt, was wir gleich noch zeigen werden, können wir nun definieren: $a^x = y$. Auf diese Weise ist a^x für alle $x \in \mathbb{R}$ definiert. Außerdem dürfte wegen 3.3 auch klar sein, dass für jedes $x \in \mathbb{R}$ gilt: $r \in \mathbb{Q}$ und $r < x \;\Rightarrow\; a^r < a^x$, $s \in \mathbb{Q}$ und $x < s \;\Rightarrow\; a^x < a^s$ (zwischen a^r und a^x liegen noch beliebig viele weitere Funktionswerte rationaler Argumente, und natürlich auch zwischen a^x und a^s). Zum Beweis der strengen Monotonie für alle $x \in \mathbb{R}$ seien irgend zwei Werte $x_1, x_2 \in \mathbb{R}$ mit $x_1 < x_2$ gegeben. Wählen wir irgend eine rationale Zahl t zwischen x_1 und x_2, so folgt wegen $x_1 < t$ auch $a^{x_1} < a^t$, und wegen $t < x_2$ auch $a^t < a^{x_2}$. Es folgt $a^{x_1} < a^{x_2}$, womit die strenge Monotonie auf $\mathbb{R}$ gezeigt ist.
Bleibt nur noch die Eindeutigkeit von y zu zeigen, dass also der Unterschied zwischen den Elementen von M und N bzw. zwischen den Werten a^r und a^s beliebig klein wird. Wählen wir Werte $r < x$ und $s > x$ so, dass $s - r = \tfrac{1}{n}$ bzw. $s = r + \tfrac{1}{n}$. Für die betreffenden Funktionswerte a^r in M bzw. a^s in N folgt dann aber:

$$0 < a^s - a^r = a^{r + \frac{1}{n}} - a^r = a^r \cdot (a^{\frac{1}{n}} - 1) = a^r \cdot (\sqrt[n]{a} - 1). \text{ Und da, vgl. Aufg. 35 auf S. 183,}$$

$a = (\sqrt[n]{a})^n = (1 + (\sqrt[n]{a} - 1))^n > 1 + n \cdot (\sqrt[n]{a} - 1)$, erhalten wir $\sqrt[n]{a} - 1 < \tfrac{a-1}{n}$ und

$$0 < a^s - a^r = a^r \cdot (\sqrt[n]{a} - 1) < a^r \cdot \tfrac{a-1}{n} < a^r \cdot \tfrac{a}{n} = \tfrac{a^{r+1}}{n}, \text{ und letzteres wird beliebig}$$

klein für entsprechend groß gewähltes $n \in \mathbb{N}$.
Als nächstes die Aussage über die Menge der Funktionswerte! Wegen $a^n = (1 + (a - 1))^n > 1 + n \cdot (a - 1)$, $n \in \mathbb{N}$, überschreiten die Funktionswerte von $f(x) = a^x$ für positive Werte von x jede noch so große positive Schranke. Und wegen $a^{-n} = \tfrac{1}{a^n}$ wird für negative x auch jede noch so kleine positive Schranke unterschritten. Um nun zu zeigen, dass wirklich *jede* positive reelle Zahl y als Funktionswert auftritt, betrachten wir die Menge aller $r \in \mathbb{Q}$, für die $a^r \leq y$, und die Menge aller $s \in \mathbb{Q}$, für die $y \leq a^s$. Da jede rationale Zahl in M oder N liegt, gibt es genau eine relle Zahl x zwischen M und N. Wegen der strengen Monotonie muss $a^x = y$ sein, andernfalls ergäbe sich ein Widerspruch.
Wir müssen noch zeigen, dass $a^{x+y} = a^x \cdot a^y$, $x \in \mathbb{R}$ und $y \in \mathbb{R}$. Bereits bekannt ist

$$a^{r+s} = a^r \cdot a^s, \ r \in \mathbb{Q} \text{ und } s \in \mathbb{Q}.$$

Sei nun $s \in \mathbb{Q}$, beliebig aber fest gewählt. Wegen der strengen Monotonie der Exponentialfunktion ist auch $g(x) = \tfrac{1}{a^s} \cdot a^{x+s}$, $x \in \mathbb{R}$, streng monoton, und stimmt für alle $r \in \mathbb{Q}$ mit a^r überein: $g(r) = \tfrac{1}{a^s} \cdot a^{r+s} = \tfrac{1}{a^s} \cdot a^r \cdot a^s = a^r$. Nach der bereits bewiesenen Eindeutigkeit einer solchen Funktion muss $g(x) = a^x$ sein, d.h. $\tfrac{1}{a^s} \cdot a^{x+s} = a^x$, und somit

$$a^{x+s} = a^x \cdot a^s, \ x \in \mathbb{R} \text{ und } s \in \mathbb{Q}.$$

Sei nun $x \in \mathbb{R}$, beliebig aber fest gewählt. Dann ist auch die Funktion $h(y) = \tfrac{1}{a^x} \cdot a^{x+y}$,

$y \in \mathbb{R}$, streng monoton, und sie stimmt für alle $s \in \mathbb{Q}$ mit a^s überein: $h(s) = \frac{1}{a^x} \cdot a^{x+s}$ $= \frac{1}{a^x} \cdot a^x \cdot a^s = a^s$. Demnach muss wegen der Eindeutigkeit einer solchen Funktion wieder gelten $h(y) = a^y$, d.h. $\frac{1}{a^x} \cdot a^{x+y} = a^y$, und somit

$$a^{x+y} = a^x \cdot a^y, \quad x \in \mathbb{R} \text{ und } y \in \mathbb{R}.$$

Das ist die Rechenregel (iii). Mit der Zerlegung $x = (x-y)+y$ folgt nun auch, für $x, y \in \mathbb{R}$:

$$a^x = a^{(x-y)+y} = a^{x-y} \cdot a^y \quad \text{bzw.} \quad a^{x-y} = \frac{a^x}{a^y}, \quad \text{somit Regel (iv).}$$

Trivialerweise gilt $(a^x)^y = a^{x \cdot y}$ für $x = 0$. Sei nun $x \in \mathbb{R}$, $x \neq 0$, beliebig aber fest gewählt. Dann ist $f(y) = a^{x \cdot y}$, $x \in \mathbb{R}$, streng monoton. Für $r \in \mathbb{Q}$ gilt $f(r) = b^r$, mit $b = a^x$: Ist nämlich $r = \frac{k}{n}$, mit $k \in \mathbb{Z}$ und $n \in \mathbb{N}$, so folgt

$$(f(r))^n = (a^{x \cdot r})^n = (a^{\frac{x \cdot k}{n}})^n = a^{\frac{x \cdot k}{n}} \cdot a^{\frac{x \cdot k}{n}} \cdots a^{\frac{x \cdot k}{n}} = a^{\frac{x \cdot k}{n} + \frac{x \cdot k}{n} + \cdots \frac{x \cdot k}{n}} = a^{x \cdot k} = (a^x)^k = b^k, \text{ also}$$

$f(r) = \sqrt[n]{b^k} = b^{\frac{k}{n}} = b^r$. Da f streng monoton, folgt aus Eindeutigkeitsgründen wieder $f(y) = b^y$, also $a^{x \cdot y} = b^y$, oder $a^{x \cdot y} = (a^x)^y$, das ist Regel (v). Übrigens bedeutet $a^{x \cdot y} = b^y$, dass man von der Basis b zur Basis a wechseln kann, nur mit Hilfe eines konstanten Faktors x im Exponenten. Im Prinzip genügt es, die Funktionswerte für eine einzige Basis zu kennen. Nun noch zu Regel (i): Zu jedem $b > 0$ gibt es einen Wert $c \in \mathbb{R}$, so dass $b = a^c$. Es folgt:

$$(a \cdot b)^x = (a \cdot a^c)^x = (a^{1+c})^x = a^{(1+c) \cdot x} = a^{x+c \cdot x} = a^x \cdot a^{c \cdot x} = a^x \cdot (a^c)^x = a^x \cdot b^x$$

Außerdem folgt nun: $a^x = (\frac{a}{b} \cdot b)^x = (\frac{a}{b})^x \cdot b^x$, somit gilt auch $\frac{a^x}{b^x} = (\frac{a}{b})^x$, das ist Regel (ii).✓

Falls Sie bis hier durchgehalten haben, sind Sie wirklich hart im Nehmen! Dann kommt es auf einen kleinen Nachschlag auch nicht mehr an:

Wir wollen noch kurz die Eindeutigkeit der Lösung von (3.7) begründen. Bei Wachstum oder Abnahme wird selbstverständlich ein monotoner Verlauf vorausgesetzt. Dann lautet das Ergebnis: *Es gibt genau eine streng monotone Funktion, die (3.7) erfüllt.*

Anders ausgedrückt, die in (3.8) angegebene Lösung ist eindeutig bestimmt, eine weitere gibt es nicht. Zum Beweis wählen wir zunächst irgendeine Einheit, also $\mathbf{t} = $ t 'Einheiten'. Im folgenden lassen wir zur schreibtechnischen Vereinfachung die mit der Maßzahl stets verbundene 'Einheit' weg, wir könnten sie auch gedanklich ergänzen! Nehmen wir nun an, außer (3.8) wäre noch irgendeine weitere Lösung von (3.7) möglich:

Gemäß (3.7) gäbe es dann zu jedem $\Delta t \in \mathbb{R}^+$ eine positive Konstante p, so dass für jeden Wert $t \in \mathbb{R}_0^+$ folgt: $\mathbf{M}(t + \Delta t) = (p+1) \cdot \mathbf{M}(t)$, und speziell für t = 0: $\mathbf{M}(\Delta t) = (p+1) \cdot \mathbf{M}(0)$. Den Fall $\mathbf{M}(0) = 0$ dürfen wir ausschließen, da sonst $\mathbf{M}(\Delta t) = 0$ für jeden Wert von Δt wäre. Wir setzen nun

$$\mathbf{M}(t) = \mathbf{M}(0) \cdot y(t), \quad \text{bzw.} \quad y(t) = \frac{1}{\mathbf{M}(0)} \cdot \mathbf{M}(t).$$

y ist dimensionslos, und es gilt: $y(0) = 1$, $y(t + \Delta t) = (p+1) \cdot y(t)$, $y(\Delta t) = $ p + 1, so dass

$$y(t + \Delta t) = y(\Delta t) \cdot y(t).$$

Speziell folgt nun zum Beispiel: $y(2x) = y(x + x) = y(x) \cdot y(x) = (y(x))^2$, für jedes $x \in \mathbb{R}^+$. Weiter $y(3x) = y(2x + x) = y(2x) \cdot y(x) = (y(x))^3$, allgemein $y(n \cdot x) = (y(x))^n$ für jede natürliche Zahl $n \in \mathbb{N}$. Setzen wir $y(1) = a$, so gilt $y(n) = a^n$. Wir können $a \leq 0$ ausschließen, da sonst $y(x)$ nicht streng monoton wäre. Weiter folgt $a = y(n \cdot \frac{1}{n}) = (y(\frac{1}{n}))^n$, somit $y(\frac{1}{n}) = \sqrt[n]{a}$, und $y(\frac{m}{n}) = y(m \cdot \frac{1}{n}) = (y(\frac{1}{n}))^m = (\sqrt[n]{a})^m = a^{\frac{m}{n}}$, für alle $m, n \in \mathbb{N}$. Demnach stimmt die streng monotone Funktion y für rationale Werte $r = \frac{m}{n} \in \mathbb{Q}_0^+$ mit a^r überein. Der 'Lückenschluss' ist eindeutig, daher muß gelten $y(x) = a^x$, für alle $x \in \mathbb{R}_0^+$. Es folgt: $\mathbf{M}(t) = \mathbf{M}(0) \cdot a^t$. Einsetzen in (3.7) liefert schließlich $a = (1+p)^{\frac{1}{\Delta t}}$, so dass also tatsächlich nur die bereits bekannte Lösung (3.8) übrigbleibt. ✓

Ein Blick zurück ...

- Die Definition von Potenzen a^n für einzelne Werte von $n \in \mathbb{N}$, lässt sich zu einer streng monotonen Funktion a^x für alle $x \in \mathbb{R}$ verallgemeinern, $(a > 0,\ a \neq 1)$.

- Charakteristisch für $y = k \cdot a^x$: Die Änderung $\Delta y = y(x + \Delta x) - y(x)$ ist stets proportional zum momentanen Wert $y(x)$, (für jedes feste Δx), kurz: $\Delta y \sim y(x)$.

- Bei vielen Größen ist die Änderung proportional zum momentanen Wert (Wachstum, Zerfall, etc.), so dass man sie durch einen Exponentialausdruck beschreiben kann.

- Halbwertszeit und Verdopplungszeit stehen in einfachem Zusammenhang zur Basis $a = 2$.

Aufgaben

1. Eine Scherzaufgabe lautet: Eine schnell wachsende Seerose verdoppelt jede Woche ihre Blattoberfläche. Angenommen, der See ist nach 10 Wochen vollständig bedeckt. Wann war er nur halb bedeckt? (Natürlich *nicht* nach 5 Wochen!)

   Tatsächlich kann sich z.b. bei der Wasserhyazinthe in tropischen Gewässern innerhalb von 10 bis 20 Tagen die zugewachsene Fläche verdoppeln. Kleinere Boote können hierdurch nicht mehr ausfahren und selbst große Schiffe werden behindert!

2. (i) Verdeutlichen Sie sich die Rechenregeln
   $$a^{x+y} = a^x \cdot a^y, \quad a^{x \cdot y} = (a^x)^y, \quad a^x \cdot b^x = (a \cdot b)^x$$
   anhand eines konkreten Beispiels wie etwa $a = 2$, $x = 3$, $y = 4$, $b = 5$, indem Sie die Ausdrücke auf beiden Seiten der Regel ausschreiben (Bsp. 2^4 ausgeschrieben $2 \cdot 2 \cdot 2 \cdot 2$).
   (ii) Gilt $\left(a^x\right)^2 = a^{x^2}$ oder gilt $\left(a^x\right)^2 = a^{2x}$, Begründung?

3. (i) Korrigieren Sie folgende 'Katastrophe': $4^{10} = 40\,000\,000\,000$. (ii) Wie lauten die Regeln $a^x \cdot a^y = a^{x+y}$ und $a^{-x} = \frac{1}{a^x}$ mit der Schreibweise $exp_a(x)$ für a^x (und $exp_a(y)$ für a^y, u.s.w.)? (iii) Wie 'zaubern' Sie den Zahlenwert $2{,}718281828$ der Eulerschen Zahl e in die Anzeige ihres Taschenrechners? (Hinweis: Was ergibt e^x für $x = 1$?).

4. Es geht auch ohne Taschenrechner: Welcher Zahlenwert ist größer, und warum:
   (i) $a = 99^{100}$ oder $b = 9999^{50}$,   (ii) $c = 10^{-5,2}$ oder $d = 10^{-5,5}$?
   (Hinweis zu (i): $9999 = 99 \cdot 101$).

5. Vereinfachen Sie! (Hinweis zu (v): mit $\sqrt{7} + \sqrt{5}$ erweitern, dann 'Binomi' anwenden.)
   (i) $(\sqrt[8]{9})^4$ (ii) $\sqrt[15]{125^5}$ (iii) $\left(\frac{1}{8}\right)^{-\frac{2}{3}}$ (iv) $\sqrt[3]{\left(\frac{3}{2}\right)^2 + \frac{9}{8}}$ (v) $\dfrac{2}{\sqrt{7} - \sqrt{5}}$

6. Zeigen Sie ohne Taschenrechner: (i) $\sqrt{3 + \sqrt{8}} - \sqrt{3 - \sqrt{8}} = 2$, (Quadrieren!).
   (ii) $\dfrac{7}{\sqrt[3]{45 - 29 \cdot \sqrt{2}}} = \sqrt[3]{45 + 29 \cdot \sqrt{2}} = 3 + \sqrt{2}$, (für Experten!).

7. Vereinfachen Sie (Rechenweg angeben):
   $$r = 10^x \cdot 10^{y-x}, \quad s = \frac{10^x}{10^{x-y}}, \quad t = 10^x \cdot 10^{1-x}, \quad u = 10^7 \cdot 10^4, \quad v = \frac{10^7}{\frac{1}{10^4}},$$
   $$w = \frac{10^7}{10^{-4}}, \quad x = \frac{10^7}{10^4}, \quad y = 10^7 \cdot 10^{-4}, \quad z = 2^3 \cdot 5^4 \cdot 10^{-3}.$$

8. Lösen Sie die beiden Gleichungen: $2^x \cdot 2^y = 4^{11}$, $x - y = 5$.

9. Verwechseln Sie nicht folgende Proportionalitäten:

   (i) $\Delta y \sim y$ (ii) $\Delta y \sim x$ (iii) $\Delta y \sim \Delta x$, (mit $\Delta y = y(x + \Delta x) - y(x)$).

   Zeigen Sie für $\Delta x = 1$, dass folgende Beispiele die entsprechenden Proportionalitäten erfüllen: (i) $y(x) = 3^x$ (ii) $y(x) = x^2 - x$ (iii) $y(x) = 2x$, (alle mit Faktor $k = 2$).

10. Skizzieren Sie $f(x) = 2,5^x$ und $g(x) = 2,5^{-x}$. (Verallgemeinerung für a^x und a^{-x}?)

11. Rechnen Sie nach: $a^x = \left(\frac{1}{a}\right)^{-x}$ und $a^{-x} = \left(\frac{1}{a}\right)^{x}$.

12. Eine einfache Version der Stirlingschen Formel kennen wir bereits von Aufg. 24 auf S. 13. Weit besser ist folgende Abschätzung mit oberer und unterer Schranke:

$$\sqrt{2\pi n} \cdot \left(\frac{n}{e}\right)^n \cdot e^{\frac{1}{12n + 0,25}} \; < \; n! \; < \; \sqrt{2\pi n} \cdot \left(\frac{n}{e}\right)^n \cdot e^{\frac{1}{12n}}$$

   Zeigen Sie, dass die Abweichung zwischen oberer und unterer Schranke mit wachsendem n zwar beliebig groß wird (absolut gesehen), aber der relative Fehler gegen Null geht!

13. Gegeben: $\sinh x = \frac{1}{2}(e^x - e^{-x})$ und $\cosh x = \frac{1}{2}(e^x + e^{-x})$, (Sinus– und Cosinus–hyperbolicus). Zeigen Sie: $(\cosh x)^2 - (\sinh x)^2 = 1$ bzw. $1 + (\sinh x)^2 = (\cosh x)^2$.

14. (a) Wenn pro 1 Meter Wassertiefe die Helligkeit um 20% abnimmt, wie hell wäre es dann noch ungefähr in einer Tiefe (i) von 10 Metern, (ii) von 20 Metern?

   (b) Stellen Sie die Helligkeit H als Funktion der Tiefe x graphisch dar. Allgemein verringert sich die Intensität H einer Strahlung pro Eindringtiefe Δx um einen gewissen Prozentsatz. Begründen Sie: $H(x) = a^x$, mit einem Wert $a < 1$, (abhängig von Material und Art der Strahlung, sog. Lambertsches Gesetz).

15. Vergleichen wir doch einmal die gleichtemperierte Stimmung der Gitarre mit der Pythagoreischen oder Quintenreinen Stimmung, die bis ins 15.Jahrhundert allgemein üblich war. Die folgende Tabelle gibt die Frequenzverhältnisse, bezogen auf den Grundton C:

	C	D	E	F	G	A	H	C
pythagoreisch	1	$9/8$	$(9/8)^2$	$4/3$	$3/2$	$27/16$	$243/128$	2
gleichtemp.	1	$\left(\sqrt[12]{2}\right)^2$	$\left(\sqrt[12]{2}\right)^4$	$\left(\sqrt[12]{2}\right)^5$	$\left(\sqrt[12]{2}\right)^7$	$\left(\sqrt[12]{2}\right)^9$	$\left(\sqrt[12]{2}\right)^{11}$	2

   Wie groß sind die einzelnen Abweichungen, z.B. die Differenz von $\frac{3}{2}$ und $\left(\sqrt[12]{2}\right)^7$?
   Sie können bei Pythagoras viele Gesetzmäßigkeiten entdecken: Vergleichen Sie doch einmal die Frequenzverhältnisse von G:C (Quinte) mit A:D, H:E, C:F. Oder die Ganztonschritte, D:C, E:D, G:F, A:G, H:A.

16. Angenommen, die Weltbevölkerung von schätzungsweise 6,6 Milliarden Menschen (a) steige, (b) falle im Vergleich zum jeweiligen Vorjahr um 1,75% pro Jahr.
   Wie groß wäre dann die Weltbevölkerung nach 40 Jahren?

17. Sie haben sich langfristig bei einer Bank 300 000 € zu 6% Zinsen pro Jahr geliehen, und heimlich und schlau bei einer anderen Bank zu 6,1% Zinsen jährlich wieder angelegt. Ein kleiner Wermutstropfen: Schuldzinsen werden banküblich vierteljährlich berechnet, in diesem Fall also $\frac{1}{4} \cdot 6\,\%$, alle drei Monate. Vergleichen Sie Schulden und Guthaben, als Funktion der Zeit.

18. Wenn ein Vorfahre vor 1000 Jahren nur einen einzigen Cent zu (i) 1% (ii) 2% (iii) 4% Zinsen pro Jahr angelegt hätte, und Sie bekämen diese Summe heute ausbezahlt, wie hoch wäre dann der Betrag?

19. (i) Sie legen 10 000 € zu 4 % jährlich an, wieviel erhalten Sie nach 15 Jahren?
    (ii) Welchen Betrag müssten Sie heute mit 4 % Zinsen pro Jahr anlegen, um nach 10 Jahren einen Betrag von 15 000 € zu bekommen?

20. Sie erhalten nach 20 Jahren einen Betrag von 20 000 € ausbezahlt, der Zinssatz pro Jahr betrug 5 %. Wie hoch war das Anfangskapital? Sie lassen gedanklich die Geldmenge pro Jahr um 5 % abnehmen: $K_0 = 20\,000 € \cdot (1 - 0{,}05)^{20} = 7\,170 €$. Oder Sie rechnen 'vorwärts', $K_0 \cdot (1 + 0.05)^{20} = 20\,000 €$, also $K_0 = 7\,538 €$. Aber was ist jetzt richtig? (Hinweis: Rechnen Sie zunächst nur 1 Jahr zurück, und vergleichen Sie!)

21. Die Anzahl der im menschlichen Darm lebenden und nützlichen Kolibakterien kann sich unter günstigen Umständen alle 20 Minuten verdoppeln. Wie viele Bakterien könnten sich also theoretisch aus einem einzigen Individuum nach 10 Stunden gebildet haben?

22. Das gasförmige Distickstoffpentoxid N_2O_5 zerfällt gemäß $2\,N_2O_5 \rightarrow 4\,NO_2 + O_2$ in Stickstoffdioxid und Sauerstoff. Die Stoffmengenkonzentration von N_2O_5 nimmt ab, $c(t + \Delta t) - c(t) = -p \cdot c(t)$. Bei konstanter Temperatur ist auch die Zerfallsrate p konstant. Zum Beispiel zerfallen pro Minute bei (i) 35°C stets p = 0,8112 % , (ii) bei 65°C stets p = 25,27 %. Die Anfangskonzentration sei mit c_o bezeichnet. Bestimmen Sie jeweils die Konzentration $c(t)$ von N_2O_5. (iii) Auf welchen Wert ist die Konzentration nach 10 Minuten gefallen?

23. Ein bestimmtes Grippevirus vermehrt sich zu Beginn der Krankheit gemäß $N = N_o \cdot 3{,}17^x$, x in Stunden, N_o die Anzahl zu Beginn. Um welchen Faktor ist diese Anzahl gestiegen (i) nach 2 Stunden, (ii) nach 12 Stunden?

24. Im Jahre 1759 brachte ein gewisser Thomas Austin 24 Kaninchen aus England nach Australien und setzte sie aus, um etwas zum Jagen zu haben. Nach 120 Jahren wurde der Bestand dieser niedlichen Tiere auf 700 Millionen geschätzt! Nehmen wir einen gleichmäßigen exponentiellen Verlauf der Population an. Wie hoch war dann die jährliche Vermehrungsrate, d.h. um wie viel Prozent pro Jahr war die Anzahl der Tiere gewachsen?

25. Am Boden eines Aquariums ist ein Leck! Die Menge des ausfließenden Wassers sei proportional zur Wasserhöhe. Nach 1 Stunde waren bereits 10 % der vorhandenen Wassermenge ausgelaufen, und das geht natürlich stündlich so weiter. Wie viel werden nach 10 Stunden überhaupt noch übrig sein?

26. In den beiden Schenkeln eines U–Rohres steht das Wasser oder irgendeine Flüssigkeit verschieden hoch. Wegen eines Strömungswiderstands im unteren Teil (Sand, Membran, etc.) geschieht der Ausgleich nur recht langsam. Skizzieren Sie die Höhen der beiden Säulen in einem Koordinatensystem als Funktion der Zeit (nur qualitativ).

27. Die Masse von radioaktivem Jod 131 in Abhängigkeit der Zeit x verhält sich gemäß $M(x) = M_0 \cdot 2^{-\frac{x}{8{,}06\,d}}$, ($M_0$ = Masse zum Zeitpunkt $x = 0$). Warum heißt hier $T = 8{,}06\,d$ die 'Halbwertszeit' von Jod 131 (d für Tag). Wie groß ist die noch verbliebene Menge Jod nach $2 \cdot T = 16{,}12$ Tagen, nach $3 \cdot T = 24{,}18$ Tagen, und wie viel nach $10 \cdot T = 80{,}6$ Tagen?

28. Skizzieren Sie (i) $M(t) = M_0 \cdot 2^{\frac{t}{T}}$, (ii) $M(t) = M_0 \cdot 2^{-\frac{t}{T}}$, mit $T = 3$ Jahre.

29. Das metastabile Technetium ^{99m}Tc wird in der Nuklearmedizin benutzt und hat nur eine Halbwertszeit von $T = 6{,}0$ Stunden. Wie viel der Ausgangsmasse M_0 sind nach drei Stunden noch vorhanden, und wie viel nach neun Stunden (Prozentangaben)?

30. Die Halbwertszeit von radioaktivem Kohlenstoff ^{14}C beträgt $T = 5730$ Jahre. Bezeichne M_0 die Ausgangsmasse.

    (a) Stellen Sie die Masse M in Abhängigkeit der Zeit x (in Jahren) formelmäßig dar!

    (b) Die Ausgangsmenge sei 1 Gramm. Wie viel davon ist nach einem Tag zerfallen? Zeigen Sie, daß rund 10^{13} Atome pro Minute zerfallen, (also 10^{13} Zerfälle pro Minute und Gramm!) Zur Erinnerung: 14 Gramm ^{14}C entsprechen rund $6 \cdot 10^{23}$ Atomen.

    (c) Wie viel Gramm ^{14}C liefern 15 Zerfälle pro Minute, wie sie in einem Gramm Kohlenstoff von frisch geschnittenem Holz gemessen werden!

31. Die Spannung U beim Entladen eines Kondensators verläuft gemäß:
$$U(t) = U_0 \cdot e^{-\frac{t}{R \cdot C}}$$
Was ergibt sich im Falle: $R = 2\text{k}\Omega$ (Vorwiderstand), $C = 2\mu\text{F}$ (Kapazität), $U_0 = 10\,\text{V}$ (Anfangsspannung) und (i) $t = 0\,\text{ms}$ (ii) $t = 2\,\text{ms}$ (iii) Skizzieren Sie $U(t)$. (Hinweis: Tabelle der abgeleiteten Einheiten S. 15, sowie der Vorsilben S. 18).

32. Wo steckt der Fehler in folgender Argumentation: Eine Population vermehrt sich innerhalb von 60 Minuten um 27 %. Das ergibt in einer Minute einen Anstieg um $27/60 = 0{,}45\,\%$, nach 270 Minuten also einen Anstieg um $270 \cdot 0{,}45\,\% = 121{,}5\%$. Wie lautet das korrekte Ergebnis?

33. Skizzieren Sie die Funktion $A(t) = A_{\max} \cdot (1 - e^{-\frac{t}{\tau}})$, mit $\tau = 2$. Wie viel Prozent des Endwertes $A_{\max}$ dieser Funktion sind für $t = \tau$ erreicht?

34. (i) Skizzieren Sie die 'ungedämpfte' und die nachfolgend 'gedämpfte' harmonische Schwingung: (i) $f(t) = 1{,}5 \cdot cos\,(\pi \cdot t)$, (ii) $g(t) = 1{,}5 \cdot e^{-\frac{t}{2}} \cdot cos\,(\pi \cdot t)$, $(t \geq 0)$.

35. Sei $x \in \mathbb{R}$, $x \neq 0$. Begründen Sie, warum im Falle $(1 + x) > 0$ bzw. $x > -1$ stets gilt: $(1+x)^2 > 1+2x$, $(1+x)^3 > 1+3x$, $(1+x)^4 > 1+4x$, usw. (Bernoulli-Ungleichung). (Hinweis: $(1 + x)^2 = 1 + 2x + x^2 > 1 + 2x$, da $x^2 > 0$. Multiplikation beider Seiten von $(1 + x)^2 > 1 + 2x$ mit $(1 + x) > 0$ ergibt analog die nachfolgende Ungleichung, usw.)

36. Wir wollen für die Zahlenfolge $b_n = (1 + \frac{1}{n})^{n+1}$ zeigen: $b_{n-1} > b_n$. In Worten ausgedrückt, diese Zahlenfolge ist streng monoton fallend. Begründen Sie folgende Schritte:
    (i) $(1 + \frac{1}{n^2-1})^n = (\frac{n^2-1+1}{n^2-1})^n = (\frac{n^2}{n^2-1})^n = \frac{1}{(\frac{n^2-1}{n^2})^n} = \frac{1}{(1-\frac{1}{n^2})^n} = \frac{1}{(1-\frac{1}{n})^n \cdot (1+\frac{1}{n})^n}$
    (ii) $(1 + \frac{1}{n^2-1})^n > (1 + \frac{1}{n})^n > 1 + \frac{1}{n}$, (vgl. auch vorige Aufgabe mit $x = \frac{1}{n}$),
    (iii) $\frac{1}{(1-\frac{1}{n})^n \cdot (1+\frac{1}{n})^n} > 1 + \frac{1}{n}$ (iv) $\frac{1}{(1-\frac{1}{n})^n} > (1+\frac{1}{n})^{n+1}$ (v) $(\frac{n}{n-1})^n > (1+\frac{1}{n})^{n+1}$
    (vi) $(1 + \frac{1}{n-1})^n > (1+\frac{1}{n})^{n+1}$ (vii) $b_{n-1} > b_n$

3 b) Der Logarithmus

Wer ist die größte im ganzen Land Vielleicht kennen Sie folgende Fangfrage: „Wie lautet die größte, aus drei Neunen gebildete Zahl?"

Man denkt zunächst an 999 und vergisst das Exponieren, unser Thema im vorigen Abschnitt! Allerdings gibt es hier recht viele Möglichkeiten zum Exponieren, als da wären:

$$99^9 \qquad \text{oder} \qquad 9^{99} \qquad \text{oder} \qquad \left(9^9\right)^9 \qquad \text{oder} \qquad 9^{(9^9)} \qquad ?$$

Für die ersten drei Beispiele genügt ein Taschenrechner. Aber warum ist 9^{99} eigentlich größer als $\left(9^9\right)^9$? Weil nach den Potenzrechenregeln von 3.4 gilt: $\left(9^9\right)^9 = 9^{9 \cdot 9} = 9^{81}$, und das ist natürlich kleiner als $9^{99} \approx 3 \cdot 10^{94}$. Letzteres bedeutet eine 3, gefolgt von 94 Nullen! Die Gesamtzahl aller Atome in unserem Universum beträgt schätzungsweise 'nur' $1 \cdot 10^{90}$.

Das ist aber gar nichts, im Vergleich zu unserem letzten Kandidaten $9^{(9^9)}$:

Das Ergebnis ist selbstverständlich eine ganze Zahl – aber mit sage und schreibe mehr als dreihundertneunundsechzig Millionen Ziffern, und zwar genau 369 693 100 Stück. Zum Aufschreiben reichen die Wände eines Zimmers nicht aus! Nebenbei dürfte klar geworden sein: $a^{(b^c)} \neq \left(a^b\right)^c$, denn $\left(a^b\right)^c = a^{b \cdot c}$. Sind keine Klammern notiert, gibt es die wenig bekannte Vereinbarung, die Exponenten von oben nach unten abzuarbeiten, also hier: $9^{9^9} = 9^{(9^9)}$.

Aber wie kann man überhaupt die Anzahl der Ziffern bestimmen, ohne sie zu kennen? Das geht recht einfach mit dem Logarithmus, und falls Sie sich bisher nur wenig für diese Funktion interessierten, wird das nun sicherlich schnell anders! Oder wissen Sie auch bereits, dass eine Schallintensität von beispielsweise 64 dB (Dezibel) rund doppelt so groß ist wie 61 dB? Auch hier spielt der Logarithmus die Hauptrolle!

Definition des Logarithmus

Die Exponentialfunktion $f : \mathbb{R} \to \mathbb{R}^+$ mit $f(x) = a^x$ macht es uns wirklich sehr leicht, zumindest was ihre Umkehrung anbetrifft! Vielleicht lesen Sie hierzu noch einmal den entsprechenden Abschnitt 2 e). Gemäß Definition 3.4 ist die Menge aller Funktionswerte gleich der Menge $\mathbb{R}^+$ aller positiven reellen Zahlen. Und wegen der strengen Monotonie der Exponentialfunktion für $a \neq 1$ kommt jeder Wert $y \in \mathbb{R}^+$ nur einmal als Funktionswert vor. Gemäß 2.60 ist die Exponentialfunktion daher umkehrbar! Wir müssen der Umkehrung nur noch einen Namen geben, aber das ist natürlich bereits geschehen:

3.10 Satz und Definition *Die Exponentialfunktion* $f : \mathbb{R} \to \mathbb{R}^+$, $f(x) = a^x$ *(a $\neq$ 1), ist umkehrbar. Die Umkehrfunktion* f^{-1} *heißt Logarithmus zur Basis a, in Zeichen:*
$$f^{-1} : \mathbb{R}^+ \to \mathbb{R} \ \text{mit} \ f^{-1}(x) = \log_a x.$$

Da das Umkehren einer Funktion anschaulich nur das Spiegeln an der Winkelhalbierenden bedeutet, ist offensichtlich auch eine Skizze des Funktionsverlaufs des Logarithmus nicht besonders schwierig! Und zwei der Funktionswerte lassen sich sofort bestimmen: Die Expo a^x hat an der Stelle 0 immer den Wert 1, folglich hat die Umkehrung an der Stelle 1 immer den Wert 0, d.h. $\log_a 1 = 0$, unabhängig von der Basis! Das ist offensichtlich auch die einzige Nullstelle, denn der Logarithmus ist streng monoton, genau wie die Expo. Und da a^x an der Stelle 1 den Wert a annimmt, hat die Umkehrung an der Stelle a den Wert 1, d.h. $\log_a a = 1$. Vergleichen Sie hierzu die Skizze 3.11, mit den Beispielen $a = 2$ und $a = 3$.

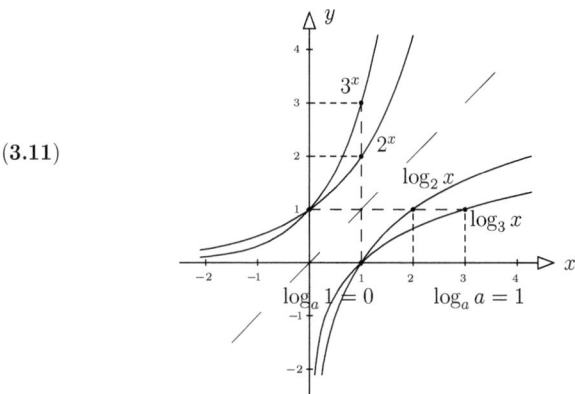

(3.11)

Rechnerisch ist die Umkehrung der Expo weit schwieriger, weshalb wir uns zunächst einmal wieder auf den Taschenrechner verlassen müssen. Aber auch ganz ohne Rechner lassen sich bereits einige wichtige Ergebnisse herleiten! Was bedeutet es konkret, die Funktion $f^{-1}(x) = \log_a x$ ist die Umkehrung von $f(x) = a^x$? Das wissen wir eigentlich bereits, aber so allgemein wie in Abschnitt 2 e) war es vielleicht noch etwas ungewohnt! Wiederholen wir es also noch einmal konkret an unserem 'Ehepaar' oder der 'Zweckgemeinschaft' von Exponential- und Logarithmusfunktion. Wird $x \in D$ durch eine Abbildung $f : D \to W$ auf $y \in W$ abgebildet, so ist es sehr praktisch, wenn es auch eine Abbildung $f^{-1} : W \to D$ gibt, die $y \in W$ auf $x \in D$ abbildet, und umgekehrt. Bildlich: Wenn Sie eine Schraube in einer Wand befestigen, ist es sehr praktisch, wenn Sie diese auch wieder herausschrauben können, und umgekehrt! Womit Sie den alten Zustand wiederherstellen! Mathematisch gesprochen:
$$f^{-1} \circ f\,(x) = x\,,\ (x \in D)\,,\quad \text{und}\quad f \circ f^{-1}\,(x) = x\,,\ (x \in W)\,.$$
Sie müssen das jetzt nur noch speziell für $f(x) = a^x$ und $f^{-1}(x) = \log_a x$ hinschreiben. Wegen der Höherstellung des Exponenten gibt es hierbei oft Schwierigkeiten! 'Erste Hilfe' leistet die Notation $\exp_a x$ anstelle a^x. Wir verwenden daher beide Notationen:

(3.12)
$$f^{-1} \circ f\,(x) \;=\; \log_a \exp_a x \;=\; \log_a a^x \;=\; x\,,\ (x \in \mathbb{R})\,,$$
$$f \circ f^{-1}\,(x) \;=\; \exp_a \log_a x \;=\; a^{\log_a x} \;=\; x\,,\ (x \in \mathbb{R}^+)\,.$$

Merke $\log_a x$ *ist diejenige Zahl, mit der man a exponieren muss, um x zu erhalten!*
Lösen wir als Anwendung die Gleichung $a^x = c$ für irgend ein beliebiges $c \in \mathbb{R}^+$, (links):

$$a^x = c\,,\quad (c \in \mathbb{R}^+)\,,\qquad\qquad \log_a x = z\,,\quad (z \in \mathbb{R})\,,$$

(3.13)
$$\log_a a^x = \log_a c \qquad\qquad\qquad a^{\log_a x} = a^z$$

$$x = \log_a c \qquad\qquad\qquad\qquad x = a^z$$

Für $c \le 0$ ist diese Gleichung sicherlich nicht lösbar, weil Werte von $c \le 0$ nicht zum Wertebereich von a^x gehören. Lösen wir umgekehrt eine Gleichung der Form $\log_a x = z$ (rechts). Hier kann $z \in \mathbb{R}$ beliebig gewählt sein, da der Wertebereich des Logarithmus ganz $\mathbb{R}$ ist. Den ersten Fall nennt man *Logarithmieren* der Gleichung, den zweiten *Entlogarithmieren*.

Die charakteristischen Rechenregeln für den Logarithmus sind nur einfache Folgerungen aus den Regeln, die für das Exponieren charakteristisch sind, denn logischerweise haben die Eigenschaften einer Abbildung f auch Auswirkungen auf die Eigenschaften von f^{-1}. Wir stellen die entsprechenden Regel daher einander gegenüber:

3.14 Satz *Für alle* $c, d \in \mathbb{R}$ *und* $x, y \in \mathbb{R}^+$ *gilt:*

(i) $\quad a^c \cdot a^d = a^{c+d} \qquad \log_a(x \cdot y) = \log_a x + \log_a y$

(ii) $\quad \dfrac{a^c}{a^d} = a^{c-d} \qquad \log_a\left(\dfrac{x}{y}\right) = \log_a x - \log_a y$

(iii) $\quad (a^c)^d = a^{c \cdot d} \qquad \log_a(y^x) = x \cdot \log_a y$

Zum Beweis beachte man nur, dass der Logarithmus die Umkehrung des Exponierens ist:

$$\log_a(x \cdot y) = \log_a(a^{\log_a x} \cdot a^{\log_a y}) = \log_a(a^{\log_a x + \log_a y}) = \log_a x + \log_a y$$

$$\log_a\left(\frac{x}{y}\right) = \log_a\left(\frac{a^{\log_a x}}{a^{\log_a y}}\right) = \log_a(a^{\log_a x - \log_a y}) = \log_a x - \log_a y$$

$$\log_a(y^x) = \log_a(a^{\log_a y})^x = \log_a(a^{x \cdot \log_a y}) = x \cdot \log_a y \qquad \checkmark$$

Basisfragen

Eine gute Basis So langsam sollten wir uns entscheiden! Für das konkrete Rechnen benötigen wir eine konkrete Basis a. Die Umkehrung von 10^x ist der Zehnerlogarithmus, auch dekadischer oder Briggscher Logarithmus genannt, kurz $\lg x$; auf der Tastatur des Taschenrechners oft als $\log x$. Die Umkehrung von e^x heißt 'natürlicher Logarithmus' $\ln x$ (logarithmus naturalis). Das Natürliche an der Eulerschen Zahl $e = 2{,}71\ldots$ als Basis wird erst bei der Differenzialrechnung deutlich. Und die Umkehrung von 2^x ist der Zweierlogarithmus $\operatorname{lb} x$, oft als binärer Logarithmus bezeichnet, aber auch $\operatorname{ld} x$ für logarithmus dualis. Um Missverständnissen vorzubeugen, vereinbaren wir folgende Abkürzungen:

$$\lg x \text{ für } \log_{10} x, \qquad \ln x \text{ für } \log_e x, \qquad \operatorname{lb} x \text{ für } \log_2 x.$$

Allgemein wissen wir bereits $\log_a a^x = a^{\log_a x} = x$, $\log_a a = 1$, $\log_a 1 = 0$, also konkret:

$$\lg 10^x = 10^{\lg x} = x, \qquad \lg 10 = 1, \qquad \lg 1 = 0$$

$$\ln e^x = e^{\ln x} = x, \qquad \ln e = 1, \qquad \ln 1 = 0$$

$$\operatorname{lb} 2^x = 2^{\operatorname{lb} x} = x, \qquad \operatorname{lb} 2 = 1, \qquad \operatorname{lb} 1 = 0$$

Der Zehnerlogarithmus ist für das Rechnen im Zehnersystem eine gute Wahl! Probieren wir es anhand unseres Anfangsbeispiels. Es handelt sich um eine Zahl der 'Bauart' $w = y^x$:

$$w = 9^{(9^9)}$$

Mit der Rechenregel (iii) des vorigen Satzes 3.14 erhalten wir durch Logarithmieren sofort:

$$\lg w = \lg 9^{(9^9)} = 9^9 \cdot \lg 9 = 369\,693\,099{,}6$$

Hieraus folgt nun durch Entlogarithmieren, man beachte nur $10^{\lg w} = w$:

$$w = 10^{\lg w} = 10^{369\,693\,099{,}6} = 10^{0{,}6 + 369\,693\,099} = 10^{0{,}6} \cdot 10^{369\,693\,099} \approx 4 \cdot 10^{369\,693\,099}$$

Das Ergebnis ist also von der Größenordnung einer 4, gefolgt von $369\,693\,099$ Nullen (das sind insgesamt $369\,693\,100$ Ziffern)! Bei der exakten Zahl wird es sich wohl nicht um Nullen handeln, und die führende Ziffer könnte vielleicht auch eine 3 anstelle der 4 sein, aber das ändert natürlich nichts an der *Anzahl* der Ziffern! Und falls Sie einwenden, die letzte Ziffer, also die 6 nach dem Komma sei doch nur gerundet, was wäre wenn hier womöglich nur eine 0 stünde? Dann erhielten Sie beim Entlogarithmieren, anstelle der 4 als Anfangsziffer: $10^{0,0} = 1$, man beachte $a^0 = 1$. Und nach der 1 kämen dann wirklich 369 693 099 Nullen. Der Wert der Zahl $9^{(9^9)}$ ist und bleibt einfach riesig!

Umrechnen in eine andere Basis

Auf dem Taschenrechner finden Sie vielleicht nicht den Logarithmus zur Basis 2, geschweige denn zu irgend einer anderen Basis b, $(b \neq 1)$. Das ist auch gar nicht erforderlich, denn zwei verschiedene Logarithmusfunktionen $\log_a x$ und $\log_b x$ unterscheiden sich einfach nur um einen konstanten Faktor, sie sind proportional zueinander!

Kennt man nur einen Logarithmus, kann man mit dem Proportionalitätsfaktor den anderen sofort ausrechnen! Dazu sagt man gerne:

Kennst du einen Logarithmus, kennst du jeden!

Natürlich gelte für die Basiswerte $a, b > 0$, denn für Werte kleiner gleich Null ist die Exponentialfunktion nicht definiert. Und wir setzen auch $a, b \neq 1$ voraus, denn im Falle der Zahl 1 als Basis ist die Exponentialfunktion nicht umkehrbar, also der Logarithmus nicht definiert:

3.15 Satz *Es gilt die Umrechnung:* $\quad \log_a z = \dfrac{1}{\log_b a} \cdot \log_b z$.

Das sieht komplizierter aus als es ist, und auch der Beweis dieses Satzes ist nicht schwierig: Aus $z = a^{\log_a z}$ folgt durch Logarithmieren zur Basis b: $\log_b z = \log_a z \cdot \log_b a$, was man sofort nach $\log_a z$ wie angegeben auflösen kann. $\checkmark$

Beispiel Schreiben wir den Zweierlogarithmus $\log_2 z = \operatorname{lb} z$ als ein konstantes Vielfaches des Zehnerlogarithmus $\log_{10} = \lg z$: 3.15 mit $a = 2$, $b = 10$ ergibt

$$\operatorname{lb} z = \frac{1}{\lg 2} \cdot \lg z = 3{,}322 \cdot \lg z. \quad \text{Analog:} \quad \operatorname{lb} \underbrace{(x^2 + 5)}_{z} = \frac{1}{\lg 2} \cdot \lg (x^2 + 5) = 3{,}322 \cdot \lg (x^2 + 5), \text{ etc.}$$

Sie müssen obige Beziehung nicht auswendig kennen. Es genügt zu wissen, dass es so einen Proportionalitätsfaktor gibt: $\log_a z = k \cdot \log_b z$. Der gesuchte Wert der Proportionalitätskonstanten k folgt sofort durch Einsetzen irgendeines z-Wertes! Die Wahl $z = b$ ergibt wegen $\log_b b = 1$ sofort $k = \log_a b$. Mit $z = a$ erhält man $k = \frac{1}{\log_b a}$, wie in 3.15 benutzt.

Nicht viel anders ist es mit dem 'weiblichen Partner': Eine Exponentialfunktion unterscheidet sich von einer anderen nur durch einen konstanten Faktor im Exponenten. Folglich gilt auch:

Kennst du eine Expo, kennst du jede!

Da nämlich b^z für $z \in \mathbb{R}$ *jeden* Wert $y \in \mathbb{R}^+$ annnimmt, gilt das insbesondere auch für $y = a$. Es gibt also ein passendes $k \in \mathbb{R}$, so dass $a = b^k$. Durch Exponieren folgt sofort die gesuchte Umrechnung $a^z = b^{k \cdot z}$ mit der neuen Basis b (siehe Skizze).

$$a = b^k \quad \Rightarrow \quad a^z = (b^k)^z = b^{k \cdot z}$$

Der Wert der Konstanten k lässt sich wieder durch Logarithmieren von $a = b^k$ bestimmen, wobei Sie sich die Basis des Logarithmus sogar noch aussuchen dürfen! Die einfachste Lösung,

nämlich mit b als neue Basis, können wir auch erraten, wir wissen ja bereits: $a = b^{\log_b a}$.
Logarithmieren zur alten Basis a ergibt: $\log_a a = k \cdot \log_a b$, $1 = k \cdot \log_a b$, $\frac{1}{\log_a b} = k$.
Und schließlich wäre noch irgendeine beliebige dritte Basis c möglich. Logarithmieren von
$a = b^k$ ergibt in diesem Fall: $\log_c a = k \cdot \log_c b$, als Konstante somit den Wert $k = \frac{\log_c a}{\log_c b}$.
Fassen wir noch einmal alle Möglichkeiten der Umrechnung zusammen:

3.16 Satz *Es gilt die Umrechnung:* $\qquad a = b^{\log_b a} = b^{\frac{1}{\log_a b}} = b^{\frac{\log_c a}{\log_c b}}$

Beispiele (i) Wechsel von der Basis $a=2$ zu $b=e$ (Eulersche Zahl). Der Logarithmus zur
neuen Basis e ist der 'natürliche Logarithmus'. Beachten Sie nur $(x^y)^z = x^{y \cdot z}$ und

$$2 = e^{\ln 2}: \quad 2^z = (e^{\ln 2})^z = e^{(\ln 2) \cdot z} = e^{0,693 \cdot z}$$

$$2^{\frac{x}{T}} = (e^{\ln 2})^{\frac{x}{T}} = e^{(\ln 2) \cdot \frac{x}{T}} = e^{0,693 \cdot \frac{x}{T}}$$

$$2^{-\frac{x}{T}} = (e^{\ln 2})^{(-\frac{x}{T})} = e^{(\ln 2) \cdot (-\frac{x}{T})} = e^{-0,693 \cdot \frac{x}{T}}$$

(ii) Wechsel von der Basis $a=e$ zu $b=2$. Die Umformung $e = 2^{\text{lb } e}$ wäre zwar richtig, aber
ohne Zweierlogarithmus auf dem Taschenrechner bleiben wir besser bei der alten Basis e,
also beim natürlichen Logarithmus. Wegen $e^{\ln 2} = 2$ folgt ja:

$$e = 2^{\frac{1}{\ln 2}}: \quad e^z = 2^{\frac{1}{\ln 2} \cdot z} = 2^{1,44 \cdot z}$$

(iii) Wechsel von der Basis $a = 1,05$ zu $b = 2$. In diesem Fall ist keiner der zugehörigen
Logarithmen auf dem Taschenrechner! Entscheiden wir uns hier für den Zehnerlogaritmus,
also $c=10$. Gemäß 3.16 gilt dann:

$$1,05 = 2^{\frac{\lg 1,05}{\lg 2}}: \quad 1,05^t = 2^{\frac{\lg 1,05}{\lg 2} \cdot t} = 2^{\frac{t}{14,2}}$$

Im letzten Schritt nutzten wir die einfache, aber praktische Kehrwertbildung:

$$\frac{\lg 1,05}{\lg 2} \cdot t = \frac{1}{\frac{\lg 2}{\lg 1,05}} \cdot t = \frac{1}{14,2} \cdot t = \frac{t}{14,2}$$

Verdopplungs– und Halbwertszeit Bei einer 5–prozentigen jährlichen Verzinsung eines
Anfangskapitals K_0 spielt der Faktor $1,05^t$ die entscheidende Rolle! Und die Beziehung
$K(t) = K_0 \cdot 1,05^t = K_0 \cdot 2^{\frac{t}{14,2}}$ bedeutet, dass sich nach 14,2 Jahren das Kapital verdoppelt.
Allgemein lautet die Basis beim natürlichen Wachstum $a = 1 + p$. Wir wechseln wieder zur
Basis $b = 2$. Das geht auch mit dem natürlichen Logarithmus, wegen $e = 2^{\frac{1}{\ln 2}}$:

$$1 + p = e^{\ln(1+p)} = (2^{\frac{1}{\ln 2}})^{\ln(1+p)} = = 2^{\frac{\ln(1+p)}{\ln 2}}$$

Wir erhalten somit eine weitere Darstellung der Lösung 3.8 von Aufgabenstellung 3.7.

(i) $p > 0$: Wächst M während der Zeitspanne Δt auf das $(1+p)$–fache, so gilt:

$$\mathbf{M(t)} = \mathbf{M}_0 \cdot (1+p)^{\frac{t}{\Delta t}} = \mathbf{M}_0 \cdot 2^{\frac{t}{T}}, \quad \text{mit } \mathbf{T} = \frac{\ln 2}{\ln(1+p)} \cdot \Delta t, \qquad \text{(Verdopplungszeit)}.$$

$\mathbf{T}$ nennt man in diesem Falle die 'Verdopplungszeit'. Mit der neuen Basis 2 gilt nämlich:

$$\mathbf{M(t+T)} = \mathbf{M}_0 \cdot 2^{\frac{t+T}{T}} = \mathbf{M}_0 \cdot 2^{\frac{t}{T}+1} = \mathbf{M}_0 \cdot 2^{\frac{t}{T}} \cdot 2^1 = \mathbf{M(t)} \cdot 2$$

Zahlenbeispiel: Die Population auf S.172, die in $\Delta t = 3,2$ Stunden um $p = 28\%$ wächst,

$$\mathbf{P(t)} = \mathbf{P}_0 \cdot (1+0,28)^{\frac{t}{3,2\,h}} = \mathbf{P}_0 \cdot 2^{\frac{t}{9,0\,h}}, \quad \text{mit } \mathbf{T} = \frac{\ln 2}{\ln(1+0,28)} \cdot 3,2\,h = 9,0\,h$$

Eine Verdopplung findet hier alle 9 Stunden statt. Sie erkennen auch den praktischen Wert
der Konstanten $\mathbf{T}$. Allein mit deren Kenntnis wissen Sie sofort: $\mathbf{P(t)} = \mathbf{P}_0 \cdot 2^{\frac{t}{T}}$!

(ii) $p < 0$: Ist p negativ (Abnahme, Zerfall), so ist $M(t)$ streng monoton fallend, rechnerisch daran erkennbar, dass auch $\ln(1+p)$ negativ ist. Für eine sinnvolle Interpretation des Ausdrucks in der Zweierbasis müssen wir in diesem Fall nur das Vorzeichen ausklammern.

Beträgt M nach der Zeitspanne Δt nur noch das $(1+p)$–fache, $(p < 0)$, so gilt:

$$M(t) = M_0 \cdot (1+p)^{\frac{t}{\Delta t}} = M_0 \cdot 2^{-\frac{t}{T}}, \quad \text{mit } T = \frac{-\ln 2}{\ln(1+p)} \cdot \Delta t, \qquad \text{(Halbwertszeit)}.$$

T nennt man in diesem Falle die 'Halbwertszeit':

$$M(t+T) = M_0 \cdot 2^{-\frac{t+T}{T}} = M_0 \cdot 2^{-(\frac{t}{T}+1)} = M_0 \cdot 2^{-\frac{t}{T}} \cdot 2^{-1} = M(t) \cdot \frac{1}{2}$$

(Umformung zur Basis e siehe Aufg. 19, S. 195). Anstelle der Zeit t sind in der Praxis auch andere Variable möglich. Die entsprechende Interpretation dürfte nicht viel schwieriger sein! Als Beispiel der Luftdruck $p(h)$, der nach $\Delta h = 0{,}100$ km stets $1{,}18\%$ an Wert verliert. Der Druck beträgt also nach $0{,}100$ km $(100$ m$)$ nur noch das $(1 - 0{,}0118) = 0{,}9882$–fache oder $98{,}82\%$ seines Ausgangswertes. Hieraus folgt:

$$p(h) = p_0 \cdot (1 - 0{,}0118)^{\frac{h}{0{,}100 \text{ km}}} = p_0 \cdot 2^{-\frac{h}{5{,}9 \text{ km}}}, \quad \text{wegen} \quad \frac{-\ln 2}{\ln(1 - 0{,}0118)} \cdot 0{,}100 \text{ km} = 5{,}9 \text{ km}$$

Steigt ein Flugzeug um $5{,}9$ km, verringert sich der Luftdruck um die Hälfte. In ca. 12 km Höhe beträgt der Luftdruck nur noch rund ein Viertel des Wertes am Boden.

Die Siebziger – Regel Experten kennen übrigens den Zahlenwert $\ln 2 = 0{,}693\ldots$ auswendig. Wir wählen im folgenden einfach den runden Wert $0{,}70$. Zugegeben, die Wahl des natürlichen Logarithmus erscheint zunächst willkürlich, denn selbstverständlich wäre auch jeder andere Logarithmus geeignet! Die entsprechende Proportionalitätskonstante kürzt sich in Zähler und Nenner sowieso wieder weg. Allerdings gilt nur für den natürlichen Logarithmus die einfache Abschätzung $\ln(1+p) \approx p$. Das werden wir in einem späteren Abschnitt noch beweisen. Und daraus folgt nun wiederum $T = \Delta t \cdot \frac{\ln 2}{\ln(1+p)} \approx \Delta t \cdot \frac{0{,}70}{p}$, somit auch

$$T \approx \Delta t \cdot \frac{70}{p \cdot 100} \qquad \text{('Siebziger – Regel')}$$

In vielen Anwendungen gilt zumeist $\Delta t = 1$, und Zu– bzw. Abnahme werden in Prozent angegeben, was die Abschätzung erheblich vereinfacht: $p = 5\%$ Zinsen pro 1 Jahr ergibt $p \cdot 100 = 5$. Das Kapital verdoppelt sich in diesem Falle also nach ungefähr $70/5 = 14$ Jahren!

Die Abschätzung gilt auch für negatives p und somit für die Halbwertszeit. Im übertragenen Sinne erhalten wir für die 'Halbwertshöhe' beim Luftdruck: $0{,}100$ km $\cdot 70/1{,}18 \approx 5{,}9$ km.

Logarithmische Skalen

Die Richter–Skala zur Messung der Erdbebenstärke beruht auf der logarithmischen Angabe eines Vergleichsfaktors c. Mit Hilfe eines Standard–Seismographen definierte man zunächst eine 'Standard–Erdbebenstärke E_0'. Hiermit lässt sich nun vergleichen, wie viel mal stärker irgendein anderes Erdbeben E ist,

$$E = c \cdot E_0 \qquad \text{(bzw. } c = \frac{E}{E_0}\text{)}$$

Auch bei der Längenmessung vergleicht man die zu messende Länge mit einer Standardlänge, früher als 'Urmeter' bezeichnet. Dann interessiert nur noch die Größe des Vergleichsfaktors. Da der Faktor c bei einem Erdbeben sehr groß sein kann, wurde als 'Magnitude' der Wert

$$R = \lg c \qquad\qquad\text{(bzw. } R = \lg \frac{E}{E_0})$$

eingeführt.* Die tatsächliche Größe von c errechnet sich durch Exponieren dieses Wertes,

$$10^R = c \qquad\qquad\text{(bzw. } 10^R = \frac{E}{E_0})$$

Interessant ist weniger der eigentliche Wert von c, im Falle $R = 5{,}0$ z.b. $c = 10^{5{,}0}$ ($= 100\,000$), als vielmehr der Vergleich mit anderen Werten auf der Richter–Skala: Ein Beben der Stärke $R = 6{,}0$ mit $c = 10^{6{,}0}$ ist vergleichsweise 10-mal heftiger, da $10^{6{,}0} = 10 \cdot 10^{5{,}0}$. Können Sie auch kompliziertere Werte miteinander vergleichen?

Beispiel Sie erleben ein Erdbeben der Stärke $R_1 = 5{,}1$ auf der Richter–Skala. In einem Nachbarort wurde $R_2 = 5{,}4$ gemessen. Zeigen Sie: Die Erdbebenstärke E_2 war rund doppelt so groß wie E_1. Wir bestimmen hierfür das Verhältnis von E_2 zu E_1:

$$\frac{E_2}{E_1} = \frac{c_2 \cdot E_0}{c_1 \cdot E_0} = \frac{c_2}{c_1} = \frac{10^{5{,}4}}{10^{5{,}1}} = 10^{0{,}3} \approx 2, \quad\text{also}\quad E_2 \approx 2 \cdot E_1$$

Entscheidend ist also nur das Verhältnis c_2/c_1, und schließlich nur die *Differenz* der Logarithmenwerte. Mit dieser Differenz muss 10 exponiert werden. Haben Sie einige Funktionswerte von 10^x im Kopf? Es ist gar nicht so schwierig, und durchaus praktisch:

Merke *Zehn hoch Null Komma Drei gleich Zwei!* (zumindest in guter Näherung)!

Das liegt einfach daran, dass $\lg 2 = 0{,}301\ldots$ und $10^{\lg 2} = 2$. Und Sie wissen dann auch sofort, dass $10^{0{,}6} \approx 4$, denn $10^{0{,}6} = 10^{0{,}3+0{,}3} = 10^{0{,}3} \cdot 10^{0{,}3} \approx 2 \cdot 2 = 4$, ganz analog $10^{0{,}9} \approx 2 \cdot 2 \cdot 2 = 8$. Folgende Werte hat man also leicht im Kopf:

$$10^0 = 1, \qquad 10^{0{,}3} \approx 2, \qquad 10^{0{,}6} \approx 4, \qquad 10^{0{,}9} \approx 8, \qquad 10^1 = 10.$$

Ein kleiner Test, warum gilt: $10^{1{,}3} \approx 20$, $10^{2{,}6} \approx 400$, $10^{-0{,}3} \approx \frac{1}{2}$, $10^{-1{,}3} \approx \frac{1}{20}$, $\ldots$?

Mit der Kenntnis solcher Zahlenwerte können Sie nicht nur ihre Mitmenschen verblüffen, sondern logarithmische Werte auch sehr gut abschätzen! Probieren Sie es doch gleich einmal bei der nächsten Skala in 'Bel' und 'Dezibel. Hierbei geht es um die

Schallintensität Ganz analog wurde zunächst als Vergleichswert eine Schallintensität I_0 festgelegt ($\approx 10^{-12}$ Watt pro m^2, gerade noch hörbar)! Hiermit lässt sich nun wieder angeben, wie viel mal höher irgend eine Schallintensität I ist:

$$I = c \cdot I_0 \qquad\qquad\text{(bzw. } c = \frac{I}{I_0})$$

Auch dieser Faktor c kann sehr groß werden, daher wird dieser Wert logarithmiert:

$$L = \lg c, \text{ (Bel)}^* \qquad\qquad\text{(bzw. } L = \lg \frac{I}{I_0})$$

In der Praxis werden meistens Dezibel angegeben, die sich leicht in Bel umrechnen lassen. Beispielsweise entsprechen 60 dB einfach 6,0 B. Der eigentliche Faktor c ergibt sich wieder durch Exponieren, $10^L = c$. Aber auch hier interessiert in der Praxis zumeist nur der Vergleich mit anderen Werten.

Beispiel Vergleichen Sie die Schallintensität eines normalen Gesprächs von $L_1 = 60\,\text{dB}$ mit

---

*In alter Sprechweise „auf der Richter Skala". Die gemäß Richter vorgesehenen Geräte und Methoden erlauben nur Werte bis ca. $R = 6{,}5$. Allerdings würden Stärken zwischen 10 und 11 bereits Risse über die gesamte Erdkugel verursachen. Die Skala als „nach oben offen" zu bezeichnen, ist also durchaus makaber!

*Benutzt man den natürlichen Logarithmus $\ln$, spricht man von 'Neper'(Np) anstelle von 'Bel'(B).

der Intensität von $L_2 = 63\,dB$ und $L_3 = 69\,dB$.

$$\frac{I_2}{I_1} = \frac{c_2 \cdot I_0}{c_1 \cdot I_0} = \frac{c_2}{c_1} = \frac{10^{6,3}}{10^{6,0}} = 10^{0,3} \approx 2, \quad \text{also} \quad I_2 \approx 2 \cdot I_1$$

Entsprechend ergibt $I_3/I_1 = 10^{0,9} \approx 8$, demnach $I_3 \approx 8 \cdot I_1$.

Verringert eine Schallschutzmaßnahme die Intensität I_v davor und I_h dahinter beispielsweise um $26\,dB = 2,6\,B$ (Schallschutzmauer, Fenster, etc.), so bedeutet das einen Vergleichsfaktor

$$\frac{I_v}{I_h} = 10^{2,6} \approx 400 \quad \text{bzw.} \quad I_h \approx \frac{I_v}{400}.$$

Die Intensität eines Gesprächs von $60\,dB$ unterscheidet sich von $100\,dB$ in einer Disco um den Faktor $10^4 = 10\,000$, und bei $120\,dB$ beträgt der Faktor bereits 10^6, also eine Million. Ab $85\,dB$ am Arbeitsplatz ist Gehörschutz vorgeschrieben. Schnarcher erreichen $90\,dB$. Unter Wasser gibt es Kommunikation über große Entfernungen. Blau– und Finnwale bringen es hierfür auf $190\,dB$. Den Rekord mit $240\,dB$ halten die blinden Pistolenkrebse (*Alpheus armatus*), womit sie Beutetiere betäuben können, doch dient ihre Knallerei auch zur Kommunikation mit Artgenossen. Hiermit irritierten sie sogar die Sonar–Ortung amerikanischer U–Boote, deren Besatzungen zunächst an eine russische Geheimwaffe dachten.

Die Bezeichnung L kommt hier von 'Level', nicht von Lautstärke. Letztere ist eine subjektive Empfindung, während L bzw. I stets objektiv messbar sind. Eine grobe Schätzung besagt, dass eine Erhöhung um $10\,dB = 1\,B$, also eine 10-fach größere Intensität, 'nur' als doppelt so laut empfunden wird. Der Vergleichsfaktor für die empfundene Lautstärke wäre also 'nur' 2^L. Das ist aber noch abhängig von Schallfrequenz und Alter der Person.

pH–Wert Überraschenderweise eignet sich der Logarithmus auch zur Angabe sehr kleiner Werte von c. In diesem Fall ist es die Konzentration $c\,(H^+)$ der Wasserstoff–Ionen einer Lösung, immer gemessen in der Einheit mol/L. Allerdings ist $\lg c$ bei sehr kleinen Werten von c stets negativ, genauer gesagt für $c < 1$. Vergleichen Sie den Kurvenverlauf, oder rechnen Sie einfach nach: $\lg \frac{1}{1000} = \lg 10^{-3} = -3$, $\lg \frac{1}{10\,000\,000} = \lg 10^{-7} = -7$, usw. Das ist etwas lästig, deshalb definiert man:

Der pH–Wert ist der *negative* dekadische Logarithmus der Wasserstoff–Ionenkonzentration, gemessen in mol/L. Das bedeutet:

$$pH = -\lg c\,(H^+)$$

Im Falle von $c\,(H^+) = 10^{-3}$ Mol pro Liter ergibt das also $pH = -\lg 10^{-3} = 3$. Und im Falle $c\,(H^+) = 10^{-7}$ Mol pro Liter ist $pH = 7$.

Umgekehrt erhalten wir die $c\,(H^+)$–Konzentration in mol/L aus dem pH–Wert durch Entlogarithmieren. Man beachte nur $\lg c\,(H^+) = -pH$ und exponiere zur Basis 10:

$$c\,(H^+) = 10^{-pH}$$

Wasser ist eine sehr stabile Verbindung. In einem Liter, entsprechend $55,6\,mol$ reinem Wasser $H_2O = HOH$, sind bei Zimmertemperatur nur rund $10^{-7}\,mol$ aufgespalten* in H^+ und OH^-. In diesem Falle gilt also $c\,(H^+) = c\,(OH^-) = 10^{-7}$ (mol/L). Natürlich definiert man analog

$$pOH = -\lg c\,(OH^-)$$

Für reines Wasser gilt demnach: $pH = 7$ und $pOH = 7$ (Neutralpunkt).

Bildlich gesehen können Wassermoleküle durch die häufigen Zusammenstöße gelegentlich in

---

*Durch Anlagerung von H^+ an H_2O entsteht aus jedem H^+–Ion sofort ein Oxonium (Hydronium) Ion H_3O^+. Das ändert jedoch nichts an der Anzahl bzw. der Stoffmengenkonzentration: $c\,(H^+) = c\,(H_3O^+)$. Wir dürfen rechnerisch also bei unserem einfachen Modell bleiben.

H^+ und OH^- getrennt werden. Umgekehrt findet beim Zusammentreffen von H^+ und OH^- eine Rekombination zu H_2O statt, zu einer neuen Partnerschaft. Es bildet sich ein Gleichgewicht, bei dem aufgrund der stabilen Bindung die 'Scheidungsrate' äußerst gering ist. Nur etwa eines pro 555 Millionen Wassermolekülen ist 'dissoziert'.

Völlig anders verhalten sich starke Säuren wie z.b. Salzsäure HCl, Salpetersäure HNO_3, u.a. Wird HCl in Wasser gelöst, trennen sich praktisch alle Moleküle in H^+ und Cl^- – Ionen, ohne nennenswerte Neigung zur Rekombination. Die nun erhöhte Anzahl der H^+ – Ionen führt jedoch zu einer höheren Rekombination mit den 'beliebten' OH^- – Ionen, die zu einer festen Bindung neigen, so dass deren Konzentration geringer wird.

Ganz ähnlich verhalten sich starke Laugen wie z.b. Natronlauge NaOH u.a., die sich in Wasser gelöst als Na^+ und OH^- voneinander verabschieden. Hier führt dann sozusagen der 'Damenüberschuss' von OH^- zu einer Verringerung der partnerlosen 'Herren' H^+. Kurz: Wächst $c(H^+)$, verringert sich $c(OH^-)$, und umgekehrt! Das Produkt der beiden Werte bleibt konstant (Massenwirkungsgesetz), beträgt also wie bei reinem Wasser immer 10^{-14}:

$$c(H^+) \cdot c(OH^-) = 10^{-14}$$

Im Falle $c(H^+) = 10^{-3}$ wäre also $c(OH^-) = 10^{-11}$. Durch Logarithmieren und einfaches Umformen folgt: $\lg c(H^+) + \lg c(OH^-) = -14$, $-\lg c(H^+) - \lg c(OH^-) = 14$, Ergebnis:

$$pH + pOH = 14$$

Lösungen mit pH–Werten unter 7 nennt man sauer, über 7 basisch oder alkalisch. Die Protonen H^+ und Hydroxid–Ionen OH^- sind sehr reaktiv, schon kleine Schwankungen ihrer Konzentration können Proteine oder andere komplexe Moleküle in einer Zelle beeinflussen. Daher reagieren Organismen empfindlich auf pH–Änderungen! Puffer im menschlichen Blut beispielsweise halten den Blut–pH möglichst konstant bei 7,4.

Beispiel In einem Liter Wasser seien 0,00020 mol KOH (0,0112 g Kaliumhydroxid) gelöst. Bestimmen Sie die Werte $c(OH^-)$, $c(H^+)$, pOH und pH:

0,00020 mol KOH ergeben 0,00020 mol K^+ und $0,00020 = 2,0 \cdot 10^{-4}$ mol OH^-. Die in einem Liter bereits vorhandenen $10^{-7} = 0,000\,000\,1$ mol OH^- können hier vernachlässigt werden. Es bleibt bei $c(OH^-) = 2,0 \cdot 10^{-4}$ (mol/L), wegen $\lg 0,00020 = -3,7$ folgt pOH = 3,7. Entsprechend pH = 14,0 − 3,7 = 10,3. Somit $c(H^+) = 10^{-10,3} = 0,50 \cdot 10^{-10} = 5,0 \cdot 10^{-11}$. Letzteres folgt auch bereits aus $c(OH^-) = 2,0 \cdot 10^{-4}$, da das Produkt 10^{-14} ergeben muss.

Wir haben immer eine Temperatur von $25\,°C$ vorausgesetzt. Mit wachsender Temperatur vergrößert sich die Aufspaltung und somit auch das Produkt. Zum Beispiel gilt für das 'Ionenprodukt' des Wassers bei $37\,°C$ bereits: $c(H^+) \cdot c(OH^-) = 2,6 \cdot 10^{-14}$. Für weitere Einzelheiten wie die Dissoziationskonstante bei schwachen Säuren und Laugen, oder die Pufferwirkung gewisser Salz/Säuremischungen sei auf die spezielle Fachliteratur verwiesen.

Bemerkungen und Ergänzungen

Schalldruck Die Schallintensität I gemessen in Bel beträgt $\lg \frac{I}{I_0}$. Für die Angabe in Dezibel (dB) wird dieser Wert einfach mit 10 multipliziert, kurz:

$$L = \lg \frac{I}{I_0} \text{ (B)} = 10 \cdot \lg \frac{I}{I_0} \text{ (dB)} \qquad \text{bzw.} \qquad I = 10^{L(B)} \cdot I_0 = 10^{\frac{L(dB)}{10}} \cdot I_0$$

Die Auslenkung einer Membran (Trommel) ist proportional zum Druck p auf diese Membran. Die Intensität einer *schwingenden* Membran ist proportional zum Quadrat der Amplitude (maximale Auslenkung), also auch zum Quadrat des Druckes, genauer: zum Quadrat der

maximalen Größe des hin- und her wechselnden Druckes*. Kurz $I = k \cdot p^2$.
Wegen $L = \lg \frac{I}{I_0} = \lg \frac{k \cdot p^2}{k \cdot p_0^2} = \lg \left(\frac{p}{p_0}\right)^2 = 2 \cdot \lg \frac{p}{p_0}$ folgt:

$$L = 2 \cdot \lg \frac{p}{p_0} \text{ (B)} = 20 \cdot \lg \frac{p}{p_0} \text{ (dB)} \qquad \text{bzw.} \qquad p = 10^{\frac{L\,\text{(B)}}{2}} \cdot p_0 = 10^{\frac{L\,\text{(dB)}}{20}} \cdot p_0$$

Eine Erhöhung von 60 dB auf 66 dB, also eine Änderung um 6 dB, verdoppelt den Schalldruck bzw. die Auslenkung des Trommelfells im Ohr: $10^{\frac{0,6}{2}} = 10^{0,3} \approx 2$. Wechseln Sie von einem Gespräch mit 60 dB in eine Diskothek mit 100 dB, so würde die Auslenkung verhundertfacht, bei 120 dB vertausendfacht. Hier beginnt die Schmerzgrenze. Bei einer Spielzeugpistole nahe am Ohr wirken kurzfristig 160 dB, aber das ist offensichtlich kein Spiel mehr!

Ein Blick zurück ...

- Der Logarithmus ist einfach nur die Umkehrung der Exponentialfunktion. Sein Kurvenverlauf ist daher spiegelbildlich.

- Die Rechenregeln zur Exponential- und Logarithmusfunktion sollte man alle kennen.

- Logarithmusfunktionen mit verschiedener Basis unterscheiden sich nur durch einen konstanten Faktor.

- Mit Hilfe des Logarithmus ist ein Basiswechsel leicht möglich, sowohl bei Exponential- als auch bei Logarithmusfunktionen.

- Größenwerte über viele Zehnerpotenzen hinweg werden durch eine logarithmische Skala zu einem überschaubaren Bereich.

Aufgaben

1. Eine nicht alltägliche Funktion scheint $f(x) = x^{\frac{1}{\lg x}}$, $(x > 1)$, zu sein. Rechnen Sie doch einige Funktionswerte aus, Vermutung? Beweisen Sie, dass es sich um eine konstante Funktion handelt! Hinweise: Zeigen Sie, dass $\lg f(x)$ konstant ist, und bestimmen Sie dann den Wert von $f(x)$. Eine schöne Variante ist $g(x) = x^{\frac{1}{\ln x}}$, $(x > 1)$.

2. Wo steckt der Fehler: (i) Es gilt $2 > 1$, also auch $2 \cdot \ln \frac{1}{2} > \ln \frac{1}{2}$, nach den Rechengesetzen für den Logarithmus folglich $\ln \left(\frac{1}{2}\right)^2 > \ln \frac{1}{2}$, und da der Logarithmus streng monoton wächst, folgt $\left(\frac{1}{2}\right)^2 > \frac{1}{2}$ bzw. $\frac{1}{4} > \frac{1}{2}$, aber letzteres ist natürlich Unsinn!
(ii) $(-2)^2 = 2^2$, $\ln(-2)^2 = \ln 2^2$, $2 \cdot \ln(-2) = 2 \cdot \ln 2$, $\ln(-2) = \ln 2$, $-2 = 2$.

3. (i) Bestimmen Sie näherungsweise die Zahl $n = \left(\left(9^9\right)^9\right)^9$? Sie ist nicht so groß, wie man vielleicht zunächst annimmt. Zeigen Sie, dass n in üblicher Dezimaldarstellung 'nur' 696 Ziffern hat. Vereinfachen Sie n mit den Rechenregeln für Exponenten!
(ii) Bestimmen Sie analog $\sqrt[17]{n}$. Hinweis: Bestimmen Sie zunächst $\lg \sqrt[17]{n} = \lg \left(n^{\frac{1}{17}}\right)$.

4. Begründen Sie allgemein, und überprüfen Sie speziell mit dem Taschenrechner:
$\left(\sqrt[3]{0{,}5}\right)^3 = \sqrt[3]{(0{,}5)^3} = \ln e^{0{,}5} = e^{\ln 0{,}5} = \sin \sin^{-1} 0{,}5 = \sin^{-1} \sin 0{,}5 = 0{,}5$.

---

*Man denke an die Analogie zum Feder-Pendel: Die Auslenkung ist proportional zur auslenkenden Kraft, die Energie aber proportional zum Quadrat der Amplitude bzw. Quadrat der maximal auslenkenden Kraft.

5. Für welchen Wert c gilt: $\log_4 x = c \cdot \log_8 x$. (Hinweis: $x = 64 = 8^2 = 4^3$ einsetzen.)

6. Folgern Sie aus den bekannten Rechenregeln für den Logarithmus:

    (i) $\log_a (x + y) = \log_a x + \log_a (1 + \frac{y}{x})$.   Hinweis: $x + y = x \cdot (1 + \frac{y}{x})$.

    (ii) $\log_a (x \cdot y \cdot z) = \log_a x + \log_a y + \log_a z$.   Hinweis: $x \cdot y \cdot z = x \cdot (y \cdot z)$.

    (iii) Vereinfachen Sie mit den bekannten Rechenregeln: $\lg \sqrt{K_s \cdot c_0}$

    (iv) Vereinfachen Sie ohne Taschenrechner: $e^{\ln 2 + \ln (\sin 30°)}$,   Hinweis: $\sin 30° = 0,5$.

    (v) Vereinfachen Sie für $x > y > 0$: $\log_a (x^2 - y^2) + \log_a \frac{1}{x+y}$.
    Hinweis: $x^2 - y^2 = (x - y)(x + y)$.

7. Zeigen Sie: Die Umkehrfunktion von $f : \mathbb{R} \mapsto \mathbb{R}$ mit $f(x) = \frac{1}{2} \cdot (e^x - e^{-x})$ ist $f^{-1}(x) = \ln (x + \sqrt{x^2 + 1})$. Hinweise: Kürzen Sie e^x ab als $u > 0$, und lösen Sie zunächst nach u auf (quadratische Gleichung).

8. Bestimmen Sie die Höhe über dem Meeresspiegel als Funktion des Luftdrucks, d.h.: Lösen Sie $\mathbf{p} = \mathbf{p}_0 \cdot 0{,}8881^{\mathrm{h}}$, (h in Kilometer), oder einfacher $\frac{\mathbf{p}}{\mathbf{p}_0} = 0{,}8881^{\mathrm{h}}$, durch Logarithmieren nach h auf.

9. (i) Stellen Sie den natürlichen Logarithmus $\ln x$ dar als ein konstantes Vielfaches des Zehnerlogarithmus $\lg x$.

    (ii) Warum gilt bei Vertauschen von Zähler und Nenner: $\log_a \dfrac{x}{y} = - \log_a \dfrac{y}{x}$?

    (iii) Zellmembrane sind ionensensitiv, lassen z.B. K^+ aber nicht Cl^-–Ionen hindurch. Die Erforschung der Mechanismen hierfür bildet ein zentrales Problem der Biophysik. Es entstehen elektrische Membranspannungen $\mathbf{E}_X$ von ca. 50 bis 150 mV, genauer:

$$\mathbf{E}_X = \frac{\mathbf{R} \cdot \mathbf{T}}{\mathbf{F} \cdot \mathbf{z}} \cdot \ln \frac{\mathbf{c}_\mathrm{a}}{\mathbf{c}_\mathrm{i}} = \frac{26{,}7}{\mathbf{z}} \cdot \ln \frac{\mathbf{c}_\mathrm{a}}{\mathbf{c}_\mathrm{i}}, \ \text{(in mV, bei 37°C)}, \qquad \text{(Nernst–Gleichung)}.$$

    ($\mathbf{R}$, $\mathbf{F}$ Gas– und Faradaykonstante, $\mathbf{T}$ Temperatur in Kelvin, z Wertigkeit und $\mathbf{c}_\mathrm{i}$, $\mathbf{c}_\mathrm{a}$ Konzentration des Ions X innerhalb/außerhalb der Zelle bzw. vor/hinter der Membran). Formen Sie den zweiten Ausdruck so um, bis Sie die übliche Darstellung erhalten:

$$\mathbf{E}_X = - \frac{61}{\mathbf{z}} \cdot \lg \frac{\mathbf{c}_\mathrm{i}}{\mathbf{c}_\mathrm{a}}, \ \text{(in mV, bei 37°C)}.$$

10. (i) Folgern Sie aus den bekannten Rechenregeln 3.14 für Exponenten: $a^x \cdot b^x = (a \cdot b)^x$. Hinweis: Im Falle $a \neq 1$ gibt es eine Konstante c, so dass gilt $b = a^c$.

    (ii) Vereinfachen Sie: $2^x \cdot 5^x$. (iii) Verdeutlichen Sie sich die wichtigen Rechenregeln $b^{x+y} = b^x \cdot b^y$, $b^{x \cdot y} = (b^x)^y$, $b^x \cdot c^x = (b \cdot c)^x$ auch anhand einfacher, konkreter Zahlenwerte wie etwa $b = 2$, $x = 3$, $y = 4$, $c = 5$, indem Sie die Ausdrücke auf beiden Seiten der Regel ausschreiben (Bsp. 2^4 ausgeschrieben $2 \cdot 2 \cdot 2 \cdot 2$).

11. Rechnen Sie $e^{-0{,}198\,t}$ um in die Form $2^{-\frac{t}{T}}$, das heißt bestimmen Sie T so, dass gilt $e^{-0{,}198\,t} = 2^{-\frac{t}{T}}$ (logarithmieren! Zeigen Sie: $T = 3{,}50$). Skizzieren Sie nun den Kurvenverlauf von $M(t) = 4 \cdot e^{-0{,}198\,t}$, $0 \leq t \leq 7$.

12. (i) Bringen Sie $f(x) = 1{,}35^x$ auf die Form $f(x) = e^{\lambda \cdot x}$, d.h. bestimmen Sie λ so, dass gilt $1{,}35^x = e^{\lambda \cdot x}$ (logarithmieren!). (ii) Analoge Aufgabenstellung für $f(x) = 1{,}35^{-x}$.

13. Bestimmen Sie, nur mit Kenntnis des Wertes von $\lg 2$, die Werte von:

    (i) $\lg 4$; $\lg 8$; $\lg 32$; $\lg 400$;   (ii) $\lg \frac{1}{2}$; $\lg \frac{1}{4}$; $\lg \frac{1}{8}$;   (iii) $\lg 5$; $\lg 0{,}2$; $\lg 3{,}2$; $\lg 0{,}0032$.

14. Lösen Sie: (a) $\lg x^2 + 7 \lg x = 27$ (b) $\lg \sqrt[3]{2x} + \lg \frac{1}{x} = 2$ (c) $15^x = 5^{x+2}$

15. Bestimmen Sie (ohne Taschenrechner) die Werte: $\log_2 128$, $\log_{\sqrt{2}} 4$, $\log_{\frac{1}{2}} 8$.

16. Wie rechnet man die Logarithmen zur Basis 2, zur Basis 4, zur Basis 8 ineinander um. Hinweis: $2^6 = 4^3 = 8^2$.

17. Für welche elementaren Funktionen f gilt: $f(a \cdot b) = f(a) + f(b)$?
    Für welche elementaren Funktionen g gilt: $g(a + b) = g(a) \cdot g(b)$?

18. Messungen für eine Funktion der Form $P(x) = P_0 \cdot b^x$ ergaben $P(1) = 30$ und $P(3) = 120$. Bestimmen Sie die Werte von P_0 und b. (Hinweis: Warum ergibt $P(3)/P(1) = b^2$? Eine andere Möglichkeit, aber nicht so elegant: $\lg P(x) = \lg (P_0 \cdot b^x), \ldots$)

19. Zeigen Sie: $\mathbf{M(t)} = \mathbf{M_0} \cdot (1+\mathrm{p})^{\frac{t}{\Delta t}} = \mathbf{M_0} \cdot e^{\boldsymbol{\lambda} \cdot \mathbf{t}}$, mit $\boldsymbol{\lambda} = \frac{\ln{(1+p)}}{\Delta t}$.

20. (i) a^x kann man immer umrechnen in die Form $e^{\lambda \cdot x}$ für $a > 1$, und $e^{-\lambda \cdot x}$ für $0 < a < 1$, mit einer geeigneten Konstanten $\lambda > 0$.

    (ii) a^x kann man immer umrechnen in die Form $2^{\frac{x}{\tau}}$ für $a > 1$, und $2^{-\frac{x}{\tau}}$ für $0 < a < 1$, mit einer geeigneten Konstanten $\tau > 0$.

21. Zeigen Sie durch Umformen: $e^{\ln\left(\frac{1}{2} + \sqrt{\frac{5}{4}}\right)} - e^{-\ln\left(\frac{1}{2} + \sqrt{\frac{5}{4}}\right)} = 1$.

22. Gegeben $f, g : \mathbb{R} \to \mathbb{R}$ mit $f(x) = \frac{1}{2} \cdot (e^x - e^{-x})$, und $g(x) = \ln(x + \sqrt{x^2 + 1})$. Rechnen Sie nach, dass $f \circ g (x) = x$ und $g \circ f (y) = y$ für alle $x, y \in \mathbb{R}$. Kurz gesagt: $g = f^{-1}$ (vgl. 2.60, S. 147). Skizzieren Sie den Kurvenverlauf von f und f^{-1}. Die Funktion f nennt man auch 'Sinus–Hyperbolicus' (oder 'Hyberbelsinus').

23. Wie vorige Aufgabe, aber mit $f : A \to B$ mit $f(x) = \frac{1}{2} \cdot (e^x + e^{-x})$, und $g : B \to A$ mit $g(x) = \ln(x + \sqrt{x^2 - 1})$. Hier jedoch $A = \mathbb{R}_0^+$, und B alle reellen Zahlen ≥ 1. Es handelt sich bei f in diesem Falle um den 'Cosinus–Hyperbolicus'.

24. (i) Von 80,0 mg des β–Strahlers $^{35}_{16}$S waren nach 20 Tagen nur noch 68,2 mg vorhanden. Wie groß ist die Halbwertszeit dieser Substanz?

    (ii) Die Menge einer stark radioaktiven Substanz sei nach 9 Stunden auf 35,36 % des Ausgangswertes gesunken. Bestimmen Sie die Halbwertszeit $\mathbf{T}$ dieser Substanz!
    (Hinweis: $\mathbf{M(t)} = \mathbf{M_0} \, 2^{-\frac{t}{T}}$ und logarithmieren.)

25. Die Halbwertszeit von radioaktivem Kohlenstoff $^{14}_{6}C$ beträgt bekanntlich 5730 Jahre. Bezeichne M_0 die Ausgangsmasse.

    (i) Stellen Sie die Masse M in Abhängigkeit der Zeit x (in Jahren) formelmäßig dar!

    (ii) Wie lange dauert es, bis nur noch 40% der Ausgangsmenge vorhanden sind?

    (iii) Der $^{14}_{6}C$ Gehalt der Mumie aus den Ötztaler Alpen ('Ötzi') betrug noch 53 % des Normalgehaltes. Wann lebte Ötzi?

    (iv) Der $^{14}_{6}C$ Gehalt des 'Grabtuches von Turin' betrug 1988 rund 93% des Normalgehalts. Wie alt ist es, kann es das Grabtuch von Christus gewesen sein? (Für Experten: Welchen Einfluß hätte eine 10–prozentige 'Verschmutzung' mit heutigem Kohlenstoff?)

26. In einem Gramm Kohlenstoff von frisch geschnittenem Holz treten, auf Grund des (sehr geringen) Gehalts an radioaktiven $^{14}_{6}C$, durchschnittlich 15 Zerfälle pro Minute auf $(^{14}_{6}C \rightarrow^{14}_{7} N +^{0}_{-1} e)$. Die Halbwertszeit von $^{14}_{6}C$ beträgt 5730 Jahre, d.h. *nach* diesem Zeitraum ist auch die Zerfallsrate pro Minute nur noch halb so groß:

    (i) Geben Sie die Zerfallsrate formelmäßig wieder!

    (ii) Nach welcher Zeit wird die Radioaktivität auf 9 Zerfälle pro Minute gesunken sein?

27. Die Geschwindigkeitskonstante **k** einer chemischen Reaktion ist abhängig von der Temperatur **T**. Gemäß Arrhenius gilt in guter Näherung:

$$\mathbf{k} = \mathbf{A} \cdot e^{-\frac{E_a}{R \cdot T}}, \qquad (R = 8{,}31 \text{ J} \cdot \text{mol}^{-1} \cdot \text{K}^{-1}, \text{ Gaskonstante}).$$

    (Die Reaktionsgeschwindigkeit erhöht sich in gleichem Maße wie die Konstante **k**.)

    (i) Zeigen Sie: Bei einer Erhöhung der absoluten Temperatur **T** von $300\,\text{K}$ auf $310\,\text{K}$ erhöht sich die Geschwindigkeit auf das doppelte, falls $E_a = 60\,\text{kJ/mol}$ ist,

    (ii) und sogar auf das 24–fache, falls die *Aktivierungsenergie* $E_a = 245\,\text{kJ/mol}$ beträgt. (Der Ausgangswert **k** kann allerdings vorher entsprechend gering gewesen sein.) **A** ist eine für die jeweilige Reaktion charakteristische Konstante, der Zahlenwert bei dieser Aufgabenstellung aber nicht erforderlich.

28. Für die Geschwindigkeitskonstante **k** einer chemischen Reaktion in Abhängigkeit von der absoluten Temperatur **T** gilt gemäß Arrhenius:

$$\mathbf{k} = \mathbf{A} \cdot e^{-\frac{E_a}{R \cdot T}}, \qquad (R = 8{,}31 \text{ J} \cdot \text{mol}^{-1} \cdot \text{K}^{-1}, \text{ Gaskonstante}).$$

    Zeigen Sie, dass man mit zwei Messwerten $\mathbf{k}_1$, $\mathbf{k}_2$ für zwei verschiedene Temperaturen $\mathbf{T}_1$, $\mathbf{T}_2$ die Aktivierungsenergie E_a der betreffenden Reaktion bestimmen kann:

$$E_a = R \cdot \frac{\mathbf{T}_1 \cdot \mathbf{T}_2}{\mathbf{T}_1 - \mathbf{T}_2} \cdot \ln \frac{\mathbf{k}_1}{\mathbf{k}_2}$$

    Hinweis: $\frac{\mathbf{k}_1}{\mathbf{k}_2}$ mit $\mathbf{k}_1 = \mathbf{A} \cdot e^{-\frac{E_a}{R \cdot T_1}}$ und $\mathbf{k}_2 = \mathbf{A} \cdot e^{-\frac{E_a}{R \cdot T_2}}$ ausrechnen und logarithmieren, und das Ergebnis umformen.

29. Für den Dampfdruck **p** einer Flüssigkeit in Abhängigkeit von der absoluten Temperatur **T** gilt gemäß Clausius–Clapeyron:

$$\mathbf{p} = \mathbf{A} \cdot e^{-\frac{\Delta H_V}{R \cdot T}}, \qquad (R = 8{,}31 \text{ J} \cdot \text{mol}^{-1} \cdot \text{K}^{-1}, \text{ Gaskonstante}).$$

    A ist hier natürlich eine andere Konstante als in der vorigen Aufgabe. Und ΔH_V bezeichnet die erforderliche Wärmemenge, um ein Mol der Flüssigkeit zu verdampfen, auch 'Verdampfungsenthalpie' genannt (Bsp. Wasser: $\Delta H_V \approx 40{,}7\,\text{kJ/mol}$). Dieser Wert kann über einen nicht zu großen Temperaturbereich als konstant angenommen werden.

    (i) Was ergibt, analog zur vorigen Aufgabe, die Auflösung nach ΔH_V, wenn $\mathbf{p}_1$, $\mathbf{p}_2$ für zwei Temperaturwerte $\mathbf{T}_1$, $\mathbf{T}_2$ bekannt ist?

    (ii) Üblicherweise wird hier nach $\ln \frac{\mathbf{p}_2}{\mathbf{p}_1}$ aufgelöst, und der natürliche Logarithmus durch den Zehnerlogarithmus ersetzt! Zeigen Sie:

$$\lg \frac{\mathbf{p}_2}{\mathbf{p}_1} = \frac{\Delta H_V}{2{,}303 \cdot R} \cdot \frac{\mathbf{T}_2 - \mathbf{T}_1}{\mathbf{T}_2 \cdot \mathbf{T}_1} \qquad \text{(Clausius–Clapeyron–Gleichung)}$$

30. Im Krimi 'Der Schattenmann' sagt Mario Adorf, man müsse seine 'Nullen vermehren'! Wir definieren eine Bonitätsskala $B = \lg V$, wobei V das Privatvermögen in Euro bedeute. Bestimmen Sie den Bonitätswert der kleinen Sarah mit zehn Euro, vom Studenten Klaus mit Tausend Euro, dem Vater mit Hunderttausend Euro, seinem Nachbarn mit einem Lottogewinn von zehn Millionen Euro, dem Milliardär mit einer Milliarde Euro, und dem vielleicht reichsten Mann der Welt mit Hundert Milliarden Euro. Sie erkennen: Die Unterschiede sind ungeheuer groß, aber logarithmisch ganz übersichtlich!

31. (i) Warum bedeutet ein Unterschied von 10 dB zweier Schallintensitäten den Faktor 10, aber ein Unterschied von 6 dB nicht den Faktor 6? (ii) Welche Faktoren gelten gerundet bei 16 dB, 20 dB, und 26 dB? (iii) Ergeben zwei Schallintensitäten von 60 dB zusammen 120 dB? (iv) Unterscheidet sich ein Geräusch vom anderen nur durch größere Intensität, so wird es vom menschlichen Ohr nur dann als verschieden wahrgenommen, wenn der Unterschied mindestens 0,6 dB beträgt. Drücken Sie die notwendige Steigerung der Intensität faktoriell und prozentual aus.

32. Die gerade noch hörbare Normintensität I_0 entspricht einer Schallintensität von 10^{-12} Watt pro m^2. Welche Intensität I erreicht eine Disko mit 100 dB, und was gilt für 120 dB (Schmerzgrenze), 30 m von einem startenden Düsenflugzeug entfernt?
(Die Empfindlichkeit des menschlichen Gehörs ist auch noch etwas frequenzabhängig, darauf angepasste Messungen werden mit dB (A) gekennzeichnet.)

33. Gelegentlich finden Sie auch die Definition $pH = \lg \frac{1}{c(H^+)}$. Zeigen Sie, dass dies gleichbedeutend ist mit der Definition $pH = -\lg c(H^+)$!

34. Durch einen Unfall gelangte Salpetersäure in ein grosses Wasserbecken, und zwar 0,020 mol HNO_3 pro Liter Wasser (ca. 1,26 g/L). Errechnen Sie den pH–Wert!

35. Wie viel Mol HCl pro Liter Wasser sind erforderlich, um den pH–Wert des menschlichen Magensaftes von 1,5 zu erreichen? Rechnen Sie auch um in Gramm HCl pro Liter (M(HCl) = 35,5 g/mol)!

36. Sie wollen 10 ml einer sauren (ungepufferten) Lösung mit dem pH–Wert 3,0 durch Zugabe von destilliertem Wasser anheben, und zwar auf den pH–Wert (i) 3,3 (ii) 4,0. Wie viel Wasser müssen Sie jeweils hinzugeben?

37. Warum folgt aus $pH < 7$, dass $c(H^+) > 10^{-7}$? Warum ist auch $pH = 0$ oder $pH < 0$ möglich?

38. Bei 37 °C beträgt das Ionenprodukt $c(H^+) \cdot c(OH^-) = 2{,}6 \cdot 10^{-14}$. Für reines Wasser, also ohne Zusatz von Säuren oder Laugen, gilt $c(H^+) = c(OH^-)$, (Neutralpunkt). Bestimmen Sie diese beiden Konzentrationen und den zugehörigen pH–Wert.

39. Wo steckt der Fehler?
Es gilt: $2 \cdot \ln(\sin 30°) > 1 \cdot \ln(\sin 30°)$, folglich auch $\ln(\sin 30°)^2 > \ln(\sin 30°)$. Entlogarithmieren liefert $(\sin 30°)^2 > \sin 30°$. Wegen $\sin 30° = 0,5$ ergibt sich aber $0,5^2 > 0,5$ bzw. $0,25 > 0,5$.

40. Bei welchem Zinssatz jährlich verdoppelt sich ein Anfangsbetrag K_0 nach 15 Jahren?

3 c) Potenzfunktionen und Allometrie

Beispiel Der Eisverkäufer Gelatoni möchte die neue 'Goliath–Eiskugel' anbieten:

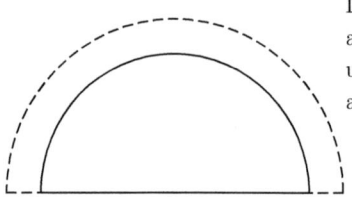

Der Durchmesser soll von bisher 5,2 cm auf 6,5 cm vergrößert werden, also genau um 25 %. Den Preis pro 'Kugel' will er allerdings um 50 % anheben!

Was halten Sie von seiner Kalkulation, wenn der Preis proportional zur verkauften Menge wachsen soll? Genau genommen handelt es sich um eine Halbkugel, Volumen $\mathbf{V} = \frac{2}{3}\pi\mathbf{r}^3$.

Die Potenzfunktion $f(x) = x^h$

Exponentielles Wachstum ist sicherlich häufig, aber nicht das einzige Wachstumsverhalten. Wie in vorigem Beispiel mit der Eiskugel sind die meisten geometrischen Größenbeziehungen durch Potenzen geprägt, und das ist eine ganz andere Art von Wachstum!

Ausdrücke der Form x^h, $h \in \mathbb{R}$ eine Konstante, sind für jeden Wert $x > 0$ definiert[*]. Da $0^{\frac{m}{n}} = 0$ gilt, für beliebige Werte $m, n \in \mathbb{N}$, definieren wir auch $0^h = 0$, für alle $h > 0$. Betrachten wir also nun den wichtigen Fall

$$h > 0: \qquad f(x) = x^h, \quad (x \geq 0).$$

Den Kurvenverlauf einer solchen Funktion sollten Sie sich einprägen:

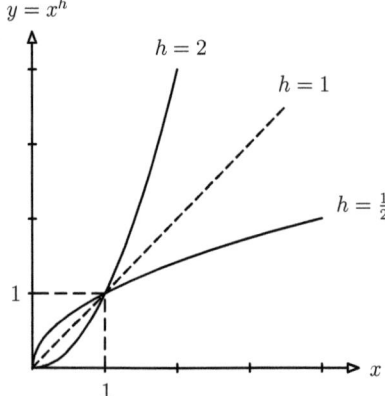

Die Winkelhalbierende $f(x) = x$, $(h = 1)$, ist die entscheidende Trennlinie. Die Parabel $f(x) = x^2$ liegt für kleine Werte von x zunächst darunter, für Werte $x > 1$ darüber. Bei der Umkehrfunktion $f^{-1}(x) = x^{1/2}$ ist es, als Spiegelbild von f, natürlich genau umgekehrt, vgl. Skizze! Vielleicht überprüfen Sie noch einmal allgemein, dass die Umkehrung von $f(x) = x^h$ gleich $f^{-1}(x) = x^{1/h}$ ist.

---

[*]Mit Ausnahme ganzzahliger Exponenten ist x^h für $x < 0$ nicht definiert!

Das über die Parabel Gesagte folgt auch aus den Monotoniebeziehungen auf S. 169, die wegen 3.4 auch für $r, s \in \mathbb{R}$ gelten: Zunächst bedeutet der erste Teil von (ii), dass $f(x) = x^h$, $(h > 0)$, streng monoton wächst. Und aus Teil (i) folgt speziell für

$h > 1$: $x > x^h$ für alle $x < 1$,   und $x < x^h$ für alle $x > 1$,

$h < 1$: $x < x^h$ für alle $x < 1$,   und $x > x^h$ für alle $x > 1$.

Nicht wesentlich anders ist der Kurvenverlauf von Funktionsausdrücken der Form

$$f(x) = k \cdot x^h, \qquad\qquad (f(1) = k \neq 0 \text{ eine Konstante}).$$

Wir diskutieren das charakteristische Wachstumsverhalten zunächst an konkreten Beispielen:

Abgaben Angenommen, von ihrem Verdienst x muss ein fester Anteil, sagen wir einfach 25 Prozent, an Abgaben entrichtet werden, also

$$A(x) = 0{,}25 \cdot x \qquad\qquad (h = 1).$$

Ihr derzeitiges Gehalt sei mit x_0 bezeichnet, ihre Abgaben betragen also $A(x_0) = 0{,}25 \cdot x_0$. Wächst nun z. B. ihr Gehalt um 3 % auf $x = 1{,}03 \cdot x_0$, so betragen ihre Abgaben nunmehr

$$A(x) = 0{,}25 \cdot x = 0{,}25 \cdot (1{,}03 \cdot x_0) = 1{,}03 \cdot (0{,}25 \cdot x_0) = 1{,}03 \cdot A(x_0)$$

Das bedeutet: Wächst ihr Gehalt um 3 % auf das $c = 1{,}03$-fache, so erhöhen sich ihre Abgaben ebenfalls um 3 % auf das $c = 1{,}03$-fache! Allgemein erhalten wir:

$$x = c \cdot x_0 \quad \Rightarrow \quad A(x) = c \cdot A(x_0), \qquad \text{bzw.} \qquad \frac{x}{x_0} = c \quad \Rightarrow \quad \frac{A(x)}{A(x_0)} = c, \qquad (h = 1).$$

Energie Die kinetische Energie eines Körpers mit der Masse $\mathbf{m}$ als Funktion der Geschwindigkeit $\mathbf{v}$ errechnet sich bekanntlich zu

$$\mathbf{E} = \tfrac{1}{2}\mathbf{m} \cdot \mathbf{v^2} \qquad\qquad (h = 2).$$

Angenommen Sie verlassen mit dem Auto den Stadtverkehr und erhöhen die Geschwindigkeit von zunächst $\mathbf{v_0} = 50{,}0\,\text{km/h}$ auf $\mathbf{v} = 70{,}5\,\text{km/h}$, also auf das 1,41-fache. Dann erhöht sich die kinetische Energie von zunächst $\mathbf{E_0} = \tfrac{1}{2}\mathbf{m} \cdot \mathbf{v_0^2}$ nun vergleichsweise auf

$$\mathbf{E} = \tfrac{1}{2}\mathbf{m} \cdot \mathbf{v^2} = \tfrac{1}{2}\mathbf{m} \cdot (1{,}41 \cdot \mathbf{v_0})^2 = (1{,}41)^2 \cdot \tfrac{1}{2}\mathbf{m} \cdot \mathbf{v_0^2} = (1{,}41)^2 \cdot \mathbf{E_0}$$

Wegen $(1, 41)^2 = 2{,}0$ ist das bereits eine Verdopplung der kinetischen Energie, was sich beim Bremsweg oder gar bei einem Aufprall entsprechend ungünstig auswirkt. Allgemein gilt:

$$\mathbf{v} = c \cdot \mathbf{v_0} \quad \Rightarrow \quad \mathbf{E} = c^2 \cdot \mathbf{E_0} \qquad \text{bzw.} \qquad \frac{\mathbf{v}}{\mathbf{v_0}} = c \quad \Rightarrow \quad \frac{\mathbf{E}}{\mathbf{E_0}} = c^2 \qquad (h = 2).$$

Herzinfarkt Für die Durchblutung der Blutgefäße spielt das Gesetz von Hagen–Poisseuille

$$\mathbf{I} = \frac{\pi \cdot \mathbf{p}}{8\boldsymbol{\eta} \cdot \mathbf{l}} \cdot \mathbf{r^4} \qquad\qquad (h = 4)$$

eine wichtige Rolle, vgl. S.50. Man nennt es ironisch auch das 'Herzinfarkt–Gesetz': Verengt sich nämlich bei gegebenem Druck $\mathbf{p}$ der Gefäßradius $\mathbf{r_0}$ zum Beispiel nur um $\frac{1}{3}$ auf $\mathbf{r} = \frac{2}{3}\mathbf{r_0}$, so folgt für den Blutfluss

$$\mathbf{I} = \frac{\pi \cdot \mathbf{p}}{8\boldsymbol{\eta} \cdot \mathbf{l}} \cdot \mathbf{r^4} = \frac{\pi \cdot \mathbf{p}}{8\boldsymbol{\eta} \cdot \mathbf{l}} \cdot \left(\tfrac{2}{3} \cdot \mathbf{r_0}\right)^4 = \left(\tfrac{2}{3}\right)^4 \cdot \frac{\pi \cdot \mathbf{p}}{8\boldsymbol{\eta} \cdot \mathbf{l}} \cdot \mathbf{r_0^4} = \left(\tfrac{2}{3}\right)^4 \cdot \mathbf{I_0}$$

Wegen $\left(\tfrac{2}{3}\right)^4 = 0{,}20$ kann das bereits unangenehme Folgen haben. Allgemein gilt wieder

$$\mathbf{r} = c \cdot \mathbf{r_0} \quad \Rightarrow \quad \mathbf{I} = c^4 \cdot \mathbf{I_0} \qquad \text{bzw.} \qquad \frac{\mathbf{r}}{\mathbf{r_0}} = c \quad \Rightarrow \quad \frac{\mathbf{I}}{\mathbf{I_0}} = c^4 \qquad (h = 4)$$

Die Regulierung des Gefäßradius durch die Gefäßmuskulatur spielt also eine dominierende Rolle für die Regulation der Durchblutung. Erst in zweiter Linie wird die Durchblutung von der Viskosität η des Blutes bestimmt. Beim Blut hängt der Wert von η allerdings nicht nur von der Temperatur ab, wie das bei einer 'normalen' Flüssigkeit der Fall ist! Dadurch zeigt Blut ein insgesamt ungewöhnliches Fließverhalten und ist eben doch 'ein ganz besonderer Saft'. Mathematisch jedoch können wir als Ergebnis festhalten (mit c>0):

3.17 Satz *Für eine Funktion der Form* $f(x) = k \cdot x^h$ *gilt für alle positiven x–Werte:*

$$x = c \cdot x_0 \quad \Rightarrow \quad f(x) = c^h \cdot f(x_0) \qquad bzw. \qquad \frac{x}{x_0} = c \quad \Rightarrow \quad \frac{f(x)}{f(x_0)} = c^h$$

Man beachte nur: $f(x) = f(c \cdot x_0) = k \cdot (c \cdot x_0)^h = k \cdot c^h \cdot x_0^h = c^h \cdot k \cdot x_0^h = c^h \cdot f(x_0)$ ✓

Diese Argumentation und damit dieser Satz sind auch gültig für den Fall $h < 0$. Wählen wir hierfür als Beispiel eine punktförmige Lichtquelle. Für deren Intensität **J** im Abstand **r** gilt

$$\mathbf{J} = \frac{\mathbf{k}}{r^2} = \mathbf{k} \cdot \mathbf{r}^{-2} \qquad\qquad (h = -2.)$$

Das Licht breitet sich ja kugelförmig aus, mit der Quelle als Mittelpunkt. Verzehnfacht sich beispielsweise der Abstand, so verteilt sich das Licht auf eine $10^2 = 100$-fach größere Kugeloberfläche. Die Lichtstärke sinkt hierdurch um den Faktor $\frac{1}{100} = \frac{1}{10^2} = 10^{-2}$. Allgemein:

$$\mathbf{r} = c \cdot \mathbf{r}_0 \quad \Rightarrow \quad \mathbf{J} = \frac{1}{c^2} \cdot \mathbf{J}_0 \qquad bzw. \qquad \frac{\mathbf{r}}{\mathbf{r}_0} = c \quad \Rightarrow \quad \frac{\mathbf{J}}{\mathbf{J}_0} = \frac{1}{c^2} = c^{-2} \qquad (h = -2).$$

Das gilt analog auch für die elektrische oder magnetische Feldstärke einer punktförmigen Quelle, oder z.B. für die Anziehungskraft der Erde auf einen anderen Massekörper.

Die Skizze zeigt den Kurvenverlauf für $h = -2$, also von $y = x^{-2} = \frac{1}{x^2}$. Für kleine Werte von x ist auch der Nenner sehr klein, der Wert des Bruches entsprechend groß. Für wachsende Werte von x werden die Funktionswerte hingegen beliebig klein. Das gilt qualitativ für alle negativen h. Eine wichtige Trennlinie bildet der Fall $h = -1$, in der Skizze gestrichelt gezeichnet. Im Grunde genommen handelt es sich ja nur um die reziproken Werte der vorigen Skizze, also $y = x^2$ und $y = \frac{1}{x^2}$ $(h = -2)$, $y = x$ und $y = \frac{1}{x}$ $(h = -1)$, $y = x^{\frac{1}{2}}$ und $y = \frac{1}{x^{\frac{1}{2}}}$ $(h = -\frac{1}{2})$.

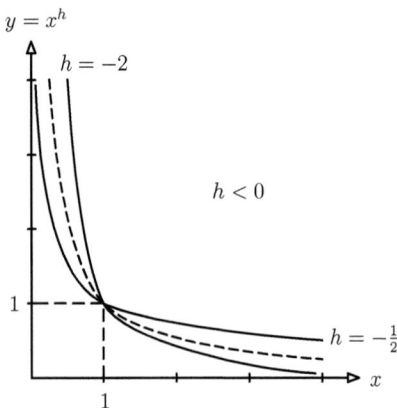

Längen, Oberflächen, Volumina

Inzwischen müssten Sie eigentlich die Kalkulation von Gelatoni in unserem Beispiel zu Beginn des Abschnittes elegant gelöst haben, also ohne die Volumina direkt auszurechnen. Es genügt zu wissen, dass das Volumen mit der dritten Potenz wächst ($h = 3$). Zeigen Sie, dass das Volumen seiner Super-Eiskugel auf das $c^3 = 1{,}25^3 = 1{,}95$-fache wachsen würde. Er müsste den Preis also fast verdoppeln!

Die einfachste Volumenformel gilt beim Würfel: $\mathbf{V} = \mathbf{a}^3$, $\mathbf{a}$ die Kantenlänge. Es folgt wieder

$$\mathbf{a} = c \cdot \mathbf{a}_0 \quad \Rightarrow \quad \mathbf{V} = \mathbf{a}^3 = (c \cdot \mathbf{a}_0)^3 = c^3 \cdot \mathbf{a}_0^3 = c^3 \cdot \mathbf{V}_0, \text{ also: } \mathbf{V} = c^3 \cdot \mathbf{V}_0$$

Nun können wir uns aber in Natur und Technik jeden Körper aus winzigen Würfeln zusammengesetzt denken, zumindest annähernd, aber beliebig genau! Wenn wir einen solchen Körper maßstabsgerecht um einen Faktor $c > 1$ vergrößern, so können wir das auch dadurch erreichen, dass wir die Würfel um diesen Faktor c vergrößern. Hierbei vergrößert sich das Volumen dieser Würfel, folglich auch das gesamte Volumen des Körpers, um den Faktor c^3! Diese Argumentation gilt natürlich analog auch bei einer Verkleinerung ($c<1$).

Wie verändert sich eigentlich eine Fläche, beispielsweise eine Dreiecksfläche? Die Skizze zeigt die zeichnerische Durchführung einer Vergrößerung um einen Faktor c (hier $c = 2$).

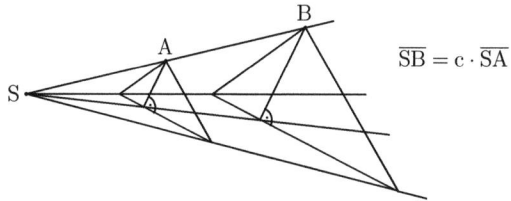

$$\overline{SB} = c \cdot \overline{SA}$$

Aus dem Strahlensatz folgt, dass Längen und Abstände beim rechten Dreieck das c–fache der entsprechenden Längen und Abstände des linken Dreiecks betragen. Insbesondere verändern sich auch die Seitenlängen und Höhen um diesen Faktor. Aus der Fläche $\mathbf{F}_0 = \frac{1}{2} \mathbf{g}_0 \cdot \mathbf{h}_0$ des linken Dreiecks errechnet sich die Fläche des rechten zu

$$\mathbf{F} = \tfrac{1}{2} \mathbf{g} \cdot \mathbf{h} = \tfrac{1}{2} (c \cdot \mathbf{g}_0) \cdot (c \cdot \mathbf{h}_0) = c^2 \cdot \tfrac{1}{2} \mathbf{g}_0 \cdot \mathbf{h}_0 = c^2 \cdot \mathbf{F}_0, \text{ also: } \mathbf{F} = c^2 \cdot \mathbf{F}_0$$

($\mathbf{g}$ eine Seite, und $\mathbf{h}$ die entsprechende Höhe des Dreiecks). Nun können wir uns jede 'normale' Fläche in der Ebene oder jede Oberfläche im Raum aus winzigen Dreiecken zusammengesetzt denken, zumindest wieder beliebig genau. Man nennt das auch Triangulieren. Und die vorige Skizze kann man auch räumlich interpretieren, denn die Strahlen vom Punkt S müssen nicht unbedingt in einer Ebene liegen. Eine maßstabsgerechte Vergrößerung des Körpers um einen Faktor c vergrößert daher wieder die Abstände entsprechender Punkte, insbesondere auch die Dreiecksseiten und Höhen, um diesen Faktor. Die Dreiecksflächen und folglich auch die gesamte Oberfläche vergrößern sich somit um den Faktor c^2. Diese Argumentation gilt natürlich für jeden Faktor $c>0$, wobei $c>1$ vergrößern bedeuten würde, und $c<1$ verkleinern. Die entstehenden Körper sind zueinander ähnlich. Fassen wir zusammen:

3.18 Satz *Eine maßstabsgerechte Änderung eines Körpers um einen Faktor c bedeutet*

eine Änderung um den Faktor c für Längen,
eine Änderung um den Faktor c^2 für Flächen,
eine Änderung um den Faktor c^3 für Volumina.

Beispiele

Der Konsequenzen des Satzes 3.18 für Natur und Technik ist man sich wenig bewusst, insbesondere was das unterschiedliche Wachstumsverhalten von Oberfläche und Volumen betrifft. Fangen wir doch einmal ganz klein an:

Einzeller Für Oberfläche und Volumen eines kugelförmigen, einzelligen Organismus ergeben sich bei einem Durchmesser von

$$d = 6\,\mu m: \quad F = \pi \cdot d^2 = \pi \cdot (6\,\mu m)^2 = 113\ \mu m^2, \quad V = \frac{\pi}{6} \cdot d^3 = \frac{\pi}{6} \cdot (6\,\mu m)^3 = 113\ \mu m^3.$$

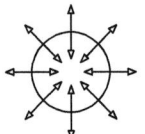

Die Aufnahme von Nährstoffen, die Abgabe der Abfallprodukte und der Gasaustausch erfolgen durch die Oberfläche, wodurch der eigentliche Organismus im Inneren 'versorgt' wird!

In diesem Beispiel sind es 113 μm^2 (Quadratmikrometer) zur Versorgung von 113 μm^3 (Kubikmikrometer), oder einfach 1 μm^2 pro μm^3. Für einen funktionierenden Stoffwechsel der Zelle erweist sich dieses Verhältnis zumeist als ausreichend. Denken wir uns nun diesen Organismus um den Faktor c = 10 vergrößert, so wächst seine Oberfläche um den Faktor $c^2 = 100$, das Volumen aber um $c^3 = 1000$. Das 'Versorgungsverhältnis' F/V sinkt also auf 0,1 μm^2 pro μm^3. Allgemein erhalten wir wegen $F = c^2 \cdot F_0$ und $V = c^3 \cdot V_0$:

3.19 Satz *Bei maßstabsgerechter Änderung eines Körpers mit Oberfläche F_0 und Volumen V_0 um den Faktor c gilt für das neue Verhälnis von Oberfläche F und Volumen V:*

$$\frac{F}{V} = \frac{1}{c} \cdot \frac{F_0}{V_0}, \qquad \textit{beziehungsweise} \qquad \frac{V}{F} = c \cdot \frac{V_0}{F_0}$$

Das Verhältnis von Volumen zu Oberfläche ist proportional zu c. Hingegen wird das Verhältnis von Oberfläche zu Volumen mit wachsendem c immer kleiner, es ist umgekehrt proportional zu c. Ein Ausweg für Organismen ist, bei festem Durchmesser mehr in die Länge zu wachsen, was allerdings die Stabilität beeinträchtigt. Bleiben wir bei einer Kugelgestalt, so ergeben sich für das Verhältnis von Oberfläche zu Volumen folgende konkrete Werte:[*]

$$d = 60\,\mu m: \frac{F}{V} = 0{,}1\ \tfrac{\mu m^2}{\mu m^3} \qquad d = 6\,\mu m: \frac{F}{V} = 1\ \tfrac{\mu m^2}{\mu m^3} \qquad d = 0{,}6\,\mu m: \frac{F}{V} = 10\ \tfrac{\mu m^2}{\mu m^3}$$

Zum Vergleich: Die meisten Bakterien haben einen Durchmesser von 0,5 μm bis 2 μm. Es gibt auch stäbchenförmige mit einem Durchmesser von etwa 60 μm (und Länge 600 μm), aber das sind bereits die Ausnahmen. Halten wir fest:
Zellen gibt es nur in einem bestimmten Größenbereich, da sonst die von der Oberfläche abhängigen Funktionen nicht zu denen des Volumens passen. Zur Vergrößerung eines Organismus ist es sinnvoller, nicht die Größe, sondern die Anzahl der Zellen zu erhöhen.

Übrigens sind die in der Technik bedeutsamen Nanopartikel mit Durchmessern von unter 100 nm (= 0,1 μm), noch kleiner als Zellen, ebenso der gefürchtete Feinstaub! Eine Folge ihrer geringen Abmessungen sind dementsprechend starke Oberflächeneffekte, und bei Teilchen unter 30 nm sogar quantenphysikalische Phänomene.

---

[*]Natürlich lässt sich $\frac{\mu m^2}{\mu m^3}$ konsequent kürzen zu $\frac{1}{\mu m}$, was aber hier die Einsicht nicht erhöht!

Insekten Größere Organismen benötigen zusätzliche Transportsysteme, um Substanzen aktiv zu den Orten zu bringen, wo sie verbraucht oder ausgeschieden werden. Die Sauerstoffversorgung erfolgt bei Insekten über winzige Röhrensysteme. Mit diesen 'Tracheen' wird die Luft von der Oberfläche des Insekts ins Innere geführt. Die bereits bei Zellen diskutierte Problematik von Oberfläche und Volumen wiederholt sich, nur in anderem Maßstab.

Die Idealgröße eines Insekts liegt bei einigen Millimetern bis Zentimeter. Eine schlanke und dafür langgezogene Körperform begünstigt wieder das Verhältnis von Oberfläche zu Volumen, und dient der bis zu 30 cm langen Stabheuschrecke der Gattung *Phobaeticus* zusätzlich als Tarnung im Geäst von Bäumen. Eine solche Größe bildet unter Insekten schon die Ausnahme.

Warmblüter Im Gegensatz zu den Insekten wird der Körper von höher entwickelten Tieren über den Blutkreislauf mit Sauerstoff versorgt. Blut- und Lungenvolumen können proportional zum Körpervolumen wachsen, so dass in diesem Fall kein Missverhältniss entsteht. Einschränkungen erfolgen von anderer Seite, zum Beispiel durch den Wärmehaushalt. Der afrikanische Elefant bekommt schnell Probleme, die im Inneren erzeugte Wärme nach außen abzuführen. Wegen fehlender Schweißdrüsen vermag er noch nicht einmal zu schwitzen, und muss die großen Ohren zum Kühlen einsetzen, oder eine Wasserstelle aufsuchen. Andererseits, je kleiner ein Tier, umso größer das Verhältnis von Oberfläche zu Volumen, und umso größer auch die Wärmeabgabe im Verhältnis zum Körpergewicht. Eine Zwergspitzmaus muss pro Tag das Doppelte ihres Körpergewichts an Nahrung aufnehmen! Sie bildet die Untergrenze für Warmblüter, zusammen mit der Bienenelfe, einer Kolibriart.

Allometrische Beziehungen

Oberfläche und Volumen wachsen in *verschiedenem Maße* – lässt sich dieses *allometrische* Wachstumsverhalten durch eine einzige Formel ausdrücken? Bei Würfeln mit beliebiger Kantenlänge $\mathbf{a}$ gilt $\mathbf{V} = \mathbf{a}^3$ bzw. $\mathbf{a} = \mathbf{V}^{\frac{1}{3}}$. Daraus folgt für die Oberfläche: $\mathbf{F} = 6\,\mathbf{a}^2 = 6 \cdot \mathbf{V}^{\frac{2}{3}}$. Analog erhalten wir bei Kugeln mit Durchmesser $\mathbf{d}$: $\mathbf{F} = \pi \cdot \mathbf{d}^2 = \pi \cdot \left(\frac{6}{\pi} \cdot \mathbf{V}\right)^{\frac{2}{3}} = 4{,}836 \cdot \mathbf{V}^{\frac{2}{3}}$. Diese beiden Beziehungen für Würfel bzw. Kugeln unterscheiden sich nur durch den jeweiligen Wert 4,836 bzw. 6 des konstanten Faktors! In der Tat gilt allgemein der

3.20 Satz *Für geometrisch ähnliche Körper gibt es eine Konstante k, so dass für Oberfläche* **F** *und Volumen* **V** *stets gilt:*

$$\mathbf{F} = \mathbf{k} \cdot \mathbf{V}^{\frac{2}{3}}$$

Der Wert von k hängt also nicht von der Größe, sondern nur von der speziellen Gestalt dieser Körper ab.

Zum Beweis beachte man nur, dass bei maßstabsgetreuer Änderung eines Körpers mit Volumen $\mathbf{V}_0$ und Oberfläche $\mathbf{F}_0$ gilt: $\mathbf{V} = \mathbf{c}^3 \cdot \mathbf{V}_0$ bzw. $\mathbf{c} = (\mathbf{V}/\mathbf{V}_0)^{\frac{1}{3}}$. Einsetzen in $\mathbf{F} = \mathbf{c}^2\,\mathbf{F}_0$ ergibt also:

$$\mathbf{F} = \left(\frac{\mathbf{V}}{\mathbf{V}_0}\right)^{\frac{2}{3}} \cdot \mathbf{F}_0 \;=\; \frac{\mathbf{F}_0}{\mathbf{V}_0^{\frac{2}{3}}} \cdot \mathbf{V}^{\frac{2}{3}} \;=\; \mathbf{k} \cdot \mathbf{V}^{\frac{2}{3}} \qquad \text{mit} \qquad \mathbf{k} = \frac{\mathbf{F}_0}{\mathbf{V}_0^{\frac{2}{3}}} \qquad \checkmark$$

Den Zahlenwert von k erhält man natürlich auch durch Einsetzten bekannter Werte in die Gleichung $\mathbf{F} = \mathbf{k} \cdot \mathbf{V}^{\frac{2}{3}}$. Zum Beispiel folgt mit den Werten der Einheitskugel ($\mathbf{r} = 1$) die Beziehung $4\pi = \mathbf{k} \cdot \left(\frac{4}{3}\pi\right)^{\frac{2}{3}}$. Hieraus ergibt sich die bereits bekannte Konstante $\mathbf{k} = 4\pi/\left(\frac{4}{3}\pi\right)^{\frac{2}{3}}$.

= 4,836 für Kugeln. Interessanterweise ist dies der kleinstmögliche Wert von k, denn unter allen Körpern mit gleichem Volumen hat die Kugel die kleinste Oberfläche. Das ändert aber nichts an der Tatsache, dass bei kleinem Volumen auch die Oberfläche einer Kugel relativ groß ist, denn das gilt bei jedem Körper.

Der Ausdruck $k \cdot V^{\frac{2}{3}}$ ist offensichtlich eine Potenzfunktion mit $h = \frac{2}{3}$, also $h < 1$. Sie erinnern sich hoffentlich an den Kurvenverlauf einer solchen Beziehung, wie er auf S. 198 skizziert wurde. Sie erkennen auch hier: Für kleine Werte von V steigen die Werte von $F = k \cdot V^{\frac{2}{3}}$ zunächst stark an. Das Verhältnis F/V ist dadurch zunächst sehr hoch, was die Existenz von Mikro-Organismen begünstigt. Es wird aber mit wachsendem V immer kleiner, was wiederum die Existenz von Warmblütern ermöglicht. Wir haben das bereits diskutiert.

Die mathematische Beziehung zwischen den beiden Größen F und V in Satz 3.20 war leicht herzuleiten. In der Natur geht es im allgemeinen etwas komplizierter zu, doch finden sich Beziehungen dieser Art auch bei vielen anderen Größen in der Natur, zumindest in guter Näherung. Das liegt an den zahlreichen geometrischen Zusammenhängen in der Funktionsweise der Lebewesen. So wird zum Beispiel bei den meisten Säugetieren, von der Maus bis zum Elefanten, der Grundumsatz G in Abhängigkeit vom Körpergewicht M recht genau beschrieben durch das 'Gesetz von Kleiber' (d für Tag):

$$G = k_1 \cdot M^{0,75} \quad \text{und} \quad k_1 = \frac{87\,\text{kcal}}{d \cdot kg^{0,75}}$$

Für das Skelettgewicht S in Abhängigkeit vom Körpergewicht M gilt näherungsweise:

$$S = k_2 \cdot M^{1,13} \quad \text{und} \quad k_2 = \frac{0,1}{kg^{0,13}}$$

Bezeichnen wir mit S und M die Maßzahlen für die Angabe des Gewichts in kg, und mit G den Grundumsatz in kcal pro Tag, so vereinfachen sich diese beiden Beziehungen zu:

$$G = 87 \cdot M^{0,75} \quad \text{und} \quad S = 0,1 \cdot M^{1,13}$$

Zum Beispiel erhalten wir bei einem Körpergewicht von 70 kg einen Grundumsatz von 2100 Kilokalorien pro Tag, und ein geschätztes Knochengewicht von *rund* 10 kg. (Wir verwenden 'Gewicht' in umgangssprachlichen Sinne, es handelt sich präzise gesagt natürlich immer um die jeweilige Masse. Erkennbar an der Einheit 'kg'. Ein Gewicht hätte die Einheit einer Kraft, als Produkt aus Masse und Beschleunigung!)

Natürlich dürfen wir auch andere Einheiten wählen, wenn wir k entsprechend umrechnen. Im Falle des Skelettgewichts erhalten wir zum Beispiel:

$$k_2 = \frac{0,1}{kg^{0,13}} = \frac{0,1}{(1000\,g)^{0,13}} = \frac{0,1}{1000^{0,13} \cdot g^{0,13}} = \frac{0,04}{g^{0,13}}$$

Nach Muliplikation mit $M^{1,13} = (M \cdot g)^{1,13}$ ergibt sich nun für $S = S \cdot g$ die Beziehung:

$$S = 0,04 \cdot M^{1,13}, \quad (S \text{ und } M \text{ in Gramm}).$$

Der Zahlenwert der Konstanten hat sich natürlich geändert, nicht aber die Hochzahl $h = 1,13$. Der Wert dieser Konstanten ist charakteristisch für die Beziehung zwischen S und M:

3.21 Definition Wächst eine Größe y in Abhängigkeit von einer Größe x gemäß

$$y = k \cdot x^h \text{ mit einer Konstanten } h > 0,$$

so spricht man im Fall $h \neq 1$ von *Allometrie*, im Fall $h = 1$ von *Isometrie*.

Die Bedeutung von h lässt sich auch folgendermaßen beschreiben:

Wird z.B. x um 1% vergrößert, so wächst y ungefähr um das h–fache, also um $h\%$:
$$\tfrac{\Delta x}{x} = 1\% \;\Rightarrow\; \tfrac{\Delta y}{y} \approx h\% \,.$$
(Hinweise zum Beweis siehe Aufgabe 4, Seite 258.)

Im Fall $h=1$ wachsen y und x in 'gleichem Maße' oder proportional. Im Falle $h > 1$ spricht man auch genauer von 'positiver' Allometrie, y wächst überproportional zu x, die Kurve ist hierbei 'positiv' gekrümmt. Vergleichen Sie noch einmal mit der Skizze auf S. 198. Im Falle $h < 1$ ist der Kurvenverlauf 'negativ' gekrümmt, man spricht von 'negativer' Allometrie. Es handelt sich also keinesfalls um eine positive oder negative Bewertung!

Die beiden vorigen Beispiele zeigen eine gegenläufige Tendenz: Gemäß dem Kleiberschen Gesetz hat ein höheres Körpergewicht einen vorteilhaften Aspekt, der Grundumsatz G bzw. Energiebedarf wächst unterproportional zum Körpergewicht M. Aufgrund der zweiten Beziehung nimmt aber hierdurch das Skelettgewicht S überproportional zu. Durch die erforderliche Anpassung und Optimierung an das Umfeld sind also wieder einmal Grenzen gesetzt.

Merke *Die Welt im Grossen ist nicht die vergrößerte Welt im Kleinen.*

Eine proportionale Änderung führt nicht zu einer vergleichbaren Funktionalität! Ein großes Tier zum Beispiel wird anders gebaut sein als ein kleines, und keine schlichte Vergrößerung darstellen wie im Modellbau. Zum Glück eigentlich, denn dieser Umstand führt natürlich erst zu dieser enormen Vielfalt in der Natur, und auch bei der Lösung technischer Aufgaben.

Bemerkungen und Ergänzungen

Große Sprünge Der ca. $3\,\mathrm{mm}$ große Menschenfloh vermag etwa $200\,\mathrm{mm} = 0{,}2\,\mathrm{m}$ hoch zu springen. Das ist ungefähr das 70–fache seiner Körpergröße. Daraus wird gerne gefolgert, dass ein Mensch bei einer Körpergröße von ca. $1{,}70\,\mathrm{m}$, sozusagen als ein Floh dieser Größe, vergleichsweise $120\,\mathrm{m}$ hoch springen müsste! Eine genauere Betrachtung führt jedoch zu einem völlig anderen und ganz erstaunlichen Ergebnis. Hierzu muss man nur wissen, dass die Muskelkraft proportional zur Querschnittsfläche des Muskels wächst, nämlich mit der Anzahl der Muskelfasern. Vergrößern wir nun gedanklich den Floh um irgend einen Faktor c, sagen wir einfach um den Faktor $c = 5$:

Die Muskelkraft erhöht sich hierbei um den Faktor 25, und der Weg, den die Beine beim Absprung zurücklegen, wächst um den Faktor 5. Die verfügbare Energie E (Kraft mal Weg) beim Absprung wächst also um den Faktor $c^3 = 125$. Um die Höhe h zu erreichen, benötigt er die Energie $(m \cdot g) \cdot h$, (Schwerkraft mal Weg), g die konstante Erdbeschleunigung. Doch auch die Masse m des Flohs ist angewachsen, und zwar um denselben Faktor $c^3 = 125$. Die Folge ist: Er kann trotz höherer Energie nur dieselbe Höhe h erreichen wie vorher! Das Sprungvermögen ist also unabhängig von der Körpergröße.

Denken wir uns den Vorgang zu Ende, so fällt er mit der Geschwindigkeit v zu Boden. Die Fallgeschwindigkeit eines kleinen Steins bzw. eines kleinen Flohs ist aber dieselbe wie bei einem großen Stein bzw. einem großen Floh. Und zwar genauso groß wie beim Hochwerfen bzw. beim Absprung. Das bedeutet: Auch die Absprunggeschwindigkeit v ändert sich nicht durch seine Vergrößerung.

Einziger Unterschied: Durch die geringeren Abmessungen erreicht der kleine Floh die Geschwindigkeit v in kürzerer Zeit. Das hat rechnerisch eine hohe Beschleunigung zur Folge, aber doch keine größere Sprunghöhe.

Entscheidend sind Qualität der Muskeln, Gestalt der Glieder zur Umsetzung des Sprunges, und anderes mehr. Die maximale Sprunghöhe von Hunden, Katzen, Leoparden, Antilopen und anderen Tieren liegt bei etwa 2,50 m. Zur Ehrenrettung des Flohs sollten wir berücksichtigen, dass er bei seinen winzigen Ausmaßen erheblich vom Luftwiderstand gebremst wird. Ein Elefant hingegen bräche sich schon beim Absprung die Beine und würde bei der Landung endgültig zusammenbrechen. Auch Tragfähigkeit der Knochen und Zugfestigkeit der Sehnen wachsen nur proportional zu ihrer Querschnittsfläche.

Weitere Beispiele Blattschneiderameisen können über lange Strecken das 12–fache ihres Körpergewichts tragen. Im Vergleich zu größeren Tieren oder zum Menschen sind sie klar im Vorteil. Bei einer Vergrößerung um c wächst die Muskelkraft bekanntlich nur um c^2, das Körpergewicht jedoch um c^3.

Auch die Statik wird bei einer Vergrößerung problematisch. Ein Fernsehturm so schlank wie ein Getreidehalm ist aus statischen Gründen nicht möglich! Das Empire State Building hätte bei diesen Proportionen nur einen unteren Durchmesser von 2 Metern.

Einige Beispiele zum Verhältnis von Oberfläche zu Volumen seien noch kurz erwähnt. So ist der Mond im Vergleich zur Erde relativ klein und daher schon ausgekühlt, während die Erde nur eine dünne Erdkruste besitzt und im Inneren noch glutflüssig ist. Freistehende Einfamilienhäuser sind heizungstechnisch ungünstiger als zum Beispiel Reihenhäuser oder gar Wohnblocks, denn auch hier ist das Verhältnis **F/V** von Oberfläche (Außenfläche) und Volumen (Wohnraum) ein entscheidender Faktor. Bei Vögeln nimmt die Flügeloberfläche langsamer zu als das Volumen bzw. Gewicht, die Grenze liegt bei ca. 15 kg Körpergewicht. Beim Flugzeug sind die Flügel hingegen starr, und der nötige Auftrieb ist nur durch Geschwindigkeiten zu erzielen, die ein Vogel nicht erreicht oder beim Fliegen nicht aushält. Pflanzen erreichen eine Vergrößerung der Oberfläche durch die flachen Blätter, unterirdisch durch dünne und sich verzweigende Wurzeln.

Allometrisches Wachstum im engeren Sinne ist in der Biologie das unterschiedliche Wachstumsverhalten von Teilen eines Körpers. Der Kopf eines Kleinkindes ist im Vergleich zum gesamten Körper noch auffällig groß. Im Laufe der Entwicklung wachsen jedoch Arme und Beine schneller als Kopf und Rumpf, also nicht proportional. Eine Pflanze krümmt sich zum Licht, weil die lichtabgewandte Seite schneller wächst als die dem Licht zugewandte Seite. Tierhörner krümmen sich, indem die Vorderkante schneller als die Hinterkante wächst. Es bedarf also keines Gens, das die endgültige Form bereits festlegt, es muss nur für den Wachstumsunterschied zwischen den betreffenden Teilen sorgen!

Der Body–Mass–Index (BMI) berücksichtigt das allometrische Wachstum des Menschen. Wäre ein großer Mensch nur die c–fache Vergrößerung eines kleinen, so müsste die Körperlänge l um diesen Faktor c, und das Körpergewicht **G** dabei um den Faktor c^3 wachsen. Folglich bliebe der Quotient **G/l^3** konstant. Stattdessen wird gefordert, dass der Quotient

$$\text{BMI} = \frac{G}{l^2} \quad \text{(Körpergewicht } \mathbf{G} \text{ in kg, Körpergröße } \mathbf{l} \text{ in m)}$$

möglichst konstant sein soll, nämlich zwischen 18,5 und 25. Das bedeutet eine geringere Zunahme des Gewichts, nämlich nur mit dem Quadrat der Körpergröße. Ein großer Mensch sollte also vergleichsweise schlanker sein als ein kleiner. Rechnen wir noch ein Zahlenbeispiel: Ein Gewicht von 81 kg ergibt bei einer Körpergröße von 1,80 m einen

$$\text{BMI} = \frac{81}{1,80^2} = 25$$

Das liegt schon an der Grenze. Aber trösten Sie sich: Sie sind doch gar nicht 'übergewichtig', Sie sind einfach nur 'untergroß'! Bei einem Wert über 30 spricht man bereits von 'Adipositas', das ist der medizinische Ausdruck für Fettleibigkeit. Leider steigt bei einem BMI über 30 das Risiko für Bluthochdruck, koronare Herzerkrankungen, orthopädische Überlastungsschäden und Typ–2 Diabetes stark an.

Nun wieder zurück zur Mathematik. Potenzfunktionen treten nicht immer isoliert auf:

Polynome nennt man in der Mathematik *Summen von Potenzen* in der Form

$$a_n \cdot x^n + a_{n-1} \cdot x^{n-1} + \ldots + a_1 \cdot x + a_0,$$

die natürliche Zahl n heißt der Grad des Polynoms. Die Koeffizienten a_n, a_{n-1}, $\ldots$, a_1, a_0 sind beliebig aber fest gewählte reelle Zahlen. Beispiele für Polynome vom Grad 2 sind also:

$$4x^2 + \tfrac{1}{3}x - \sqrt{2}, \quad -4x^2 + \tfrac{1}{\pi}x + \tfrac{2}{3}, \quad x^2 + x, \quad 3x^2 - 7, \quad 3x^2, \quad x + 2, \quad x, \quad 3, \quad -1, \quad 0.$$

Man beachte, dass die Koeffizienten auch Null sein können! Ist der höchste Koeffizient $a_n \neq 0$, so heißt das Polynom von 'echtem' Grad n. Der echte Grad von $3x^2 - 1$ ist 2, der echte Grad von $-3x + 2$ beträgt nur 1, und eine Konstante wie 2 hat nur den echten Grad 0.

Jedes (nichtkonstante) Polynom wächst für $x \to \infty$ über alle Grenzen. Ein solches 'polynomiales' Wachstum ist aber immer noch gering im Vergleich zu exponentiellem Wachstum. Jeder Ausdruck der Form a^x mit $a > 1$ wächst für $x \to \infty$ stärker als jedes Polynom! Beweis mit den Regeln von de l'Hospital, vgl. S. 256.

Als Funktionen von x sind Polynome für alle rellen Werte von x definiert. Die Aufgabe der Nullstellenbestimmung

$$a_n \cdot x^n + a_{n-1} \cdot x^{n-1} + \ldots + a_1 \cdot x + a_0 \; = \; 0$$

heißt 'Gleichung n–ten Grades'. Gleichungen zweiten Grades (quadratische Gleichungen) kennt man bereits aus dem Schulunterricht, zum Beispiel $x^2 - 4x + 3 = 0$.

Polynome heißen auch 'ganzrationale' Funktionen, als Spezialfall aller '(gebrochen)rationalen' Funktionen: $f(x) = p(x)/q(x)$, wobei $p(x)$ und $q(x)$ irgend welche Polynome bezeichnen. Da der Nenner $q(x)$ speziell auch 1 sein kann, gehören offensichtlich auch alle Polynome zu den rationalen Funktionen. Ausdrücke für rationale Funktionen sind:

$$\frac{5x^2 - 4x + 4}{2x^3 - x + 1}, \quad \frac{2x + 1}{x^3 + \tfrac{1}{2}x}, \quad \frac{2}{x^3}, \quad \frac{x^2 - 4x + 4}{x - 2}, \quad \frac{1}{x - 2}, \quad \frac{1}{x}, \quad x^2 - 4x + 4, \quad x^2, \quad 3.$$

Rationale Funktionen sind für alle x definiert, für die der Nenner ungleich Null ist.

Ein Blick zurück ...

- Viele Größenbeziehungen sind durch Potenzen geprägt.

- Eine Abhängigkeit gemäß $y = k \cdot x^h$ mit $h > 0$ heißt Allometrie, falls $h \neq 1$.

- Eine Änderung von x um den Faktor c bewirkt eine Änderung von y um den Faktor c^h.

- Eine Maßstabsänderung um den Faktor c bedeutet eine Änderung für Flächen um den Faktor c^2, für Volumina um den Faktor c^3.

- Das Potenzverhalten ist von großer Bedeutung für Natur und Technik.

- Im Falle $h = 1$ spricht man von Isometrie (= Proportionalität).

Aufgaben

1. Für das Gewicht **G** eines Brillanten mit dem Durchmesser **d** gilt in guter Näherung

   $$G = 0{,}0037 \cdot d^3, \quad \textbf{G} \text{ in Karat}, \textbf{ d} \text{ in mm}.$$

   Wieviel Karat hat ein Brillant mit 3 mm Durchmesser (Ergebnis runden)?
   Schätzen Sie nun das Gewicht von Brillanten mit 1,5 mm sowie mit 6 mm Durchmesser!

2. Sie sehen hier die Skizze dreier Trinkgläser, links das 'Normalglas'.

   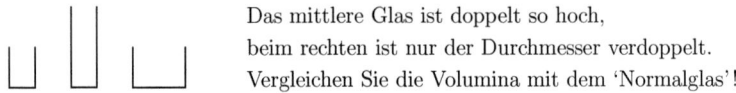

   Das mittlere Glas ist doppelt so hoch,
   beim rechten ist nur der Durchmesser verdoppelt.
   Vergleichen Sie die Volumina mit dem 'Normalglas'!

3. Warum hat ein Sauerstoffmolekül O_2 bei einer Geschwindigkeit von rund 500 m/s die gleiche kinetische Energie $\frac{1}{2}\,\textbf{m} \cdot \textbf{v}^2$ wie ein Wasserstoffmolekül H_2 mit einer Geschwindigkeit von 2000 m/s?

4. Das Katzenauge unterscheidet sich in mehreren Punkten vom menschlichen Auge. Zum Beispiel hat die menschliche Iris eine maximale Öffnung von ca. 8 mm Durchmesser, bei der Katze sind es hingegen 14 mm. Wie viel Prozent mehr Licht gelangt hierdurch ins Innere vom Katzenauge?

5. Der verrückte Pythagoras: Anstelle von Quadraten malt er plötzlich gleichseitige Dreiecke, Fünfecke, und Halbkreise über die Seiten seiner rechtwinkligen Dreiecke (Skizze)! Und tatsächlich, die Summe der beiden kleinen Flächen ist wieder gleich der großen Fläche über der Hypotenuse. Rechnen Sie einfach nach!

   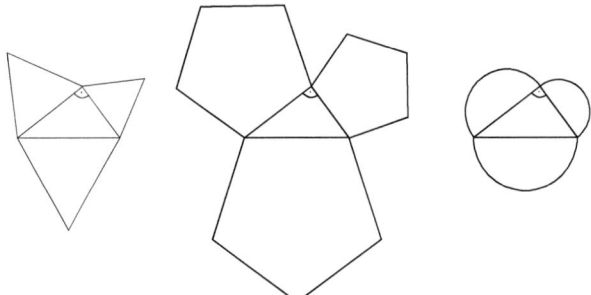

   Hinweise: Fläche des gleichseitigen Dreiecks der Seitenlänge **s**: $\textbf{F} = \frac{\sqrt{3}}{4} \cdot \textbf{s}^2$. Fläche des regelmäßigen Fünfecks $\textbf{F} = (\frac{1}{4} \cdot \sqrt{25 + 10 \cdot \sqrt{5}}) \cdot \textbf{s}^2$, Fläche des Halbkreises $\textbf{F} = \frac{\pi}{2} \cdot \textbf{r}^2$. Was ist der entscheidende Grund für die Gültigkeit dieser Verallgemeinerung!

6. Sie zerteilen einen Würfel der Kantenlänge 1 cm in kleine Würfel mit 1 mm Kantenlänge. Begründen Sie, warum die Oberfläche um den Faktor 10 ansteigt!

7. (i) Ein Goldschmied zieht einen Golddraht von 10 cm Länge und 0,4 mm Durchmesser auf eine Länge von 40 cm. Wie groß ist jetzt der Durchmesser?

   (ii) Der Durchmesser der Sonne ist 109–mal größer als der Durchmesser der Erde. Wie viel mal größer ist das Volumen der Sonne?

8. Skizzieren Sie $p(x) = (x - 1) \cdot (x - 5)$ und $q(x) = (x + 1) \cdot (x - 1) \cdot (x - 5)$, $(x \in \mathbb{R})$.

9. Fällt ein Gegenstand nach unten, gilt für die zurückgelegte Strecke: $\mathbf{s} = \frac{1}{2} \mathbf{g} \cdot \mathbf{t}^2$. Hierbei bezeichnet $\mathbf{g} \approx 10 \frac{m}{s^2}$ die Erdbeschleunigung, $\mathbf{t}$ die Zeit. Daraus folgt in guter Näherung:
$$\mathrm{s} = 5 \cdot \mathrm{t}^2, \quad (\mathbf{t} \text{ in Sekunden, } \mathbf{s} \text{ in Meter}).$$
Auch eine waagrecht abgeschossene Gewehrkugel 'fällt' auf diese Weise nach unten: Wie groß ist diese Fallstrecke nach (i) 100 m, (ii) 200 m, (iii) 1000 m, wenn wir eine (waagrechte) Schussgeschwindigkeit von konstant 1000 Meter pro Sekunde annehmen, (also ohne Berücksichtigung des Luftwiderstands).

10. Der freie Fall einer Kugel mit Radius $\mathbf{r}$ und Dichte $\varrho_K > \varrho_{Fl}$ in einer Flüssigkeit mit der Viskosität $\boldsymbol{\eta}$ führt, aufgrund der Reibung, zu einer konstanten Sinkgeschwindigkeit:
$$\mathbf{v} = \frac{2}{9} \cdot \frac{\mathbf{r}^2}{\eta} \cdot (\varrho_K - \varrho_{Fl}) \cdot \mathbf{g}$$
(i) Zeigen Sie, dass sich für $\mathbf{r} = 2{,}75\,\mu m$, $\varrho_K - \varrho_{Fl} = 0{,}070 \cdot 10^3 kg/m^3$, $\boldsymbol{\eta} = 1{,}7 \cdot 10^{-3} Pa \cdot s$, $\mathbf{g} = 10\,m/s^2$ (Erdbeschleunigung) eine Sinkgeschwindigkeit von $\mathbf{v} \approx 2{,}5\,mm/h$ ergibt.

(ii) Wie groß wird hiernach $\mathbf{v}$ bei einer Verdopplung des Radius $\mathbf{r}$?

In diesem Modell für die 'Blutsenkung' wurden die Erythrozyten durch Kugeln ersetzt. In der Praxis verdünnt man 1,6 ml Blut mit 0,4 ml einer 3,8 % Natriumcitratlösung zur Hemmung der Blutgerinnung, und füllt diese Mischung in ein 20 cm langes, senkrecht stehendes Glas– oder Kunststoffröhrchen mit Millimeterskala.

Bestimmte Erkrankungen führen zu abnormen Werten der Blutsenkungsgeschwindigkeit (BSG). Werte von 2,5–10 mm/h gelten als normal, im Alter auch bis zu 25 mm/h.

11. Zu voriger Aufgabe: Auch kleinste Bodenteilchen haben einen Radius von ungefähr $\mathbf{r} = 2{,}75\,\mu m$, die bei einer Aufschwemmung in Wasser wieder zu Boden sinken. Wie groß ist hier die Sinkgeschwindigkeit, wenn $\varrho_K - \varrho_{Fl} = 1{,}4 \cdot 10^3 kg/m^3$, $\boldsymbol{\eta} = 1{,}0 \cdot 10^{-3} Pa \cdot s$.

12. Vergleichen Sie Oberfläche und Volumen des Mondes mit der Erde. Das Verhältnis von Mond- zu Erddurchmesser beträgt $\mathbf{d}_M/\mathbf{d}_E = 0{,}2727$ bzw. $\mathbf{d}_M = 0{,}2727 \cdot \mathbf{d}_E$, $(\approx \frac{1}{4} \mathbf{d}_E)$.

13. Die Oberflächentemperatur der Sonne beträgt ungefähr 6000 K. Ein Sonnenfleck hat 'nur' eine Temperatur von etwa 4000 K. Für die Strahlungsleistung $\mathbf{S}$ in Abhängigkeit von der Temperatur $\mathbf{T}$ gilt das Stefan–Boltzmannsche Gesetz:
$$\mathbf{S} = \boldsymbol{\sigma} \cdot \mathbf{T}^4, \quad \boldsymbol{\sigma} \text{ eine Konstante}.$$
Um wie viel Prozent sinkt die Strahlungsleistung in einem Sonnenfleck?

14. Bei Erneuerung einer Anlage wurden die alten Wasserrohre mit Radius 50 mm durch neue Rohre mit Radius 40 mm ersetzt. Wir können den Durchfluss nach Hagen–Poiseuille berechnen:
$$\mathbf{I} = \frac{\pi \cdot \mathbf{p}}{8\,\boldsymbol{\eta} \cdot \mathbf{l}} \cdot \boldsymbol{r}^4$$
Um wie viel sinkt der Durchfluss $\mathbf{I}$, wenn die übrigen Größen konstant bleiben? (Um wie viel müsste der Druck $\mathbf{p}$ erhöht werden, um den Durchfluss konstant zu halten?)

15. Sie wollen verdoppeln: (i) den Umfang, (ii) die Fläche eines Kreises, (iii) die Oberfläche, (iv) das Volumen einer Kugel! Um welchen Faktor müssen Sie den entsprechenden Radius vergrößern?

16. Die Höhe einer (annähernd punktförmigen) Straßenleuchte wird von 4,9 m auf 3,5 m gesenkt. Um wie viel steigt die Beleuchtungsstärke auf der Straße direkt darunter?

17. Auf dem Mars wurden Solarzellen aufgestellt. Wie hoch ist die Lichtintensität noch auf dem Mars, prozentual im Vergleich zur Erde (ohne Berücksichtigung der Erdatmosphäre)? Dieser Prozentsatz schwankt, da der Abstand Mars–Sonne zwischen dem 1,38– und 1,67–fachen des Abstands Erde–Sonne schwankt!

18. (i) Wie groß ist die Oberfläche (a) eines Würfels, (b) einer Kugel, mit einem Volumen von $125\,\mathrm{L} = 0{,}125\,\mathrm{m}^3$? Ergebnis in m^2.

    (ii) Wie groß ist das Volumen (a) eines Würfels, (b) einer Kugel, mit einer Oberfläche von $1\,\mathrm{m}^2$? Ergebnis in Liter. (Hinweis: vgl. S. 203).

19. Begründen Sie: Besteht zwischen N und M eine positive Allometrie, so besteht zwischen M und N eine negative Allometrie.

20. Begründen Sie: Eine Person von 81 kg muss *mindestens* 1,80 m groß sein, um einen BMI von *höchstens* 25 zu haben!

21. Als Schätzformel für die Oberfläche F (in m^2) eines Menschen findet man die Angabe: $F = 0{,}2025 \cdot G^{0{,}425} \cdot l^{0{,}725}$, bei einem Gewicht von G kg und einer Körperlänge von l m. Schätzen Sie die Körperoberfläche eines 1,80 m großen Mannes von 80 kg Gewicht.

22. Skizzieren Sie $f(x) = x^2$ für $x \in \mathbb{R}$, sowie folgende Funktionen (passend umgeformt!):
    $g(x) = x^2 - 6x + 9 \ = (x^2 - 6x + 9) - 0 = (x-3)^2$
    $h(x) = x^2 - 6x + 5 \ = (x^2 - 6x + 9) - 4 = (x-3)^2 - 4$
    $k(x) = x^2 - 6x + 10 = (x^2 - 6x + 9) + 1 = (x-3)^2 + 1$
    Diese Art von Umformung kennen Sie sicherlich als 'quadratische Ergänzung'.

23. Bestimmen Sie rechnerisch die Nullstellen der Funktionen g,h,k von voriger Aufgabe, und vergleichen Sie mit der vorigen Skizze!

24. Werfen Sie einen Stein mit der Anfangsgeschwindigkeit $\mathbf{v_0}$ nach oben, betrüge seine Höhe $\mathbf{h}$ ohne(!) Erdanziehung nach der Zeit $\mathbf{t}$ einfach $\mathbf{v_0} \cdot \mathbf{t}$. Lassen Sie den Stein nur nach unten fallen, beträgt die Fallstrecke in derselben Zeit $\frac{1}{2}\mathbf{g} \cdot \mathbf{t}^2$ ($\mathbf{g}$ die Erdbeschleunigung). Beide Bewegungen überlagern sich, so dass die Höhe also insgesamt
    $$\mathbf{h} = \mathbf{v_0} \cdot \mathbf{t} - \tfrac{1}{2}\mathbf{g} \cdot \mathbf{t}^2$$
    beträgt. Wählen wir als Anfangsgeschwindigkeit $\mathbf{v_0} = 20\,\mathrm{m/s}$ und $\mathbf{g} = 10\,\mathrm{m/s}^2$, dann ergibt sich mit $\mathbf{t}$ in Sekunden ($\mathbf{t} = \mathrm{t} \cdot s$) für die Höhe $\mathbf{h}$ in Metern die Beziehung:
    $$\mathrm{h} = 20 \cdot \mathrm{t} - 5 \cdot \mathrm{t}^2$$
    Skizzieren Sie h (y–Achse) als Funktion von t (x–Achse). Wo liegen die Nullstellen? Kleiner Hinweis: $20 \cdot \mathrm{t} - 5 \cdot \mathrm{t}^2 \ = \ 5\mathrm{t} \cdot (4 - \mathrm{t})$.

25. Schätzen und dann rechnen Sie: Um wie viel müsste ein 4 cm langer Goldfisch wachsen, um ohne Änderung seiner Proportionen sein Gewicht zu verdoppeln?

3 d) Stetigkeit und Grenzwert von Funktionen

Unstetes Verhalten Haben Sie schon einmal darüber nachgedacht, welche Funktionen für einen Taschenrechner überhaupt geeignet sind? Die folgende Funktion $h : \mathbb{R}^+ \to \mathbb{R}$ ist vielleicht ungewöhnlich, aber nicht schwierig zu berechnen. Es bezeichnen hierbei p und q natürliche Zahlen: Für $x \in \mathbb{R}^+$, also für jede positive reelle Zahl x, sei der Funktionswert

$$h(x) = \begin{cases} \frac{1}{q} & \text{falls } x = \frac{p}{q} \text{ (gekürzte Darstellung)} \\ 0 & \text{für alle übrigen } x \in \mathbb{R}^+ \end{cases}$$

Zum Beispiel gilt $h(0{,}5) = h(\frac{5}{10}) = h(\frac{1}{2}) = \frac{1}{2}$, $h(2) = h(\frac{2}{1}) = \frac{1}{1} = 1$, und $h(\sqrt{2}) = 0$, denn $x = \sqrt{2}$ lässt sich nicht als Bruch darstellen. Weiter $h(\frac{4}{3}) = \frac{1}{3}$, $h(0{,}33) = h(\frac{33}{100}) = \frac{1}{100}$, usw. Entscheidend für $h(x)$ ist immer der Nenner von x, als Bruch in gekürzter Darstellung. Vernünftig zeichnen lässt sich diese Funktion allerdings nicht. Hier ein grober Versuch:

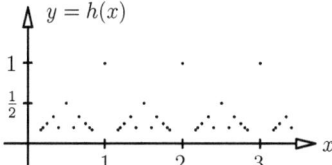

Die Sinusfunktion ist zum Zeichnen wesentlich angenehmer, obwohl die Berechnung der Funktionswerte hierfür wiederum viel schwieriger ist. Und angenommen, wir wollen

$$sin\,\tfrac{1}{3}$$

berechnen, so erhalten wir vom Taschenrechner in Wirklichkeit den Funktionswert von

$$sin\,0{,}333\,333\,333.$$

Nur die Anzahl der Ziffern kann je nach Rechner unterschiedlich sein. Das stört jedoch nicht, denn so ein winziger Fehler zwischen $x = \frac{1}{3}$ und $\xi = 0{,}333\,333\,333$ führt zu einem ebenso winzigen, kaum wahrnehmbaren Fehler zwischen $sin\,x$ und $sin\,\xi$.
Ganz anders im Falle obiger Funktion h. Wir erhalten hier:

$$h(\tfrac{1}{3}) = \tfrac{1}{3}\,, \quad \text{aber:} \qquad h(0{,}333\,333\,333) = h(\tfrac{333\,333\,333}{1\,000\,000\,000}) = \tfrac{1}{1\,000\,000\,000} = 10^{-9}$$

Der Unterschied ist recht deutlich. Und das eigentlich Unangenehme an der Geschichte: Wir können an der Stelle $x = \frac{1}{3}$ die Abweichung

$$|h(x) - h(\xi)|$$

nicht dadurch beliebig verkleinern, dass wir den Eingabefehler

$$|x - \xi|$$

zwischen $x = \frac{1}{3}$ und $\xi = 0{,}333\,333\,333$ einfach passend verringern! Die vorige Abweichung wäre auch mit einem 20-stelligen oder noch besseren Rechner nicht zu vermeiden! Und nicht nur an dieser einen Stelle x. Es gibt in jedem Intervall unendlich viele derartiger Stellen (vgl. Aufg. 2). Noch eine Anmerkung zur Bezeichnung: Der Buchstabe ξ (gesprochen „xi") ist aus dem Griechischen übernommen, der Mathematiker hat leider immer zu wenig Symbole!

Stetigkeit von Funktionen

Zum Glück gibt es auch Funktionen, bei denen immer ein beliebig kleiner Ausgabefehler zu erreichen ist, wenn nur der Eingabefehler passend klein gewählt wird! Diese sind auch für den Taschenrechner geeignet, man nennt solche Funktionen 'stetig'. Wir werden sehen: Alle elementaren Funktionen wie $sin\,x$, $cos\,x$, $sin^{-1}x$, $cos^{-1}x$, a^x, $log\,x$, x, x^2, ..., ebenso deren Summe, Produkt, Verkettung usw. gehören dazu, um nur einige, aber wichtige Beispiele zu nennen. Doch nun zu einer exakten Definition. Wie würden Sie das denn formulieren: 'Es ist stets ein beliebig kleiner Ausgabefehler zu erreichen, wenn nur der Eingabefehler passend verringert wird'? Der Definitionsbereich D von f sei im folgenden irgendein Intervall, das natürlich auch beliebig groß sein darf, beispeilsweise: $D = [a; b]$ oder $D =]a; b[$, $D = \mathbb{R}_0^+$, oder $D = \mathbb{R}$, usw. *Intervall* bedeutet ja nur, dass D keine Lücken aufweist: wählt man zwei beliebige Werte $x_1 \in D$ und $x_2 \in D$, so darf man sicher sein, dass auch alle reellen x zwischen x_1 und x_2 zu D gehören. Und mit r, s seien im Folgenden ebenfalls reelle Zahlen bezeichnet:

3.22 Definition Eine Funktion $f : D \to \mathbb{R}$ heißt genau dann *stetig an der Stelle* $x \in D$, wenn es zu jeder (noch so kleinen) Schranke $s > 0$ eine Schranke $r > 0$ gibt, so dass gilt:

$$\text{Aus } \xi \in D \text{ und } |x - \xi| < r \text{ folgt stets } |f(x) - f(\xi)| < s\,.$$

Ist f an jeder Stelle $x \in D$ stetig, so nennt man f *stetig auf D*.

Es gilt $|a - b| = |b - a|$, also auch $|x - \xi| = |\xi - x|$ und $|f(x) - f(\xi)| = |f(\xi) - f(x)|$, usw. Falls Sie mit Beträgen noch nicht so geübt sind, wählen Sie eine andere Schreibweise:

$$|x - \xi| < r \quad \text{bedeutet:} \quad x - r < \xi < x + r$$

$$|f(x) - f(\xi)| < s \text{ bedeutet: } f(x) - s < f(\xi) < f(x) + s$$

Wählen Sie in der Skizze entsprechende Werte von ξ und überprüfen Sie $f(\xi)$!

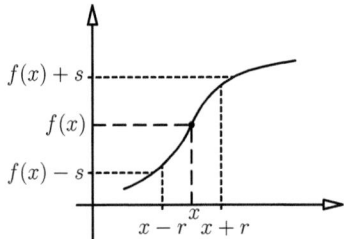

Überlegen Sie sich auch andere Formulierungen der Stetigkeit, hier einige Beispiele:

    Der Abstand zwischen $f(\xi)$ und $f(x)$ wird beliebig klein,
    wenn der Abstand zwischen ξ und x genügend klein wird.

Konkret: Es muss zu jedem $s > 0$ ein $r > 0$ geben, so dass gilt:

Wenn ξ von x um weniger als r abweicht, so weicht $f(\xi)$ von $f(x)$ stets um weniger als s ab. Oder: Liegt ξ im Intervall $]x - r; x + r[$, dann liegt $f(\xi)$ im Intervall $]f(x) - s; f(x) + s[$.

Der gesuchte Wert $r > 0$ wird in der Regel von der Vorgabe des Wertes $s > 0$ abhängen, je kleiner s, um so kleiner auch r. Und funktioniert es mit einem bestimmten Wert r, dann natürlich auch mit jedem kleineren Wert. Der erforderliche Wert von r ist also nicht eindeutig festgelegt. Er muss nur immer so wählbar sein, dass die Abweichung $|f(x) - f(\xi)|$ unterhalb der vorgebbaren Schranke s bleibt.

Beispiele (i) Machen Sie sich noch einmal klar, dass die seltsame Funktion h zum Beispiel an der Stelle $x = \frac{1}{3}$ *nicht* stetig ist. Sie können z.b. für $s = 0{,}1$ keinen geeigneten Wert $r > 0$ finden, denn in jedem Intervall $]\frac{1}{3} - r; \frac{1}{3} + r[$ liegen ξ–Werte der Bauart $0{,}33\ldots3$. Deren Funktionswerte $f(\xi)$ überschreiten aber die vorgegebene Abweichung! Egal wie klein Sie r wählen, es gibt immer ξ–Werte in diesem Intervall, so dass $|f(x) - f(\xi)| > 0{,}1$. Experten wissen natürlich auch, dass in jedem Intervall $]x - r; x + r[$ irrationale Zahlen liegen, die also nicht als Bruch darstellbar sind. Und deren Funktionswert Null liegt ebenfalls nicht innerhalb der durch s vorgegebenen Schranken. Mit dieser Argumentionweise können Sie auch leicht zeigen, dass die Funktion h an keiner Stelle $x \in \mathbb{Q}$, also für keinen rationalen Wert x stetig ist!

(ii) Die Sinusfunktion ist auf dem gesamten Definitionsbereich $D = \mathbb{R}$ stetig! Das ist auch nicht besonders schwierig zu beweisen. Wir setzen hierzu auf S.93 in 10 (iii) speziell die Werte $\alpha = \frac{x}{2}$ und $\beta = \frac{\xi}{2}$ ein, und erhalten nach einfacher Umformung:

$$|\sin x - \sin \xi| = |2 \cdot \cos \tfrac{x+\xi}{2} \cdot \sin \tfrac{x-\xi}{2}| = 2 \cdot |\cos \tfrac{x+\xi}{2}| \cdot |\sin \tfrac{x-\xi}{2}| \leq 2 \cdot |\sin \tfrac{x-\xi}{2}|$$

wobei wir die einfache Abschätzung $|\cos \alpha| \leq 1$ für jeden Wert α benutzt haben. Schätzen wir noch mit der Argumentation von Aufg. 10 auf S. 140 ab: $|\sin \alpha| \leq |\alpha|$ bzw. $|\sin \tfrac{x-\xi}{2}| \leq |\tfrac{x-\xi}{2}|$, so erhalten wir für die Funktion $f(x) = \sin x$ schließlich das einfache

Ergebnis: $|f(x) - f(\xi)| \leq |x - \xi|$,   (für jedes $x \in \mathbb{R}$).

Daraus folgt aber sofort die Stetigkeit: Soll die Abweichung $|f(x) - f(\xi)|$ weniger als $0{,}001$ betragen, so muss nur $|x - \xi|$ kleiner als $0{,}001$ gewählt werden, und für eine Abweichung um weniger als $0{,}00001$ muss entsprechend $|x - \xi| < 0{,}00001$ gewählt werden. Allgemein folgt sofort $|f(x) - f(\xi)| < s$, wenn nur $|x - \xi| < r$ mit einem Wert $r \leq s$ gewählt wird. Die Sinusfunktion ist folglich auf ganz $\mathbb{R}$ stetig. Analog der Beweis für die Cosinusfunktion.

(iii) Zum Beweis der Stetigkeit von $f(x) = x$ reicht eigentlich schon eine Skizze des Kurvenverlaufs. Man erkennt sofort, dass auch hier die einfache Abschätzung gilt: $|f(x) - f(\xi)| \leq |x - \xi|$. Also genügt es auch hier, $|x - \xi| < r$ mit $r \leq s$ zu wählen, um $|f(x) - f(\xi)| < s$ zu erreichen. Offensichtlich ist $f(x) = x$ auf ganz $\mathbb{R}$ stetig!

(iv) Kaum schwieriger ist die Stetigkeit der Betragsfunktion $f(x) = |x|$ auf $\mathbb{R}$ zu beweisen. Auch hier erkennt man mit einer Skizze sofort $|f(x) - f(\xi)| \leq |x - \xi|$.

(v) Und der Beweis der Stetigkeit einer konstanten Funktion $f(x) = c$, $c \in \mathbb{R}$ beliebig aber fest gewählt, ist so einfach, dass es schon fast wieder schwierig wird. Da die Abweichung $|f(x) - f(\xi)|$ in diesem Falle nämlich immer Null beträgt, ist diese Abweichung auch stets kleiner als s, egal wie r gewählt wird!

(vi) Der Beweis der Stetigkeit der Exponentialfunktion $f(x) = a^x$ ist da schon etwas mühsamer, aber schließlich ist diese Funktion auch sehr wichtig! Wir unterteilen den Beweis in zwei Schritte und zeigen im Prinzip als erstes die Stetigkeit von $f(x) = a^x$ an der Stelle $x = 0$. Bei allen Überlegungen können wir uns auf den Fall $a > 1$ beschränken, denn bekanntlich verläuft die Kurve für Werte $0 < a < 1$ nur spiegelbildlich (vgl Skizze S.169, links).

Wir zeigen zunächst, wobei $n \in \mathbb{N}$ eine beliebige natürliche Zahl bezeichnet:

$$|a^z - 1| < \frac{a}{n}, \text{ für alle } z\text{–Werte mit der Eigenschaft } |z| \leq \frac{1}{n}, \ (z \in \mathbb{R}).$$

Zum Beweis nutzen wir die Abschätzung $(1 + q)^n > 1 + n \cdot q > n \cdot q$, für jedes $q > 0$ und

$n \in \mathbb{N}$, vgl. S.183, Aufg. 35. Hieraus erhalten wir speziell mit $q = a^{\frac{1}{n}} - 1$:

$$a = \left(a^{\frac{1}{n}}\right)^n = \left(1 + (a^{\frac{1}{n}} - 1)\right)^n > n \cdot (a^{\frac{1}{n}} - 1) \geq 0, \text{ und nach Division durch } n$$

$0 \leq a^{\frac{1}{n}} - 1 < \frac{a}{n}$. Es folgt wegen der Monotonie von a^x: $\quad 0 \leq a^z - 1 < \frac{a}{n}$ für $0 \leq z \leq \frac{1}{n}$.

Nun zu negativen z-Werten des Exponenten. Wegen $a^{-\frac{1}{n}} = \frac{1}{a^{\frac{1}{n}}} < 1$ gilt hier:

$$0 \leq 1 - a^{-\frac{1}{n}} = 1 - \frac{1}{a^{\frac{1}{n}}} = \frac{a^{\frac{1}{n}} - 1}{a^{\frac{1}{n}}} < \frac{a^{\frac{1}{n}} - 1}{1} < \frac{\frac{a}{n}}{1} = \frac{a}{n}, \text{ und nach Multiplikation mit } (-1):$$

$-\frac{a}{n} < a^{-\frac{1}{n}} - 1 \leq 0$. Es folgt wegen der Monotonie: $\quad -\frac{a}{n} < a^z - 1 \leq 0$ für $-\frac{1}{n} \leq z \leq 0$.

Das bedeutet, zusammengefasst: $\quad |a^z - 1| < \frac{a}{n}$, für alle Werte z, für die gilt $|z| \leq \frac{1}{n}$.

Vielleicht erkennen Sie, wegen $1 = a^0$, dass sich hieraus die Stetigkeit an der Stelle $x = 0$ folgern lässt. Aber zeigen wir doch gleich als zweiten Schritt die Stetigkeit an einer beliebigen Stelle $x \in \mathbb{R}$. Wir argumentieren wieder ganz ausführlich:

$$|f(x) - f(\xi)| = |a^x - a^\xi| = |a^\xi - a^x| = |a^{(\xi-x)+x} - a^x| = |a^x \cdot a^{\xi-x} - a^x| = |a^x \cdot (a^{\xi-x} - 1)|$$
$= |a^x| \cdot |a^{\xi-x} - 1|$. Speziell für $z = \xi - x$ folgt also mit dem ersten Ergebnis (und $a^x, a > 0$):

$$|f(x) - f(\xi)| \leq a^x \cdot \frac{a}{n} = \frac{a^{x+1}}{n}, \qquad \text{sofern gilt } |x - \xi| \leq \frac{1}{n}.$$

Um die Abweichung der Funktionswerte kleiner als ein vorgegebenes s zu machen, müssen wir also nur n so groß wählen, dass $\frac{a^{x+1}}{n} < s$ wird. Für alle ξ mit $|x - \xi| \leq \frac{1}{n} = r$ gilt dann offensichtlich $|f(x) - f(\xi)| < s$. Wir erhalten das wichtige

Ergebnis: Die Funktion $f(x) = a^x$ ist für jedes x des Definitionsbereichs $\mathbb{R}$ stetig!

Um diese kleine Sammlung stetiger Funktionen zu vergrößern, genügen einige wenige Sätze. Zunächst einmal verstehen wir unter der *Summe* $f_1 + f_2$ zweier Funktionen $f_1 : D \to \mathbb{R}$ und $f_2 : D \to \mathbb{R}$ natürlich diejenige Abbildung, die jedem $x \in D$ die Summe $f_1(x) + f_2(x)$ als Funktionswert zuordnet, kurz:

$$(f_1 + f_2)(x) = f_1(x) + f_2(x). \qquad \text{(für alle } x \in D\text{)}.$$

Analog für Differenz $f_1 - f_2$, Produkt $f_1 \cdot f_2$ und Quotient f_1/f_2, letzteres unter der Voraussetzung $f_2(x) \neq 0$. Sind nun f_1 und f_2 stetig, so überträgt sich diese Eigenschaft auf Summe, Produkt, und Quotient, genauer:

3.23 Satz *Sind die Funktionen* $f_1 : D \to \mathbb{R}$ *und* $f_2 : D \to \mathbb{R}$ *stetig an der Stelle* $x \in D$, *dann auch* $f_1 + f_2$, $f_1 - f_2$, $f_1 \cdot f_2$ *und* f_1/f_2, *letzteres unter der Voraussetzung* $f_2(x) \neq 0$.

Der Beweis für Summe und Differenz ist sehr einfach (Aufg.3), für das Produkt jedoch schon etwas trickreich, weshalb wir letzteres hier beweisen wollen. Wir müssen zeigen, dass es zu jeder vorgegebenen Schranke $s > 0$ immer ein $r > 0$ gibt, so dass gilt:

Aus $\xi \in D$ und $|x - \xi| < r$ folgt $|f_1(x) \cdot f_2(x) - f_1(\xi) \cdot f_2(\xi)| < s$.

Hierzu zerlegen wir die abzuschätzende Differenz auf geeignete Weise:

$$|f_1(x) \cdot f_2(x) - f_1(\xi) \cdot f_2(\xi)| = |f_1(x) \cdot f_2(x) - f_1(\xi) \cdot f_2(x) + f_1(\xi) \cdot f_2(x) - f_1(\xi) \cdot f_2(\xi)|$$

$$= |f_1(x) - f_1(\xi)| \cdot |f_2(x)| + |f_2(x) - f_2(\xi)| \cdot |f_1(\xi)|$$

Jetzt sieht man eigentlich schon, dass die Aufgabe lösbar ist. Wegen der Stetigkeit von f_1 und f_2 an der Stelle x sind nämlich unten rechts die Abweichungen $|f_1(x) - f_1(\xi)|$ und $|f_2(x) - f_2(\xi)|$ beliebig klein, falls nur x genügend nahe bei ξ, folglich lässt sich auch links oben $|f_1(x) \cdot f_2(x) - f_1(\xi) \cdot f_2(\xi)|$ kleiner als jedes vorgegebene s machen.

Da es genügt, diese Aufgabe für (beliebig) kleine Werte von s zu lösen, dürfen wir im folgenden auch $s < 1$ voraussetzen. Die konkreten Schritte sind in der Tat ewas trickreich. Zunächst einmal gibt es wegen der Stetigkeit von f_1 und f_2 sicherlich auch zu der positiven Zahl

$$\bar{s} = \frac{s}{|f_2(x)| + |f_1(x)| + 1}$$

einen Wert $r > 0$, so dass gilt:

$$\xi \in D \text{ und } |x - \xi| < r \implies |f_1(x) - f_1(\xi)| < \bar{s} \text{ und } |f_2(x) - f_2(\xi)| < \bar{s}$$

Zusammen mit voriger Zerlegung folgt nun auch

$$|f_1(x) \cdot f_2(x) - f_1(\xi) \cdot f_2(\xi)| < \bar{s} \cdot |f_2(x)| + \bar{s} \cdot |f_1(\xi)| = \bar{s} \cdot (|f_2(x)| + |f_1(\xi)|)$$
$$< \bar{s} \cdot (|f_2(x)| + |f_1(x)| + 1) = s,$$

wobei wir auch noch $|f_1(\xi)| - |f_1(x)| \le |f_1(\xi) - f_1(x)| = |f_1(x) - f_1(\xi)| < \bar{s}$ benutzten, also schließlich $|f_1(\xi)| < |f_1(x)| + \bar{s} \le |f_1(x)| + s < |f_1(x)| + 1$.

Aus der Stetigkeit von $1/f_2$ (Aufg.5) folgt nun auch die Stetigkeit von $f_1/f_2 = f_1 \cdot 1/f_2$. ✓

Unsere Sammlung stetiger Funktionen hat sich mit diesem Satz 'explosionsartig' vergrößert. Da wir bereits wissen, dass $f(x) = x$ und jede konstante Funktion auf $D = \mathbb{R}$ stetig sind, so gilt das also auch für die Produkte $x \cdot x = x^2$, $5\,x^2$, $-x^3$ usw. Ebenso sind alle Summen und Differenzen $-x^3 + 5\,x^2 + 3$ stetig, und Quotienten wie $\frac{-x^3 + 5\,x^2 + 3}{x^4 - 1}$ für alle x, für die der Nenner ungleich Null ist, kurzum: Alle rationalen Funktionen sind stetig!

Aber natürlich auch Summen, Produkte, Quotienten, bei denen Sinus oder Cosinus auftreten, oder die Betragsfunktion, denn deren Stetigkeit hatten wir ebenfalls schon gezeigt. Und auch bei der Verkettung stetiger Funktionen bleibt die Stetigkeit erhalten, wobei wir der Einfachheit wegen wieder voraussetzen, dass diese auf Intervallen definiert sind, im folgenden also D und W wieder Intervalle bezeichnen:

3.24 Satz *Sei $h : D \to \mathbb{R}$ zusammengesetzt aus $f : D \to \mathbb{R}$ und $g : W \to \mathbb{R}$, es gelte also*
$$h(x) = g(f(x)) \qquad \text{(für alle } x \in D).$$
Ist dann f in $x \in D$ stetig, und g stetig in $y = f(x)$, dann ist h im Punkt $x \in D$ stetig.

Sei irgendein $s > 0$ vorgegeben. Wir behaupten in diesem Satz: Es gibt ein $r > 0$, so dass

$$\xi \in D \text{ und } |x - \xi| < r \quad \Rightarrow \quad |g(f(x)) - g(f(\xi))| < s$$

Hierzu müssen wir auch die 'Zwischenstation' in W betrachten:

$$
\begin{array}{ccccc}
x & \longmapsto & f(x) = y & \longmapsto & g(y) = g(f(x)) \\
\xi & \longmapsto & f(\xi) = \check{y} & \longmapsto & g(\check{y}) = g(f(\xi))
\end{array}
$$

Zunächst gibt es wegen der Stetigkeit von g im Punkt $y = f(x)$ ein $t > 0$, so dass für alle $\check{y} \in W$ gilt:

$$|y - \check{y}| < t \quad \Rightarrow \quad |g(y) - g(\check{y})| < s.$$

Auf Grund der Stetigkeit von f im Punkt $x \in D$ gibt es zu diesem $t > 0$ wiederum einen Wert $r > 0$, so dass

$$\xi \in D \text{ und } |x - \xi| < r \quad \Rightarrow \quad |f(x) - f(\xi)| < t$$

Für $f(x) = y$ und $f(\xi) = \check{y}$ gilt also auch: $|g(f(x)) - g(f(\xi))| < s$, was zu beweisen war. ✓

Eigenschaften stetiger Funktionen

Präzisieren wir doch als erstes die bekannte Aussage, 'eine stetige Funktion macht keine Sprünge'. An der Skizze auf S.212 erkennen wir sofort:

Ist $f(x) > 0$ und f in x stetig, so gibt es eine ganze Umgebung $U =]x - r; x + r[$, so dass

$$f(\xi) > 0, \qquad \text{für alle } \xi \in U.$$

Das gilt natürlich analog auch für den Fall $f(x) < 0$. Falls Sie diese Aussagen und vielleicht auch die folgenden für selbstverständlich halten, so vergleichen Sie doch die Ergebnisse mit den Eigenschaften einer 'durch und durch unstetigen' Funktion wie

(3.25)
$$f(x) = \begin{cases} 1 & \text{falls } x = \frac{p}{q} \ \ (\text{also } x \in \mathbb{Q}) \\ -1 & \text{für alle übrigen } x \in \mathbb{R} \end{cases}$$

Wir benötigen die oben zitierte Eigenschaft zum Beweis der folgenden, wichtigen Aussage:

3.26 Nullstellensatz *Ist f stetig auf $D = [a; b]$ und gilt $f(a) > 0$, aber $f(b) < 0$, so hat f in $]a; b[$ eine Nullstelle, d.h. es gibt (mindestens) ein $x_0 \in]a; b[$, so dass $f(x_0) = 0$.*

(3.27)

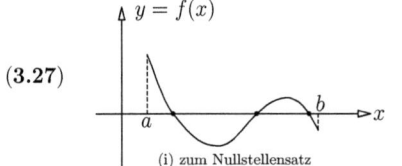 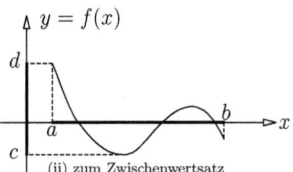

(i) zum Nullstellensatz   (ii) zum Zwischenwertsatz

Das erscheint wiederum selbstverständlich, gilt aber z.B. nicht für das unstetige Beispiel 3.25! Die Existenz einer Nullstelle x_0 beweisen wir mit der Halbierungsmethode, ein auch in der Praxis angewandtes Verfahren. Dass x_0 im Inneren des Intervalls und nicht am Rand liegen kann ist bereits klar, denn f macht bekanntlich keine Sprünge (s.o.).
Wir beginnen mit dem Intervall $[a_1; b_1] = [a; b]$. Gilt für den Mittelpunkt m dieses Intervalls $f(m) = 0$, so haben wir bereits eine Nullstelle gefunden.

$$\underset{a_1 \qquad\qquad m \qquad\qquad b_1 \ \ f(b_1) < 0}{\overset{f(a_1) > 0}{\xrightarrow{\hspace{5cm}}}}$$

Gilt aber $f(m) > 0$, so wählen wir als nächstes Intervall $[a_2; b_2]$ mit $a_2 = m$ und $b_2 = b_1$. Hierfür gilt wieder $f(a_2) > 0$ und $f(b_2) < 0$.
Gilt jedoch $f(m) < 0$, so wählen wir die linke Hälfte $[a_2; b_2]$ mit $a_2 = a_1$ und $b_2 = m$. Hierfür gilt wieder $f(a_2) > 0$ und $f(b_2) < 0$.
Wir wiederholen nun diese Halbierungsmethode und treffen dabei entweder auf eine Nullstelle, oder wir erhalten eine Intervallschachtelung $[a_n; b_n]$ $(n = 1, 2, 3, \ldots)$, wobei die Längen dieser Intervalle beliebig klein werden. Die folgende Skizze zeigt dies nur schematisch.

$$\xrightarrow{\hspace{2cm} \ldots [\ [[\ldots \underset{x_0}{+} \ldots]] \ ] \ldots \hspace{2cm}}$$
$$\quad a_k \qquad\qquad b_k$$

Aus dem Zusammenhangsaxiom der reellen Zahlen folgt, dass es eine Zahl x_0 zwischen $M = \{a_1, a_2, a_3, \ldots\}$ und $N = \{b_1, b_2, b_3, \ldots\}$ gibt. Wäre nun $f(x_0) > 0$, so gäbe es eine ganze Umgebung U, so dass $f(\xi) > 0$ für alle $\xi \in U$. Jede Umgebung U von x_0 enthält aber Intervalle dieses Verfahrens, also auch Werte b_k mit $f(b_k) < 0$, im Widerspruch zu $f(\xi) > 0$ für alle $\xi \in U$. Ebenso kann man den Fall $f(x_0) < 0$ ausschließen, denn U enthält auch Werte a_k mit $f(a_k) > 0$. Es bleibt also nur die Möglichkeit $f(x_0) = 0$. $\checkmark$

Der Satz gilt natürlich auch im Fall $f(a) < 0$ und $f(b) > 0$. Eine nützliche Folgerung ist der

3.28 Zwischenwertsatz *Sei f stetig auf dem Intervall D, $x_1 \in D$ und $x_2 \in D$. Dann tritt jeder Wert w zwischen $f(x_1)$ und $f(x_2)$ als Funktionswert auf, d.h. es gibt ein $x_0 \in D$, so dass gilt $f(x_0) = w$.*

Die Menge der Funktionswerte $f(x)$ hat also keine Lücken, jeder Zwischenwert kommt vor. Das bedeutet insbesondere: Die Menge der Funktionswerte bildet wieder ein Intervall, kurz: „Das stetige Bild eines Intervalls ist ein Intervall!" Skizzieren Sie z.B. die Parabel $f(x) = x^2$:

Dann ergibt die Menge der Bilder von $x \in [1; 2]$ das Intervall $[1; 4]$. Und das (unendliche) Intervall $\mathbb{R}$ ergibt als Bildmenge $\mathbb{R}_0^+$. Das Beispiel 3.27 (ii) liefert als Menge M aller Bilder von $x \in [a; b]$ das Intervall $M = [c; d]$. Hingegen ergibt die Funktion 3.25 kein Bildintervall!

Zum Beweis betrachten wir zunächst die Funktion $g(x) = f(x) - w$, die offensichtlich ebenfalls stetig auf D ist. w liegt zwischen $f(x_1)$ und $f(x_2)$, also zum Beispiel $f(x_1) > w > f(x_2)$, woraus folgt $f(x_1) - w > 0$ und $f(x_2) - w < 0$, somit $g(x_1) > 0$ und $g(x_2) < 0$. Demnach hat g zwischen x_1 und x_2 eine Nullstelle: $g(x_0) = 0 \Leftrightarrow f(x_0) - w = 0 \Leftrightarrow f(x_0) = w$. $\checkmark$

Stetigkeit der Umkehrung Wir hatten schon die Nützlichkeit der strengen Monotonie für die Umkehrbarkeit einer Funktion erkannt. In diesem Falle können wir sicher sein, dass jeder Funktionswert nur einmal vorkommt, die Funktion also umkehrbar ist (vgl. Def. S. 147). Und da wir Funktionen gerne auf Intervallen betrachten, ist es auch nützlich, dass die Menge aller Funktionswerte ein Intervall bildet, denn dieses Intervall bildet ja den Definitionsbereich der Umkehrfunktion. Aus der strengen Monotonie folgt dann bereits die Stetigkeit, genauer:

3.29 Satz *Sei $f : D \to \mathbb{R}$ streng monoton auf dem Intervall D. Bildet die Menge aller Funktionswerte ein Intervall W, so sind $f : D \to \mathbb{R}$ und $f^{-1} : W \to \mathbb{R}$ stetig.*

Sei zum Beispiel f streng monoton wachsend. Vergleichen Sie für die folgende Argumentation auch die Skizze von f auf S. 212. Es genügt zu zeigen, dass die Stetigkeitsbedingung im Punkt $x \in D$ für alle genügend kleinen Werte $s > 0$ erfüllt ist. Ist nun $f(x) \in W$ kein Randpunkt des Intervalls W, so liegen auch $f(x) - s$ und $f(x) + s$ in der Menge W der Funktionswerte. Folglich gibt es $x_1, x_2 \in D$, so dass

$$x_1 < x < x_2 \quad \text{und} \quad f(x_1) = f(x) - s < f(x) < f(x) + s = f(x_2)$$

erfüllt ist. Wegen der strengen Monotonie von f gibt es dann auch ein $r > 0$, so dass gilt:

$$x_1 < x - r < x < x + r < x_2 \quad \text{und}$$
$$f(x_1) = f(x) - s < f(x-r) < f(x) < f(x+r) < f(x) + s = f(x_2), \text{ sowie}$$
$$x_1 < x - r < \xi < x + r < x_2 \quad \text{und}$$
$$f(x_1) = f(x) - s < f(x-r) < f(\xi) < f(x+r) < f(x) + s = f(x_2), \text{ somit gilt auch}$$
$$f(x) - s < f(\xi) < f(x) + s.$$

Demnach ist die Bedingung für die Stetigkeit im Punkt $x \in D$ erfüllt, nämlich: Zu vorgegebenem $s > 0$ gibt es stets ein $r > 0$, so dass gilt

$$\xi \in D \text{ und } x - r < \xi < x + r \Rightarrow f(x) - s < f(\xi) < f(x) + s.$$

Letzteres ist natürlich auch erfüllt, falls z.B. $f(x)$ linker Randpunkt des Intervalls W ist. Dann gibt es gar keinen kleineren Funktionswert als $f(x)$ und die Diskussion der 'Abweichung nach unten' entfällt.

Wir haben also gezeigt, dass f in jedem Punkt $x \in D$ stetig ist. Da $f^{-1} : W \to \mathbb{R}$ ebenfalls streng monoton ist, und der Definitionsbereich W und die Menge D aller Funktionswerte von f^{-1} Intervalle sind, gilt der vorige Beweis analog für f^{-1}, d.h. auch f^{-1} ist stetig. ✓

Folgerungen Als Konsequenz aus den vorangegangenen Sätzen sind eigentlich alle praktisch vorkommenden Funktionen stetig, für die noch fehlenden folgt das nun aus Satz 3.29:

Zum Beispiel ist $f(x) = a^x$, $(a \neq 1)$, auf $D = \mathbb{R}$ streng monoton, und die Menge aller Funktionswerte bildet das Intervall $W = \mathbb{R}^+$ der positiven reellen Zahlen. Folglich ist nicht nur die Exponentialfunktion $f(x) = a^x$ auf $D = \mathbb{R}$ stetig, sondern auch die Logarithmusfunktion $f^{-1}(x) = \log_a x$ auf $W = \mathbb{R}^+$.

Die Quadratfunktion $f(x) = x^2$ ist auf ganz $\mathbb{R}$ und somit auch auf $D = \mathbb{R}^+$ stetig. Die Menge aller Funktionswerte bildet nach dem Zwischenwertsatz ein Intervall, nämlich $W = \mathbb{R}_0^+$. Vergleichen Sie auch mit der Skizze von g bzw. h auf S. 146. Wegen der strengen Monotonie ist die Umkehrfunktion $f^{-1}(x) = \sqrt{x}$ auf $W = \mathbb{R}_0^+$ ebenfalls stetig. Das gilt analog für alle geraden Potenzen $f(x) = x^n$, $(n = 2, 4, 6, \ldots)$, und deren Umkehrung $f^{-1}(x) = \sqrt[n]{x}$.

Die Funktion $f(x) = x^3$ ist auf $D = \mathbb{R}$ stetig, und die Menge aller Funktionswerte ist hier $W = \mathbb{R}$. Vergleichen Sie auch mit der Skizze 2.64 auf S. 152. Demnach ist wegen der strengen Monotonie auch die Umkehrfunktion $f^{-1}(x) = \sqrt[3]{x}$ auf $W = \mathbb{R}$ stetig. Das gilt analog für alle ungeraden Potenzen $f(x) = x^n$, $(n = 3, 5, 7, \ldots)$, und deren Umkehrung $f^{-1}(x) = \sqrt[n]{x}$.

Eine analoge Argumentation liefert für $f(x) = \sin x$ und $D = [-\frac{\pi}{2}; \frac{\pi}{2}]$ die Stetigkeit von $f^{-1}(x) = \sin^{-1} x$ auf $W = [-1; 1]$. Entsprechendes gilt für Cosinus mit $D = [0; \pi]$ und $W = [-1; 1]$, usw.

Beschränktheit ist bei einer stetigen Funktion durchaus nicht immer gegeben. Beispielsweise ist $f(x) = \frac{1}{x}$ auf dem Intervall $D =]0; 1[$ zwar stetig, aber die Funktionswerte sind dort beliebig groß! Allerdings ist eine auf dem abgeschlossenem Intervall $D = [0; 1]$ stetige Funktion beschränkt, denn es gilt allgemein der

3.30 Satz *Ist $f : D \to \mathbb{R}$ auf dem beschränkten und abgeschlossenen Intervall $D = [a; b]$ stetig, so ist f dort auch beschränkt, d.h. es gibt Werte $m, M \in \mathbb{R}$, so dass gilt:*

$$m \leq f(x) \leq M \quad \text{für alle } x \in [a; b].$$

Wir beweisen diese Aussage 'indirekt', mit Hilfe der Intervallhalbierung. Sei also f auf ganz $D = [a; b]$ stetig. Entweder ist nun f beschränkt, oder f ist auf $[a; b] = [a_1; b_1]$ *nicht* beschränkt! Im letzteren Fall wäre f auf mindestens einer der beiden Intervallhälften unbeschränkt. Wir bezeichnen diese Hälfte mit $[a_2; b_2]$. Halbieren wir auch dieses Intervall, so müsste f wieder auf mindestens einer der beiden Hälften unbeschränkt sein, usw. Wir erhielten wieder eine Intervallschachtelung, mit einem Punkt $x_0 \in [a_n; b_n]$, $(n = 1, 2, 3, \ldots)$, und f wäre auf jedem dieser beliebig kleinen Intervalle unbeschränkt. Für jedes $r > 0$ enthält $]x_0 - r; x_0 + r[$ solche Intervalle, f wäre in x_0 unstetig, im Widerspruch zur Voraussetzung! Der Fall f unbeschränkt auf $[a; b]$ kann also gar nicht auftreten. ✓

Maximum und Minimum

Hierbei denkt man kaum noch nach? Selbstverständlich besitzt *jede* Funktion $f : D \to \mathbb{R}$ ein Maximum und ein Minimum, also einen größten und einen kleinsten Funktionswert ..., *oder doch nicht?*

(3.31)

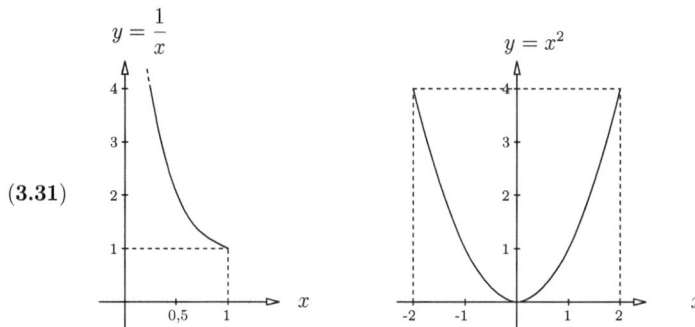

Zumindest besitzt $f(x) = \frac{1}{x}$ für $0 < x < 1$ *kein* Maximum, vgl. Skizze 3.31, linkes Bild. Genauer gesagt gibt es keine Stelle $x_{max} \in D = {]}0; 1[$, so dass

Maximum: $f(x_{max}) \geq f(x)$ für alle $x \in D$.

Jeder konkrete Funktionswert wird hier noch von anderen Funktionswerten übertroffen! Auch ein Minimum, ein kleinster Funktionswert, existiert nicht! Beachten Sie: $x < 1$ für alle $x \in D$. Es gibt keine Stelle $x_{min} \in D = {]}0; 1[$, für die gilt

Minimum: $f(x_{min}) \leq f(x)$ für alle $x \in D$.

Alle Zahlen echt größer Eins sind auch Funktionswert, die Eins selbst aber nicht. Jeder Funktionswert an einer *konkreten* Stelle $x \in {]}0; 1[$, und sei er noch so nahe bei Eins, wird von anderen Funktionswerten unterboten.

Ebenso besitzt $f(x) = x^2$ für $x \in D = {]}{-}2; 2[$ kein Maximum, obwohl diese Funktion sicherlich beschränkt ist (3.31 rechts). Die Menge aller Funktionswerte ergibt das Intervall $[0; 4[$. Diese Zahlenmenge besitzt zwar als kleinsten Wert Null, aber keinen größten Wert!

Dagegen bereitet der Fall $f(x) = x^2$ mit $D = [-2; 2]$ keinerlei Probleme. Die Funktionswerte ergeben das Intervall $[0; 4]$. Der größte Wert $\max_{x \in D} f(x) = 4$ wird sogar an zwei Stellen $x_{max} = \pm 2$ angenommen, das Minimum $\min_{x \in D} f(x) = 0$ an der Stelle $x_{min} = 0$. Das klappt nun so gut, weil das Intervall D beschränkt und abgeschlossen ist, und $f(x)$ stetig:

3.32 Satz (Maximum und Minimum) *Sei $f : D \to \mathbb{R}$ stetig auf dem beschränkten und abgeschlossenen Intervall $D = [a; b]$. Dann existieren Maximum und Minimum von f, d.h.: Es gibt mindestens eine Stelle $x_{min} \in D$ und mindestens eine Stelle $x_{max} \in D$, so dass*

für alle $x \in D$: $f(x_{min}) \leq f(x)$ *und* $f(x) \leq f(x_{max})$.

Wir wissen bereits von den Sätzen 3.30 und 3.28, dass die Menge der Funktionswerte beschränkt ist, und immer ein Intervall bildet! In Skizze 3.27 (ii) ist es das Intervall mit den Grenzen c und d. Die Funktionswerte $f(x)$ kommen den Grenzen c und d zumindest beliebig nahe. Wir müssen allerdings noch zeigen, dass c und d sogar als Funktionswerte angenommen werden (bzw. c und d als Randpunkte zum Intervall gehören).

Nehmen wir einmal versuchsweise an, d käme *nicht* als Funktionswert vor:

Dann wäre $d - f(x) \neq 0$, genauer: $d - f(x) > 0$, für alle $x \in [a; b]$. Da Differenz und Quotient stetiger Funktionen wieder stetig sind, sofern der Nenner ungleich Null, so wäre dann auch

$$q(x) = \frac{1}{d - f(x)} \quad \text{auf } [a;b] \text{ stetig.}$$

Demnach wäre nach Satz 3.30 dieser Quotient beschränkt. Es gäbe einen festen Wert M, für den gelten würde:

$$\frac{1}{d - f(x)} \leq M, \quad \text{für alle } x \in [a; b].$$

So eine Schranke kann es aber gar nicht geben, da $d - f(x)$ beliebig klein werden kann. Der Kehrwert wird beliebig groß, $q(x)$ kann jede Schranke M übertreffen, Widerspruch! Die Annahme, d kommt *nicht* als Funktionswert vor, muss falsch gewesen sein, dieser Fall kann nicht eintreten. Analog lässt sich zeigen, dass auch die Grenze c als Funktionswert angenommen werden muss.   ✓

Es handelte sich hier um das *globale* oder *absolute* Maximum bzw. Minimum einer Funktion $f : D \to \mathbb{R}$. Oft gilt die entsprechende Größenbeziehung auch nur für die x–Werte einer gewissen Umgebung $U(\xi) =]\xi - r; \xi + r[$ einer Stelle $\xi \in D$, (mit irgendeinem Radius $r > 0$), sofern diese x–Werte zum Definitionsbereich D gehören:

3.33 Definition Eine Funktion $f : D \to \mathbb{R}$ besitzt an der Stelle $\xi \in D$ ein *lokales* oder *relatives Maximum* $f(\xi)$, wenn es eine Umgebung $U(\xi)$ gibt, so dass gilt:

$$f(\xi) \geq f(x) \quad \text{für alle } x \in U(\xi) \text{ und } x \in D.$$

Analog $f(\xi) \leq f(x)$ für *lokales* oder *relatives Minimum*.
Beide Fälle nennt man zusammenfassend *lokales* oder *relatives Extremum*.

Die Funktion in Skizze 3.27 besitzt also zwei lokale Maxima und zwei lokale Minima. Im Falle von $\xi = a$ bzw. $\xi = b$ spricht man von 'Randextrema'.

Grenzwert von Funktionen

Der Ausdruck $f(x) = \frac{x^2 - 1}{x - 1}$ liefert an der Stelle $x = 1$ den Zähler $1^2 - 1 = 0$, und ebenso im Nenner $1 - 1 = 0$, also $f(1)$ gleich 'Null durch Null'?

Ebenso ergibt $g(x) = \frac{\sin x - \cos x}{x - \frac{\pi}{4}}$ an der Stelle $x = \frac{\pi}{4}$ einen solchen Ausdruck, denn $\sin \frac{\pi}{4} = \cos \frac{\pi}{4}$. Ein weiterer Fall dieser Art ist $h(x) = \frac{x - \frac{2}{\pi}}{|x - \frac{2}{\pi}|}$ Und es gibt natürlich viele andere mehr.

Manche behaupten, dass 'Null durch Null' den Wert 1 ergäbe, aber bitte, mit welcher Begründung? Definitionsgemäß ergibt $\frac{6}{2} = 3$, weil $6 = 3 \cdot 2$. Würden wir diese Definition auf $\frac{0}{0}$ übertragen, so wäre auch $\frac{0}{0} = 3$, weil $0 = 3 \cdot 0$, aber es wäre dann auch $\frac{0}{0} = 2$, usw., kurzum:
Merke *Die Zahl Null dividiert durch die Zahl Null lässt sich nicht sinnvoll definieren!*

Allerdings sind die oben genannten Fälle noch etwas anders gelagert! Es stehen uns nämlich beliebig viele Funktionswerte 'in der Nähe' der fraglichen Stelle zur Verfügung:

Was sagen denn die Nachbarn Könnte man nicht die benachbarten Werte zu einer sinnvollen Definition des fehlenden Funktionswertes heranziehen? Wie steht es eigentlich mit dem Verhältnis zu den Nachbarwerten, siehe Skizze 3.34.

(3.34)

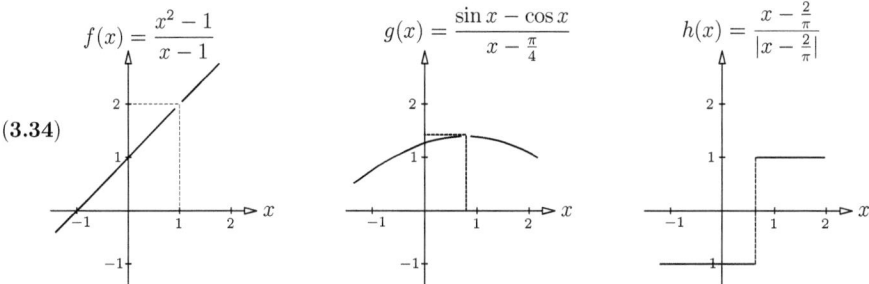

$$f(x) = \frac{x^2 - 1}{x - 1} \qquad g(x) = \frac{\sin x - \cos x}{x - \frac{\pi}{4}} \qquad h(x) = \frac{x - \frac{2}{\pi}}{|x - \frac{2}{\pi}|}$$

Ganz allgemein betrachten wir im folgenden solche Funktionen, bei denen höchstens an einer Stelle des Intervalls D der Funktionswert 'fehlt', oder durch einen anderen ersetzt werden soll, wie auch immer. Wir erweitern die Fragestellung also auch auf Funktionen wie zum Beispiel $j(x) = x \cdot \sin \frac{1}{x}$ oder $k(x) = \sin \frac{1}{x}$. Auch solche Funktionen sind nur an einer einzigen Stelle nicht definiert, in diesen beiden Fällen ist es die Stelle $x = 0$. Der Kurvenverlauf in Nähe dieser kritischen Stelle lässt sich in beiden Fällen nur andeuten, da beide Funktionen unendlich viele Nullstellen besitzen, vgl. Skizze 3.35. Die begrenzenden Geraden $y = \pm x$ bzw. $y = \pm 1$ als Hilfslinien sind gestrichelt eingezeichnet.

(3.35)

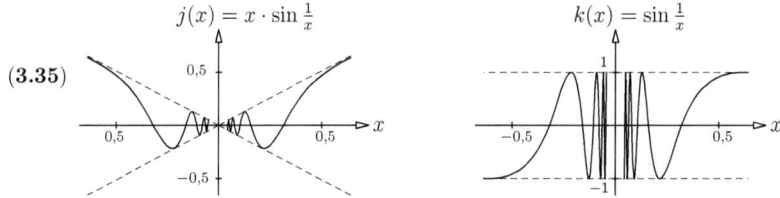

$$j(x) = x \cdot \sin \frac{1}{x} \qquad k(x) = \sin \frac{1}{x}$$

Wir beginnen mit dem Beispiel $f(x)$ von Skizze 3.34. Erkundigen wir uns also nach den Funktionswerten in der Umgebung von $x = 1$, und vielleicht überprüfen Sie die folgenden Aussage auch einmal mit dem Taschenrechner: Wählen wir ξ genügend nahe bei $x = 1$, so liegen die Funktionswerte $f(\xi)$, $\xi \neq x$, beliebig nahe an der Grenze von 2.

Hingegen scheint im Falle der Funktionswerte $g(\xi)$, $\xi \neq x$, dieser 'Grenzwert' bei $\sqrt{2} = 1,414\ldots$ zu liegen, für ξ genügend nahe bei $x = \frac{\pi}{4}$. Und schließlich für die Werte $j(\xi)$, $\xi \neq x$, in Skizze 3.35 ist der Grenzwert vermutlich Null, wenn ξ gegen den Wert $x = 0$ geht.

Sprung in der Schüssel Die Funktionen f, g, j haben zwar einen 'Riss oder Sprung', es fehlt bildlich gesprochen ein winziges Stück, aber diese Art von Sprung lässt sich problemlos kitten! Fügen wir nämlich den betreffenden 'Grenzwert' als Funktionswert hinzu, so ist dieser Sprung behoben und die betreffende Funktion ist an dieser Stelle wieder stetig. Wir wollen den Grenzwert also dadurch charakterisieren, dass er als Funktionswert die Funktion an dieser Stelle 'stetig ergänzt'. Somit können wir die Definition 3.22 übernehmen, indem wir den 'Funktionswert' an der Stelle x durch 'Grenzwert' ersetzen:

3.36 Definition Die Funktion f sei auf dem gesamten Intervall D definiert, mit Ausnahme vielleicht eines einzigen Punktes $x \in D$. Dann heißt $G \in \mathbb{R}$ der *Grenzwert* (oder *Limes*) *von f an der Stelle x* genau dann, wenn es zu jeder (noch so kleinen) Schranke $s > 0$ eine Schranke $r > 0$ gibt, so dass gilt:

Aus $\xi \in D$ und $|x - \xi| < r$ folgt für $\xi \neq x$ stets $|G - f(\xi)| < s$.

Wir schreiben in diesem Fall: $\lim\limits_{\xi \to x} f(\xi) = G$.

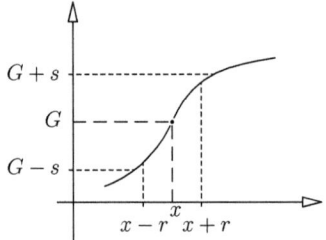

Anstelle von ξ und x sind natürlich auch andere Bezeichnungen möglich und erlaubt. Falls der Grenzwert an der betreffenden Stelle existiert, so ist dieser Wert eindeutig bestimmt (vgl. Aufg. 8). In diesem Falle wird der Unterschied zwischen G und $f(\xi)$ beliebig klein, wenn nur der Unterschied zwischen x und ξ genügend klein gewählt wird.

Ein Vergleich mit Definition 3.22 liefert sofort (vgl. Skizzen S. 212 und S. 222):

3.37 Satz *Die Funktion f sei auf dem gesamten Intervall D definiert. Dann ist f an der Stelle $x \in D$ genau dann stetig, wenn der Grenzwert an dieser Stelle existiert und gleich dem Funktionswert ist, wenn also gilt:* $\lim\limits_{\xi \to x} f(\xi) = f(x)$.

Zur Bestimmung des Grenzwertes an der Stelle x ist nicht die Kenntnis der Funktionswerte auf ganz D erforderlich, aber zumindest für eine Umgebung von x. Möchte man man den Grenzwert an einer Stelle ändern, muss man die Funktionswerte in einer gesamten Umgebung ändern, was nicht immer leicht sein dürfte.

Merke *Der Funktionswert an einer Stelle x ist leicht zu ändern, der Grenzwert nicht.*

Der Grenzwert charakterisiert das Verhalten einer Funktion in einer ganzen Umgebung. Ein Funktionswert hingegen ist nur eine punktuelle Eigenschaft. Der vorige Satz besagt nun:

Wählt man als Funktionswert nicht den Grenzwert, so wird die Funktion an dieser Stelle unstetig. Existiert der Grenzwert gar nicht, so kann man diesen auch nicht als Funktionswert wählen, die Funktion lässt sich also auch nicht stetig ergänzen. Ein solches Beispiel ist die Funktion k(x) an der Stelle $x = 0$: Die Spanne der Funktionswerte reicht für $\xi \in\,]-r;\, r\,[$ stets von -1 bis $+1$, eine Spannbreite von 2, während das Intervall $]G - s;\, G + s[$ ja nur eine Intervallbreite von $2s$ besitzt. Sie können also zu positivem s mit $s < 1$ kein passendes $r > 0$ finden. Analoges gilt für die Funktion h an der Stelle $x = \frac{2}{\pi}$.

Natürlich dürfen Sie sich für die betreffende Stelle irgendeinen Funktionswert ausdenken, sagen wir $k(0) = 0$, und vielleicht ebenso $h(\frac{2}{\pi}) = 0$. Hiermit sind nun beide Funktionen auf ganz $\mathbb{R}$ definiert. Was aber die Stetigkeit anbetrifft, so bildet die Stelle $x = 0$ bzw. $x = \frac{2}{\pi}$ eine Ausnahme. Für alle übrigen $x \in \mathbb{R}$ sind k bzw. h dagegen stetig.

Weitere konkrete Beispiele für Grenzwerte werden in einem eigenen Abschnitt diskutieren. Zunächst noch einige nützliche

Rechenregeln Die Analogie zwischen den beiden Definitionen 3.22 und 3.36 liefert uns entsprechend zu Satz 3.23 die Regeln für Grenzwerte:

3.38 Satz *Existiert für die Funktionen $f_1 : D \to \mathbb{R}$ und $f_2 : D \to \mathbb{R}$ an der Stelle x der Grenzwert, dann auch für $f_1 + f_2$, $f_1 - f_2$, $f_1 \cdot f_2$, und f_1/f_2, letzteres unter der Voraussetzung $\lim_{\xi \to x} f_2(\xi) \neq 0$. Für die betreffenden Grenzwerte gilt:*

$$\lim_{\xi \to x}(f_1(\xi) + f_2(\xi)) = \lim_{\xi \to x} f_1(\xi) + \lim_{\xi \to x} f_2(\xi) \qquad \lim_{\xi \to x}(f_1(\xi) \cdot f_2(\xi)) = \lim_{\xi \to x} f_1(\xi) \cdot \lim_{\xi \to x} f_2(\xi)$$

$$\lim_{\xi \to x}(f_1(\xi) - f_2(\xi)) = \lim_{\xi \to x} f_1(\xi) - \lim_{\xi \to x} f_2(\xi) \qquad \lim_{\xi \to x} \frac{f_1(\xi)}{f_2(\xi)} = \frac{\lim_{\xi \to x} f_1(\xi)}{\lim_{\xi \to x} f_2(\xi)}$$

Der Beweis folgt wörtlich aus dem Beweis von 3.23, wenn Sie $f_1(x)$ durch $G_1 = \lim_{\xi \to x} f_1(\xi)$ und $f_2(x)$ durch $G_2 = \lim_{\xi \to x} f_2(\xi)$ ersetzen.   ✓

Aus der Regel für das Produkt folgt übrigens

$$\lim_{\xi \to x}(c \cdot f(\xi)) = c \cdot \lim_{\xi \to x} f(\xi)$$

denn der Grenzwert einer konstanten Funktion $f_1(\xi) = c$ ist natürlich c.

Und wie sieht es bei der sog. Verkettung oder Hintereinanderausführung von Funktionen aus? Gegeben also $f : D \to \mathbb{R}$ mit $f(x) \in W$, sowie $g : W \to \mathbb{R}$. Existiert dann auch $\lim_{\xi \to x} g(f(\xi))$? Existiert zumindest $\lim_{\xi \to x} f(\xi)$ und gehört dieser Wert zu W, so gilt die einfache Regel:

$$(3.39) \qquad \lim_{\xi \to x} g(f(\xi)) = g(\lim_{\xi \to x} f(\xi))$$

Der Beweis folgt direkt aus dem Beweis von Satz 3.24, indem wir dort $y = f(x)$ ersetzen durch $y = \lim_{\xi \to x} f(\xi)$. Als Anwendung ein konkretes

Beispiel: $\qquad \lim_{\xi \to \frac{\pi}{4}} e^{\frac{\sin \xi - \cos \xi}{\xi - \frac{\pi}{4}}} = e^{\lim_{\xi \to \frac{\pi}{4}} \frac{\sin \xi - \cos \xi}{\xi - \frac{\pi}{4}}} = e^{\sqrt{2}} = 4{,}113\ldots$

wobei wir noch zeigen müssen, dass tatsächlich $\lim_{\xi \to \frac{\pi}{4}} \frac{\sin \xi - \cos \xi}{\xi - \frac{\pi}{4}} = \sqrt{2}$.

Das wollen wir aber sofort nachholen:

Beispiele für Grenzwerte

Manche Funktionen sind wie eine Diva, ihr Verhalten ist nur schwer zu ergründen! Die beiden ersten Beispiele bereiten jedoch keinerlei Schwierigkeiten (vgl. Skizzen 3.34 und 3.35):

(i) Für $f(x) = \dfrac{x^2 - 1}{x - 1}$, $(x \neq 1)$, beweisen wir $\lim_{\xi \to 1} f(\xi) = 2$.
Wir müssen also zeigen, dass es zu jedem $s > 0$ ein $r > 0$ gibt, so dass gilt:

$$|1 - \xi| < r \quad \Rightarrow \quad |2 - f(\xi)| < s.$$

Wählen wir nun zu vorgegebenem $s > 0$ einfach $r = s$. Dann folgt wegen $\xi \neq 1$ und

$$f(\xi) = \frac{\xi^2 - 1}{\xi - 1} = \frac{(\xi - 1) \cdot (\xi + 1)}{\xi - 1} = \xi + 1$$

offensichtlich: $|1 - \xi| < r \Rightarrow |2 - f(\xi)| = |2 - (\xi + 1)| = |1 - \xi| < r$,
also wegen $r = s$ auch $|2 - f(\xi)| < s$, was ja zu zeigen war.   ✓

(ii) Im Falle $j(x) = x \cdot \sin \frac{1}{x}$, $(x \neq 0)$, behaupten wir $\lim\limits_{\xi \to 0} j(\xi) = 0$.

Hier ist also zu zeigen: $|0 - \xi| = |\xi| < r \Rightarrow |0 - j(\xi)| = |j(\xi)| < s$. Wählen wir zu vorgegebener Schranke $s > 0$ wieder $r = s$, so folgt:

$|\xi| < r \Rightarrow |j(\xi)| = |\xi \cdot \sin \frac{1}{\xi}| = |\xi| \cdot |\sin \frac{1}{x}| \leq |\xi| \cdot 1 < r$, also auch $|j(\xi)| < s$. ✓

(iii) Zum Beweis von $\lim\limits_{\xi \to \frac{\pi}{4}} g(\xi) = \sqrt{2}$ nutzen wir das Ergebnis von Aufg. 10 (iv), S. 93. Speziell für $\alpha = \frac{\xi}{2}$ und $\beta = \frac{\xi}{2} - \frac{\pi}{4}$ erhalten wir, unter Beachtung von $\sin \frac{\pi}{4} = \frac{1}{\sqrt{2}}$ und $\cos(\xi - \frac{\pi}{2}) = \sin \xi$ zunächst: $\sin \xi - \cos \xi = \sqrt{2} \cdot \sin(\xi - \frac{\pi}{4})$. Nach Division durch $\xi - \frac{\pi}{4}$ ist eigentlich nur noch $\lim\limits_{\xi \to \frac{\pi}{4}} \sin(\xi - \frac{\pi}{4})/(\xi - \frac{\pi}{4}) = 1$ zu zeigen. Das folgt aber im wesentlichen aus dem nachfolgenden Satz, man wähle $\alpha = \xi - \frac{\pi}{4}$, ($\alpha \to 0$ bedeutet dann $\xi \to \frac{\pi}{4}$):

3.40 Satz   *Es gilt* $\lim\limits_{\alpha \to 0} \dfrac{\sin \alpha}{\alpha} = 1$

Zum Beweis beachte man nur die Gültigkeit von $\cos \alpha \leq \dfrac{\sin \alpha}{\alpha} \leq 1$, $(-\frac{\pi}{2} \leq \alpha \leq \frac{\pi}{2}, \alpha \neq 0)$, vgl. S. 140, Aufg. 10. Wegen $\lim\limits_{\alpha \to 0} \cos \alpha = \cos 0 = 1$ wird die Differenz $1 - \cos \alpha$ und somit auch die Differenz $1 - \frac{\sin \alpha}{\alpha}$ beliebig klein, wenn nur α genügend klein ist. Das ist aber die Aussage des Satzes.   ✓

(iv) Das Ergebnis des vorigen Satzes ist auch wichtig zur Bestimmung der Ableitung der Sinusfunktion im nächsten Abschnitt. Ebenso ist das folgende Ergebnis für die Ableitung der Exponentialfunktion von Interesse. Wir leisten hier wichtige Vorarbeit. Um auf die Bemerkung zu Anfang zurückzukommen: Die Expo ist eine wirkliche Diva, sie macht es uns besonders schwer. Doch man kommt an ihr nicht vorbei:

3.41 Satz   *Es gilt* $\lim\limits_{\xi \to 0} \dfrac{e^\xi - 1}{\xi} = 1$

Zum Beweis müssen wir nur eine Umgebung von $x = 0$ betrachten, sagen wir $D = [-\frac{1}{2}; \frac{1}{2}]$. Es genügt nun zu beweisen, dass für jede natürliche Zahl $n \geq 2$ gilt:

$$\xi \in [-\tfrac{1}{n}; \tfrac{1}{n}] \text{ und } \xi \neq 0 \Rightarrow \left| 1 - \frac{e^\xi - 1}{\xi} \right| < \frac{2}{n - 1}$$

Wir behandeln die beiden Fälle $\xi > 0$ und $\xi < 0$ getrennt. Sei also zuerst $\xi > 0$, und $n \in \mathbb{N}$ sei beliebig aber fest vorgegeben:

Von den Zahlenfolgen $a_n = (1 + \frac{1}{n})^n$ und $b_n = (1 + \frac{1}{n})^{n+1}$ ist bekannt, dass (vgl. S. 177)

$a_n < e < b_{n-1}$, $(1 + \frac{1}{n})^n < e < (1 + \frac{1}{n-1})^n$,   also: $1 + \frac{1}{n} < e^{\frac{1}{n}} < 1 + \frac{1}{n-1}$

$a_{n+1} < e < b_n$, $(1 + \frac{1}{n+1})^{n+1} < e < (1 + \frac{1}{n})^{n+1}$,   also: $1 + \frac{1}{n+1} < e^{\frac{1}{n+1}} < 1 + \frac{1}{n}$

Wir beweisen die Abschätzung zunächst für $\frac{1}{n+1} \leq \xi \leq \frac{1}{n}$. Beachten Sie, dass sich der Wert eines Bruches vergrößert, wenn man den (positiven) Zähler vergrößert, und den (positiven)

Nenner verkleinert, und umgekehrt. Da die e–Funktion streng monoton wächst, gilt nun:

$$\frac{e^\xi - 1}{\xi} < \frac{e^{\frac{1}{n}} - 1}{\frac{1}{n+1}} < \frac{(1 + \frac{1}{n-1}) - 1}{\frac{1}{n+1}} = \frac{n+1}{n-1} = \frac{n-1+2}{n-1} = 1 + \frac{2}{n-1}$$

$$\frac{e^\xi - 1}{\xi} > \frac{e^{\frac{1}{n+1}} - 1}{\frac{1}{n}} > \frac{(1 + \frac{1}{n+1}) - 1}{\frac{1}{n}} = \frac{n}{n+1} = \frac{n+1-1}{n+1} = 1 - \frac{1}{n+1} > 1 - \frac{2}{n-1}$$

also:

$$\xi \in \left[\frac{1}{n+1}; \frac{1}{n}\right] \quad\Rightarrow\quad -\frac{2}{n-1} < 1 - \frac{e^\xi - 1}{\xi} < \frac{2}{n-1} \quad\text{bzw.}\quad \left|1 - \frac{e^\xi - 1}{\xi}\right| < \frac{2}{n-1}$$

Wiederholen wir nun diese Abschätzung für $n+1$ anstelle von n, so wird für $\xi \in \left[\frac{1}{n+2}; \frac{1}{n+1}\right]$ die Fehlerschranke nur noch kleiner, und das gilt natürlich auch für alle größeren Werte von n. Die Intervalle für ξ rücken lückenlos beliebig nahe an Null, was schließlich bedeutet: Die vorige Abschätzung gilt sogar für alle ξ mit $0 < \xi \le \frac{1}{n}$.

Sei nun $x \in \left[-\frac{1}{n}; -\frac{1}{n+1}\right]$ bzw. $-x \in \left[\frac{1}{n+1}; \frac{1}{n}\right]$. Durch die Umformung $\frac{e^\xi - 1}{\xi} = \frac{1 - e^\xi}{-\xi}$ werden Zähler und Nenner für negative ξ–Werte wieder positiv, was die Abschätzungen erleichtert. Man beachte auch den Kurvenverlauf der e–Funktion ganz analog zur Skizze rechts auf S. 169:

$$\frac{1 - e^\xi}{-\xi} < \frac{1 - e^{-\frac{1}{n}}}{\frac{1}{n+1}} = \frac{1 - \frac{1}{e^{\frac{1}{n}}}}{\frac{1}{n+1}} < \frac{1 - \frac{1}{1 + \frac{1}{n-1}}}{\frac{1}{n+1}} = \frac{1 - \frac{n-1}{n}}{\frac{1}{n+1}} = \frac{\frac{1}{n}}{\frac{1}{n+1}} = \frac{n+1}{n} = 1 + \frac{1}{n} < 1 + \frac{2}{n-1}$$

$$\frac{1 - e^\xi}{-\xi} > \frac{1 - e^{-\frac{1}{n+1}}}{\frac{1}{n}} = \frac{1 - \frac{1}{e^{\frac{1}{n+1}}}}{\frac{1}{n}} > \frac{1 - \frac{1}{1 + \frac{1}{n+1}}}{\frac{1}{n}} = \frac{1 - \frac{n+1}{n+2}}{\frac{1}{n}} = \frac{\frac{1}{n+2}}{\frac{1}{n}} = \frac{n+2-2}{n+2} > 1 - \frac{2}{n-1}$$

also ganz entsprechend:

$$\xi \in \left[-\frac{1}{n}; -\frac{1}{n+1}\right] \quad\Rightarrow\quad -\frac{2}{n-1} < 1 - \frac{e^\xi - 1}{\xi} < \frac{2}{n-1} \quad\text{bzw.}\quad \left|1 - \frac{e^\xi - 1}{\xi}\right| < \frac{2}{n-1}$$

Und vergrößern wir wieder den Wert von n, so verkleinert sich nur wieder die Fehlerschranke, mit der Konsequenz: diese Abschätzung gilt sogar für alle ξ mit $-\frac{1}{n} \le \xi < 0$. $\checkmark$

Bemerkungen und Ergänzungen

Völlig einseitig wird die Diskussion des Grenzwertes an den *Randpunkten* eines Intervalls. Betrachten wir zum Beispiel die Funktion $f : D \to \mathbb{R}$ von Skizze 3.42, Definitionsbereich $D = [a; b]$. Natürlich hat f an der Stelle $x = a$ den Grenzwert 2, aber: Die Überprüfung von $|2 - f(\xi)| < s$ ist, wegen $\xi \in D$, nur für ξ–Werte rechts von a möglich und erforderlich. Man spricht in so einem Fall genauer von einem 'rechtsseitigen' Grenzwert. Entsprechend hat f an der Stelle b den 'linksseitigen' Grenzwert 3. Allgemein spricht man von einem links- bzw. rechtsseitigen Grenzwert an der Stelle x, wenn man nur Werte links- bzw. rechts von dieser Stelle x zulässt.

(3.42)

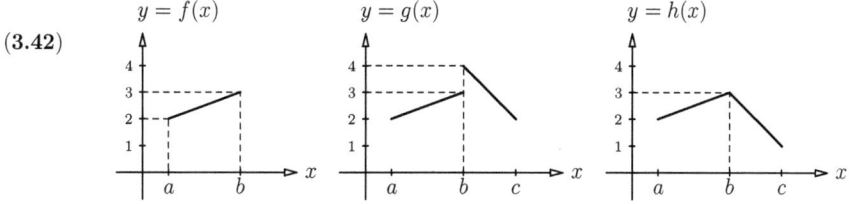

Von Bedeutung wird das auch, wenn man eine Funktion aus mehreren Teilen zusammensetzt. So ist die Funktion g für alle $x \in [a; c]$ definiert, mit Ausnahme der Stelle $x = b$, wählen Sie hier einfach selbst irgendeinen Funktionswert. Der übliche Grenzwert an der Stelle b existiert jedenfalls nicht, wohl aber links- und rechtsseiter Grenzwert:

$$\lim_{\xi \to b_-} g(\xi) = 3, \qquad \lim_{\xi \to b_+} g(\xi) = 4 \qquad \lim_{\xi \to b} g(\xi) \text{ existiert nicht.}$$

Im dritten Fall erhalten wir:

$$\lim_{\xi \to b_-} h(\xi) = 3, \qquad \lim_{\xi \to b_+} h(\xi) = 3, \qquad \lim_{\xi \to b} h(\xi) = 3.$$

Offensichtlich existiert der Grenzwert an einer Stelle genau dann, wenn links- und rechtsseitiger Grenzwert existieren und übereinstimmen.

Ebenso spricht man von links- oder rechtsseitiger Stetigkeit, je nachdem der links- oder rechtsseitige Grenzwert mit dem Funktionswert an dieser Stelle übereinstimmt. Und entsprechend ist eine Funktion genau dann stetig, wenn sie links- und rechtsseitig stetig ist, wodurch man diese Aufgabe eventuell in zwei einfachere Teilaufgaben zerlegen kann.

Uneigentliche Grenzwerte Ist $f(x)$ für alle $x \geq a$ definiert, so kann man nach dem Verhalten dieser Funktion für beliebig große Argumente fragen! Wir bleiben einheitlich bei der Bezeichnung ξ für das Argument. Nähern sich also die Funktionswerte $f(\xi)$ einem festen Wert G beliebig genau, wenn nur die ξ–Werte genügend groß sind, so notiert man dieses Verhalten kurz als

$$\lim_{\xi \to \infty} f(\xi) = G$$

Analog ist $\lim\limits_{\xi \to -\infty} f(\xi)$ erklärt. Zum Beispiel erkennen Sie leicht an einer Skizze:

$\lim\limits_{\xi \to \infty} \tan^{-1} \xi = \frac{\pi}{2}$, $\lim\limits_{\xi \to -\infty} \tan^{-1} \xi = -\frac{\pi}{2}$. Dagegen existieren $\lim\limits_{\xi \to \infty} \sin \xi$ und $\lim\limits_{\xi \to -\infty} \sin \xi$ nicht.

Auch in der Natur gibt es solche 'zusammengesetzten' Kurven wie in der Skizze 3.42 rechts oder in der Mitte. Es handelt sich also keineswegs nur um 'Basteleien der Mathematiker'!

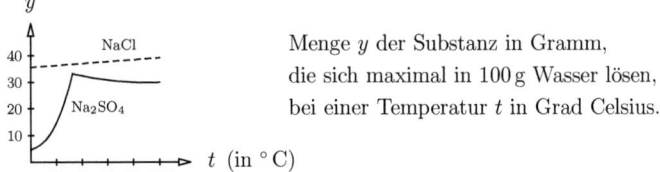

Menge y der Substanz in Gramm, die sich maximal in 100 g Wasser lösen, bei einer Temperatur t in Grad Celsius.

Während sich die Löslichkeitskurve von Kochsalz $NaCl$ erwartungsgemäß verhält, zeigt die Skizze beim Glaubersalz Na_2SO_4 einen auffälligen Knick bei 32,4°, und die Löslichkeit fällt dann sogar mit steigender Temperatur, ganz ähnlich zu voriger Funktion $h(x)$. (Glaubersalz ist in geringen Mengen ein Bestandteil vieler Mineralwässer). Ebenfalls einen Knick finden Sie beim Dampfdruck von H_2O beim Übergang von Wasser zu Eis. Und richtige Sprünge, ähnlich zu voriger Funktion $g(x)$, zeigt zum Beispiel die Dampfdruckkurve von Kupfersulfathydrat $CuSO_4 \cdot x\, H_2O$ für $x = 0$, $x = 1$, und $x = 3$, (bei konstanter Temperatur).

Gleichmäßige Stetigkeit – einer für alle Bei einer stetigen Funktion f hängt der Wert von $r > 0$ außer vom vorgegebenen $s > 0$ auch noch vom jeweiligen Punkt x des Definitionsbereiches D ab. Ist D jedoch ein beschränktes und abgeschlossenes Intervall $[a; b]$, so gibt es einen Wert $r > 0$, so dass *für alle* $x, \xi \in D$ mit $|x - \xi| < r$ stets $|f(x) - f(\xi)| < s$ folgt, also unabhängig von der jeweiligen Stelle $x \in D$ (man nennt f dann auf $D = [a;b]$ auch kurz 'gleichmäßig stetig'). Wir benötigen dieses Ergebnis im Abschnitt über Integration:

3.43 Hilfssatz *Sei* $f : [a;b] \to \mathbb{R}$ *auf dem beschränkten und abgeschlossenen Intervall* $[a;b]$ *stetig. Dann gibt es zu jedem* $s > 0$ *einen Wert* $r > 0$ *mit der Eigenschaft:*

Für alle $x, \xi \in [a;b]$ *mit* $|x - \xi| < r$ *folgt stets* $|f(x) - f(\xi)| < s$.

Der Leser möge den Beweis beim ersten Lesen überschlagen! Sei nun für das folgende irgendein Wert $s > 0$ beliebig aber fest vorgegeben. Wir fragen zunächst nach möglicherweise kleineren Intervallen $[a;b']$, $b' \leq b$, für die es einen Wert $r > 0$ gibt mit der Eigenschaft:

(3.44)   Für alle $x, \xi \in [a;b']$ mit $|x - \xi| < r$ folgt stets $|f(x) - f(\xi)| < s$.

Gibt es überhaupt solche Werte $b' > a$? Wegen der Stetigkeit von f im *Punkt* a gilt zum Beispiel für den Wert $\frac{s}{2} > 0$ und einen genügend kleinen Wert $r_a > 0$ die Abschätzung $|f(x) - f(a)| < \frac{s}{2}$, für alle x mit $a \leq x \leq a + r_a$. Wir können daraus schließen:

Für alle $x, \xi \in [a; a + r_a]$ folgt $|f(x) - f(\xi)| = |f(x) - f(a) + f(a) - f(\xi)| \leq |f(x) - f(a)| + |f(a) - f(\xi)| < \frac{s}{2} + \frac{s}{2} = s$, also $|f(x) - f(\xi)| < s$.

Somit ist (3.44) für $b' = a + r_a$ und $r = r_a$ erfüllt. Wie groß kann b' eigentlich sein? Die Menge aller möglichen Werte b' ist durch b nach oben beschränkt, besitzt also eine kleinste obere Schranke b^*. (Gemäß dieser Definition kann 3.44 für irgendeinen Wert $b' > b^*$ nicht gelten).

Wir wollen nun zeigen, dass $b^* = b$ ist, genauer gesagt, dass $b^* < b$ nicht möglich ist. Wegen der Stetigkeit von f im Punkt $b^* \in [a;b]$ gibt es einen Wert $r_{b^*} > 0$, so dass analog wie beim Punkt a gefolgert weren kann:

$$|f(x) - f(\xi)| = |f(x) - f(b^*) + f(b^*) - f(\xi)| < s \text{ für alle } x, \xi \text{ mit } b^* - r_{b^*} \leq x, \xi \leq b^* + r_{b^*}.$$

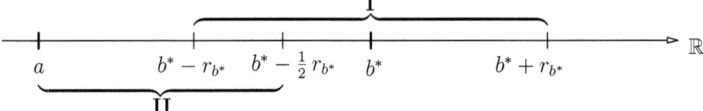

Daraus werden wir nun folgern, dass 3.44 auch für $b' = b^* + r_{b^*}$, also für einen Wert $b' > b^*$ gelten würde, im Widerspruch zur Definition von b^*. Für $b' = b^* - \frac{1}{2} r_{b^*}$ ($< b^*$) gilt 3.44 sowieso, für $r > 0$ genügend klein. Sei $r < \frac{1}{2} r_{b^*}$:
Werte $x, \xi \in [a; b^* + r_{b^*}]$ mit $|x - \xi| < r$ gehören dann *gemeinsam* zu mindestens einem der beiden Bereiche I oder II, da sich diese ausreichend überlappen. Da in beiden Bereichen mit $|x - \xi| < r$ auch gilt $|f(x) - f(\xi)| < s$, wäre insgesamt 3.44 auch für $b' = b^* + r_{b^*}$ erfüllt, also für ein $b' > b^*$, Widerspruch! Im Fall $b^* = b$ führen die analogen Betrachtungen mit Werten $x, \xi \leq b$ zu dem gewünschten Ergebnis, dass 3.44 für $b' = b$ erfüllt ist.   ✓

Ein Blick zurück ...

- Unstetige Funktionen sind für Taschenrechner nicht geeignet.

- Eine Funktion ist stetig, wenn der Grenzwert existiert und gleich dem Funktionswert an dieser Stelle ist.

- Stetige Funktionen ändern ihre Werte nicht sprunghaft, insbesondere gelten der Nullstellen– und der Zwischenwertsatz.

Aufgaben

1. Zeigen Sie: Die Funktion $f : \mathbb{R} \to \mathbb{R}$ mit $f(x) = \begin{cases} 1 & \text{falls } x = \frac{p}{q} \ (\text{also } x \in \mathbb{Q}) \\ -1 & \text{für alle übrigen } x \in \mathbb{R} \end{cases}$

   ist für alle $x \in \mathbb{R}$ unstetig! (Hinweis: In jedem Intervall $]x - r; x + r[$ mit $r > 0$ gibt es Werte $\xi \in \mathbb{Q}$, und auch Werte $\xi \notin \mathbb{Q}$. Wählen Sie ein positives $s < 1$.)

2. Zeigen Sie, dass $h : \mathbb{R}^+ \to \mathbb{R}$ mit $h(x) = \begin{cases} \frac{1}{q} & \text{falls } x = \frac{p}{q} \ (\text{gekürzte Darstellung}) \\ 0 & \text{für alle übrigen } x \in \mathbb{R}^+ \end{cases}$

   (i) für Bruchzahlen, also für Werte $x \in \mathbb{Q}$, unstetig ist,

   (ii) aber für alle übrigen $x \in \mathbb{R}$ also für alle $x \notin \mathbb{Q}$, stetig ist.

   (Hinweis zu (ii): Beschränken Sie sich zunächst auf ein festes Intervall, z.B. $x \in [-1; 1]$. Sei $x \notin \mathbb{Q}$, dann gibt es zu jedem $s > 0$ nur endlich viele natürliche Zahlen q, für die gilt: $\frac{1}{q} > s$, also gibt es auch nur endlich viele $\xi = \frac{p}{q}$, für die $f(\frac{p}{q}) > s$. Wegen $x \neq \frac{p}{q}$ hat x zu allen diesen ξ einen positiven Abstand $r > 0$.)

3. Zeigen Sie: Sind f_1 und f_2 stetig an der Stelle $x \in D$, dann auch die Summe $f_1 + f_2$.

   Hinweis: $|(f_1(x) + f_2(x)) - (f_1(\xi) + f_2(\xi))| = |(f_1(x) - f_1(\xi)) + (f_2(x) - f_2(\xi))|$
   $$\leq |f_1(x) - f_1(\xi)| + |f_2(x) - f_2(\xi)|$$

4. Warum ist $f :]-\frac{\pi}{2}; \frac{\pi}{2}[\to \mathbb{R}$ mit $f(x) = \tan x$ auf $D =]-\frac{\pi}{2}; \frac{\pi}{2}[$ stetig, und warum $f^{-1}(x) = \tan^{-1} x$ auf $W = \mathbb{R}$?

   (Hinweis: $\tan x = \frac{\sin x}{\cos x}$, Sinus und Cosinus sind auf $\mathbb{R}$ stetig, also auch auf $]-\frac{\pi}{2}; \frac{\pi}{2}[$, und $\tan x$ ist auf $]-\frac{\pi}{2}; \frac{\pi}{2}[$ streng monoton steigend, Skizze!)

5. Zeigen Sie: Ist $f(x)$ stetig im Punkt x, dann auch $1/f(x)$, (falls $f(x) \neq 0$).

6. Warum ist $f(x) = x^h$, ($h \in \mathbb{R}$ beliebig aber fest gewählt), für alle $x \in \mathbb{R}^+$ stetig? (Hinweis: $x^h = (e^{\ln x})^h = e^{h \cdot \ln x}$).

7. Zu voriger Aufgabe für Experten die Frage: Warum ist $f(0) = 0$ die stetige Ergänzung von $f(x) = x^h$?

8. Begründen Sie: Falls der Grenzwert von f an der Stelle x existiert, so ist er eindeutig bestimmt. (Hinweis: Führen Sie die Annahme, es gäbe zwei verschiedene Grenzwerte G_1 und G_2, zu einem Widerspruch).

9. Beweisen Sie die Aussage: Hat die auf dem Intervall $[a; b]$ stetige Funktion $f(x)$ dort (mindestens) einen positiven und einen negativen Funktionswert, und ist $x_0 \in]a; b[$ die einzige Nullstelle, so wechselt $f(x)$ (nur) an dieser Stelle das Vorzeichen.

Kapitel 4

Differenzial– und Integralrechnung

4 a) Definition der Ableitung

Behauptung 64 = 65 Das 8×8 Quadrat links in der Skizze wurde so in die Teile $1, 2, 3, 4, 5$ zerlegt und wieder zusammengebaut, dass die Fläche nunmehr 65 Einheiten beträgt! Oder doch nicht? Sie wollen hoffentlich nicht bestreiten, dass die Fläche eines Dreiecks gleich 'Grundseite mal Höhe durch 2' beträgt? Und ein weiteres Beispiel dieser Art zeigt S. 241.

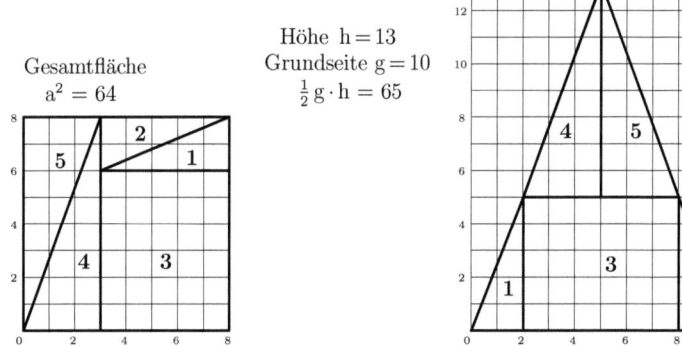

Gesamtfläche $a^2 = 64$

Höhe $h = 13$
Grundseite $g = 10$
$\frac{1}{2}\,g \cdot h = 65$

Die Ableitungsfunktion $f'(x)$

Anschauliche Interpretation
Die Steigung einer Geraden lässt sich leicht anhand eines Steigungsdreiecks bestimmen:

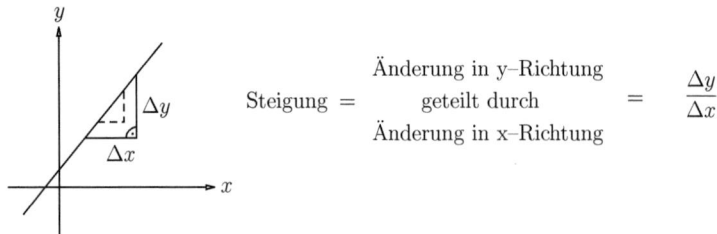

Die *Größe* des Steigungsdreiecks ist natürlich ohne Bedeutung. Das gestrichelt gezeichnete Dreieck ist ähnlich zum größeren Dreieck, der Proportionalitätsfaktor kürzt sich also weg! (Sie kennen diesen Quotienten bereits als 'Tangens des Steigungswinkels α', was aber nur von Bedeutung wäre, falls wir zusätzlich auch diesen Winkel α bestimmen wollten.)

Diskutieren wir doch gleich die trickreiche Skizze zu Beginn! Die Steigung der Hypotenuse *rechts* im kleinen Dreieck Nr. 1 beträgt $\frac{5}{2} = 2{,}50$. Beim darüber befindlichen Dreieck Nr. 4 erhalten wir dagegen $\frac{8}{3} = 2{,}67$. Die daraus zusammengesetzte Seite des großen 'Dreiecks' ist dadurch leicht nach innen geknickt! Aus Symmetriegründen hat natürlich auch die rechte Seite einen kaum sichtbaren Knick nach innen. Würden die beiden Seiten exakt gerade verlaufen, wie es sich für ein 'anständiges Dreieck' gehört, so wäre die Dreiecksfläche auch exakt 65 Einheiten groß. Durch den Knick fehlt eine Einheit, es sind und bleiben 64 Einheiten!

Weitere, einfache Steigungswerte einer Geraden illustriert folgende Skizze:

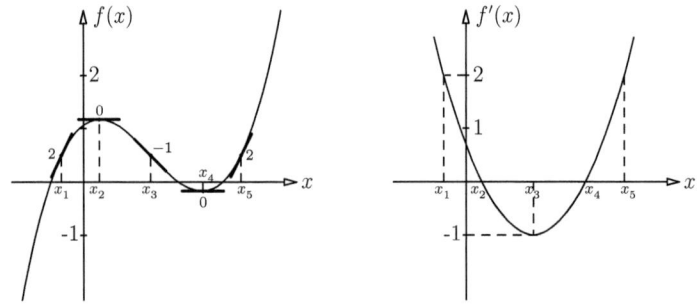

Bei einer Steigung von 3 wäre nur zu beachten: Geht man einen Schritt nach rechts, also in positiver Richtung, so geht es die 3 fache Strecke nach oben. Günstig ist hier eine Schrittlänge von genau einer Längeneinheit nach rechts, dann sind es genau 3 Längeneinheiten nach oben. Bei einer negativen Steigung geht es entsprechend nach unten.

Interpretieren wir nun den Kurvenverlauf einer Funktion $f(x)$ als eine Art 'Gebirgszug'. Auch die Steigung dieser Kurve in irgendeinem Punkt(!) lässt sich anschaulich als Steigung einer Geraden interpretieren, nämlich als Steigung der 'Tangente' in diesem Punkt der Kurve, Skizze links, (lat. 'tangere' = berühren).

Tragen wir nun die Werte dieser Steigung als Funktionswerte auf, erhalten wir eine neue Funktion, Skizze rechts. Man nennt sie die Ableitungsfunktion oder kurz Ableitung von $f(x)$. Wir bezeichnen Sie mit $f'(x)$. Vergleichen Sie doch einmal konkret mit der Skizze:

Für $x = x_1$ hat die Tangente von $f(x)$ die Steigung 2, folglich gilt $f'(x_1) = 2$, vgl. rechts.
Für $x = x_2$ ist die Steigung von $f(x)$ gleich Null, das bedeutet, $f'(x)$ hat hier eine Nullstelle.
Für x–Werte zwischen x_2 und x_4 ist $f(x)$ fallend, also sind die Werte von $f'(x)$ hier negativ.
$x = x_4$ ist eine weitere Nullstelle der Ableitung, und für größere x-Werte wird die Ableitung
wieder positiv, so zum Beispiel $f'(x_5) = 2$.

Es gibt sogar Geräte zur zeichnerischen Bestimmung der Ableitung, sogenannte 'Derivi-
meter'. Es ist durchaus nützlich, anhand einer Skizze von $f(x)$ auch den Kurvenverlauf von
$f'(x)$ abschätzen zu können.

Üben wir das noch einmal an einigen elementaren, aber wichtigen Funktionen wie zum
Beispiel $f(x) = x$, $g(x) = \ln x$ und $h(x) = \sin x$.

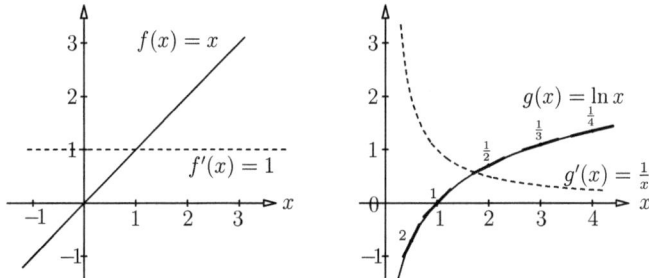

Zur besseren Unterscheidung ist hier der Kurvenverlauf von f', g', h' gestrichelt dargestellt.

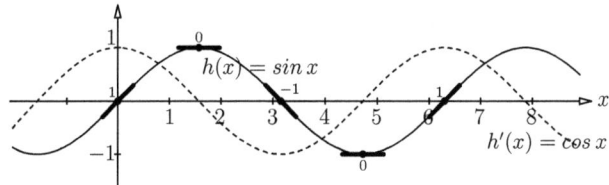

Zur Einteilung auf der x–Achse beachten Sie nur: $180° = \pi = 3,14\ldots$

Definition der Ableitung Das sieht zwar bereits alles sehr plausibel aus, hat aber noch
keinerlei Beweiskraft! Für eine rechnerische Durchführung und Bestätigung fehlt nämlich
noch das Wesentliche, eine exakte Definition. Die zeichnerische Vorgehensweise lässt sich
aber auch rechnerisch exakt formulieren. Das Ziel beim Zeichnen ist der Grenzübergang von
der Sekante zur Tangente, vgl. Skizze 4.1. Unterscheiden sich die beiden x–Werte zunächst
um Δx, so unterscheiden sich die y–Werte um $\Delta y = f(x + \Delta x) - f(x)$. Die Steigung der
Sekante beträgt demnach $\frac{\Delta y}{\Delta x} = \frac{f(x+\Delta x)-f(x)}{\Delta x}$. (Griechisch Δ = „$\underline{D}$elta" für $\underline{D}$ifferenz).

Mit dem Grenzübergang $\Delta x \to 0$ gelangen wir zur Tangente. Das ist zeichnerisch etwas
prekär, rechnerisch gesehen bilden wir einfach nur den Grenzwert. Die so definierte Steigung
der Tangente heißt auch die Ableitung von f an der Stelle x, kurz $f'(x)$. Natürlich unter
der Voraussetzung, dass dieser Grenzwert existiert:

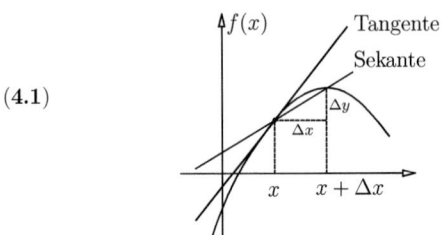

(4.1)

4.2 Definition *Eine Funktion* $f : D \to \mathbb{R}$ *auf dem Intervall D heißt differenzierbar an der Stelle* $x \in D$ *, wenn der Grenzwert*

$$\lim_{\Delta x \to 0} \frac{f(x + \Delta x) - f(x)}{\Delta x} = f'(x)$$

existiert. (Anstelle $f'(x)$ *schreibt man auch* $\frac{d}{dx}f(x)$*,* $\frac{df}{dx}(x)$*, u.a.)*
Die Funktion f heißt differenzierbar (auf D), wenn f für jedes $x \in D$ *differenzierbar ist.*

Anmerkung: Da x fest gewählt, ist die Sekantensteigung $\frac{f(x+\Delta x)-f(x)}{\Delta x}$ nur abhängig vom gewählten Δx. Entsprechend ist auch die Abweichung $\frac{f(x+\Delta x)-f(x)}{\Delta x} - f'(x)$ nur eine Funktion von Δx. Nennen wir diese Differenzfunktion d. Dann bedeutet Differenzierbarkeit, dass für

(4.3) $\quad d(\Delta x) = \dfrac{f(x + \Delta x) - f(x)}{\Delta x} - f'(x)$ gilt: $\quad \lim\limits_{\Delta x \to 0} d(\Delta x) = 0.$

Anschaulich: Der Unterschied zwischen der variablen Sekantensteigung $\frac{f(x+\Delta x)-f(x)}{\Delta x}$ und der festen Tangentensteigung $f'(x)$ muss gegen Null gehen, für Δx gegen Null.

Beispiele

(i) Sei $f(x) = \exp_e(x)$ die Exponentialfunktion zur Basis e. Wir notieren die Funktionswerte auch wieder als e^x und erhalten, für eine beliebige aber fest gewählte Stelle $x \in \mathbb{R}$:

$$\lim_{\Delta x \to 0} \frac{e^{x+\Delta x} - e^x}{\Delta x} = \lim_{\Delta x \to 0} \frac{e^x \cdot e^{\Delta x} - e^x}{\Delta x} = \lim_{\Delta x \to 0} \frac{e^x \cdot (e^{\Delta x} - 1)}{\Delta x} = e^x \cdot \lim_{\Delta x \to 0} \frac{e^{\Delta x} - 1}{\Delta x} = e^x$$

Beachten Sie nur: Für festes x ist auch $e^x = c$ ein konstanter Wert, kann also nach den Rechenregeln für Grenzwerte auf Seite 223 vor das Limeszeichen geschrieben werden. Und dann benötigten wir nur noch 3.41, wobei es natürlich auf die Bezeichnung Δx anstelle $\check{x}$ nicht ankommt. Übrigens erhält man den Grenzwert Eins in 3.41 nur für die Basis e. Daher gilt die einfache Regel $(e^x)' = e^x$ nur für diese und keine andere Exponentialfunktion a^x. Man darf mit Recht über die Eulersche Zahl sagen: „e wie *einzigartig*"!

Ergebnis: $\quad \exp_e'(x) = \exp_e(x)$ bzw. $(e^x)' = e^x$.

(ii) Für $f(x) = \sin x$ beachte man nur das Ergebnis von Aufg.10 (iii), S. 93. Speziell für $\alpha = \frac{1}{2}x + \frac{1}{2}\Delta x$ und $\beta = \frac{1}{2}x$ folgt: $\cos(x + \frac{\Delta x}{2}) \cdot \sin\frac{\Delta x}{2} = \frac{1}{2} \cdot (\sin(x + \Delta x) - \sin x)$, somit:

$$\frac{\sin(x + \Delta x) - \sin x}{\Delta x} = \frac{\cos(x + \frac{\Delta x}{2}) \cdot \sin\frac{\Delta x}{2}}{\frac{1}{2} \cdot \Delta x} = \cos(x + \frac{\Delta x}{2}) \cdot \frac{\sin\frac{\Delta x}{2}}{\frac{\Delta x}{2}}$$

Der Grenzübergang $\Delta x \to 0$ liefert also:

$$\lim_{\Delta x \to 0} \left(\cos(x + \tfrac{\Delta x}{2}) \cdot \frac{\sin \frac{\Delta x}{2}}{\frac{\Delta x}{2}} \right) = \lim_{\Delta x \to 0} \cos(x + \tfrac{\Delta x}{2}) \cdot \lim_{\Delta x \to 0} \frac{\sin \frac{\Delta x}{2}}{\frac{\Delta x}{2}} = \cos x \cdot 1 = \cos x$$

Hierbei nutzten wir natürlich, dass der Grenzwert eines Produkts gleich dem Produkt der Grenzwerte ist, vgl. 3.38. Außerdem gilt mit 3.39

$$\lim_{\Delta x \to 0} \left(\cos(x + \tfrac{\Delta x}{2}) \right) = \cos \left(\lim_{\Delta x \to 0} (x + \tfrac{\Delta x}{2}) \right) = \cos x, \quad \text{und schließlich} \quad \lim_{\Delta x \to 0} \frac{\sin \frac{\Delta x}{2}}{\frac{\Delta x}{2}} = 1$$

mit 3.40, denn wegen Δx gegen Null gilt natürlich auch $\frac{\Delta x}{2} \to 0$. Ganz analog erhält man übrigens mit Aufg.10 (iv) von S. 93 für den Cosinus: $\cos' x = -\sin x$.

Ergebnis: $\quad \sin' x = \cos x$ und $\cos' x = -\sin x$.

(iii) Ein Standardbeispiel ist $f(x) = x^2$. Wir erhalten in diesem Falle, wegen
$f(x + \Delta x) - f(x) = (x + \Delta x)^2 - x^2 = x^2 + 2x \cdot \Delta x + (\Delta x)^2 - x^2 = 2x \cdot \Delta x + (\Delta x)^2$:

$$\lim_{\Delta x \to 0} \frac{2x \cdot \Delta x + (\Delta x)^2}{\Delta x} = \lim_{\Delta x \to 0} (2x + \Delta x) = 2x.$$

Ergebnis: $\quad (x^2)' = 2x \quad$ (oder $\frac{d}{dx} x^2 = 2x$).

(iv) Und das nächste Beispiel ist so einfach, das es oft schon wieder Schwierigkeiten bereitet. Für $f(x) = x$ ist eigentlich anschaulich bereits klar, dass die Steigung dieser Geraden überall gleich 1 ist! Aber natürlich lässt sich das auch rechnerisch bestätigen:

$$\lim_{\Delta x \to 0} \frac{f(x + \Delta x) - f(x)}{\Delta x} = \lim_{\Delta x \to 0} \frac{(x + \Delta x) - x}{\Delta x} = \lim_{\Delta x \to 0} \frac{\Delta x}{\Delta x} = 1$$

Ergebnis: $\quad (x)' = 1 \quad$ (oder $\frac{d}{dx} x = 1$).

(v) Ein noch einfacheres Beispiel ist eigentlich nur noch eine konstante Funktion $f(x) = c$. Es düfte anschaulich klar sein, dass die Steigung in diesem Falle Null beträgt. Das folgt natürlich auch rechnerisch, da hier der Zähler bereits $f(x + \Delta x) - f(x) = c - c = 0$ ergibt.

Ergebnis: $\quad (c)' = 0 \quad$ (oder $\frac{d}{dx} c = 0$).

Um zu zeigen, dass alle unsere Standardfunktionen differenzierbar sind, genügen wieder einige wenige

4.4 Rechenregeln

(i) Ist $f : D \to \mathbb{R}$ an der Stelle $x \in D$ differenzierbar, und $c \in \mathbb{R}$ eine Konstante, dann ist auch $c \cdot f$ an der Stelle $x \in D$ differenzierbar, und es gilt: $(c \cdot f)'(x) = c \cdot f'(x)$.
Kurz $(c \cdot f)' = c \cdot f'$. „Die Ableitung des Vielfachen ist gleich dem Vielfachen der Ableitung."
Beispiele: $(5 \sin x)' = 5 \sin' x = 5 \cos x$, $(5 x^2)' = 5(x^2)' = 10 x$, usw.

(ii) Sind $f : D \to \mathbb{R}$ und $g : D \to \mathbb{R}$ an der Stelle $x \in D$ differenzierbar, dann ist auch $f + g$ an der Stelle $x \in D$ differenzierbar, und es gilt: $(f + g)'(x) = f'(x) + g'(x)$.
Kurz $(f + g)' = f' + g'$. „Die Ableitung einer Summe ist gleich der Summe der Ableitungen".
Beispiele: $(x^2 + \sin x)' = (x^2)' + (\sin x)' = 2x + \cos x$. Analoges gilt für die Differenz, das heißt: $(x^2 - \sin x)' = (x^2)' - (\sin x)' = 2x - \cos x$, usw. Das ist offensichtlich sehr einfach und leicht zu beweisen, doch das bleibt nicht so, denn

(iii) leider ist jetzt 'Schluss mit lustig'. Sind $f : D \to \mathbb{R}$ und $g : D \to \mathbb{R}$ an der Stelle

$x \in D$ differenzierbar, dann ist zwar auch $f \cdot g$ an der Stelle $x \in D$ differenzierbar, aber die Ableitung eines Produkts ist *nicht* einfach das Produkt der beiden Ableitungen! Stattdessen gilt an der Stelle $x \in D$ die

Produktregel:
$$(f \cdot g)' = f' \cdot g + f \cdot g'$$

Quotientenregel:
$$\left(\frac{f}{g}\right)' = \frac{f' \cdot g - f \cdot g'}{g^2}$$

Letzteres natürlich unter der Voraussetzung $g(x) \neq 0$. Beispiele:
$$(\sin x \cdot \cos x)' = \sin' x \cdot \cos x + \sin x \cdot \cos' x = \cos x \cdot \cos x + \sin x \cdot (-\sin x) = (\cos x)^2 - (\sin x)^2$$
$$\left(\frac{\sin x}{\cos x}\right)' = \frac{\sin' x \cdot \cos x - \sin x \cdot \cos' x}{(\cos x)^2} = \frac{(\cos x)^2 + (\sin x)^2}{(\cos x)^2} = \frac{1}{(\cos x)^2}$$

Ergebnis: $\tan' x = \frac{1}{(\cos x)^2}$, denn $\frac{\sin x}{\cos x} = \tan x$.

(iv) Nun zur 'Komposition' oder 'Verkettung' zweier Funktionen: Sei $h : D \to \mathbb{R}$ zusammengesetzt aus $f : D \to W$ und $g : W \to \mathbb{R}$, es gelte also für alle $x \in D$:
$$h(x) = g(f(x))$$
Ist dann f an der Stelle $x \in D$ differenzierbar, und g an der Stelle $y = f(x)$, dann ist h an der Stelle $x \in D$ differenzierbar, und es gilt die

Kettenregel:
$$h'(x) = g'(f(x)) \cdot f'(x)$$

Also *nicht* einfach $g'(x)$, sondern $g'(f(x))$, und das anschließend multipliziert mit $f'(x)$!
Beispiele: $h(x) = \sin(e^x)$, $h'(x) = (\sin'(e^x)) \cdot (e^x)'$. Die Ableitung vom Sinus ist der Cosinus. Und $(e^x)' = e^x$, also folgt: $h'(x) = (\cos(e^x)) \cdot e^x$.

Hier ist also g die Sinusfunktion, und f die Exponentialfunktion zur Basis e. Man nennt g' auch oft die „äussere Ableitung", also hier den Cosinus (an der Stelle $f(x) = e^x$), und der anschließende Faktor $f'(x) = e^x$ heißt entsprechend „innere Ableitung". Die Klammern um e^x lässt man hier oft weg und schreibt als Ergebnis einfach $(\cos e^x) \cdot e^x$, oder $e^x \cdot \cos e^x$. Vertauschen wir nun die Rollen von f und g, erhalten wir natürlich eine andere Funktion h, denn die Verkettung ist bekanntlich nicht kommutativ. Dementsprechend erhalten wir auch eine andere Ableitung:
Für $h(x) = e^{\sin x}$ folgt $h'(x) = e^{\sin x} \cdot \cos x$. Denn die Ableitung der Exponentialfunktion als äussere Funktion ergibt wieder die Exponentialfunktion, aber eben nicht an der Stelle x sondern hier $\sin x$. Dieser Term $e^{\sin x}$ muss jetzt nur noch mit der Ableitung vom Sinus multipliziert werden, und diese innere Ableitung ist jetzt der Cosinus.
Weitere Beispiele zur Kettenregel siehe Seite 235.

(v) Wir können nun auch die Ableitung eines ganz wichtigen Kandidaten ausrechnen. Für den natürlichen Logarithmus $f^{-1}(x) = \ln x$ als Umkehrung der Exponentialfunktion $f(x) = e^x$ gilt bekanntlich: $e^{\ln x} = x$. Wenn nun links und rechts die beiden Funktionen gleich sind, müssen auch die Ableitungen gleich sein, folglich:
$$(e^{\ln x})' = (x)', \text{ also } e^{\ln x} \cdot (\ln x)' = 1. \text{ Es folgt } x \cdot (\ln x)' = 1, \text{ und wir erhalten als}$$

Ergebnis: $\ln'(x) = \frac{1}{x}$ bzw. $(\ln x)' = \frac{1}{x}$

Anmerkung: Anstelle der linken Schreibweise $f'(x)$ notiert man auch oft wie rechts $(f(x))'$. Wir haben allerdings etwas voreilig vorausgesetzt, dass die Umkehrung differenzierbar ist! Zum Glück ist das hier der Fall, denn es gilt ganz allgemein:

Sei $f : D \to \mathbb{R}$ streng monoton auf dem Intervall D und die Menge der Funktionswerte ein Intervall W. Ist f differenzierbar an der Stelle $x \in D$ mit $f'(x) \neq 0$, dann ist f^{-1} differenzierbar an der Stelle $y = f(x) \in W$, und es gilt für die Ableitung der

Umkehrfunktion: $\qquad\qquad (f^{-1})'(y) = \dfrac{1}{f'(f^{-1}(y))}$

Sie können hier anstelle von y natürlich auch wie gewohnt x als Variablenbezeichnung wählen.

Im Falle von $f(x) = \sin x$, $-\frac{\pi}{2} < x < \frac{\pi}{2}$, erhalten wir als Ableitung von $f^{-1}(x) = \sin^{-1} x$:

$(\sin^{-1})'(x) = \dfrac{1}{\cos(\sin^{-1} x)}$. Wegen $\cos z = \sqrt{1 - (\sin z)^2}$ folgt mit $z = \sin^{-1} x$ im Nenner

$\cos(\sin^{-1} x) = \sqrt{1 - (\sin(\sin^{-1}(x)))^2} = \sqrt{1 - x^2}$. Das führt uns zu dem einfachen

Ergebnis: $\quad (\sin^{-1})'(x) = \dfrac{1}{\sqrt{1 - x^2}}$, $\quad$ analog $\quad (\cos^{-1})'(x) = \dfrac{-1}{\sqrt{1 - x^2}}$

Fügen wir noch die Ergebnisse einiger einfacher Übungsaufgaben hinzu, erhalten wir bereits eine hübsche Sammlung von Ableitungen, siehe 4.5. Die betreffenden Funktionen sind auf ihrem gesamten Definitionsbereich differenzierbar, die jeweiligen Bereiche sind daher nicht gesondert angegeben. Stattdessen zu Übungszwecken noch einige

Weitere Beispiele In der Praxis sind oft andere Bezeichnungen in Gebrauch. Das ist zwar belanglos aber dennoch ungewohnt! Alles nur eine Frage der Übung:

Für $y(x) = 5 \cdot x^2$ gilt natürlich: $\quad \frac{d}{dx}y(x) = \frac{d}{dx}5 \cdot x^2 = 5 \cdot \frac{d}{dx}x^2 = 5 \cdot 2x = 10\,x$.

Für $x(t) = 5 \cdot t^2$ gilt entsprechend: $\quad \frac{d}{dt}x(t) = \frac{d}{dt}5 \cdot t^2 = 5 \cdot \frac{d}{dt}t^2 = 5 \cdot 2t = 10\,t$.

Als Ableitung nach der Zeit t als Variable ist anstelle eines Strichs auch ein Punkt üblich, also hier zum Beispiel $\frac{d}{dt}x(t) = \dot{x}(t) = 10\,t$.

Die Kettenregel $\frac{d}{dx}u(v(x)) = u'(v(x)) \cdot v'(x)$ wird *symbolisch* gerne geschrieben in der Form:

$$\frac{du}{dx} = \frac{du}{dv} \cdot \frac{dv}{dx}\,, \quad \text{als Beispiel, mit } u(v) = \sin v,\ v(x) = x^2:$$

$$\frac{d}{dx} \sin \underbrace{x^2}_{v} = \frac{d}{dv} \sin v \cdot \frac{d}{dv} v = (\cos v) \cdot v' = (\cos x^2) \cdot 2x$$

Man ersetzt die 'störende' innere Funktion durch das Symbol v und differenziert zunächst nach dieser Variablen. Dieses Ergebnis muss nur noch mit v' multipliziert werden. Dementsprechend erhält man zum Beispiel für die Ableitung von $\tan^{-1} x^3$:

$$\frac{d}{dx} \tan^{-1} \underbrace{x^3}_{v} = \left(\frac{d}{dv} \tan^{-1} v\right) \cdot \frac{dv}{dx} = \frac{1}{1 + v^2} \cdot v'(x) = \frac{1}{1 + (x^3)^2} \cdot 3x^2 = \frac{3x^2}{1 + x^6}$$

$$\frac{d}{dx} \ln \underbrace{(1 + x^2)}_{v} = \left(\frac{d}{dv} \ln v\right) \cdot \frac{dv}{dx} = \frac{1}{v} \cdot v'(x) = \frac{1}{1 + x^2} \cdot 2x = \frac{2x}{1 + x^2}$$

Und differenzieren wir doch spaßeshalber $f(x) = x^2$ noch einmal mit der Produktregel:

$$\frac{d}{dx}x^2 = \frac{d}{dx}(x \cdot x) = \left(\frac{d}{dx}x\right) \cdot x + x \cdot \left(\frac{d}{dx}x\right) = 1 \cdot x + x \cdot 1 = 2x.$$

Und schließlich die Ableitung der Wurzelfunktion, als Umkehrung der Quadratfunktion, also $f(x) = x^2$, $f'(x) = 2x$, $f^{-1}(x) = \sqrt{x}$, $(x > 0)$, somit:

$$(f^{-1})'(x) = \frac{1}{f'(f^{-1}(x))} = \frac{1}{2 \cdot f^{-1}(x)} = \frac{1}{2 \cdot \sqrt{x}}.$$

Wegen $\sqrt{x} = x^{\frac{1}{2}}$ hätten wir das auch direkt mit $(x^\alpha)' = \alpha \cdot x^{\alpha-1}$ erhalten können. Zur Herleitung dieser Regel siehe S. 242, Aufg. 15.

(4.5)

Funktion $f(x)$	Ableitung $f'(x)$
const.	0
x	1
x^2	$2x$
x^m	$m \cdot x^{m-1}$
$\sqrt{x}$	$\frac{1}{2} \cdot \frac{1}{\sqrt{x}}$
$\sqrt[3]{x}$	$\frac{1}{3} \cdot \frac{1}{\sqrt[3]{x^2}}$
x^α	$\alpha \cdot x^{\alpha-1}$
$(m \in \mathbb{Z},\ \alpha \in \mathbb{R})$	
e^x	e^x
a^x	$a^x \cdot \ln a$
$\ln x$	$\dfrac{1}{x}$
$\log_a x$	$\dfrac{1}{x \cdot \ln a}$
$\sin x$	$\cos x$
$\cos x$	$-\sin x$
$\tan x$	$\dfrac{1}{(\cos x)^2}$
$\cot x$	$-\dfrac{1}{(\sin x)^2}$
$\sin^{-1} x$	$\dfrac{1}{\sqrt{1-x^2}}$
$\cos^{-1} x$	$-\dfrac{1}{\sqrt{1-x^2}}$
$\tan^{-1} x$	$\dfrac{1}{1+x^2}$
$\cot^{-1} x$	$-\dfrac{1}{1+x^2}$

Funktion $f(x)$	Ableitung $f'(x)$
$c \cdot u(x)$	$c \cdot u'(x)$
$u(x) + v(x)$	$u'(x) + v'(x)$
$u(x) - v(x)$	$u'(x) - v'(x)$
$u(x) \cdot v(x)$	$u'(x) \cdot v(x) + u(x) \cdot v'(x)$
$\dfrac{1}{v(x)}$	$\dfrac{-v'(x)}{(v(x))^2}$
$\dfrac{u(x)}{v(x)}$	$\dfrac{u'(x) \cdot v(x) - u(x) \cdot v'(x)}{(v(x))^2}$
$u(v(x))$	$u'(v(x)) \cdot v'(x)$
$u^{-1}(x)$	$\dfrac{1}{u'(u^{-1}(x))}$

Beweis der Rechenregeln

Der Beweis für Summe und Differenz ist trivial. Für das Produkt beachte man die Zerlegung

$$\frac{f(x+\Delta x) \cdot g(x+\Delta x) - f(x) \cdot g(x)}{\Delta x} =$$

$$= \frac{f(x+\Delta x) - f(x)}{\Delta x} \cdot g(x+\Delta x) + \frac{g(x+\Delta x) - g(x)}{\Delta x} \cdot f(x)$$

Durch Bildung des Grenzwertes für $\Delta x \to 0$ folgt hieraus die Behauptung. Man beachte, dass $\lim\limits_{\Delta x \to 0} g(x+\Delta x) = g(x)$, denn gemäß Satz 4.7 ist g an der Stelle x stetig, also der Grenzwert gleich dem Funktionswert.

Zum Beweis der Quotientenregel bestimmen wir zunächst die Ableitung $(\frac{1}{g})'$:

$$\frac{\dfrac{1}{g(x+\Delta x)}-\dfrac{1}{g(x)}}{\Delta x} = -\frac{1}{g(x+\Delta x)\cdot g(x)}\cdot\frac{g(x+\Delta x)-g(x)}{\Delta x}$$

Für $\Delta x \to 0$ folgt also $\left(\dfrac{1}{g}\right)'(x) = -\dfrac{1}{(g(x))^2}\cdot g'(x)$. Somit folgt nun mit der Produktregel:

$$\left(\frac{f}{g}\right)' = \left(f\cdot\frac{1}{g}\right)' = f'\cdot\frac{1}{g}+f\cdot\left(\frac{1}{g}\right)' = \frac{f'}{g}-\frac{f\cdot g'}{g^2} = \frac{g\cdot f'-f\cdot g'}{g^2}$$

alles natürlich an der betreffenden Stelle x.

Für die verkettete Funktion $h(x) = g(f(x))$ erhalten wir, mit den Bezeichnungen $y = f(x)$, $y + \Delta y = f(x+\Delta x)$ bzw. $\Delta y = f(x+\Delta x) - f(x)$, sowie mit 4.3:

$$\frac{h(x+\Delta x)-h(x)}{\Delta x} = \frac{g(f(x+\Delta x))-g(f(x))}{\Delta x} = \frac{g(y+\Delta y)-g(y)}{\Delta x} = \frac{(g'(y)+d(\Delta y))\cdot\Delta y}{\Delta x} =$$

$(g'(y)+d(\Delta y))\cdot\dfrac{f(x+\Delta x)-f(x)}{\Delta x} \to g'(y)\cdot f'(x)$ für $\Delta x \to 0$. Man beachte auch, dass $f(x+\Delta x)-f(x) = \Delta y \to 0$ für $\Delta x \to 0$, wegen der Stetigkeit von f im Punkte x.

Aus $f(x) = y$ und $f(x+\Delta x) = y+\Delta y$ folgt für die Umkehrung $x = f^{-1}(y)$ und $x + \Delta x = f^{-1}(y+\Delta y)$, somit für $\Delta y \to 0$:

$$\frac{f^{-1}(y+\Delta y)-f^{-1}(y)}{\Delta y} = \frac{(x+\Delta x)-x}{f(x+\Delta x)-f(x)} = \frac{1}{\frac{f(x+\Delta x)-f(x)}{\Delta x}} \to \frac{1}{f'(x)} = \frac{1}{f'(f^{-1}(y))}$$

Man beachte hier, dass $f^{-1}(y+\Delta y)-f^{-1}(y) = \Delta x$ beliebig klein wird, wenn Δy genügend klein, da aufgrund der genannten Voraussetzungen f^{-1} stetig ist. Hiermit sind nun alle zitierten Regeln bewiesen.   ✓

Bemerkungen und Ergänzungen

Einseitige Ableitungen Ist eine Funktion f nur rechts von einer Stelle x definiert, so kann man natürlich auch nur den rechtsseitigen Grenzwert des Differenzenquotienten bilden:

$$\lim_{\Delta x\to 0_+}\frac{f(x+\Delta x)-f(x)}{\Delta x} = f'_+(x)$$

Existiert dieser rechtsseitige Grenzwert, spricht man von der 'rechtsseitigen Ableitung an der Stelle x'. Die rechtsseitige Ableitung der nachfolgend skizzierten Betragsfunktion hat also an der Stelle a den Wert -1. Fordert man die Differenzierbarkeit auf einem Intervall $[a;b]$, so meint man in den Randpunkten nur diese einseitige Differenzierbarkeit. Hieraus folgt auch nur die einseitige Stetigkeit in den Randpunkten.

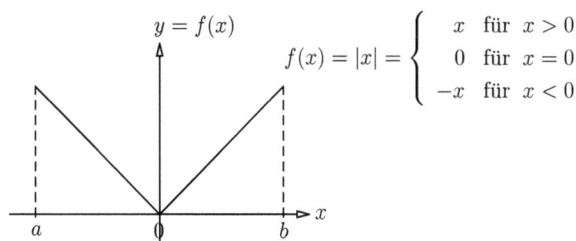

$y = f(x)$

$$f(x) = |x| = \begin{cases} x & \text{für } x > 0 \\ 0 & \text{für } x = 0 \\ -x & \text{für } x < 0 \end{cases}$$

Ist $f(x)$ im üblichen Sinne differenzierbar, so stimmen $f'_+(x)$ und $f'_-(x)$ mit dem Wert $f'(x)$ überein. An der Stelle $x = 0$ hat die rechtsseitige Ableitung von $f(x) = |x|$ den Wert 1, die linksseitige dagegen den Wert -1. Die Betragsfunktion ist also im Nullpunkt *nicht* im üblichen Sinne differenzierbar! Man spricht von einer 'nichtdifferenzierbaren Ecke'. Tatsächlich gibt es stetige Funktionen, die bildlich gesprochen nur aus Ecken bestehen, also für kein $x \in \mathbb{R}$ differenzierbar sind. Solche Beispiele wurden von Weierstrass, Bolzano, Knopp, und Takagi konstruiert. Für differenzierbare Funktionen gilt hingegen der folgende bekannte

4.6 Satz *Besitzt $f(x)$ im Inneren des Intervalls $[a; b]$ ein relatives Maximum oder Minimum, und ist $f(x)$ an dieser Stelle $\xi \in]a; b[$ differenzierbar, so gilt $f'(\xi) = 0$.*

Im Fall eines Maximums zum Beispiel folgt $\frac{f(\xi + \Delta x) - f(\xi)}{\Delta x} \leq 0$ für positive, und $\frac{f(\xi + \Delta x) - f(\xi)}{\Delta x} \geq 0$ für negative Werte von Δx, und daher $f'_+(\xi) \leq 0$, aber $f'_-(\xi) \geq 0$. Wegen der Differenzierbarkeit an der Stelle ξ müssen beide Werte übereinstimmen, es bleibt nur $f'(\xi) = 0$. ✓
Man mache sich klar, dass für Extrema von $f(x)$ am Rand a bzw. b des Intervalls keine entsprechende Aussage gilt, also durchaus $f'(a) \neq 0$ bzw. $f'(b) \neq 0$ gelten kann (vgl. S. 220)!

Eine angenehme Eigenschaft differenzierbarer Funktionen ist ihre Stetigkeit, kurz gesagt: Eine differenzierbare Funktion ist automatisch auch stetig. Das besagt der folgende

4.7 Satz *Ist eine Funktion $f : D \to \mathbb{R}$ im Punkt $x \in D$ differenzierbar, so ist f an dieser Stelle auch stetig.*

f ist ja genau dann stetig an der Stelle $x \in D$, falls gilt: Die Abweichung $f(\check{x}) - f(x)$ wird beliebig klein, wenn nur $\check{x} - x$ genügend klein gewählt wird. Verwenden wir die Notation $\check{x} - x = \Delta x$ bzw. $\check{x} = x + \Delta x$, so müssen wir zeigen: $f(x + \Delta x) - f(x)$ wird beliebig klein, wenn nur Δx genügend klein gewählt wird. Nun folgern wir aber durch Umformung von 4.3: $f(x + \Delta x) - f(x) = \Delta x \cdot (f'(x) + d(\Delta x))$, und für genügend kleines Δx wird die rechte Seite offensichtlich beliebig klein, alles natürlich auch betragsmäßig. ✓

Was ändert sich wie? Wir hatten die Ableitung $y'(x)$ *geometrisch* als Höhenänderung (Steigung) interpretiert. Allgemein handelt es sich um die *Änderungsrate* einer Variablen y in Abhängigkeit einer Variablen x. Trägt nun y eine Einheit $[y]$ und x entsprechend $[x]$, so hat $y'(x)$ die Einheit $\frac{[y]}{[x]}$, also die Einheit des Differenzenquotienten.
Bei der Bildung des Grenzwertes lassen sich diese Einheiten als Faktoren ausklammern. Bezeichnet zum Beispiel $\mathbf{s}$ die zurückgelegte Strecke zur Zeit $\mathbf{t}$, so gilt für die momentane Geschwindigkeit $\mathbf{v} = \lim_{\Delta t \to 0} \frac{\Delta \mathbf{s}}{\Delta \mathbf{t}} = \frac{m}{s} \cdot \lim_{\Delta t \to 0} \frac{\Delta s}{\Delta t}$. Letztendlich wird also der Grenzwert einer reellen Funktion bestimmt (ohne irgendwelche Einheiten), wie auch im Abschnitt auf S. 220 definiert! Die ausgeklammerten Einheiten lassen sich dann wieder mit dem Ergebnis kombinieren. Beispielsweise beträgt die zurückgelegte Strecke $\mathbf{s}$ im senkrechten freien Fall in Abhängigkeit der Zeit $\mathbf{t}$ bekanntlich $\mathbf{s} = \frac{1}{2} \mathbf{g} \cdot \mathbf{t}^2$, ($\mathbf{g} = 9{,}81 \frac{m}{s^2}$). Die Ableitung nach der Zeit ergibt auf diese Weise die einfache Beziehung: $\mathbf{v} = \mathbf{g} \cdot \mathbf{t}$.
Natürlich kann man auch die Einheiten wegkürzen und gleich die Beziehung der Maßzahlen $s = \frac{1}{2} 9{,}81 \cdot t^2$ differenzieren, Ergebnis: $v = 9{,}81 \cdot t$. (Die entsprechenden Einheiten lassen sich auch hier wieder hinzufügen, vgl. Abschnitt über Einheitenprobe auf S. 20).
Ist zum Beispiel $Q(t) = a \cdot (1 - e^{-b \cdot t})$ die *Ladungsmenge* in Coloumb, die im Verlauf der Zeit t in Sekunden auf einen Kondensator fließt, dann bedeutet $\frac{d}{dt} Q(t) = a\, b \cdot e^{-b \cdot t}$ hier die *Ladungsänderung*, gemessen in Coulomb pro Sekunde = Ampere, kurz die Stromstärke: $I(t) = \frac{d}{dt} Q(t) = \dot{Q}(t)$.

Höhere Ableitungen Ist die Funktion $f'(x) = f^{(1)}(x) = \frac{d}{dx} f(x)$ wiederum differenzierbar, so heißt ihre Ableitung die *zweite* Ableitung von f: $f''(x) = f^{(2)}(x) = \frac{d^2}{dx^2} f(x)$, usw. Symbolisch nennt man $f(x) = f^{(0)}(x)$ auch die 'nullte' Ableitung. Wenn $f^{(n)}(x)$ existiert, so heißt f n-mal (oder *bis zur Ordnung n*) differenzierbar. Eine differenzierbare Funktion ist bekanntlich stetig, bei einer n-mal differenzierbaren Funktion sind also $f, f', \ldots, f^{(n-1)}$ allesamt stetig. Ist auch $f^{(n)}(x)$ stetig, so heißt f n-mal *stetig* differenzierbar. Die meisten Standardfunktionen sind sogar beliebig oft differenzierbar!

Einheit von $f'(x)$ ist $\frac{[f]}{[x]}$, von $f''(x)$ dann $\frac{[f']}{[x]} = \frac{[f]}{[x]^2}$, usw. Ist zum Beispiel $\mathbf{s(t)}$ die Strecke als Funktion der Zeit, so hat die erste Ableitung die Dimension einer Geschwindigkeit $\frac{m}{s}$, die zweite die Dimension einer Beschleunigung $\frac{m}{s^2}$.

Partielle Ableitungen Sei $z = f(x, y)$ eine Funktion von zwei Variablen, zum Bsp. $f(x, y) = e^x \cdot \sin y$, oder $f(x, y) = x^2 + y^2$, usw. Variiert man nur eine der beiden Variablen, hält die andere also konstant, so lässt sich das bisherige Konzept der Differenzierbarkeit übertragen! Verändern wir z.B. nur x, wählen also für y einen festen Wert, so erhält man

$$\lim_{\Delta x \to 0} \frac{\Delta z}{\Delta x} = \lim_{\Delta x \to 0} \frac{f(x + \Delta x, y) - f(x, y)}{\Delta x}$$

Sofern dieser Grenzwert existiert, spricht man von der partiellen Ableitung nach x, und bezeichnet diese als $f_x(x, y)$, $\frac{\partial}{\partial x} f(x, y)$, $\frac{\partial f}{\partial x}(x, y)$ usw. Die Verwendung des speziellen Symbols ∂ soll auf die übertragene Art des Differenzierens hinweisen.

Hält man den Wert von x fest, und verändert nur die Werte von y, so erhalten wir analog die partielle Ableitung nach y:

$$\lim_{\Delta y \to 0} \frac{\Delta z}{\Delta y} = \lim_{\Delta y \to 0} \frac{f(x, y + \Delta y) - f(x, y)}{\Delta y} = f_y(x, y) = \frac{\partial}{\partial y} f(x, y) = \frac{\partial f}{\partial y}(x, y)$$

Konkretes Beispiel zur partiellen Ableitung nach x (wir halten also y konstant):

$$\frac{\partial}{\partial x} (e^x \cdot \sin y) = \lim_{\Delta x \to 0} \frac{e^{x + \Delta x} \cdot \sin y - e^x \cdot \sin y}{\Delta x} = \left(\lim_{\Delta x \to 0} \frac{e^{x + \Delta x} - e^x}{\Delta x} \right) \cdot \sin y = e^x \cdot \sin y$$

Offensichtlich können wir hierbei $\sin y$ wie einen konstanten Faktor c behandeln, denn da y beliebig aber *fest* gewählt, ist nicht nur y, sondern natürlich auch $\sin y$ ein konstanter Wert. Entsprechend ergibt $\frac{\partial}{\partial x} (x^2 + y^2) = 2x$, denn y^2 verhält sich hierbei wie eine Konstante c. Wir wollen also festhalten: Die Technik des 'normalen' Differenzierens überträgt sich vollkommen auf die partiellen Ableitungen. Alles nur eine Frage der Übung und Konzentration. Deshalb noch einige Beispiele.

Ersetzen Sie die Variablen, nach denen *nicht* differenziert wird, gedanklich durch eine Zahl: Genau wie $\frac{d}{dx} x \cdot 7 = 7$ ergibt, folgt analog $\frac{\partial}{\partial x} x \cdot y = y$. Ganz analog sind auch Kettenregel, Produktregel, etc. anzuwenden:

$$\frac{\partial}{\partial x} x \cdot y = y, \quad \frac{\partial}{\partial x} e^{x \cdot y} = e^{x \cdot y} \cdot y \quad \frac{\partial}{\partial y} x \cdot y = x, \quad \frac{\partial}{\partial y} e^{x \cdot y} = e^{x \cdot y} \cdot x$$

$$\frac{\partial}{\partial x} (x + y) = 1 \quad \frac{\partial}{\partial x} \sin(x + y) = \cos(x + y),$$

$$\frac{\partial}{\partial y} x \cdot y^2 = x \cdot 2y = 2xy, \quad \frac{\partial}{\partial x} x \cdot y^2 = y^2, \quad \frac{\partial}{\partial x} \sin(y^2 + 1) = 0,$$

$$\frac{\partial}{\partial y} \sin(y^2 + 1) = (\cos(y^2 + 1)) \cdot 2y = 2y \cdot \cos(y^2 + 1),$$

$$\frac{\partial}{\partial x} (xy \cdot e^{\frac{x}{y}}) = (\frac{\partial}{\partial x} xy) \cdot e^{\frac{x}{y}} + xy \cdot (\frac{\partial}{\partial x} e^{\frac{x}{y}}) = y \cdot e^{\frac{x}{y}} + xy \cdot e^{\frac{x}{y}} \frac{1}{y} = (y + x) \cdot e^{\frac{x}{y}}.$$

Ganz entsprechend sind auch höhere Ableitungen definiert, zum Beispiel die zweite partielle Ableitung nach x:

$$f_{xx}(x,y) = \frac{\partial}{\partial x}\frac{\partial}{\partial x}\,f(x,y) = \frac{\partial^2}{\partial x^2}\,f(x,y)$$

Die letztere, abkürzende Schreibweise ist etwas gewöhnungsbedürftig. Hier wird zum Beispiel ∂^2 als *symbolische* Abkürzung für $\partial\,\partial$ benutzt, und ∂x^2 für $\partial x\,\partial x$. Einfache Beispiele:

$$\frac{\partial}{\partial x}\underbrace{\frac{\partial}{\partial x}\,x\cdot y^2}_{=\,y^2} = \frac{\partial}{\partial x}\,y^2 = 0\,, \qquad \frac{\partial}{\partial x}\underbrace{\frac{\partial}{\partial x}\sin(x+y)}_{=\,\cos(x+y)} = \frac{\partial}{\partial x}\cos(x+y) = -\sin(x+y)\,.$$

Und schließlich sind auch 'gemischte Ableitungen' möglich, zum Beispiel zuerst nach x und dann nach y: $f_{yx}(x,y) = \dfrac{\partial}{\partial y}\dfrac{\partial}{\partial x}\,f(x,y)$.

$$\frac{\partial}{\partial y}\frac{\partial}{\partial x}\,x\cdot y^2 = \frac{\partial}{\partial y}\,y^2 = 2y\,, \qquad \frac{\partial}{\partial y}\frac{\partial}{\partial x}\sin(x+y) = \frac{\partial}{\partial y}\cos(x+y) = -\sin(x+y)\,.$$

Verallgemeinerte Kettenregel Bei der einfachen Verkettung ist eine Funktion $f(x)$ gegeben, und die Werte von x hängen wiederum von einer anderen Variablen ab, sagen wir t. Das Ergebnis ist eine Funktion

$$z(t) = f(x(t))\,.$$

Beispiel: $z(t) = \ln\cos t$. Man nennt hier $f(x) = \ln x$ die äußere und $x(t) = \cos t$ die innere Funktion. Die Ableitung nach der Variablen t erhalten wir mit der üblichen Kettenregel:

$$\frac{dz}{dt} = \frac{df}{dx}\cdot\frac{dx}{dt}$$

Konkret: $\dfrac{d}{dt}\ln\underbrace{\cos t}_{x} = \dfrac{1}{x}\cdot\dfrac{dx}{dt} = \dfrac{1}{\cos t}\cdot(-\sin t) = -\tan t$. Das ist also gar nichts Neues, abgesehen von den vielleicht ungewohnten Bezeichnungen.

Im Falle zweier Variablen $f(x,y)$ ist entsprechend

$$z(t) = f(x(t), y(t))$$

wiederum nur eine Funktion der einen Veränderlichen t. In diesem Fall gilt nun

$$\frac{dz}{dt} = \frac{\partial f}{\partial x}\cdot\frac{dx}{dt} + \frac{\partial f}{\partial y}\cdot\frac{dy}{dt}$$

vorausgesetzt natürlich, dass die betreffenden Ableitungen existieren (und stetig sind).

Die Verallgemeinerung im Falle von n Variablen $f(x_1(t), x_2(t), \ldots, x_n(t))$ dürfte klar sein:

$$\frac{dz}{dt} = \frac{\partial f}{\partial x_1}\cdot\frac{dx_1}{dt} + \frac{\partial f}{\partial x_2}\cdot\frac{dx_2}{dt} + \ldots + \frac{\partial f}{\partial x_n}\cdot\frac{dx_n}{dt}$$

Bedeutet t die Zeit, so wird als Kennzeichnung für die Ableitung nach t gerne wieder ein Punkt benutzt, also $\dot{z}$ für $\frac{dz}{dt}$, $\dot{x}$ für $\frac{dx}{dt}$, $\dot{x}_1$ für $\frac{dx_1}{dt}$, usw. Wir verzichten auf den Beweis obiger Regel, wollen sie aber zumindest an einem einfachen Beispiel überprüfen!

Beispiel: $f(x,y) = x^2\cdot e^y$, $\qquad \dfrac{\partial f}{\partial x} = 2x\cdot e^y$, $\qquad \dfrac{\partial f}{\partial y} = x^2\cdot e^y$,

$$x(t) = \cos t\,, \quad y(t) = \sin t\,, \qquad \frac{dx}{dt} = -\sin t\,, \quad \frac{dy}{dt} = \cos t\,,$$

$$z(t) = f(x(t), y(t)) = x(t)^2 \cdot e^{y(t)} = (\cos t)^2 \cdot e^{\sin t}$$

Vergleichen Sie nun:

$$\frac{dz}{dt} = \frac{d}{dt}\left((\cos t)^2 \cdot e^{\sin t}\right) =$$

$$= 2\cos t \cdot (-\sin t) \cdot e^{\sin t} + (\cos t)^2 \cdot e^{\sin t} \cdot \cos t = -2\cos t \cdot \sin t \cdot e^{\sin t} + (\cos t)^3 \cdot e^{\sin t}$$

$$\frac{dz}{dt} = \frac{\partial f}{\partial x} \cdot \frac{dx}{dt} + \frac{\partial f}{\partial y} \cdot \frac{dy}{dt}$$

$$= 2x \cdot e^y \cdot (-\sin t) + x^2 \cdot e^y \cdot \cos t = -2\cos t \cdot \sin t \cdot e^{\sin t} + (\cos t)^3 \cdot e^{\sin t}$$

Und falls Sie noch immer nicht genug haben, können Sie sich für den folgenden Fall zweier Parameter t und u selbst ein Beispiel ausdenken, also für $z(t, u) = f(x(t, u), y(t, u))$:

$$\frac{\partial z}{\partial t} = \frac{\partial f}{\partial x} \cdot \frac{\partial x}{\partial t} + \frac{\partial f}{\partial y} \cdot \frac{\partial y}{\partial t} \qquad \frac{\partial z}{\partial u} = \frac{\partial f}{\partial x} \cdot \frac{\partial x}{\partial u} + \frac{\partial f}{\partial y} \cdot \frac{\partial y}{\partial u}$$

Ein Blick zurück ...

- Die Ableitung ist der Grenzwert des Differenzenquotienten an dieser Stelle.

- Aus der Differenzierbarkeit folgt auch immer die Stetigkeit (aber nicht umgekehrt).

- Alle 'üblichen' Funktionen sind differenzierbar, siehe Tabelle.

- Die Rechenregeln für das Differenzieren sollten Sie kennen.

Aufgaben

1.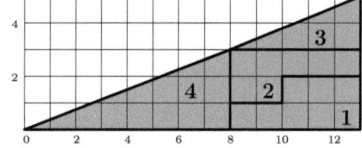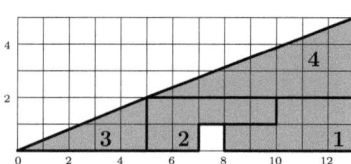

   Die Fläche links lässt sich offenbar so in vier Teilflächen 1, 2, 3, 4 zerlegen und wieder zusammensetzen, dass rechts ein Kästchen (1 Flächeneinheit) fehlt! Genaue Begründung?

2. Kinetische Energie $\mathbf{E} = \frac{1}{2}\mathbf{m} \cdot \mathbf{v}^2$ und Impuls $\mathbf{P} = \mathbf{m} \cdot \mathbf{v}$ sind beide eine Funktion der Geschwindigkeit $\mathbf{v}$. Welcher einfache Zusammenhang besteht zwischen diesen beiden Funktionen, wenn wir das Differenzieren zur Hilfe nehmen?

3. Beweisen Sie die Rechenregeln (i) und (ii) von S. 233.
   Wie lautet die Ableitung von $f(x) = \log_a x$? Hinweis: $\log_a x = \frac{1}{\ln a} \cdot \ln x$

4. Wie lautet die Ableitung eines Produkts von drei Funktionen, also $(f \cdot g \cdot h)'(x)$?

   Hinweis: Zerlegen Sie das Produkt in zwei Faktoren und nutzen Sie hierfür die bereits

bekannte Regel, also z.B. $(f \cdot g \cdot h)' = ((f \cdot g) \cdot h)' = (f \cdot g)' \cdot h + (f \cdot g) \cdot h' = \ldots$?
Was ergibt hiernach $(x^3)' = (x \cdot x \cdot x)'$? Vermutung für mehr als drei Faktoren?

5. Bestimmen Sie die Ableitung von (i) $\cot x = \frac{\cos x}{\sin x}$ mit der Quotientenregel,
(Ergebnis vereinfachen mit $(\sin x)^2 + (\cos x)^2 = 1$),

    (ii) $x^3 = x^2 \cdot x$ mit der Produktregel.

6. Zeigen Sie: $(\sinh x)' = \cosh x$, und $(\cosh x)' = \sinh x$.

    Hinweis: Diese sogenannten Hyperbelfunktionen sind definiert als

$$\sinh x = \tfrac{1}{2}(e^x - e^{-x}) \quad \text{und} \quad \cosh x = \tfrac{1}{2}(e^x + e^{-x}).$$

7. Was ergibt die Ableitung von $f(x) = x \cdot \ln x - x$?

8. Bilden Sie folgende Ableitung und verallgemeinern Sie die ersten drei Ergebnisse:

    (i) $(\ln \sin x)'$ (ii) $(\ln \cos x)'$ (iii) $(\ln (1 + x^2))'$ (iv) $(\ln v(x))'$ (allgemein).

9. Zeigen Sie anhand der Definition der Ableitung, indem Sie den Grenzwert des Differenzenquotienten bestimmen: a) $(x^3)' = 3x^2$,   b) $\left(\dfrac{1}{x}\right)' = -\dfrac{1}{x^2}$.

10. Berechnen Sie von folgenden Ausdrücken die Ableitung nach x:

    (i) $(x^2 - 2x) \cdot e^x$ (ii) $(4x + 2) \cdot \sqrt{x}$ (iii) $\dfrac{\sin x}{x \cdot \cos x}$ (iv) $\dfrac{\ln x}{x}$ (v) $\sin x \cdot \sin x$
(Hinweis: Summen-, Produkt-, Quotientenregel benutzen).

11. Differenzieren Sie nach x mit Hilfe der Kettenregel:

    (i) $\ln(1 + x^2)$ (ii) $\sqrt{1 + x^2}$ (iii) e^{1+x^2} (iv) $\sin \frac{x^2}{2}$ (v) $e^{x^2/2}$

    (vi) $e^{(x-3)^2}$ (vii) $e^{-(x-3)^2}$ (viii) $e^{-(x-3)^2/2}$ (ix) $\sin(7x + 3)$

    (x) $(7x + 3)^{100}$ (xi) $\sin(7x + 3)^{100}$ (xii) $\ln(\sin(7x + 3)^{100})$

12. Bilden Sie die erste Ableitung nach x von folgenden Ausdrücken:

    (i) $\sin(100x)$ (ii) $(\sin x)^{100}$ (iii) $\sin(100x^2)$ (iv) $(\sin x^2)^{100}$ (v) $\ln(1 + 100x)$

    (vi) $\ln(1 + x)^{100}$ (vii) $(\ln(1 + x))^{100}$ (viii) e^{100x} (ix) e^{100x^2} (x) $e^{\frac{1}{2}(x-100)^2}$

13. Genau eine der beiden folgenden Aussagen mit $x \in [a; b]$ ist falsch! Welche und warum
(Gegenbeispiel)?

    a) $f(x) = g(x) \Rightarrow f'(x) = g'(x)$,   b) $f(x) \le g(x) \Rightarrow f'(x) \le g'(x)$.

14. Differenzieren Sie beide Seiten der Gleichung: $\sin 2x = 2 \sin x \cdot \cos x$.
Welche neue Gleichung erhalten Sie für $\cos 2x$?

15. Bestimmen Sie die Ableitung folgender Funktionen mit Hilfe der Kettenregel:

    (i) $f(x) = a^x = e^{x \cdot \ln a}$ (ii) $g(x) = x^x = e^{x \cdot \ln x}$ (iii) $h(x) = x^\alpha = e^{\alpha \cdot \ln x}$

16. Zeigen Sie $(\tan^{-1})'(x) = \dfrac{1}{1 + x^2}$ mit der Regel $(f^{-1})'(x) = \dfrac{1}{f'(f^{-1}(x))}$.   Hinweis:

Für $f(x) = \tan x$ gilt: $f'(x) = \dfrac{1}{(\cos x)^2} = \dfrac{(\cos x)^2 + (\sin x)^2}{(\cos x)^2} = 1 + (\tan x)^2$.

17. Zeigen Sie, gute Rechner können hier auf (i) verzichten (folgt aus (ii) für $a = 1$):

(i) $\left(\sqrt{1 - x^2} - \ln\left(\dfrac{1 + \sqrt{1 - x^2}}{x} \right) \right)' = \dfrac{\sqrt{1 - x^2}}{x}$, $(0 < x < 1)$,

(ii) $\left(\sqrt{a^2 - x^2} - a \cdot \ln\left(\dfrac{a + \sqrt{a^2 - x^2}}{x} \right) \right)' = \dfrac{\sqrt{a^2 - x^2}}{x}$, $(0 < x < a)$.

18. Der Beweis des Additionstheorems für den Sinus, also von

$$\sin (x + y) = \sin x \cdot \cos y + \cos x \cdot \sin y$$

ist eine mühsame Sache. Die entsprechende Beziehung für den Cosinus erhalten Sie aber nun sofort durch partielle Differenziation beider Seiten nach x (oder nach y)! Wie lautet also das Additionstheorem für den Cosinus?

19. Zeigen Sie, dass $f(x) = |x^3|$, $x \in \mathbb{R}$, zumindest im Nullpunkt nicht beliebig oft differenzierbar ist!

Hinweise: Beachten Sie $f(x) = x^3$ für $x \geq 0$, aber $f(x) = -x^3$ für $x \leq 0$. Überprüfen Sie nun einfach, ob links- und rechtsseitige Ableitungen für $x = 0$ übereinstimmen!

20. Die Auslenkung einer (eindimensionalen) Transversalwelle am Ort x zur Zeit t beträgt:

$$f(x, t) = A_0 \cdot \sin\left(\dfrac{2\pi}{\lambda} \cdot (c\,t - x) \right)$$

$A_0 = $ Amplitude (max. Auslenkung), c Ausbreitungsgeschwindigkeit, λ Wellenlänge (man beachte: $f(x + \lambda, t) = f(x, t)$). Beweisen Sie die Beziehung:

$$\dfrac{\partial^2}{\partial t^2} f(x, t) = c^2 \cdot \dfrac{\partial^2}{\partial x^2} f(x, t) \qquad \text{(Wellengleichung)}$$

21. Für das Volumen V eines idealen Gases bei der (absoluten) Temperatur T und einem Druck p gilt bekanntlich folgender Zusammenhang:

$$V = nR \cdot \dfrac{T}{p} \qquad \text{also:} \qquad V = f(T, p).$$

(n Stoffmenge, R ideale Gaskonstante). Zeigen Sie:

$$\dfrac{\partial^2 V}{\partial p\, \partial T} = \dfrac{\partial^2 V}{\partial T\, \partial p}$$

Das Ergebnis ist also unabhängig von der Reihenfolge beim Differenzieren! Dies gilt ganz allgemein unter recht geringen Voraussetzungen, hat also speziell gar nichts mit dem Gasgesetz zu tun, und gilt auch bei Ableitungen höherer Ordnung (Satz von Schwarz). Vergleichen Sie hierzu auch die folgende Aufgabe:

22. Überprüfen Sie $\quad \dfrac{\partial}{\partial x} \dfrac{\partial}{\partial x} \dfrac{\partial}{\partial y} f(x, y) = \dfrac{\partial}{\partial x} \dfrac{\partial}{\partial y} \dfrac{\partial}{\partial x} f(x, y) = \dfrac{\partial}{\partial y} \dfrac{\partial}{\partial x} \dfrac{\partial}{\partial x} f(x, y)$

am Beispiel (i) $f(x, y) = x^2 \cdot y$,   (ii) $f(x, y) = \sin x \cdot y$.

23. Sei R eine Funktion von x, y, z in der speziellen Gestalt $R = C \cdot x^a \cdot y^b \cdot z^c$, mit Konstanten C, a, b, c. Zeigen Sie, dass für die partiellen Ableitungen gilt:

$$\dfrac{\partial R}{\partial x} = a \cdot \dfrac{R}{x}, \qquad \dfrac{\partial R}{\partial y} = b \cdot \dfrac{R}{y}, \qquad \dfrac{\partial R}{\partial z} = c \cdot \dfrac{R}{z}.$$

24. Bilden Sie folgende partielle Ableitungen:

Beachten Sie die abkürzenden Schreibweisen wie zum Beispiel $\dfrac{\partial^2}{\partial x^2}$ anstelle von $\dfrac{\partial}{\partial x}\dfrac{\partial}{\partial x}$:

(i) $\dfrac{\partial}{\partial x}\left(t^2 \cdot x\right)$ (ii) $\dfrac{\partial^2}{\partial x^2}\left(t^2 \cdot x\right)$ (iii) $\dfrac{\partial^2}{\partial t\, \partial x}\left(t^2 \cdot x\right)$ (iv) $\dfrac{\partial}{\partial x}\left(t^2 + x\right)$

(v) $\dfrac{\partial}{\partial t}\left(t^2 + x\right)$ (vi) $\dfrac{\partial^2}{\partial x\, \partial t}\left(t^2 + x\right)$ (vii) $\dfrac{\partial^2}{\partial t^2}\left(t^2 + x\right)$ (viii) $\dfrac{\partial^2}{\partial x^2}\left(t^2 + x\right)$

25. Was ergeben folgende partielle Ableitungen:

(i) $\dfrac{\partial}{\partial x}\sin(x+y)$ (ii) $\dfrac{\partial^2}{\partial x^2}\sin(x+y)$ (iii) $\dfrac{\partial}{\partial x}\sin(x\cdot y)$ (iv) $\dfrac{\partial^2}{\partial x^2}\sin(x\cdot y)$

(v) $\dfrac{\partial}{\partial y}\sin(x\cdot y)$ (vi) $\dfrac{\partial^2}{\partial x\, \partial y}\sin(x\cdot y)$ (vii) $\dfrac{\partial^2}{\partial y\, \partial x}\sin(x\cdot y)$ (viii) $\dfrac{\partial^2}{\partial y^2}\sin(x\cdot y)$

26. Bestimmen Sie:

$$\frac{\partial}{\partial x}\, e^{r\cdot x^2},\quad \frac{\partial^2}{\partial x^2}\, e^{r\cdot x^2},\quad \frac{\partial^2}{\partial r\, \partial x}\, e^{r\cdot x^2},\quad \frac{\partial}{\partial x}\, \sin(r\cdot x^2),\quad \frac{\partial^2}{\partial x^2}\, \sin(r\cdot x^2),\quad \frac{\partial^2}{\partial r\, \partial x}\, \sin(r\cdot x^2).$$

4 b) Der Mittelwertsatz und Anwendungen

Keilriemenparadox Spannen wir wieder einmal gedanklich ein straffes Seil um die Erde. Verlängern wir es nur um 1 Meter, so wissen wir bereits, dass es dadurch um rund 16 cm gleichmäßig absteht, vgl. 4.8 links und S. 33. Da passen immerhin die 'Hühnchen von Minsk' darunter hindurch, so heisst nämlich dieses Paradox in Russland. Es reicht allerdings nicht, um selbst darunter hindurch zu kriechen! Darum ziehen wir es vom Mittelpunkt M weg nach oben, bis es den höchsten Punkt H erreicht hat, vgl. Skizze 4.8 rechts:
Passen Sie nun zwischen F und H hindurch, vielleicht sogar ohne sich bücken zu müssen?

(4.8)

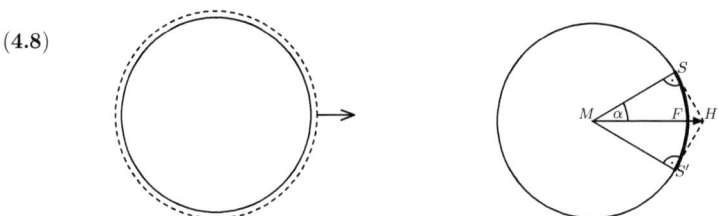

Die gestrichelte Strecke von S über H nach S' ist immerhin um 1 Meter länger als der dick eingezeichnete Bogen von S über den Fußpunkt F nach S'. Lösung siehe Fußnote [*].
Rechnen Sie nach: Gemäß Winkeldefinition auf S. 128 hat der Bogen $\overset{\frown}{SF}$ die Länge $\alpha \cdot \mathbf{R}$, $\mathbf{R}$ der (Erd-) Radius. Folglich gilt $\overline{SH} = \alpha \cdot \mathbf{R} + 0{,}5\,\mathrm{m}$. Der unbekannte Wert von α ergibt sich nun aus der Beziehung:

$$\tan \alpha = \frac{\overline{SH}}{\overline{SM}} = \frac{\alpha \cdot \mathbf{R} + 0{,}5\,\mathrm{m}}{\mathbf{R}} = \alpha + \frac{0{,}5\,\mathrm{m}}{\mathbf{R}} \quad \text{bzw.} \quad \tan \alpha - \left(\alpha + \frac{0{,}5\,\mathrm{m}}{\mathbf{R}}\right) = 0,$$

$\alpha \in \mathbb{R}$, natürlich $\underline{\mathbf{R}}$adiant (Taschenrechner!).

(Die Einstellung $\underline{\mathbf{G}}$rad bewirkt, dass für Tangens die Eingabe α als Grad interpretiert und durch Multiplikation mit $° = \frac{\pi}{180}$ in Radiant umgerechnet wird, nicht aber beim nachfolgenden funktionsfreien Term α! Es würde also mit zwei verschiedenen α–Werten gerechnet!)

Wählen wir im folgenden wieder die gewohnte Bezeichnung x für die Variable. Die Lösung bzw. Nullstelle x_{N} von

$$f(x) = \tan x - x - \tfrac{0{,}5\,\mathrm{m}}{\mathbf{R}}$$

liegt zwischen 0,006 und 0,007. Genaueres hängt davon ab, für welchen Wert von $\mathbf{R}$ wir uns 'entscheiden'. Bei einem angenommenen Umfang $\mathbf{U} = 40\,000\,\mathrm{km}$ am Äquator ergibt sich für $\mathbf{R} = \frac{\mathbf{U}}{2\pi}$ ein Wert von 6366 km. In der Literatur finden wir als 'Äquatorradius des mittleren Erdellipsoids' die Angabe $\mathbf{R} = 6\,378\,\mathrm{km}$[**]. Das führt zu den beiden konkreten Gleichungen

(4.9)
$$\tan x - x - \frac{0{,}5}{6\,366\,000} = 0 \quad \text{bzw.} \quad \tan x - x - \frac{0{,}5}{6\,378\,000} = 0$$

Der Unterschied zwischen diesen beiden Funktionsausdrücken beträgt allerdings nur

$$\varepsilon = \tfrac{0{,}5}{6\,366\,000} - \tfrac{0{,}5}{6\,378\,000} \approx 1{,}5 \cdot 10^{-10}.$$

---

[*]Vermutlich passt jede Dorfkirche darunter, es sind tatsächlich mehr als 120 m Zwischenraum! Man könnte auch an der Stelle H ein Rad einspannen, wie bei einem Keilriemen, daher 'Keilriemenparadox'.

[**]Wir liegen mit diesen beiden Werten in einem sinnvollen Bereich. Als weitere Angabe in der Literatur findet man z.B. $\mathbf{R} = 6371\,\mathrm{km}$, als Radius der 'volumengleichen Kugel'.

Das führt dennoch zu einer Abweichung Δx bei der Bestimmung der Nullstelle x_{N}. Die Fortpflanzung des Fehlers illustriert Skizze 4.10 (keine maßstabsgerechte Darstellung): Angenähert ist die Sekantensteigung $\frac{\varepsilon}{\Delta x}$ gleich der Tangentensteigung $f'(x_{\text{N}})$, also

$$\frac{\varepsilon}{\Delta x} \approx f'(x_{\text{N}}) \qquad \text{bzw.} \qquad \frac{\Delta x}{\varepsilon} \approx \frac{1}{f'(x_{\text{N}})} \qquad \text{bzw.} \qquad \Delta x \approx \varepsilon \cdot \frac{1}{f'(x_{\text{N}})}$$

(4.10)

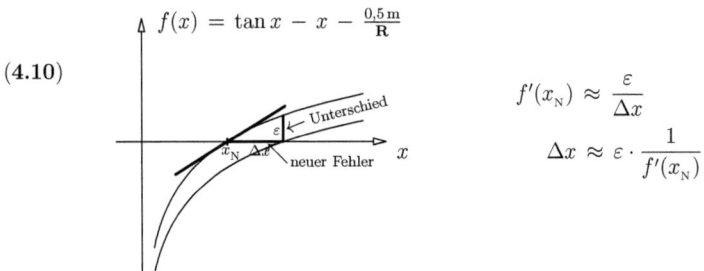

$$f(x) = \tan x - x - \frac{0{,}5\,\text{m}}{\mathbf{R}}$$

$$f'(x_{\text{N}}) \approx \frac{\varepsilon}{\Delta x}$$

$$\Delta x \approx \varepsilon \cdot \frac{1}{f'(x_{\text{N}})}$$

Ein bei der Funktionsbestimmung auftretender Fehler ε wird also bei der Nullstellenbestimmung mit dem Faktor $\frac{1}{f'(x_{\text{N}})}$ 'weitergegeben'. In den meisten Fällen ist dieser Faktor nicht sehr groß. Dann ist der absolute Fehler Δx der gesuchten Nullstelle x_{N} von gleicher Größenordnung wie ε, hier also $\Delta x \approx 10^{-10}$. Man sollte sich jedoch nicht einfach darauf verlassen. Wegen $(\tan x)' = \frac{1}{(\cos x)^2}$ gilt:

$$f'(x) = \frac{1}{(\cos x)^2} - 1 = \frac{(\cos x)^2 + (\sin x)^2}{(\cos x)^2} - \frac{(\cos x)^2}{(\cos x)^2} = (\tan x)^2$$

(Letztere Umformung ist nicht unbedingt notwendig, aber für Mathematiker ein Muss!) Wegen $x_{\text{N}} \approx 0{,}006$ stellen wir in jedem Falle fest:

$$f'(x_{\text{N}}) \approx 3{,}6 \cdot 10^{-5} \qquad \text{bzw.} \qquad \frac{1}{f'(x_{\text{N}})} \approx 2{,}8 \cdot 10^4: \qquad \Delta x \approx \varepsilon \cdot \frac{1}{f'(x_{\text{N}})} \approx 0{,}42 \cdot 10^{-5}$$

Der Funktionsverlauf ist überraschend flach, die vorige Skizze sicher nicht maßstabsgerecht! Wie soll man eine Funktion mit einer Steigung von wenigen Hunderttausendstel skizzieren? Die Konditionen zur Lösung dieser Aufgabe sind nicht gerade günstig. Zumindest besagt aber die Abschätzung von Δx, dass Abweichungen bei der Lösung von 4.9 erst nach der 5.Stelle hinter dem Komma zu erwarten sind. Tatsächlich finden wir als Lösung der linken Gleichung von 4.9 den x–Wert $0{,}00617\,65$, für die rechte $0{,}00617\,26$. Wobei zum kleineren Winkelwert, nennen wir ihn wieder α, der größere Radiuswert gehört. Zur Lösung der eigentlichen Frage, nämlich der Strecke $\overline{FH}$, beachte man nur noch:

$$\cos \alpha = \frac{\overline{MS}}{\overline{MF} + \overline{FH}} = \frac{\mathbf{R}}{\mathbf{R} + \overline{FH}} \qquad \text{und somit} \qquad \frac{1}{\cos \alpha} = \frac{\mathbf{R} + \overline{FH}}{\mathbf{R}} = 1 + \frac{\overline{FH}}{\mathbf{R}}$$

$$\overline{FH} = \left(\frac{1}{\cos \alpha} - 1 \right) \cdot \mathbf{R}$$

Wir erhalten die Werte $\left(\dfrac{1}{\cos 0{,}0061765} - 1 \right) \cdot 6\,366\,000\,\text{m} = 121{,}4\,\text{m}$ und

$\left(\dfrac{1}{\cos 0{,}0061726} - 1 \right) \cdot 6\,378\,000\,\text{m} = 121{,}5\,\text{m}$. Und das sind auf jeden Fall mehr als $120\,\text{m}$!

Mittelwertsatz – Hauptsatz der Differenzialrechnung

Als Hauptsatz der Differenzialrechnung wird der folgende 'Mittelwertsatz' in Kommentaren oft bezeichnet. Eine zentrale, für den Laien zunächst sonderbar formulierte Rolle, spielt hierbei der Funktionswert der Ableitung an einer nicht näher bekannten Stelle,

Irgendwo mitten in $[a; b]$ Bezeichnen wir diese Stelle mit ξ, um sie von der üblichen Variablen $x \in [a; b]$ zu unterscheiden, ('ξ' gesprochen wie „xi"). Anschaulich ist die Aussage des Satzes wiederum so plausibel, dass man auf einen Beweis verzichten möchte. Aber sehen Sie selbst:

(4.11)

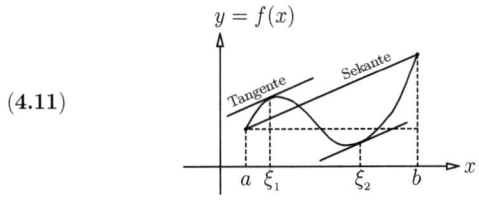

Sekantensteigung

gleich

Tangentensteigung,

an (mindestens) einer

Stelle im Intervall!

Die in der Skizze erläuterte geometrische Fassung des Mittelwertsatzes wurde bereits 1635 formuliert, nämlich von Bonaventura Cavalieri, einem Schüler des berühmten Galileo Galilei. Die Formulierung für die Differenzialrechnung erfolgte 1797 von Jean Louis Lagrange. Beachten Sie, die Steigung der Sekante beträgt natürlich $\frac{f(b) - f(a)}{b - a}$, die Tangentensteigung beträgt $f'(\xi_1)$ bzw. $f'(\xi_2)$. Die Anzahl dieser Stellen interessiert nicht, entscheidend ist nur, dass es überhaupt eine passende Stelle ξ zwischen a und b gibt, also $a < \xi < b$ bzw. $\xi \in]a; b[$:

4.12 Satz (Mittelwertsatz der Differenzialrechnung) *Sei $f(x)$ auf $[a; b]$ stetig und auf $]a; b[$ differenzierbar. Dann gibt es (mindestens) eine Stelle $\xi \in]a; b[$, so dass gilt:*

$$\frac{f(b) - f(a)}{b - a} = f'(\xi)$$

Der Wert von ξ wird sich im allgemeinen sofort ändern, wenn Sie das betreffende Intervall $[a; b]$ ändern, es z.B. verkleinern oder vergrößern. Die Abhängigkeit vom gewählten Intervall könnte man korrekterweise mit einer Schreibweis wie etwa $\xi_{[a;b]}$ oder $\xi([a;b])$ betonen. Und natürlich hängt dieser Wert auch noch von der jeweiligen Funktion ab.

Ersetzen wir doch einfach die Sekante durch eine beliebige Funktion $h(x)$ mit der Eigenschaft $h(a) = f(a)$ und $h(b) = f(b)$! Dann wird die Aussage noch deutlicher:

4.13 Hilfssatz *Seien $f(x)$ und $h(x)$ auf $[a; b]$ stetig und auf $]a; b[$ differenzierbar. Gilt nun $h(a) = f(a)$ und $h(b) = f(b)$, dann gibt es eine Stelle $\xi \in]a; b[$, so dass*

$$h'(\xi) = f'(\xi)$$

Die Ableitung der Sekante $h(x)$ ergibt ihre Steigung $\frac{f(b) - f(a)}{b - a}$, womit der Mittelwertsatz bereits bewiesen wäre! Der Beweis des Hilfssatzes ist genauso einfach: Die Differenzfunktion $d(x) = h(x) - f(x)$ ist auf $[a; b]$ stetig, und $d(a) = d(b) = 0$. Falls $d(x)$ konstant gleich Null ist, dann auch die Ableitung, also $d'(\xi) = h'(\xi) - f'(\xi) = 0$, folglich $h'(\xi) = f'(\xi)$ für jeden Wert $\xi \in]a; b[$.

Im anderen Falle gilt $d(x) > 0$ oder $d(x) < 0$ für mindestens ein $x \in]a; b[$. Deshalb besitzt $d(x)$ nach Satz 3.32 von S. 219 auf $[a; b]$ zumindest ein Maximum oder Minimum $\neq 0$, also nicht am Rand, sondern an einer Stelle $\xi \in]a; b[$. Es folgt nach Satz 4.6: $d'(\xi) = h'(\xi) - f'(\xi) = 0$, somit $h'(\xi) = f'(\xi)$. ✓

Extremwertbestimmung

Satz von Rolle Im speziellen Fall $f(a) = f(b)$ liefert der Mittelwertsatz eine Stelle ξ mit dem Ableitungswert $f'(\xi) = 0$ (Satz von Rolle). Hieraus folgt der praktisch wichtige

4.14 Satz (Extremwertbestimmung) *Sei $f(x)$ differenzierbar auf $[a;b]$ und ξ mit $a<\xi<b$ die einzige Nullstelle von $f'(x)$. Gilt nun $f(\xi) > f(a)$ und $f(\xi) > f(b)$, dann besitzt $f(x)$ an der Stelle ξ ein lokales Maximum, und weitere lokale Extrema auf $]a;b[$ gibt es nicht. Analog: lokales Minimum im Falle $f(\xi) < f(a)$ und $f(\xi) < f(b)$.*

Für ein Maximum müssen wir $f(\xi) > f(x)$ *für alle* $x \in]a;b[$ beweisen, $(x \neq \xi)$. Kann es einen Wert $c \in]a;b[$ geben, so dass $f(\xi) \leq f(c)$? Im Falle $f(\xi) = f(c)$ läge gemäß Rolle zwischen ξ und c ein Wert z mit $f'(z) = 0$, im Widerspruch zur Voraussetzung, dass ξ die einzige Nullstelle der Ableitung ist! Wäre $f(\xi) < f(c)$, gäbe es nach dem Zwischenwertsatz im Fall $a < c < \xi$ ein $z \in]a;c[$ mit $f(z) = f(\xi)$, im Fall $\xi < c < b$ ein solches $z \in]c;b[$, was aber zum bereits genannten Widerspruch führen würde. Und nach Satz 4.6 hätten weitere Extrema ebenfalls weitere Nullstellen der Ableitung zur Folge, im Widerspruch zur Voraussetzung!✓

Beispiel Der Definitionsbereich D der Funktion wird passend unterteilt! Hier ist $D = \mathbb{R}$:

$$f(x) = \frac{x}{1+x^2} \text{ ergibt } f'(x) = \frac{1-x^2}{(1+x^2)^2} \text{ und } f'(x) = 0 \text{ nur für } \xi_1 = 1 \text{ und } \xi_2 = -1.$$

$\xi_1 \in [0\,;3]$: $f(0) = 0$, $f(\xi_1) = \frac{1}{2}$, $f(3) = \frac{3}{10}$, lokales Maximum an der Stelle ξ_1,
$\xi_2 \in [-3;0]$: $f(0) = 0$, $f(\xi_2) = -\frac{1}{2}$, $f(-3) = -\frac{3}{10}$, lokales Minimum an der Stelle ξ_2.
Für $x \geq 3$ sowie $x \leq -3$ gilt $f'(x) \neq 0$, folglich gibt es hier auch keine weiteren Extrema.

Eine wichtige Verallgemeinerung des Mittelwertsatzes stammt von A. Cauchy, 1829:

4.15 Satz (Erweiterter Mittelwertsatz) *Seien $f(x)$ und $g(x)$ auf $[a;b]$ stetig und auf $]a;b[$ differenzierbar, mit $g'(x) \neq 0$. Dann gibt es eine Stelle $\xi \in]a;b[$, so dass gilt:*

$$\frac{f(b) - f(a)}{g(b) - g(a)} = \frac{f'(\xi)}{g'(\xi)}$$

(Beachte $g(b) - g(a) = g'(\tilde{\xi}) \cdot (b - a) \neq 0$). Der Beweis ist etwas technisch, aber recht kurz:
Sei $h(x) = m \cdot g(x) + k$, mit den Konstanten $m = \dfrac{f(b) - f(a)}{g(b) - g(a)}$ und $k = f(a) - m \cdot g(a)$:
Man rechnet leicht nach, dass für diese Hilfsfunktion gilt: $h(a) = f(a)$, und $h(b) = f(b)$.
Gemäß Hilfssatz 4.13 gibt es also eine Stelle $\xi \in]a;b[$, so dass

$$h'(\xi) = f'(\xi), \text{ folglich: } m \cdot g'(\xi) = f'(\xi) \text{ oder } m = \frac{f'(\xi)}{g'(\xi)}. \qquad\qquad ✓$$

Speziell für $g(x) = x$ erhalten wir wieder den einfachen Mittelwertsatz!

Unbestimmte Ausdrücke – Regeln von de l'Hospital

Mit Ausdrücken dieser Art haben wir uns bereits im Abschnitt auf S. 220 beschäftigt, z.B.

$$\frac{\sin x - \cos x}{x - \frac{\pi}{4}}$$

Es macht hier keinen Sinn, nach dem Funktionswert dieses Quotienten an der Stelle $x_0 = \frac{\pi}{4}$ zu fragen, denn das liefert den 'unbestimmten Ausdruck' $\frac{0}{0}$. Sinnvoll ist aber die Frage nach dem Verhalten bei Annäherung an die Stelle x_0, also nach dem Grenzwert für $x \to x_0$.

Bezeichnen wir die Funktion im Zähler als $f(x)$, im Nenner als $g(x)$, so haben wir folgenden

Fall I Es gelte allgemein $f(x) \to 0$ und $g(x) \to 0$ für $x \to x_0$, vgl. Skizze 4.16.

(**4.16**)

$$\frac{f(x)}{g(x)}$$

$$= \frac{f(x) - f(x_0)}{g(x) - g(x_0)}$$

$$= \frac{\dfrac{f(x) - f(x_0)}{x - x_0}}{\dfrac{g(x) - g(x_0)}{x - x_0}}$$

Wir interessieren uns nun für den Grenzwert

$$\lim_{x \to x_0} \frac{f(x)}{g(x)}$$

Hierfür spielen bekanntlich die beiden Funktionswerte $f(x_0)$ und $g(x_0)$ keine Rolle: Sollte nicht bereits $f(x_0) = g(x_0) = 0$ gelten, so denken wir uns $f(x)$ und $g(x)$ mit diesen beiden Werten (stetig) ergänzt.

Wir formen für $x \neq x_0$ um, zunächst ganz elementar, für eine 'vereinfachte' Regel:

$$\frac{f(x)}{g(x)} = \frac{f(x) - f(x_0)}{g(x) - g(x_0)} = \frac{\dfrac{f(x)-f(x_0)}{x-x_0}}{\dfrac{g(x)-g(x_0)}{x-x_0}} \qquad \text{(Quotient der Sekantensteigungen)}.$$

(Setzen wir $g'(x) \neq 0$ für alle x voraus, so ist auch der Nenner, insbesondere der Differenzenquotient von $g(x)$, ungleich Null. Das folgt sofort aus dem 'einfachen' Mittelwertsatz!)

Die Umformung zeigt, 'wohin der Hase läuft': Die Werte $f(x)$ und $g(x)$ lassen sich durch die Sekantensteigungen ersetzen, und diese nach Grenzübergang durch die Tangentensteigungen, vgl. auch Skizze 4.16. Noch deutlicher und unmittelbarer gelingt das durch Umformung mit dem erweiterten Mittelwertsatz:

$$\frac{f(x)}{g(x)} = \frac{f(x) - f(x_0)}{g(x) - g(x_0)} = \frac{f'(\xi)}{g'(\xi)} \qquad (\xi \text{ zwischen } x_0 \text{ und } x).$$

Durch Grenzübergang $x \to x_0$ folgt nach ersterer Umformung zusammenfassend die vereinfachte Regel, mit der zweiten Umformung erhalten wir das Original. Im letzteren Fall gilt x und $\xi \neq x_0$, auch beim Grenzübergang, sodass wir $g'(x_0) = 0$ nicht ausschließen müssen:

Vereinfachte Regel

Seien $f(x)$ und $g(x)$ für alle $x \in [a; b]$ definiert und differenzierbar mit $g'(x) \neq 0$. Gilt nun an einer Stelle $x_0 \in [a; b]$

(**4.17**) $\qquad \lim_{x \to x_0} f(x) = 0 \quad und \quad \lim_{x \to x_0} g(x) = 0, \quad so\ folgt: \qquad \lim_{x \to x_0} \dfrac{f(x)}{g(x)} = \dfrac{f'(x_0)}{g'(x_0)}$

Regel I von de l'Hospital

Seien $f(x)$ und $g(x)$ für alle $x \in [a;b]$ definiert und differenzierbar mit $g'(x) \neq 0$, unter Ausnahme vielleicht der einzigen Stelle $x_0 \in [a;b]$. Gilt nun

$$(\textbf{4.18}) \qquad \lim_{x \to x_0} f(x) = 0 \quad und \quad \lim_{x \to x_0} g(x) = 0, \quad so\ folgt: \qquad \lim_{x \to x_0} \frac{f(x)}{g(x)} = \lim_{x \to x_0} \frac{f'(x)}{g'(x)}$$

(natürlich unter der Voraussetzung, dass der letztere Grenzwert existiert).

Zum Beweis beachte man nach obiger Umformung mit dem erweiterten Mittelwertsatz nur, dass aus $x \to x_0$ auch $\xi \to x_0$ folgt.

Beispiele Im folgenden sei $[a;b]$ immer ein Intervall, das die betreffende Stelle x_0 enthält. (i) Im Falle unseres Eingangsbeispiels ergibt die einfache Regel sofort:

$$\lim_{x \to \frac{\pi}{4}} \frac{\sin x - \cos x}{x - \frac{\pi}{4}} = \frac{\cos \frac{\pi}{4} + \sin \frac{\pi}{4}}{1} = \frac{1}{2}\sqrt{2} + \frac{1}{2}\sqrt{2} = 1,414\ldots$$

Dieses Ergebnis liefert natürlich auch de l'Hospital:

$$\lim_{x \to \frac{\pi}{4}} \frac{\sin x - \cos x}{x - \frac{\pi}{4}} = \lim_{x \to \frac{\pi}{4}} \frac{\cos x + \sin x}{1} = \lim_{x \to \frac{\pi}{4}} \cos x + \lim_{x \to \frac{\pi}{4}} \sin x = \cos \frac{\pi}{4} + \sin \frac{\pi}{4}$$

Die vereinfachte Regel ist tatsächlich einfacher. Ein weiteres Beispiel:

(ii) $\quad \displaystyle\lim_{x \to 0} \frac{2x}{\sin x} = \frac{2}{\cos 0} = \frac{2}{1} = 2 \quad$ bzw. $\quad \displaystyle\lim_{x \to 0} \frac{2x}{\sin x} = \lim_{x \to 0} \frac{2}{\cos x} = \frac{2}{\lim_{x \to 0} \cos x} = \frac{2}{1} = 2$

(iii) Die einfache Regel versagt aber, wenn der Quotient der Ableitungen wieder zu einem unbestimmten Ausdruck führt! Im Falle $g'(x_0) = 0$ sind aber die Voraussetzungen der einfachen Regel nicht erfüllt, die Regel ist dann nicht mehr anwendbar. Die Regel von de l'Hospital lässt sich dagegen wiederholen, Beispiel:

$$\lim_{x \to 0} \frac{x^2}{1 - \cos x} = \lim_{x \to 0} \frac{2x}{\sin x}! \qquad \text{Letzteren Grenzwert hatten wir als Beipiel (ii) bestimmt.}$$

Einseitige Grenzwerte In beiden Regeln ist $x_0 = a$ oder $x_0 = b$ nicht ausgeschlossen. In diesem Falle reduzieren sich die Aussagen natürlich auf die betreffenden einseitigen Grenzwerte und Ableitungen in den Randpunkten. Zum Beispiel ist $f(x) = \sqrt{(x-1)^3} = (x-1)^{\frac{3}{2}}$, $x \in [1;2]$, für x–Werte kleiner 1 nicht definiert. Im Falle $g(x) = \ln x$ ergibt sich dann mit der Regel von de l'Hospital für den rechtsseitigen Grenzwert an der Stelle $x_0 = 1$:

$$\lim_{x \to 1_+} \frac{\sqrt{(x-1)^3}}{\ln x} = \lim_{x \to 1_+} \frac{(x-1)^{\frac{3}{2}}}{\ln x} = \lim_{x \to 1_+} \frac{\frac{3}{2} \cdot (x-1)^{\frac{1}{2}}}{\frac{1}{x}} = \frac{\lim_{x \to 1_+} \frac{3}{2} \cdot (x-1)^{\frac{1}{2}}}{\lim_{x \to 1_+} \frac{1}{x}} = \frac{0}{1} = 0$$

Mit der vereinfachten Regel erhält man wieder sofort den Quotienten der (rechtsseitigen) Ableitungen, also hier $\frac{0}{1} = 0$.

Bei manchen Grenzwerten eines Quotienten $\frac{f(x)}{g(x)}$ wächst der Nenner für $x \to x_0$ betragsmäßig über alle Grenzen. Dann kann die Grenzwertbestimmung schwierig werden, falls sich auch der Zähler $f(x)$ so verhält:

Beispiel: $\dfrac{\ln x}{\frac{1}{x}}$ für $x \to 0_+$. Man bezeichnet einen solchen Fall symbolisch mit $\dfrac{\infty}{\infty}$

Regel II von de l'Hospital

Seien $f(x)$ und $g(x)$ für alle $x \in [a;b]$ definiert und differenzierbar mit $g'(x) \neq 0$, unter Ausnahme vielleicht der einzigen Stelle $x_0 \in [a;b]$. Gilt nun $|g(x)| \to \infty$ für $x \to x_0$ bzw.

$$(\mathbf{4.19}) \qquad \lim_{x \to x_0} \frac{1}{g(x)} = 0, \qquad \text{so folgt:} \qquad \lim_{x \to x_0} \frac{f(x)}{g(x)} = \lim_{x \to x_0} \frac{f'(x)}{g'(x)}$$

(natürlich unter der Voraussetzung, dass der letzte Grenzwert existiert).

Die vereinfachte Regel folgt wieder, falls $\lim\limits_{x \to x_0} f'(x) = f'(x_0)$ und $\lim\limits_{x \to x_0} g'(x) = g'(x_0) \neq 0$.

Vor dem Beweis das vorige Beispiel. Es handelt sich eigentlich um die Grenzwertbestimmung von $x \cdot \ln x$ für $x \to 0_+$. Ein solcher Fall wird symbolisch auch als '$0 \cdot \infty$' bezeichnet. Wir müssen ihn auf einen der beiden Fälle I oder II zurückführen, was nicht weiter schwierig ist:

(i) $\displaystyle \lim_{x \to 0_+} x \cdot \ln x = \lim_{x \to 0_+} \frac{\ln x}{\frac{1}{x}} = \lim_{x \to 0_+} \frac{\frac{1}{x}}{-\frac{1}{x^2}} = \lim_{x \to 0_+} (-x) = 0.$

Allgemein für jeden festen Wert $c > 0$, $(c \in \mathbb{R})$:

(ii) $\displaystyle \lim_{x \to 0_+} x^c \cdot \ln x = \lim_{x \to 0_+} \frac{\ln x}{x^{-c}} = \lim_{x \to 0_+} \frac{x^{-1}}{-c \cdot x^{-c-1}} = \lim_{x \to 0_+} (-\frac{1}{c} \cdot x^c) = 0.$

Beweis der Regel II ist nicht ganz einfach. Nach Voraussetzung existiert der Grenzwert von $\frac{f'(x)}{g'(x)}$ für $x \to x_0$, den wir im folgenden mit G bezeichnen. Wir wollen zeigen, dass G unter den genannten Voraussetzungen auch der Grenzwert von $\frac{f(x)}{g(x)}$ ist, dass es also zu jeder vorgegebenen Schranke $s > 0$ eine Schranke $r > 0$ gibt, so dass gilt:

$$\left| \frac{f(x)}{g(x)} - G \right| < s \quad \text{für alle } x \neq x_0 \text{ mit } |x - x_0| < r$$

Da G der Grenzwert von $\frac{f'(x)}{g'(x)}$, gibt es zum Beispiel auch zum Wert $\frac{s}{3}$ eine Zahl $r_1 > 0$, so dass gilt:

$$\left| \frac{f'(x)}{g'(x)} - G \right| < \frac{s}{3} \quad \text{für alle } x \neq x_0 \text{ mit } |x - x_0| < r_1.$$

Liegt x zum Beispiel rechts von x_0, so wählen wir auf derselben Seite irgendeinen 'Stützwert' x_1, für den aber ebenfalls $|x_1 - x_0| < r_1$ ist, vgl. Skizze:

Nach dem erweiterten Mittelwertsatz 4.15 gilt nun, mit einem Wert ξ zwischen x und x_1:

$$f(x) - f(x_1) = \frac{f'(\xi)}{g'(\xi)} \cdot (g(x) - g(x_1)), \qquad \xi \neq x_0 \text{ und } |\xi - x_0| < r_1.$$

Wir dividieren durch $g(x) \neq 0$ und stellen um:

$$\frac{f(x)}{g(x)} = \frac{f(x_1)}{g(x)} + \frac{f'(\xi)}{g'(\xi)} \cdot \left(1 - \frac{g(x_1)}{g(x)} \right)$$

Subtraktion der Gleichung $\quad G = \dfrac{g(x_1) \cdot G}{g(x)} + \left(1 - \dfrac{g(x_1)}{g(x)}\right) \cdot G \quad$ ergibt schließlich:

$$\frac{f(x)}{g(x)} - G = \frac{f(x_1) - g(x_1) \cdot G}{g(x)} + \underbrace{\left(\frac{f'(\xi)}{g'(\xi)} - G\right)}_{< \frac{s}{3}} \cdot \left(1 - \frac{g(x_1)}{g(x)}\right)$$

Wir müssen jetzt nur noch x genügend nahe bei x_0 wählen, um einen genügend großen Nenner $g(x)$ zu erzielen! Da nach Voraussetzung $g(x)$ betragsmäßig über alle Grenzen wächst, wenn $x \to x_0$, gibt es sicherlich ein positives $r < r_1$, so dass gilt:

$$\left|\frac{f(x_1) - g(x_1) \cdot G}{g(x)}\right| < \frac{s}{3} \quad \text{und} \quad \left|1 - \frac{g(x_1)}{g(x)}\right| < 2 \quad \text{für alle } x \neq x_0 \text{ mit } |x - x_0| < r.$$

Zusammenfassend: $\quad \left|\dfrac{f(x)}{g(x)} - G\right| < \dfrac{s}{3} + \dfrac{s}{3} \cdot 2 = s, \quad$ für alle $x \neq x_0$ mit $|x - x_0| < r.$ ✓

Krankenhausregeln werden die Regeln von de l'Hospital oft spöttisch von Schülern und Studenten genannt. Manche vergessen sogar, dass es hier um die *Grenzwertbestimmung* geht, und nicht um die Ableitung eines Quotienten. Wer nun aber auch beim *Differenzieren eines Quotienten* $\frac{f(x)}{g(x)}$ den Quotienten der Ableitungen bildet, ist in diesem Falle tatsächlich 'reif für die Anstalt'!

Berechnung der Umkehrfunktion

Aufgaben zur Umkehrung von Funktionen hatten wir auf S. 153 bereits kritisch kommentiert! Aber wenn eine Funktion $y = f(x)$, $x \in \mathbb{R}$, gegeben ist, z.B. mit $f(x) = x^5 + x^3 + x$, wie bestimmen wir dann umgekehrt $x = f^{-1}(y)$, also für konkrete Werte von y? Wobei die ungewohnte Bezeichnung y für das Argument von f^{-1} hier leider notwendig ist, um es nicht mit dem Argument x von f zu verwechseln. Beginnen wir mit einem einfachen Beispiel. Die Auflösung der quadratischen Gleichung

$$x^2 = 3 \quad \text{mit der Wurzelfunktion} \quad x = \sqrt{3}$$

ist rein formal. Den x–Wert kennen Sie dadurch noch immer nicht! Sie übergeben diese Aufgabe vermutlich dem Taschenrechner. Dieser bestimmt nun die Lösung der Gleichung

$$x^2 - 3 = 0.$$

(Natürlich nicht nur im Falle $y = 3$, sondern bei jeder beliebigen Eingabe von $y > 0$.)

Sei nun $f : D \to W$ *irgendeine* stetige, umkehrbare Funktion. Dann ist auch die Lösung von

$$f(x) = y \quad \text{mit der Umkehrfunktion} \quad x = f^{-1}(y)$$

rein formal. Den konkreten Wert x können Sie z.B. berechnen durch Lösen der Gleichung

$$f(x) - y = 0,$$

($x \in D$, $y \in W$). Wir haben also mit der Nullstellenbestimmung *eine* (!) wichtige Methode zur Berechnung der inversen Funktion gefunden. Zum Beispiel ist $f(x) = x^5 + x^3 + x$ für alle $x \in \mathbb{R}$ umkehrbar. Um nun eine Funktionswerttabelle von $f^{-1}(y)$ für $y = 1, 2, 3, 4$ zu erstellen, müssen Sie der Reihe nach die Lösungen von $f(x) - y = 0$ für $y = 1, 2, 3, 4$ bestimmen. Wie kann man aber nun konkret die Nullstellen bestimmen?

Nullstellenverfahren

Halbierungsmethode – immer nur die Hälfte Dieses Verfahren kennen wir bereits vom Nullstellensatze 3.26 auf Seite 216. Eine Nullstelle lässt sich lokalisieren durch einen Vorzeichenwechsel auf $[a; b]$: $\qquad f(a) \cdot f(b) < 0$

wenn also entweder $f(a) > 0$ und $f(b) < 0$ gilt, oder umgekehrt $f(a) < 0$ und $f(b) > 0$. In diesem Falle nimmt man nun den Mittelpunkt $m = \frac{a+b}{2}$ dieses Intervalls als 1. Näherung x_1 für die gesuchte Nullstelle x_N (vgl. auch die entsprechende Skizze auf S.216). Im ungünstigsten Fall liegt dann x_N am rechten oder linken Rand des Intervalls, so dass der Fehler $|x_N - x_1|$ auf keinen Fall größer ist als die halbe Länge des Intervalls, kurz:

$$\delta_1 = |x_N - x_1| \le \frac{b-a}{2}$$

Anhand des Vorzeichens von $f(x_1)$ lässt sich nun wieder lokalisieren, ob eine Nullstelle x_N in der linken oder rechten Hälfte des Intervalls zu finden ist! Mit dem neuen Mittelpunkt des halb so großen Intervalls, als 2. Näherung x_2, gilt dann natürlich die Abschätzung

$$\delta_2 = |x_N - x_2| \le \frac{1}{2} \cdot \frac{b-a}{2} = \left(\frac{1}{2}\right)^2 \cdot (b-a)$$

Und allgemein für die k. Näherung x_k $(k = 1, 2, 3, \dots)$

$$\delta_k = |x_N - x_k| \le \left(\frac{1}{2}\right)^k \cdot (b-a)$$

Charakteristisch für dieses Verfahren ist die schrittweise Halbierung der Fehlerschranken. Offensichtlich gilt für den Fehler δ_k im Vergleich zu δ_{k-1} davor:

$$\delta_k \le \tfrac{1}{2} \cdot \delta_{k-1}$$

4.20 Definition Gilt für die Fehler δ_k $(k = 1, 2, 3, \dots)$ eines Näherungsverfahrens

$$\delta_k \le c \cdot \delta_{k-1}$$

mit einer Konstanten $c < 1$, so heißt das Verfahren *linear konvergent*, oder auch *konvergent mit der Ordnung 1*.

Für die Halbierungsmethode gilt offensichtlich $c = \frac{1}{2}$. Nach 10 Schritten hat sich der Ausgangsfehler 10-mal halbiert, beträgt also weniger als $\frac{1}{1\,000}$ des Anfangswertes, nach 20 Schritten nur noch $\frac{1}{1\,000\,000}$. Das ist keineswegs sensationell, denn diesbezüglich gibt es wesentlich bessere Verfahren, bei denen nämlich c in der Abschätzung durch eine Nullfolge $c_k \to 0$ ersetzt werden kann. Solche Verfahren nennt man *superlinear* (auch *überlinear*) konvergent.

Mit Tangente geht es schneller – Newton-Verfahren Setzen wir die Differenzierbarkeit der Funktion voraus, so lässt sich die Tangente gezielt zur 'Nullstellensuche' einsetzen, vgl. Skizze 4.21! Bezeichnet x_{k-1} einen Wert in der Nähe der gesuchten Nullstelle x_N, so gilt für den neuen Schnittpunkt x_k der Tangente mit der x–Achse:

$$\frac{f(x_{k-1})}{x_{k-1} - x_k} = f'(x_{k-1}) \qquad \frac{f(x_{k-1})}{f'(x_{k-1})} = x_{k-1} - x_k \qquad x_k = x_{k-1} - \frac{f(x_{k-1})}{f'(x_{k-1})}$$

Wir ersetzen also den Funktionsverlauf näherungsweise durch die Tangente und bestimmen die Nullstelle x_k der Tangente! Das funktioniert natürlich nur, falls $f'(x_{k-1}) \ne 0$, denn sonst würde die Tangente parallel zur x–Achse verlaufen. Mit der Hoffnung, dass x_k eine bessere Näherung ist als x_{k-1}, kann man dieses Verfahren wiederholen, mit x_k als Startwert, erhält wieder eine neue Näherung x_{k+1}, und so fort:

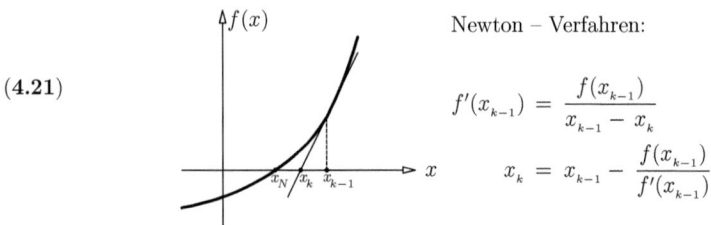

Newton – Verfahren:

(4.21)

$$f'(x_{k-1}) = \frac{f(x_{k-1})}{x_{k-1} - x_k}$$

$$x_k = x_{k-1} - \frac{f(x_{k-1})}{f'(x_{k-1})}$$

Genaueres zu dieser Methode besagt folgender Satz (zum Beweis siehe S. 312):

4.22 Satz *Hat $f(x)$ einen Vorzeichenwechsel auf $[a; b]$ und ist dort zweimal stetig differenzierbar mit $f'(x) \neq 0$, so besitzt $f(x)$ genau eine Nullstelle $x_N \in [a; b]$. Ist nun $x_{k-1} \in [a; b]$ irgendeine Näherung für x_N, so gilt für die folgende Näherung x_k des Newton–Verfahrens:*

$$\delta_k \leq C \cdot (\delta_{k-1})^2,$$

für jeden Wert C, der $\frac{1}{2} \cdot \dfrac{M_2}{m_1} \leq C$ erfüllt, mit $M_2 = \max\limits_{x \in [a;b]} |f''(x)|$, $m_1 = \min\limits_{x \in [a;b]} |f'(x)| > 0$.

Wir lassen uns davon nicht abschrecken, und lösen hiermit konkret die Gleichung von 4.9:

$$\tan x - x - \frac{0{,}5}{6\,366\,000} = 0 \qquad (x \text{ in } \underline{\text{R}}\text{adiant}).$$

Wie zu Beginn bereits bekannt, hat $f(x)$ auf $[a; b] = [0{,}006\,; 0{,}007]$ einen Vorzeichenwechsel und ist dort beliebig oft differenzierbar. Minimum von $|f'(x)|$ bzw. Maximum von $|f''(x)|$ lassen sich leicht abschätzen in der Form:

$$|f'(x)| = (\tan x)^2 \geq (\tan 0{,}006)^2 \geq 3{,}60 \cdot 10^{-5} \qquad \text{für alle } x \in [0{,}006\,; 0{,}007]$$

$$|f''(x)| = \frac{2 \cdot \sin x}{(\cos x)^3} \leq \frac{2 \cdot \sin 0{,}007}{(\cos 0{,}007)^3} \leq 1{,}41 \cdot 10^{-2} \qquad \text{für alle } x \in [0{,}006\,; 0{,}007]$$

Die geforderte Bedingung für C wird also zum Beispiel vom Zahlenwert $C = 200$ erfüllt:

$$\frac{1}{2} \cdot \frac{M_2}{m_1} \leq \frac{1}{2} \cdot \frac{1{,}41 \cdot 10^{-2}}{3{,}60 \cdot 10^{-5}} \leq 195{,}9 \leq 200 = C.$$

Beginnen wir mit $x_1 = 0{,}0065 \in [0{,}006\,; 0{,}007]$ in der Mitte des Intervalls als Startwert. Dann ist $\delta_1 = |x_1 - x_N|$, wegen $x_N \in [0{,}006\,; 0{,}007]$, sicherlich nicht größer als die halbe Intervalllänge $0{,}0005 = 0{,}5 \cdot 10^{-3}$. Für die folgenden Werte $x_2, x_3, \ldots$ des Newton–Verfahrens erhalten wir somit die Abschätzungen:

$$\delta_2 \leq C \cdot (\delta_1)^2 = \underbrace{C \cdot \delta_1}_{c_1} \cdot \delta_1 \leq (200 \cdot 0{,}5 \cdot 10^{-3}) \cdot \delta_1 = \tfrac{1}{10} \cdot \delta_1 \leq 0{,}5 \cdot 10^{-4}$$

$$\delta_3 \leq C \cdot (\delta_2)^2 = \underbrace{C \cdot \delta_2}_{c_2} \cdot \delta_2 \leq (200 \cdot 0{,}5 \cdot 10^{-4}) \cdot \delta_2 = \tfrac{1}{100} \cdot \delta_2 \leq 0{,}5 \cdot 10^{-6}$$

$$\delta_4 \leq C \cdot (\delta_3)^2 = \underbrace{C \cdot \delta_3}_{c_3} \cdot \delta_3 \leq (200 \cdot 0{,}5 \cdot 10^{-6}) \cdot \delta_3 = \tfrac{1}{10\,000} \cdot \delta_3 \leq 0{,}5 \cdot 10^{-10}$$

Die zusätzlichen Zwischenrechnungen sind eigentlich nicht erforderlich. Sie sollen nur die Beweisidee dafür liefern, dass hier die δ_k beliebig klein werden: Offensichtlich gilt $\delta_2 \leq \frac{1}{10} \cdot \delta_1$, daher sicherlich auch $\delta_3 \leq \frac{1}{10} \cdot \delta_2$, und $\delta_4 \leq \frac{1}{10} \cdot \delta_3, \ldots$, also $\delta_k \to 0$. Folglich bilden auch die $c_k = C \cdot \delta_k$ eine Nullfolge, d.h. das Verfahren ist superlinear konvergent. Das funktionierte aber nur deshalb so gut, weil δ_1 bereits klein genug war und $c_1 = \frac{1}{10} < 1$ ergab, kurzum: weil x_1 bereits genügend nahe an der gesuchten Nullstelle x_N war! Bei der Halbierungsmethode gibt es solche Startschwierigkeiten nicht.

Man kann natürlich auch auf sämtliche Überlegungen verzichten und einfach losrechnen! Erhält man nach einigen Schritten einen festen Wert, lässt sich ja durch Einsetzen überprüfen, ob es die gesuchte Nullstelle ist. Zum Beispiel erhalten wir mit obigem Startwert $x_1 = 0{,}0065$ der Reihe nach, man beachte

$$f(x) = \tan x - x - \frac{0{,}5}{6\,366\,000}, \quad f'(x) = \frac{1}{(\cos x)^2} - 1 = (\tan x)^2, \quad x_k = x_{k-1} - \frac{f(x_{k-1})}{f'(x_{k-1})}:$$

$$x_2 = x_1 - \frac{f(x_1)}{f'(x_1)} = 6{,}192\,293\,69 \cdot 10^{-3}, \qquad x_3 = x_2 - \frac{f(x_2)}{f'(x_2)} = 6{,}176\,496\,20 \cdot 10^{-3},$$

$$x_4 = x_3 - \frac{f(x_3)}{f'(x_3)} = 6{,}176\,455\,73 \cdot 10^{-3}, \qquad x_5 = x_4 - \frac{f(x_4)}{f'(x_4)} = 6{,}176\,455\,73 \cdot 10^{-3},$$

also $x_4 = x_5 = x_6 \ldots = x_N$, im Rahmen der Genauigkeit des Rechners. Das bestätigt unsere grobe Abschätzung von δ_4 zu Beginn, wonach sich x_4 höchstens noch an der letzten Stelle hätte ändern können. Zum Vergleich: Welche Fehlerabschätzungen wären bei der Halbierungsmethode zu erreichen gewesen, sagen wir für die achte Näherung?

Mit Sekanten geht es auch Dies illustriert die nächste Skizze 4.23. Beginnt man mit zwei Startwerten und bestimmt die Nullstelle der Sekante, erspart man sich das Differenzieren und die Berechnung der Ableitungswerte.

(4.23)

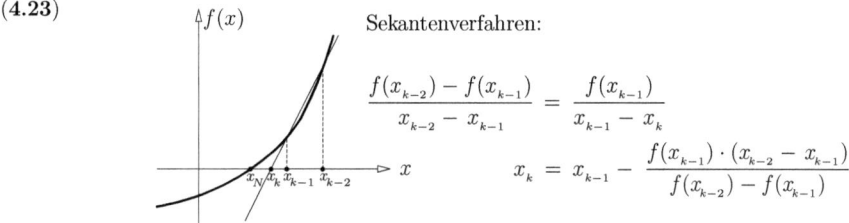

Sekantenverfahren:

$$\frac{f(x_{k-2}) - f(x_{k-1})}{x_{k-2} - x_{k-1}} = \frac{f(x_{k-1})}{x_{k-1} - x_k}$$

$$x_k = x_{k-1} - \frac{f(x_{k-1}) \cdot (x_{k-2} - x_{k-1})}{f(x_{k-2}) - f(x_{k-1})}$$

Aus x_1 und x_2 errechnet man also x_3, aus x_2 und x_3 dann x_4, usw. Man kann zeigen, dass auch dieses Sekantenverfahren superlinear konvergiert, sofern die beiden ersten Näherungswerte wieder nahe genug an der gesuchten Nullstelle liegen.

Bemerkungen und Ergänzungen

Fehlerfortpflanzung bei Funktionen – jede ist anders Welchen Fehler Δy bei der Berechnung von $y = f(x)$ verursacht eigentlich ein Fehler Δx von x? Die Differenz $\Delta y = f(x+\Delta x) - f(x)$ lässt sich einfach mit dem Mittelwertsatz abschätzen! Betrachten wir als Beispiel die

Sinusfunktion: $\qquad |\Delta y| = |\sin(x + \Delta x) - \sin x| = |(\underbrace{\cos \xi}_{f'(\xi)}) \cdot \Delta x| = \underbrace{\lfloor \cos \xi \rfloor}_{\leq 1} \cdot |\Delta x| \leq |\Delta x|$

Ergebnis: Der *absolute* Fehler bei y ist nicht größer als der *absolute* Fehler bei x. Folgerung: Die letzte signifikante Stelle von x nach dem Komma bestimmt die Stelle, an der $y = f(x)$ gerundet wird. $\qquad$ Beispiel: $\sin 2{,}35\underline{6} = 0{,}707\underline{2}4\ldots = 0{,}707$

Wurzelfunktion: $\quad |\Delta y| = |\sqrt{x + \Delta x} - \sqrt{x}| = |(\frac{1}{2 \cdot \sqrt{\xi}}) \cdot \Delta x| \approx \frac{1}{2} \cdot |\frac{1}{\sqrt{x}}| \cdot |\Delta x|$

Zur weiteren Vereinfachung dividieren wir durch y bzw. $\sqrt{x}$:

$$\left| \frac{\Delta y}{y} \right| \approx \frac{1}{2} \cdot \left| \frac{1}{\sqrt{x}\sqrt{x}} \right| \cdot |\Delta x| \leq \left| \frac{\Delta x}{x} \right|$$

Ergebnis: Der *relative* Fehler bei y ist nicht größer als der *relative* Fehler bei x. Folgerung:

Anzahl der signifikanten Stellen von y $\approx$

Anzahl der signifikanten Stellen von x. $\qquad$ Beispiel: $\sqrt{0,0\underline{59}} = 0,\underline{24}289\ldots = 0,24$.

Im ersten Falle der Sinusfunktion hat das große Ähnlichkeit mit der Regel von Abschnitt 1 a) für die Addition, im zweiten für die Multiplikation. Jede Funktion ist also *individuell* verschieden, sozusagen eine eigenständige Rechenoperation. Eine feste Regel ist folglich nicht möglich, nur der Hinweis, den Fehler Δy gemäß dem Mittelwertsatz abzuschätzen:

$$|\Delta y| \approx |f'(x)| \cdot |\Delta x|$$

Uneigentliche Grenzwerte Die Regeln von de l'Hospital gelten auch, wenn x_0 symbolisch durch '∞' oder '$-\infty$' ersetzt wird, die Werte von x also betragsmäßig über alle Grenzen wachsen (uneigentliche Grenzwerte)! Ist nämlich irgendeine Funktion $h(x)$ für alle genügend großen Werte von x definiert, so gilt offensichtlich:

$$\lim_{x \to \infty} h(x) = \lim_{x \to 0_+} h(\tfrac{1}{x})$$

denn das Argument $\frac{1}{x}$ wächst gegen Unendlich, wenn $x > 0$ gegen Null geht.

Analog gilt für negative Werte von x: $\lim\limits_{x \to -\infty} h(x) = \lim\limits_{x \to 0_-} h(\tfrac{1}{x})$.

Wir folgern daraus für den Quotienten $h(x) = \frac{f(x)}{g(x)}$ mit de l'Hospital:

$$\lim_{x \to \infty} \frac{f(x)}{g(x)} = \lim_{x \to 0_+} \frac{f(\frac{1}{x})}{g(\frac{1}{x})} = \lim_{x \to 0_+} \frac{(f(\frac{1}{x}))'}{(g(\frac{1}{x}))'} = \lim_{x \to 0_+} \frac{f'(\frac{1}{x}) \cdot (-\frac{1}{x^2})}{g'(\frac{1}{x}) \cdot (-\frac{1}{x^2})} = \lim_{x \to 0_+} \frac{f'(\frac{1}{x})}{g'(\frac{1}{x})} = \lim_{x \to \infty} \frac{f'(x)}{g'(x)}$$

natürlich unter der Voraussetzung $\lim\limits_{x \to \infty} f(x) = 0$, $\lim\limits_{x \to \infty} g(x) = 0$, und $g'(x) \neq 0$ (Regel I),

bzw. $\lim\limits_{x \to \infty} \dfrac{1}{g(x)} = 0$ und $g'(x) \neq 0$ (Regel II). (Analog für $x \to -\infty$.) $\qquad$ ✓

Beispiel $\lim\limits_{x \to \infty} \dfrac{x^3 + 7x + 5}{e^x} = \lim\limits_{x \to \infty} \dfrac{3\,x^2 + 7}{e^x} = \lim\limits_{x \to \infty} \dfrac{6x}{e^x} = \lim\limits_{x \to \infty} \dfrac{6}{e^x} = 0$.

Dieser Grenzwert ergibt sich natürlich für jede (feste) Potenz x^n, $n = 1, 2, 3, 4, \ldots$ (allgemein für jedes Polynom). Entscheidend ist nur die Basis $a > 1$ der Exponentialfunktion a^x:

Merke a^x *mit* $a > 1$ *wächst für* $x \to \infty$ *stärker als jede Potenz von* x.

Ordnung muss sein Ein Näherungsverfahren mit der Eigenschaft $\delta_k \leq C \cdot (\delta_{k-1})^2$ wie das Newtonsche nennt man *quadratisch konvergent* oder *konvergent mit der Ordnung 2*:

4.24 Definition Gilt für die Fehler δ_k ($k = 1, 2, 3, \ldots$) eines Näherungsverfahrens

$$\delta_k \leq C \cdot (\delta_{k-1})^{1+\alpha}$$

mit Konstanten $\alpha > 0$, $C > 0$, so heißt das Verfahren *konvergent mit der Ordnung* $(1 + \alpha)$.

Entscheidend für die gute Konvergenz solcher Verfahren ist wieder die Hochzahl größer als 1. Gilt nämlich $\delta_k \leq C \cdot (\delta_{k-1})^{1+\alpha}$ mit irgendeinem Wert $\alpha > 0$, so folgt:

$\delta_2 \leq C \cdot \delta_1^\alpha \cdot \delta_1$, $\delta_3 \leq C \cdot \delta_2^\alpha \cdot \delta_2$, usw. Gilt nun $c_1 = C \cdot \delta_1^\alpha < 1$, lässt sich analog zur Argumentation auf S. 254 wieder zeigen, dass $\delta_k \to 0$ und $c_k = C \cdot \delta_k^\alpha \to 0$, also superlineare Konvergenz vorliegt. Hierfür muss allerdings δ_1 genügend klein bzw. der Startwert x_1 'nahe genug' gewählt sein, sonst kann die Sache auch schiefgehen. Dies zeigt Skizze 4.25 am Beispiel des Newton–Verfahrens. Liegt der Start x_1 außerhalb des Zirkels, entfernt man sich immer weiter von der gesuchten Nullstelle x_N, nur ein Start innerhalb führt hier zum Erfolg.

(4.25)

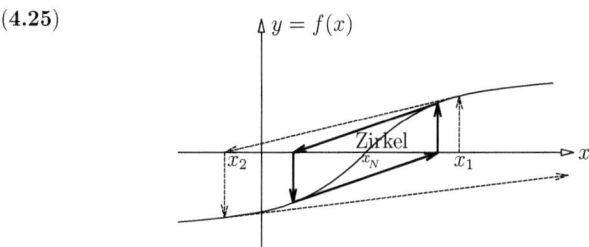

Ein Blick zurück …

- Der Mittelwertsatz der Differenzialrechnung ermöglicht eine Abschätzung der Differenz $f(x + \Delta x) - f(x)$ mit Hilfe der Ableitung.

- Mit den Regeln von de l'Hospital werden Grenzwerte der Form „$\frac{0}{0}$" und „$\frac{\infty}{\infty}$" bestimmt.

- Das Newtonsche Iterationsverfahren zur Nullstellenbestimmung konvergiert superlinear.

- Die Umkehrung einer Funktion lässt sich als Nullstellenproblem formulieren.

Aufgaben

1. Vielleicht kennen Sie noch Kaffeefilter? Oder nehmen Sie ein Cocktailglas, beide nutzen die Form eines Kegels! Die Mantellänge $R = 1$ (eine Längeneinheit) sei fest vorgegeben: Der obere Radius r beträgt dann $r = \cos\varphi$, die Höhe $h = \sin\varphi$, das Kegelvolumen $V_K = \frac{1}{3}\pi \cdot r^2 \cdot h$.

   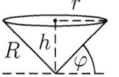 Bei welchem Winkel φ ist das Kegelvolumen am größten?

   Hinweise: $(\cos\varphi)^2 + (\sin\varphi)^2 = 1$. Zeigen Sie $\varphi_{max} = \sin^{-1}\sqrt{\frac{1}{3}} = 35{,}26° \left(= \cos^{-1}\sqrt{\frac{2}{3}}\right)$.

2. Zeigen Sie: $f(x) = \dfrac{2\,a\,x}{x^2 + a^2}$ besitzt genau ein relatives Minimum und Maximum. Deren Höhe ist unabhängig von a ($a \neq 0$ beliebig, aber fest gewählter Parameter). Skizzieren Sie den Kurvenverlauf dieser 'Serpentine' (als Straße von oben betrachtet).

3. Die Tragfähigkeit eines Balkens ist proportional zur Breite und zum Quadrat der Höhe. Schneiden Sie aus einem Baum einen Balken mit maximaler Tragfähigkeit! Der Durchmesser des Baumes betrage an der schmalsten Stelle $d = 20\,\text{cm}$.

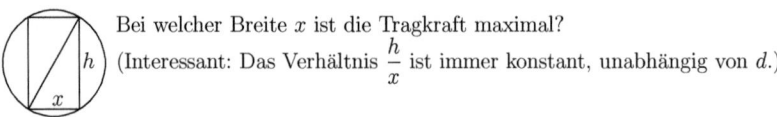

Bei welcher Breite x ist die Tragkraft maximal?
(Interessant: Das Verhältnis $\frac{h}{x}$ ist immer konstant, unabhängig von d.)

4. Von S. 256 wissen wir bereits, dass $|\Delta y| \approx |f'(x)| \cdot |\Delta x|$ für jede stetig differenzierbare Funktion $y = f(x)$. Zeigen Sie speziell für $y = k \cdot x^h$: $|\frac{\Delta y}{y}| \approx |h| \cdot |\frac{\Delta x}{x}|$. Hinweis: $f'(x) = h \cdot k \cdot x^{h-1} = h \cdot \frac{y}{x}$.

5. Eine kugelförmige Boje aus Holz (Dichte $d = 0{,}85$ t/m^3, Radius $r = 1$ m) liegt im Wasser, wie weit schaut sie heraus? Bestimmen Sie die Höhe x. Hinweise:

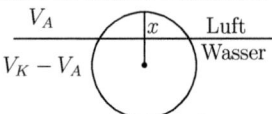

Kugelvolumen $V_K = \frac{4}{3} \pi \cdot r^3$, Kugelabschnitt $V_A = \pi \cdot x^2 \cdot r - \frac{\pi}{3} \cdot x^3$. Es gilt: Gewicht der Holzkugel $V_K \cdot 0{,}85$ t/m^3 = Gewicht des verdrängten Wassers $(V_K - V_A) \cdot 1$ t/m^3. Zeigen Sie, dass dieses Problem zur Nullstellenbestimmung von $f(x) = x^3 - 3x^2 + 0{,}6$ führt, $(0 < x < 1)$. Lösen Sie diese Aufgabe mit dem Newton-Verfahren!

6. Babylonisches Wurzelziehen: Schon die Sumerer vor ca. 4000 Jahren kannten folgenden Algorithmus, der mit dem Startwert $x_1 = a$ schnell gegen $\sqrt{a}$ konvergierende Näherungen liefert: $x_k = \frac{1}{2} \cdot (x_{k-1} + \frac{a}{x_{k-1}})$. $(a > 0)$. Testen Sie für $a = 9$.

7. Wie lautet das Newton-Verfahren 4.21 zur Bestimmung der Nullstelle von $f(x) = x^2 - a$ ($a > 0$ beliebig aber fest gewählt, Skizze!)? Zeigen Sie, dass es mit dem Verfahren der vorigen Aufgabe übereinstimmt!

8. Zeigen Sie, dass $f(x) = x - \cos x$, $(x \in \mathbb{R})$, genau eine Nullstelle besitzt. Skizzieren Sie hierfür den Kurvenverlauf auf $[a; b] = [-1; 2]$ und berechnen Sie die Nullstelle mit dem Newton-Verfahren.

9. Sei ein Näherungsverfahren konvergent von der Ordnung 2 mit $C = 1$. (i) Angenommen es gilt $\delta_1 \le 0{,}1$, wie wären dann die Abschätzungen für $\delta_2, \delta_3, \delta_4, \delta_5$? (ii) Zeigen Sie: Fasst man stets zwei aufeinanderfolgende Schritte wieder zu einem Schritt zusammen, so erhält man ein Verfahren der Ordnung 4. (Entscheidend ist also eher die Tatsache der Superlinearität, oder der jeweilige Rechenaufwand muss berücksichtigt werden).

10. Bestimmen Sie mit den Regeln von de l'Hospital:

(i) $\lim\limits_{x \to 0} \dfrac{e^x - e^{-x}}{x}$ (ii) $\lim\limits_{x \to 1} \dfrac{x^5 - 3x^2 + 2}{\ln x}$ (iii) $\lim\limits_{x \to 1} \dfrac{x^3 - 2x + 1}{x^5 + x^2 - 2}$ (iv) $\lim\limits_{x \to \infty} \dfrac{\ln x}{\sqrt[100]{x}}$

(v) $\lim\limits_{x \to 0} \dfrac{x^2}{x - \ln(1+x)}$ (vi) $\lim\limits_{x \to 0} \dfrac{x - \sin x}{x \cdot \sin x}$ (vii) $\lim\limits_{x \to 0} \dfrac{x - \sin x}{x^3}$

(viii) $\lim\limits_{x \to \infty} \dfrac{\ln(x^3 + 2x - 7)}{\ln(3x^2 - 2)}$ (ix) $\lim\limits_{x \to \infty} x^{\frac{1}{x}} = \lim\limits_{x \to \infty} e^{(\ln x) \cdot \frac{1}{x}}$ (x) $\lim\limits_{x \to \frac{\pi}{2}} (\tan x \cdot \ln \sin x)$

$= \lim\limits_{x \to \frac{\pi}{2}} \dfrac{\ln \sin x}{\cot x}$ (xi) $\lim\limits_{x \to \frac{\pi}{2}} (\sin x)^{\tan x}$ (Hinweis: $f(x) = e^{\ln f(x)}$ und (x)).

4 c) Differenzialgleichungen – Stammfunktionen

Im Schlepptau

Die Skizze zeigt einen Transport mit Überlänge. Vielleicht handelt es sich um Teile eines Rotorblattes einer Windkraftanlage. Wir setzen einfach $s = 1$ Längeneinheit als Maßstab, wobei hierfür allerdings 40 m oder mehr keine Seltenheit sind! Zu Beginn lag die Achsmitte H der Hinterräder auf der x–Achse, der Zugpunkt im Nullpunkt des Koordinatensystems. Die Zugmaschine zieht die Last in Richtung y–Achse. Welche Kurve beschreibt nun der Punkt H? Etwas komplizierter ausgedrückt: Von jedem Punkt H der Schleppkurve ist die Entfernung zur y–Achse, in Tangentenrichtung, konstant gleich s.

Sie dürfen sich aber auch einfach einen widerborstigen Hund H vorstellen, der bei straffer Leine tangential in Richtung y–Achse gezogen wird! Ein Unterschied besteht jedoch in der *nicht eingezeichneten* Ampel mit den Koordinaten $x = 0{,}1$ und $y = 2$. Das entspricht bei einer Längeneinheit von 40 m umgerechnet 4 m in Richtung x–Achse und 80 m in y–Richtung: Für den Hund ist der Fuß der Ampel nämlich ein willkommenes Ziel, für den Transporter vielleicht ein mögliches Hindernis?

Die Schleppkurve:

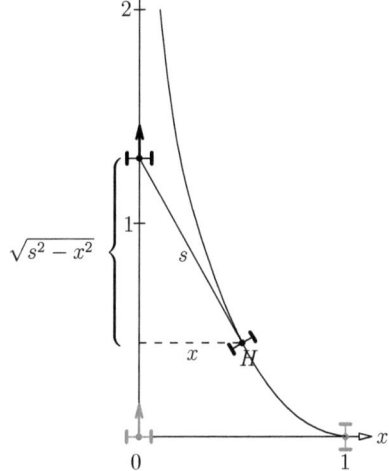

Die Steigung y' der Tangente ist offensichtlich negativ. Die Länge der Hypotenuse des Steigungsdreiecks beträgt s. Eine Kathete hat die Länge x, die andere Kathete also gemäß Pythagoras $\sqrt{s^2 - x^2}$. Folglich gilt:

$$y' = -\frac{\sqrt{s^2 - x^2}}{x} \qquad \text{und wegen } s = 1: \qquad y' = -\frac{\sqrt{1 - x^2}}{x}, \quad (0 < x \le 1).$$

Gesucht sind offenbar die unbekannten Funktionswerte $y(x)$ dieser Kurve! Wobei wir außer der soeben hergeleiteten Beziehung nur den einen Wert zu Anfang kennen, nämlich $y(1) = 0$. Wegen der Ampel mit den Koordinaten $x = 0{,}1$ und $y = 2$ interessiert insbesondere $y(0{,}1)$. Näheres zur Lösung auf Seite 266.

Die einfachsten Differenzialgleichungen

Bei einer Differenzialgleichung wird nicht ein einzelner Zahlenwert, sondern eine differenzierbare Funktion $y(x)$ gesucht. Eine Lösung beispielsweise von $y' = \cos x$, $(x \in \mathbb{R})$, ist $y = \sin x$. Aber auch $y = \sin x + 3$, oder $y = \sin x - 3$, sind Lösungen dieser einfachen Differenzialgleichung.*

Etwas schwieriger ist schon $y'(x) = 2x \cdot y(x)$, in Kurzschreibweise wieder $y' = 2x \cdot y$. Eine Lösung ist hier zum Beispiel $y = e^{x^2}$, denn Differenzieren mit der Kettenregel ergibt: $y' = (e^{x^2})' = e^{x^2} \cdot (x^2)' = 2x \cdot e^{x^2} = 2x \cdot y$. Allerdings ist auch $y = 3 \cdot e^{x^2}$ eine Lösung, aber nicht $y = e^{x^2} + 3$, wie Sie durch Differenzieren und Einsetzen leicht bestätigen können.

Solche 'expliziten Differenzialgleichungen 1.Ordnung' haben die allgemeine Form

$$y'(x) = h(x, y(x)), \quad x \in D, \quad \text{oder kurz:} \quad y' = h(x, y), \qquad (D \text{ ein Intervall}).$$

Beginnen wir mit der wohl einfachsten Differenzialgleichung dieser Art, nämlich:

(4.26) $$y' = 0, \quad x \in D.$$

Bestimmen Sie doch bitte *sämtliche* Lösungen von 4.26.

Sicherlich ist jede konstante Funktion $y = c$ eine Lösung ($c \in \mathbb{R}$ irgendeine Konstante)! Aber sind das auch bereits *alle* Lösungen? Angenommen, es gäbe noch eine weitere, nichtkonstante Lösung $y = F(x)$. Dann gäbe es $x_1, x_2 \in D$, so dass $F(x_1) \neq F(x_2)$. Folglich wäre nach dem Mittelwertsatz 4.12 $F'(\xi) \neq 0$, für mindestens ein $\xi \in D$, im Widerspruch zu $y' = 0$ für alle $x \in D$. Nichtkonstante Funktionen $y = F(x)$ können also auf keinen Fall eine Lösung von 4.26 sein!

Vermutlich erinnern Sie sich noch an folgende, wichtige

4.27 Definition $F(x)$ heißt genau dann *Stammfunktion* von $f : D \to \mathbb{R}$, wenn gilt:
$$F'(x) = f(x), \quad \text{für alle } x \in D.$$

Man könnte auch sagen, wenn $y = F(x)$ eine Lösung der Differenzialgleichung $y' = f(x)$ ist. Beispiel: $F_1(x) = \sin x$ ist eine Stammfunktion von $f(x) = \cos x$, $(x \in \mathbb{R})$, allerdings auch $F_2(x) = \sin x + c$, mit einer beliebigen Konstanten. Auf diese Weise erhalten wir bereits beliebig viele Stammfunktionen. Aber dann ist auch Schluss, denn:

4.28 Satz *Zwei verschiedene Stammfunktionen von f unterscheiden sich nur durch eine Konstante.*

Sind nämlich $F_1(x)$ und $F_2(x)$ zwei Stammfunktionen, so gilt für die Differenzfunktion $y = F_2(x) - F_1(x)$ offensichtlich: $y' = F_2'(x) - F_1'(x) = f(x) - f(x) = 0$, $x \in D$. Demnach erfüllt $y = F_2(x) - F_1(x)$ die Differenzialgleichung 4.26. Es muss also gelten: $y = F_2(x) - F_1(x) = c$, und somit $F_2(x) = F_1(x) + c$. ✓

Beispiel Eine Stammfunktion von $f(x) = \frac{1}{1+x^2}$ ist sowohl $F_1(x) = -\cot^{-1} x$, als auch $F_2(x) = \tan^{-1} x$, vgl. Tabelle 4.5. Deshalb gilt erstaunlicherweise: $\tan^{-1} x = -\cot^{-1} x + c$. Einsetzen eines beliebigen x–Wertes, zum Beispiel $x = 0$ ergibt: $\tan^{-1} 0 = -\cot^{-1} 0 + c$, $c = \tan^{-1} 0 + \cot^{-1} 0 = \frac{\pi}{2}$. Folgerung:

$$\tan^{-1} x + \cot^{-1} x = \frac{\pi}{2}, \quad \text{für alle } x \in \mathbb{R}\,!$$

---

*Die Kurzschreibweise y und y' anstelle $y(x)$ und $y'(x)$ ist vielleicht gewöhnungsbedürftig, aber sehr bequem und gebräuchlich, weshalb wir sie in diesem Zusammenhang ebenfalls verwenden.

Interpretieren wir doch nun einmal '$\int$' als ein stilisiertes 'S' für $\underline{S}$tammfunktion:

$$F(x) = \int f(x)\,dx \quad \Leftrightarrow \quad F(x) \text{ ist eine Stammfunktion von } f(x) \quad \Leftrightarrow \quad F'(x) = f(x)$$

Kenntnisse der Integralrechnung sind an dieser Stelle noch nicht erforderlich! Bis dahin interpretieren wir das 'dx' nur als Abschluss, und als Hinweis auf die Benennung der Variablen, denn die Notation $F(t) = \int f(t)\,dt$ wäre natürlich völlig gleichwertig.

Merke *Stammfunktion ist ein Begriff der Differenzialrechnung.*

Folglich lassen sich unsere Kenntnisse über das Differenzieren auch zur Bestimmung von Stammfunktionen anwenden. Man denke an die Tabelle 4.5 auf S. 236. Nur die Zielrichtung hat sich umgekehrt: Bisher war die Funktion vorgegeben und deren Ableitung gesucht, nun ist die Ableitung vorgegeben und die Funktion gesucht. In Tabelle 4.5 auf S. 236 können wir zum Beispiel in umgekehrter Richtung ablesen ('Antidifferenzieren' oder 'Aufleiten'):

$$f(x) = \cos x\,, \quad F(x) = \sin x\,, \quad \text{und} \quad f(x) = 2x\,, \quad F(x) = x^2\,, \quad \text{usw.}$$

Letzteres Beispiel zeigt bereits, dass die Tabelle für diese Lesart nicht optimal ist. Besser: Eine Stammfunktion von x ist $\frac{1}{2}x^2$. Die entsprechend überarbeitete Tabelle zeigt 4.29.

Funktion	Stammfunktion	Funktion	Stammfunktion
(**4.29**) 0	const.	$\ln x$	$x \cdot \ln x - x$
1	x	$\dfrac{1}{1-x^2}$	$\dfrac{1}{2} \cdot \ln\left|\dfrac{1+x}{1-x}\right|$
x	$\frac{1}{2}x^2$	$\dfrac{1}{\sqrt{x^2-1}}$	$\ln|x + \sqrt{x^2-1}|$
x^2	$\frac{1}{3}x^3$	$\dfrac{1}{\sqrt{x^2+1}}$	$\ln(x + \sqrt{x^2+1})$
x^m ($m \in \mathbb{Z}, m \neq -1$)	$\frac{1}{m+1}x^{m+1}$	$\sin^{-1} x$	$x \cdot \sin^{-1} x + \sqrt{1-x^2}$
x^α ($\alpha \in \mathbb{R}, \alpha \neq -1$)	$\frac{1}{\alpha+1} \cdot x^{\alpha+1}$	$\cos^{-1} x$	$x \cdot \cos^{-1} x - \sqrt{1-x^2}$
$x^{-1} = \dfrac{1}{x}$	$\ln|x|$	$\tan^{-1} x$	$x \cdot \tan^{-1} x - \frac{1}{2}\ln(1+x^2)$
e^x	e^x	$\cot^{-1} x$	$x \cdot \cot^{-1} x + \frac{1}{2}\ln(1+x^2)$
a^x	$\frac{1}{\ln a} \cdot a^x$	**Allgemeine Regeln:**	
$\cos x$	$\sin x$	$c \cdot u'(x)$	$c \cdot u(x)$
$\sin x$	$-\cos x$	$u'(x) + v'(x)$	$u(x) + v(x)$
$\dfrac{1}{(\cos x)^2}$	$\tan x$	$u'(x) - v'(x)$	$u(x) - v(x)$
$\dfrac{1}{(\sin x)^2}$	$-\cot x$	$u'(x) \cdot v(x) + v'(x) \cdot u(x)$	$u(x) \cdot v(x)$
$\dfrac{1}{\sqrt{1-x^2}}$	$\sin^{-1} x$	$u'(v(x)) \cdot v'(x)$	$u(v(x))$
$\dfrac{1}{\sqrt{1-x^2}}$	$-\cos^{-1} x$	$\dfrac{u'(x)}{u(x)}$	$\ln|u(x)|$
$\dfrac{1}{1+x^2}$	$\tan^{-1} x$		
$\dfrac{1}{1+x^2}$	$-\cot^{-1} x$	(u und v differenzierbare Funktionen)	

Lassen Sie sich nicht durch andere Bezeichnungsweisen der Tabelle durcheinander bringen! Selbstverständlich gilt nämlich auch,

$f(x)$ ist eine Stammfunktion von $f'(x)$,

$u(x)$ ist eine Stammfunktion von $u'(x)$,

$u(x) \cdot v(x)$ ist eine Stammfunktion von $(u(x) \cdot v(x))'$, also von $u'(x) \cdot v(x) + u(x) \cdot v'(x)$,

$u(v(x))$ ist eine Stammfunktion von $(u(v(x))'$, und somit von $u'(v(x)) \cdot v'(x)$,

usw., denn: Trivialerweise ist $f'(x)$ die Ableitung von $f(x)$, definitionsgemäß ist daher $f(x)$ Stammfunktion von $f'(x)$! Analog ist $u'(x)$ die Ableitung der Stammfunktion $u(x)$, und $u(x) \cdot v(x)$ ist eine Stammfunktion von $(u(x) \cdot v(x))'$, usw.

Entsprechend ist $f(t)$ eine Stammfunktion von $f'(t)$, oder unabhängig von der Bezeichnung der Variablen: f ist eine Stammfunktion von f'. Und $u \cdot v$ ist eine Stammfunktion von $(u \cdot v)' = u' \cdot v + u \cdot v'$ usw.

Natürlich seien u und v differenzierbare Funktionen, und die angegebenen Stammfunktionen gelten für den jeweiligen Definitionsbereich der betreffenden Funktionen.

Partielle Ergänzung

Nichts Halbes und nichts Ganzes 'Suche unkomplizierten Partner zwecks partieller Ergänzung' ist keine verschrobene Kontaktanzeige in einer Zeitschrift, sondern Sinn und Zweck der folgenden Regel:

Wir nutzen zunächst die Produktregel, und folgern dann, wie schon mehrfach erwähnt:

$$u'(x) \cdot v(x) + u(x) \cdot v'(x) \quad = \quad (u(x) \cdot v(x))', \quad \text{folglich:}$$

$$\int (u'(x) \cdot v(x) + u(x) \cdot v'(x))\, dx \quad = \quad u(x) \cdot v(x)\,.$$

Die Stammfunktion einer Summe ist gleich der Summe der einzelnen Stammfunktionen. Wir erhalten also für zwei differenzierbare Funktionen $u : D \to \mathbb{R}$ und $v : D \to \mathbb{R}$ folgenden

4.30 Satz $\int u'(x) \cdot v(x)\, dx + \int u(x) \cdot v'(x)\, dx = u(x) \cdot v(x)\,,$ $(x \in D)$.

(Natürlich unter der Voraussetzung, dass die beiden Stammfunktionen existieren.)

Wir haben hier eine *Beziehung zwischen Stammfunktionen* formuliert! Wenn man demnach links irgendzwei Stammfunktionen addiert, könnte die linke Seite um eine Konstante c größer oder kleiner sein als die rechte. Das stört aber keineswegs, denn wir wollen mit diesem Satz nur Stammfunktionen bestimmen, nämlich $\int u'(x) \cdot v(x)\, dx$, oder $\int u(x) \cdot v'(x)\, dx$. Der Satz besagt schließlich, dass sich diese beiden Stammfunktionen sprichwörtlich „als Partner ergänzen zu $u(x) \cdot v(x)$" (plus Konstante).

Und wenn nun eine der beiden Stammfunktionen ganz „unkompliziert" zu bestimmen ist, lässt sich die andere sofort ausrechnen:

(4.31) $\begin{aligned} \int u'(x) \cdot v(x)\, dx &= u(x) \cdot v(x) - \int u(x) \cdot v'(x)\, dx \\ \int u(x) \cdot v'(x)\, dx &= u(x) \cdot v(x) - \int u'(x) \cdot v(x)\, dx \end{aligned}$

Die Sache mit dem *unkompliziert* muss man ausprobieren, denn mit $u(x) \cdot v(x)$ ist das Problem nur teilweise (partiell) gelöst, irgendwie 'nichts Halbes und nichts Ganzes'.

Beispiele

(i) Gesucht sei eine Stammfunktion von $x \cdot e^x$. Mit der ersten Umformung erhalten wir

$\int \underbrace{x}_{u'} \cdot \underbrace{e^x}_{v} \, dx = \underbrace{\frac{x^2}{2}}_{u} \cdot \underbrace{e^x}_{v} - \int \underbrace{\frac{x^2}{2}}_{u} \cdot \underbrace{e^x}_{v'} \, dx$. Das ist zwar richtig, bringt uns aber nicht

weiter. Der 'Partner', sprich die neue Stammfunktion, ist noch schwieriger zu finden als die ursprüngliche! Das hätten wir aber auch gleich erkennen können, indem wir diesen Ausdruck sofort bestimmt hätten. Das ist gedanklich vorbereitend doch leicht möglich! Probieren Sie das bei der folgenden, zweiten Möglichkeit. Überlegen Sie sich also die zweite Stammfunktion schon einmal im voraus:

(ii) $\int \underbrace{x}_{u} \cdot \underbrace{e^x}_{v'} \, dx = \underbrace{x}_{u} \cdot \underbrace{e^x}_{v} - \int \underbrace{1}_{u'} \cdot \underbrace{e^x}_{v} \, dx = x \cdot e^x - \int e^x dx = x \cdot e^x - e^x$

Ergebnis $\int x \cdot e^x dx = (x-1) \cdot e^x$

Hier musste man ergänzend nur die Stammfunktion $\int 1 \cdot e^x dx = \int e^x dx = e^x$ bestimmen. Im Falle $\int x^2 \cdot \ln x \, dx$, $(x > 0)$, kennen wir keine Stammfunktion von $\ln x$, wogegen die Ableitung von $\ln x$ äußerst passend $\frac{1}{x}$ ergibt. Wir nutzen also die erste Regel von 4.31:

(iii) $\int x^2 \cdot \ln x \, dx = \frac{x^3}{3} \cdot \ln x - \int \frac{x^3}{3} \cdot \frac{1}{x} \, dx = \frac{x^3}{3} \cdot \ln x - \frac{1}{3} \int x^2 dx = \frac{x^3}{3} \cdot \ln x - \frac{1}{9} x^3$.

Auf diese Weise lässt sich ganz trickreich eine Stammfunktion von $\ln x$ bestimmen, $(x > 0)$:

(iv) $\int \ln x \, dx = \int 1 \cdot \ln x \, dx = x \cdot \ln x - \int x \cdot \frac{1}{x} \, dx = x \cdot \ln x - \int 1 \, dx = x \cdot \ln x - x$

Dieses Ergebnis ist es wert, in unsere Sammlung 4.29 aufgenommen zu werden!

Ergebnis $\int \ln x \, dx = x \cdot (\ln x - 1)$

Was sonst noch passieren kann $\int x^2 \cdot e^x dx = x^2 \cdot e^x - \int 2x \cdot e^x dx = x^2 \cdot e^x - 2 \cdot \int x \cdot e^x dx$, in diesem Fall müssen wir nur die Regel gemäß Beispiel (ii) *ein zweites mal* anwenden!

$\int \frac{\ln x}{x} \, dx = \int \frac{1}{x} \cdot \ln x \, dx = \ln x \cdot \ln x - \int \ln x \cdot \frac{1}{x} \, dx = (\ln x)^2 - \int \frac{\ln x}{x} \, dx$

Hier haben wir die fragliche Stammfunktion noch einmal erhalten, glücklicherweise mit negativem Vorzeichen. Addieren wir nun auf beiden Seiten $\int \frac{\ln x}{x} \, dx$, so erhalten wir sofort:

$2 \cdot \int \frac{\ln x}{x} \, dx = (\ln x)^2$ bzw. $\int \frac{\ln x}{x} \, dx = \frac{1}{2} \cdot (\ln x)^2$, $(x > 0)$.

Besonders schön das folgende Beispiel, (mit $0 < x < \frac{\pi}{2}$). Wir erinnern, dass allgemein gilt:

$(\cot x)' = (\frac{\cos x}{\sin x})' = \frac{-1}{(\sin x)^2}$ und $(\tan x)' = (\frac{\sin x}{\cos x})' = \frac{1}{(\cos x)^2}$. Hiermit lässt sich nun folgern:

$\int \frac{1}{\sin x \cdot \cos x} \, dx = \int \frac{\cos x}{\sin x \cdot (\cos x)^2} \, dx = \int \cot x \cdot \frac{1}{(\cos x)^2} \, dx = \cot x \cdot \tan x - \int \frac{-1}{(\sin x)^2} \cdot \tan x \, dx$

Wegen $\cot x \cdot \tan x = \frac{\cos x}{\sin x} \cdot \frac{\sin x}{\cos x} = 1$ und $\frac{1}{(\sin x)^2} \cdot \tan x = \frac{1}{(\sin x)^2} \cdot \frac{\sin x}{\cos x} = \frac{1}{\sin x \cdot \cos x}$ erhalten wir erstaunlicherweise das Resultat:

$$\int \frac{1}{\sin x \cdot \cos x} dx = 1 + \int \frac{1}{\sin x \cdot \cos x} dx \qquad \text{bzw.} \qquad 0 = 1?$$

Beachten wir hierzu den Kommentar zu 4.30, so ist klar, dass dieses Ergebnis nur bedeutet: Addiert man 1 zu einer Stammfunktion (von $\frac{1}{\sin x \cdot \cos x}$), erhält man wieder eine Stammfunktion (von $\frac{1}{\sin x \cdot \cos x}$). Die Überraschung hält sich also in Grenzen! Dennoch: Wir sind so klug als wie zuvor, irgendeine Stammfunktion haben wir noch immer nicht gefunden. Hier wird uns nun die Umformulierung der Kettenregel weiterhelfen, insbesondere das Ergebnis von Aufgabe 3, S. 269! Allerdings müssen wir zuerst noch ein wenig umformen:

$$\int \frac{1}{\sin x \cdot \cos x}dx = \int \frac{1}{\tan x} \cdot \frac{1}{(\cos x)^2}\, dx = \int \frac{\frac{1}{(\cos x)^2}}{\tan x}\, dx = \ln(\tan x), \qquad 0 < x < \tfrac{\pi}{2}.$$

Falls Sie der Lösung nicht ganz trauen, können Sie das Ergebnis auch einfach durch Differenzieren überprüfen! Die Verkettung von Logarithmus und Tangens ist allerdings nur für positive Werte von $\tan x$ definiert: Im Falle $x \in\,]-\tfrac{\pi}{2}; 0\,[$, zum Beispiel ändern wir die Umformung einfach wie folgt:

$$\int \frac{1}{\sin x \cdot \cos x}dx = \int \frac{1}{-\tan x} \cdot \frac{-1}{(\cos x)^2}\, dx = \int \frac{\frac{-1}{(\cos x)^2}}{-\tan x}\, dx = \ln(-\tan x), \quad \tfrac{-\pi}{2} < x < 0.$$

Nutzt man die *Kettenregel* zur Bestimmung einer Stammfunktion, so spricht man von der

Substitutionsregel

Zunächst dürfte klar sein, dass aus der Kettenregel folgt

$$\int u'(v(x)) \cdot v'(x)\, dx = u(v(x)), \qquad\qquad (x \in D).$$

Diese 'Einschrittstrategie' ist aber etwas unpraktisch, denn oft lässt sich u nicht unmittelbar bestimmen. Wir ersetzen stattdessen $s = v(x)$, und $u(v(x)) = u(s) = \int u'(s)\, ds$. Ausführlich formuliert erhalten wir die 'Substitutionsregel', W bezeichnet hierbei das Intervall zur Verkettung:

4.32 Satz *Seien $v : D \to W$ und $u : W \to \mathbb{R}$ differenzierbare Funktionen. Dann gilt:*

$$\int u'(v(x)) \cdot v'(x)\, dx = \int u'(s)\, ds, \qquad\qquad \textit{mit der Substitution } s = v(x).$$

Vergleichen Sie: $v(x)$ lässt sich ersetzen (substituieren) durch s, und $v'(x)\, dx$ durch ds. Rein formal(!) geschieht dies auch, indem wir schreiben:

$$v(x) = s \ \text{ und: } \ v'(x) = \frac{ds}{dx} = s' \ \text{ bzw. } \ v'(x)\, dx = ds \ \text{ bzw. } \ s'\, dx = ds.$$

Die Nützlichkeit dieser Regel zeigen wieder einige

Beispiele

(i) Gesucht sei $\displaystyle\int (\ln x)^2 \cdot \frac{1}{x}\, dx$.

Wir können den 'störenden' Logarithmus substituieren, also $\ln x = s$, denn $\frac{1}{x} = s'$.

$$\int \underbrace{(\ln x)^2}_{s} \cdot \underbrace{\frac{1}{x}\, dx}_{s'\, dx} = \int s^2\, ds = \frac{1}{3}s^3 = \frac{1}{3}(\ln x)^3$$

Falls Sie diesem Ergebnis misstrauen, überprüfen Sie es einfach durch Differenzieren!

(ii) Gesucht sei $\displaystyle\int e^{\sin x} \cdot \cos x\, dx$.

Was bietet sich hier an? Natürlich $\sin x = s$, denn $s' = \cos x$. Wir können also $e^{\sin x}$ durch e^s ersetzen, und passend $\cos x\, dx = s'\, dx$ durch ds:

$$\int e^{\underbrace{\sin x}_{s}} \cdot \underbrace{\cos x\, dx}_{s'\, dx} = \int e^s\, ds = e^s = e^{\sin x}$$

Auch bei dieser Regel muss man oft durch geeignete Umformungen ein wenig 'nachhelfen':

(iii) Gesucht sei $\int e^{5x}\,dx = \frac{1}{5}\cdot\int 5\cdot e^{5x}\,dx = \frac{1}{5}\cdot\int e^{5x}\cdot 5\,dx$.
Nun können wir $5x = s$ substituieren, denn $s' = 5$. Wir erhalten auf diese Weise:

$$\int e^{5x}\,dx = \frac{1}{5}\cdot\int e^{5x}\cdot\underbrace{5\,dx}_{s'\,dx} = \frac{1}{5}\cdot\int e^{s}\,ds = \frac{1}{5}\cdot e^{s} = \frac{1}{5}\cdot e^{5x}$$

Nun sind Sie schon etwas geübt!? Daher noch zwei Beispiele ohne Kommentare:

(iv) Gesucht sei $\displaystyle\int \sin x\cdot\cos x\,dx$. Substitution $\sin x = s$ liefert:

$$\int \sin x\cdot\cos x\,dx = \int s\,ds = \tfrac{1}{2}s^2 = \tfrac{1}{2}(\sin x)^2$$

(v) Gesucht sei $\displaystyle\int \frac{x}{1+x^2}\,dx = \frac{1}{2}\cdot\int\frac{1}{1+x^2}\cdot 2x\,dx$. Substitution $1+x^2 = s$ ergibt:

$$\tfrac{1}{2}\cdot\int\tfrac{1}{1+x^2}\cdot 2x\,dx = \tfrac{1}{2}\cdot\int\tfrac{1}{s}\,ds = \tfrac{1}{2}\cdot\ln s = \tfrac{1}{2}\cdot\ln\left(1+x^2\right)$$

(vi) Die Substitutionsregel lässt sich ebenso in umgekehrter Richtung nutzen. Tauschen wir auch die Bezeichnung der Variablen, erhalten wir in gewohnter Notation, mit $x = v(s)$:

$$u(x) = \int u'(x)\,dx = \int u'(v(s))\cdot v'(s)\,ds = u(v(s)).$$

Mit etwas Glück lässt sich die Stammfunktion rechts ermitteln! Aus der Kenntnis von $u(v(s))$ erhalten wir dann mit $s = v^{-1}(x)$ die gesuchte Funktion $u(x)$:

$$u(v(s)) = u(v(v^{-1}(x))) = u(x).$$

Diese Rücksubstitution setzt natürlich die Umkehrbarkeit der Funktion v voraus.

(4.33) $$\int u'(x)\,dx = \int u'(v(s))\cdot v'(s)\,ds \qquad\qquad \text{mit } s = v^{-1}(x)$$

Formal: Ersetze links $x = v(s)$ und $dx = v'(s)\,ds$, man beachte: $\dfrac{dx}{ds} = v'(s)$.

Tricks mit der Traktrix Die Schleppkurve von S. 259 wird auch als *Traktrix* bezeichnet (lat.: *tractus* das Ziehen, der Zug). Wir nutzen sie gleich als Beispiel zu 4.33.
$\displaystyle\int \frac{\sqrt{1-x^2}}{x}\,dx$, mit $x = \sin s$, und $dx = \cos s\,ds$ folgt, wobei wir die Ausdrücke noch weiter vereinfachen können (beachte $0 < x \le 1$ für $0 < s \le \frac{\pi}{2}$, und der Sinus ist hier umkehrbar!):

$$\int \frac{\sqrt{1-x^2}}{x}\,dx = \int \frac{\sqrt{1-(\sin s)^2}}{\sin s}\cdot\cos s\,ds = \int\frac{\cos s}{\sin s}\cdot\cos s\,ds = \int \cot s\cdot\cos s\,ds,$$
(mit $s = \sin^{-1}x$, $0 < x \le 1$).

Hat das geholfen? Tatsächlich kommen wir nun weiter mit partieller Ergänzung:

$$\int \cot s\cdot\cos s\,ds = \cot s\cdot\sin s - \int \frac{(-1)}{(\sin s)^2}\cdot\sin s\,ds = \cot s\cdot\sin s + \int\frac{1}{\sin s}\,ds$$

Wir nutzen jetzt $\sin s = 2\sin\frac{s}{2}\cdot\cos\frac{s}{2}$, vgl. Aufg. 10 (i) auf S. 93, die Substitution $z = \frac{s}{2}$ mit $z' = \frac{1}{2}$, und die bereits auf S. 264 hergeleitete Stammfunktion $\int\frac{1}{\sin x\cdot\cos x}\,dx = \ln(\tan x)$:

$$\int \frac{1}{\sin s}\, ds \;=\; \int \frac{1}{\sin\frac{s}{2}\cdot\cos\frac{s}{2}}\cdot\frac{1}{2}\, ds \;=\; \int \frac{1}{\sin z\cdot\cos z}\, dz \;=\; \ln(\tan z) \;=\; \ln(\tan\frac{s}{2})$$

Mit diesen Nebenrechnungen erhalten wir also wegen $s = \sin^{-1} x$ das Ergebnis:

$$\int \frac{\sqrt{1-x^2}}{x}\, dx \;=\; \sin s\cdot\cot s + \int \frac{1}{\sin s}\, ds \;=\; \sin(\sin^{-1} x)\cdot\cot(\sin^{-1} x) + \ln(\tan\frac{\sin^{-1} x}{2})$$

Das war's nun eigentlich, denn die folgenden Schritte dienen nur noch der Vereinfachung!
Bei $\sin(\sin^{-1} x)\cdot\cot(\sin^{-1} x)$ beachten Sie bitte $\cot s = \frac{\cos s}{\sin s}$. Das ergibt:

$$\sin(\sin^{-1} x)\cdot\frac{\cos(\sin^{-1} x)}{\sin(\sin^{-1} x)} \;=\; \cos(\sin^{-1} x) \;=\; \sqrt{1-(\sin(\sin^{-1} x))^2} \;=\; \sqrt{1-x^2}$$

Und den Ausdruck $\tan\frac{\sin^{-1} x}{2}$ vereinfachen wir mit Hilfe der Beziehung:

$$\tan\alpha \;=\; \frac{\sin 2\alpha}{1+\cos 2\alpha} \qquad \text{bzw.} \qquad \tan\frac{\alpha}{2} \;=\; \frac{\sin\alpha}{1+\cos\alpha}$$

Diese Beziehung lässt sich leicht bestätigen durch Einsetzen der Ergebnisse von Aufg. 10 (ii)
auf S. 93. Setzen wir in die letztere Gleichung $\alpha = \sin^{-1} x$ ein, so ergibt sich nun:

$$\tan\frac{\sin^{-1} x}{2} \;=\; \frac{\sin(\sin^{-1} x)}{1+\cos(\sin^{-1} x)} \;=\; \frac{x}{1+\sqrt{1-x^2}}$$

Zusammenfassend erhalten wir endlich als Stammfunktion von $-\dfrac{\sqrt{1-x^2}}{x}$, $(0 < x \le 1)$:

$$(4.34) \qquad y \;=\; -\sqrt{1-x^2} - \ln\left(\frac{x}{1+\sqrt{1-x^2}}\right) \;=\; \ln\left(\frac{1+\sqrt{1-x^2}}{x}\right) - \sqrt{1-x^2}$$

plus eine Konstante c. Da aber die gesuchte Lösung für $x = 1$ den Wert Null hat, ist $c = 0$.
Bleibt noch die Frage mit der Ampel: Wir errechnen für $x = 0,1$ nun $y(0,1) = 1,9982$.
Das entspicht bei einer Längeneinheit von $40\,\text{m}$ rund $79,93\,\text{m}$. Für den Hund H ist dieses
Ergebnis beinahe ideal, für den Mittelpunkt H einer Hinterachse aber viel zu knapp!

Ganz harte Nüsse Das vorige Beispiel war ganz schön heftig! Kann es eigentlich noch
viel schlimmer kommen? Leider ja! Erinnern wir uns: Das Differenzieren einer elementaren
Funktion ergibt stets wieder eine elementare Funktion. Jedoch beim Antidifferenzieren bzw.
Aufleiten, also dem Bestimmen von Stammfunktionen, ist die Situation viel komplizierter.
Zur Beruhigung zunächst ein Ergebnis, das wir erst im nächsten Abschnitt beweisen können,
nämlich: Jede stetige Funktion $f(x)$, insbesondere also auch jede differenzierbare Funktion,
besitzt eine Stammfunktion $F(x)$.

Merke *Jede auf einem Intervall D stetige Funktion besitzt dort auch eine Stammfunktion!*

Das klingt doch vielversprechend, zeigt uns aber keinerlei Weg, die Funktionswerte einer
Stammfunktion wirklich auszurechnen! Zum Beispiel besitzen Funktionen $f(x)$ wie

$$e^{-x^2}, \qquad \cos x^2, \qquad \frac{e^x}{x}, \qquad \frac{1}{\ln x}, \qquad \frac{\sin x}{x}, \qquad \frac{1}{\sqrt{1+x^4}},$$

auf jeden Fall eine Stammfunktion, denn schließlich sind sie auf jedem Intervall D ihres
Definitionsbereiches stetig (und sogar differenzierbar). Man kann aber beweisen, dass sich
diese Stammfunktionen nicht mehr wie gewohnt in geschlossener Form durch elementare

Funktionen ausdrücken lassen, soll heißen: Die betreffende, rechnerische Zuordnungsvorschrift $y = F(x)$ lässt sich nicht durch *endlich* viele Additionen, Subtraktionen, Multiplikationen, Divisionen und Verkettungen aus Polynomen, Sinus, Cosinus, Exponentialfunktionen und deren Umkehrfunktionen ausdrücken! Falls Sie dieser Aussage nicht glauben, versuchen Sie doch einmal eine Stammfunktion herzuleiten! Wenn es nicht gelingt, liegt es diesmal bestimmt nicht an Ihnen. Dabei handelt es sich keineswegs um besonders komplizierte Funktionen, wie z.B. die Skizze 4.35 von $f(x) = e^{-x^2}$ illustriert.

(**4.35**)

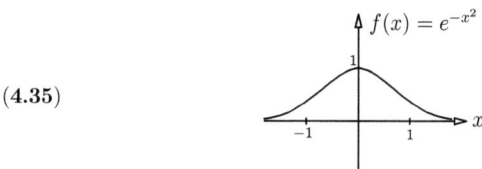

Und unwichtig ist dieses Beispiel leider auch nicht. Es handelt sich im wesentlichen um die Gaußsche–Glockenkurve, mit zahlreichen Anwendungen in Statistik und Wahrscheinlichkeitsrechnung. Natürlich gibt es Methoden, die Werte der Stammfunktion dem Taschenrechner 'beizubringen', aber es existiert keine elementare Formel hierfür.

Allgemein muss man jedenfalls froh sein, wenn sich die Lösung einer Differenzialgleichung, und sei sie nur vom Typ $y' = f(x)$, in geschlossener Form ausdrücken lässt!

Bemerkungen und Ergänzungen

Hier geht's lang – Richtungsfeld einer Differenzialgleichung   Auch wenn wir die Differenzialgleichung $y' = e^{-x^2}$ nicht elementar lösen können, lässt sich der ungefähre Kurvenverlauf der Lösungen doch recht einfach skizzieren! Schließlich kennen wir die Steigung y' in jedem Punkt! Verläuft die Kurve $y(x)$ durch den Punkt $P = (x|y)$, so errechnen wir sofort als Steigung den Wert $y' = e^{-x^2}$. Außerdem ändert sich dieser Wert nicht abrupt (e^{-x^2} ist stetig!), d.h. für eine kurze Strecke verläuft die Kurve $y(x)$ wie eine Gerade mit dieser Steigung, kurz gesagt, wie ihre Tangente. Die Skizze veranschaulicht das mit kurzen Strichen durch möglichst viele Punkte $P = (x|y)$, mit der errechneten Steigung $y' = e^{-x^2}$.

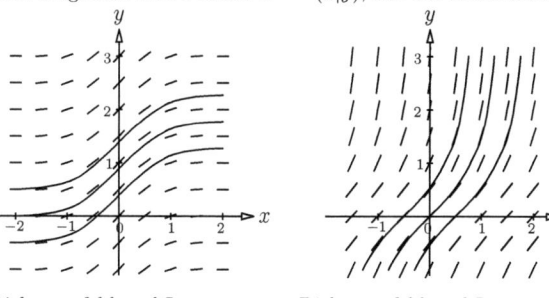

Richtungsfeld und Lösungen   Richtungsfeld und Lösungen
von $y' = e^{-x^2}$ von $y' = 1 + y^2$

Eine Lösung durch den Punkt $P = (0|2)$ hätte an dieser Stelle die Steigung $e^{-0} = 1$. Dieselbe Steigung hätte auch eine Lösung durch den Punkt $P = (0|3)$, denn die Steigung ist hier nur abhängig von der x–Koordinate. Haben wir eine Lösung im Richtungsfeld skizziert, so können wir die Kurve einfach in y–Richtung verschieben, und erhalten eine weitere Lösung der Differentialgleichung $y' = e^{-x^2}$.

Das ist eine sehr bekannte Eigenheit von Differenzialgleichungen dieser Form $y' = f(x)$: Ist $y(x)$ eine Lösung (eine Stammfunktion von $f(x)$), dann ist bekanntlich auch $y(x) + C$ eine Lösung (eine Stammfunktion von $f(x)$), $C \in \mathbb{R}$ eine beliebige Konstante!

Im Falle der Skizze von $y' = 1+y^2$ rechts ist die Steigung nur abhängig von der y–Koordinate. Verschieben Sie eine Lösung $y(x)$ nur um einen konstanten Wert nach links oder rechts, erfüllt sie noch immer die Steigungsbedingung der Differenzialgleichung! Die verschobene Kurve lässt sich in diesem Falle schreiben als $y(x + C)$, $C \in \mathbb{R}$ wieder eine beliebige Konstante. Zum Beispiel ist bei $y(x + 1)$ der Kurvenverlauf von $y(x)$ genau um eine Einheit nach links verschoben (vgl. hierzu Aufg. 14 auf S. 270).

Merke *Ist $y(x)$ eine Lösung von $y' = f(x)$, dann erhält man mit $y(x) + C$, $C \in \mathbb{R}$, sämtliche Lösungen.*

Ist $y(x)$ eine Lösung von $y' = g(y)$, dann erhält man mit $y(x + C)$, $C \in \mathbb{R}$, sämtliche Lösungen.

Der allgemeine Fall $y' = h(x,y)$ ist wesentlich komplizierter. Wir wollen nur Beispiele behandeln, bei denen sich die Funktion h faktorisieren lässt in der Form $h(x,y) = f(x) \cdot g(y)$, mit stetigen Funktionen f und g.

Wählen wir als einfaches Beispiel $y' = 2x \cdot (y + 1)$. Verläuft eine Lösung $y(x)$ durch irgendeinen Punkt $P = (x|y)$, so erhalten wir auch hier wieder die Steigung an dieser Stelle, indem wir die Koordinaten x und y in die Differenzialgleichung einsetzen. Wir können den Kurvenverlauf also wieder durch kleine Striche andeuten, vgl. nächste Skizze. Auch hier lässt sich noch eine Besonderheit erkennen:

Für $y = -1$ erhalten wir immer die Steigung Null, für jeden Wert x. In der Tat ist ja auch die konstante Funktion $y = -1$ eine Lösung der vorgegebenen Differenzialgleichung! Allgemein: Ist k eine Nullstelle von $g(y)$, dann ist die konstante Funktion $y = k$ eine spezielle Lösung der Differenzialgleichung $y' = f(x) \cdot g(y)$!

Richtungsfeld und Lösungen
von $y' = 2x \cdot (y + 1)$

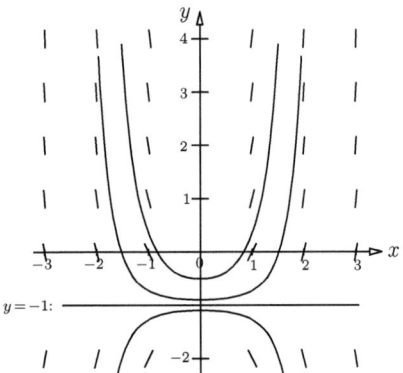

Ein Blick zurück ...

- Stammfunktion ist ein Begriff der Differenzialrechnung, entstanden durch die Umkehr der Fragestellung nach Funktion und ihrer Ableitung.

- Die Umformulierung der Kettenregel führt zur Substitutionsregel, bei der Produktregel zur partiellen Ergänzung.

- Jede stetige Funktion besitzt eine Stammfunktion, für die es aber keinen elementaren Rechenausdruck geben muss.

- Der Kurvenverlauf von Lösungen einer Differenzialgleichung $y' = h(x, y)$ lässt sich durch eine Skizze des Richtungsfeldes veranschaulichen.

Aufgaben

1. Zeigen Sie durch Differenzieren, dass $\sin^{-1} x + \cos^{-1} x = c$, $(-1 < x < 1)$, und bestimmen Sie die Konstante $c = \frac{\pi}{2}$ durch Einsetzen irgendeines x–Wertes, z.B. $x = 0$.

2. Zeigen Sie durch Differenzieren mit der Kettenregel (beachten Sie, dass der Logarithmus nur für positive Werte definiert ist):

    (i) $\int \cot x \, dx = \ln(\sin x)$, $(0 < x < \pi)$,
    (ii) $\int \cot x \, dx = \ln(-\sin x)$, $(\pi < x < 2\pi)$.

3. Beweisen Sie als Verallgemeinerung der vorigen Aufgabe:

    (i) $\displaystyle \int \frac{v'(x)}{v(x)} \, dx = \ln(v(x))$,   (falls $v(x) > 0$ für alle $x \in [a; b]$)

    (ii) $\displaystyle \int \frac{v'(x)}{v(x)} \, dx = \ln(-v(x))$, (falls $v(x) < 0$ für alle $x \in [a; b]$).

    Das lässt sich zusamenfassend schreiben als $\displaystyle \int \frac{v'(x)}{v(x)} \, dx = \ln|v(x)|$. Die genannten Ergebnisse erhält man dann durch Fallunterscheidung ('Auflösung der Betragsstriche').

4. Zeigen Sie durch Differenzieren (Kettenregel):

    (i) $\displaystyle \int \frac{1}{\sqrt{x^2 + 1}} \, dx = \ln(x + \sqrt{x^2 + 1})$,

    (ii) $\displaystyle \int \frac{1}{1 - x^2} \, dx = \frac{1}{2} \ln\left|\frac{x+1}{x-1}\right|$,   (Hinw.: Fallunterscheidung $\frac{x+1}{x-1} > 0$, $\frac{x+1}{x-1} < 0$).

5. Ist $F(x) = \begin{cases} x^2 + 3x & \text{für } 0 \le x \le 1 \\ 2x^2 + x & \text{für } 1 \le x \le 2 \end{cases}$ eine Stammfunktion auf $[a; b] = [0; 2]$

    von $f(x) = \begin{cases} 2x + 3 & \text{für } 0 \le x \le 1 \\ 4x + 1 & \text{für } 1 \le x \le 2 \end{cases}$? Skizze, Korrektur!

6. Bestimmen Sie sowohl durch 'partielle Ergänzung' als auch mit der Substitutionsregel:

    (i) $\int \sin t \cdot \cos t \, dt$ (ii) $\int \frac{\tan^{-1} t}{1 + t^2} \, dt$

7. Zeigen Sie durch 'partielle Ergänzung', (Hinweis: $(\sin z)^2 = 1 - (\cos z)^2$):

$\int (\cos z)^2 \, dz = \frac{1}{2} \cdot (z + \sin z \cdot \cos z)$

8. Zeigen Sie durch zweimaliges partielles Ergänzen:

$\int e^x \cdot \cos x \, dx = \frac{1}{2} e^x \cdot (\sin x + \cos x)$

9. Bestimmen Sie $\int \cos(\ln x) \, dx$ durch Substitution $s = \ln x$ bzw. $x = e^s$ (vgl. 4.33), dann weiter wie in voriger Aufgabe.

10. Etwas Spielerei: Was ergibt $\displaystyle\int \frac{1}{x} \, dx = \int 1 \cdot \frac{1}{x} \, dx$ partiell, mit $u'(x) = 1$, $v(x) = \frac{1}{x}$?

11. Bestimmen Sie durch Substitution:

    (i) $\int x \cdot e^{x^2} \, dx$, Subst.: $s = x^2$,   (ii) $\int \frac{1}{at+b} \, dt$, Subst.: $s = at + b$.

12. Zeigen Sie analog wie bei der Traktrix S. 265 mittels Substitution $s = \sin^{-1}x$ und anschließend partiell:

$\int \sqrt{1 - x^2} \, dx = \frac{1}{2} \cdot (\sin^{-1}x + x \cdot \sqrt{1 - x^2})$.

13. Das Höhenwachstum von Fichten lässt sich gut beschreiben durch

$$\frac{dh}{dt} = \frac{1}{1 + (\frac{t-30}{20})^2}, \quad h(30) = 20.$$

(Höhe in Meter, Zeit in Jahren). Bestätigen Sie: $h(t) = 20 \cdot (1 + \tan^{-1}(\frac{t-30}{20}))$. Wie groß ist hiernach die theoretische Endhöhe? Skizzieren Sie $h(t)$.

14. Skizzieren Sie folgende Funktionen: (i) $f(x) = x^2$, $g(x) = (x - 2)^2$, $h(x) = (x+1)^2$, (ii) $f(x) = e^x$, $g(x) = e^{x-2}$, $h(x) = e^{x+1}$.

15. Skizzieren Sie je drei verschiedene Lösungen von (i) $y' = 2x$,   (ii) $y' = y$ mit Hilfe des Richtungsfeldes.

Vergleichen Sie mit der allgemeinen Lösung dieser Differenzialgleichungen!

16. (i) $y'' = 4y$ ist ein einfaches Beispiel für eine explizite 'Differenzialgleichung zweiter Ordnung'. Bestätigen Sie einfach durch Einsetzen: $y_1 = e^{2x}$ ist eine Lösung, ebenso $y_2 = e^{-2x}$. Auch $y = 5 \cdot y_1$ und $y = 3 \cdot y_2$ sind Lösungen! Ebenso ist $y = 5 \cdot y_1 + 3 \cdot y_2$ eine Lösung. Testen Sie allgemein $y = C_1 \cdot y_1 + C_2 \cdot y_2$, mit beliebig gewählten Konstanten $C_1, C_2 \in \mathbb{R}$.

(ii) Analog $y'' = -4y$ mit $y_1 = \sin 2x$ und $y_2 = \cos 2x$.

(iii) Was vermuten Sie im Falle der Gleichung $y''' = 8y$ und der drei Funktionen $y_1 = e^{2x}$, $y_2 = e^{-x} \cdot \sin(\sqrt{3}x)$, $y_3 = e^{-x} \cdot \cos(\sqrt{3}x)$?

17. Bestimmen Sie y als Funktion von x, so dass gilt: (i) $y' = 2 \cdot x$ (ii) $y' = \dfrac{2}{x}$

(iii) $y' = \dfrac{1}{x^2}$ (iv) $y'' = 5 \cdot e^x$ (v) $y'' = 4 \cdot e^{-2x}$ (vi) $y''' = \sin x$

4 d) Integration von Funktionen

Kontrolle ist besser   Sie hatten einen Leihwagen mit Fahrtenschreiber geliehen. Nun möchten Sie doch spaßeshalber einmal diese Aufzeichnungen mit dem Ergebnis des Kilometerzählers vergleichen. Das wäre kein Problem bei einem Verlauf wie in Skizze 4.36 links, denn Strecke = Geschwindigkeit mal Zeit. Wir lesen ab:

$$s = 50 \text{ km/h} \cdot 0{,}5\,\text{h} \; + \; 70 \text{ km/h} \cdot 2{,}5\,\text{h} \; + \; 40 \text{ km/h} \cdot 1{,}0\,\text{h} \; = \; 240 \text{ km}$$

Anschaulich entspricht das der Addition der einzelnen *Rechteckflächen*! Doch dieser stückweise konstante Verlauf ist nicht besonders realistisch. Wie soll man aber bei irgend einem beliebigen Kurvenverlauf vorgehen, so wie beispielsweise rechts in 4.36 skizziert?

(4.36)

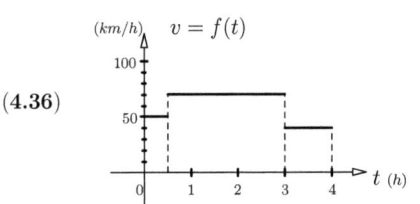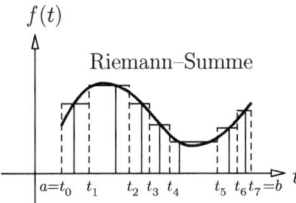

Definition des Integrals

Wir könnten das Intervall einfach in kleine Zeitabschnitte zerlegen,

$$Z: \quad a = t_0 < t_1 < t_2 < \ldots < t_n = b \,,$$

und die zurückgelegten Teilstrecken abschätzen. Hierzu benötigen wir aber noch Zwischenpunkte, an denen die jeweiligen Funktionswerte bzw. Höhen der einzelnen Rechtecke bestimmt werden, Skizze 4.36 rechts. Je nach Wahl dieser Zwischenpunkte ergibt die Summe aller Rechteckflächen eine mehr oder weniger gute Näherung.

Diese beliebten und praktisch wichtigen Riemann–Summen lassen sich alle sehr leicht nach unten bzw. oben abschätzen, indem wir den Funktionswert im jeweiligen Intervall durch das Infimum ersetzen (Untersumme), bzw. durch das Supremum (Obersumme), vgl. Skizze 4.37.

(4.37)

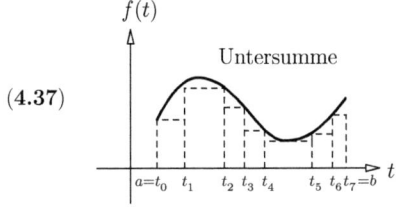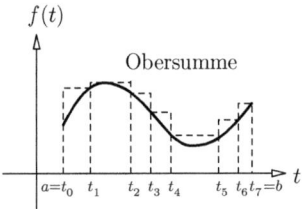

Der gesuchte Wert wird irgendwo dazwischen liegen. Aber halten wir zunächst einmal fest:

4.38 Definition Jede endliche Menge Z von Punkten $t_0, t_1, t_2, \ldots, t_n$ des Intervalls $[a; b]$ heißt eine *Zerlegung* von $[a; b]$, wenn gilt

$$a = t_0 < t_1 < t_2 < \ldots < t_n = b \,.$$

Für jede beschränkte Funktion $f : [a; b] \to \mathbb{R}$ nennen wir dann

$$U_Z(f) = \inf_{t_0 \leq t \leq t_1} f(t) \cdot (t_1 - t_0) + \inf_{t_1 \leq t \leq t_2} f(t) \cdot (t_2 - t_1) + \ldots + \inf_{t_n \leq t \leq t_{n-1}} f(t) \cdot (t_n - t_{n-1})$$

$$O_Z(f) = \sup_{t_0 \leq t \leq t_1} f(t) \cdot (t_1 - t_0) + \sup_{t_1 \leq t \leq t_2} f(t) \cdot (t_2 - t_1) + \ldots + \sup_{t_n \leq t \leq t_{n-1}} f(t) \cdot (t_n - t_{n-1})$$

die zugehörige *Untersumme* bzw. *Obersumme* (von f auf $[a; b]$).

Im Falle negativer Funktionswerte können sich natürlich auch negative Ober– und Untersummen ergeben. Da aber das Infimum nie größer sein kann als das Supremum, folgt:

Für jede Zerlegung Z gilt: $\quad U_Z(f) \leq O_Z(f)$

Für besonders feine Zerlegungen sind besonders gute Näherungen zu erwarten, doch lassen sich für *verschiedene* Zerlegungen die zugehörigen Summen nicht so einfach vergleichen! Wichtig ist daher die Aussage von

(4.39) Hilfssatz Entsteht Z_2 aus Z_1 durch Hinzunahme weiterer Zerlegungspunkte, so folgt $U_{Z_1}(f) \leq U_{Z_2}(f)$ und $O_{Z_2}(f) \leq O_{Z_1}(f)$. Das heißt, durch Verfeinerung einer Zerlegung kann die Untersumme nur größer und die Obersumme nur kleiner werden.

Die Beweisidee illustriert Skizze 4.40 an einem einzelnen 'verfeinerten' Rechteck.

(4.40)

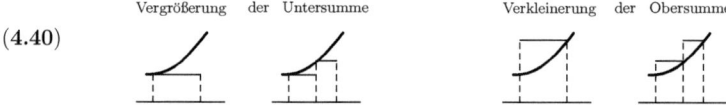

Vergrößerung der Untersumme   Verkleinerung der Obersumme

Hieraus ergibt sich als wichtige

(4.41) Folgerung Für beliebige Zerlegungen Z_1 und Z_2 gilt stets $U_{Z_1} \leq O_{Z_2}$. Das heißt: Jede beliebige Untersumme ist stets kleiner oder gleich jeder beliebigen Obersumme.

Zum Beweis betrachte man nur die Zerlegung Z aus den gemeinsamen Punkten beider Zerlegungen Z_1 und Z_2. Dann ist Z sowohl eine Verfeinerung von Z_1 als auch von Z_2. Daraus folgt mit 4.39 sofort: $U_{Z_1}(f) \leq U_Z(f) \leq O_Z(f) \leq O_{Z_2}(f)$, also auch $U_{Z_1}(f) \leq O_{Z_2}(f)$. ✓

Nun zum Finale Unser gesuchter Wert liegt zwischen jeder Ober– und Untersumme. Wir wollen diesen 'Zwischenraum' bzw. Unterschied natürlich so klein wie möglich machen:

Ziehen wir also zur Abschätzung in 4.37 *sämtliche* Zerlegungen Z von $[a; b]$ in Betracht, und beachten, dass die zugehörigen Ober– und Untersummen lediglich reelle Zahlen sind! Denken wir uns dann diese reellen Zahlen auf einem Zahlenstrahl aufgetragen, vgl. 4.42.

Die Menge der Untersummen ist nach oben beschränkt (jede Obersumme ist obere Schranke), sie besitzt folglich eine kleinste obere Schranke $U(f)$, das sogenannte *Unterintegral* von f. Analog bezeichne $O(f)$ die größte untere Schranke aller Obersummen, das *Oberintegral*. Stimmen nun die beiden Werte *nicht* überein, so ist diese Funktion leider *nicht* integrierbar, Skizze 4.42 links. Im anderen Falle heißt die Funktion integrierbar, und $I(f) = O(f) = U(f)$ heißt das *Integral von f über $[a; b]$*.

(4.42)

$$U(f) \neq O(f) \qquad\qquad\qquad U(f) = O(f)$$

Untersummen $U_Z(f)$ Obersummen $O_Z(f)$ Untersummen $U_Z(f)$ Obersummen $O_Z(f)$

4.43 Definition Gilt $U(f) = O(f)$, so heißt diese Zahl das *(Riemannsche-) Integral $I(f)$*, und f heißt über $[a; b]$ *(Riemann-) integrierbar*.

Schreibweisen: $I(f) = \displaystyle\int_a^b f(t)\,dt$, oder $I(f) = \displaystyle\int_a^b f(x)\,dx$, usw. Das Integralzeichen entstand ursprünglich als stilisiertes 'S' aus dem Summenzeichen der auftretenden Summen.

Eigenschaften des Integrals

Es gibt durchaus Funktionen, die nicht integrierbar sind, siehe Aufg. 1. Nicht integrierbar bedeutet, dass der Unterschied zwischen Obersumme und Untersumme *nicht* beliebig klein gemacht werden kann, vgl. 4.42 links, präzise ausgedrückt: Es gibt nicht zu jeder (beliebig kleinen) Schranke $\delta > 0$ eine Zerlegung Z_δ, so dass die Differenz $O_{Z_\delta}(f) - U_{Z_\delta}(f) < \delta$, im Gegensatz in der Skizze 4.42 daneben: Hier gibt es sicherlich eine Untersumme $U_{Z_1}(f)$ und eine Obersumme O_{Z_2}, so dass $O_{Z_2} - U_{Z_1} < \delta$. Bilden wir nun die Zerlegung Z_δ aus den gemeinsamen Punkten von Z_1 und Z_2, so gilt hierfür erst recht $O_{Z_\delta} - U_{Z_\delta} < \delta$. Ergebnis:

(4.44) Integralkriterium f ist genau dann integrierbar über $[a; b]$, wenn gilt: Zu jeder (noch so kleinen) Zahl $\delta > 0$ gibt es eine Zerlegung Z_δ von $[a; b]$ mit der Eigenschaft
$$O_{Z_\delta}(f) - U_{Z_\delta}(f) < \delta.$$

Gibt es überhaupt integrierbare Funktionen? Mit dem Integralkriterium beweisen wir sofort

4.45 Satz *Jede auf $[a; b]$ stetige Funktion f ist integrierbar (über $[a; b]$).*

Sei irgend ein Wert $\delta > 0$ vorgegeben, und f auf $[a; b]$ stetig. Für stetige Funktionen vereinfacht sich die Notation von Ober- und Untersummen: Das Supremum = die kleinste obere Schranke der Funktionswerte ist gleich dem Maximum, und das Infimum gleich dem Minimum, auf jedem der abgeschlossenen (Teil-) Intervalle von Z, vgl. S. 219. Daher folgt:

$$O_Z(f) - U_Z(f) =$$
$$\left(\max_{t_1 \le t \le t_0} f(t) - \min_{t_1 \le t \le t_0} f(t) \right) \cdot (t_1 - t_0) + \left(\max_{t_2 \le t \le t_1} f(t) - \min_{t_2 \le t \le t_1} f(t) \right) \cdot (t_2 - t_1) + \dots$$
$$+ \left(\max_{t_{n-1} \le t \le t_n} f(t) - \min_{t_{n-1} \le t \le t_n} f(t) \right) \cdot (t_n - t_{n-1})$$
$$\le s \cdot (t_1 - t_0) + s \cdot (t_2 - t_1) + s \cdot (t_3 - t_2) + \dots s \cdot (t_n - t_{n-1})$$
$$= s \cdot \big((t_1 - t_0) + (t_2 - t_1) + (t_3 - t_2) + \dots + (t_n - t_{n-1}) \big) = s \cdot (b - a),$$

wenn Z so fein gewählt, dass $t_k - t_{k-1} < r$, für alle $k = 1, 2, \dots n$, gemäß Hilfssatz 3.43. Hierbei können wir s so klein wählen, dass $s \cdot (b - a) < \delta$, woraus die Behauptung folgt. ✓

Man nennt die Länge des größten Intervalls, also
$$\max_{1 \le k \le n} (t_k - t_{k-1}),$$
auch die *Feinheit* der Zerlegung. Eine praktische Folgerung aus dem vorigen Beweis ist der

4.46 Anmerkung Sei f stetig auf $[a; b]$ und $Z_1, Z_2, Z_3, \dots$, eine Folge von Zerlegungen, deren Feinheit beliebig klein wird. Gemäß Aufg. 6 und 7 werden dann auch die Abweichungen $I(f) - O_{Z_k}(f)$ und $I(f) - U_{Z_k}(f)$ beliebig klein. Das gilt natürlich auch für Riemannsche Summen und ermöglicht eine Fülle von Anwendungen. Betrachten wir das Eingangsbeispiel:

Die Geschwindigkeit $\mathbf{v}$ eines Fahrzeugs ändert sich nicht sprunghaft, so dass es sich bei Skizze 4.37 sicherlich um eine stetige und somit integrierbare Funktion handelt. Es macht also Sinn, die zurückgelegte Strecke als Integral über die Geschwindigkeit einzuführen!

Hierbei lassen sich erforderliche Einheiten bei den Ober- und Untersummen als Faktoren ausklammern, so dass wieder Summmen reeller Zahlen entstehen. Der Grenzübergang zum Integral, also hier die Bildung von Supremum und Infimum, geschieht schließlich im Bereich der reellen Zahlen! Auf diese Weise geht man beim Integral zu den entsprechenden Maß-zahlen über, wie das ja auch beim Skizzieren der Funktion $f(t)$ geschieht. Im übrigen gelten die Anmerkungen auf S. 238 sinngemäß auch hier.
Nun einige Anmerkungen über den großen Bereich der integrierbaren Funktionen.

Differenzierbare Funktionen sind stetig und somit integrierbar. Auch monotone Funktionen sind integrierbar, vgl. Aufg. 4. Die folgenden Aussagen vergrößern diesen Kreis noch weiter:

4.47 Satz *(i) Ist f integrierbar über $[a; b]$ und $k \in \mathbb{R}$ eine Konstante, dann ist auch $k \cdot f$ integrierbar über $[a; b]$, und es gilt:* $\displaystyle\int_a^b k \cdot f(t)\, dt = k \cdot \int_a^b f(t)\, dt$.

(ii) Sind f und g über $[a; b]$ integrierbar, dann auch $f + g$ und $f - g$, und es gilt:
$$\int_a^b (f(t) \pm g(t))\, dt = \int_a^b f(t)\, dt \pm \int_a^b g(t)\, dt .$$

(iii) Ist f integrierbar über $[a; b]$, dann auch über jedem Teilintervall $[a'; b']$.

(iv) Ist f integrierbar über $[a; b]$ und über $[b; c]$, dann auch über $[a; c]$, und es gilt:
$$\int_a^b f(t)\, dt + \int_b^c f(t)\, dt = \int_a^c f(t)\, dt .$$

(v) Unterscheidet sich die Funktion $g : [a; b] \to \mathbb{R}$ nur an endlich vielen Stellen von f, und ist f integrierbar über $[a; b]$, dann ist auch g integrierbar über $[a; b]$, und es gilt:
$$\int_a^b g(t)\, dt = \int_a^b f(t)\, dt .$$

(vi) Sind f und g über $[a; b]$ integrierbar und gilt
$$f(t) \leq g(t) \text{ für alle } t \in [a; b], \text{ dann folgt } \int_a^b f(t)\, dt \leq \int_a^b g(t)\, dt .$$

Speziell aus $\quad h \leq f(t) \leq H \quad$ *folgt* $\quad h \cdot (b - a) \leq \displaystyle\int_a^b f(t)\, dt \leq H \cdot (b - a)$

Wir skizzieren nur die jeweilige Beweisidee: (i) Die (beliebig kleine) Differenz zwischen Ober– und Untersumme wird nur mit k multipliziert. (ii) $f(t) + g(t) \leq \sup f(t) + \sup g(t)$, folglich auch $\sup(f(t) + g(t)) \leq \sup f(t) + \sup g(t)$, (auf jedem Teilintervall). Somit gilt $O_Z(f + g) \leq O_Z(f) + O_Z(g)$ Analog folgt: $U_Z(f) + U_Z(g) \leq U_Z(f + g)$, oder äquivalent $-U_Z(f + g) \leq -U_Z(f) - U_Z(g)$. Addition der beiden Ungleichungen ergibt: $O_Z(f + g) - U_Z(f + g) \leq O_Z(f) - U_Z(f) + O_Z(g) - U_Z(g)$. Wegen der Integrierbarkeit von f und g wird die rechte Seite für geeignete Z beliebig klein, woraus nun auch die Integrierbarkeit von $f + g$ gefolgert werden kann, vgl. 4.44. Aus dem Bewiesenen folgt weiter: $I(f + g) \leq O_Z(f + g) \leq O_Z(f) + O_Z(g)$ und $U_Z(f) + U_Z(g) \leq U_Z(f + g) \leq I(f + g)$, $U_Z(f) + U_Z(g) \leq I(f + g) \leq O_Z(f) + O_Z(g)$, und wegen der Integrierbarkeit von f, g (vgl. Aufg.5): $I(f) - \delta + I(g) - \delta < I(f + g) < I(f) + \delta + I(g) + \delta$, für beliebig kleines $\delta > 0$, was nur möglich ist, wenn $I(f + g) = I(f) + I(g)$. Für die Differenz ersetze man g durch $-g$. (iii) Wäre f über $[a'; b']$ *nicht* integrierbar, so wäre $O'(f) \neq U'(f)$ bzw. $O'(f) - U'(f) = k > 0$, somit auch $O'_{Z'}(f) - U'_{Z'}(f) \geq k > 0$, für jede Zerlegung Z' von $[a'; b']$. Eine Erweiterung von Z' zu einer Zerlegung Z von $[a; b]$ führt nur zu einer Vergrößerung der Differenz: $O_Z(f) - U_Z(f) \geq O'_{Z'}(f) - U'_{Z'}(f) \geq k > 0$, Widerspruch zur Integrierbarkeit von f über $[a;b]$. (iv) Sei $\delta > 0$ vorgegeben: Gemäß 4.44 gibt es Zerlegungen Z_1 von $[a;b]$ und Z_2 von $[b;c]$, so dass $O_{Z_1}(f) - U_{Z_1}(f) < \frac{\delta}{2}$ und $O_{Z_2}(f) - U_{Z_2}(f) < \frac{\delta}{2}$. Zusammen bilden Z_1 und Z_2 eine Zerlegung Z_δ von $[a;c]$, für die nun folgt: $O_{Z_\delta}(f) - U_{Z_\delta}(f) < \delta$. (v) Der Beitrag einzelner Funktionswerte wird bei entsprechender Feinheit der Zerlegung beliebig klein, vgl. Aufg. 2. (vi) Aus $f \leq g$ folgt zum Beispiel $O_Z(f) \leq O_Z(g)$ und $O(f) \leq O(g)$, beachte $O(f) = I(f)$, $O(g) = I(g)$. Speziell ist das Integral einer konstanten Funktion c über $[a;b]$ gleich $c \cdot (b-a)$, vgl. Aufg. 3. ✓

Der Mittelwertsatz der Integralrechnung ist eigentlich nichts weiter als die letzte Aussage des vorigen Satzes 4.47. Sie ist anschaulich sofort klar, vgl. Skizze 4.48: Die Fläche

(4.48)

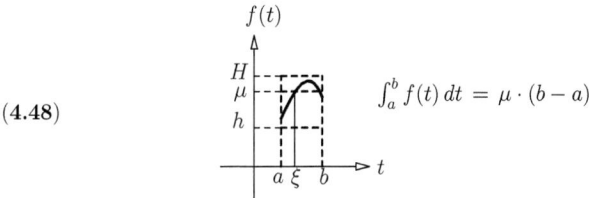

$$\int_a^b f(t)\,dt = \mu \cdot (b-a)$$

$h \cdot (b-a)$ des kleinen Rechteckes mit der Höhe h ist sicherlich kleiner, die Fläche $H \cdot (b-a)$ des Rechtecks mit der Höhe H sicherlich größer als die Fläche unter der Kurve $f(t)$. Folglich gibt es dazwischen ein Rechteck mit einer passenden Höhe μ (gesprochen „mü"), so dass gilt:

$$\int_a^b f(t)\,dt = \mu \cdot (b-a)), \qquad\qquad h \leq \mu \leq H.$$

Man nennt diese Zahl $\mu = \frac{1}{b-a} \cdot \int_a^b f(t)\,dt$ auch den (Integral-) Mittelwert von f (auf $[a;b]$). Natürlich sei f integrierbar. Setzen wir nun f als stetig voraus, so nimmt f jeden Wert zwischen dem Minimum $h' = \min_{a \leq t \leq b} f(t)$ und dem Maximum $H' = \min_{a \leq t \leq b} f(t)$ an! Folglich gibt es in diesem Fall (mindestens) einen Wert ξ zwischen a und b, so dass $\mu = f(\xi)$, wie in Skizze 4.48 bereits eingezeichnet. Als Ergebnis erhalten wir den

Mittelwertsatz der Integralrechnung *Sei f stetig auf $[a;b]$. Dann gibt es einen Wert $\xi \in]a;b[$, so dass gilt:*

(4.49)

$$\int_a^b f(t)\,dt = f(\xi) \cdot (b-a)$$

Auch hier gibt es eine Verallgemeinerung, die wir erst später benötigen: Seien f und v stetig auf $[a;b]$, und v habe dort keinen Vorzeichenwechsel, z.B. $v(t) \geq 0$ für alle $t \in [a;b]$. Aus

$$\min_{a \leq t \leq b} f(t) \leq f(t) \leq \max_{a \leq t \leq b} f(t) \quad \text{folgt:} \quad \left(\min_{a \leq t \leq b} f(t)\right) \cdot v(t) \leq f(t) \cdot v(t) \leq \left(\max_{a \leq t \leq b} f(t)\right) \cdot v(t).$$

Integration dieser Abschätzung ergibt nun, beachten Sie die Regeln 4.47 (vi) und (i):

$$\min_{a \leq t \leq b} f(t) \cdot \int_a^b v(t)\,dt \leq \int_a^b f(t) \cdot v(t)\,dt \leq \max_{a \leq t \leq b} f(t) \cdot \int_a^b v(t)\,dt$$

(Im Falle $v(t) \leq 0$ ist nur '$\leq$' durch '$\geq$' zu ersetzen). Folglich gibt es auch hier einen Wert $\mu = f(\xi)$ zwischen dem Maximum und Minimum von f auf $[a;b]$.

Bei festem Vorzeichen der stetigen Funktion v auf $[a;b]$ gilt:

Erweiterter Mittelwertsatz $\qquad \displaystyle\int_a^b f(t) \cdot v(t)\,dt = f(\xi) \cdot \int_a^b v(t)\,dt, \qquad \xi \in]a;b[.$

Warum nicht auch rückwärts Wir erweitern unseren Integralbegriff noch ein wenig, indem wir ergänzend vereinbaren:

$$\int_a^a f(t)\,dt = 0 \quad \text{und} \quad \int_b^a f(t)\,dt = -\int_a^b f(t)\,dt.$$

(Erstere Beziehung folgt zwangsläufig daraus, dass Intergration eine stetige Operation ist, vgl. nächster Abschnitt). Das 'rückwärts integrieren' wird nun einfach durch Vorzeichenwechsel auf die bisherige Integration zurückgeführt. Auch das geht nicht anders, soll Regel 4.47 (iv) weiterhin gültig bleiben, z.B. $\int_a^b f(t)\,dt + \int_b^a f(t)\,dt = \int_a^a f(t)\,dt$. Man mache sich klar, dass auch die Aussage 4.49 und ihre erweiterte Fassung gültig bleiben: So ergibt zum Beispiel 4.49, nach Multiplikation mit (-1),

$$-\int_a^b f(t) = f(\xi)\cdot(-(b-a)), \text{ folglich } \int_b^a f(t)\,dt = f(\xi)\cdot(a-b).$$

Das Integral ist also wieder das Produkt aus oberer Integrationsgrenze minus unterer Grenze, multipliziert mit einem Funktionswert zwischen diesen beiden Grenzen. Der eigentliche Grund für unsere neue Vereinbarung ist aber, dass sie die nachfolgenden Formulierungen und Betrachtungen ganz wesentlich erleichtern. Wir müssen nicht mehr darauf achten, dass die obere Integrationsgrenze größer ist als die untere, f muss nur innerhalb dieser Grenzen integrierbar sein.

Hauptsatz der Differenzial– und Integralrechnung

Sicherlich kennen Sie diesen wichtigen Satz noch vom Schulunterricht! Können Sie seine Aussage auch beweisen oder zumindest plausibel machen? Die Hauptüberlegung dabei ist: Was passiert, wenn wir für die obere Grenze keinen festen Wert einsetzen, sondern diesen Wert variieren? Wir erhalten auf diese Weise eine Funktion F, die definiert ist für $x \in [a; b]$. Hierfür sei f stetig auf $[a; b]$ vorausgesetzt. Dann existiert sicherlich das Integral

$$\int_a^x f(t)\,dt = \mathsf{F}(x), \qquad\qquad \text{für jedes } x \in [a; b].^*$$

Sie sehen diese Fläche in Skizze 4.50 grau eingefärbt. Es dürfte auch klar sein, wie groß die Fläche $\mathsf{F}(x + \Delta x)$ ist. Als Differenz $\mathsf{F}(x + \Delta x) - \mathsf{F}(x)$ bleibt nur ein schmaler Streifen des Kurvenverlaufs von f, Abb. 4.50 rechts. Diese Fläche lässt sich mit dem Mittelwertsatz abschätzen als $f(\xi)\cdot(x + \Delta x - x) = f(\xi)\cdot\Delta x$, folglich:

$$\mathsf{F}(x + \Delta x) - \mathsf{F}(x) = f(\xi)\cdot\Delta x, \qquad\qquad \text{(mit } \xi \text{ zwischen } x \text{ und } x + \Delta x\text{).}$$

Hieraus folgt bereits die Stetigkeit von F. Wir wollen zeigen, dass F sogar differenzierbar ist:

(**4.50**)

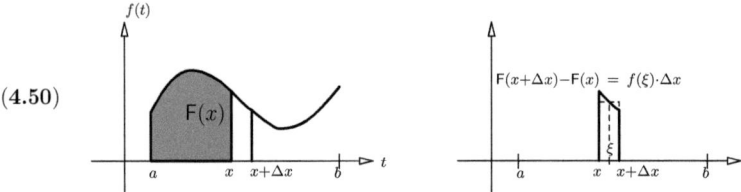

Nach Division der Gleichung durch Δx ergibt sich als Grenzwert für $\Delta x \to 0$:

---

*Die Variable der Funktion F ist unabhängig von der Variablen von f im Integral, benötigt daher auch eine eigene Bezeichnung!

$$F'(x) \;=\; \lim_{\Delta x \to 0} \frac{F(x + \Delta x) - F(x)}{\Delta x} \;=\; \lim_{\xi \to x} f(\xi) \;=\; f(x) \qquad \text{kurz:} \qquad F'(x) \;=\; f(x).$$

denn im Falle $\Delta x \to 0$ folgt $\xi \to x$, und wegen der Stetigkeit von f dann $f(\xi) \to f(x)$. Somit wäre endlich auch der wichtige Vermerk auf S. 266 bewiesen, mit dem

Ergebnis $F(x) = \int_a^x f(t)\,dt$ ist eine Stammfunktion von $f(x)$ auf $[a; b]$.

Die Konsequenz ist Ihnen wohlvertraut: $\int_a^x f(t)\,dt$ unterscheidet sich von einer *beliebigen* Stammfunktion $F(x)$ nur um eine Konstante c. Das bedeutet für diese Funktion $F(x)$:

$$F(x) = \int_a^x f(t)\,dt + c, \text{ somit: } F(b) = \int_a^b f(t)\,dt + c, \; F(a) = c, \; F(b) = \int_a^b f(t)\,dt + F(a),$$

Folgerung $\displaystyle\int_a^b f(t)\,dt \;=\; F(b) - F(a).$

Ein so schönes Ergebnis verdient natürlich in Worten festgehalten zu werden.

(4.51) Hauptsatz der Differenzial– und Integralrechnung

Sei f stetig und F eine Stammfunktion auf $[a; b]$. Dann gilt: $\int_a^b f(t)\,dt = F(b) - F(a)$.
(übliche Kurzschreibweisen für $F(b) - F(a)$: $[F(t)]_a^b$, auch $F(t)|_a^b$, oder $|_a^b F(t)$, etc.)

Mit Tabelle 4.29 auf S. 261 kennen wir bereits eine ganze Sammlung von Stammfunktionen. Zum Beispiel folgt nun mit dem Hauptsatz.

$$\int_0^2 x^7\,dx = \left[\frac{1}{8}\,x^8\right]_0^2 = \frac{1}{8}\cdot(2^8 - 0^8) = \frac{1}{8}\cdot(256 - 0) = 32$$

wobei die Bezeichnung der Integrationsvariablen hier durch nichts mehr eingeschränkt ist. Wir dürften also auch schreiben

$$\int_0^2 z^7\,dz = [\tfrac{1}{8}\,z^8]_0^2 = 32, \text{ oder } \int_0^2 t^7\,dt = [\tfrac{1}{8}\,t^8]_0^2 = 32, \text{ usw.}$$

Weiterhin ist $u(x) \cdot v(x)$ eine Stammfunktion ihrer Ableitung $u'(x) \cdot v(x) + u(x) \cdot v'(x)$, so dass gilt:

$$\int_a^b \big(u'(x) \cdot v(x) + u(x) \cdot v'(x)\big)\,dx \;=\; \big[u(x) \cdot v(x)\big]_a^b$$

Aus der Existenz und Stetigkeit von $u'(x)$ und $v'(x)$ folgt die Integrierbarkeit der beiden Summanden im Integral. Wir erhalten also wieder die beiden Regeln, vgl. 4.31 auf S. 262,

4.52 Satz (Partielle Integration) *Sind $u'(x)$ und $v'(x)$ stetig auf $[a; b]$, so gilt:*

$$\int_a^b u'(x) \cdot v(x)\,dx \;=\; \Big[u(x) \cdot v(x)\Big]_a^b \;-\; \int_a^b u(x) \cdot v'(x)\,dx$$

$$\int_a^b u(x) \cdot v'(x)\,dx \;=\; \Big[u(x) \cdot v(x)\Big]_a^b \;-\; \int_a^b u'(x) \cdot v(x)\,dx$$

Wir müssen also in 4.31 nur die jeweiligen Grenzen hinzufügen, Beispiel:

$$\int_0^1 \underbrace{x}_{u} \cdot \underbrace{e^x}_{v'}\,dx \;=\; \left[\underbrace{x}_{u} \cdot \underbrace{e^x}_{v}\right]_0^1 \;-\; \int_0^1 \underbrace{1}_{u'} \cdot \underbrace{e^x}_{v}\,dx \;=\; \Big[x \cdot e^x\Big]_0^1 \;-\; \int_0^1 e^x dx$$

Das ergibt $\displaystyle\int_0^1 x \cdot e^x \, dx = \left[x \cdot e^x\right]_0^1 - \left[e^x\right]_0^1 = (e - 0) - (e - e^0) = 1$.

Nun noch zur Substitutionsregel: Nach der Kettenregel ist $u(v(x))$ eine Stammfunktion ihrer Ableitung $u'(v(x)) \cdot v'(x)$. Gemäß Hauptsatz folgt daraus:

$$\int_a^b u'(v(x)) \cdot v'(x) \, dx = [u(v(x))]_a^b = u(v(b)) - u(v(a)) = [u(s)]_{v(a)}^{v(b)} = \int_{v(a)}^{v(b)} u'(s) \, ds$$

4.53 Satz (Substitutionsregel) *Seien $v : D \to W$ und $u : W \to \mathbb{R}$ differenzierbar mit stetiger Ableitung u' und v'. Dann gilt mit der Substitution $s = v(x)$:*

$$\int_a^b u'(v(x)) \cdot v'(x) \, dx = \int_{s_1}^{s_2} u'(s) \, ds, \quad \text{mit } s_1 = v(a) \text{ und } s_2 = v(b).$$

Es sind nur zusätzlich die Grenzen zu substituieren. Vergleichen Sie mit Bsp. (i) auf S. 264:

$$\int_1^e \underbrace{(\ln x)^2}_{s} \cdot \underbrace{\frac{1}{x} \, dx}_{s' \, dx} = \int_{\ln 1}^{\ln e} s^2 \, ds = \left[\frac{1}{3} s^3\right]_0^1 = \frac{1}{3} - 0 = \frac{1}{3}$$

Der Hauptsatz und entsprechend diese Regel gilt auch im Falle $b < a$, daher z.B.:

$$\int_{\frac{\pi}{2}}^{\pi} \underbrace{(\sin x)^2}_{s} \cdot \underbrace{\cos x \, dx}_{s' \, dx} = \int_{\sin \frac{\pi}{2}}^{\sin \pi} s^2 \, ds = \left[\frac{1}{3} s^3\right]_1^0 = 0 - \frac{1}{3} = -\frac{1}{3}$$

In der Tat ist hier die zu integrierende Funktion für $\frac{\pi}{2} < x < \pi$ negativ, genauer gesagt der Faktor $\cos x$, folglich auch der Integralwert.

Genau wie in vorigem Abschnitt lässt sich die Substitutionsregel auch in umgekehrter Richtung formulieren, wobei wir dann wieder die Umkehrbarkeit von v voraussetzen müssen. Mit der Substitution $x = v(s)$ bzw. $s = v^{-1}(x)$ gilt dann:

(4.54) $\displaystyle\int_a^b u'(x) \, dx = \int_{s_1}^{s_2} u'(v(s)) \cdot v'(s) \, ds, \quad \text{mit } s_1 = v^{-1}(a) \text{ und } s_2 = v^{-1}(b).$

Beispiel $x = e^s$ (Umkehrung $s = \ln x$) und $dx = e^s \, ds$ ergeben:

$$\int_1^e \frac{\ln x}{x} \, dx = \int_{\ln 1}^{\ln e} \frac{\ln e^s}{e^s} \cdot e^s \, ds = \int_0^1 s \, ds = \left[\frac{1}{2} \cdot s^2\right]_0^1 = \frac{1}{2}$$

Letzte Rettung – zurück zu den Wurzeln Falls Sie keine (elementare) Stammfunktion finden, weil es vielleicht eine solche gar nicht gibt, helfen nur noch Näherungsverfahren, Beispiel: $\int_0^1 e^{x^2} \, dx$.

Eine von vielen(!) Möglichkeiten wäre es, Riemannsche Summen zu berechnen, so wie wir zu Beginn dieses Abschnitts angefangen haben! Ein besonders guter Vorschlag hierzu stammt von Simpson und ist wohl ein häufig benutztes Verfahren, siehe Aufg. 15.

Weitere Beispiele und Anwendungen

Hoch zu den Sternen Und was ist, wenn man runter fällt? Aber schön der Reihe nach, zunächst einmal benötigt man eine Menge Energie, um nach oben zu kommen. Die Schwerkraft $\mathbf{K} = \mathbf{m} \cdot \mathbf{g}$, multipliziert mit der Höhe $\mathbf{h}$ (gemäß Arbeit = Kraft mal Weg) liefert die erforderliche potentielle Energie $\mathbf{E}_{pot} = \mathbf{m} \cdot \mathbf{g} \cdot \mathbf{h}$, mit $\mathbf{g} = 9{,}8 \frac{m}{s^2}$ die Erdbeschleunigung. Fällt der Körper nun wieder herunter, wandelt sich die potentielle in kinetische Energie um, $\mathbf{E}_{kin} = \frac{1}{2} \mathbf{m} \cdot \mathbf{v}^2$. Gleichsetzen liefert $\frac{1}{2} \mathbf{m} \cdot \mathbf{v}^2 = \mathbf{m} \cdot \mathbf{g} \cdot \mathbf{h}$, woraus folgt:

$$\mathbf{v} = \sqrt{2 \cdot \mathbf{g} \cdot \mathbf{h}}.$$

Vom 5-Meter Sprungturm sind das $\mathbf{v} = \sqrt{2 \cdot 9{,}8 \frac{m}{s^2} \cdot 5\,m} \approx 9{,}9 \frac{m}{s} \approx 10 \frac{m}{s}$. Und mit derselben Geschwindigkeit müsste man einen Gegenstand nach oben werfen, damit er eine Höhe von 5 Metern erreicht!

Um zu anderen Planeten zu gelangen, um dort vielleicht nach Bodenschätzen oder anderen Lebewesen zu suchen, müssten wir allerdings Millionen Kilometer hoch, und zu irgendwelchen Sternen ist es schier unendlich weit. Unsere Rechnung liefert dann allerdings abwitzige Geschwindigkeiten. Wir haben nämlich nicht berücksichtigt, dass bei solchen Entfernungen die Anziehungskraft der Erde erheblich nachlässt. Im Abstand $\mathbf{r}$ vom Mittelpunkt der Erde gilt bekanntlich:

$$\mathbf{K(r)} = \mathbf{m} \cdot \frac{\boldsymbol{\gamma} \cdot \mathbf{m_E}}{\mathbf{r}^2}$$

Nahe der Erdoberfläche(!) ist $\mathbf{r} \approx \mathbf{r_E} = 6371\,\text{km} = 6{,}371 \cdot 10^6\,\text{m}$ (Erdradius), und zusammen mit der Gravitationskonstanten $\boldsymbol{\gamma} = 6{,}674 \cdot 10^{-11} \frac{m^3}{kg \cdot s^2}$ und der Erdmasse $\mathbf{m_E} = 5{,}9736 \cdot 10^{24}\,\text{kg}$

$$\frac{\boldsymbol{\gamma} \cdot \mathbf{m_E}}{\mathbf{r_E^2}} = 9{,}8 \frac{m}{s^2} = \mathbf{g}.$$

Die Beziehung $\mathbf{K} = \mathbf{m} \cdot \mathbf{g}$ gilt eben nur bei sehr geringem Abstand von der Erdoberfläche! Also noch einmal von vorn mit 'Kraft mal Weg', aber mit $\mathbf{K(r)}$ anstelle $\mathbf{K}$:

(4.55)

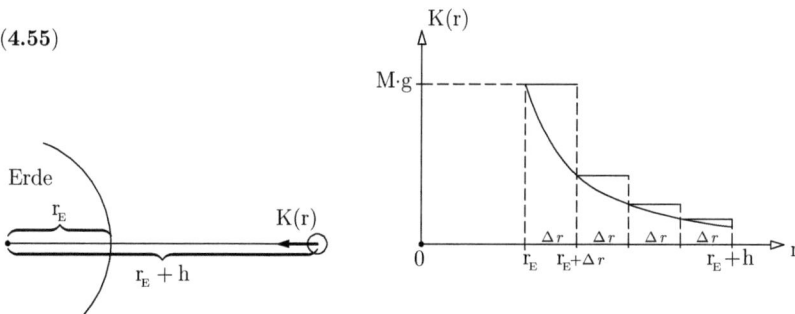

Wir starten wieder an der Erdoberfläche $\mathbf{r} = \mathbf{r_E}$, und zerlegen die Strecke bis $\mathbf{r} = \mathbf{r_E} + \mathbf{h}$ in viele kleine Teilstrecken der Länge $\Delta\,\mathbf{r}$, (hier alle gleich lang, das ist nicht notwendig, sondern einfach nur praktisch). Heben wir nun den Körper nur um $\Delta\,\mathbf{r}$ nach oben, so ist auf dieser kleinen Strecke die Schwerkraft zumindest angenähert konstant gleich $\mathbf{K(r_E)}$. Die benötigte Energie für diese Strecke $\Delta\,\mathbf{r}$ nach oben beträgt also näherungsweise $\mathbf{K(r_E)} \cdot \Delta\,\mathbf{r}$. Das entspricht flächenmäßig dem ersten Rechteck in Skizze 4.55 rechts mit der Breite $\Delta\,\mathbf{r}$ und der Höhe $\mathbf{K(r_E)}$ an der Stelle $\mathbf{r} = \mathbf{r_E}$. An der neuen Stelle $\mathbf{r} = \mathbf{r_E} + \Delta\,\mathbf{r}$ beträgt die Schwerkraft nur noch $\mathbf{K(r_E} + \Delta\,\mathbf{r)}$, vgl. Skizze 4.55. Die benötigte Energie, um den Körper ein weiteres Stück $\Delta\,\mathbf{r}$ nach oben zu heben, beträgt entsprechend nur noch $\mathbf{K(r_E} + \Delta\,\mathbf{r)} \cdot \Delta\,\mathbf{r}$.

Das entspricht dem nächsten Rechteck der Breite $\Delta\,\mathbf{r}$ in Skizze 4.55 rechts, usw. Kürzen wir Joule als Einheit der Energie weg, entsprechen unsere Näherungen aufsummiert der Obersumme für das Integral $\int_{\mathbf{r_E}}^{\mathbf{r_E+h}} \mathbf{K(r)}\,\mathbf{dr}$.

Durch Verfeinern dieses Prozesses ($\Delta\,\mathbf{r} \to 0$) werden unsere Näherungen immer besser, und die Abweichungen vom Integral beliebig klein, vgl. 4.46. Wir erhalten folglich:

$$\mathbf{E_{pot}} = \int_{\mathbf{r_E}}^{\mathbf{r_E+h}} \mathbf{K(r)dr} \; = \; \mathbf{M} \cdot \boldsymbol{\gamma} \cdot \mathbf{M_E} \cdot \int_{\mathbf{r_E}}^{\mathbf{r_E+h}} \frac{1}{\mathbf{r^2}}\,\mathbf{dr} \; = \; \mathbf{M} \cdot \boldsymbol{\gamma} \cdot \mathbf{M_E} \cdot \left[-\frac{1}{\mathbf{r}} \right]_{\mathbf{r_E}}^{\mathbf{r_E+h}}$$

Der letzte Ausdruck in eckigen Klammern ergibt $-\frac{1}{\mathbf{r_E+h}} + \frac{1}{\mathbf{r_E}}$. Im Vergleich zum Erdradius ist die erforderliche Höhe riesig, der Term $-\frac{1}{\mathbf{r_E+h}}$ ist also vernächlässigbar klein. Fügen wir die Einheiten den Maßzahlen auf beiden Seiten wieder passend hinzu, erhalten wir

$$\mathbf{E_{pot}} = \mathbf{m} \cdot \boldsymbol{\gamma} \cdot \frac{\mathbf{m_E}}{\mathbf{r_E}}$$

Fällt nun der Körper wieder zurück auf die Erde, so ergibt sich in diesem Falle das Ergebnis:

$$\tfrac{1}{2}\,\mathbf{m} \cdot \mathbf{v^2} = \mathbf{m} \cdot \boldsymbol{\gamma} \cdot \frac{\mathbf{m_E}}{\mathbf{r_E}}, \quad \mathbf{v^2} = 2\boldsymbol{\gamma} \cdot \frac{\mathbf{m_E}}{\mathbf{r_E}}, \quad \mathbf{v} = \sqrt{2\,\boldsymbol{\gamma}\cdot\frac{\mathbf{m_E}}{\mathbf{r_E}}}, \quad \mathbf{v} = 11\,187\,\frac{\mathbf{m}}{\mathbf{s}} \approx 11{,}2\,\frac{\mathbf{km}}{\mathbf{s}}$$

Mit dieser 'Fluchtgeschwindigkeit' muss man also einen Körper mindestens nach oben schießen, damit er der Erde entfliehen kann. Ein unvorstellbar hoher, aber endlicher Wert! Man nennt ihn auch die 2. astronautische Geschwindigkeit, im Gegensatz zur 1. astronautischen Geschwindigkeit von $7{,}9\,\frac{km}{s}$. Diese benötigt ein Satellit in unmittelbarer Erdnähe, um auf einer Kreisbahn zu bleiben. Die zur Erde gerichtete Anziehungskraft und die nach außen gerichtet Zentrifugalkraft heben sich bei dieser Geschwindigkeit gerade auf.

Achten Sie bei dieser Herleitung auch auf den allgemeinen Argumentationsweg. Wir begannen mit $\mathbf{E} = \mathbf{K} \cdot \mathbf{h}$ (Kraft mal Weg), bzw. genauer:

$$\mathbf{E} = \mathbf{K} \cdot (\mathbf{r_2} - \mathbf{r_1})$$

Alles bei konstanter Kraft und dem Anfangswert $\mathbf{r_1} = \mathbf{r_E}$ und Endwert $\mathbf{r_2} = \mathbf{r_E} + \mathbf{h}$. Bei nichtkonstanter Kraft wird die Arbeit einfach in kleine Stücke $\mathbf{K(r)} \cdot \Delta\mathbf{r}$ zerlegt. Das führt aufsummiert schließlich zum Integral (die Einheiten lassen wir stehen):

$$\mathbf{E} = \int_{\mathbf{r_1}}^{\mathbf{r_2}} \mathbf{K(r)}\,\mathbf{dr}$$

Ganz analog bei unserem Eingangsbeispiel mit dem Fahrtenschreiber. Die Strecke beträgt $\mathbf{s} = \mathbf{v} \cdot \mathbf{t}$ (Geschwindigkeit mal Zeit), bzw. genauer, mit Beginn und Ende $\mathbf{t_1}$ und $\mathbf{t_2}$:

$$\mathbf{s} = \mathbf{v} \cdot (\mathbf{t_2} - \mathbf{t_1})$$

Bei nichtkonstanter Geschwindigkeit wird die zurückgelegte Strecke in kleine Stücke $\mathbf{v(t)} \cdot \Delta\mathbf{t}$ zerlegt, und führt aufsummiert schließlich zum Integral

$$\mathbf{s} = \int_{\mathbf{t_1}}^{\mathbf{t_2}} \mathbf{v(t)}\,\mathbf{dt}$$

Solche Überlegungen eignen sich auch zum Beweis physikalischer Gesetze, wie in folgendem Beispiel skizziert:

Sehr impulsiv – Die Raketengleichung Beginnen wir mit einem Gedankenexperiment: Sie schießen mit einem Gewehr, die Geschwindigkeit der Kugel betrage $\mathbf{v_g} = 1\,000\,\frac{\mathrm{m}}{\mathrm{s}}$, ihre Masse $\Delta\mathbf{m} = 8{,}5\,\mathrm{g} = 8{,}5\cdot10^{-3}\mathrm{kg}$. Sie selbst bringen mit Munition $\mathbf{m_a} = 85\,\mathrm{kg}$ auf die Waage. Falls Sie sich nun völlig reibungsfrei auf glattem Eis oder schwebend im Weltraum befinden, fliegen Sie nach dem Schuss mit einer Geschwindigkeit von $\mathbf{v} = 0{,}10\,\frac{\mathrm{m}}{\mathrm{s}}$ in die entgegengesetzte Richtung! Der Impuls der Kugel von $8{,}5\,\mathrm{g}\cdot10^3\,\frac{\mathrm{m}}{\mathrm{s}} = 8{,}5\,\frac{\mathrm{kg\cdot m}}{\mathrm{s}}$ wird gemäß Impulserhaltungssatz durch Ihren entgegengesetzten Impuls gleicher Größe $85\,\mathrm{kg}\cdot0{,}10\,\frac{\mathrm{m}}{\mathrm{s}} = 8{,}5\,\frac{\mathrm{kg\cdot m}}{\mathrm{s}}$ kompensiert:

$$\text{Impulserhaltung}\quad \Delta\mathbf{m}\cdot\mathbf{v_g} = \mathbf{m_a}\cdot\mathbf{v},\quad\text{also:}\qquad \mathbf{v} = \frac{\mathbf{v_g}}{\mathbf{m_a}}\cdot\Delta\mathbf{m}$$

Nach 10 Schüssen wären es bereits $1\,\frac{\mathrm{m}}{\mathrm{s}}$, nach 100 Schüssen $10\,\frac{\mathrm{m}}{\mathrm{s}}$? Beim 100. Schuss beträgt Ihre Masse nicht mehr $\mathbf{m_a} = 85\,\mathrm{kg}$, sondern hierfür sind nur noch $\mathbf{m_a} - 0{,}850\,\mathrm{kg}$ einzusetzen! Und genau genommen waren Sie bereits beim 1. Schuss um $8{,}5\,\mathrm{g}$ leichter. Also noch einmal von vorn, mit M und v als Maßzahlen für Masse und Geschwindigkeit:

Situation beim 1. Schuss: $\Delta M\cdot v_g = (M_a - \Delta M)\cdot v$, also: $v = \frac{v_g}{M_a - \Delta M}\cdot\Delta M$, denn die Kugel fliegt mit der Geschwindigkeit v_g in die eine Richtung, und Sie ohne diese Kugel, mit der Geschwindigkeit v in die andere. Beim 2. Schuss beträgt Ihre Masse nur noch $M_a - 2\cdot\Delta M$. Der Impulserhaltungssatz liefert dann einen Geschwindigkeitszuwachs von $\frac{v_g}{M_a - 2\cdot\Delta M}\cdot\Delta M$. Beim 3. Schuss errechnet sich ein Geschwindigkeitszuwachs von $\frac{v_g}{M_a - 3\cdot\Delta M}\cdot\Delta M$, ... usw. Sie müssten nicht gleich sämtliche Patronen verschießen. Wenn beim momentan letzten Schuß ihre Masse M_t beträgt, so erhalten Sie als gerade letzten Geschwindigkeitszuwachs $\frac{v_g}{M_t}\cdot\Delta m$. Hierbei ist es unerheblich, ob Sie sich für jeden Schuss viel Zeit lassen, oder wie mit einem Maschinengewehr feuern. Aufsummiert ergibt sich in jedem Fall als (momentane) Endgeschwindigkeit:

$$\frac{v_g}{M_a - \Delta M}\cdot\Delta M + \frac{v_g}{M_a - 2\cdot\Delta M}\cdot\Delta M + \frac{v_g}{M_a - 3\cdot\Delta M}\cdot\Delta M + \quad\ldots\quad + \frac{v_g}{M_t}\cdot\Delta M$$

Das sind aber anschaulich nur wieder die Rechtecksummen wie in Skizze 4.56 eingezeichnet!

(**4.56**)

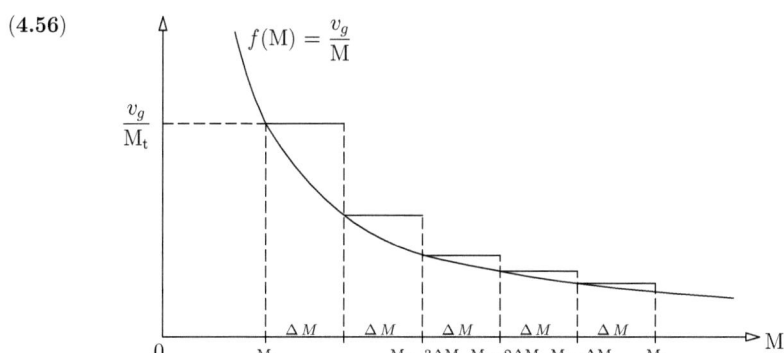

Hier von rechts nach links, mit der Funktion $f(M) = \dfrac{v_g}{M}$, auf dem Intervall $M_t \leq M \leq M_a$.

Wählen wir nun die Kugeln immer kleiner, genauer $\Delta M \to 0$. Das ist durchaus realistisch, denn bei einer Rakete schießen die Moleküle der Verbrennungsgase aus dem Triebwerk, und sogar mit einer Geschwindigkeit von mehreren Kilometern pro Sekunde! Das führt uns zu folgendem Integral:

$$v(t) = \int_{M_t}^{M_a} \frac{v_g}{M}\, dM = v_g \cdot \int_{M_t}^{M_a} \frac{1}{M}\, dM = v_g \cdot \left[\ln M \right]_{M_t}^{M_a} = v_g \cdot \left(\ln M_a - \ln M_t \right) = v_g \cdot \ln \frac{M_a}{M_t}$$

Zusammen mit den entsprechenden Einheiten erhält das Ergebnis die Form:

Sei v_g die Ausströmgeschwindigkeit der Antriebsgase einer Rakete. Bezeichnet m_a die Gesamtmasse der Rakete zu Beginn, und m_t ihre Masse zum Zeitpunkt t, so gilt für die resultierende Geschwindigkeit

$$(\textbf{4.57}) \qquad \mathbf{v(t)} = \mathbf{v}_g \cdot \ln \frac{\mathbf{m}_a}{\mathbf{m}_t} \qquad \text{(Raketengrundgleichung)}$$

Die *End*geschwindigkeit lässt sich also aus dem *End*gewicht m_e, der Masse ohne Treibstoff, ausrechnen. Einige einfache

Zahlenbeispiele

1.) Als 'Munition' 22 t Treibstoff, als 'Hülle' 2 t für Treibstoffbehälter, Pumpen, Triebwerke usw., und noch eine 'Nutzlast' von 1 t. Die beiden wesentlichen Kenngrößen sind:

$$\text{Startgewicht } \mathbf{m}_a = 25\,\text{t}, \qquad \text{Endgewicht } \mathbf{m}_e = 3\,\text{t}.$$

Sei $v_g = 4{,}2\,\frac{\text{km}}{\text{s}}$ die Ausströmgeschwindigkeit der Verbrennungsgase. Gemäs 4.57 beträgt die

$$\text{Endgeschwindigkeit:} \qquad \mathbf{v}_e = 4{,}2\,\frac{\text{km}}{\text{s}} \cdot \ln \frac{25\,\text{t}}{3\,\text{t}} = 8{,}91\,\frac{\text{km}}{\text{s}}$$

Wollen wir die Fluchtgeschwindigkeit $11{,}2\,\frac{\text{km}}{\text{s}}$ oder mehr erreichen, müssen wir mindestens eine Raketenstufe darunter setzen. Zum Beispiel eine

2.) Stufe mit zusätzlich 110 t Treibstoff, mit 10 t Hülle, die vorige Rakete kommt obenauf! Startgewicht dieser Anordnung daher $\mathbf{m}_a = 110\,\text{t} + 10\,\text{t} + 25\,\text{t} = 145\,\text{t}$. Bei Brennschluss der unteren Stufe sind es 110 t weniger, $\mathbf{m}_e = 35\,\text{t}$. Geschwindigkeit der Rakete also zunächst

$$\mathbf{v}_1 = 4{,}2\,\frac{\text{km}}{\text{s}} \cdot \ln \frac{145\,\text{t}}{35\,\text{t}} = 5{,}97\,\frac{\text{km}}{\text{s}}$$

Nun trennt sich die Hülle der unteren Stufe von dieser Anordung, und die obere Stufe startet. Wie bei Beispiel 1 gilt wieder $\mathbf{m}_a = 25\,\text{t}$, $\mathbf{m}_e = 3\,\text{t}$. Es werden also zusätzlich an Geschwindigkeit $\mathbf{v}_2 = 8{,}91\,\frac{\text{km}}{\text{s}}$ erzielt. Die Rakete mit der Nutzlast erreicht hierdurch eine

$$\text{Gesamtgeschwindigkeit:} \qquad \mathbf{v} = \mathbf{v}_1 + \mathbf{v}_2 = 14{,}88\,\tfrac{\text{km}}{\text{s}}$$

3.) Falls Sie meinen, das liegt allein an der enormen Menge von 110 t zusätzlichem Treibstoff, dann rechnen Sie nach! Letztere Geschwindigkeit hätten wir nicht erzielt, wenn wir alles zu einer einzigen Rakete zusammengefasst hätten, also insgesamt 132 t Treibstoff, Hülle 12 t, 1 t Nutzlast, $\mathbf{m}_a = 145\,\text{t}$, $\mathbf{m}_e = 13\,\text{t}$: $\quad \mathbf{v}_e = 4{,}2\,\tfrac{\text{km}}{\text{s}} \cdot \ln \tfrac{145\,\text{t}}{13\,\text{t}} = 10{,}13\,\tfrac{\text{km}}{\text{s}}$.

Der Erfolg liegt in der Aufteilung in Stufen, wobei auch mehr als zwei Stufen üblich sind! Feststoffraketen besitzen eine niedrigere Ausströmgeschwindigkeit der Verbrennungsgase, sind aber insgesamt einfacher zu bauen, eine höchst komplizierte Optimierungsaufgabe. Das gilt auch für den Transport von Satelliten in ihre Umlaufbahn. Solche riesigen Raketen sind auf jeden Fall immer eine technische Meisterleistung der Ingenieure!

Wir haben noch vieles unberücksichtigt gelassen:
Werfen Sie zum Beispiel einen Stein mit $50\,\frac{\text{m}}{\text{s}}$ nach oben, beträgt seine Geschwindigkeit nach 1 Sekunde nur noch etwa $40\,\frac{\text{m}}{\text{s}}$ (genauer: $50\,\frac{\text{m}}{\text{s}} - 9{,}81\,\frac{\text{m}}{\text{s}}$), nach 2 Sekunden noch rund $30\,\frac{\text{m}}{\text{s}}$, usw. Dauert der Brennvorgang der Rakete z.B. 300 Sekunden, so hat sie bei Brennschluss ungefähr $300 \cdot 10\,\frac{\text{m}}{\text{s}} = 3\,\frac{\text{km}}{\text{s}}$ verloren (auch hier etwas weniger, denn sie entfernt sich

von der Erde). Es blieben für Beispiel 2 noch immer $11{,}88\,\frac{km}{s}$ übrig, ausreichend um die Erde zu verlassen. Negativ wirkt der Luftwiderstand (in Erdnähe), positiv die Erdrotation (in Äquatornähe bei Start in Richtung Osten), etc.

Bemerkungen und Ergänzungen

Uneigentliche Integrale *Eigentlich* ist das Integral von Anfang an nur für *beschränkte* Funktionen definiert, auf einem abgeschlossenen und *beschränkten* Intervall $[a; b]$, vgl. 4.38. Im Falle unbeschränkter Funktionen oder unbeschränkter Intervalle lässt sich die Definition aber sinnvoll ergänzen:

Ist $f(x)$ auf $]a; b]$ definiert und auf jedem Teilintervall $[\xi; b]$ beschränkt und integrierbar, so setzt man

$$\int_a^b f(x)\,dx = \lim_{\xi \to a+} \int_\xi^b f(x)\,dx.$$

Ist $f(x)$ auf $[a; b[$ definiert und auf jedem Teilintervall $[a; \xi]$ beschränkt und integrierbar, so setzt man

$$\int_a^b f(x)\,dx = \lim_{\xi \to b-} \int_a^\xi f(x)\,dx.$$

In beiden Fällen natürlich unter der Voraussetzung, dass der betreffende Grenzwert existiert!

Beispiel: $\displaystyle \int_0^1 \frac{1}{\sqrt{x}}\,dx = \lim_{\xi \to 0+} \int_\xi^1 \frac{1}{\sqrt{x}}\,dx = \lim_{\xi \to 0+} \left[2 \cdot \sqrt{x}\right]_\xi^1 = \lim_{\xi \to 0+} \left(2 - 2 \cdot \sqrt{\xi}\right) = 2$

Ist $f(x)$ auf $[a; \infty[$ definiert und auf jedem Teilintervall $[a; b]$ beschränkt und integrierbar, so setzt man

$$\int_a^\infty f(x)\,dx = \lim_{\xi \to \infty} \int_a^\xi f(x)\,dx.$$

Ist $f(x)$ auf $]-\infty; b]$ definiert und auf jedem Teilintervall $[a; b]$ beschränkt und integrierbar, so setzt man

$$\int_{-\infty}^b f(x)\,dx = \lim_{\xi \to -\infty} \int_\xi^b f(x)\,dx.$$

In beiden Fällen natürlich unter der Voraussetzung, dass der betreffende Grenzwert existiert!

Beispiel: $\displaystyle \int_1^\infty \frac{1}{x^2}\,dx = \lim_{\xi \to \infty} \int_1^\xi \frac{1}{x^2}\,dx = \lim_{\xi \to \infty} \left[-\frac{1}{x}\right]_1^\xi = \lim_{\xi \to \infty} \left(-\frac{1}{\xi} + 1\right) = 1$

Bogenlänge einer Kurve $y = f(x)$ Die Vorgehensweise soll hier nur skizziert werden. Vielleicht erinnern Sie sich noch an die Berechnung des Kreisumfangs? Genau wie beim Kreis lassen sich auch viele andere Kurven durch Streckenzüge approximieren.

(4.58)

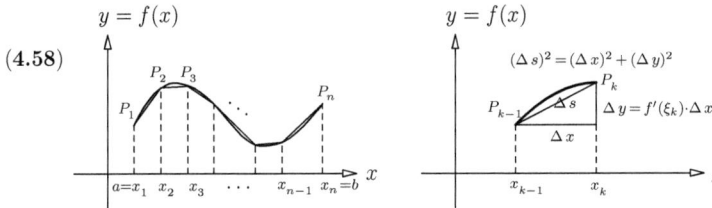

Wir zerlegen also den Kurvenverlauf durch möglichst viele Punkte in einzelne Teilbögen, (vergleiche Skizze 4.58 links). Die Länge eines einzelnen Bogens beträgt nun näherungsweise $\Delta s = \sqrt{(\Delta x)^2 + (\Delta y)^2}$ (vergleiche Skizze 4.58 rechts).

Aus dem Mittelwertsatz der Differenzialrechnung 4.12 folgt $\Delta y = f'(\xi_k) \cdot \Delta x$, somit gilt:

$$\Delta s = \sqrt{1 + (f'(\xi_k))^2} \cdot \Delta x \,, \qquad (x_{k-1} \le \xi_k \le x_k).$$

Das ergibt aufsummiert als Gesamtsumme

$$S = \left(\sqrt{1 + (f'(\xi_1))^2} + \sqrt{1 + (f'(\xi_2))^2} + \ldots + \sqrt{1 + (f'(\xi_n))^2} \right) \cdot \Delta x$$

Ist $f'(x)$ stetig auf $[a;b]$, so wird für $\Delta x \to 0$ der Unterschied zwischen dem Integral

$$(\textbf{4.59}) \qquad L = \int_a^b \sqrt{1 + (f'(x))^2} \, dx$$

und den vorigen Riemannschen Summen S beliebig klein. Das gilt für alle genügend feinen, also nicht unbedingt äquidistanten Zerlegungen von $[a;b]$ (vgl. 4.46)! Es ist daher sinnvoll, im Falle einer stetig differenzierbaren Funktion $f(x)$ mit 4.59 die Bogenlänge L der Kurve zu definieren.

Rotationskörper entstehen durch 360°–Drehung einer Kurve $y = f(x) > 0$, $a \le x \le b$, um die x–Achse. In der Skizze handelt es sich zum Beispiel um $f(x) = \sqrt{x - 1}$, $1 \le x \le 5$.

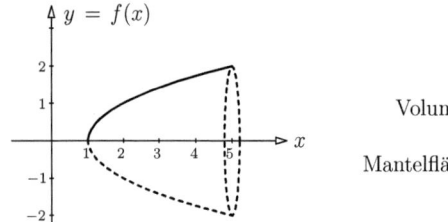

Volumen $\quad V = \pi \cdot \int_a^b (f(x))^2 dx$

Mantelfläche $\quad M = 2\pi \cdot \int_a^b f(x) \cdot \sqrt{1 + (f'(x))^2} \, dx$

Das Gesamtvolumen kann man in kleine zylindrische Scheiben zerlegen, mit der Kreisfläche $\pi \cdot r^2 = \pi \cdot (f(x))^2$ und der Dicke Δx, folglich beträgt ein Teilvolumen

$$\Delta V = \pi \cdot (f(x))^2 \cdot \Delta x,$$

und insgesamt nach Summation und Grenzübergang $V = \pi \cdot \int_a^b (f(x))^2 dx$, ($f(x)$ stetig).

Ebenso erhält man für die Mantelfläche dieser Scheiben $\Delta M = 2\pi r \cdot \Delta s$, folglich

$$\Delta M = 2\pi \cdot f(x) \cdot \sqrt{1 + (f'(x))^2} \cdot \Delta x$$

und insgesamt nach Grenzübergang $M = 2\pi \cdot \int_a^b f(x) \cdot \sqrt{1 + (f'(x))^2} \, dx$, ($f'(x)$ stetig).

Ein Blick zurück ...

- Der Einsatz der Integralrechnung beschränkt sich keineswegs auf rein geometrische Fragestellungen wie Flächenbestimmung oder Volumenberechnung.

- Alle stetigen, insbesondere alle differenzierbaren Funktionen sind integrierbar.

- Der Hauptsatz der Differenzial- und Integralrechnung ermöglicht die Nutzung aller Ergebnisse des vorigen Abschnitts über Stammfunktionen.

- Ohne Stammfunktion lässt sich das Integral zum Beispiel mit dem Mittelwertsatz der Integralrechnung, mit Riemannschen Summen oder der Simpson-Formel von Aufg. 15 näherungsweise berechnen.

Aufgaben

1. Wir definieren eine Funktion $f : [0; 1] \to \mathbb{R}$ wie folgt: Sei $f(x) = 0$, falls x eine rationale Zahl, und $f(x) = 1$, falls x irrational. Zeigen Sie $0 = U(f) \neq O(f) = 1$, das bedeutet: f ist nicht integrierbar. Hinweis: in jedem Intervall positiver Länge liegen rationale und irrationale Zahlen.

2. Sei $f : [a; b] \to \mathbb{R}$ nur an endlich vielen Stellen ungleich Null. Zeigen Sie, dass f integrierbar ist und $I(f) = 0$.

3. Sei f konstant auf $[a; b]$, also $f(x) = c$, für alle $x \in [a; b]$. Zeigen Sie dass für jede Zerlegung Z gilt: $U_Z(f) = c \cdot (b - a)$ und $O_Z(f) = c \cdot (b - a)$, also $I(f) = c \cdot (b - a)$.

4. Beweisen Sie: Jede auf $[a; b]$ monotone Funktion ist integrierbar (über $[a; b]$). Es genügt, den Beweis für eine monoton wachsende Funktion zu führen. Benutzen Sie das Integralkriterium und wählen Sie Zerlegungen mit gleich langen Teilintervallen ('äquidistante Zerlegungen').

5. Zeigen Sie: Ist f integrierbar, dann gibt es zu jedem $\delta > 0$ eine Zerlegung Z_δ mit der Eigenschaft $O_{Z_\delta}(f) - I(f) < \delta$ bzw. $O_{Z_\delta}(f) < I(f) + \delta$, und $I(f) - U_{Z_\delta}(f) < \delta$ bzw. $I(f) - \delta < U_{Z_\delta}(f)$.
   (Hinweis: Skizze gemäß 4.42 rechts mit $U(f) = O(f) = I(f)$, und Integralkriterium).

6. Sei $f(x)$ auf $[a; b]$ beschränkt, also $-M \leq f(x) \leq M$ für alle $x \in [a; b]$. Zeigen Sie: Nimmt man m Teilungspunkte zu einer Zerlegung Z hinzu, so verringert sich der Wert der Obersumme höchstens um $(2M \cdot \eta) \cdot m$, wobei η die Feinheit von Z bezeichne.
   Hinweis: Skizzieren Sie den Fall $m = 1$.
   (Eine analoge Aussage gilt natürlich für Untersummen).

7. Sei f integrierbar auf $[a; b]$ und $O_{Z_\delta} - I(f) < \delta$. Beweisen Sie: Ist $Z_1, Z_2, Z_3, \ldots$ eine Folge von Zerlegungen, deren zugehörigen Feinheiten η_k beliebig klein werden, so gilt auch $O_{Z_k} - I(f) < \delta$, für alle genügend großen Werte von k.
   Hinweis: Zeigen Sie mit Aufg. 6, dass $O_{Z_k} - O_{Z_k^+}$ für wachsende Werte von k beliebig klein wird, (Z_k^+ bezeichne die gemeinsamen Punkte beider Zerlegungen Z_k und Z_δ, m die Anzahl der Punkte von Z_δ. Außerdem gilt $O_{Z_k^+} \leq O_{Z_\delta} < I(f) + \delta$).

8. Speziell für welche Funktion $v(t)$ folgt aus dem erweiterten Mittelwertsatz der Integralrechnung die einfache Fassung?

9. (a) Differenzieren Sie nach r: (i) $\ln(1+r)$ (ii) $\arctan r$ (iii) $\dfrac{-1}{1+r}$

   (b) Bestimmen Sie folgende Integrale: (i) $\displaystyle\int_0^1 \frac{dr}{1+r}$ (ii) $\displaystyle\int_0^1 \frac{dr}{1+r^2}$ (iii) $\displaystyle\int_0^1 \frac{dr}{(1+r)^2}$

10. Welche Zahlenwerte ergeben folgende Integrale:

  (i) $\displaystyle\int_0^{\ln 2} e^x\,dx$ (ii) $\displaystyle\int_0^{\frac{\pi}{2}} \sin t\,dt$ (iii) $\displaystyle\int_0^{\tan 1} \frac{1}{1+x^2}\,dx$ (iv) $\displaystyle\int_1^e \frac{1}{r}\,dr$ (v) $\displaystyle\int_1^\infty \frac{1}{r^2}\,dr$

11. Bestimmen Sie mit Regel 4.53

  (i) $\displaystyle\int_0^{\ln 3} \frac{e^x}{1+e^x}\,dx,\ (s=e^x)$ (ii) $\displaystyle\int_0^1 \frac{dx}{\sqrt[3]{5x+8}},\ (s=5x+8)$ (iii) $\displaystyle\int_e^{e^2} \frac{dx}{x\cdot\ln x}$

12. Berechnen Sie $\displaystyle\int_1^e \frac{\ln x}{x}\,dx$

  (i) mit partieller Integration $(u(x)=\ln x)$,   (ii) mit der Substitution $s=\ln x$.

13. (i) $\displaystyle\int_0^\pi x\cdot\cos x\,dx$, (part.Int.)   (ii) $\displaystyle\int_0^\pi \cos x\cdot e^{\sin x}\,dx$, $(s=\sin x)$

14. Wo steckt der Fehler, korrigieren Sie: $\int_0^2 \sqrt{x^2-2x+1}\,dx = \int_0^2 \sqrt{(x-1)^2}\,dx = \int_0^2 (x-1)\,dx = \left[\frac{x^2}{2}-x\right]_0^2 = \left(\frac{4}{2}-2\right)-(0-0) = 0$. Das kann aber nicht sein, denn der Integrand ist für $0<x<2$ sicherlich positiv, folglich auch das Integral!

15. Sei f auf $[a;b]$ integrierbar, und $h=\frac{b-a}{2m}$, ($m\in\mathbb{N}$). Dann nennt man

$$Si_m(f) = \frac{h}{3}\cdot\Big(f(a)+4\cdot f(a+h)+2\cdot f(a+2h)+4\cdot f(a+3h)+2\cdot f(a+4h)+\ldots$$

$$\ldots+2f(a+(2m-2)h)+4f(a+(2m-1)h)+f(b)\Big)$$

die (zusammengesetzte) Simpson–Formel. Sie liefert Näherungswerte für $\int_a^b f(x)\,dx$! Im Falle einer stetigen 4. Ableitung $f^{(4)}(x)$ gilt nämlich:

$$\int_a^b f(x)\,dx = Si_m(f) - \frac{h^4}{180}\cdot(b-a)\cdot W_4, \quad \text{und} \quad \min_{a\le x\le b} f^{(4)}(x) \le W_4 \le \max_{a\le x\le b} f^{(4)}(x).$$

Sei $m=5$ und $[a;b]=[0;1]$:   (i) Wie lautet $Si_5(f)$?   (ii) Berechnen Sie $Si_5(f)$ für $f(x)=e^{x^2}$,   (iii) und bestimmen Sie obere und untere Schranken für $\int_0^1 e^{x^2}\,dx$.

Anmerkung: Es handelt sich bei $Si_m(f)$ tatsächlich um Riemannsche Summen! Überprüfen Sie: Die Zerlegung Z des Intervalls $[a;b]$ besteht hier aus den Punkten $x_0=a$, $x_1=a+\frac{h}{3}$, $x_2=a+(1+\frac{2}{3})h$, $x_3=a+(2+\frac{1}{3})h$, $x_4=a+(3+\frac{2}{3})h$, $x_5=a+(4+\frac{1}{3})h$, $x_6=a+(5+\frac{2}{3})h$, ... und den 'Zwischenpunkten' $a\in[x_0;x_1]$, $(a+h)\in[x_1;x_2]$, $(a+2h)\in[x_2;x_3]$, $(a+3h)\in[x_3;x_4]$, ... zur Berechnung der Funktionswerte.

Die Begründung dieser Wahl und die Herleitung der angegebenen Fehlerabschätzung gehören zum großen Gebiet der 'Numerischen Mathematik'.

16. Skizzieren und berechnen Sie die Fläche zwischen dem Kurvenverlauf von $f(x) = x^2$ und $g(x) = \sqrt{x}$, mit $0 \leq x \leq 1$.

17. Skizzieren Sie $f(x) = \sqrt{x}$, $1 \leq x \leq 4$ und bestimmen Sie das Volumen des entsprechenden Rotationskörpers.

18. Allgemeiner: Skizzieren Sie $f(x) = \sqrt{\dfrac{x}{h}} \cdot r$, für $0 \leq x \leq h$, $(h, r > 0$ fest gewählt).

Der zugehörige Rotationskörper ist ein Paraboloid mit Radius r. Zeigen Sie mit einer Skizze, dass sich darin ein Kegel der Höhe h mit Radius r einzeichnen lässt.

Bestimmen Sie das Volumen des Rotationskörpers und bestätigen Sie folgendes Ergebnis von Archimedes: Das Volumen des Rotationskörpers ist stets genau 1,5-mal so groß wie das Kegelvolumen.

19. Der hier skizzierte obere Halbkreis erfüllt die Gleichung $f(x) = R + \sqrt{r^2 - x^2}$, der untere entsprechend $g(x) = R - \sqrt{r^2 - x^2}$, mit $x \in [-r; r]$.
Durch Rotation dieses Kreises um die x–Achse entsteht ein 'Torus' (Reifen).

Zeigen Sie für das Torusvolumen:

$$V = \pi \cdot \int_{-r}^{r}(f(x))^2 dx - \pi \cdot \int_{-r}^{r}(g(x))^2 dx = \pi \cdot 4R \cdot \int_{-r}^{r}\sqrt{r^2 - x^2}\, dx\,.$$

Der Wert des letzten Integrals lässt sich ohne weitere Rechnung bestimmen, nämlich als Fläche eines Halbkreises mit Radius r (Skizze!).

Oder Sie wollen den Wert $\frac{1}{2}\pi r^2$ unbedingt durch Integration bestimmen:
Substitution $x = r \cdot \cos t$, $0 \leq t \leq \pi$, dann partielle Integration.

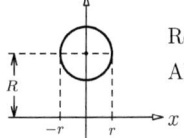

Rotation dieses Kreises um die x-Achse ergibt einen Torus.

Als Torusvolumen erhält man: $V = 2\pi^2 \cdot R \cdot r^2$

20. Das Rotationsparadox: Eine *unendlich* große Fläche kann durch Rotation ein *endliches* Volumen ergeben! Skizzieren Sie zum Beispiel die Funktion $f(x) = \frac{1}{x}$, $x \in [1; \infty[$.

Zeigen Sie, dass die Fläche unter dieser Kurve für $x \to \infty$ gegen Unendlich geht, das Volumen des Rotationskörpers jedoch gegen π.

21. Skizzieren Sie $f(x) = \cosh x = \frac{1}{2}(e^x + e^{-x})$, für $0 \leq x \leq \ln 2$, und bestimmen Sie:

(i) die Bogenlänge dieser Kurve,   (ii) Volumen und Mantelfläche des Rotationskörpers.

Hinweise: Aufgabe 13 auf S. 181 und Aufgabe 6 auf S. 242.

4 e) Differenzialgleichungen – Trennung der Variablen

In vielen Anwendungen ist $y'(x)$ als Funktion von x *und* $y(x)$ gegeben, also in der Form: $y'(x) = h(x, y(x))$, in Kurzform geschrieben als $y' = h(x, y)$. Beispiele siehe S. 267/268.

Etwas nachlässig bezeichnet hier y sowohl eine Funktion, als auch eine Variable, woran man sich erst gewöhnen muss! Diese Doppelrolle hat sich aber als sehr praktisch erwiesen, ein Verzicht auf diese Nachlässigkeit würde weder Darstellung noch Verständnis erleichtern.

Bei den hier behandelten und vielen weiteren Anwendungen hat die Funktion h eine spezielle Gestalt, wodurch sich auch die Lösungen der Differenzialgleichung mit einer speziellen Methode bestimmen lassen.

Getrennte Verhältnisse Mit dem Richtungsfeld haben wir bereits Lösungen von Differenzialgleichungen der Form $y' = h(x, y)$ veranschaulicht. Rechnerisch behandelt haben wir von diesen expliziten Differenzialgleichungen 1.Ordnung aber bisher nur den Spezialfall $h(x, y) = f(x)$, also das Problem der Bestimmung von Stammfunktionen. Auch wenn das nicht immer ganz einfach war, wollen wir nun ein wenig mutiger werden, und uns zumindest mit Differenzialgleichungen der Form

$$y' = f(x) \cdot g(y)$$

beschäftigen. Differenzialgleichungen, bei denen sich die Funktion $h(x, y)$ in dieser Art faktorisieren lässt, nennt man separierbar bzw. separiert (Variable faktoriell 'getrennt').

$$\text{Beispiel: } \quad y' = e^{x+y} = e^x \cdot e^y, \quad \text{(separiert)},$$
$$y' = x^2 + y^2, \text{ (nicht separierbar)}.$$

Die Definitionsbereiche von f und g seien reelle Intervalle, gegebenenfalls ganz $\mathbb{R}$, f und g seien hierauf stetig. Außerdem soll g nur endlich viele (oder gar keine) Nullstellen besitzen: Solche Nullstellen spielen hier offensichtlich eine Sonderrolle. Gilt zum Beispiel

$$g(k) = 0, \qquad\qquad\qquad \text{(Nullstelle)}$$

so ist die konstante Funktion

$$y(x) = k \qquad\qquad\qquad \text{(Lösung)}$$

eine spezielle Lösung, denn hierfür ist die Ableitung y' gleich Null, und das Produkt $f(x) \cdot g(y) = f(x) \cdot g(k)$ ebenfalls. Vergleichen Sie das Beispiel S. 268. Hier besitzt die Funktion $g(y) = y + 1$ die Nullstelle $y = -1$. Daher ist $y(x) = -1$ eine Lösung, vgl. Skizze!

Die folgende Diskussion setzt nun $g(y) \neq 0$ voraus, was den y–Bereich in einzelne Intervalle unterteilt, für die man die Lösungen bestimmt.

4.60 Satz *Sei f stetig auf $]a; b[$ und g stetig auf $]c; d[$, und $g(y) \neq 0$ für alle $y \in]c; d[$. Dann gibt es für beliebig vorgegebene Werte $x_0 \in]a; b[$ und $y_0 \in]c; d[$ stets genau eine Lösung $y(x)$ der Aufgabe:*

$$y' = f(x) \cdot g(y), \quad \text{mit } y(x_0) = y_0.$$

Die Lösung dieser Anfangswertaufgabe verläuft stets 'von Rand zu Rand', vgl. Skizze 4.61.

Bevor man solche Aufgaben gemäß 4.63 rezeptartig löst, sollte man wenigstens einmal die Bedeutung der einzelnen Schritte durchdacht haben:

(**4.61**)

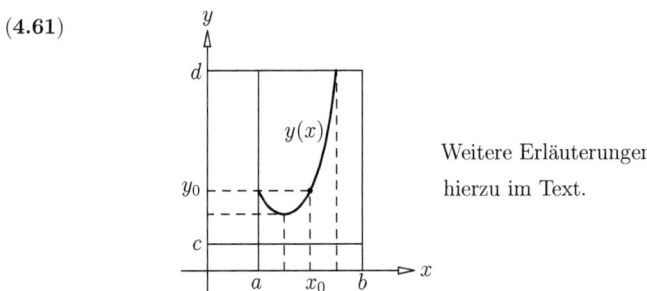

Weitere Erläuterungen

hierzu im Text.

Sei $y(x)$ eine Lösung der genannten Aufgabe. Dann gilt also $y(x_0) = y_0$, und für $x \in]a; b[$ folgt, zunächst wieder in ausführlicher Notation (man beachte $g(y(x)) \neq 0$):

$$y'(x) = f(x) \cdot g(y(x)), \qquad \frac{y'(x)}{g(y(x))} = f(x), \qquad \int_{x_0}^{x} \frac{y'(\xi)}{g(y(\xi))}\, d\xi = \int_{x_0}^{x} f(\xi)\, d\xi$$

Die Umbenennung der Variablen im Integral war erforderlich, um Verwechslungen mit der Integrationsgrenze zu vermeiden. Vergessen wir dabei nicht: Wir suchen eine Stammfunktion von y', die Integration ist daher ein sinnvoller Ansatz! Tatsächlich ergibt die Substitution $s = y(\xi)$, $ds = y'(\xi)\, d\xi$ nun weiter:

$$\int_{y(x_0)}^{y(x)} \frac{ds}{g(s)} = \int_{x_0}^{x} f(\xi)\, d\xi, \qquad (= F(x) - F(x_0)).$$

Das lässt sich leicht anschaulich interpretieren:
Ergibt *rechts* das Integral für x den Wert $F(x) - F(x_0)$, so ist $y = y(x)$ der gesuchte Funktionswert, wenn er beim *linken* Integral gleichfalls diesen Wert $F(x) - F(x_0)$ liefert,

$$\int_{y_0}^{y} \frac{ds}{g(s)} = \int_{x_0}^{x} f(\xi)\, d\xi.$$

Bezeichnen wir die Stammfunktion von $\frac{1}{g}$ einfach mit G, so bedeutet das:

$$G(y) - G(y_0) = F(x) - F(x_0)$$
$$G(y) = F(x) + \underbrace{G(y_0) - F(x_0)}_{C}$$

Implizite Lösung: $G(y) = F(x) + C$

In Worten: $y = y(x)$ ist derjenige Wert, für den $G(y)$ gleich $F(x) + C$. Anhand einer Skizze von $G(y)$ und $F(x) + C$ lässt sich also zu jedem x der gesuchte Funktionswert y ermitteln, vgl. Skizze 4.62. Das Ergebnis dieses konkreten Beispiels wurde anschließend in 4.61 skizziert!

(**4.62**)

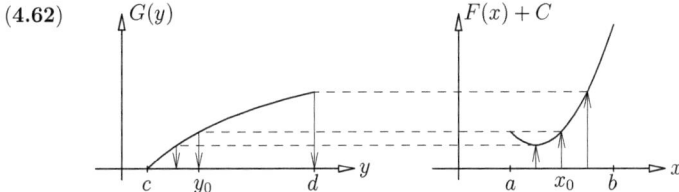

Diese Vorgehensweise kann erforderlich werden, falls wir die Funktionen G oder F nur durch Näherungsverfahren bestimmen und nicht durch elementare Ausdrücke darstellen können. Die vorausgesetzte Stetigkeit von f und g (und dann auch $\frac{1}{g}$) garantiert zumindest die Existenz der beiden Stammfunktionen. Rechnerisch erhalten wir die Lösung natürlich auch, indem wir die Gleichung nach y auflösen, wozu wir allerdings G^{-1} benötigen:

Als Stammfunktion von $\frac{1}{g} \neq 0$ ist G streng monoton wachsend (falls $\frac{1}{g} > 0$), oder streng monoton fallend (falls $\frac{1}{g} < 0$), folglich ist G umkehrbar! Bezeichnen wir die Umkehrung mit G^{-1}, so liefert die Auflösung der letzten Gleichung nach y endlich das Ergebnis:

Ist $y(x)$ eine Lösung der Aufgabe $y' = f(x) \cdot g(y)$, $y(x_0) = y_0$, so muss gelten:

$$y(x) = G^{-1}(F(x) + C), \quad \text{mit } C = G(y_0) - F(x_0).$$

Wenn es also eine Lösung der Anfangswertaufgabe gibt, dann muss sie so aussehen! Durch Differenzieren können wir aber sofort nachprüfen, dass $y(x)$ tatsächlich eine Lösung ist, (vgl. S. 235, und Kettenregel S. 234):

$$y'(x) = (G^{-1}(F(x) + C))' = \frac{1}{G'(G^{-1}(F(x) + C))} \cdot F'(x) = \frac{1}{G'(y(x))} \cdot f(x) =$$

$$= \frac{1}{\frac{1}{g(y(x))}} \cdot f(x) = f(x) \cdot g(y(x)) \hspace{2cm} \checkmark$$

Wir hätten die Lösung also auch gleich explizit in Satz 4.60 angeben können. Die notwendigen Erläuterungen formuliert man aber besser getrennt! Offensichtlich führen die nun folgenden, rezeptartigen Schritte stets zum angegebenen Ergebnis. Man beachte, dass G die Stammfunktion von $\frac{1}{g}$ bezeichnet! Das konkrete Beispiel daneben soll die einzelnen Schritte erläutern. Für das Beispiel gilt $x \in \mathbb{R}$, und $y_0, y \in {]}c; d{[} = {]}{-}1; \infty{[}$, (beachte $g(y) \neq 0$):

(4.63) Trennung der Variablen,   **Beispiel:**

$$y' = f(x) \cdot g(y), \quad y(x_0) = y_0 \hspace{2cm} y' = 2x \cdot (y+1), \quad y(1) = 0{,}36$$

$$\frac{dy}{dx} = f(x) \cdot g(y) \hspace{3.5cm} \frac{dy}{dx} = 2x \cdot (y+1)$$

$$\int \frac{dy}{g(y)} = \int f(x)\, dx, \quad (g(y) \neq 0) \hspace{1cm} \int \frac{dy}{y+1} = \int 2x\, dx, \quad (y+1 \neq 0)$$

$$G(y) = F(x) + C \hspace{4cm} \ln(y+1) = x^2 + C$$

$$C = G(y_0) - F(x_0) \hspace{3.5cm} C = \ln 1{,}36 - 1^2 = -0{,}69$$

$$y = G^{-1}(F(x) + C) \hspace{3.5cm} y = e^{x^2 - 0{,}69} - 1, \quad \text{und}$$

weiter vereinfacht: $y = e^{x^2} \cdot e^{-0{,}69} - 1$,   **Ergebnis:** $y = 0{,}50 \cdot e^{x^2} - 1$.
(Eine Skizze dieser Lösung finden Sie auf S. 268, beachten Sie $y(1) = 0{,}36$.)
Als 'Rezeptvariante' kann man als Integrationsschritt auch wählen:

$$\int_{y_0}^{y} \frac{dt}{g(t)} = \int_{x_0}^{x} f(t)\, dt, \hspace{2cm} \int_{0{,}36}^{y} \frac{dt}{t+1} = \int_{1}^{x} 2t\, dt,$$

$$G(y) - G(y_0) = F(x) - F(x_0) \hspace{1cm} \ln(y+1) - \ln 1{,}36 = x^2 - 1^2$$

$$G(y) = F(x) + \underbrace{G(y_0) - F(x_0)}_{C} \hspace{1cm} \ln(y+1) = x^2 + \underbrace{\ln 1{,}36 - 1}_{-0{,}69}$$

Das liefert die Konstante C direkt anhand der Integrationsgrenzen. Nun zu einigen anwendungsorientierten Beispielen:

Exponentielles Wachstum hatten wir bereits auf S. 172 kennengelernt, sei es bei einer angesparten Geldmenge, einer Bakterienkultur, u.a. Wir wollen nun speziell das Wachstum einer Population noch einmal mit einem anderen Ansatz behandeln, der sich aber ebenso auf analoge Beispiele wie Sparkapital u.a. übertragen lässt. Für die Zeit $t \geq 0$ und die anderen Größen seien je nach Anwendung passende Einheiten gewählt, so dass wir im folgenden mit dimensionslosen Maßzahlen rechnen können.

Denken wir uns eine Population $N(t)$ idealisiert als glatte (differenzierbare) Kurve. Nach einer Zeitspanne Δt hat sich die Population wieder um eine gewisse Anzahl G von Geburten vergrößert, und um eine Anzahl S von Sterbefällen verringert:

(4.64) $N(t + \Delta t) = N(t) + G - S$

G ist proportional zur momentanen Größe $N(t)$ der Population, und proportional zu Δt, (für genügend kleine Werte von Δt). Folglich ist G auch proportional zu $N(t) \cdot \Delta t$, vgl. S. 45. Dasselbe gilt analog für die Anzahl S der Sterbefälle, somit:

(4.65) $G = g \cdot N(t) \cdot \Delta t, \qquad S = s \cdot N(t) \cdot \Delta t,$

mit konstanten Proportionalitätsfaktoren $g = g_0$ und $s = s_0$ (Geburts– und Sterberate). Diese Annahmen sind bei noch geringer Populationsdichte, d.h. in der frühen Phase der Entwicklung, erfüllt (keine Beschränkung des Nahrungsangebots oder anderer Ressourcen). Wir erhalten nach Einsetzen und Grenzübergang $\Delta t \to 0$:

$$N(t + \Delta t) = N(t) + g_0 \cdot N(t) \cdot \Delta t - s_0 \cdot N(t) \cdot \Delta t$$

$$\frac{N(t + \Delta t) - N(t)}{\Delta t} = (g_0 - s_0) \cdot N(t)$$

$$N'(t) = (g_0 - s_0) \cdot N(t)$$

$r = g_0 - s_0$ heißt 'Wachstumsrate'. Bezeichne N_0 die Population zu Beginn, also für $t_0 = 0$. Dann lautet die Differenzialgleichung, passend notiert zwecks Trennung der Veränderlichen:

$$\frac{dN}{dt} = r \cdot N, \quad N(0) = N_0.$$

Überprüfen Sie doch bitte: $\frac{dN}{dt} = f(t) \cdot g(N)$, mit $f(t) = r$ (konstant), und $g(N) = N$. $N = 0$ ist eine, wenn auch uninteressante Lösung. Natürlich sind Lösungen für $N < 0$ hier wie im folgenden ohne praktische Bedeutung. Wir erhalten nun für $N > 0$:

$$\int \frac{dN}{N} = \int r \, dt, \quad \ln N = r \cdot t + c, \quad N = e^{r \cdot t + c}, \quad N = e^c \cdot e^{r \cdot t},$$

Einsetzen von $t_0 = 0$ liefert $N_0 = e^c$.   **Ergebnis** $N = N_0 \cdot e^{r \cdot t}$, $(t \geq 0)$.

(4.66)

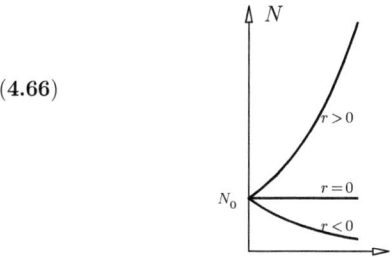

Exponentielles Wachstum für
verschiedene Wachstumsraten r

Zugegeben, das hätten wir auch durch Raten finden können, (mit den üblichen Bezeichnungen lautete die Aufgabe: $y'(x) = r \cdot y(x)$, $y(0) = y_0$, und die Lösung $y(x) = y_0 \cdot e^{r \cdot x}$). Als Übung für die folgende Aufgabe war es aber vielleicht ganz nützlich!

Die Lösungen sind Exponentialfunktionen, deren Teil für $t < 0$ 'abgeschnitten' ist, vgl. 4.66.

Logistisches Wachstum Eine ständig exponentiell anwachsende Population ist sicher unrealistisch, denn Versorgung und Nachschub sind in der Regel limitiert (*Logistik* für: Nachschub, Versorgung). Mit wachsender Population werden die Lebensbedingungen ungünstiger. Die Geburtenrate g wird mit wachsender Population geringer, die Sterberate s wird steigen. Wir korrigieren das, indem wir einfach annehmen:

$$g = g_0 - a \cdot N(t), \qquad s = s_0 + b \cdot N(t), \qquad (a, b > 0 \text{ positive Konstanten.})$$

Einsetzen in 4.64 und 4.65 ergibt nach Grenzübergang $\Delta t \to 0$ in diesem Fall:

$$N'(t) = N(t) \cdot (g - s)$$

$$N'(t) = N(t) \cdot ((g_0 - s_0) - (a + b) \cdot N(t))$$

$$N'(t) = (g_0 - s_0) \cdot N(t) \cdot (1 - \frac{a + b}{g_0 - s_0} \cdot N(t))$$

$$N'(t) = (g_0 - s_0) \cdot N(t) \cdot (1 - \frac{N(t)}{\frac{g_0 - s_0}{a + b}})$$

(4.67) $\qquad \dfrac{dN}{dt} = rN \cdot \left(1 - \dfrac{N}{K}\right)$, $\quad r, K$ Konstanten; $\left(\text{hier: } r = g_0 - s_0, \quad K = \dfrac{g_0 - s_0}{a + b}\right)$.

Diskutieren wir zunächst einmal wieder die Nullstellen von $g(N) = N \cdot (1 - \frac{N}{K})$, suchen also nach konstanten Lösungen. $N = 0$ ist natürlich uninteressant. Aber $g(N)$ ist auch Null, wenn der zweite Faktor $(1 - \frac{N}{K})$ verschwindet: Und das ist der Fall für

(4.68) $\qquad N = K \qquad$ bzw. $\qquad N = \dfrac{g_0 - s_0}{a + b} \qquad$ bzw. $\qquad g - s = 0 \qquad$ bzw. $\qquad g = s$.

Klar: Die konstante Population $N = N_0$ ist in diesem Fall schon zu Beginn so ungewöhnlich hoch, dass die Sterberate gleich der Geburtsrate ist! Der Fall $N > K$ bzw. $s > g$ wird in der Praxis kaum auftreten, lässt sich aber prinzipiell genau so lösen wie der nun folgende Fall $N < K$ bzw. $s < g$. Man rechnet leicht nach, dass $\frac{1}{N \cdot (1 - \frac{N}{K})} = \frac{1}{N} + \frac{\frac{1}{K}}{1 - \frac{N}{K}}$. Wir erhalten also durch Trennung der Veränderlichen in 4.67, (Seiten links und rechts vertauscht):

$$\int r \, dt = \int \frac{1}{N \cdot (1 - \frac{N}{K})} \, dN = \int \frac{1}{N} \, dN + \int \frac{\frac{1}{K}}{1 - \frac{N}{K}} \, dN = \ln N - \ln \left(1 - \frac{N}{K}\right),$$

$$rt + c = \ln \frac{N}{1 - \frac{N}{K}} = \ln \frac{K \cdot N}{K \cdot (1 - \frac{N}{K})} = \ln \frac{K \cdot N}{K - N}, \qquad e^{rt + c} = e^c \cdot e^{rt} = C \cdot e^{rt} = \frac{K \cdot N}{K - N},$$

$$\text{Zwischenergebnis:} \quad C \cdot e^{rt} = \frac{K \cdot N}{K - N}$$

Bevor wir nun weiter nach N auflösen, lässt sich hier bequem C bestimmen. Einsetzen von $t = 0$ ergibt sofort: $C = \frac{K \cdot N_0}{K - N_0}$. Hingegen bereitet das Auflösen nach N bereits etwas Mühe:

$$(K - N) \cdot C \cdot e^{rt} = K \cdot N, \qquad K \cdot C \cdot e^{rt} = N \cdot C \cdot e^{rt} + K \cdot N = (C \cdot e^{rt} + K) \cdot N, \text{ also:}$$

$$N = \frac{K \cdot C \cdot e^{rt}}{C \cdot e^{rt} + K} = \frac{K}{1 + \frac{K}{C \cdot e^{rt}}} = \frac{K}{1 + \frac{K}{C}e^{-rt}} \,, \text{ einsetzen von } C = \frac{K \cdot N_0}{K - N_0} \text{ ergibt endlich:}$$

(**4.69**)
$$N(t) = \frac{K}{1 + \dfrac{K - N_0}{N_0} \cdot e^{-rt}}$$

Dies ist also die Lösung für den Fall $N < K$, und natürlich $0 < N$. Man beachte auch $0 < r$, (aus $g > s$ folgt $g_0 > s_0$).

Kurvendiskussion Je nach Anfangswert N_0 erhalten wir eine andere Kurve! Es handelt sich also wegen $0 < N_0 < K$ um eine ganze Kurvenschar, die aber erstaunlich leicht zu skizzieren ist. Es genügt nämlich, den Verlauf einer einzigen Kurve zu kennen! Alle übrigen Kurven sind nur in Richtung t–Achse verschoben. Das wissen wir eigentlich bereits von der Diskussion des Richtungsfeldes einer Differenzialgleichung, vgl. S. 267! Beginnen wir mit der einfachsten Funktion dieser Art: Speziell für $N_0 = \frac{K}{2}$ ergibt sich $\frac{K-N_0}{N_0} = \frac{K/2}{K/2} = 1$, also

(**4.70**)
$$N(t) = \frac{K}{1 + e^{-rt}} \qquad\qquad \left(N_0 = \frac{K}{2}\right)$$

Sie werden den Kurvenverlauf sicherlich mit den Ihnen vertrauten Methoden leicht bestimmen können. Wichtige Informationen erhält man schon anhand des Nenners. Dieser wird beliebig groß für $t \to -\infty$, und er geht gegen 1 für $t \to \infty$. Folglich $0 < N(t) < K$, genauer:

$$N(t) \to 0, \quad \text{für } t \to -\infty, \qquad N(t) \to K, \quad \text{für } t \to \infty.$$

Zur Diskussion von $N'(t)$ und $N''(t)$ wird man üblicherweise 4.70 differenzieren. Wir erkennen aber auch bereits mit 4.67, dass N' für kleine Werte von N sehr klein ist (der zweite Faktor $1 - \frac{N}{K}$ ist dann nahe 1). Ebenfalls wird N' beliebig klein, wenn N genügend nahe bei K, kurz:

$$N'(t) \to 0, \quad \text{für } t \to -\infty, \qquad N'(t) \to 0, \quad \text{für } t \to \infty.$$

Dazwischen besitzt N' ein Maximum, genauer gesagt, die Ableitung von N' wird Null:

$$(N')' = \left(rN \cdot \left(1 - \tfrac{N}{K}\right)\right)' = rN' \cdot \left(1 - \tfrac{N}{K}\right) + rN \cdot \left(-\tfrac{N'}{K}\right) = rN' \cdot \left(1 - \tfrac{2N}{K}\right)$$

Offensichtlich gilt $N'' = (N')' = 0$ für $N = \frac{K}{2}$ (also für $t = 0$). Für eine Skizze sollten diese Informationen ausreichen, vgl. 4.71, mittlere Kurve.

(**4.71**) Logistisches Wachstum für unterschiedliche Anfangswerte $N(0)$:

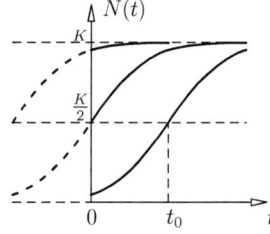

Verschieben wir nun die Kurve um einen Wert t_0 nach rechts (für $t_0 > 0$) bzw. links (für $t_0 < 0$). Hierzu muss man nur t in 4.70 durch $t - t_0$ ersetzen:

$$N(t) \;=\; \frac{K}{1 + e^{-r(t-t_0)}}$$

Überprüfen Sie, dass hierfür wirklich $N(t_0) = \frac{K}{2}$ gilt, für 4.70 dagegen $N(0) = \frac{K}{2}$, usw.
Auch alle übrigen Funktionswerte von 4.70 sind nur um t_0 verschoben.

Speziell für $t_0 = \frac{1}{r} \cdot \ln\left(\frac{K - N_0}{N_0}\right)$ erhalten wir:

$$e^{-r(t-t_0)} \;=\; e^{rt_0 - rt} \;=\; e^{rt_0} \cdot e^{-rt} \;=\; \frac{K - N_0}{N_0} \cdot e^{-rt},$$

Oben eingesetzt ergibt sich die in 4.69 angegebene Kurve!

Es gilt: $t_0 = 0$ für $N_0 = \frac{K}{2}$, $t_0 > 0$ für $N_0 < \frac{K}{2}$, und $t_0 < 0$ für $N_0 > \frac{K}{2}$.

Daraus folgt: Eine Änderung des Anfangswertes N_0 bewirkt nur eine Verschiebung des Kurvenverlaufs in t-Richtung, Skizze 4.71.

Ebenso bemerkenswert ist, dass *unabhängig* von der Anfangspopulation $N_0 = N(0)$ gilt: Erreicht das Wachstum (Steigung N') seinen größten Wert, ist die Population N genau auf der Hälfte ihres theoretischen Endwertes K angelangt. Das bisher beschleunigte Wachstum beginnt sich von diesem Punkt an abzuschwächen.

Zu weiteren Beispielen wie die 'Gombertzsche Wachstumsfunktion' siehe S. 298, Aufg. 8.

Bemerkungen und Ergänzungen

Gruß von der Leber – Die Michaelis-Menten Gleichung Ob nun Kohlenmonoxid oder Alkohol im Blut, beide Stoffe sind giftig und müssen abgebaut werden. Allerdings ohne Temperatur- oder Druckerhöhung, wie das in einem chemischen Reaktor möglich wäre! Zur Berechnung des Blutalkohols siehe Seite 58. Die Fähigkeit zum Abbau solcher Stoffe verdanken wir hochspezialisierten Biokatalysatoren, den *Enzymen*.

Angenommen die Konzentration $\mathbf{S}$ der betreffenden Substanz verringert sich hierbei um $\Delta\mathbf{S}$ innerhalb einer kurzen Zeitspanne $\Delta\mathbf{t}$. Dann ist $\frac{\Delta\mathbf{S}}{\Delta\mathbf{t}}$ ein Maß für die Geschwindigkeit des Abbaus, Einheit Mol pro Sekunde ($mol \cdot s^{-1}$). Also ganz analog wie beim Zurücklegen einer Strecke, gemessen in Meter pro Sekunde. Und die exakte Definition geschieht natürlich ebenfalls durch Grenzübergang, man beachte auch die Anmerkungen über die Einheiten auf S. 238:

$$\mathbf{\dot{v}}_s \;=\; \lim_{\Delta\mathbf{t}\to 0} \frac{\Delta\mathbf{S}}{\Delta\mathbf{t}} \;=\; \frac{d\mathbf{S}}{d\mathbf{t}}$$

$\mathbf{S}$ sei einfach die Bezeichnung für die Stoffmengenkonzentration, üblich ist $[\mathbf{S}]$ bzw. $\mathbf{c}(\mathbf{S})$.

Anstelle von $\mathbf{S}$ kann man auch die Konzentration $\mathbf{P}$ des Abbauproduktes betrachten, die natürlich zunimmt. Daher ist $\mathbf{v}_p = \frac{d\mathbf{P}}{d\mathbf{t}}$ positiv, $\mathbf{v}_s = \frac{d\mathbf{S}}{d\mathbf{t}}$ dagegen negativ. Abgesehen vom Vorzeichen sind $\Delta\mathbf{P}$ und $\Delta\mathbf{S}$ zumeist gleich groß, so dass unter dieser Voraussetzung gilt $\mathbf{v}_p = -\mathbf{v}_s$. Wir wählen für das Beispiel des Alkoholabbaus im Alltag gebräuchliche Einheiten.

Konkret gilt dann für den zeitlichen Verlauf $\mathbf{S}(t)$ des Blutalkohols eine Gleichung der Form

$$(\mathbf{4.72}) \qquad \frac{d\mathbf{S}}{dt} \;=\; -\frac{0,18 \cdot \mathbf{S}}{0,08 + \mathbf{S}} \qquad\qquad (\mathbf{S} \text{ in Promille, } \mathbf{t} \text{ in Stunden}).$$

Für große Werte von S kann 0,08 vernachlässigt und der Nenner zu S vereinfacht werden: Die Abbaugeschwindigkeit ist also in diesem Falle angenähert gleich dem Maximalwert $V_{max} = -0,18$ Promille pro Stunde, mit leicht sinkender Tendenz. Bei $S = 0,08$ Promille zum Beispiel beträgt die Abbaurate nur noch:

$$\frac{dS}{dt} = -\frac{0,18 \cdot 0,08}{0,08 + 0,08} = -0,18 \cdot \frac{0,08}{0,08 + 0,08} = V_{max} \cdot \frac{1}{2}$$

Das ist die Hälfte des maximal möglichen Wertes. Aber da ist das Schlimmste bereits vorbei.

Für noch kleinere Werte von S kann der Nenner in 4.72 durch 0,08 ersetzt werden. Es gilt dann näherungsweise Proportionalität: $\frac{dS}{dt} = -\frac{0,18\,S}{0,08} = -2,25 \cdot S$. Das entspricht dem Verlauf der Tangente im Nullpunkt, (vgl. 4.73).

Man beachte $v_P = -v_S$, also ohne das negative Vorzeichen in 4.72. Insgesamt handelt es sich bei dieser Kurve um eine verschobene Hyperbel, wie der angedeutete Verlauf für $S < 0$ in Skizze 4.73 zeigen soll.

(**4.73**)

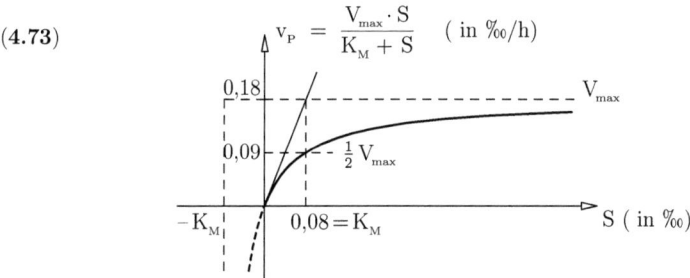

$$v_P = \frac{V_{max} \cdot S}{K_M + S} \quad (\text{ in } \%_0/h)$$

Frage Nach welcher Zeit t sinkt ein Blutalkoholgehalt von $S(0) = 1,0\,\%_0$ auf $S(t) = 0,1\,\%_0$?

4.72 ist wieder ein klarer Fall für die Trennung der Veränderlichen, $\frac{dS}{dt} = f(t) \cdot g(S)$, mit $f(t) = 1$, $g(S) = -\frac{0,18 \cdot S}{0,08 + S}$. Die Nullstelle $S = 0$ ist uninteressant, wir setzen einen Alkoholpegel $S > 0$ voraus:

$$\int 1\,dt = -\int \frac{0,08 + S}{0,18 \cdot S}\,dS = -\int \frac{0,08}{0,18 \cdot S}\,dS - \int \frac{S}{0,18 \cdot S}\,dS = -\int \frac{0,44}{S}\,dS - \int 5,6\,dS$$

$t = -0,44 \cdot \ln S - 5,6 \cdot S + C$. Einsetzen von $t = 0$ ergibt mit $S(0) = S_0$:
$0 = -0,44 \cdot \ln S_0 - 5,6 \cdot S_0 + C$, folglich $C = 0,44 \cdot \ln S_0 + 5,6 \cdot S_0$, und somit das

<u>Ergebnis:</u>
$$t = 0,44 \cdot \ln \frac{S_0}{S} + 5,6 \cdot (S_0 - S)$$

Den Kurvenverlauf von t als Funktion von S zeigt Skizze 4.74, linkes Bild. Eigentlich fehlt noch der letzte Schritt, nämlich die Auflösung bzw. Darstellung $S = h(t)$, also S als Funktion von t, und nicht umgekehrt $t = h^{-1}(S)$. Leider ist diese Darstellung von S bzw. die Umkehrung von h^{-1} in diesem Falle gar nicht elementar möglich, ein allzu bekanntes Problem.

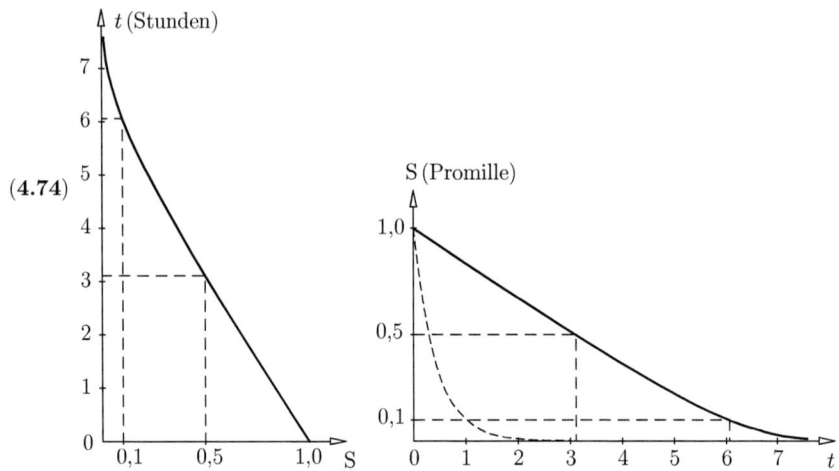

(4.74)

Und was würde uns die Umkehrung bringen? Gemäß Aufgabenstellung müssten wir $S = h(t)$ sowieso nach t auflösen, um t zu bestimmen! Ein Glücksfall geradezu, dass hier die Auflösung $t = h^{-1}(S)$ bereits vorliegt:

Zu Beginn gelte $S_0 = 1$ (Promille), nach t Stunden $S(t) = 0,1$. Einsetzen liefert sofort die Antwort auf die vorige Frage: $t = 0,44 \cdot \ln\frac{1}{0,1} + 5,6 \cdot (1 - 0,1) \approx 6$ Stunden.

Sie können diese Lösung auch graphisch ermitteln, vergleichen Sie die Skizze 4.74, linkes Bild. Da nach Voraussetzung in 5 Stunden maximal $5 \cdot 0,18\,‰ = 0,9\,‰$ Abbau möglich sind, war ein solches Ergebnis zu erwarten. Die gewohnte Darstellung von S als Funktion von t lässt sich zeichnerisch durch Spiegeln an der Winkelhalbierenden ermitteln. Das ergibt den Kurvenverlauf von Abb. 4.74 rechts.

S fällt zunächst annähernd linear: Es wird pro Stunde fast konstant $0,18\,‰$ abgebaut, unabhängig von der bestehenden Konzentration S (Reaktion 0. Ordnung). Die Kurve mündet schließlich in einen exponentiellen Abfall: Analog zum radioaktiven Zerfall ist der Substanzverlust $\frac{dS}{dt}$ nun proportional zur momentanen Konzentration S (Reaktion 1. Ordnung). Wäre von Anfang an $\frac{dS}{dt} = -2,25 \cdot S$, entsprechend der Tangente in 4.73, würde sich sofort ein exponentieller Abfall einstellen, $S = S_0 \cdot e^{-2,25\,t}$. Zum Vergleich ist dieser rapide, exponentielle Abfall rechts in Abb. 4.74 gestrichelt eingezeichnet. Ein derartiger Verlauf ergibt sich aber nur, wenn die Substratmenge im Vergleich zum Enzym gering ist. Zum Beispiel wird Kohlenmonoxid exponentiell mit einer Halbwertszeit von ca. 2,5 Stunden ausgeschieden, und ein exponentieller Abfall gilt auch für viele Drogen und Medikamente.

Der Abbau von Alkohol ist nur ein Spezialfall der allgemeinen

Michaelis - Menten Gleichung $v = \dfrac{V_{max} \cdot S}{K_M + S}$

aus der Enzymkinetik, ($v = -\frac{dS}{dt}$).

K_M heißt Michaelis–Konstante und ist charakteristisch für die betreffende Reaktion! K_M ist diejenige Substratkonzentration S, bei der $v = \frac{1}{2}V_{max}$ beträgt.

Wir haben für 4.72 als Werte $\mathbf{V}_{\max} = 4{,}0\,\frac{\text{mmol}}{\text{L·h}}$ und $\mathbf{K}_{\text{M}} = 1{,}7\,\frac{\text{mmol}}{\text{L}}$ zu Grunde gelegt, um den Alkoholabbau durch die Alkohol-Dehydrogenase (ADH) zu beschreiben. Natürlich ist die maximale Abbaugeschwindigkeit individuell etwas verschieden.

Bei höheren Alkoholkonzentrationen wird noch ein weiteres Enzymsystem aktiviert, was bei chronischem Alkoholkonsum zu erhöhten Abbauraten führt. Ein Alkoholiker benötigt dadurch immer mehr Alkohol, um seinen Blutalkoholspiegel zu halten, bis schließlich das ganze System zusammenbricht.

Als Zusammenhang zwischen Konzentration und Zeit erhält man allgemein aus der Michaelis--Menten Gleichung die Beziehung:

$$t = \frac{\mathbf{K}_{\text{M}}}{\mathbf{V}_{\max}} \cdot \ln \frac{\mathbf{S}_0}{\mathbf{S}} + \frac{1}{\mathbf{V}_{\max}} \cdot (\mathbf{S}_0 - \mathbf{S})$$

Ein Blick zurück ...

- Unter den Differenzialgleichungen 1. Ordnung bilden die separierbaren eine wichtige Klasse.

- Das Lösungsverfahren der Trennung der Variablen sollte man kennen.

- Der logistische Wachstumsansatz berücksichtigt die Beschränktheit der Ressourcen.

- Auch die Michaelis–Menten Gleichung gehört zu den Differenzialgleichungen mit getrennten Variablen.

Aufgaben

1. Lösen Sie durch Trennung der Veränderlichen die 'allometrische Differenzialgleichung':
$$\frac{dy}{dx} = h \cdot \frac{y}{x}, \quad y(1) = c.$$
Hierbei gilt $x, y > 0$; und $h, c > 0$ sind vorgegebene Konstante.

2. (i) Fechner versuchte aus der Weber–Beziehung (S. 10) ein allgemeines Gesetz über die Empfindungsstärke E (Hören, Sehen, Schmecken, ...) in Abhängigkeit der Reizstärke (Schall-, Lichtintensität, Konzentration, ...) zu formulieren. Er setzte $\Delta E \sim \frac{\Delta R}{R}$, bzw. $\frac{\Delta E}{\Delta R} \sim \frac{1}{R}$, und somit näherungsweise, mit einer positiven Konstanten k:
$$\frac{dE}{dR} = k \cdot \frac{1}{R}, \qquad E(R_0) = 0$$
(R_0 der Schwellenwert, ab dem eine Empfindung wahrgenommen wird). Zeigen Sie durch Trennung der Veränderlichen für $R \geq R_0$: $E = k \cdot (\ln R - \ln R_0) = k \cdot \ln \frac{R}{R_0}$.

(ii) Stevens stellte experimentell fest, dass die relative Änderung der Empfindungsstärke $\Delta E / E$ proportional ist zur relativen Änderung der Reizstärke $\Delta R / R$, genauer $\frac{\Delta E}{E} \sim \frac{\Delta R}{R - R_0}$, $\frac{\Delta E}{\Delta R} \sim \frac{E}{R - R_0}$, $(R > R_0)$. Hiernach gilt also für die Empfindungsstärke E in Abhängigkeit der Reizstärke R, mit einer positiven Konstanten a:
$$\frac{dE}{dR} = a \cdot \frac{E}{R - R_0}.$$
Bestimmen Sie E durch Trennung der Veränderlichen!

3. Lösen Sie die Differenzialgleichung 4.67 auch für den Fall $N > K$. Skizzieren Sie den Kurvenverlauf dieser Lösung. Hinweis: $\int \frac{\frac{1}{K}}{1 - \frac{N}{K}} \, dN = -\ln\left(\frac{N}{K} - 1\right)$.

4. Lösen Sie allgemein $y' = a \cdot y + b$ durch Trennung der Veränderlichen. Zeigen Sie mit Trennung der Variablen: $y = C \cdot e^{a \cdot x} - \frac{b}{a}$, $C \in \mathbb{R}$ eine beliebige Konstante. Hinweis: S. 270, Aufg. 11, Teil (ii). (Einfacher natürlich: y differenzieren und einsetzen!)

5. Für eine Population von Fruchtfliegen wurde experimentell festgestellt
$$\frac{dN}{dt} = \frac{1}{5}N - \frac{N^2}{5200}, \qquad N(0) = 10, \qquad\qquad (t \text{ in Tagen}).$$
Wie groß ist N nach 15 Tagen, und wie groß wird N maximal?
Hinweis: $\frac{1}{5}N$ ausklammern, und 4.67 sowie 4.69 benutzen!

6. Sogar eine einfache Pflanze, etwa die einjährige Sonnenblume, kann als Population von Zellen unter limitierten Ressourcen aufgefasst werden. Bezeichne $h(t)$ für $t \geq 0$ die Höhe zur Zeit t, $h_0 = h(0)$ die Höhe zu Beginn der Beobachtung, und H die Endhöhe. Tatsächlich konnte die Beziehung
$$\frac{dh}{dt} = \lambda \cdot h \cdot (H - h)$$
empirisch bestätigt werden ($\lambda > 0$ eine Wachstumskonstante). Bestimmen Sie $h(t)$! Hinweis: Formen Sie um $\lambda \cdot h \cdot (H - h) = \lambda H \cdot h \cdot (1 - \frac{h}{H})$. Natürlich gilt $h < H$. Mit den Bezeichnungen r anstelle λH und K für H erhalten Sie eine Differenzialgleichung der Form 4.67. Deren Lösung lässt sich an 4.69 ablesen!

7. Lösen Sie durch 'Trennung der Veränderlichen': $\frac{dN}{dt} = N \cdot \ln \frac{1}{N}$ für $0 < N < 1$, $N(0) = N_0$. Zeigen Sie, dass $N(t) = N_0^{(e^{-t})}$ und skizzieren Sie die Lösung. Hinweis: Substitution $v = \ln \frac{1}{N} = -\ln N$ wegen $\frac{dv}{dN} = -\frac{1}{N}$, $dv = -\frac{1}{N} \, dN$.

8. Zur Beschreibung des Tumorwachstums wird gelegentlich die logistische Gleichung herangezogen. Experimentell wurde jedoch gefunden, dass hierfür die 'Gombertzsche Differenzialgleichung' besser geeignet ist: $\frac{dN}{dt} = rN \cdot \ln \frac{K}{N}$ mit $0 < N < K$, $N(0) = N_0$, (r, K positive Konstante). Skizzieren Sie die 'Gombertzsche Wachstumsfunktion' $N(t) = K \cdot \left(\frac{N_0}{K}\right)^{(e^{-rt})}$.
Für Experten: Herleitung dieser Lösung, analog zu voriger Aufgabe (mit $r = K = 1$).

9. Bei einer chemischen Reaktion verringert sich die Stoffmengenkonzentration $\mathbf{S}$ innerhalb einer kurzen Zeitspanne Δt um ΔS, man nennt $\mathbf{v} = \frac{d\mathbf{S}}{dt} = \lim_{t \to 0} \frac{\Delta \mathbf{S}}{\Delta t}$ die Reaktionsgeschwindigkeit.
Bei einer 'Reaktion 1. Ordnung' ist $\frac{d\mathbf{S}}{dt}$ proportional zur momentanen Stoffmenge $\mathbf{S}$, $\frac{d\mathbf{S}}{dt} \sim \mathbf{S}$. Da $\mathbf{S}$ abnimmt, ist $\frac{d\mathbf{S}}{dt}$ bzw. die Proportionalitätskonstante negativ. Man notiert das wieder in der Form $\frac{d\mathbf{S}}{dt} = -\mathbf{k_1} \cdot \mathbf{S}$, (mit $\mathbf{k_1} > 0$). Lösen Sie diese Differenzialgleichung mittels Trennung der Veränderlichen, Anfangsbedingung $\mathbf{S}(0) = \mathbf{S_0}$.
Hinweis: Zeigen Sie $\mathbf{S} = \mathbf{S_0} \cdot e^{-\mathbf{k_1} \cdot \mathbf{t}}$. Rechnen Sie einfach nur mit den Maßzahlen (Einheiten gekürzt). Die Einheiten lassen sich zum Schluss auch wieder hinzufügen.

10. Analog wie vorige Aufgabe für eine 'Reaktion 2. Ordnung': $\frac{d\mathbf{S}}{dt} = -\mathbf{k_2} \cdot \mathbf{S}^2$.
Hinweis: Zeigen Sie $\frac{1}{\mathbf{S}} = \mathbf{k_2} \cdot \mathbf{t} + \frac{1}{\mathbf{S_0}}$ bzw. $\mathbf{S} = 1/(\mathbf{k_2} \cdot \mathbf{t} + \frac{1}{\mathbf{S_0}})$.

4 f) Der Satz von Taylor

Die Bestimmung der relativen Extrema einer Funktion ist Ihnen vom Schulunterricht wohl vertraut. Gilt $f'(x_0) = 0$ und zum Beispiel $f''(x_0) < 0$, so besitzt $f(x)$ an der Stelle x_0 ein relatives *Maximum*. Erwarten Sie im Falle eines *negativen* Wertes nicht eher ein *Minimum*? Warum ist das Ergebnis gerade so herum, wie beweist man es eigentlich?

Außerdem werden wir die Frage nach einer Stammfunktion der Gaußschen Glockenkurve $f(x) = \frac{1}{\sqrt{2\pi}} \cdot e^{-\frac{x^2}{2}}$ endlich 'näher beantworten'!

Wer die Wahl hat Mit dem Mittelwertsatz der Differenzialrechnung von S. 247 fängt alles an: $f(b) - f(a) = f'(\xi) \cdot (b - a)$, nach einfacher Umformung $f(b) = f(a) + \frac{f'(\xi)}{1} \cdot (b - a)$, ξ ein nicht näher bekannter Wert zwischen a und b (zwei beliebige Werte aus dem Definitionsbereich D von $f(x)$).

Hier nun eine überraschend systematische Folge von Verallgemeinerungen:

I. $f(b) = f(a) + \dfrac{f'(\xi)}{1} \cdot (b - a)\,,$

II. $f(b) = f(a) + \dfrac{f'(a)}{1} \cdot (b - a) + \dfrac{f''(\xi)}{1 \cdot 2} \cdot (b - a)^2\,,$

III. $f(b) = f(a) + \dfrac{f'(a)}{1} \cdot (b - a) + \dfrac{f''(a)}{1 \cdot 2} \cdot (b - a)^2 + \dfrac{f'''(\xi)}{1 \cdot 2 \cdot 3} \cdot (b - a)^3\,,$ usw.

Sicherlich haben Sie die Systematik erkannt und können die nachfolgenden Gleichungen selbst formulieren! Wählen Sie sich eine natürliche Zahl n, so lautet die Aussage allgemein:

$$f(b) = f(a) + \tfrac{f'(a)}{1!} \cdot (b - a) + \tfrac{f''(a)}{2!} \cdot (b - a)^2 + \ldots + \tfrac{f^{(n)}(a)}{n!} \cdot (b - a)^n + \tfrac{f^{(n+1)}(\xi)}{(n+1)!} \cdot (b - a)^{n+1}$$

Hierbei ist $n!$ (gesprochen: n–Fakultät) nur eine Abkürzung für das Produkt $1 \cdot 2 \cdot 3 \cdot \ldots \cdot n$. Es bedeutet demnach:

$$4! = 1 \cdot 2 \cdot 3 \cdot 4 \ (=24), \quad 3! = 1 \cdot 2 \cdot 3 \ (=6), \quad 2! \ (=2), \quad 1! = 1$$

Das letzte Beispiel 1! ist zwar konsequent, wirkt aber schon etwas merkwürdig. Völlig 'leer' ist nun wirklich das 'Produkt' 0!, doch steht es uns frei, es mit einem Sinn zu füllen: Die Festlegung $0! = 1$ hat einen wichtigen formalen Grund. Man definiert nämlich, genauso formal, die „nullte Ableitung von $f(x)$" als $f(x)$, kurz: $f^{(0)}(x) = f(x)$. Und mit $(b - a)^0 = 1$ lässt sich nun die obige Reihe in 'vollendeter Konsequenz' schreiben als

$$f(b) = \tfrac{f^{(0)}(a)}{0!} \cdot (b-a)^0 + \tfrac{f^{(1)}(a)}{1!} \cdot (b-a)^1 + \tfrac{f^{(2)}(a)}{2!} \cdot (b-a)^2 + \ldots + \tfrac{f^{(n)}(a)}{n!} \cdot (b-a)^n + \tfrac{f^{(n+1)}(\xi)}{(n+1)!} \cdot (b-a)^{n+1}$$

Diesen perfekten systematischen Aufbau formuliert man gerne elegant und platzsparend mittels Summenzeichen:

$$(4.75) \qquad f(b) = \sum_{k=0}^{n} \frac{f^{(k)}(a)}{k!} \cdot (b - a)^k + \frac{f^{(n+1)}(\xi)}{(n+1)!} \cdot (b - a)^{n+1}$$

Wenn Sie im Ausdruck $\frac{f^{(k)}(a)}{k!} \cdot (b - a)^k$ für k der Reihe nach die Werte 0, 1, 2, … bis n einsetzen und die Ergebnisse addieren, erhalten Sie mit dem Restglied $\frac{f^{(n+1)}(\xi)}{(n+1)!} \cdot (b - a)^{n+1}$ wieder die vorige, lange Summe. Und genau so ist ein Summenzeichen als Abkürzung zu verstehen. Natürlich sind für den 'Laufindex' k auch andere Bezeichnungen erlaubt und üblich.

Und eine Summation muss nicht unbedingt mit 0 beginnen oder mit n aufhören. (Das große Sigma $\sum$ steht abkürzend für <u>S</u>umme.)

Selbstverständlich muss die Funktion $f(x)$ in 4.75 'genügend oft' differenzierbar sein, genauer gesagt $(n+1)$ mal, und $f^{(n+1)}(x)$ sollte auf dem Definitionsbereich zumindest stetig sein. Wir wollen in diesem Abschnitt einfach fordern, dass $f(x)$ *beliebig oft* differenzierbar ist! Das ist glücklicherweise für alle elementaren Funktionen wie Sinus, Cosinus, Polynome, Exponentialfunktionen und deren Umkehrungen der Fall, und auch für alles was daraus durch endlich viele Additionen, Subtraktionen, Multiplikationen, Divisionen und Verkettungen zusammengesetzt werden kann! Auch die Lösungen von Differenzialgleichungen sind meistens beliebig oft differenzierbar. Kurzum, unsere Forderung bedeutet keine besondere Einschränkung!

Zum Beweis von 4.75 beginnen wir mit dem bekannten Hauptsatz der Differenzial– und Integralrechnung, wonach gilt: $f(b) - f(a) = \int_a^b f'(x)\,dx$, also nach einfacher Umformung:

I. $\quad f(b) = f(a) + \displaystyle\int_a^b f'(x)\,dx$

Der Kern des folgenden Beweises ist eine etwas unkonventionelle, partielle Integration. Beachten Sie zum Beispiel $f'(x) = f'(x) \cdot 1$, und eine Stammfunktion von 1 ist nicht nur x, sondern beispielsweise auch $(x - b)$:

$\int_a^b f'(x)\,dx = \int_a^b f'(x) \cdot 1\,dx = [f'(x) \cdot (x-b)]_a^b - \int_a^b f''(x) \cdot (x-b)\,dx =$
$\qquad = 0 - f'(a) \cdot (a-b) - \int_a^b f''(x) \cdot (x-b)\,dx = f'(a) \cdot (b-a) + \int_a^b f''(x) \cdot (b-x)\,dx$

Das Ergebnis dieser Umformung eingesetzt in I ergibt schließlich:

II. $\quad f(b) = f(a) + \dfrac{f'(a)}{1} \cdot (b-a) + \displaystyle\int_a^b \dfrac{f''(x)}{1} \cdot (b-x)\,dx$

Wir formen das Restintegral wieder um mittels partieller Integration:

$\int_a^b \frac{f''(x)}{1} \cdot (b-x)\,dx = \left[\frac{f''(x)}{1} \cdot \frac{-(b-x)^2}{2} \right]_a^b + \int_a^b \frac{f'''(x)}{1} \cdot \frac{(b-x)^2}{2}\,dx =$
$\qquad = \frac{f''(a)}{1 \cdot 2} \cdot (b-a)^2 + \int_a^b \frac{f'''(x)}{1 \cdot 2} \cdot (b-x)^2\,dx$

Dies nun wieder eingesetzt in II ergibt:

III. $\quad f(b) = f(a) + \dfrac{f'(a)}{1} \cdot (b-a) + \dfrac{f''(a)}{1 \cdot 2} \cdot (b-a)^2 + \displaystyle\int_a^b \dfrac{f'''(x)}{1 \cdot 2} \cdot (b-x)^2\,dx$

Sie erkennen sicherlich schon die nächste Aussage! Wir zeigen nur noch die partielle Integration des Restintegrals:

$\int_a^b \frac{f'''(x)}{1 \cdot 2} \cdot (b-x)^2\,dx = \left[\frac{f'''(x)}{1 \cdot 2} \cdot \frac{-(b-x)^3}{3} \right]_a^b + \int_a^b \frac{f''''(x)}{1 \cdot 2} \cdot \frac{(b-x)^3}{3}\,dx =$
$\qquad = \frac{f'''(a)}{1 \cdot 2 \cdot 3} \cdot (b-a)^3 + \int_a^b \frac{f''''(x)}{1 \cdot 2 \cdot 3} \cdot (b-x)^3\,dx$

Nach n–maliger Wiederholung der Partiellen Integration und Einsetzen erhalten wir schließlich, als 'Weiterentwicklung' des Hauptsatzes der Differenzial– und Integralrechnung:

$$(\textbf{4.76}) \qquad f(b) = \sum_{k=0}^{n} \frac{f^{(k)}(a)}{k!} \cdot (b-a)^k + \int_a^b \frac{f^{(n+1)}(x)}{n!} \cdot (b-x)^n\,dx$$

(Dem kundigen Leser sei natürlich der Beweis durch 'vollständige Induktion' empfohlen!)

Das Restintegral lässt sich noch auf verschiedene Weise vereinfachen. Die folgende Darstellung des Restes geht auf Lagrange zurück. Wir folgern hierzu aus dem erweiterten Mittelwertsatz der Integralrechnung von S. 275, (beachten Sie zur Anwendung in diesem Falle, dass $v(x) = (b-x)^n \geq 0$ für alle $x \in [a; b]$):

$$\int_a^b \frac{f^{(n+1)}(x)}{n!} \cdot (b-x)^n \, dx = \frac{f^{(n+1)}(\xi)}{n!} \cdot \int_a^b (b-x)^n \, dx = \frac{f^{(n+1)}(\xi)}{n!} \cdot \left[\frac{-(b-x)^{n+1}}{n+1} \right]_a^b = \frac{f^{(n+1)}(\xi)}{(n+1)!} \cdot (b-a)^{n+1}$$

Einsetzen in 4.76 ergibt die behauptete Aussage 4.75.   ✓

In vorigem Beweis bildeten a und b ein Teilintervall des Definitionsbereiches D, den wir natürlich ebenfalls als Intervall voraussetzen (zum Beispiel auch $D = \mathbb{R}$). Anstelle von a und b sind in der Literatur die Bezeichnungen x_0 und x am gebräuchlichsten. Für eine genügend oft differenzierbare Funktion $f : D \to \mathbb{R}$ erhalten wir somit als Ergebnis den

4.77 Satz von Taylor   *Sei der Entwicklungspunkt $x_0 \in D$ beliebig, aber fest gewählt. Dann gibt es zu jedem $x \in D$ und jeder natürlichen Zahl n einen Wert ξ zwischen x_0 und x, so dass gilt:*

$$f(x) = \sum_{k=0}^{n} \frac{f^{(k)}(x_0)}{k!} \cdot (x - x_0)^k + \frac{f^{(n+1)}(\xi)}{(n+1)!} \cdot (x - x_0)^{n+1}$$

Speziell für $n = 0$, $n = 1$ und $n = 2$ erhalten wir die bereits als Gleichung I, II und III auf S. 299 notierten Sonderfälle. Der Satz von Taylor mit dem Restglied von Lagrange ist demnach eine Verallgemeinerung des Mittelwertsatzes der Differenzialrechnung. Die praktische Bedeutung zeigen bereits die folgenden, einfachen

Beispiele

1. $f(x) = \sin x$, $x_0 = 0$, $n = 4$:

$$f(x) = f(0) + \frac{f^{(1)}(0)}{1!} \cdot x + \frac{f^{(2)}(0)}{2!} \cdot x^2 + \frac{f^{(3)}(0)}{3!} \cdot x^3 + \frac{f^{(4)}(0)}{4!} \cdot x^4 + \frac{f^{(5)}(\xi)}{5!} \cdot x^5$$

Wir benötigen also folgende Ableitungen und Funktionswerte:

$$f(x) = \sin x \quad f^{(1)}(x) = \cos x \quad f^{(2)}(x) = -\sin x \quad f^{(3)}(x) = -\cos x \quad f^{(4)}(x) = \sin x$$
$$f(0) = 0 \quad f^{(1)}(0) = 1 \quad f^{(2)}(0) = 0 \quad f^{(3)}(0) = -1 \quad f^{(4)}(0) = 0$$

Und letztendlich noch $f^{(5)}(\xi) = \cos \xi$. Einsetzen in obige Summe ergibt:

$$\sin x = \underbrace{x - \frac{x^3}{3!}}_{T_4(x)} + \underbrace{\frac{\cos \xi}{5!} \cdot x^5}_{\text{Rest } r(x)}$$

Falls wir nun $\sin x$ durch den einfachen Ausdruck $T_4 = x - \frac{x^3}{3!}$ bzw. $T_4 = x - \frac{x^3}{6}$ ersetzen, bleibt leider ein Rest. Dessen Größe ist natürlich entscheidend für die Güte einer Näherung! Hier lässt sich der Rest, konkret zum Beispiel für Werte $-1 \leq x \leq 1$, leicht abschätzen. Man beachte nur $|\cos \xi| \leq 1$, (für alle $\xi \in \mathbb{R}$):

$$|r(x)| = \frac{|\cos \xi|}{5!} \cdot |x^5| \leq \frac{1}{120} \cdot 1^5 < 8{,}5 \cdot 10^{-3} \qquad (x \in [-1; 1])$$

Das ist zeichnerisch gar nicht mehr zu erkennen! Deshalb haben wir die Skizze 4.78 auf das Intervall $[-2; 2]$ ausgedehnt. Auf diesem Bereich 'stürzt' die Näherung langsam ab, der Rest wird zu groß. Deutlich besser wird es bereits wieder mit

(4.78) $\qquad\qquad T_4(x) = x - \dfrac{x^3}{3!}$

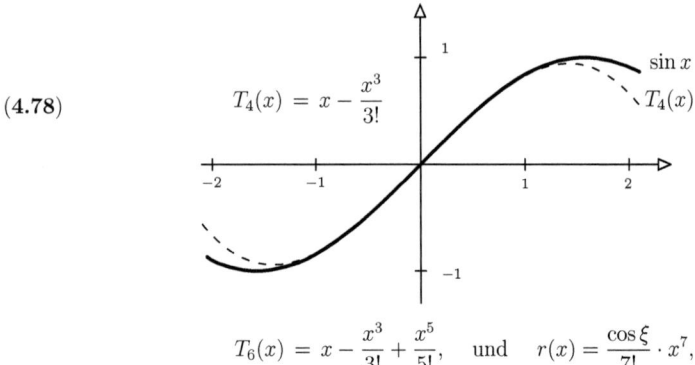

$$T_6(x) = x - \frac{x^3}{3!} + \frac{x^5}{5!}, \quad \text{und} \quad r(x) = \frac{\cos\xi}{7!} \cdot x^7,$$

und erst recht mit

$$T_8(x) = x - \frac{x^3}{3!} + \frac{x^5}{5!} - \frac{x^7}{7!} \quad \text{und} \quad r(x) = \frac{\cos\xi}{9!} \cdot x^9.$$

In letztem Falle ist $|r(x)|$ für $x \in [-2;\,2]$ nie größer als $\frac{2^9}{9!}$, und das ist echt kleiner als $1{,}5 \cdot 10^{-3}$. Tatsächlich geht der Rest für jeden Wert $x \in \mathbb{R}$ mit wachsendem n gegen Null, so dass man die 'Taylorentwicklung' der Sinusfunktion meistens schreibt in der Form:

$$\sin x = x - \frac{x^3}{3!} + \frac{x^5}{5!} - \frac{x^7}{7!} + \frac{x^9}{9!} - \frac{x^{11}}{11!} + - \ldots \qquad (x \in \mathbb{R})$$

Man notiert einfach so viele Terme, bis das Bildungsgesetz zweifelsfrei zu erkennen ist.

2. Bestimmen Sie: $\displaystyle\lim_{x \to 0} \frac{1 - \cos x}{x^2}$

Das lösten wir bereits mit der Regel von de l'Hospital, die auf dem Mittelwertsatz der Differenzialrechnung beruht. Dann wird es mit dem Satz von Taylor wohl auch gelingen. Wir erhalten wegen

$$f(x) = f(x_0) + \frac{f'(x_0)}{1!} \cdot (x - x_0) + \frac{f''(x_0)}{2!} \cdot (x - x_0)^2 + \frac{f'''(\xi)}{3!} \cdot (x - x_0)^3 \quad \text{mit}$$

$$f(x) = \cos x \quad f'(x) = -\sin x \quad f''(x) = -\cos x \quad f'''(x) = \sin x$$

$$f(0) = 1 \qquad f'(0) = 0 \qquad\qquad f''(0) = -1 \qquad f'''(\xi) = \sin\xi$$

als Entwicklung um den Punkt $x_0 = 0$:

$$\cos x = 1 - \frac{1}{2!} \cdot x^2 + \frac{\sin\xi}{3!} \cdot x^3, \qquad\qquad (\xi \text{ zwischen } 0 \text{ und } x).$$

Das ergibt $1 - \cos x = \frac{1}{2} \cdot x^2 - \frac{\sin\xi}{6} \cdot x^3$, folglich wegen $\xi \to 0$ für $x \to 0$:

$$\lim_{x \to 0} \frac{1 - \cos x}{x^2} = \lim_{x \to 0} \frac{\frac{1}{2} \cdot x^2 - \frac{\sin\xi}{6} \cdot x^3}{x^2} = \lim_{x \to 0} \left(\frac{1}{2} - \frac{\sin\xi}{6} \cdot x \right) = \frac{1}{2} \qquad \text{(Ergebnis)}.$$

Allgemein erhält man für die Taylorentwicklung des Cosinus um den Nullpunkt:

$$\cos x = 1 - \frac{x^2}{2!} + \frac{x^4}{4!} - \frac{x^6}{6!} + \frac{x^8}{8!} - \frac{x^{10}}{10!} + - \ldots \qquad (x \in \mathbb{R})$$

3. Wie lautet die Taylorentwicklung von $f(x) = e^x$ um $x_0 = 0$, für $n = 7$?

Die 'Königin unter den Funktionen' bereitet hier besondere Freude, denn für sie gilt ja

$$f(x) = f^{(1)}(x) = f^{(2)}(x) = f^{(3)}(x) = \ldots = f^{(7)}(x) = e^x, \text{ und mit } x_0 = 0:$$
$$f(0) = f^{(1)}(0) = f^{(2)}(0) = f^{(3)}(0) = \ldots = f^{(7)}(0) = 1, \quad f^{(8)}(\xi) = e^\xi.$$

Das liefert sofort das gesuchte Ergebnis

$$e^x = 1 + \frac{x}{1!} + \frac{x^2}{2!} + \frac{x^3}{3!} + \frac{x^4}{4!} + \frac{x^5}{5!} + \frac{x^6}{6!} + \frac{x^7}{7!} + \frac{e^\xi}{8!} \cdot x^8, \quad (\xi \text{ zwischen } 0 \text{ und } x).$$

Beachten Sie, dass die Werte von $x \in \mathbb{R}$ selbstverständlich auch negativ sein können.

4. Berechnen Sie $\int_0^1 e^{-\frac{t^2}{2}} \, dt$ auf 6 Stellen hinter dem Komma.

Das scheiterte bisher daran, dass wir die sicherlich vorhandene Stammfunktion nicht elementar angeben konnten. Aber mit etwas List und Ausdauer ist diese Nuss zu knacken! Ausgangspunkt ist die vorige Taylorentwicklung der Exponentialfunktion. Ersetzen wir hierin die Zahl x durch die Zahl $-\frac{t^2}{2}$, $(t \in \mathbb{R})$, so erhalten wir zunächst

$$e^{-\frac{t^2}{2}} = 1 - \frac{t^2}{2 \cdot 1!} + \frac{t^4}{2^2 \cdot 2!} - \frac{t^6}{2^3 \cdot 3!} + \frac{t^8}{2^4 \cdot 4!} - \frac{t^{10}}{2^5 \cdot 5!} + \frac{t^{12}}{2^6 \cdot 6!} - \frac{t^{14}}{2^7 \cdot 7!} + \underbrace{\frac{e^\xi \cdot t^{16}}{2^8 \cdot 8!}}_{r(t)}$$

mit ξ zwischen 0 und $-\frac{t^2}{2}$. Für jeden Wert t ist also $\xi \leq 0$, folglich $e^\xi \leq e^0 = 1$. Insbesondere gilt für jeden Wert t zwischen 0 und 1:

$$0 \leq r(t) \leq \frac{1 \cdot 1}{2^8 \cdot 8!} < 10^{-7}, \qquad \text{(für alle } t \in [0\,;1]\,).$$

Sicherlich gilt nun auch $\int_0^1 r(t) \, dt < 10^{-7}$, denn das Intergal ist niemals größer als das Maximum des Integranden mal Länge des Intervalls. Setzen wir nun zur Abkürzung $S(t) = 1 - \frac{t^2}{2 \cdot 1!} + \frac{t^4}{2^2 \cdot 2!} - \frac{t^6}{2^3 \cdot 3!} + \frac{t^8}{2^4 \cdot 4!} - \frac{t^{10}}{2^5 \cdot 5!} + \frac{t^{12}}{2^6 \cdot 6!} - \frac{t^{14}}{2^7 \cdot 7!}$, so folgt nun einfach:

$$\int_0^1 e^{-\frac{t^2}{2}} \, dt = \int_0^1 S(t) \, dt + \int_0^1 r(t) \, dt = 0{,}855\,624 \qquad \text{(Ergebnis)}$$

Die Integration von $S(t)$ war vielleicht etwas mühsam, aber völlig elementar! Und die Genauigkeit des Ergebnisses ließe sich beliebig erhöhen!

Ganz nebenbei erhalten Sie mit $\int_0^x S(t) \, dt$ natürlich auch eine entsprechend genaue Stammfunktion $F(x)$ von $f(x) = e^{-\frac{x^2}{2}}$, für $x \in [0\,;1]$:

$$F(x) = x - \frac{x^3}{2 \cdot 1! \cdot 3} + \frac{x^5}{2^2 \cdot 2! \cdot 5} - \frac{x^7}{2^3 \cdot 3! \cdot 7} + \frac{x^9}{2^4 \cdot 4! \cdot 9} - \frac{x^{11}}{2^5 \cdot 5! \cdot 11} + \frac{x^{13}}{2^6 \cdot 6! \cdot 13} - \frac{x^{15}}{2^7 \cdot 7! \cdot 15} + \int_0^x r(t) \, dt$$

Mit dem zusätzlichen Faktor $\frac{1}{\sqrt{2\pi}}$ wäre dann auch die Frage nach einer Stammfunktion der (standardisierten) Gaußschen Glockenkurve $\frac{1}{\sqrt{2\pi}} \cdot e^{-\frac{x^2}{2}}$ 'näherungsweise' beantwortet, und die Genauigkeit ließe sich beliebig steigern.

5. $f(x) = \sqrt{x}$, $(x \geq 0)$. Der Nullpunkt ist zwar eine bevorzugte Wahl für die Taylorentwicklung, aber unmöglich, wenn die Funktion an dieser Stelle nicht differenzierbar ist! Wählen wir daher zum Beispiel hier $x_0 = 1$. Das Ergebnis ist für diese Funktion schon ein wenig komplizierter, aber eine Gesetzmäßigeit ist durchaus noch erkennbar:

$$\sqrt{x} = 1 + \frac{1}{2} \cdot (x-1) - \frac{1}{2} \cdot \frac{1}{4} \cdot (x-1)^2 + \frac{1}{2} \cdot \frac{1 \cdot 3}{4 \cdot 6} \cdot (x-1)^3 - \frac{1}{2} \cdot \frac{1 \cdot 3 \cdot 5}{4 \cdot 6 \cdot 8} \cdot (x-1)^4 + \ldots$$

Allerdings zeigt hier eine Rechnung: Der Rest geht für wachsendes n nur noch gegen Null, wenn der Abstand von x zum Entwicklungspunkt $x_0 = 1$ nicht zu groß wird, genauer wenn gilt: $|x - 1| \leq 1$, gleichbedeutend mit $-1 \leq x - 1 \leq 1$ bzw. $0 \leq x \leq 2$.

Tabelle einiger Taylorentwicklungen

$$e^x = 1 + \frac{x}{1!} + \frac{x^2}{2!} + \frac{x^3}{3!} + \frac{x^4}{4!} + \frac{x^5}{5!} + \dots \qquad (x \in \mathbb{R})$$

$$\sin x = x - \frac{x^3}{3!} + \frac{x^5}{5!} - \frac{x^7}{7!} + \frac{x^9}{9!} - \frac{x^{11}}{11!} + - \dots \qquad (x \in \mathbb{R})$$

$$\cos x = 1 - \frac{x^2}{2!} + \frac{x^4}{4!} - \frac{x^6}{6!} + \frac{x^8}{8!} - \frac{x^{10}}{10!} + - \dots \qquad (x \in \mathbb{R})$$

$$\tan x = x + \frac{1}{3} \cdot x^3 + \frac{2}{15} \cdot x^5 + \frac{17}{315} \cdot x^7 + \frac{62}{2835} \cdot x^9 + \dots \qquad (-\tfrac{\pi}{2} < x < \tfrac{\pi}{2})$$

$$\tan^{-1} x = x - \frac{x^3}{3} + \frac{x^5}{5} - \frac{x^7}{7} + \frac{x^9}{9} - \frac{x^{11}}{11} + - \dots \qquad (-1 \le x \le 1)$$

$$\sqrt{1+x} = 1 + \frac{1}{2} \cdot x - \frac{1}{2} \cdot \frac{1}{4} \cdot x^2 + \frac{1}{2} \cdot \frac{1 \cdot 3}{4 \cdot 6} \cdot x^3 - \frac{1}{2} \cdot \frac{1 \cdot 3 \cdot 5}{4 \cdot 6 \cdot 8} \cdot x^4 + \dots \qquad (-1 \le x \le 1)$$

$$\ln(1+x) = x - \frac{x^2}{2} + \frac{x^3}{3} - \frac{x^4}{4} + \frac{x^5}{5} - \frac{x^6}{6} + - \dots \qquad (-1 < x \le 1)$$

$$\sin^{-1} x = x + \frac{1}{2} \cdot \frac{x^3}{3} + \frac{1 \cdot 3}{2 \cdot 4} \cdot \frac{x^5}{5} + \frac{1 \cdot 3 \cdot 5}{2 \cdot 4 \cdot 6} \cdot \frac{x^7}{7} + \frac{1 \cdot 3 \cdot 5 \cdot 7}{2 \cdot 4 \cdot 6 \cdot 8} \cdot \frac{x^9}{9} + \dots \qquad (-1 < x < 1)$$

Strenge Monotonie und relative Extrema

Im folgenden bezeichne $f : D \to \mathbb{R}$ irgendeine differenzierbare Funktion und D ein Intervall. Es gilt das naheliegende Ergebnis:

4.79 Satz *Ist $f'(x) > 0$ für alle $x \in D$, dann ist $f(x)$ streng monoton wachsend auf D. Ist $f'(x) < 0$ für alle $x \in D$, dann ist $f(x)$ streng monoton fallend auf D.*

Der Beweis ist eine einfache Folgerung aus dem Mittelwertsatz der Differenzialrechnung. Für alle $x_1, x_2 \in D$ ergibt sich z.B. im Falle $f'(x) > 0$:

$$x_2 > x_1 \Rightarrow f(x_2) - f(x_1) = \underbrace{f'(\xi)}_{>0} \cdot \underbrace{(x_2 - x_1)}_{>0} > 0, \text{ also } f(x_2) > f(x_1). \qquad \checkmark$$

Im folgenden sei $x_0 \in D$ kein Randpunkt, so dass also jede Umgebung von x_0 sowohl Werte $x \in D$ links als auch rechts von x_0 enthält:

4.80 Satz *Hat $f'(x)$ an der Stelle $x_0 \in D$ einen Vorzeichenwechsel, so besitzt $f(x)$ an der Stelle $x = x_0$ ein relatives Extremum.*

Vgl. Skizze: Die Funktion wechselt an der Stelle ξ_1 von streng monoton steigend zu streng monoton fallend, hier muss ein relatives Maximum vorliegen. Umgekehrt dann an der Stelle ξ_2 im Falle eines Minimums. Zum Vorzeichenwechsel einer Funktion vgl. Aufg. 9 auf S. 228.

(4.81)

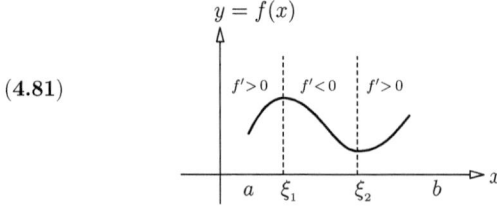

An den Extremalstellen hat die Ableitung zwangsläufig den Wert Null, vgl. Satz 4.6, S. 238. Die Extremalstellen von $f(x)$ sind also sämtlich unter den Nullstellen von $f'(x)$ zu finden! Allerdings können sich darunter noch einige 'Nieten' befinden: *Allein* aus $f'(x_0) = 0$ folgt umgekehrt noch nicht, dass an der Stelle x_0 ein Extremum vorliegen *muss*. Beispiel: $f(x) = x^3$ mit $f'(x) = 3\,x^2$. Es gilt $f'(0) = 0$, aber an dieser Stelle liegt kein Extremum vor! (Skizze von x^3 auf S. 152). Zur sicheren Entscheidung benötigen wir *zusätzliche* Information, z.B. über $f(x)$ wie in 4.14 auf S. 248, oder über $f'(x)$ wie in 4.80. Oder wir machen uns die Mühe, ein weiteres mal zu differenzieren. Gilt nämlich zusätzlich $f''(x_0) \neq 0$, so liegt an der Stelle x_0 sicherlich ein Extremum vor. Wobei wir $f''(x)$ an der Stelle x_0 als stetig voraussetzen, was z.B. bei einer beliebig oft differenzierbaren Funktion erfüllt ist:

4.82 Satz Gilt $f'(x_0) = 0$, aber $f''(x_0) \neq 0$, so hat $f(x)$ für $x = x_0$ ein relatives Extremum. Im Falle $f''(x_0) > 0$ ist es ein Minimum, im Falle $f''(x_0) < 0$ ein Maximum.

Der Beweis geschieht leicht mit dem Satz von Taylor. Sei z.B. $f''(x_0) > 0$: Wegen der Stetigkeit der zweiten Ableitung gibt es eine ganze Umgebung von x_0, so dass $f''(\xi) > 0$ für alle ξ dieser Umgebung erfüllt ist. Für jedes x dieser Umgebung folgt nun weiter

$$f(x) \;=\; f(x_0) + \underbrace{f'(x_0)}_{=0}\cdot(x-x_0) + \frac{f''(\xi)}{2}\cdot(x-x_0)^2 \;=\; f(x_0) + \underbrace{\frac{f''(\xi)}{2}}_{>0}\cdot\underbrace{(x-x_0)^2}_{>0 \text{ für } x\neq x_0} \;>\; f(x_0)$$

also $f(x) > f(x_0)$, es liegt ein Minimum vor. Analog der zweite Fall.   ✓

Ebenso beweist man, dass im Fall $f'(x_0) = f''(x_0) = f'''(x_0) = 0$, aber $f^{(4)}(x_0) > 0$ ein relatives Minimum vorliegt, im Falle $f^{(4)}(x_0) < 0$ dagegen ein relatives Maximum. Hier sei natürlich $f^{(4)}(x)$ stetig, (zumindest an der Stelle x_0). Wichtig für den Beweis ist wieder, dass $(x - x_0)^4 > 0$ für $x \neq x_0$. Allgemein muss es nur eine 'gerade' Ableitung sein, die schließlich ungleich Null ist!

Was ist aber im ungeraden Fall, zum Beispiel $f'(x_0) = f''(x_0) = 0$, aber $f'''(x_0) \neq 0$?

4.83 Satz Gilt $f'(x_0) = f''(x_0) = 0$, aber $f'''(x_0) \neq 0$, so hat $f(x)$ an der Stelle x_0 <u>kein</u> relatives Extremum.

Zum Beweis sei zum Beispiel $f'''(x_0) > 0$, bei Stetigkeit also wieder $f'''(\xi) > 0$ für alle ξ einer Umgebung von x_0. Nach Voraussetzung folgt mit dem Satz von Taylor für alle x der genannten Umgebung: $\quad f(x) \;=\; f(x_0) + \underbrace{\frac{f'''(\xi)}{3!}}_{>0}\cdot\underbrace{(x-x_0)^3}_{\text{Vorz.wechsel}}$

Wegen des Vorzeichenwechsels des Faktors $(x - x_0)^3$ an der Stelle $x = x_0$ folgt nun $f(x) > f(x_0)$ für $x > x_0$, jedoch $f(x) < f(x_0)$ für $x < x_0$. Hiernach kann an der Stelle x_0 kein relatives Extremum vorliegen! Allgemein muss es nur eine 'ungerade' und stetige Ableitung sein, die schließlich ungleich Null wird.   ✓

Wendepunkte und Krümmung

In vorigem Abschnitt ging es vor allem um die Frage: Welche Bedeutung hat die erste Ableitung $f'(x)$ für den Verlauf der Funktion $f(x)$. In diesem Abschnitt geht es nun um die Bedeutung von $f''(x)$. Betrachten wir hierzu Skizze 4.84.

$f''(x) > 0$ bedeutet ja, dass $f'(x)$ streng monoton wächst, die Steigung der Kurve $f(x)$ also immer größer wird: Ist die Steigung zunächst negativ, geht die Tendenz zu positiv, ist sie bereits positiv, geht die Tendenz zu noch größeren Werten der Steigung, vgl. linkes Bild.

(4.84)

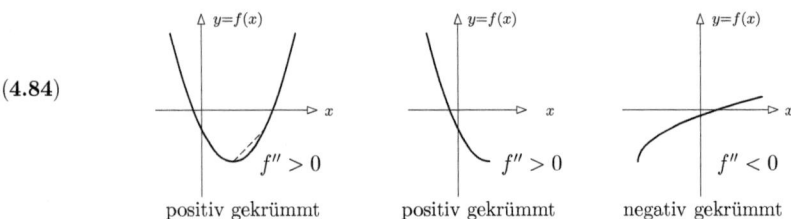

| positiv gekrümmt | positiv gekrümmt | negativ gekrümmt |

Jedes Teilstück einer positiv gekrümmten (Links-) Kurve ist und bleibt positiv gekrümmt, Beispiel Bildmitte. Bei einer negativ gekrümmten (Rechts-) Kurve wird die Steigung stets mehr oder weniger geringer, rechtes Beispiel. Halten wir fest, als Analogon zu Satz 4.79 gilt:

4.85 Satz *Ist $f''(x) > 0$ für alle $x \in D$, dann ist der Kurvenverlauf von $f(x)$ auf D positiv gekrümmt ('Tendenz nach oben'). Ist $f''(x) < 0$ für alle $x \in D$, dann ist der Kurvenverlauf von $f(x)$ auf D negativ gekrümmt ('Tendenz nach unten').*

Krümmung ist auch für nichtdifferenzierbare Funktionen definiert: Der Kurvenverlauf heißt positiv (negativ) gekrümmt, wenn die Sekante durch je zwei *beliebige* Punkte der Kurve stets oberhalb (unterhalb) der Kurve verläuft. Eine solche Sekante ist gestrichelt in 4.84, linkes Bild, eingezeichnet. Es gibt auch die Bezeichnungen 'konvex' und 'konkav', ihr Gebrauch ist in der Literatur aber leider nicht einheitlich.

Die Krümmung erklärt noch einmal anschaulich die übliche Bestimmung der Extrema: $f'(x_0) = 0$ bedeutet, die Steigung an dieser Stelle ist Null, und $f''(x_0) > 0$, die Krümmung an dieser Stelle ist positiv. Der Verlauf ist also analog wie in 4.84 links, es muss ein Minimum vorliegen! Analog ein Maximum im Falle negativer Krümmung. Wechselt die Krümmung das Vorzeichen, spricht man von einem *Wendepunkt*. Das Analogon von Satz 4.80 ist also

4.86 Satz *Hat $f''(x)$ an der Stelle $x_0 \in D$ einen Vorzeichenwechsel, so hat $f(x)$ an der Stelle $x = x_0$ einen Wendepunkt.*

Als Beispiel: $f(x) = \sin x$ (Skizze S. 98). Es gilt $f''(x) = -\sin x$. An den Nullstellen wechselt der Sinus das Vorzeichen. Die Nullstellen des Sinus sind also gleichzeitig Wendepunkte. Zum Vorzeichenwechsel einer Funktion vergleichen Sie auch die Aussage von Aufg. 9 auf S. 228.

Nur $f''(x_0) = 0$ allein bedeutet noch nicht, dass ein Wendepunkt vorliegt. Ein einfaches Beispiel ist $f(x) = x^4$. Hier gilt $f''(0) = 0$, aber die parabelähnliche Kurve hat überhaupt keinen Wendepunkt. Das Analogon zu Satz 4.82 lautet:

4.87 Satz *Gilt $f''(x_0) = 0$, aber $f'''(x_0) \neq 0$, so hat $f(x)$ für $x = x_0$ einen Wendepunkt!*

Beweisen wir den Fall $f'''(x_0) > 0$. Dann gibt es eine ganze Umgebung von x_0, so dass $f'''(\xi) > 0$, für alle ξ dieser Umgebung. Es folgt nun für jedes x dieser Umgebung, mit der Taylorentwicklung von $f''(x)$ um x_0:

$$f''(x) = \underbrace{f''(x_0)}_{=0} + f'''(\xi) \cdot (x - x_0) = \underbrace{f'''(\xi)}_{>0} \cdot \underbrace{(x - x_0)}_{\text{Vorz. wechsel}} \qquad (\xi \text{ zwischen } x \text{ und } x_0).$$

Der Faktor $(x - x_0)$ bewirkt an der Stelle $x = x_0$ offensichtlich einen Vorzeichenwechsel von $f''(x)$. Nach vorigem Satz liegt also ein Wendepunkt vor.   ✓

Beispiele

Ein Klassiker – möglichst schnell von A nach B, aber unter erschwerten Bedingungen:
Beispielsweise wollen Sie als Rettungsschwimmer A einem Ertrinkenden B zur Hilfe eilen.
Allerdings können Sie am Strand schneller laufen, als im Wasser schwimmen! Oder Sie

(4.88)

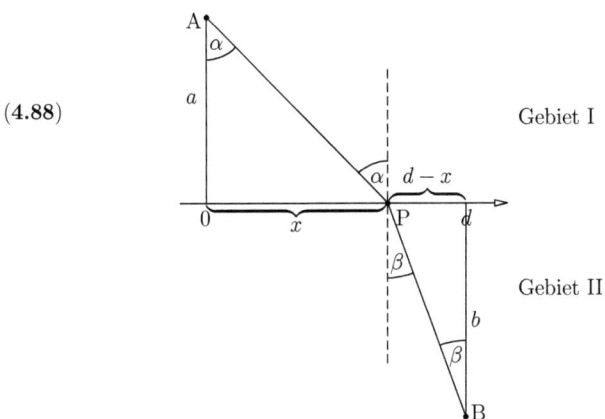

befinden sich mal wieder in der Wüste und müssen mit dem Geländewagen dringend vom
Forschungslager A zum Lager B. Eine geologische Trennlinie unterteilt diese Wüste in ein
Gebiet mit festem, steinigen Untergrund, der eine Geschwindigkeit von $v_1 = 80\,\text{km/h}$ er-
laubt, während der folgende Abschnitt nur noch $v_2 = 40\,\text{km/h}$ zulässt. Die benötigte
Zeit von A nach B hängt davon ab, an welcher Stelle P Sie die x-Achse überqueren.
Die Fahrzeit von A nach P beträgt $\frac{\overline{AP}}{v_1}$ und von P nach B entsprechend $\frac{\overline{BP}}{v_2}$. Bestimmen wir
$\overline{AP}$ und $\overline{BP}$ 'mit Pythagoras', erhalten wir die Gesamtzeit t in Abhängigkeit von x:

$$t(x) = \frac{1}{v_1} \cdot \sqrt{a^2 + x^2} + \frac{1}{v_2} \cdot \sqrt{b^2 + (d-x)^2}$$

Die erste Ableitung ergibt nun

$$t'(x) = \frac{1}{v_1} \cdot \frac{x}{\sqrt{a^2 + x^2}} - \frac{1}{v_2} \cdot \frac{d-x}{\sqrt{b^2 + (d-x)^2}}$$

Offensichtlich gilt $t'(0) < 0$ und $t'(d) > 0$, also liegt dazwischen mindestens eine Nullstelle.
Machen wir uns die Mühe, nochmals zu differenzieren. Das liefert

$$t''(x) = \frac{1}{v_1} \cdot \frac{a^2}{\left(\sqrt{a^2 + x^2}\right)^3} + \frac{1}{v_2} \cdot \frac{b^2}{\left(\sqrt{b^2 + (d-x)^2}\right)^3} > 0$$

Da $t(x)'' > 0$, ist $t'(x)$ streng monoton wachsend, besitzt also *nur eine* Nullstelle. Und an
dieser Stelle muss $t(x)$ ein Minimum aufweisen! Wir erhalten

$$t'(x) = 0 \Leftrightarrow \frac{1}{v_1} \cdot \frac{x}{\sqrt{a^2 + x^2}} = \frac{1}{v_2} \cdot \frac{d-x}{\sqrt{b^2 + (d-x)^2}} \Leftrightarrow \frac{1}{v_1} \cdot \frac{x}{\overline{AP}} = \frac{1}{v_2} \cdot \frac{d-x}{\overline{BP}}$$

An dieser Stelle gilt also $\frac{1}{v_1} \cdot \sin\alpha = \frac{1}{v_2} \cdot \sin\beta$, vgl. Skizze 4.88. Halten wir fest:

$$\frac{\sin \alpha}{v_1} = \frac{\sin \beta}{v_2}$$

Dieses Ergebnis kennen wir bereits als 'Brechungsgesetz' von S. 89. Bekanntlich ist auch die Schall- sowie die Lichtgeschwindigkeit in verschiedenen Medien verschieden hoch. Und tatsächlich suchen sich Schall- und Lichtwellen nicht den kürzesten, sondern gemäß Brechungsgesetz den schnellsten Weg (Fermatsches Prinzip).

(**4.89**)
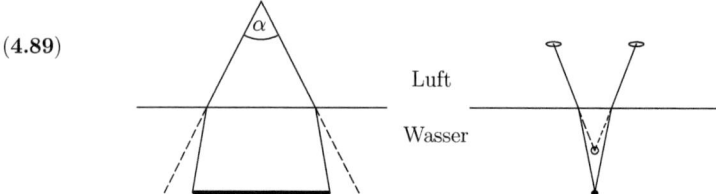

Aufgrund der Lichtbrechung sehen wir mit dem Auge A einen Gegenstand B im Wasser in einer verfälschten Richtung, Skizze 4.88. Auch vergrößert sich der Blickwinkel α, wodurch der Gegenstand größer erscheint, Skizze 4.89 links. Außerdem wird das Schätzen der Entfernung mit Hilfe der beiden Augen gestört, der Gegenstand wirkt näher, Skizze 4.89 rechts. Die tropischen Schützenfische (*Toxotes*) und manche Fadenfische (*Colisa*) jagen Insekten, indem sie aus dem Maul wie mit einer Wasserpistole schießen. Sie lernen es, ihre Beute trotz Lichtbrechung bis auf eine Entfernung von 1,5 Metern zu treffen.

Ampel auf grün – Strahlungsgesetze von Planck und Wien Ein heißer Körper wie die Sonne oder der Faden einer Glühlampe strahlen nicht nur im sichtbaren Bereich, sondern auch auch im kurzwelligen Ultraviolett und im langwelligen Infrarot. Der Beitrag an der gesamten Strahlungsintensität (Watt pro m²) im Wellenlängenbereich von λ bis $\lambda + \Delta\lambda$ ist für konstantes $\Delta\lambda$ natürlich nicht konstant, sondern eine Funktion von λ, $0 < \lambda < \infty$, (genauer: $\approx S(\lambda)\cdot\Delta\lambda$, und insgesamt gleich $\int_0^\infty S(\lambda)\,d\lambda$):

$$S(\lambda) = C \cdot \frac{1}{\lambda^5 \cdot \left(e^{\frac{h\cdot c}{k\cdot T\cdot\lambda}} - 1\right)} \qquad \text{(Plancksches Strahlungsgesetz)}$$

$h = 6{,}626 \cdot 10^{-34}$ J·s das Plancksche Wirkungsquantum, $k = 1{,}381 \cdot 10^{-23}$ J·K^{-1} die Boltzmann–Konstante, T die absolute Temperatur, $c = 2{,}998 \cdot 10^{8}$ m· s^{-1} die Lichtgeschwindigkeit, $C > 0$ in W·m² eine Konstante. Für die Temperaturen der üblichen Lichtquellen ist im Wellenlängenbereich des sichtbaren Lichts der Term $e^{\frac{h\cdot c}{k\cdot T\cdot\lambda}}$ so groß, dass der Summand -1 weggelassen werden kann (Wiensches Strahlungsgesetz). Diese beiden Gesetze gelten für einen idealisierten Strahler, einen sog. schwarzen Körper, doch sind sie in guter Näherung auch für Sonne und Glühfaden anwendbar! Gehen wir zur weiteren Diskussion des Kurvenverlaufs von S zu den Maßzahlen über und notieren den Funktionsausdruck mit einem neuen Faktor $K_T > 0$:

$$S(\lambda) = C \cdot \frac{\left(\frac{1}{\lambda}\right)^5}{e^{\frac{h\cdot c}{k\cdot T\cdot\lambda}} - 1} = \frac{C}{\left(\frac{h\cdot c}{k\cdot T}\right)^5} \cdot \frac{\left(\frac{h\cdot c}{k\cdot T}\cdot\frac{1}{\lambda}\right)^5}{e^{\frac{h\cdot c}{k\cdot T\cdot\lambda}} - 1} = K_T \cdot \frac{\left(\frac{h\cdot c}{k\cdot T}\cdot\frac{1}{\lambda}\right)^5}{e^{\frac{h\cdot c}{k\cdot T}\cdot\frac{1}{\lambda}} - 1}$$

Im Gegensatz zu C hängt K_T noch von T ab. In unseren Betrachtungen ist jedoch T ein beliebig aber fest gewählter Wert und K_T folglich konstant! Setzen wir nun zur Abkürzung

$$x = \frac{h\cdot c}{k\cdot T}\cdot\frac{1}{\lambda} \qquad\qquad (0 < x < \infty)$$

Dann genügt zur Bestimmung des Maximums von $S(\lambda)$ die Diskussion der Funktion

$$s(x) = K_T \cdot \frac{x^5}{e^x - 1}$$

Zur Diskussion von Extremwerten betrachten wir nun die Ableitung

$$\frac{d}{dx}\, s(x) = K_T \cdot \frac{5x^4 \cdot (e^x - 1) - x^5 \cdot e^x}{(e^x - 1)^2} = K_T \cdot \frac{x^4}{(e^x - 1)^2} \cdot \underbrace{(5e^x - 5 - x \cdot e^x)}_{f(x)}$$

Über das Vorzeichenverhalten von $\frac{d}{dx}\, s(x)$ entscheidet also allein das Vorzeichen von $f(x)$. Wegen $f'(x) = (4 - x) \cdot e^x$ ist $f(x)$ für $0 < x < 4$ streng monoton wachsend und wegen $f(0) = 0$ folglich positiv. Für $x = 4$ erreicht $f(x)$ ein Maximum und ist für alle $x > 4$ streng monoton fallend. Da $f(5) < 0$, besitzt $f(x)$ nur eine einzige positive Nullstelle x_m, und zwar zwischen $x = 4$ und $x = 5$. Wir erhalten mit einem der Verfahren aus Abschnitt 4b):

$$x_m = 4{,}9651$$

An dieser Stelle ist also der einzige Vorzeichenwechsel von $\frac{d}{dx}\, s(x)$. Für Werte $x < x_m$ gilt $\frac{d}{dx}\, s(x) > 0$, hingegen $\frac{d}{dx}\, s(x) < 0$ für $x > x_m$.

Folgerung: $s(x)$ ist zunächst streng monoton wachsend, erreicht für $x = x_m$ das Maximum, und fällt dann wieder streng monoton für $x > x_m$. Für den zugehörigen λ-Wert λ_m gilt

$$x_m = \frac{h \cdot c}{k \cdot T} \cdot \frac{1}{\lambda_m} \qquad \lambda_m = \frac{h \cdot c}{k \cdot T} \cdot \frac{1}{x_m} \qquad \lambda_m \cdot T = \frac{h \cdot c}{k} \cdot \frac{1}{4{,}9651}$$

Zusammen mit den Einheiten und den bekannten Zahlenwerten erhalten wir das Ergebnis:

$$\boldsymbol{\lambda_m \cdot T} = 2{,}897 \text{ mm} \cdot \text{K} \qquad \text{(Wiensches Verschiebungsgesetz)}$$

Bei größerer Temperatur 'verschiebt' sich das Maximum zu einer kleineren Wellenlänge, (Skizze 4.90)! Für die Sonne mit einer Oberflächentemperatur von $\boldsymbol{T} \approx 5900$ K liegt die größte Intensität ihrer Strahlung demnach bei einer Wellenlänge von ungefähr

$$\boldsymbol{\lambda_m} = \frac{2{,}897}{5900} \text{ mm} = 4{,}9 \cdot 10^{-4} \text{ mm} \approx 490 \text{ nm}$$

Das entspricht der Farbe blaugrün, doch wird der Blauanteil in der Atmosphäre stärker

(**4.90**)

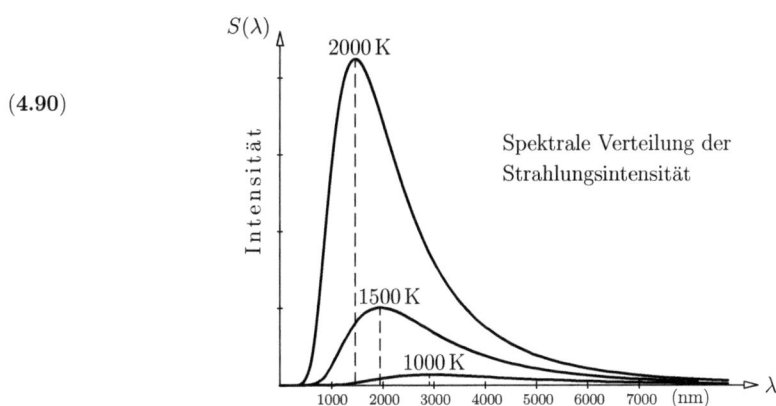

gestreut. Das Maximum am Erdboden liegt näher bei 520 nm, 'voll im grünen Bereich'!

Es ist schon bemerkenswert, dass in diesem Wellenlängenbereich auch die Empfindlichkeit des menschlichen Auges am größten ist. Chlorophyll hingegen absorbiert besonders effizient im blauen sowie im roten Frequenzbereich. Das nicht absorbierte, überwiegend grüne Licht lässt die Blätter dadurch grün erscheinen.

Bemerkungen und Ergänzungen

Taylor und Tangente – alles inklusive Es gibt noch einen Grund, sich die Taylor-entwicklung zu merken. Sie können nämlich daran auch sofort die Gleichung der Tangente an die Kurve im Punkte $P = (x_0|f(x_0))$ ablesen:

$$f(x) \;=\; \underbrace{f(x_0) + f'(x_0) \cdot (x - x_0)} + \tfrac{f''(x_0)}{2} \cdot (x - x_0)^2 + \ldots$$

Überprüfen Sie, dass sich die Gleichung der Tangente tatsächlich schreiben lässt in der Form:

$$y \;=\; f(x_0) + f'(x_0) \cdot (x - x_0) \qquad\qquad \text{(Tangentengleichung)}$$

Zunächst erhalten wir für $x = x_0$ den y–Wert $f(x_0)$. Es handelt sich bei dieser Gleichung um eine Gerade, denn

$$y \;=\; f(x_0) + f'(x_0) \cdot (x - x_0) \;=\; \underbrace{f'(x_0)}_{a} \cdot x + \underbrace{(f(x_0) - f'(x_0) \cdot x_0)}_{b} \;=\; a \cdot x + b$$

und die Steigung beträgt offensichtlich $a = f'(x_0)$. Hiermit ist alles gezeigt.   ✓

So einfach wie möglich – Taylor für zwei und mehr Variable In diesem Fall müssen wir äußerst ökonomisch in der Schreibweise werden, ansonsten geht der Überblick verloren! Ändern wir zunächst die Notation im Fall *einer* Variablen. Mit der Abkürzung $h = x - x_0$, gleichbedeutend mit $x = x_0 + h$, gilt zum Beispiel für $n = 1$:

$$f(x_0 + h) \;=\; f(x_0) + \tfrac{1}{1!}\, h \cdot f'(x_0) + \tfrac{1}{2!}\, h^2 \cdot f''(\xi)\,, \quad \text{mit } \xi = x_0 + \vartheta \cdot h\,, \qquad (0 < \vartheta < 1).$$

Tatsächlich ist $\xi = x_0 + \vartheta \cdot h$ ein Wert zwischen x_0 und $x_0 + h$, (für $\vartheta = 0$ wäre $\xi = x_0$, für $\vartheta = 1$ wäre $\xi = x_0 + h$). Der genaue Wert von ξ bzw. ϑ ist nicht bekannt!

Im Falle $f(x, y)$ einer Funktion von zwei Variablen x und y zitieren wir nur das Ergebnis. Zum Beweis siehe Aufgabe 26. Wobei wie angedeutet das Problem bereits damit beginnt, die Schreibweise übersichtlich zu halten. Im Falle $n = 1$ gilt, mit $h, k \in \mathbb{R}$:

$$(\textbf{4.91}) \quad f(x_0 + h,\, y_0 + k) = f(x_0, y_0) + \tfrac{1}{1!} \cdot \Big(h \cdot f_x(x_0, y_0) + k \cdot f_y(x_0, y_0) \Big) +$$
$$+ \tfrac{1}{2!} \cdot \Big(h^2 \cdot f_{xx}(\xi, \eta) + 2\,h\,k \cdot f_{xy}(\xi, \eta) + k^2 \cdot f_{yy}(\xi, \eta) \Big)$$

mit $\xi = x_0 + \vartheta \cdot h$, $\eta = y_0 + \vartheta \cdot k$, und einem nicht näher bekannten Wert ϑ, $(0 < \vartheta < 1)$.

Der untere Index x bzw. y steht wieder als Abkürzung für die partielle Ableitung $\frac{\partial}{\partial x}$ bzw. $\frac{\partial}{\partial y}$. Symbolisch schreibt man noch kürzer:

$$f(x_0 + h,\, y_0 + k) = f(x_0, y_0) + \tfrac{1}{1!} \cdot \Big(h \cdot \tfrac{\partial}{\partial x} + k \cdot \tfrac{\partial}{\partial y} \Big) f(x_0, y_0) + \tfrac{1}{2!} \cdot \Big(h \cdot \tfrac{\partial}{\partial x} + k \cdot \tfrac{\partial}{\partial y} \Big)^2 f(\xi, \eta)$$

Im Falle $n = 2$ würden ξ und η erst im dritten Klammerausdruck auftreten:

$$\tfrac{1}{3!} \cdot \Big(h \cdot \tfrac{\partial}{\partial x} + k \cdot \tfrac{\partial}{\partial y} \Big)^3 f(\xi, \eta) \;=\; h^3 \cdot f_{xxx}(\xi, \eta) + 3\,h^2\,k \cdot f_{xxy}(\xi, \eta) + 3\,h\,k^2 \cdot f_{xyy}(\xi, \eta) + k^3 \cdot f_{yyy}(\xi, \eta)$$

Achten Sie auf die Analogie zu: $\;(a + b)^3 \;=\; a^3 + 3\,a^2\,b + 3\,a\,b^2 + b^3$.

Allerdings sind für kleine Werte von h und k in 4.91 bereits die Terme mit den Faktoren h^2, $h \cdot k$, k^2 für viele Anwendungen vernachlässigbar klein. Außerdem hindert uns hier nichts, wie üblich x und y anstelle x_0 und y_0 zu schreiben, sowie Δx und Δy anstelle h und k. Man setzt also oft näherungsweise für kleine Zahlenwerte Δx und Δy, beispielsweise Messfehler:

$$f(x + \Delta x,\, y + \Delta y) \;\approx\; f(x,y) \;+\; f_x(x,y) \cdot \Delta x \;+\; f_y(x,y) \cdot \Delta y$$

Anstelle des exakten Wertes $f(x,y)$ erhält man also abweichend den Wert $f(x+\Delta x,\, y+\Delta y)$. Bezeichnen wir die Differenz kurz mit Δf. Dann gilt im ungünstigsten Fall ('Größtfehler'):

(4.92) $\quad |\Delta f| = |f(x + \Delta x,\, y + \Delta y) - f(x,y)| \approx |f_x(x,y)| \cdot |\Delta x| + |f_y(x,y)| \cdot |\Delta y|$

Im Falle einer Funktion mit drei Variablen $f(x,y,z,\ldots)$ oder mehr kämen natürlich noch Terme $|f_z(x,y,z,\ldots)| \cdot |\Delta z| + \ldots$ hinzu. Hier einige

Beispiele für Größtfehler

(i) $\quad s = c_1 \cdot x + c_2 \cdot y + c_3 \cdot z + \ldots$ $\hfill$ (mit Konstanten $c_1, c_2, c_3, \ldots \in \mathbb{R}$)
$\quad$ Mit $s_x = c_1$, $s_y = c_2$, $s_z = c_3$, $\ldots$ folgt aus 4.92 für die vorige Summe von Variablen:

$$|\Delta s| \approx |c_1| \cdot |\Delta x| + |c_2| \cdot |\Delta y| + |c_3| \cdot |\Delta z| + \ldots$$

(ii) $\quad p = c \cdot x^\alpha \cdot y^\beta \cdot z^\gamma \cdot \ldots$ $\hfill$ (mit Konstanten $c, \alpha, \beta, \gamma, \ldots \in \mathbb{R}$)
$\quad$ Konkrete Beispiele sind: $\quad 4\,x \cdot y \cdot z, \quad -x \cdot y^{-2} \cdot z^{-1} = \dfrac{-x}{y^2 \cdot z}, \quad 2\pi \cdot x \cdot y^{\frac{1}{2}} \cdot z^2, \quad$ usw.
$\quad$ Mit $p_x = c \cdot \alpha \cdot x^{\alpha-1} \cdot y^\beta \cdot z^\gamma \cdot \ldots = \alpha \cdot \dfrac{p}{x}$, analog $p_y = \beta \cdot \dfrac{p}{y}$ und $p_z = \gamma \cdot \dfrac{p}{z}$ folgt:

$$|\Delta p| \approx |\alpha| \cdot \frac{|p|}{|x|} \cdot |\Delta x| + |\beta| \cdot \frac{|p|}{|y|} \cdot |\Delta y| + |\gamma| \cdot \frac{|p|}{|z|} \cdot |\Delta z| + \ldots, \quad \text{und hiermit auch}$$

$$\left| \frac{\Delta p}{p} \right| \approx |\alpha| \cdot \left| \frac{\Delta x}{x} \right| + |\beta| \cdot \left| \frac{\Delta y}{y} \right| + |\gamma| \cdot \left| \frac{\Delta z}{z} \right| + \ldots$$

$\quad$ Dieses Ergebnis ist eine Verallgemeinerung der Merkregel auf Seite 10.

Extrema von Funktionen zweier Veränderlicher Besitzt $f(x,y)$ an der Stelle x_0, y_0 ein relatives Extremum, so sind analog zu Funktionen einer Veränderlichen auch hier die Ableitungen 1. Ordnung gleich Null. Doch das sind im Falle zweier Veränderlicher auch zwei Ableitungen gleichzeitig, nämlich konkret die Werte $f_x(x_0, y_0)$ und $f_y(x_0, y_0)$. Ob dann an dieser Stelle wirklich ein Extremum vorliegt, lässt sich zum Beispiel wieder mit den Werten der Ableitungen 2. Ordnung entscheiden, also hier mit f_{xx}, f_{yy} und $f_{yx} = f_{xy}$. Gemäß 4.91 erhalten wir ja im Falle $f_x(x_0, y_0) = 0$ und $f_y(x_0, y_0) = 0$:

$$f(x_0 + h,\, y_0 + k) \;=\; f(x_0, y_0) + \frac{1}{2!} \cdot \left(h^2 \cdot f_{xx}(\xi, \eta) + 2\,h\,k \cdot f_{xy}(\xi, \eta) + k^2 \cdot f_{yy}(\xi, \eta) \right)$$

Ist zum Beispiel der Klammerausdruck positiv für alle (betragsmäßig genügend kleinen) Werte von $h, k \neq 0$, so folgt:

$$f(x,y) > f(x_0, y_0) \quad \text{für alle Punkte } x, y \text{ einer (genügend kleinen) Umgebung von } x_0, y_0.$$

An der Stelle x_0, y_0 liegt in diesem Falle offensichtlich ein relatives Minimum vor!
Aus Stetigkeitsgründen genügt wieder für das Vorliegen eines (strengen) Minimums, dass

(4.93) $\qquad h^2 \cdot f_{xx}(x_0, y_0) + 2\,h\,k \cdot f_{x,y}(x_0, y_0) + k^2 \cdot f_{y,y}(x_0, y_0) > 0$

für alle (betragsmäßig genügend kleinen) Werte $h, k \neq 0$.
Ganz analog '< 0' im Falle eines Maximums. Zur Illustration das einfache

Beispiel: $f(x, y) = x^2 - 2x - 2xy + 2y^2 + 5$:

Man folgert leicht, dass $f_x(x, y) = 2x - 2 - 2y$ und $f_y(x, y) = -2x + 4y$ nur dann gleichzeitig Null sind, falls $x = 2$ und $y = 1$. Wir ermitteln nun die Werte der zweiten Ableitungen und erhalten hier sofort $f_{xx}(x_0, y_0) = 2$, $f_{xy}(x_0, y_0) = -2$, $f_{yy}(x_0, y_0) = 4$. Wir müssen also gemäß 4.93 noch folgenden Ausdruck untersuchen:

$$2\,h^2 - 4\,hk + 4\,k^2 \;=\; 2 \cdot (h - k)^2 + 2\,k^2 > 0$$

Ergebnis: Für $x = 2$, $y = 1$ besitzt die Funktion ein lokales Minimum, mit $f(2, 1) = 3$.

Beweis des Newton–Verfahrens Vergleichen Sie Satz 4.22 auf Seite 254: Aufgrund des Vorzeichenwechsels (und der Stetigkeit) hat $f(x)$ mindestens eine Nullstelle x_N im Intervall $[a; b]$. Wegen $f'(x) \neq 0$ hat $f'(x)$ hingegen keinen Vorzeichenwechsel. Daher verläuft $f(x)$ auf $[a; b]$ streng monoton, eine weitere Nullstelle gibt es nicht.

Ist nun x_{k-1} eine Näherung für x_N, so gilt gemäß Taylor:

$$f(x) \;=\; f(x_{k-1}) + f'(x_{k-1}) \cdot (x - x_{k-1}) + \tfrac{1}{2}\, f''(\xi) \cdot (x - x_{k-1})^2$$

Speziell für die Nullstelle $x = x_N$ folgt also:

$$0 \;=\; f(x_{k-1}) + f'(x_{k-1}) \cdot (x_N - x_{k-1}) + \tfrac{1}{2}\, f''(\xi) \cdot (x_N - x_{k-1})^2$$

Als nächste Näherung liefert das Newton–Verfahren $x_k = x_{k-1} - \frac{f(x_{k-1})}{f'(x_{k-1})}$, was sich umformen lässt zu $0 = f(x_{k-1}) + f'(x_{k-1}) \cdot (x_k - x_{k-1})$.

Subtraktion von voriger Gleichung liefert:

$$0 \;=\; (x_N - x_k) \cdot f'(x_{k-1}) + \frac{1}{2}\, f''(\xi) \cdot (x_N - x_{k-1})^2,$$

$$-(x_N - x_k) \cdot f'(x_{k-1}) \;=\; \frac{1}{2}\, f''(\xi) \cdot (x_N - x_{k-1})^2.$$

Wir bilden die Beträge auf beiden Seiten und erhalten mit den beiden Abkürzungen $\delta_k = |x_N - x_k|$ sowie $\delta_{k-1} = |x_N - x_{k-1}|$:

$$\delta_k \cdot |f'(x_{k-1})| \;=\; \frac{1}{2}\, |f''(\xi)| \cdot \delta_{k-1}^2$$

$$\delta_k \;=\; \frac{1}{2}\, \frac{|f''(\xi)|}{|f'(x_{k-1})|} \cdot \delta_{k-1}^2 \;\leq\; \frac{1}{2} \cdot \frac{M_2}{m_1} \cdot \delta_{k-1}^2 \;\leq\; C \cdot \delta_{k-1}^2 \qquad \checkmark$$

Ein Blick zurück ...

- Die Taylorentwicklung der wichtigsten, elementaren Funktionen sollte man kennen.

- Der Satz von Taylor ist eine Verallgemeinerung des Mittelwertsatzes der Differenzialrechnung mit weitreichenden Anwendungen.

- Die bekannteste Anwendung ist die Diskussion von Extremwerten einer Funktion mit Hilfe der ersten und zweiten Ableitung.

- Taylorentwicklungen sind auch bei Funktionen mit mehreren Variablen möglich.

Aufgaben

1. Bestimmen Sie sämtliche Terme der Taylorentwicklung von $f(x) = x^2$ für
   (i) $x_0 = 0$ (ii) $x_0 = 1$.

2. Wie lauten die Terme der Taylorentwicklung um $x_0 = 0$ von
   (i) $f(x) = \frac{1}{1+x}$ (ii) $F(x) = \ln(1+x)$? (Hinweis: $f(x) = (1+x)^{-1}$, Kettenregel).

3. Differenzieren Sie die einzelnen Summanden der Taylorentwicklung von $f(x) = \sin x$.
   Prüfen Sie: Man erhält auf diese Weise sofort die Taylorentwicklung von $f'(x) = \cos x$.

   Dies gilt ganz allgemein! Überprüfen Sie das an weiteren Beispielen, am schönsten vielleicht am Beispiel der Taylorentwicklung von $f(x) = e^x$ (vgl. Tabelle S. 304).

4. Skizzieren Sie $f(x) = \cos x$ und $s_3(x) = 1 - \frac{1}{2}x^2$, also den 'Anfang der Taylorentwicklung' der Cosinusfunktion um $x_0 = 0$, für den Bereich $-1 \leq x \leq 1$.

5. Nach Taylor gilt $\tan x = x + x^3 \cdot \frac{1}{3} + \ldots$, mit $x_0 = 0$.
   Für kleine x-Werte (genauer: für x-Werte in der Nähe des Entwicklungspunktes x_0) setzt man daher einfach näherungsweise:
   $$\tan x \approx x + x^3 \cdot \frac{1}{3} \qquad (x \text{ natürlich in RAD}),$$
   in der Annahme, dass für kleine x der verbleibende Rest vernachlässigbar ist.
   (i) Überprüfen Sie diese Annahme, indem Sie den Näherungsausdruck für $x = 0{,}1$, für $x = 0{,}04$, und für $x = 0{,}01$ ausrechnen, und mit den Werten von $\tan x$ (Taschenrechner) vergleichen. Wie groß ist der jeweilige Fehler?.
   (ii) Bestimmen Sie unter obiger Annahme $\lim\limits_{x \to 0} \dfrac{\tan x}{x}$.
   (iii) Zur Probe: Was liefert die Regel von de l'Hospital?

6. (i) Wie lautet die Gleichung der Tangente von $f(x) = \tan^{-1} x$, für $x_0 = 1$?
   (ii) Skizzieren Sie $f(x)$ für $0 \leq x \leq 2$, und die betreffende Tangente!

7. Die Beziehung $\frac{\pi}{4} = 4 \cdot \tan^{-1}\frac{1}{5} - \tan^{-1}\frac{1}{239}$ von Aufg. 20 auf S. 166 war im 19. Jahrhundert sehr beliebt zur Bestimmung von π, wobei natürlich $\tan^{-1}$ mit der Taylorentwicklung berechnet wurde! Nutzen Sie alle Summanden in der Tab. S. 304 zur Berechnung von $\tan^{-1}\frac{1}{5}$. Für $\tan^{-1}\frac{1}{239}$ genügen bereits die ersten beiden Summanden. Welche Näherung erhalten Sie hiermit für $\frac{\pi}{4}$? Was zeigt der Taschenrechner für $\frac{\pi}{4}$?

8. Berechnen Sie die ersten fünf von Null verschiedenen Terme der Taylorentwicklung von $f(x) = \cos x$ um $x_0 = 0$? Und wie lautet das zugehörige Restglied?

9. Bestimmen Sie möglichst genau $\displaystyle\int_0^{0,5} \cos x^2 \, dx$. (Hinweis: Vorige Aufgabe.)

10. Bestimmen Sie näherungsweise $e = e^1$ mit Hilfe der Taylorentwicklung von $f(x) = e^x$.

11. Die Schallgeschwindigkeit S in Luft wächst mit steigender Temperatur $\mathbf{t}$ in °C gemäß $S = 331{,}5 \cdot \sqrt{1 + 0{,}00366 \cdot t} \; \frac{\mathrm{m}}{\mathrm{s}}$. Zeigen Sie mit Hilfe der ersten beiden Summanden der Taylorentwicklung von $\sqrt{1+x}$ (Tab. S. 304) und $x = 0{,}00366\,t$:

    Die Schallgeschwindigkeit erhöht sich pro Grad Celsius um fast 2 Promille. Schätzen Sie die Schallgeschwindigkeiten für $\mathbf{t} = \pm 50$°C. (Aus diesem Grund wird der Schall an wärmeren Luftschichten gebrochen!).

12. Skizzieren Sie einen Kurvenverlauf

(i) mit positiver Steigung und positiver Krümmung
(ii) mit positiver Steigung und negativer Krümmung
(Hinweis: Untersuchen Sie $f(x) = e^x$ und $f(x) = \ln x$.)

13. Skizzieren Sie den ungefähren Kurvenverlauf von $f(x) = x^3 - x = x \cdot (x^2 - 1)$, (Nullstellen $x = 0\,;1\,;-1$). Bestimmen Sie hierfür einige Funktionswerte wie $f(0,5)$, $f(1,5)$, $f(-0,5)$, $f(-1,5)$. Diskutieren Sie nun auch den ungefähren Kurvenverlauf

   (i) von $f'(x)$, nur anhand der Skizze von $f(x)$, ($f'(x) =$ Steigung von $f(x)$),

   (ii) von $f''(x)$, nur anhand der Skizze von $f'(x)$, ($f''(x) =$ Steigung von $f'(x)$),

   (iii) von $f''(x)$, nur anhand der Skizze von $f(x)$, ($f''(x)$ als Maß für die Krümmung von $f(x)$).

14. Skizzieren Sie den Kurvenverlauf von $f(x) = \tan^{-1} x + \tan^{-1}\left(\frac{1-x}{1+x}\right)$, für alle x mit $1 + x > 0$, also für $x > -1$.

   Hinweis: Es sieht schwieriger aus, als es ist! Bestimmen Sie zunächst $f'(x)$, beim zweiten Summanden natürlich Ketten– und Quotientenregel benutzen. Das Ergebnis ist überraschend einfach! Folgerung für den Kurvenverlauf von $f(x)$?

15. (i) Gegeben $f'(x) = \dfrac{1}{1+x^2}$. Skizzieren Sie den Kurvenverlauf von $f'(x)$.

   (ii) Berechnen Sie $f''(x)$. Für welche x gilt $f''(x) \leq 0$, bzw. $f''(x) \geq 0$.

   (iii) Bekannt sei nur $f(0) = 0$. Skizzieren Sie nun den ungefähren Kurvenverlauf von $f(x)$, nur anhand des bereits bekannten Kurvenverlaufs von $f'(x)$ und $f''(x)$.

16. Gegeben die Funktion $f(x) = x \cdot \ln x$, für $x > 0$.
   (i) Bestimmen und skizzieren Sie $f'(x)$, sowie auch $f''(x)$.
   (ii) Diskutieren und skizzieren Sie dann den ungefähren Kurvenverlauf von $f(x)$. (Hinweise: Eine Nullstelle von $f(x)$ ist $x_0 = 1$. Nutzen Sie für $x \to 0$ de l'Hospital, mit der Umformung: $\lim\limits_{x \to 0} f(x) = \lim\limits_{x \to 0} \dfrac{\ln x}{\frac{1}{x}}$).

17. Begründen Sie: Hat $f''(x)$ an der Stelle $x_0 \in D$ einen Vorzeichenwechsel, so besitzt $f'(x)$ an der Stelle $x = x_0$ ein relatives Extremum.

18. (i) Zeigen Sie mit de l'Hospital für die Funktion $S(x)$ auf Seite 309 ergänzend:
$$\lim_{x \to 0} S(x) = \lim_{x \to \infty} S(x) = 0$$
   (Folglich ist auch $\lim\limits_{\lambda \to \infty} S(\lambda) = \lim\limits_{\lambda \to 0} S(\lambda) = 0$)!

   (ii) Bestimmen Sie das Maximum: $S_{max} = S(\lambda_m) = S(x_m) = K_T \cdot \dfrac{x_m^5}{e^{x_m} - 1}$
   (nur den Faktor von K_T bestimmen!)
   Wie ändern sich K_T und λ_m, wenn sich die Temperatur verdoppelt? Skizzieren Sie den qualitativen Verlauf von $S(\lambda)$ für 3000 K und vergleichsweise für 6000 K.

19. Die Bewohner der Dörfer A und B haben vereinbart, im Falle eines Brandes dem anderen Dorf zur Hilfe zu eilen. Natürlich mit einem leeren Eimer erst an das Flussufer, und dann mit dem gefüllten, aber schweren Eimer zum Brandort. Wo liegt der optimale

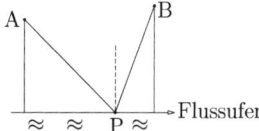

Punkt P für die Dorfbewohner von A, denn sie wollen natürlich möglichst schnell in B ankommen? Konstruieren Sie eine analoge Aufgabe, deren Lösung wir bereits kennen!

20. Zurück zu Skizze 4.88 auf Seite 307. Es soll von A nach B eine Gasleitung, ein Stromkabel oder ähnliches verlegt werden. Der Preis pro Längeneinheit beträgt auf dem Gebiet I $p_1 = 100$ €, auf dem anderen Gelände dagegen nur $p_2 = 50$ €. Wie wird in diesem Falle die Verlegung am preiswertesten?

21. Eine Variante der vorigen Aufgabe. Bestimmen Sie den günstigsten Punkt P:

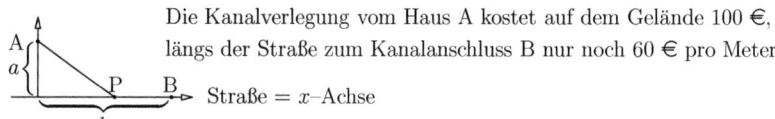

Die Kanalverlegung vom Haus A kostet auf dem Gelände 100 €, längs der Straße zum Kanalanschluss B nur noch 60 € pro Meter.

Straße = x–Achse

Interessanterweise ist die optimale Lage von P unabhängig von b, (sofern $b \geq \frac{3}{4} a$).

22. Natürlich lässt sich die vorige Aufgabe wieder umformulieren, zum Beispiel: Auf dem freien Gelände von A ist nur eine Geschwindigkeit von 60 km/h möglich, auf der Straße nach B hingegen 120 km/h. Welches ist der schnellste Weg von A nach B (was gilt im Falle $b < a$)?

23. i) Herr Hammerfix bastelt sich schnell aus zwei Brettern eine Dachrinne, Bild links. Natürlich soll die Querschnittsfläche möglichst groß werden. Zeigen Sie ihm, dass der optimale Winkel $\varphi = \frac{\pi}{4} = 45°$ beträgt!

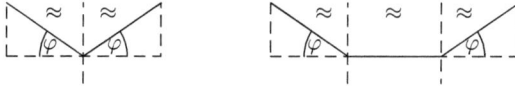

ii) Glücklicherweise findet er noch ein drittes Brett derselben Art, was eine neue Konstruktion ermöglicht, Bild rechts. Beweisen Sie ihm aber, dass nun der optimale Winkel $\varphi = \frac{\pi}{3} = 60°$ beträgt! (Setzen Sie die Breite der Bretter b = 1, also eine Längeneinheit. Die (größtmögliche) Wasserhöhe h beträgt dann einfach $h = 1 \cdot \sin \varphi = \sin \varphi$.)

24. Endlich wieder einmal beim Fußball: Der berühmte Linksaußen Ballatoni stürmt haarscharf entlang der Linie und sucht den größten Schusswinkel φ in Richtung Tor! Abstand Torpfosten zur Eckfahne $a = 30{,}54$ m, Breite des Tores $b = 7{,}32$ m,

Hinweise (vgl. nachfolgende Skizze):

$\varphi(x) = \beta(x) - \alpha(x) = \tan^{-1}\frac{a+b}{x} - \tan^{-1}\frac{a}{x}$. Zeigen Sie $\varphi'(x) = 0 \Leftrightarrow x^2 = (a+b) \cdot a$.

(Da φ beliebig klein wird, sowohl für große als auch für kleine Werte von x, muss dazwischen (mindestens) ein Maximum liegen!)

Wegen $x^2 = (a+b) \cdot a$ konstruieren Geometrie–Experten den gesuchten x–Wert sofort als Höhe im rechtwinkligen Dreieck mit den beiden Hypotenusen–Abschnitten $p = a+b$ und $q = a$ (Höhensatz, Thaleskreis). Man muss hierfür nur die y–Achse um a nach unten verlängern, alles übrige ist praktisch schon eingezeichnet!

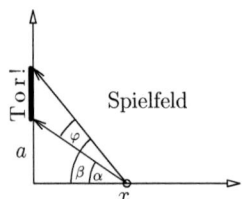

Als schöne Variante dieser Aufgabe sei der Sportfotograf genannt, der am Spielfeldrand den größten Sichtwinkel φ zur Toraufnahme sucht!

25. Untersuchen Sie $f(x,y) = e^{-(x^2+y^2)}$ sowie $g(x,y) = x^3 - y^2 + 3x^2$ auf lokale Extrema, für alle Werte $(x,y) \in \mathbb{R}^2$.

26. Zeigen Sie zum Beweis von 4.91 für $z(t) = f(x_0 + h\cdot t, y_0 + k\cdot t)$ durch Differenzieren nach t mit der verallgemeinerten Kettenregel 4.5 auf S. 240:

$$z'(0) = h\cdot f_x(x_0,y_0) + k\cdot f_y(x_0,y_0), \quad z''(\vartheta) = h^2\cdot f_{xx}(\xi,\eta) + 2\,h\,k\cdot f_{xy}(\xi,\eta) + k^2\cdot f_{yy}(\xi,\eta).$$

Einsetzen in die Taylorentwicklung um $t_0 = 0$, mit $t = 1$,

$$z(1) = z(0) + \frac{z'(0)}{1!} + \frac{z''(\vartheta)}{2!}, \quad \text{ergibt 4.91}.$$

Kapitel 5

Vektoren und Lineare Räume

.

5 a) Vektoralgebra

Immer parallel? Zeichnen Sie irgendein Viereck ABCD, wie zum Beispiel in folgender Skizze. Verbinden Sie nun die Mittelpunkte benachbarter Seiten:

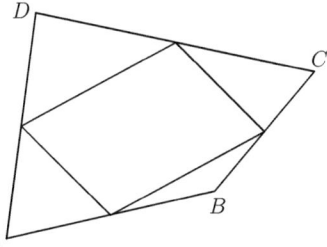

Täuscht das Auge, oder entsteht tatsächlich immer ein Parallelogramm?

Alles nur Schiebung - aber kein Schwindel Wir übernehmen die Terminologie der Physik, wo Größen 'ohne Richtung' *Skalare* genannt werden und solche 'mit Richtung' *Vektoren*. Verschieben wir beispielsweise die Punkte der Zeichenebene nach rechts: Da Länge und Richtung einer Translation für alle Punkte P gleich sind, genügt die Angabe eines einzigen Richtungsvektors, der die Translation repräsentiert und veranschaulicht.

$$P \qquad \vec{v} \qquad Q \qquad \vec{v} = \vec{PQ}$$

Die entgegengesetzte Translation lässt sich dann durch einen Vektor mit entgegengesetzter Richtung aber gleicher Länge veranschaulichen. Man nennt ihn *Gegenvektor* oder inversen Vektor. Die Länge eines geometrischen Vektors bezeichnet man auch als seinen *Betrag*.

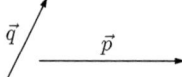

$$-\vec{v} = \vec{QP}$$

Beide Translationen zusammen ergeben eine 'Nulltranslation', symbolisiert durch den *Nullvektor* $\vec{0} = \vec{PP}$. Man ordnet ihm keine Richtung zu, sein Betrag ist Null. Halten wir fest:

$$-\vec{v} + \vec{v} = \vec{0}$$

Diese Art von Addition lässt sich auf beliebige Vektoren anwenden.

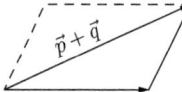

Zwei Translationen um $\vec{q}$ und um $\vec{p}$ ergeben zusammen wieder eine Translation:

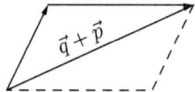

Offensichlich gilt die Kommutativität $\vec{p} + \vec{q} = \vec{q} + \vec{p}$, und speziell natürlich $\vec{p} + \vec{0} = \vec{p}$.

Die Addition von Vektoren entspricht der Hintereinanderausführung von Translationen der Ebene (oder des Raumes). Da die Verkettung bekanntlich assoziativ ist, gilt also auch hier

$$(\vec{p} + \vec{q}) + \vec{r} = \vec{p} + (\vec{q} + \vec{r})$$

Demnach ist das Ergebnis unabhängig von der Klammersetzung, man kann darauf verzichten.

Einmischung von außen Auch eine Multiplikation mit Zahlen (Skalaren) ist sinnvoll. Da diese nicht zum Bereich der Vektoren gehören, sozusagen außerhalb davon liegen, spricht man in diesem Falle von einer 'äußeren' Verknüpfung (Rechenoperation).
Unter $2 \cdot \vec{p}$ verstehen wir den Vektor mit gleicher Richtung wie $\vec{p}$, aber mit doppelter Länge, und entsprechend bei $c \cdot \vec{p}$ mit c–facher Länge, falls $c > 0$. Außerdem sei $c \cdot \vec{p} = \vec{0}$, falls $c = 0$. Anstelle $2 \cdot (-\vec{p})$ schreiben wir $(-2) \cdot \vec{p}$, und unter $(-c) \cdot \vec{p}$ verstehen wir $c \cdot (-\vec{p})$, wodurch die Multiplikation $c \cdot \vec{p}$ für alle Werte $c \in \mathbb{R}$ erklärt ist.
Da es sich nicht um die übliche Multiplikation von reellen Zahlen handelt, müsste man korrekterweise auch ein eigenes Zeichen verwenden. Zum Glück vertragen sich aber beide Arten von Multiplikationen komplikationslos. Beispielsweise gilt $2 \cdot (3 \cdot \vec{p}) = (2 \cdot 3) \cdot \vec{p}$, und allgemein $c \cdot (d \cdot \vec{p}) = (c \cdot d) \cdot \vec{p}$. Auch die nachfolgend aufgeführten Rechenregeln sind für unsere Menge V von Vektoren mehr oder weniger evident. Mit dieser Menge V kennen wir nun ein wichtiges Beispiel für einen sogenannten 'Vektorraum'!

5.1 Definition Gegeben sei eine Menge V mit zwei Rechenoperationen:

1. Für die Addition '$+$' gelte $\vec{p} + \vec{q} \in V$ für alle $\vec{p}, \vec{q} \in V$ und:
   $\vec{p} + (\vec{q} + \vec{r}) = (\vec{p} + \vec{q}) + \vec{r}$ für alle $\vec{p}, \vec{q}, \vec{r} \in V$
   Es gibt ein $\vec{0} \in V$, so dass gilt $\vec{0} + \vec{p} = \vec{p}$ für alle $\vec{p} \in V$
   Für jedes $\vec{p} \in V$ gibt es ein $-\vec{p} \in V$, so dass gilt $-\vec{p} + \vec{p} = \vec{0}$
   $\vec{p} + \vec{q} = \vec{q} + \vec{p}$ für alle $\vec{p}, \vec{q} \in V$

2. Für die Multiplikation '·' gelte $c \cdot \vec{p} \in V$ für alle $c \in \mathbb{R}$, $\vec{p} \in V$ und:

$(c \cdot d) \cdot \vec{p} = c \cdot (d \cdot \vec{p})$ für alle $c, d \in \mathbb{R}$ und $\vec{p} \in V$
$1 \cdot \vec{p} = \vec{p}$ für alle $\vec{p} \in V$
$c \cdot (\vec{p} + \vec{q}) = c \cdot \vec{p} + c \cdot \vec{q}$ für alle $c \in \mathbb{R}$ und $\vec{p}, \vec{q} \in V$
$(c + d) \cdot \vec{p} = c \cdot \vec{p} + d \cdot \vec{p}$ für alle $c, d \in \mathbb{R}$ und $\vec{p} \in V$

Dann nennt man $(V, +, \cdot)$ einen *reellen Vektorraum* oder auch *linearen Raum*.

Anstelle $\vec{p} + (-\vec{q})$ schreibt man kürzer $\vec{p} - \vec{q}$, vgl. Skizze 5.2, Bildmitte. Wegen $\vec{p} - \vec{q} = -\vec{q} + \vec{p}$ kann man auch zuerst $-\vec{q}$ bilden, dann $\vec{p}$ addieren, (gestrichelt gezeichnet).

Summenvektor $\vec{s} = \vec{p} + \vec{q}$ *und* Differenzvektor $\vec{d} = \vec{p} - \vec{q}$ lassen sich beide zusammen als gerichtete Diagonalen eines Parallelogramms konstruieren, das von den Vektoren $\vec{p}$ und $\vec{q}$ aufgespannt wird, vgl. Skizze 5.2 rechts.

(5.2)

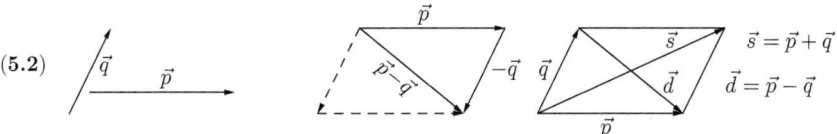

Rechnerisch ist $\vec{p} - \vec{q} = \vec{d}$ gleichbedeutend mit $\vec{p} = \vec{q} + \vec{d}$. Ebenso lassen sich $0 \cdot \vec{p} = \vec{0}$, $(-1) \cdot \vec{p} = -\vec{p}$, usw. als einfache Folgerungen aus 5.1 herleiten. Weitere Beispiele für lineare Räume werden wir noch diskutieren. Nun erst einmal zur Frage mit dem Parallelogramm.

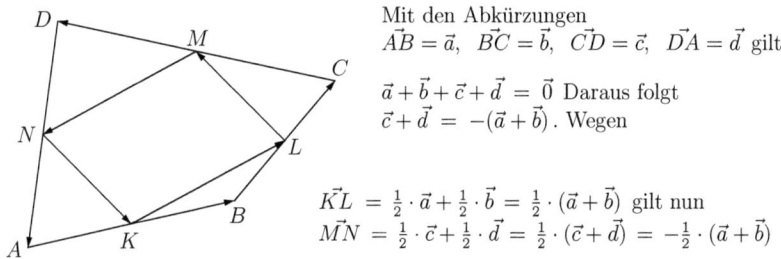

Mit den Abkürzungen
$\vec{AB} = \vec{a}$, $\vec{BC} = \vec{b}$, $\vec{CD} = \vec{c}$, $\vec{DA} = \vec{d}$ gilt:

$\vec{a} + \vec{b} + \vec{c} + \vec{d} = \vec{0}$ Daraus folgt
$\vec{c} + \vec{d} = -(\vec{a} + \vec{b})$. Wegen

$\vec{KL} = \frac{1}{2} \cdot \vec{a} + \frac{1}{2} \cdot \vec{b} = \frac{1}{2} \cdot (\vec{a} + \vec{b})$ gilt nun
$\vec{MN} = \frac{1}{2} \cdot \vec{c} + \frac{1}{2} \cdot \vec{d} = \frac{1}{2} \cdot (\vec{c} + \vec{d}) = -\frac{1}{2} \cdot (\vec{a} + \vec{b})$

Der Beweis zur Skizze zeigt, dass $\vec{KL} = -\vec{MN}$ bzw. $\vec{KL} + \vec{MN} = \vec{0}$. Das bedeutet aber, dass die beiden Vektoren gleich lang und parallel sein müssen, sonst könnte ihre Summe nicht $\vec{0}$ ergeben! Analog beweist man, dass auch $\vec{LM} = -\vec{NK}$ bzw. $\vec{LM} + \vec{NK} = \vec{0}$. Es handelt sich bei dieser Konstruktion übrigens um das sogenannte 'Varignon–Parallelogramm'.

Parallele Vektoren mit entgegengesetzter Richtung werden in der Physik kurz als *antiparallel* bezeichnet. Sie treten beispielsweise beim Gleichgewicht zweier Kräfte auf.

Kräftegleichgewicht Auch die Wirkung von Kräften kann sich gegenseitig aufheben, obwohl die Angabe einer Kraft in Newton stets positiv ist! Wir wissen erfahrungsgemäß, dass Kräfte eine Größe *und* eine Richtung, also Vektornatur aufweisen. So heben sich zwei gleichgroße, aber entgegengesetzt gerichtete Kräfte auf, wie im Beispiel Gewichtskraft und Federkraft in Skizze 5.3 links.

Die Feder wird so weit gedehnt, bis die rückwirkende Federkraft betragsmäßig der Gewichtskraft entspricht. Es handelt sich wieder um Vektor und Gegenvektor. Es wird Sie auch nicht wundern, dass sich drei und mehr Kräfte in ihrer Wirkung aufheben können, die Summe kann Null ergeben, genauer $\vec{0}$, vgl. Skizze 5.3 Mitte. Was zeigt aber eine Federwaage an, wenn jemand beispielsweise 10 kg nicht daran befestigt, sondern über eine Rolle festhält (oder stattdessen am Boden anbindet, wie in der Skizze 5.3 rechts)? Falls Sie unsicher sind, vergleichen Sie mit der angegeben Lösung in Aufg. 1.

(5.3)

Mit *Größe* oder *Betrag eines physikalischen Vektors* meint man die übliche Angabe von Maßzahl *und* Maßeinheit. Bei einer Masse von **m** = 10 kg betragen also aufgrund der Erdbeschleunigung von rund $9{,}8\,\frac{m}{s^2}$: $|\vec{G}| = G = 98$ N und $|\vec{F}| = F = 98$ N. Der Unterschied liegt nur in der Richtung, $\vec{F} = -\vec{G}$ bzw. $\vec{F} + \vec{G} = \vec{0}$.

Wählt man irgendeinen Maßstab für die zugehörige Einheit, kann man physikalischen Vektoren eine geometrische Länge zuordnen. Auf diese Weise lässt sich ihre Wirkung maßstabsgerecht veranschaulichen!

Vektorzerlegung

Woher weht der Wind? Häufig stellt sich die umgekehrte Aufgabe, nämlich einen vorgegebenen Vektor in Summanden zu zerlegen! Gehen oder laufen Sie zum Beispiel mit dem Wind $\vec{w}$ im Rücken, so verringert sich die spürbare Luftbewegung aufgrund ihrer eigenen Geschwindigkeit $\vec{v}$ zu

$$\vec{s} = \vec{w} - \vec{v} \quad \text{bzw.} \quad \vec{w} = \vec{v} + \vec{s}$$

(5.4)

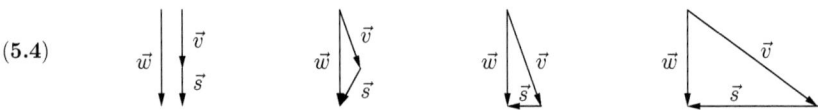

Vergleichen Sie Skizze 5.4, linkes Bild. Die vorige Beziehung gilt in diesem Fall ganz allgemein: Es addiert sich der ihrer Bewegung entsprechende Gegenwind $-\vec{v}$ zum vorhandenen Wind $\vec{w}$, $\vec{s} = -\vec{v} + \vec{w} = \vec{w} - \vec{v}$, also $\vec{w} = \vec{v} + \vec{s}$, vgl. 5.4. Man nennt hier $\vec{s}$ den *scheinbaren Wind*.

Der scheinbare Wind ist objektiv messbar und wirksam. Beispielsweise wirkt nicht $\vec{w}$, sondern nur noch $\vec{s}$ auf das Segel eines Bootes, wenn es mit der Geschwindigkeit $\vec{v}$ im Wind fährt. Gilt $\vec{v} = \vec{w}$, also $\vec{s} = \vec{0}$, oder stellen Sie das Segel parallel zu $\vec{s}$, so hört die Wirkung auf!

Beach-Surfen ist 'Segeln auf Rädern', sozusagen mit Bodenhaftung, das vereinfacht die Sache. Sie können nicht wie im Wasser abdriften, aber wie mit dem Boot die Segelstellung und die Fahrtrichtung ändern, und das ist schon kompliziert genug.

Lassen Sie uns als Anfänger 'vor dem Wind' segeln, also Fahrtrichtung gleich Windrichtung. Von oben betrachtet zeigt das Skizze 5.5 I: Das Segel ist gestrichelt eingezeichnet, das Fahrzeug natürlich in Fahrtrichtung $\vec{v}$. Der Wind drückt senkrecht von hinten auf das Segel. Mit zunehmender Geschwindigkeit $\vec{v}$ geht die verbleibende Wirkung von $\vec{s}$ auf das Segel gegen Null. Im günstigsten Fall wird $\vec{s} = \vec{0}$ und $\vec{v} = \vec{w}$. Nun ändern Sie die Fahrtrichtung wie in II: Hierdurch dreht auch $\vec{s}$, doch verbleibt noch eine Wirkung auf das Segel (der senkrechte Anteil von $\vec{s}$). Im günstigsten Fall werden Sie so schnell wie in III, hier verläuft $\vec{s}$ parallel 'am Segel vorbei'. Der senkrechte Anteil von $\vec{s}$ zum Segel und somit der Antrieb werden dann zu Null.

Je mehr Sie quer zum Wind steuern, um so größer wird $\vec{v}$, vgl. IV. Auf diese Weise werden Sie schneller als der Wind, aber natürlich nicht in Windrichtung, sondern quer dazu!

(5.5)

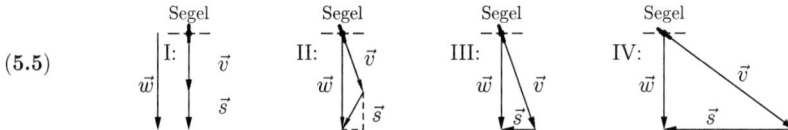

Das setzt natürlich eine äußerst geringe Gegenkraft durch Reibung und andere Widerstände voraus. Das Bild IV darf nämlich nicht darüber hinwegtäuschen, dass die Kraftwirkung in Fahrtrichtung $\vec{v}$ hier geringer ist als im Fall III. Betrachten wir nur den Startvorgang $\vec{v} = \vec{0}$, also $\vec{w} = \vec{s}$. Die Skizze 5.6 links zeigt:

Die Kraftwirkung $\vec{K}_w$ des Windes senkrecht zum Segel besitzt eine Antriebskomponente $\vec{K}_v$ in Fahrtrichtung, sowie eine Komponente senkrecht dazu, die nur eine Kippwirkung ausübt. Bei Änderung der Fahrtrichtung wie bei 5.6, mittleres Bild, verringert sich die Antriebskraft, obwohl die mögliche Höchstgeschwindigkeit erhöht wird, vgl. 5.5 IV!

Wollen Sie sogar senkrecht zum Wind fahren, müssen Sie das Segel verstellen wie 5.6 rechts. Hierdurch verringert sich aber die Kraftwirkung $\vec{K}_w$ des Windes senkrecht zum Segel und dadurch auch die Antriebskraft $\vec{K}_v$ in der gewünschten Fahrtrichtung.

(5.6)

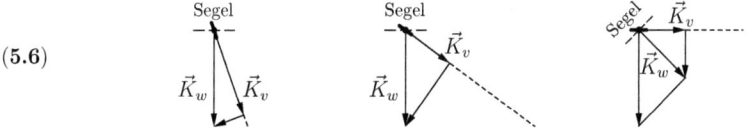

Mit zunehmender Geschwindigkeit $\vec{v}$ ist die Kraftwirkung des Windes allerdings durch die Wirkung des scheinbaren Windes $\vec{s}$ zu ersetzen, der aber allmählich parallel zum Segel verläuft, und dadurch an Wirkung verliert. Doch stimmt das nicht ganz, denn eine entsprechende Form des Segels wirkt in diesem Falle wie der Flügel eines Flugzeugs, d.h. ein Luftstrom parallel zum Segel bewirkt eine zusätzliche Kraft senkrecht dazu. Diese zusätzliche Unterstützung hilft ganz wesentlich dabei, sogar gegen den Wind kreuzen zu können. Man darf wohl sagen, Segeln ist ein Dorado für die Vektorrechnung!

Die schiefe Ebene ist und bleibt das Paradebeispiel für die Zerlegung von Kräften, s. 5.7. Eine darauf lastende Gewichtskraft $\vec{G}$ lässt sich in eine Komponente $\vec{K}_1$ parallel zur Ebene

(**5.7**)

$$\sin \alpha = \frac{|\vec{K}_1|}{|\vec{G}|} = \frac{\overline{BC}}{\overline{AC}}$$

$$\cos \alpha = \frac{|\vec{K}_2|}{|\vec{G}|} = \frac{\overline{AB}}{\overline{AC}}$$

und eine Komponente $\vec{K}_2$ senkrecht hierzu zerlegen. $\vec{K}_1$ treibt den Gegenstand an, $\vec{K}_2$ hält in auf der Unterlage. Wo aber findet man den Winkel α im Kräfteparallelogramm wieder? Beginnen Sie einfach mit dem oberen Dreieckswinkel, der hier mit β bezeichnet wurde! Sie finden β sofort zwischen $\vec{G}$ und $\vec{K}_1$, denn $\vec{G}$ ist parallel zur Höhe $\overline{BC}$ und $\vec{K}_1$ parallel zur schiefen Ebene! Der Nachbarwinkel muss α sein, denn beide ergänzen sich zu 90°. Und als Wechselwinkel findet sich α noch einmal neben $\vec{G}$.

Bekanntlich gilt $|\vec{G}| = \mathbf{m} \cdot |\vec{g}|$ bzw. $\mathbf{G} = \mathbf{m} \cdot \mathbf{g}$, und $\mathbf{g} = 9{,}8 \, \frac{\mathrm{m}}{\mathrm{s}^2}$ für die Erdbeschleunigung.

Bei einer Masse der Kugel von $\mathbf{m} = 1$ kg folgt demnach $|\vec{G}| = \mathbf{G} = 9{,}8$ N (Newton). Beträgt nun der Winkel zum Beispiel $\alpha = 30°$, so gilt in diesem Falle:

$$|\vec{K}_1| = |\vec{G}| \cdot \sin \alpha : \qquad K_1 = 9{,}8 \text{ N} \cdot \sin 30° = 4{,}9 \text{ N}$$
$$|\vec{K}_2| = |\vec{G}| \cdot \cos \alpha : \qquad K_2 = 9{,}8 \text{ N} \cdot \cos 30° = 8{,}5 \text{ N}$$

Basis

Mit zwei Vektoren $\vec{v}_1$ und $\vec{v}_2$ wie in Skizze 5.8 lässt sich jeder Vektor $\vec{v}$ der Ebene als sogenannte 'Linearkombination'

$$\vec{v} = c_1 \cdot \vec{v}_1 + c_2 \cdot \vec{v}_2$$

darstellen. Diese Zerlegung in ein Parallelogramm ist offensichtlich eindeutig, also auf genau eine Art und Weise möglich. Man spricht in diesem Falle von Basisvektoren beziehungsweise von einer Basis (wobei wir im folgenden nur Vektorräume mit einer endlichen Anzahl von Basisvektoren diskutieren wollen).

(**5.8**)

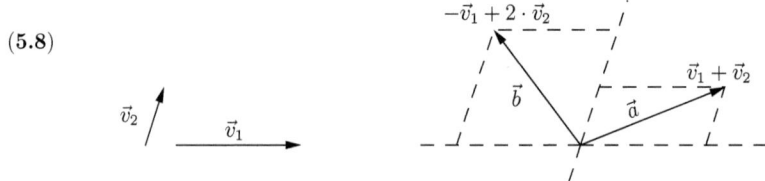

5.9 Definition Vektoren $\vec{v}_1, \vec{v}_2, \ldots, \vec{v}_n$ eines Vektorraumes V heißen genau dann eine *Basis* von V, wenn sich jeder Vektor $\vec{v} \in V$ eindeutig als Linearkombination

$$\vec{v} = c_1 \cdot \vec{v}_1 + c_2 \cdot \vec{v}_2 + \ldots + c_n \cdot \vec{v}_n$$

mit *Koeffizienten* $c_1, c_2, \ldots, c_n \in \mathbb{R}$ darstellen lässt.

Trivialerweise gilt $0 \cdot \vec{v}_1 + 0 \cdot \vec{v}_2 + \ldots + 0 \cdot \vec{v}_n = \vec{0}$. Eine *nicht*triviale Darstellung des Nullvektors gibt es nicht, wegen der Eindeutigkeit der Darstellung mit Basisvektoren!

Merke Bilden $\vec{v}_1, \vec{v}_2, \ldots, \vec{v}_n$ eine Basis eines Vektorraumes V, so gilt:
$$c_1 \cdot \vec{v}_1 + c_2 \cdot \vec{v}_2 + \ldots + c_n \cdot \vec{v}_n = \vec{0} \quad \Rightarrow \quad c_1 = 0, c_2 = 0, \ldots, c_n = 0.$$

Man nennt diese Eigenschaft von Vektoren auch 'lineare Unabhängigkeit'. Basisvektoren sind also stets linear unabhängig. Insbesondere ist kein Basisvektor gleich dem Nullvektor: Wäre z.B. $\vec{v}_1 = \vec{0}$, so würde beispielsweise $1 \cdot \vec{v}_1 + 0 \cdot \vec{v}_2 + \ldots + 0 \cdot \vec{v}_n = \vec{0}$ ergeben, es gäbe also eine nichttriviale Darstellung des Nullvektors, Widerspruch!

Aus den Darstellungen $\vec{a} = \vec{v}_1 + \vec{v}_2$ und $\vec{b} = -\vec{v}_1 + 2 \cdot \vec{v}_2$ wie in Skizze 5.8 lassen sich leicht weitere Kombinationen erhalten. Rechnen Sie nach, beispielsweise erhält man sofort:

$$\vec{a} + \vec{b} = 3 \cdot \vec{v}_2, \quad 2 \cdot \vec{a} + 2 \cdot \vec{b} = 6 \cdot \vec{v}_2, \quad \vec{b} - \vec{a} = -2 \cdot \vec{v}_1 + \vec{v}_2, \quad \vec{b} - 2 \cdot \vec{a} = -3 \cdot \vec{v}_1, \quad \text{usw.}$$

Dimension

Offensichtlich gibt es in Skizze 5.8 beliebig viele weitere Möglichkeiten für die Wahl einer Basis. Wir wollen allgemein zeigen, dass die *Anzahl der Basisvektoren* eines Vektorraumes V immer gleich, also eine charakteristische Größe von V ist! Das besagt der folgende

Hilfssatz *Bilden $\vec{b}_1, \vec{b}_2, \ldots, \vec{b}_n \in V$ eine Basis von V, und ist $\vec{B}_1, \vec{B}_2, \ldots, \vec{B}_m \in V$ eine weitere Basis, dann gilt $n = m$.*

Angenommen, es wäre tatsächlich $n \neq m$, also beispielsweise $n < m$. Wir zeigen exemplarisch für den Fall $n = 2$, dass dies zu einem Widerspruch führt. Die Beweisidee lässt sich leicht verallgemeinern! Seien also $\vec{b}_1, \vec{b}_2$ und $\vec{B}_1, \vec{B}_2, \vec{B}_3, \ldots$ zwei Basen von V. Dann gibt es Darstellungen

$$\alpha_1 \cdot \vec{b}_1 + \alpha_2 \cdot \vec{b}_2 = \vec{B}_1, \quad \beta_1 \cdot \vec{b}_1 + \beta_2 \cdot \vec{b}_2 = \vec{B}_2, \quad \gamma_1 \cdot \vec{b}_1 + \gamma_2 \cdot \vec{b}_2 = \vec{B}_3.$$

Aus $\alpha_1 = \alpha_2 = 0$ würde $\vec{B}_1 = \vec{0}$ folgen, und wir hätten bereits einen Widerspruch erhalten. Sei also beispielsweise $\alpha_1 \neq 0$ (andernfalls ließen sich die b–Vektoren auch umnummerieren). Dann erhielten wir nach Multiplikation der 1. Gleichung mit $\frac{1}{\alpha_1}$:

$$\vec{b}_1 + \frac{\alpha_2}{\alpha_1} \cdot \vec{b}_2 = \frac{1}{\alpha_1} \cdot \vec{B}_1, \quad \beta_1 \cdot \vec{b}_1 + \beta_2 \cdot \vec{b}_2 = \vec{B}_2, \quad \gamma_1 \cdot \vec{b}_1 + \gamma_2 \cdot \vec{b}_2 = \vec{B}_3.$$

Addieren wir nun das $(-\beta_1)$-fache der 1. Gleichung zur 2. Gleichung, und analog das $(-\gamma_1)$-fache der 1. Gleichung zur 3. Gleichung, so ergeben sich die beiden Gleichungen:

$$0 \cdot \vec{b}_1 + \beta_2' \cdot \vec{b}_2 = \vec{B}_2 - \frac{\beta_1}{\alpha_1} \cdot \vec{B}_1, \quad 0 \cdot \vec{b}_1 + \gamma_2' \cdot \vec{b}_2 = \vec{B}_3 - \frac{\gamma_1}{\alpha_1} \cdot \vec{B}_1,$$

mit den Abkürzungen $\beta_2' = \beta_2 - \beta_1 \cdot \frac{\alpha_2}{\alpha_1}$, $\gamma_2' = \gamma_2 - \gamma_1 \cdot \frac{\alpha_2}{\alpha_1}$. Aus $\beta_2' = 0$ würde die lineare Abhängigkeit der Basisvektoren $\vec{B}_2, \vec{B}_1$ folgen und wir hätten einen Widerspruch. Wäre dagegen $\beta_2' \neq 0$, könnten wir mit $\frac{1}{\beta_2'}$ multiplizieren und erhielten:

$$0 \cdot \vec{b}_1 + \vec{b}_2 = \frac{1}{\beta_2'} \cdot \vec{B}_2 - \frac{\beta_1}{\alpha_1 \cdot \beta_2'} \cdot \vec{B}_1, \quad 0 \cdot \vec{b}_1 + \gamma_2' \cdot \vec{b}_2 = \vec{B}_3 - \frac{\gamma_1}{\alpha_1} \cdot \vec{B}_1.$$

Entscheidend ist eigentlich nur, dass wir rechterhand stets nichttriviale Linearkombinationen der B–Vektoren erhalten, die explizite Form ist nicht entscheidend (für Experten: links vereinfachen wir zu einer 'oberen Dreiecksform'). Addieren wir nun noch das $(-\gamma_2')$ -fache der ersten Gleichung zur zweiten, erhalten wir auf der linken Seite dieser neuen Gleichung den Nullvektor, aber rechts eine nichttriviale Linearkombination der Vektoren $\vec{B}_3, \vec{B}_2, \vec{B}_1$. Das ist nun endgültig ein Widerspruch zur Voraussetzung, dass die B–Vektoren eine Basis bilden.   ✓

5.10 Definition Bilden $\vec{v}_1, \vec{v}_2, \ldots, \vec{v}_n$ eine Basis von V, so heisst die Anzahl n der Basisvektoren auch die *Dimension* des Vektorraumes V, kurz: $\dim V = n$.

Unterräume von V

Viel Raum für Unterräume Geraden und Ebenen sind nur spezielle Beispiele für die sogenannten 'affinen Unterräume' eines Vektorraumes V. Wählen wir uns hierzu anstelle einer gesamten Basis einfach nur irgendwelche Elemente $\vec{v}_1, \vec{v}_2, \ldots, \vec{v}_k$ dieses Vektorraumes V. Man nennt dann die Menge U aller Vektoren

$$\vec{v} = c_1 \cdot \vec{v}_1 + c_2 \cdot \vec{v}_2 + \ldots + c_k \cdot \vec{v}_k, \qquad (c_1, c_2, \ldots, c_k \in \mathbb{R})$$

die man also durch solche Linearkombinationen erzeugen kann, den von $\vec{v}_1, \vec{v}_2, \ldots, \vec{v}_k$ *aufgespannten Unterraum*, kurz: $U = \text{span}\{\vec{v}_1, \vec{v}_2, \ldots, \vec{v}_k\}$.

Man spricht in diesem Falle auch von einem *Untervektorraum*. Diese Teilmenge U von V erfüllt nämlich ebenfalls alle Forderungen 5.1, die an einen Vektorraum gestellt werden; und sind $\vec{v}_1, \vec{v}_2, \ldots, \vec{v}_k$ linear unabhängig, so bilden sie sogar eine Basis von U, vgl. Aufg. 11. Ein einfaches Beispiel für einen Unterraum U zeigt Abbildung 5.11 links. Die Vielfachen $c_1 \cdot \vec{v}_1$ eines einzigen Elements $\vec{v}_1 \neq \vec{0}$ bilden hier offensichtlich eine Gerade.

(5.11)

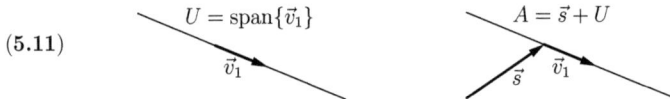

Als räumliches Beispiel kann man mit $U = \text{span}\{\vec{v}_1, \vec{v}_2\}$ eine Ebene aufspannen.

Verschieben wir U noch um einen festen Vektor $\vec{s} \in V$, so nennen wir eine solche Menge $A = \vec{s} + U$ von Vektoren einen *affinen Unterraum* von V. Man addiert also zu $\vec{s}$ jeden Vektor von U, und erhält so die Menge der Vektoren von A. Falls $\vec{s}, \vec{v}_1 \neq \vec{0}$ nicht zufällig linear abhängig sind, ist A *kein* Vektorraum mehr, aber doch von einer sehr speziellen 'Bauart', Beispiel Abb. 5.11 rechts. Konkrete Beispiele folgen in den nächsten Abschnitten.

Bemerkungen und Ergänzungen

Auch ohne Spitzen Sie bekommen eine sehr eingeschränktes Bild von Vektorrechnung, wenn Sie sich als mögliche Elemente eines Vektor– bzw. linearen Raumes V immer nur Pfeile vorstellen! Für geometrische und physikalische Probleme sind diese Beispiele natürlich von besonderer Bedeutung. Um aber mit Elementen von V *rechnen* zu können, benötigen wir keinerlei Anschauung, sondern einfach nur die in 5.1 genannten *Rechenregeln*!

Beispiele Betrachten wir einmal konkret die Menge V aller Polynome vom Grad 2

$$p(x) = a_0 + a_1 \cdot x + a_2 \cdot x^2$$

mit beliebig aber fest gewählten Koeffizienten a_0, a_1, $a_2 \in \mathbb{R}$, vgl. S. 207. Konkrete Beispiele sind $4 - 2x + 3x^2$, $1 - x$, x^2, 5, 0. Als Definitionsbereich können wir $x \in \mathbb{R}$ wählen, oder irgendein Intervall $[a;b]$. Offensichtlich ist die Summe von Polynomen vom Grad 2 wieder ein Polynom vom Grad 2, und die in Def. 5.1 geforderten Rechengesetze bezüglich der Addition sind erfüllt. Weiterhin ergibt die Multiplikation eines Polynoms vom Grad 2 mit einer reellen Zahl wieder ein Polynom vom Grad 2, und für diese äußere Verknüpfung sind die in 5.1 geforderten Rechenregeln ebenfalls erfüllt. Demnach bildet die Menge V aller Polynome vom Grad 2 einen Vektorraum!

Eine einfache Basis bilden die Polynome 1, x, x^2, denn jedes Polynom von V lässt sich als Linearkombination dieser Polynome darstellen, und diese Darstellung ist eindeutig: Aus zwei verschiedenen Darstellungen $p(x) = a_0 + a_1 \cdot x + a_2 \cdot x^2$ und $p(x) = b_0 + b_1 \cdot x + c_2 \cdot x^2$ würde durch Subtraktion andernfalls folgen $0 = (a_0 - b_0) + (a_1 - b_1) \cdot x + (a_2 - b_2) \cdot x^2$, für jeden(!) Wert x des Definitionsbereichs. Ein Polynom vom Grade 2 besitzt aber höchstens 2 Nullstellen, es sei denn, es handelt sich um das 'Nullpolynom', d.h. alle Koeffizienten sind gleich Null, $a_0 - b_0 = 0$, $a_1 - b_1 = 0$, $a_2 - b_2 = 0$, also gilt doch: $a_0 = b_0$, $a_1 = b_1$, $a_2 = b_2$.

Ergebnis: Die Menge V der Polynome vom Grad 2 bildet einen Vektorraum der Dimension 3.

Die Menge $C[a;b]$ der auf einem vorgegebenen Intervall $[a;b]$ stetigen Funktionen bildet ebenfalls einen Vektorraum, denn die Summe zweier stetiger Funktionen ist wieder stetig, das Produkt einer stetigen Funktion mit einer reellen Zahl ergibt wieder eine stetige Funktion, und alle geforderten Rechenregeln von 5.1 sind erfüllt.

Da auch alle Polynome beliebig hohen Grades zu $C[a;b]$ gehören, ist dieser Vektorraum $V = C[a;b]$ aber sicherlich *nicht* endlichdimensional.

Ein Blick zurück ...

- Ein Vektorraum $(V, +, \cdot)$ ist durch die Regeln 5.1 definiert.

- Es gibt viele verschiedene Beispiele für Vektorräume.

- Manche Vektorräume besitzen eine endliche Basis.

- Basis bedeutet die eindeutige Darstellung als Linearkombination, für jedes $\vec{v} \in V$.

- Basisvektoren sind linear unabhängig, d.h. der Nullvektor ist nur trivial darstellbar.

- Die Anzahl der Basisvektoren einer Basis nennt man auch die Dimension von V.

Aufgaben

1. Zeigen Sie: Wenn eine Masse von 10 kg an eine Federwaage wie in Skizze 5.3 rechts gebunden wird, zeigt sie 20 kg an! Zeichnen Sie die daran wirkenden Kräfte ein! (Sie könnten das Kräftegleichgewicht auch durch ein rechts angehängtes Gewicht von 10 kg herstellen, oder mit dieser Kraft am Seil ziehen!)

2. Eine Leuchte von 2 kg Gewicht soll mit zwei gleich langen Drähten über einer Straße angebracht werden und in der Mitte nur 0,10 m durchhängen. Die Gewichtskraft beträgt rund 20 N (Newton). Welche Zugbelastung muss der Draht bei einer Straßenbreite von 10 m mindestens aushalten können?

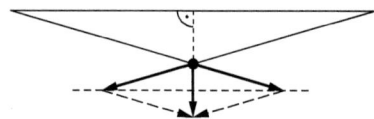

3. Unterteilen Sie die Seiten eines Vierecks $ABCD$ in je drei gleich lange Teile. Verbinden Sie die Teilungspunkte benachbarter Seiten, wie in nachfolgender Skizze. Wenn Sie nun

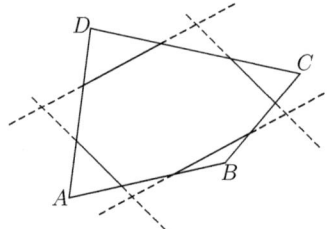

   diese Verbindungslinien über das Viereck hinaus verlängern (gestrichelt gezeichnet), entsteht 'Wittenbauers Parallelogramm'! Hinweis:
   Zum Beweis genügt es, die Parallelität der nicht gestrichelten Abschnitte zu zeigen.

4. Mit Dreiecken geht so etwas auch. Zeichnen Sie irgendein Dreieck ABC wie zum Beispiel in folgender Skizze, und verbinden Sie die Mittelpunkte.

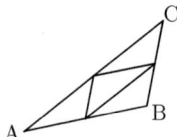

   Natürlich sind die Seiten des 'Innendreiecks' wieder parallel zu den entsprechenden Dreiecksseiten des Ausgangsdreiecks? Konstruieren und beweisen Sie auch das Analogon zu voriger Aufgabe mit der Drittelung der Seiten. Das ergibt sozusagen 'Wittenbauers Dreieck'.

5. Sie wollen Regenwasser sammeln und haben hierfür einen Eimer in den Regen gestellt, der mit 5 m/s genau senkrecht von oben kommt. Es spielt eigentlich keine Rolle, dass Sie sich hierbei mit dem Eimer auf dem Rennboot ihres Freundes befinden. Doch um Sie zu necken, fährt er los, und zwar mit 10 m/s, so dass der Regen nun ganz schräg und flach von vorn einfällt! (i) Verringert sich die eingefangene Regenmenge hierdurch? (ii) Lässt sich die Menge erhöhen, indem Sie die Öffnung des Eimers passend in Fahrtrichtung justieren? (Skizzieren Sie den Bereich der Tropfen, die innerhalb der nächsten Sekunde in den Eimer fallen).

6. Die einfache Variante der Flussdurchquerung: Als guter Schwimmer beträgt ihre Geschwindigkeit $v = 3$ km/h, die Strömungsgeschwindigkeit des Wassers $w = 2$ km/h.

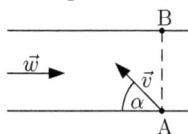

Welchen Winkel α müssen Sie beim Schwimmen einhalten, um von A aus gegenüber bei B am Ufer anzukommen? Mit welcher Geschwindigkeit kommen Sie hierbei vorwärts?

7. Und nun die schwierige Variante: Die Strömungsgeschwindigkeit $w = 5$ km/h ist hier größer als Ihre Geschwindigkeit $v = 3$ km/h. Mit welchem Winkel α müssen Sie gegen den Strom schwimmen, um möglichst wenig abgetrieben zu werden? Die beiden Geschwindigkeiten addieren sich wieder zu Ihrer Schwimmgeschwindigkeit $\vec{s} = \vec{v} + \vec{w}$. Ein Winkel γ von $90°$ lässt sich diesmal nicht erreichen, aber die Aufgabe besteht darin, durch passende Wahl von α den Winkel γ so groß wie möglich zu machen! Das gegenüberliegende Ufer müssen wir eigentlich gar nicht einzeichnen. Viel wichtiger ist das Parallelogramm zur Addition, das bei jeder Wahl von $\vec{v}$ denselben Punkt M liefert!

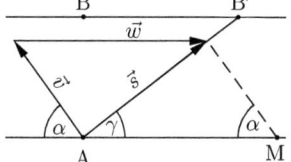 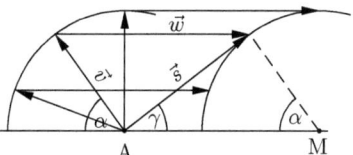

Probieren Sie verschiedene Richtungen von $\vec{v}$ aus, wie in der Skizze rechts. Dann werden Sie sicherlich feststellen: Die optimale Richtung für $\vec{s}$ liefert die Tangente vom Punkt A an den Kreis um M mit Radius v, $\overline{AM} = w$. Daraus folgt dann $\cos \alpha = \frac{v}{w}$, $\gamma = 90° - \alpha$.

8. Geht Licht durch eine Polarisationsfolie ||||| (symbolische Darstellung), so schwingt es nur noch in Polarisationsrichtung dieses Polfilters $\updownarrow$. Durch zwei zueinander gekreuzte Polfilter geht also gar kein Licht mehr hindurch! Lässt sich das nachträglich noch ändern, indem Sie eine weitere Polarisationsfolie dazwischen schieben? Hinweis: Zerlegen Sie den 'Lichtvektor', der Anteil in Polarisationsrichtung wird vom Filter durchgelassen!

9. Zeigen Sie: Bilden $\vec{v}_1, \vec{v}_2, \ldots, \vec{v}_n \in V$ eine Basis, dann sind die $n + 1$ Vektoren $\vec{v}, \vec{v}_1, \vec{v}_2, \ldots, \vec{v}_n$ für jeden Vektor $\vec{v} \in V$ linear abhängig.

10. Begründen Sie: Sind die Vektoren $\vec{v}_1, \vec{v}_2, \ldots, \vec{v}_n \in V$ linear unabhängig, dann ist auch jede Teilmenge davon linear unabhängig.

11. Seien $\vec{v}_1, \vec{v}_2, \ldots, \vec{v}_k$ irgendwelche Elemente eines Vektorraumes $(V, +, \cdot)$. Zeigen Sie:
(i) Bezeichnet U die Menge aller Vektoren $\vec{v} = c_1 \cdot \vec{v}_1 + c_2 \cdot \vec{v}_2 + \ldots + c_k \cdot \vec{v}_k$ mit $c_1, c_2, \ldots, c_k \in \mathbb{R}$, so erfüllt $(U, +, \cdot)$ ebenfalls alle Bedingungen von 5.1.
(ii) Sind $\vec{v}_1, \vec{v}_2, \ldots, \vec{v}_k$ linear unabhängig, so bilden sie eine Basis von U.

5 b) Der Vektorraum $\mathbb{R}^n$

Abgezirkelt Apollonius A beliefert vorbeifahrende Kreuzfahrtschiffe S vom Festland aus. Sein Service ist sehr beliebt, weil die großen Schiffe weder ihr Tempo drosseln noch ihre Richtung ändern müssen, denn sein Rennboot ist *dreimal* so schnell! Als er heute mit wichtigen Medikamenten losfährt, ist S genau 40 Kilometer entfernt. Auch die Fahrtrichtung von S wurde ihm mitgeteilt. Aber welchen Punkt T muss er ansteuern, um S geradewegs zu treffen? Appolonius nimmt seine Seekarte zur Hand und beginnt zu zeichnen:

Falls das Kreuzfahrtschiff genau auf ihn zufahren würde, wäre der Treffpunkt B leicht auszurechnen. Und den hat er auch schnell heraus! Und nicht viel schwieriger errechnet man C, für den Fall, dass das Schiff S genau von ihm wegfährt.

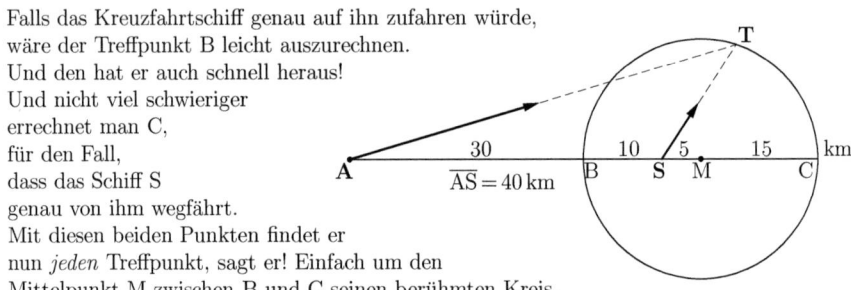

Mit diesen beiden Punkten findet er nun *jeden* Treffpunkt, sagt er! Einfach um den Mittelpunkt M zwischen B und C seinen berühmten Kreis, und die Verlängerung der Fahrtrichtung von S schneidet den Kreis im gesuchten Treffpunkt T. Das behauptet zumindest Appolonius, und fährt los! Stimmt das wirklich (Lös. S. 332)?

Definition des $\mathbb{R}^n$

Für spätere Zwecke ist es nützlich, uns nicht nur auf die Spezialfälle $n = 2$ der Koordinatenebene und $n = 3$ des Raumes zu beschränken. Bezeichne also im folgenden n eine beliebig aber fest gewählte natürliche Zahl.

Als Elemente des $\mathbb{R}^n$ (gesprochen: „R hoch n") betrachten wir alle n-Tupel von reellen Zahlen $x_1, x_2, \ldots, x_n \in \mathbb{R}$ der Form

$$\begin{pmatrix} x_1 \\ x_2 \\ \vdots \\ x_n \end{pmatrix} \qquad \text{Konkrete Beispiele:} \qquad \begin{pmatrix} 3 \\ -1 \\ \vdots \\ 4 \end{pmatrix}, \quad \begin{pmatrix} 2 \\ 0 \\ \vdots \\ -1 \end{pmatrix}, \quad \begin{pmatrix} 1 \\ 0 \\ \vdots \\ 0 \end{pmatrix}, \quad \begin{pmatrix} 0 \\ 0 \\ \vdots \\ 0 \end{pmatrix}, \quad \text{etc.}$$

Man nennt die Zahl x_i auch die i-te *Komponente*.
Die Addition von Elementen des $\mathbb{R}^n$ ist komponentenweise definiert:

$$\begin{pmatrix} x_1 \\ x_2 \\ \vdots \\ x_n \end{pmatrix} + \begin{pmatrix} y_1 \\ y_2 \\ \vdots \\ y_n \end{pmatrix} = \begin{pmatrix} x_1 + y_1 \\ x_2 + y_2 \\ \vdots \\ x_n + y_n \end{pmatrix} \qquad \text{Beispiel:} \qquad \begin{pmatrix} 3 \\ -1 \\ \vdots \\ 4 \end{pmatrix} + \begin{pmatrix} 2 \\ 0 \\ \vdots \\ -1 \end{pmatrix} = \begin{pmatrix} 5 \\ -1 \\ \vdots \\ 3 \end{pmatrix}$$

Man prüft leicht nach, dass alle in 5.1 geforderten Rechenregeln der Addition erfüllt sind! Das gilt auch für die Multiplikation mit $c \in \mathbb{R}$, die ebenfalls komponentenweise definiert ist:

$$c \cdot \begin{pmatrix} x_1 \\ x_2 \\ \vdots \\ x_n \end{pmatrix} = \begin{pmatrix} c_1 \cdot x_1 \\ c \cdot x_2 \\ \vdots \\ c \cdot x_n \end{pmatrix} \qquad \text{Beispiele:} \quad 3 \cdot \begin{pmatrix} 1 \\ 0 \\ \vdots \\ -2 \end{pmatrix} = \begin{pmatrix} 3 \\ 0 \\ \vdots \\ -6 \end{pmatrix}, \quad -1 \cdot \begin{pmatrix} -2 \\ 0 \\ \vdots \\ 1 \end{pmatrix} = \begin{pmatrix} 2 \\ 0 \\ \vdots \\ -1 \end{pmatrix}$$

Somit ist $V = \mathbb{R}^n$ ein Vektorraum, und die n–Tupel dürfen wir als Vektoren bezeichnen. Sind alle Komponenten gleich Null, spricht man wieder vom Nullvektor $\vec{0}$.

Die wohl einfachste Basis bilden die n Vektoren

$$\vec{e_1} = \begin{pmatrix} 1 \\ 0 \\ \vdots \\ 0 \end{pmatrix}, \quad \vec{e_2} = \begin{pmatrix} 0 \\ 1 \\ \vdots \\ 0 \end{pmatrix}, \quad \dots \quad \vec{e_n} = \begin{pmatrix} 0 \\ 0 \\ \vdots \\ 1 \end{pmatrix},$$

das heißt, nur die i–te Komponente von $\vec{e_i}$ hat den Wert 1, alle übrigen sind gleich Null. Hiermit lässt sich jedes n–Tupel $\vec{x} \in V$ als Linearkombination darstellen:

$$\begin{pmatrix} x_1 \\ x_2 \\ \vdots \\ x_n \end{pmatrix} = x_1 \cdot \begin{pmatrix} 1 \\ 0 \\ \vdots \\ 0 \end{pmatrix} + x_2 \cdot \begin{pmatrix} 0 \\ 1 \\ \vdots \\ 0 \end{pmatrix} + \dots + x_n \cdot \begin{pmatrix} 0 \\ 0 \\ \vdots \\ 1 \end{pmatrix}$$

In Kurzschreibweise:

$$\vec{x} = x_1 \cdot \vec{e_1} + x_2 \cdot \vec{e_2} + \dots + x_n \cdot \vec{e_n}$$

Diese Darstellung ist offensichtlich eindeutig, insbesondere ergibt $c_1 \cdot \vec{e_1} + c_2 \cdot \vec{c_2} \dots c_n \cdot \vec{e_n} = \vec{0}$ dann und nur dann, wenn alle $c_i = 0$. Man nennt die Vektoren $\vec{e_1}$, $\vec{e_2}$, $\dots$, $\vec{e_n}$ auch die *kanonische* (griech.-lat. für mustergültige, natürliche) Basis des $\mathbb{R}^n$.

Ergebnis dim $\mathbb{R}^n = n$.

Koordinatensystem

Die Komponenten $x_1, x_2, \dots, x_n$ werden im Falle $n \le 3$ meistens mit x, y, z bezeichnet. Nur in diesen Fällen ist eine Veranschaulichung mit Hilfe eines Koordinatensystems möglich. Man spricht daher auch von Koordinaten anstelle von Komponenten eines Vektors, s. 5.12.

(5.12)

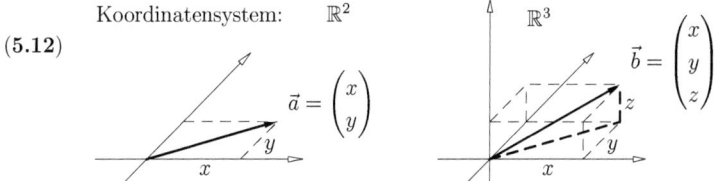

Koordinatensystem: $\mathbb{R}^2$ $\mathbb{R}^3$

$\vec{a} = \begin{pmatrix} x \\ y \end{pmatrix}$ $\vec{b} = \begin{pmatrix} x \\ y \\ z \end{pmatrix}$

Der Fall $n = 2$ links ist perspektivisch dargestellt, zum Vergleich mit dem Fall $n = 3$ rechts. Die übliche Darstellung für $n = 2$ zeigt Skizze 5.14.

Die Addition und Subtraktion von Vektoren des $\mathbb{R}^2$ und $\mathbb{R}^3$ erfolgt anschaulich genau so, wie wir es bereits vom vorigen Abschnitt kennen. Das gilt auch für die Veranschaulichung der Multiplikation mit Zahlen, weshalb wir auf eine nochmalige Darstellung verzichten.

Geraden und Ebenen kennen wir bereits ganz allgemein als affine Unterräume eines Vektorraumes V, vgl. 5.11, wobei wir jetzt speziell den Fall $V = \mathbb{R}^n$ betrachten wollen! Bleiben wir zunächst im anschaulichen Bereich.

Eine Gerade im $\mathbb{R}^2$ ist durch Angabe von 2 Punkten festgelegt. Hiermit lässt sich ein Richtungsvektor $\vec{r}$ bestimmen, so dass

$$\vec{x} = \vec{s}_0 + t \cdot \vec{r} \qquad\qquad (t \in \mathbb{R})$$

sämtliche Punkte der Geraden beschreibt, vgl. Skizze 5.13 links. Auf ein spezielles Koordinatensystem wurde verzichtet, da die Argumentation für den $\mathbb{R}^2$ *und* $\mathbb{R}^3$ gültig ist. Sie macht auch Sinn für beliebige Werte $n \geq 2$. Natürlich könnte man auch $\vec{s}_1$ als festen Stützvektor wählen, und/oder $\vec{s}_0 - \vec{s}_1$ als Richtungsvektor.

(5.13)

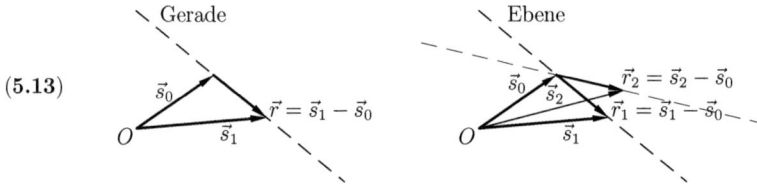

Eine Ebene im $\mathbb{R}^3$ ist durch Angabe von 3 Punkten festgelegt. Hiermit lassen sich dann zwei Richtungsvektoren $\vec{r}_1$ und $\vec{r}_2$ bestimmen, die gemäß

$$\vec{x} = \vec{s}_0 + t_1 \cdot \vec{r}_1 + t_2 \cdot \vec{r}_2$$

die betreffende Ebene aufspannen, vgl. 5.13 rechts. Auch dies macht Sinn für beliebige Werte $n \geq 3$. Man bezeichnet die Skalare t bzw. t_1 und t_2 in diesem Zusammenhang auch als 'Parameter' und spricht von der 'Parameterdarstellung' der Geraden bzw. der Ebene. Überlegen Sie sich auch die Lage verschiedener Ebenenpunkte in Abhängigkeit der Parameterwerte, z.B. für $t_1 = 1$ und $t_2 = 1$, für $t_1 = -1$ und $t_2 = 1$, und andere mehr.

Beispiel Bestimmen Sie die Parameterdarstellung der durch

$$\vec{s}_0 = \begin{pmatrix} 0{,}5 \\ 2 \end{pmatrix}, \quad \vec{s}_1 = \begin{pmatrix} 1 \\ 1 \end{pmatrix},$$

festgelegten Geraden. Die einfache Rechnung ergibt für $\vec{x} = \vec{s}_0 + t \cdot (\vec{s}_1 - \vec{s}_0)$:

$$\begin{pmatrix} x \\ y \end{pmatrix} = \begin{pmatrix} 0{,}5 \\ 2 \end{pmatrix} + t \cdot \begin{pmatrix} 1 - 0{,}5 \\ 1 - 2 \end{pmatrix} = \begin{pmatrix} 0{,}5 \\ 2 \end{pmatrix} + t \cdot \begin{pmatrix} 0{,}5 \\ -1 \end{pmatrix} \qquad (t \in \mathbb{R})$$

Die übliche Darstellung dieser Geraden können Sie hieraus ebenfalls erhalten, indem Sie z.B. $x = 0{,}5 + t \cdot 0{,}5$ nach $t = 2x - 1$ auflösen und diesen Wert in $y = 2 + t \cdot (-1)$ einsetzen, was in diesem Falle $y = -2x + 3$ ergibt. Die Skizze dieser Geraden zeigt übrigens 5.24.

Länge eines Vektors

Üblicherweise wird die Koordinatenebene nicht perspektivisch wie in 5.12 links dargestellt, sondern wie in Skizze 5.14. Für die *Länge* oder den *Betrag* eines Vektors $\vec{a}$ mit den Koordinaten x, y folgt gemäß Pythagoras offensichtlich ganz allgemein $|\vec{a}| = \sqrt{x^2 + y^2}$.

(**5.14**)

$$\vec{a} = \begin{pmatrix} 3 \\ 2 \end{pmatrix}$$

$$|\vec{a}| = \sqrt{3^2 + 2^2}$$

Anstelle $|\vec{a}|$ schreiben wir gelegentlich auch a. Im Falle eines Vektors mit den Koordinaten x, y, z wie in Skizze 5.12 rechts beträgt zunächst einmal die Länge der gestrichelt eingezeichneten Diagonale in der x, y Ebene offensichtlich ebenfalls $d = \sqrt{x^2 + y^2}$. Da die z-Komponente senkrecht zur Diagonalen steht, folgt gemäß Pythagoras für die Länge von $\vec{b}$:

$$|\vec{b}| = \sqrt{d^2 + z^2} = \sqrt{\left(\sqrt{x^2 + y^2}\right)^2 + z^2} = \sqrt{(x^2 + y^2) + z^2} = \sqrt{x^2 + y^2 + z^2}$$

Allgemein definiert man als Betrag eines Vektors $\vec{x} \in \mathbb{R}^n$ mit den Koordinaten $x_1, x_2, \ldots, x_n$:

$$|\vec{x}| = \sqrt{x_1^2 + x_2^2 + \ldots + x_n^2}$$

Man rechnet leicht nach, dass mit $c \in \mathbb{R}$ gilt: $|c \cdot \vec{x}| = |c| \cdot |\vec{x}|$. Insbesondere folgt für $c = \dfrac{1}{|\vec{x}|}$:

Merke *Für jeden Vektor $\vec{x}$ hat $\vec{e} = \dfrac{\vec{x}}{|\vec{x}|}$ den Betrag Eins, kurz:* $\left|\dfrac{\vec{x}}{|\vec{x}|}\right| = 1$.

Der Ball ist rund – Kreis und Kugel Alle Vektoren $\vec{x} = \begin{pmatrix} x \\ y \end{pmatrix} \in \mathbb{R}^2$ mit konstanter

Länge r ergeben einen Kreis um den Nullpunkt mit Radius r, präzise gesagt, die Endpunkte bilden den Kreisrand.

(**5.15**)

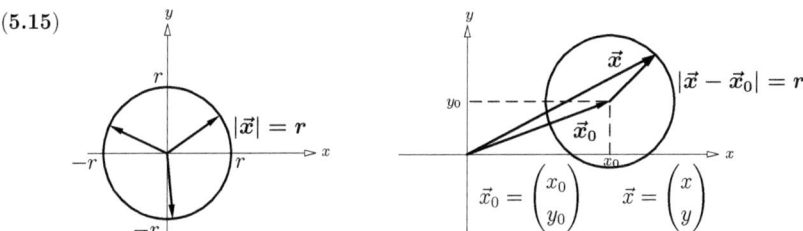

Vergleichen Sie hierzu Abbildung 5.15 links. Mathematisch kurz und knapp sind das also alle Vektoren $\vec{x} \in \mathbb{R}^2$, für die gilt: $|\vec{x}| = r$. Verschieben wir den Mittelpunkt des Kreises um einen festen Vektor $\vec{x}_0$, erhalten wir allgemein die Gleichung dieses verschobenen Kreises in der einfachen Form: $|\vec{x} - \vec{x}_0| = r$, Abbildung 5.15 rechts. Für die Koordinaten bedeutet das:

$$|\vec{x} - \vec{x}_0| = \left|\begin{pmatrix} x \\ y \end{pmatrix} - \begin{pmatrix} x_0 \\ y_0 \end{pmatrix}\right| = \left|\begin{pmatrix} x - x_0 \\ y - y_0 \end{pmatrix}\right| = \sqrt{(x - x_0)^2 + (y - y_0)^2} = r$$

Üblicherweise wird diese Gleichung quadriert:

(**5.16**) $\qquad |\vec{x} - \vec{x}_0|^2 = r^2 \quad$ bzw. $\quad (x - x_0)^2 + (y - y_0)^2 = r^2 \qquad$ (Kreisgleichung)

Ist zum Beispiel $y_0 = 0$, so liegt der Kreismittelpunkt auf der x-Achse, und ist auch $x_0 = 0$, fällt er mit dem Mittelpunkt des Koordinatensystems zusammen! Entsprechend erhält man für $\vec{x}, \vec{x}_0 \in \mathbb{R}^3$ mit $|\vec{x} - \vec{x}_0|^2 = r^2$ bzw. $(x - x_0)^2 + (y - y_0)^2 + (z - z_0)^2 = r^2$ die Gleichung einer Kugel mit Radius r und Mittelpunkt $\vec{x}_0$ im Anschauungsraum. Das Kreisinnere und das Kugelinnere wird entsprechend durch $|\vec{x} - \vec{x}_0|^2 \leq r^2$ beschrieben.

Der Apolloniuskreis Lösen wir noch schnell die Aufgabe von Apollonius: Bezeichnen x, y die Koordinaten von T, so zeigt die nachfolgende Skizze

$$|\vec{\mathrm{AT}}| = \sqrt{x^2 + y^2}, \qquad |\vec{\mathrm{ST}}| = \sqrt{(x - s)^2 + y^2}.$$

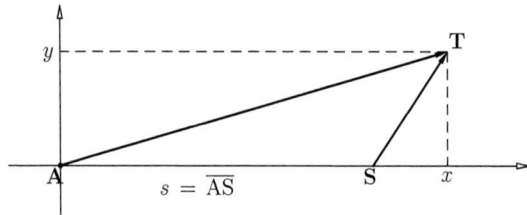

Gesucht sind alle Punkte T, deren Abstand zu A dreimal so groß ist wie zu S, was gleichbedeutend ist mit $|\vec{\mathrm{AT}}| = 3 \cdot |\vec{\mathrm{ST}}|$, also mit $\sqrt{x^2 + y^2} = 3 \cdot \sqrt{(x - s)^2 + y^2}$. Das führt nach elementaren Umformungen wie quadratischer Ergänzung zum folgenden einfachen Ergebnis:

$$(x - \tfrac{9}{8} \cdot s)^2 + y^2 = (\tfrac{3}{8} \cdot s)^2$$

Für unser Zahlenbeispiel mit $s = 40$ folgt: $(x - 45)^2 + y^2 = 15^2$. Der Treffpunkt T liegt also tatsächlich auf einem Kreis mit Radius $r = 15$, der um $x_0 = 45$ Einheiten in x–Richtung verschoben ist, vgl. Kreisgleichung 5.16. Insbesondere ergibt sich wie in der Zeichnung zu Beginn bereits angegeben: $\overline{\mathrm{AC}} = 45 + 15 = 60$, $\overline{\mathrm{AB}} = 45 - 15 = 30$.

Fährt sein Rennboot allgemein c–mal so schnell wie das große Schiff ($c > 1$), so erhält man:

$$(5.17) \qquad \left(x - \frac{c^2}{c^2 - 1} \cdot s\right)^2 + y^2 = \left(\frac{c}{c^2 - 1} \cdot s\right)^2$$

Skalarprodukt im $\mathbb{R}^n$

Die Addition und Subtraktion zweier Vektoren $\vec{a}, \vec{b}$ des $\mathbb{R}^2$ oder $\mathbb{R}^3$ lässt sich durch die Diagonalen eines Parallelogramms veranschaulichen, das von $\vec{a}$ und $\vec{b}$ aufgespannt wird, vgl. Skizze 5.2 auf Seite 319. Und ein Parallelogramm ist genau dann ein Rechteck, wenn die beiden Diagonalen gleich lang sind! Daher steht $\vec{a}$ genau dann senkrecht auf $\vec{b}$, wenn $|\vec{a} + \vec{b}| = |\vec{a} - \vec{b}|$. Wir schreiben dafür abkürzend $\vec{a} \perp \vec{b}$, und übernehmen das als Definition für beliebiges n:

$$\vec{a} \perp \vec{b} \quad \Leftrightarrow \quad |\vec{a} + \vec{b}| = |\vec{a} - \vec{b}| \qquad \text{(für alle } \vec{a}, \vec{b} \in \mathbb{R}^n\text{)}.$$

Das ist auch im Falle $n = 2$ und $n = 3$ sehr praktisch, wenn es zeichnerisch oder anschaulich etwas schwieriger wird, zum Beispiel für

$$\vec{a} = \begin{pmatrix} -1 \\ 1 \\ -1 \end{pmatrix}, \quad \vec{b} = \begin{pmatrix} 2 \\ 3 \\ 1 \end{pmatrix}: \quad \vec{a} + \vec{b} = \begin{pmatrix} 1 \\ 4 \\ 0 \end{pmatrix}, \quad \vec{a} - \vec{b} = \begin{pmatrix} -3 \\ -2 \\ -2 \end{pmatrix}, \quad \text{somit}$$

$$|\vec{a} + \vec{b}| = (1^2 + 4^2 + 0^2)^{\frac{1}{2}} = \sqrt{17}, \quad |\vec{a} - \vec{b}| = ((-3)^2 + (-2)^2 + (-2)^2)^{\frac{1}{2}} = \sqrt{17},$$

<u>Ergebnis</u>: Die beiden Vektoren $\vec{a}$ und $\vec{b}$ stehen senkrecht zueinander.

Diese rechnerische Überprüfung lässt sich noch wesentlich vereinfachen! Für die Koordinaten $a_1, a_2, \ldots, a_n$ von $\vec{a}$ und $b_1, b_2, \ldots, b_n$ von $\vec{b}$ bedeutet ja $|\vec{a} + \vec{b}| = |\vec{a} - \vec{b}|$:

$$\left((a_1+b_1)^2 + (a_2+b_2)^2 + \ldots (a_n+b_n)^2\right)^{\frac{1}{2}} = \left((a_1-b_1)^2 + (a_2-b_2)^2 + \ldots (a_n-b_n)^2\right)^{\frac{1}{2}}$$
$$(a_1+b_1)^2 + (a_2+b_2)^2 + \ldots (a_n+b_n)^2 = (a_1-b_1)^2 + (a_2-b_2)^2 + \ldots (a_n-b_n)^2$$

Be-achten wir nun, dass sich die durch $(a \pm b)^2 = a^2 \pm 2\,a \cdot b + b^2$ entstehenden Quadrate links und rechts wegkürzen lassen, so bleibt nur:

$$2\,a_1 \cdot b_1 + 2\,a_2 \cdot b_2 + \ldots + 2\,a_n \cdot b_n = -2\,a_1 \cdot b_1 - 2\,a_2 \cdot b_2 - \ldots - 2\,a_n \cdot b_n$$

$$4\,a_1 \cdot b_1 + 4\,a_2 \cdot b_2 + \ldots + 4\,a_n \cdot b_n = 0$$

$$a_1 \cdot b_1 + a_2 \cdot b_2 + \ldots + a_n \cdot b_n = 0$$

5.18 Definition Für je zwei Vektoren $\vec{a}, \vec{b} \in \mathbb{R}^n$ nennen wir die Summe

$$a_1 \cdot b_1 + a_2 \cdot b_2 + \ldots + a_n \cdot b_n$$

das *Skalarprodukt* von $\vec{a}$ und $\vec{b}$ und schreiben dafür auch abkürzend $\vec{a} \bullet \vec{b}$.

Das *Skalar*produkt von Vektoren ist also selbst kein Vektor, sondern eine reelle Zahl (*Skalar*)! Nach voriger Rechnung ist klar, dass nun einfach gilt:

$$\vec{a} \perp \vec{b} \quad \Leftrightarrow \quad \vec{a} \bullet \vec{b} = 0$$

Zeigen Sie für folgende 3 Vektoren $\vec{a}, \vec{b}, \vec{c}$ des $\mathbb{R}^3$, dass $\vec{a} \perp \vec{b}$ und $\vec{b} \perp \vec{c}$, aber nicht $\vec{a} \perp \vec{c}$:

$$\vec{a} = \begin{pmatrix} -1 \\ 1 \\ -1 \end{pmatrix}, \quad \vec{b} = \begin{pmatrix} 2 \\ 3 \\ 1 \end{pmatrix}, \quad \vec{c} = \begin{pmatrix} 1 \\ -2 \\ 4 \end{pmatrix}.$$

Eigenschaften des Skalarprodukts Wegen $\vec{a} \bullet \vec{a} = a_1^2 + a_2^2 + \ldots + a_n^2$ besteht folgender einfache Zusammenhang mit dem Betrag eines Vektors $\vec{a} \in \mathbb{R}^n$:

(5.19) $$\vec{a} \bullet \vec{a} = |a|^2$$

Nicht viel schwieriger ist der Beweis folgender Rechenregeln (für alle $\vec{x}, \vec{y}, \vec{z} \in \mathbb{R}^n$, $c \in \mathbb{R}$):

(5.20)
$$(\vec{x} + \vec{y}) \bullet \vec{z} = \vec{x} \bullet \vec{z} + \vec{y} \bullet \vec{z}$$
$$\vec{x} \bullet (\vec{y} + \vec{z}) = \vec{x} \bullet \vec{y} + \vec{x} \bullet \vec{z}$$
$$(c \cdot x) \bullet \vec{y} = c \cdot (\vec{x} \bullet \vec{y})$$
$$\vec{x} \bullet (c \cdot \vec{y}) = c \cdot (\vec{x} \bullet \vec{y})$$
$$\vec{x} \bullet \vec{y} = \vec{y} \bullet \vec{x}$$
$$\vec{x} \bullet \vec{x} > 0, \quad (\text{für } \vec{x} \neq \vec{0})$$

Anwendungen des Skalarprodukts

Winkelberechnung Zwei Vektoren $\vec{x}, \vec{y} \neq \vec{0}$ des $\mathbb{R}^2$ oder des $\mathbb{R}^3$ spannen anschaulich stets einen Winkel α auf mit $0° \leq \alpha \leq 180°$. Hierfür gilt der

5.21 Satz $\vec{x} \bullet \vec{y} = |\vec{x}| \cdot |\vec{y}| \cdot \cos\alpha$ beziehungsweise $\cos\alpha = \dfrac{\vec{x} \bullet \vec{y}}{|\vec{x}| \cdot |\vec{y}|}$

Zum Beweis betrachte man die beiden Einheitsvektoren in x– bzw. y–Richtung (vgl. Aufg. 7):

$$\vec{v} = \frac{\vec{x}}{|\vec{x}|} \quad \text{und} \quad \vec{w} = \frac{\vec{y}}{|\vec{y}|}$$

Skizze 5.22 zeigt das von $\vec{v}$ und $\vec{w}$ aufgespannte, gleichseitige Parallelogramm. Die Diagonalen $\vec{v} + \vec{w}$ und $\vec{v} - \vec{w}$ stehen aus Symmetriegründen immer senkrecht aufeinander!

(5.22)

Wegen $|\vec{w}| = 1$ gilt:

$$\cos \tfrac{\alpha}{2} = \tfrac{1}{2} \cdot |\vec{v} + \vec{w}|$$

$$\sin \tfrac{\alpha}{2} = \tfrac{1}{2} \cdot |\vec{v} - \vec{w}|$$

Wir folgern nun aus dem Additionstheorem 2.16 auf S. 90, zusammen mit 5.19 und 5.20:

$$\cos \alpha = \cos(\tfrac{\alpha}{2} + \tfrac{\alpha}{2}) = \cos \tfrac{\alpha}{2} \cdot \cos \tfrac{\alpha}{2} - \sin \tfrac{\alpha}{2} \cdot \sin \tfrac{\alpha}{2} = \tfrac{1}{4} \cdot |\vec{v} + \vec{w}|^2 - \tfrac{1}{4} \cdot |\vec{v} - \vec{w}|^2 =$$

$$\tfrac{1}{4} \cdot (\vec{v} + \vec{w}) \bullet (\vec{v} + \vec{w}) - \tfrac{1}{4} \cdot (\vec{v} - \vec{w}) \bullet (\vec{v} - \vec{w}) = \tfrac{1}{4}|\vec{v}|^2 + \tfrac{1}{2}\vec{v} \bullet \vec{w} + \tfrac{1}{4}|\vec{w}|^2 - \tfrac{1}{4}|\vec{v}|^2 + \tfrac{1}{2}\vec{v} \bullet \vec{w} - \tfrac{1}{4}|\vec{w}|^2 = \vec{v} \bullet \vec{w}$$

Wegen $\cos \alpha = \vec{v} \bullet \vec{w} = \dfrac{\vec{x}}{|\vec{x}|} \bullet \dfrac{\vec{y}}{|\vec{y}|} = \dfrac{\vec{x} \bullet \vec{y}}{|\vec{x}| \cdot |\vec{y}|}$ folgt die Aussage von 5.21.   ✓

Kraft mal Weg Sicherlich kennen Sie folgende elementare Regel aus der Physik, vgl. 5.23:

Arbeit A = Kraft (in Wegrichtung) mal zurückgelegtem Weg

(5.23)

$$A = |\vec{K}_s| \cdot |\vec{s}|$$

Projektion von $\vec{K}$ auf $\vec{s}$:

$$|\vec{K}_s| = |\vec{K}| \cdot \cos \alpha$$

Die senkrechte Projektion des Vektors $\vec{K}$ in Richtung $\vec{s}$ liefert die Kraftwirkung $\vec{K}_s$ längs dieses Weges. Für das zugehörige rechtwinklige Dreieck folgt mit dem Winkel α zwischen $\vec{K}$ und $\vec{s}$: $|\vec{K}_s| = |\vec{K}| \cdot \cos \alpha$. Nach obiger Regel gilt also:

$$A = |\vec{K}_s| \cdot |\vec{s}| = |\vec{K}| \cdot \cos \alpha \cdot |\vec{s}| = \vec{K} \bullet \vec{s}$$

Merke *Arbeit im physikalischen Sinne ist das skalare Produkt 'Kraft mal Weg'!*

Solange die senkrechte Projektion $\vec{K}_s$ von $\vec{K}$ auf $\vec{s}$ konstant bleibt, wie bei der gestrichelt eingezeichneten Kraft in 5.23, bleibt auch die geleistete Arbeit konstant! Projektionen spielen auch bei vielen anderen Anwendungen eine wichtige Rolle, so etwa bei folgendem Beispiel:

Dicht daneben ist auch vorbei Unser Kreuzfahrtschiff zu Beginn fährt entlang der

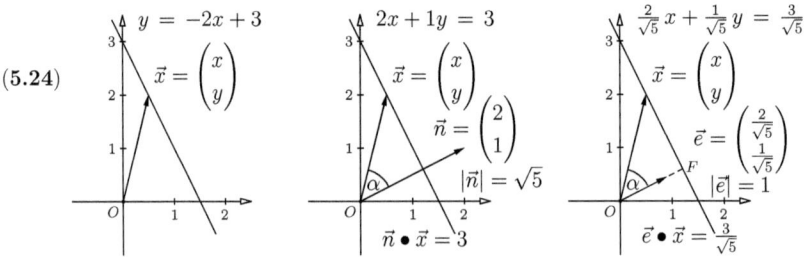

Geraden $y = -2x + 3$ am Aussichtsturm O einer Insel vorbei, Skizze 5.24, linkes Bild.

Wie nahe kommt das Schiff dem Punkt O?

Anders gefragt: Wie groß ist der minimale Abstand aller Punkte der Geraden $y = -2x + 3$ vom Ursprung O des Koordinatensystems?

Die y–Koordinate von $\vec{x}$ errechnet sich in Skizze 5.24 links einfach aus der x–Koordinate gemäß $y = -2 \cdot x + 3$. Die einfache Umformung zu $2 \cdot x + 1 \cdot y = 3$ liefert die Geradengleichung nun auch mit Hilfe eines Skalarprodukts, denn $2 \cdot x + 1 \cdot y = \vec{n} \bullet \vec{x}$!

Die Gerade besteht demnach aus allen Vektoren $\vec{x}$ der Ebene, deren Skalarprodukt mit dem festen Vektor $\vec{n}$ konstant gleich 3 ist:

$$3 = \vec{n} \bullet \vec{x} = |\vec{n}| \cdot |\vec{x}| \cdot \cos\alpha$$

Vgl. Skizze 5.24 Mitte. Die Länge $|\vec{x}| \cdot \cos\alpha$ der Projektion auf $\vec{n}$ ist der gesuchte Abstand! Nach Division voriger Gleichung durch $|\vec{n}| = \sqrt{5}$ erhalten wir hierfür:

$$\frac{3}{\sqrt{5}} = \frac{\vec{n}}{|\vec{n}|} \bullet \vec{x} = |\vec{x}| \cdot \cos\alpha = \overline{OF}$$

vgl. Skizze 5.24 rechts. Hierbei bezeichnet $\vec{e} = \frac{\vec{n}}{|\vec{n}|}$ den Vektor der Länge 1 in Richtung $\vec{n}$.

Der minimale Abstand der Geraden $y = -2x + 3$ vom Nullpunkt O beträgt $\overline{OF} = \dfrac{3}{\sqrt{5}}$.

Praktischer Hinweis: Die Geradengleichung lässt sich immer so umformen, dass $\vec{n} \bullet \vec{x}$ größer gleich Null ist, so wie hier $\vec{n} \bullet \vec{x} = |\vec{n}| \cdot |\vec{x}| \cdot \cos\alpha = 3 \geq 0$. Dann gilt auch für die Projektion $|\vec{x}| \cdot \cos\alpha \geq 0$ bzw. $\cos\alpha \geq 0$ bzw. $90° \geq \alpha \geq 0°$.

Wählt man für $y = -2x + 3$ die Umformung $-2x - y = -3$, erhält man

$\vec{n} \bullet \vec{x} = |\vec{n}| \cdot |\vec{x}| \cdot \cos\alpha = -3$, und $\vec{n} = \begin{pmatrix} -2 \\ -1 \end{pmatrix}$ zeigt genau in die Gegenrichtung. Machen

Sie eine Skizze! Die Projektion $|\vec{x}| \cdot \cos\alpha = \frac{-3}{|\vec{n}|}$ von $\vec{x}$ in Richtung $\vec{n}$ erhält dadurch ein negatives Vorzeichen, ist aber natürlich betragsmäßig gleich groß, $\overline{OF} = \frac{|-3|}{\sqrt{5}} = \frac{3}{\sqrt{5}}$.

Allgemein beschreibt für $\vec{n} \neq \vec{0}$

$$n_1 \cdot x + n_2 \cdot y = c \quad \Leftrightarrow \quad \vec{n} \bullet \vec{x} = c \quad \text{mit} \quad \vec{n} = \begin{pmatrix} n_1 \\ n_2 \end{pmatrix} \text{ und } \vec{x} = \begin{pmatrix} x \\ y \end{pmatrix}$$

eine Gerade in der Ebene $\mathbb{R}^2$, die senkrecht auf dem 'Normalenvektor' $\vec{n} \in \mathbb{R}^2$ steht. Der minimale Abstand zum Nullpunkt ergibt sich nach Division durch $|\vec{n}|$ als $\frac{|c|}{|\vec{n}|}$.

Ebenso beschreibt für $\vec{n} \neq \vec{0}$

$$n_1 \cdot x + n_2 \cdot y + n_3 \cdot z = c \quad \Leftrightarrow \quad \vec{n} \bullet \vec{x} = c \quad \text{mit} \quad \vec{n} = \begin{pmatrix} n_1 \\ n_2 \\ n_3 \end{pmatrix} \text{ und } \vec{x} = \begin{pmatrix} x \\ y \\ z \end{pmatrix}$$

eine Ebene im Raum $\mathbb{R}^3$, die senkrecht auf dem 'Normalenvektor' $\vec{n} \in \mathbb{R}^3$ steht.

Der minimale Abstand zum Nullpunkt ergibt sich nach Division durch $|\vec{n}|$ als $\frac{|c|}{|\vec{n}|}$.

Bemerkungen und Ergänzungen

Winkel mal von hinten, mal von vorn Der Winkel zwischen zwei Vektoren $\vec{x}, \vec{y} \in \mathbb{R}^3$ im Raum liegt stets zwischen 0° und 180° bzw. 0 und π. Um ein *Vorzeichen* einzuführen, müsste man erst einen *Umlaufsinn* in der von $\vec{x}, \vec{y}$ erzeugten Ebene festlegen. Für Vektoren $\vec{x}, \vec{y} \in \mathbb{R}^2$ ist die positive Richtung eines Winkels 'entgegen dem Uhrzeigersinn' festgelegt.

Das hilft aber nicht im Raum, denn was in der von $\vec{x}, \vec{y} \in \mathbb{R}^3$ festgelegten Ebene im Uhrzeigersinn verläuft, ist von der anderen Seite aus gesehen, *entgegen* dem Uhrzeigersinn! Man kann diese Ebene sozusagen von zwei Seiten betrachten.

Funktionen sind auch nur Vektoren Zwei Vektoren $\vec{x}, \vec{y} \in \mathbb{R}^n$ heißen orthogonal, wenn das Skalarprodukt Null ergibt, auch wenn man sich die Orthogonalität im Falle $n > 3$ gar nicht mehr vorstellen kann! Skalarprodukte gibt es allgemein auch in anderen Vektorräumen, es müssen nur die Rechenregeln 5.20 erfüllt sein. Ein wichtiges Beipiel gibt Aufgabe 12.

Ein Blick zurück ...

- Der Vektorraum $V = \mathbb{R}^n$ besitzt die Dimension $\dim V = n$.

- Anschaulich beschreiben die Fälle $n = 1$, 2, und 3 die eindimensionale Zahlengerade, die zweidimensionale Ebene, und den dreidimensionalen Raum.

- Viele Grundelemente und Figuren der Geometrie wie Gerade, Ebene, Kreis, Dreieck usw. lassen sich vektoriell beschreiben.

- Das Skalarprodukt findet sowohl geometrische als auch physikalische Anwendung.

Aufgaben

1. Skizzieren Sie folgende Vektoren des $\mathbb{R}^2$ im x, y – Koordinatensystem der Ebene:

   (i) $\vec{a} = \begin{pmatrix} 2 \\ 1 \end{pmatrix}$, $\vec{b} = \begin{pmatrix} -1 \\ 2 \end{pmatrix}$, $\vec{c} = \begin{pmatrix} -2 \\ -1 \end{pmatrix}$, $\vec{d} = \begin{pmatrix} 1 \\ -2 \end{pmatrix}$,

   (ii) $\vec{e}_1 = \begin{pmatrix} 1 \\ 0 \end{pmatrix}$, $\vec{e}_2 = \begin{pmatrix} 0 \\ 1 \end{pmatrix}$,   (die Einheitsvektoren in Richtung x– bzw. y – Achse).

   (iii) Stellen Sie eine Regel auf, wie man zu einem Vektor $\vec{x} \in \mathbb{R}^2$, $(\vec{x} \neq \vec{0})$, einen Vektor $\vec{n} \in \mathbb{R}^2$ finden kann, der senkrecht auf $\vec{x}$ steht. (Hinweis: Es muss gelten $\vec{x} \bullet \vec{n} = 0$.)

2. Eine dramatische Situation: Zwei Flugzeuge fliegen in gleicher Höhe aufeinander zu, Sicht und Ortung sind miserabel, so dass die beiden Piloten nichts voneinander wissen! Kommt es zum katatstrophalen Zusammenprall? Die Skizze zeigt die momentanen Positionen in der betreffenden *Flugebene* zum Zeitpunkt $t = 0$, sowie die beiden konstanten Geschwindigkeiten (auf die Angabe der Einheiten wollen wir hier verzichten).

$$\vec{x}_1 = \begin{pmatrix} 0,5 \\ 2,0 \end{pmatrix}, \quad \vec{v}_1 = \begin{pmatrix} 0,4 \\ -0,2 \end{pmatrix},$$

$$\vec{x}_2 = \begin{pmatrix} 0 \\ 0 \end{pmatrix}, \quad \vec{v}_2 = \begin{pmatrix} 0,5 \\ 0,3 \end{pmatrix}.$$

Hinweise: Die beiden Geraden treffen sich im Schnittpunkt S, aber treffen sich dort die beiden Flugzeuge zur gleichen Zeit? Die Aufgabe ist lösbar durch Parameterdarstellung mit t als Zeit! (Oder Sie betrachten die Geschwindigkeit des einen Flugzeugs relativ zum anderen, denken sich Ihr Flugzeug z.B. in Ruhe, ...)

3. Ein Punkt P $= (x|y)$ in der Ebene bewegt sich in Abhängigkeit der Zeit t, wobei gilt: $x(t) = \cos t$, $y(t) = \sin t$. Skizzieren Sie den Weg des Punktes P, für $0 \le t \le 2\pi$.

4. Wie vorige Aufgabe, aber $x = e^{\frac{t}{4\pi}} \cdot \cos t$, $y = e^{\frac{t}{4\pi}} \cdot \sin t$, $-\pi \le t \le 4\pi$. Es handelt sich um eine 'logarithmische Spirale', die man auch in Form eines Schneckenhauses findet.

5. Bezeichnen $x = x(t)$ und $y = y(t)$ die Koordinaten eines sich in Abhängigkeit von der Zeit t bewegenden Punktes P, so hat sein Geschwindigkeitsvektor $\vec{v}(t)$ bzw. seine Beschleunigung $\vec{b}(t)$ die gleiche Richtung und Länge wie

$$\begin{pmatrix} \dot{x}(t) \\ \dot{y}(t) \end{pmatrix} \quad \text{bzw.} \quad \begin{pmatrix} \ddot{x}(t) \\ \ddot{y}(t) \end{pmatrix}$$

wobei der Punkt bzw. Doppelpunkt die erste bzw. zweite Ableitung nach t bezeichnet. Berechnen und skizzieren Sie $\vec{v}(t)$ und $\vec{b}(t)$ für P $= (x|y)$ von Aufg. 3.

6. Ein Punkt P $= (x|y|z)$ im Raum bewegt sich in Abhängigkeit von t gemäß der Vorschrift $x(t) = r \cdot \cos t$, $y(t) = r \cdot \sin t$, $z(t) = s \cdot t$, (r, s vorgegebene positive Konstanten). Welchen Weg beschreibt dieser Punkt für $0 \le t \le 4\pi$. An welcher Stelle befindet sich der Punkt P für $t = 0$, $t = 2\pi$, $t = 4\pi$?

7. Zeigen Sie für die Länge $|\vec{x}| = \sqrt{x_1^2 + x_2^2 + \dots + x_n^2}$, $\vec{x} \in \mathbb{R}^n$, $c \in \mathbb{R}$:
   (i) $|c \cdot \vec{x}| = |c| \cdot |\vec{x}|$, (ii) $\left| \frac{1}{|\vec{x}|} \cdot \vec{x} \right| = 1$. Man nennt den Vektor $\frac{\vec{x}}{|\vec{x}|} = \frac{1}{|\vec{x}|} \cdot \vec{x}$, $(\vec{x} \ne \vec{0})$, wegen seiner Länge 1 auch den 'Einheitsvektor in $\vec{x}$ – Richtung'.

8. Bestimmen Sie sämtliche möglichen Winkel zwischen den Vektoren

$$\vec{x}_1 = \begin{pmatrix} 1 \\ 0 \\ 0 \end{pmatrix}, \; \vec{x}_2 = \begin{pmatrix} 2 \\ 0 \\ 2 \end{pmatrix}, \; \vec{x}_3 = \begin{pmatrix} 0 \\ 3 \\ 3 \end{pmatrix}. \quad \text{(Zeigen Sie: } 45°, 60°, 90°.\text{)}$$

9. Skizzieren Sie die Apolloniuskreise für $s = 1$ und verschiedene Werte von $c > 1$, wie zum Beispiel: $c = 2$; $c = 1{,}5$; $c = 1{,}1$. Erkennen Sie Gesetzmäßigkeiten?

10. Bestimmen Sie den Abstand
    (i) der Geraden $y = \frac{3}{4}x + \frac{5}{2}$, (ii) der Ebene $z = 3x - \frac{3}{2}y + 7$ vom Nullpunkt.

11. Gegeben eine Geradengleichung in der Form $\vec{e} \cdot \vec{x} = c$, $(\vec{e}, \vec{x} \in \mathbb{R}^2)$, mit einem festen Vektor $\vec{e}$ der Länge 1. Zeigen Sie mit Hilfe einer Skizze:

    Für einen beliebigen Punkt $\vec{x}_0 \in \mathbb{R}^2$ beträgt der Abstand d von dieser Geraden
    $$d = |\vec{e} \bullet \vec{x} - \vec{e} \bullet \vec{x}_0| = |\vec{e} \bullet (\vec{x} - \vec{x}_0)|$$

12. Bezeichne $V = C[a; b]$ den Vektorraum aller auf dem Intervall $[a; b]$ stetigen Funktionen. Zeigen Sie:

    (i) $f \bullet g = \int_a^b f(x) \cdot g(x)\,dx$ erfüllt alle Rechenregeln 5.20 eines Skalarprodukts.

    (ii) $f(x) = \sin x$ und $g(x) = \cos x$ aus $V = C[0; 2\pi]$ sind orthogonal zueinander!

13. Anstelle $\vec{x} \bullet \vec{y}$ ist auch $\langle \vec{x}, \vec{y} \rangle$ als Schreibweise üblich. Notieren Sie die Rechenregeln 5.20 in dieser anderen Notation!

5 c) Das Vektorprodukt im $\mathbb{R}^3$

Kabeltrommel oder Garnrolle Sie ziehen an einem aufgerollten Kabel, wodurch sich die Kabeltrommel in Bewegung setzt. Diese rollt nun von Ihnen weg, oder auf Sie zu? Unterschätzen Sie nicht das Gewicht einer Kabeltrommel! Oder nehmen Sie ersatzweise eine Schnur- oder Garnrolle. Das ist ganz ungefährlich, aber auf glattem Untergrund kommt die Rolle leicht ins Rutschen, also langsam ziehen. Die gesuchte Antwort ist keineswegs trivial!

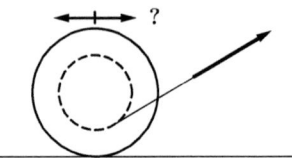

Moment mal – das Drehmoment kennen Sie bereits vom Prinzip der Balkenwaage! Besitzt der eine Balken so wie in Aufg. 2 auf S. 11 eine Länge von 1,25 m, der andere nur von 1 m, so genügen auf der längeren Seite bereits 4 kg, um auf der anderen Seite 5 kg abzuwiegen. Das *Drehmoment* M hängt nämlich ab von der Gewichtskraft *und* vom Abstand zum Drehpunkt D, vgl. Skizze 5.25 links. Hierbei muss die Kraft $\vec{K}$ *senkrecht* zum Hebel $\vec{r}$ angreifen. (Eine Kraft genau in Richtung oder Gegenrichtung zu $\vec{r}$ hätte keinerlei Drehwirkung um D.) Bei senkrechter Richtung ist das Drehmoment gleich dem Produkt der Beträge $|\vec{r}|$ und $|\vec{K}|$:

(5.25)

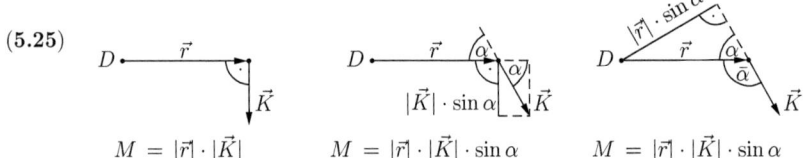

$$M = |\vec{r}| \cdot |\vec{K}| \qquad M = |\vec{r}| \cdot |\vec{K}| \cdot \sin\alpha \qquad M = |\vec{r}| \cdot |\vec{K}| \cdot \sin\alpha$$

Greift die Kraft nicht unter einem Winkel von 90° an, so müssen wir $\vec{K}$ betragsmäßig entsprechend zerlegen, vgl. Skizze 5.25 Mitte. Es wirkt nur der zu $\vec{r}$ senkrechte Teil $|\vec{K}| \cdot \sin\alpha$ der Kraft, wir erhalten als Drehmoment nur $M = |\vec{r}| \cdot |\vec{K}| \cdot \sin\alpha$. Anstelle von $\vec{K}$ können wir aber genauso gut $\vec{r}$ zerlegen, vgl. Skizze 5.25 rechts. Es wirkt nur der zu $\vec{K}$ senkrechte Teil $|\vec{r}| \cdot \sin\alpha$ des Hebels. Wir dürfen uns also die Kraft $\vec{K}$ längs ihrer Wirkungslinie verschoben denken und erhalten auf diese Weise ebenfalls $M = |\vec{r}| \cdot |\vec{K}| \cdot \sin\alpha$, (mit $0 \leq \alpha \leq 180°$).

Die entscheidende Rolle spielt hier interessanterweise nicht der Cosinus, sondern der Sinus. Deshalb ist es vollkommen gleich, ob Sie als Winkel zwischen $\vec{r}$ und $\vec{K}$ nun α oder $\bar{\alpha}$ wählen, vgl. Skizze 5.25 rechts. Bekanntlich gilt ja $\sin\alpha = \sin(180° - \alpha) = \sin\bar{\alpha}$.

Um das Problem mit der Kabeltrommel zu lösen, sollten Sie es vielleicht gedanklich vereinfachen: Es genügt zum Beispiel, nur einen Viertelkreis zu skizzieren, ähnlich wie an den Enden einer Babywiege. Und denken Sie sich das Seil am Ansatzpunkt mit einem Nagel befestigt! Überlegen Sie erst einmal selbst: In welche Richtung wird sich zunächst die Wiege bewegen? Durch die Lageveränderung des Schwerpunktes wippt sie dann allerdings wieder zurück, im Unterschied zur völlig symmetrischen Rolle.

Die nachfolgende Skizze zeigt: Je nachdem, unter welchem Winkel gezogen wird, bewegt sich die Rolle auf Sie zu, oder von Ihnen weg. Und dazwischen gibt es eine Zugrichtung, die gar keine Drehwirkung um D ausübt, wie der mittlere Teil der Skizze zeigt.

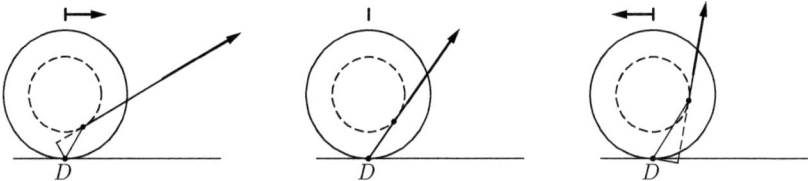

Definition und Eigenschaften des Vektorprodukts

Allgemein ist das Vektorprodukt $\vec{a} \times \vec{b}$ im $\mathbb{R}^n$ ein Vektor mit $\frac{1}{2} \cdot n \cdot (n-1)$ Komponenten. Im Falle $n = 3$ ist also das Ergebnis wieder ein Vektor des $\mathbb{R}^3$, und nur diesen Spezialfall wollen wir hier behandeln! Die Anwendungen sind zahlreich genug! Zum Beispiel ist der Betrag dieses Vektors gleich $|\vec{a}| \cdot |\vec{b}| \cdot \sin \alpha$, wenn α den Winkel zwischen $\vec{a}$ und $\vec{b}$ bezeichnet, so dass wir das Vektorprodukt bei der Berechnung des Drehmomentes benutzen können. Doch immer der Reihe nach, zunächst einmal die Definition des Vektor- oder Kreuzprodukts:

5.26 Definition Unter dem *Vektor– oder Kreuzprodukt* $\vec{a} \times \vec{b}$ zweier Vektoren $\vec{a}, \vec{b} \in \mathbb{R}^3$ mit den Koordinaten a_1, a_2, a_3 bzw. b_1, b_2, b_3 versteht man den Vektor

$$
\begin{pmatrix} a_1 \\ a_2 \\ a_3 \end{pmatrix} \times \begin{pmatrix} b_1 \\ b_2 \\ b_3 \end{pmatrix} = \begin{pmatrix} a_2 \cdot b_3 - a_3 \cdot b_2 \\ a_3 \cdot b_1 - a_1 \cdot b_3 \\ a_1 \cdot b_2 - a_2 \cdot b_1 \end{pmatrix} = \begin{pmatrix} +(a_2 \cdot b_3 - a_3 \cdot b_2) \\ -(a_1 \cdot b_3 - a_3 \cdot b_1) \\ +(a_1 \cdot b_2 - a_2 \cdot b_1) \end{pmatrix}
$$

Diese Rechenvorschrift ist zunächst etwas verwirrend, aber folgendermaßen leicht zu merken:

In jeder Zeile von $\vec{a} \times \vec{b}$ stehen rechts die *über Kreuz* gebildeten Produkte der Koordinaten links aus den beiden anderen Zeilen, mit abwechselndem Vorzeichen nach dem Schema:

$$
\begin{pmatrix} \circ \\ \bullet \\ \bullet \end{pmatrix} + \begin{pmatrix} \circ \\ \bullet \\ \bullet \end{pmatrix} = \begin{pmatrix} \bullet \\ \circ \\ \circ \end{pmatrix} \qquad \begin{pmatrix} \bullet \\ \circ \\ \bullet \end{pmatrix} - \begin{pmatrix} \bullet \\ \circ \\ \bullet \end{pmatrix} = \begin{pmatrix} \circ \\ \bullet \\ \circ \end{pmatrix} \qquad \begin{pmatrix} \bullet \\ \bullet \\ \circ \end{pmatrix} + \begin{pmatrix} \bullet \\ \bullet \\ \circ \end{pmatrix} = \begin{pmatrix} \circ \\ \circ \\ \bullet \end{pmatrix}
$$

Zunächst einmal zwei konkrete Beispiele:

$$
\text{(i)} \quad \begin{pmatrix} 3 \\ 4 \\ 0 \end{pmatrix} \times \begin{pmatrix} 1 \\ 0 \\ 2 \end{pmatrix} = \begin{pmatrix} 8 \\ -6 \\ -4 \end{pmatrix} \qquad \text{(ii)} \quad \begin{pmatrix} 1 \\ 0 \\ 2 \end{pmatrix} \times \begin{pmatrix} 3 \\ 4 \\ 0 \end{pmatrix} = \begin{pmatrix} -8 \\ 6 \\ 4 \end{pmatrix}
$$

Durch Vertauschen der beiden Faktoren hat sich beim Ergebnisvektor das Vorzeichen geändert, genauer gesagt bei jedem einzelnen Summanden. Man sagt, dieses Produkt ist *antikommutativ*, $\vec{b} \times \vec{a} = -(\vec{a} \times \vec{b})$. Daraus folgt übrigens $\vec{a} \times \vec{a} = -(\vec{a} \times \vec{a})$, also gilt auch stets: $\vec{a} \times \vec{a} = \vec{0}$. Das ist alles nicht schwierig zu zeigen, ebensowenig wie die hier folgende, zweite Regel:

$$(5.27) \qquad \vec{b} \times \vec{a} = -(\vec{a} \times \vec{b}), \qquad (c \cdot \vec{a}) \times \vec{b} = \vec{a} \times (c \cdot \vec{b}) = c \cdot (\vec{a} \times \vec{b}), \qquad \text{(für alle } c \in \mathbb{R}).$$

Die so vertraute und selbstverständlich scheinende Kommutativität ist also nicht erfüllt, und das gilt überraschenderweise auch für das Assoziativgesetz. Man kann nicht alles haben!

So ergibt sich zum Beispiel für die Einheitsvektoren $\vec{e}_1, \vec{e}_2 \in \mathbb{R}^3$:

$$(\vec{e}_1 \times \vec{e}_2) \times \vec{e}_2 = -\vec{e}_1, \quad \text{aber:} \quad \vec{e}_1 \times (\vec{e}_2 \times \vec{e}_2) = \vec{0}.$$

Zumindest gelten die Distributivgesetze, was wiederum leicht nachzurechnen ist:

(5.28) $\quad (\vec{a} + \vec{b}) \times \vec{c} = \vec{a} \times \vec{c} + \vec{b} \times \vec{c}, \quad \vec{a} \times (\vec{b} + \vec{c}) = \vec{a} \times \vec{b} + \vec{a} \times \vec{c}.$

Und von besonderem Interesse ist der folgende

5.29 Satz *(i) Der Vektor $\vec{a} \times \vec{b}$ ist orthogonal zum Vektor $\vec{a}$ und orthogonal zum Vektor $\vec{b}$.*
(ii) Für den Betrag des Vektorprodukts gilt:

$$|\vec{a} \times \vec{b}| = |\vec{a}| \cdot |\vec{b}| \cdot \sin \alpha$$

wenn α den Winkel zwischen $\vec{a}$ und $\vec{b}$ bezeichnet, $0 \leq \alpha \leq 180°$.
Das ist anschaulich gleich der Fläche des von $\vec{a}$ und $\vec{b}$ aufgespannten Parallelogramms.

Zum Beweis von (i) genügt zu zeigen, dass das Skalarprodukt der genannten Vektoren Null ergibt: $\vec{a} \bullet (\vec{a} \times \vec{b}) = a_1 \cdot (a_2 \cdot b_3 - a_3 \cdot b_2) + a_2 \cdot (a_3 \cdot b_1 - a_1 \cdot b_3) + a_3 \cdot (a_1 \cdot b_2 - a_2 \cdot b_1) = a_1 \cdot a_2 \cdot b_3 - a_1 \cdot a_3 \cdot b_2 + a_2 \cdot a_3 \cdot b_1 - a_1 \cdot a_2 \cdot b_3 + a_1 \cdot a_3 \cdot b_2 - a_2 \cdot a_3 \cdot b_1 = 0$, folglich sind $\vec{a}$ und $\vec{a} \times \vec{b}$ orthogonal zueinander. Vertauschen der Rollen von $\vec{a}$ und $\vec{b}$ liefert: $\vec{b} \bullet (\vec{b} \times \vec{a}) = 0$. Da sich $\vec{b} \times \vec{a}$ und $\vec{a} \times \vec{b}$ nur im Vorzeichen unterscheiden, muss auch gelten $\vec{b} \bullet (\vec{a} \times \vec{b}) = 0$. Damit ist Teil (i) des Satzes bewiesen. (ii) Gemäß Aufgabe 1 gilt:

$$(\vec{a} \bullet \vec{b})^2 + |\vec{a} \times \vec{b}|^2 = |\vec{a}|^2 \cdot |\vec{b}|^2$$

Hieraus folgt nun wegen $\vec{a} \bullet \vec{b} = |\vec{a}| \cdot |\vec{b}| \cdot \cos \alpha$ und $(\cos \alpha)^2 + (\sin \alpha)^2 = 1$:

$$|\vec{a} \times \vec{b}|^2 = |\vec{a}|^2 \cdot |\vec{b}|^2 - |\vec{a}|^2 \cdot |\vec{b}|^2 \cdot (\cos \alpha)^2 = |\vec{a}|^2 \cdot |\vec{b}|^2 \cdot (1 - (\cos \alpha)^2) = |\vec{a}|^2 \cdot |\vec{b}|^2 \cdot (\sin \alpha)^2$$

Hieraus folgt also $|\vec{a} \times \vec{b}| = |\vec{a}| \cdot |\vec{b}| \cdot \sin \alpha$, und das ist gleich der Fläche des besagten Parallelogramms, vgl. zugehörige Skizze. Die Flächenberechnung eines Parallelogramms kennen wir bereits von S. 110 als Grundseite $a = |\vec{a}|$ mal Höhe $h = |\vec{b}| \cdot \sin \alpha$:   ✓

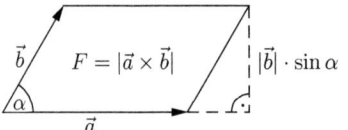

Fläche F des Parallelogramms
mit den Seiten $a = |\vec{a}|$, $b = |\vec{b}|$:

$$F = |\vec{a}| \cdot |\vec{b}| \cdot \sin \alpha$$

Letzteres Beispiel zeigt uns also auch eine Anwendung des Vektorprodukts in der Geometrie.

Die Rechte–Hand–Regel

Daumen nach oben, oder Daumen nach unten? Nach vorigem Satz steht der Vektor $\vec{a} \times \vec{b}$ sowohl senkrecht zu $\vec{a}$ als auch senkrecht zu $\vec{b}$, also senkrecht auf der von $\vec{a}$ und $\vec{b}$ aufgespannten Ebene. Für letzteres gibt es aber immer noch zwei mögliche Richtungen! Wir erhalten die tatsächliche Richtung mit Hilfe einer 'handfesten' Regel, wobei Zeige– und Mittelfinger die Schenkel des von $\vec{a}$ und $\vec{b}$ gebildeten Winkels α bilden, $0 \leq \alpha \leq 180°$:

Merke *Zeigt der Zeigefinger der rechten Hand in Richtung des Vektors $\vec{a}$, und zeigt der Mittelfinger in Richtung von $\vec{b}$, so zeigt der Daumen in Richtung des Ergebnisvektors $\vec{a} \times \vec{b}$.*

Bezeichnen $\vec{e}_1$, $\vec{e}_2$ und $\vec{e}_3$ wieder die Einheitsvektoren in x–, y– und z–Richtung, so folgt sowohl rein rechnerisch, als auch nach dieser Handregel zum Beispiel

$$\vec{e}_1 \times \vec{e}_2 = \vec{e}_3, \qquad \vec{e}_2 \times \vec{e}_1 = -\vec{e}_3.$$

Man hat sich nämlich beim x, y, z–Koordinatensystem auf ein rechtshändiges System geeinigt! Andernfalls würde die z–Achse in die Gegenrichtung zeigen, und wir müssten die Linke–Hand–Regel benutzen.

Wir wollen die Rechte–Hand–Regel allgemein beweisen, was aber gar nicht so einfach ist! Eine Skizze der einzelnen Beweisschritte soll daher genügen. Dabei gelte $\vec{a} \neq \vec{0}$, $\vec{b} \neq \vec{0}$ und $0 < \alpha < 180°$, denn der Fall $\vec{a} \times \vec{b} = \vec{0}$ ist natürlich uninteressant.

Grundlegend für unseren Beweis ist, dass der Vektor $\vec{a}_0$ in Richtung der positiven x–Achse zeigt, und $\vec{b}_0$ in der x, y– Ebene liegt. Alle übrigen Fälle werden wir hierauf zurückführen:

$$\vec{a}_0 = c \cdot \vec{e}_1 \text{ mit } c > 0, \text{ und } \vec{b}_0 = d_1 \cdot \vec{e}_1 + d_2 \cdot \vec{e}_2.$$

(5.30)

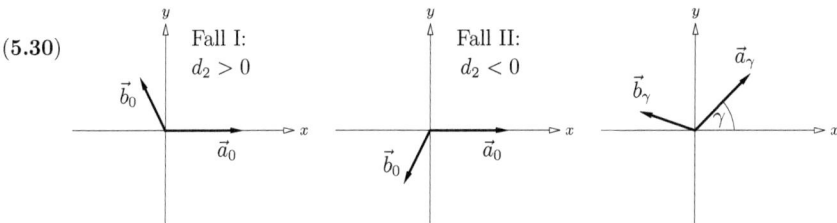

Im Fall $d_2 > 0$ zeigt $\vec{a}_0 \times \vec{b}_0$ gemäß Rechte–Hand–Regel in Richtung der positiven z–Achse, im Falle $d_2 < 0$ in Richtung der negativen z–Achse, was die nachfolgende Rechnung sofort wieder bestätigt: $\vec{a}_0 \times \vec{b}_0 = (c \cdot \vec{e}_1) \times (d_1 \cdot \vec{e}_1 + d_2 \cdot \vec{e}_2) = (c \cdot \vec{e}_1) \times (d_2 \cdot \vec{e}_2) = (c \cdot d_2) \cdot \vec{e}_3$, d_2 bestimmt das Vorzeichen! Die Rechte–Hand–Regel gilt also für die beiden skizzierten Fälle.

Betrachten wir nun zwei beliebige Vektoren $\vec{a}_\gamma$ und $\vec{b}_\gamma$ in der x, y–Ebene, vgl. Skizze 5.30 rechts. Angenommen, für diese würde *nicht* die Rechte–Hand–Regel, sondern die Linke–Hand–Regel gelten, so würde das zu einem Widerspruch führen. Denken wir uns hierzu $\vec{a}_\gamma$ und $\vec{b}_\gamma$ beide *gemeinsam* um den Winkel γ zurückgedreht. Für das neu entstandene Paar $\vec{a}_0, \vec{b}_0$ mit $\vec{a}_0$ in Richtung der positiven x–Achse gilt nun entweder Fall I oder Fall II, also auf jeden Fall die Rechte–Hand–Regel. Drehen wir von $\vec{a}_0, \vec{b}_0$ nun wieder *kontinuierlich* zurück zu $\vec{a}_\gamma, \vec{b}_\gamma$, erhalten wir auf diesem Wege die Vektoren

$$\vec{a}_{t \cdot \gamma}, \ \vec{b}_{t \cdot \gamma}, \quad \text{mit } 0 \leq t \leq 1.$$

Durch die Drehung ändern sich weder die Länge der beiden Vektoren noch der eingeschlossene Winkel α. Somit bleibt die Länge des Ergebnisvektors konstant,

$$|\vec{a}_{t \cdot \gamma} \times \vec{b}_{t \cdot \gamma}| = |\vec{a}_0 \times \vec{b}_0| = |\vec{a}_\gamma \times \vec{b}_\gamma|$$

Würde aber auf dem Wege von $\vec{a}_0, \vec{b}_0$ zu $\vec{a}_\gamma, \vec{b}_\gamma$ ein Wechsel zur Linke–Hand–Regel stattfinden, käme es auf diese Weise zu einer abrupten *Richtungsänderung*:

$$\vec{a}_{t_1 \cdot \gamma} \times \vec{b}_{t_1 \cdot \gamma} \quad \vec{a}_{t_2 \cdot \gamma} \times \vec{b}_{t_2 \cdot \gamma}$$

$t_1 \neq t_2$, aber $|t_1 - t_2|$ beliebig klein. Das steht im Widerspruch zum Ergebnis von Aufg. 9, wonach eine winzige Änderung der beiden Faktoren, hier also von t, auch nur eine winzige Änderung des Produkts zur Folge haben kann!

Wer es ganz genau haben möchte, diskutiere den t–Wert

$$t^* = \sup\{\, x : \text{ für alle } t \in [0; x] \text{ gilt die Rechte–Hand–Regel}\}.$$

Für den Wert $t = t^* \in [0; 1]$ gilt nun entweder die Rechte– oder die Linke–Hand–Regel. Durch eine beliebig kleine Änderung von t ließe sich jedoch ein Umschlag in die andere Richtung erreichen, Widerspruch.

Zwischenergebnis: Die Rechte–Hand–Regel gilt für die gesamte x, y–Ebene.

Kann es trotzdem noch zwei Vektoren $\vec{a}, \vec{b} \in \mathbb{R}^3$ geben, so dass die Linke–Hand–Regel gilt? Zunächst würde die von $\vec{a}, \vec{b}$ aufgespannte Ebene E die x, y–Ebene längs einer Geraden g durch den Nullpunkt schneiden! Wir könnten also die Ebene E um g als Drehachse wieder so drehen, dass $\vec{a}, \vec{b} \in E$ in die x, y–Ebene fallen. Auf diesem Wege müsste dann auch wieder ein abrupter Richtungswechsel des Vektorprodukts stattfinden, was bekanntlich nicht möglich ist, Widerspruch! ✓

Weitere Anwendungen

Drehmoment – wir korrigieren Was wir bisher als Drehmoment M bezeichnet haben, war in Wirklichkeit nur der *Betrag* des Drehmoments. Man möge diese vorübergehende Vereinfachung verzeihen, denn wir präzisieren:

Stellen Sie sich einen im Ursprung O des Koordinatensystems drehbar gelagerten starren Körper vor. Wir wissen aus der Physik: Ist P ein beliebiger Punkt des Körpers und $\vec{r} = \vec{OP}$, dann erzeugt eine im Punkt P angreifende Kraft $\vec{K}$, $(\vec{K} \in \mathbb{R}^3)$, das

Drehmoment: $\vec{M} = \vec{r} \times \vec{K}$ (man achte auf die Reihenfolge der Faktoren)!

Bezeichnet M den Betrag dieses Vektors und α den von $\vec{r}$ und $\vec{K}$ eingeschlossenen Winkel, $0 \le \alpha \le 180°$, so gilt also ganz richtig: $M = |\vec{r}| \cdot |\vec{K}| \cdot \sin\alpha$. Das Drehmoment selbst ist ein Vektor, dessen Richtung nach der Rechte–Hand–Regel bestimmt werden kann. Er steht senkrecht zu $\vec{r}$ und $\vec{K}$, bzw. senkrecht zur Drehebene, also parallel zur Drehachse!

Die vektorielle Natur hat noch weitere Vorteile: Greifen Kräfte an mehren Punkten an, so addieren sich die entsprechenden Drehmomente. Beispielsweise zeigen bei einem Waagebalken die beiden Drehmomente von Last– und Kraftarm in entgegengesetzte Richtungen. Die Waage ist dann im Gleichgewicht, wenn die Summe der Drehmomente $\vec{0}$ ergibt!

Die Kraft aus der Steckdose Bewegt sich ein geladenes Teilchen mit der Geschwindigkeit $\vec{v}$ in einem Magnetfeld der Flussdichte $\vec{B}$, so wirkt auf das Teilchen die

Lorentz–Kraft: $\vec{K} = q \cdot (\vec{v} \times \vec{B})$ (q die elektrische Ladung des Teilchens).

Eine Umrechnung liefert die bekanntere Formel

$$\vec{K} = I \cdot (\vec{s} \times \vec{B})$$ (I die Stärke des elektrischen Stroms),

wenn s die Drahtlänge des Vektors $\vec{s}$ in Richtung des Stromes I bezeichne. Für den Betrag dieser Kaft gilt also $K = I \cdot s \cdot B \cdot \sin\alpha$. Bei einem Winkel von $\alpha = 90°$ zwischen $\vec{s}$ und $\vec{B}$ ergibt sich zum Beispiel im Falle s = 10 cm, $I = 10$ A (Ampere), $B = 1$ T (Tesla): K = 10 A $\cdot$ 0,10 m $\cdot$ 1 T = 1 N (Newton). Einheiten bei Vektoren sind wie konstante Faktoren. Das gilt entsprechend für Skalar– und Vektorprodukt!

Sie nutzen diese Kraft für den Staubsauger, die Bohrmaschine, den Kühlschrank (–Kompressor), was und wo auch immer Sie etwas mit elektrischem Strom in Bewegung setzen!

Die Mischung macht's – das Spatprodukt
benutzt das Vektorprodukt *zusammen* mit dem Skalarprodukt.

Spatprodukt: $(\vec{a} \times \vec{b}) \bullet \vec{c}$ (wird auch als *gemischtes Produkt* bezeichnet).

Wir erhalten auf diese Weise das Volumen V des von drei Vektoren $\vec{a}, \vec{b}, \vec{c} \in \mathbb{R}^3$ aufgespannten Parallelepipeds, kurz auch *Spat* genannt: $V = |(\vec{a} \times \vec{b}) \bullet \vec{c}|$

Bezeichnet nämlich γ den Winkel zwischen $\vec{a} \times \vec{b}$ und $\vec{c}$, so ist $h = |\vec{c}| \cdot |\cos\gamma|$ die Höhe des Spats, und $F = |\vec{a} \times \vec{b}|$ die Grundfläche, vergleichen Sie die zugehörige Skizze.

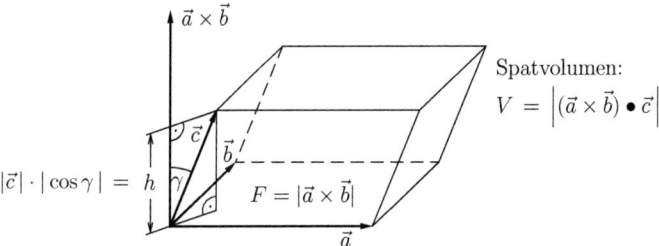

Für das Skalarprodukt von $\vec{a} \times \vec{b}$ mit dem Vektor $\vec{c}$ folgt nun gemäß 5.21 auf Seite 333:

$$\left|(\vec{a} \times \vec{b}) \bullet \vec{c}\right| = \left||\vec{a} \times \vec{b}| \cdot |\vec{c}| \cdot \cos\gamma\right| = |\vec{a} \times \vec{b}| \cdot |\vec{c}| \cdot |\cos\gamma| = F \cdot h = V \quad \checkmark$$

Anmerkung: Vertauschen Sie $\vec{a}$ und $\vec{b}$ in der Skizze, so zeigt $\vec{a} \times \vec{b}$ in die Gegenrichtung, mit $\gamma > 90°$. Betragsmäßig bleibt $\cos\gamma$ gleich, wird aber negativ, deshalb die Betragsstriche! Bilden $\vec{a}, \vec{b}, \vec{c}$ so wie in der Skizze ein Rechtssystem, dann gilt einfach $V = (\vec{a} \times \vec{b}) \bullet \vec{c}$. Da sich das gleiche Volumen des Spats ergibt, wenn man das durch $\vec{b}$ und $\vec{c}$, oder das durch $\vec{c}$ und $\vec{a}$ aufgespannte Parallelogramm als Grundfläche nimmt, gilt:

(**5.31**) $(\vec{a} \times \vec{b}) \bullet \vec{c} = (\vec{b} \times \vec{c}) \bullet \vec{a} = (\vec{c} \times \vec{a}) \bullet \vec{b}$

Merke *Das Spatprodukt ändert sich nicht, wenn man die Faktoren zyklisch vertauscht.*

Man kann also $\vec{a}$ durch $\vec{b}$ ersetzen, wenn man gleichzeitig $\vec{b}$ durch $\vec{c}$ ersetzt, und $\vec{c}$ durch $\vec{a}$. Interessant noch, dass man Skalar– und Vektorprodukt vertauschen darf. Mit 5.31 und der Kommutativität des Skalarprodukts gilt ja: $(\vec{a} \times \vec{b}) \bullet \vec{c} = (\vec{b} \times \vec{c}) \bullet \vec{a} = \vec{a} \bullet (\vec{b} \times \vec{c})$, folglich:

(**5.32**) $(\vec{a} \times \vec{b}) \bullet \vec{c} = \vec{a} \bullet (\vec{b} \times \vec{c}) = [\vec{a}, \vec{b}, \vec{c}]$

Wir haben hier rechts die übliche, abkürzende Schreibweise für das Spatprodukt notiert. Wobei es beim Ausrechnen also nicht auf die Reihenfolge von '•' und '×' ankommt, wohl aber auf die Reihenfolge der notierten Faktoren, wodurch sich das Vorzeichen ändern kann.

Bemerkungen und Ergänzungen

Innen oder außen Man nennt das Vektorprodukt auch *inneres* Produkt. Man bleibt mit den Faktoren und dem Ergebnis *innerhalb* des Bereiches $\mathbb{R}^3$. Hingegen liegt beim Skalar– oder *äußeren* Produkt das Ergebnis in $\mathbb{R}$, sozusagen *außerhalb*.

Spatprodukt und Koordinaten Rechnet man das Spatprodukt $[\vec{a}, \vec{b}, \vec{c}]$ anhand der Koordinaten von $\vec{a}, \vec{b}, \vec{c}$ aus, so erhält man einen sehr gesetzmäßigen Ausdruck:

(**5.33**) $[\vec{a}, \vec{b}, \vec{c}] = (a_1 \cdot b_2 \cdot c_3 + b_1 \cdot c_2 \cdot a_3 + c_1 \cdot a_2 \cdot b_3) - (a_3 \cdot b_2 \cdot c_1 + b_3 \cdot c_2 \cdot a_1 + c_3 \cdot a_2 \cdot b_1)$

Die Reihenfolge der Indizes lautet in der ersten Klammer stets 1,2,3, in der zweiten 3,2,1. Sie erhalten den jeweils nächsten Summanden durch zyklische Vertauschung von a, b, c. Mit Kenntnissen über Determinanten lässt sich das schreiben als

$$[\vec{a}, \vec{b}, \vec{c}] = \begin{vmatrix} a_1 & b_1 & c_1 \\ a_2 & b_2 & c_2 \\ a_3 & b_3 & c_3 \end{vmatrix}, \text{ und formal gilt für das Vektorprodukt: } \vec{a} \times \vec{b} = \begin{vmatrix} a_1 & b_1 & \vec{e}_1 \\ a_2 & b_2 & \vec{e}_2 \\ a_3 & b_3 & \vec{e}_3 \end{vmatrix}$$

Beispiel: Die folgende '3 – reihige Determinante' ergibt

$$\begin{vmatrix} 1 & 4 & 0 \\ 0 & -2 & 1 \\ 3 & -1 & 7 \end{vmatrix} = 1 \cdot (-2) \cdot 7 + 4 \cdot 1 \cdot 3 + 0 \cdot 0 \cdot (-1) - (3 \cdot (-2) \cdot 0 + 0 \cdot 4 \cdot 7 + 1 \cdot (-1) \cdot 1)$$
$$= -14 + 12 + 1 = -1$$

Ergebnis: Das Spatprodukt der 3 Vektoren des $\mathbb{R}^3$

$$\vec{a} = \begin{pmatrix} 1 \\ 0 \\ 3 \end{pmatrix}, \ \vec{b} = \begin{pmatrix} 4 \\ -2 \\ -1 \end{pmatrix}, \ \vec{c} = \begin{pmatrix} 0 \\ 1 \\ 7 \end{pmatrix},$$

beträgt $[\vec{a}, \vec{b}, \vec{c}] = -1$. Anschaulich: Das Volumen V des von den 3 Vektoren $\vec{a}, \vec{b}, \vec{c} \in \mathbb{R}^3$ aufgespannten Parallelepipeds beträgt $V = |-1| = 1$ (Volumeneinheit).

2 – reihige Determinanten kennen Sie vermutlich noch vom Schulunterricht:

$$\begin{vmatrix} a_1 & b_1 \\ a_2 & b_2 \end{vmatrix} = a_1 \cdot b_2 - a_2 \cdot b_1$$

Der Betrag dieses Ergebnisses hat ebenfalls eine anschauliche Bedeutung, nämlich die Fläche F des von den 2 Vektoren

$$\vec{a} = \begin{pmatrix} a_1 \\ a_2 \end{pmatrix}, \ \vec{b} = \begin{pmatrix} b_1 \\ b_2 \end{pmatrix} \in \mathbb{R}^2$$

aufgespannten Parallelogramms (Skizze!). Zum Beweis beachte man nur:

$$a_1 \cdot b_2 - a_2 \cdot b_1 = \begin{pmatrix} -a_2 \\ a_1 \end{pmatrix} \bullet \begin{pmatrix} b_1 \\ b_2 \end{pmatrix} = \vec{a}_\perp \bullet \vec{b} = |\vec{a}_\perp| \cdot |\vec{b}| \cdot \sin \alpha$$

Der Vektor $\vec{a}_\perp \in \mathbb{R}^2$ ist offensichtlich orthogonal zu $\vec{a}$ (Skalarprodukt bilden). Mit α wurde wieder der Winkel zwischen $\vec{b}$ und $\vec{a}$ bezeichnet (nicht $\vec{a}_\perp$)! Dann ist $|\vec{b}| \cdot \sin \alpha|$ die Höhe h des aufgespannten Parallelogramms mit $|\vec{a}_\perp| = |\vec{a}| = a$ als Länge der Grundseite. Folglich $|\vec{a}_\perp| \cdot |\vec{b}| \cdot |\sin \alpha| = a \cdot h = F$.   ✓

Ein Blick zurück ...

- Das Vektorprodukt ist nur im $\mathbb{R}^3$ definiert. Es ist antikommutativ und nicht assoziativ!

- Die Länge von $\vec{a} \times \vec{b}$ beträgt $|\vec{a}| \cdot |\vec{b}| \cdot \sin \alpha$, α der von $\vec{a}$ und $\vec{b}$ eingeschlossene Winkel.

- Der Vektor $\vec{a} \times \vec{b}$ steht senkrecht auf $\vec{a}$ und auf $\vec{b}$. Hierfür gilt die Rechte–Hand–Regel.

- Das Vektorprodukt findet zahlreiche Anwendungen in Physik und Geometrie.

Aufgaben

1. Bestätigen Sie durch konkretes Ausrechnen mit den Koordinaten von $\vec{a}, \vec{b} \in \mathbb{R}^3$:
$$(\vec{a} \bullet \vec{b})^2 + |\vec{a} \times \vec{b}|^2 = |\vec{a}|^2 \cdot |\vec{b}|^2.$$

2. Gegeben $\vec{a} = \begin{pmatrix} 2 \\ 2 \\ 0 \end{pmatrix}$ und $\vec{b} = \begin{pmatrix} 1 \\ 0 \\ 2 \end{pmatrix}$.

   Berechnen Sie $\vec{a} \times \vec{b}$ und die Fläche des von $\vec{a}, \vec{b}$ aufgespannten Parallelogramms.

3. Zeigen Sie, dass für jeden Vektor $\vec{a} \in \mathbb{R}^3$ gilt: $\vec{a} \times \vec{a} = \vec{0}$.

4. Beweisen Sie für alle $\vec{a}, \vec{b} \in \mathbb{R}^3$ als Verallgemeinerung der vorigen Aufgabe:
   Es gilt $\vec{a} \times \vec{b} = \vec{0} \iff \vec{a}$ und $\vec{b}$ sind linear abhängig.

5. Zeigen Sie: $[\vec{a}, \vec{b}, \vec{c}] = 0 \iff \vec{a}, \vec{b}, \vec{c}$ sind linear abhängig.

6. Berechnen Sie das Spatprodukt $[\vec{a}, \vec{b}, \vec{c}]$ für $\vec{a}, \vec{b}$ wie in Aufg. 2 und $\vec{c} = \begin{pmatrix} 2 \\ 1 \\ -4 \end{pmatrix}$.

   Welche Höhe hat dieser Spat, mit der Grundfläche von Aufg. 2?

7. Zeigen Sie mit Hilfe des Skalarprodukts: Der Vektor $(\vec{a} \bullet \vec{c}) \cdot \vec{b} - (\vec{b} \bullet \vec{c}) \cdot \vec{a}$
   steht senkrecht auf $\vec{c}$, und senkrecht auf $\vec{a} \times \vec{b}$.

8. Beweisen Sie den 'Entwicklungssatz': $(\vec{a} \times \vec{b}) \times \vec{c} = (\vec{a} \bullet \vec{c}) \cdot \vec{b} - (\vec{b} \bullet \vec{c}) \cdot \vec{a}$
   durch konkretes Ausrechnen mit den Koordinaten von $\vec{a}, \vec{b}, \vec{c} \in \mathbb{R}^3$.

9. Zeigen Sie mit Hilfe der Distributivgesetze 5.28:
   $|(\vec{a} + \vec{\delta}_1) \times (\vec{b} + \vec{\delta}_2) - (\vec{a} \times \vec{b})|$ wird beliebig klein, für alle (betragsmäßig) genügend
   kleinen Änderungen $\vec{\delta}_1$ und $\vec{\delta}_2$. Man sagt, das Vektorprodukt ist eine *stetige* Operation.

10. Gegeben die Gleichung einer Ebene im Raum $\mathbb{R}^3$ in der Form
$$\vec{x} = \vec{s} + t_1 \cdot \vec{a} + t_2 \cdot \vec{b}, \text{ konkret: } \begin{pmatrix} x \\ y \\ z \end{pmatrix} = \begin{pmatrix} 1 \\ -1 \\ 3 \end{pmatrix} + t_1 \cdot \begin{pmatrix} 2 \\ 2 \\ 0 \end{pmatrix} + t_2 \cdot \begin{pmatrix} 1 \\ 0 \\ 2 \end{pmatrix}, \ (t_1, t_2 \in \mathbb{R}).$$

   (i) Zeigen Sie, dass die skalare Multiplikation beider Seiten dieser Gleichung mit dem
   Vektor $\vec{a} \times \vec{b}$ die von S. 335 bekannte 'Normalenform' dieser Ebene liefert, hier
   konkret: $4x - 4y - 2z = 2$

   (ii) Zeigen Sie allgemein:
   $$[\vec{a}, \vec{b}, \vec{x}] = [\vec{a}, \vec{b}, \vec{s}].$$
   Finden Sie eine anschauliche Deutung dieser Ebenengleichung!

11. Gegeben die Gerade $\vec{x} = \vec{s} + t \cdot \vec{r}$, $t \in \mathbb{R}$, und ein Punkt P mit $\vec{s}_0 = \vec{OP}$. Begründen
    Sie mit einer Skizze, dass für den Abstand d des Punktes P von dieser Geraden gilt:
$$d = \frac{\vec{r} \times (\vec{s}_0 - \vec{s})}{|\vec{r}|}$$

12. An einer Balkenwaage hängen Gewichte. In welche Richtung zeigen die Drehmomente?

5 d) Lineare Gleichungssysteme

Bier und Limonade Sie hören die Bedienung am Nachbartisch sagen: „2 Bier und 4 Limo, macht zusammen 22 €. Entschuldigung, es waren ja 4 Bier und 2 Limo, also 26 €."
Der mathematische Inhalt lässt sich leicht beschreiben. Bezeichnen wir mit x den Preis in Euro für ein Bier, und mit y für eine Limonade, so wissen wir:

$$\text{I}: \quad 2x \;+\; 4y \;=\; 22$$
$$\text{II}: \quad 4x \;+\; 2y \;=\; 26$$

Anschaulich lassen sich beide Gleichungen als Geraden interpretieren, nur sind Sie vielleicht vom Schulunterricht eine andere Darstellung gewohnt. Zum Beispiel ist die erste Bedingung $2x + 4y = 22$ gleichbedeutend mit $0{,}5\,x + y = 5{,}5$ bzw. mit $y = -0{,}5\,x + 5{,}5$. Es handelt sich demnach bei I um eine Gerade mit der Steigung $-0{,}5$ und dem y–Abschnitt $5{,}5$.

Gesucht ist ein *Zahlenpaar* $(x; y)$, das beide Gleichungen erfüllt, also ein Vektor $\vec{x} = \begin{pmatrix} x \\ y \end{pmatrix} \in \mathbb{R}^2$.

Anschaulich erhalten wir ihn als Schnittpunkt der gegebenen Geraden, s. Skizze:

(5.34)

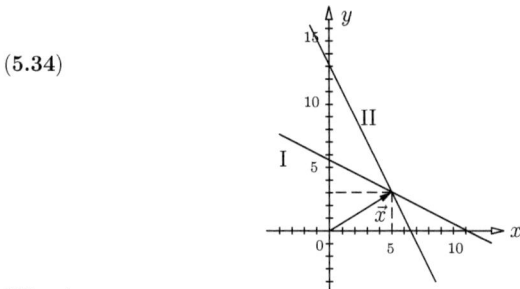

Wir erkennen:
Das Gleichungssystem I,II hat genau *eine* Lösung, nämlich den Vektor $\vec{x} = \begin{pmatrix} x \\ y \end{pmatrix}$ mit

$$x = 5\,, \quad y = 3\,.$$

Ein Bier kostet also 5 €, die Limonade 3 €.

Die Cramersche Regel

Im Schulunterricht löst man ein solches Gleichungssystem rechnerisch, indem man eine der Gleichungen nach einer der Unbekannten auflöst und in die andere Gleichung einsetzt. Prüfen wir nach, ob das stets möglich ist!

Wir gehen allgemein aus von den beiden Gleichungen

(5.35)
$$\text{I}: \quad ax \;+\; by \;=\; s$$
$$\text{II}: \quad cx \;+\; dy \;=\; t$$

mit beliebig aber fest vorgegebenen Werten $a, b, c, d, s, t \in \mathbb{R}$. Wir dürfen dabei annehmen, dass mindestens eine der beiden Zahlen a oder b ungleich Null ist, sagen wir $a \neq 0$. Dann folgt aus der ersten Gleichung $x = \frac{1}{a} \cdot (s - by)$, eingesetzt in die zweite $\frac{c}{a} \cdot (s - by) + dy = t$. Diese Gleichung ergibt mit a multipliziert $cs - cb \cdot y + ad \cdot y = at$, und nach Ausklammern von y und etwas Umsortieren: $\quad (ad - cb) \cdot y = at - cs$.

Wir können $ad - cb = 0$ ausschließen, denn in diesem Falle wäre die eine Gleichung nur ein Vielfaches der anderen (vgl. Aufg. 11). Beispielsweise wäre von den beiden Aussagen $2x + 4y = 22$ und $4x + 8y = 44$ eine überflüssig, da sie keine neue Information liefert. Sie hätten dann in Wirklichkeit nur 1 Gleichung zur Bestimmung von 2 Unbekannten.

Wir dürfen also unsere Gleichung für y durch den Ausdruck $ad - cb$ dividieren und erhalten für y den Zahlenwert $y = \frac{at-cs}{ad-cb}$. Einsetzen in den bereits bekannten Ausdruck $x = \frac{1}{a} \cdot (s - by)$ liefert $x = \frac{1}{a} \cdot (s - b \cdot \frac{at-cs}{ad-cb}) = \frac{1}{a} \cdot (s \cdot \frac{ad-cb}{ad-cb} - b \cdot \frac{at-cs}{ad-cb}) = \frac{1}{a} \cdot (\frac{asd-bcs-atb+bcs}{ad-cb}) = \frac{sd-tb}{ad-cb}$. ✓

Die Probe durch Einsetzen zeigt, dass wir mit

$$x = \frac{sd - tb}{ad - cb} \quad \text{und} \quad y = \frac{at - cs}{ad - cb}$$

die eindeutig bestimmte Lösung des Gleichungssystems 5.35 erhalten haben!

Lösen wir gleich unser Beispiel mit der Getränkerechnung, also mit den Werten

$$a = 2, \quad b = 4, \quad s = 22,$$
$$c = 4, \quad d = 2, \quad t = 26.$$

Einsetzen liefert: $\quad x = \frac{22 \cdot 2 - 26 \cdot 4}{2 \cdot 2 - 4 \cdot 4} = \frac{-60}{-12} = 5, \quad y = \frac{2 \cdot 26 - 4 \cdot 22}{2 \cdot 2 - 4 \cdot 4} = \frac{-36}{-12} = 3.$

Wir wollen hierzu noch einige nützliche und gebräuchliche Schreibweisen einführen.

Schön regelmäßig Mit der Determinantenschreibweise von S. 344 gilt offensichtlich:

$$\begin{vmatrix} a & b \\ c & d \end{vmatrix} = ad - cb \qquad \begin{vmatrix} s & b \\ t & d \end{vmatrix} = sd - tb \qquad \begin{vmatrix} a & s \\ c & t \end{vmatrix} = at - cs$$

Für das Gleichungssystem 5.35 benutzen wir eine abkürzende, naheliegende Schreibweise

$$(5.36) \qquad \begin{pmatrix} a & b \\ c & d \end{pmatrix} \cdot \begin{pmatrix} x \\ y \end{pmatrix} = \begin{pmatrix} s \\ t \end{pmatrix}, \quad \text{oder noch kürzer:} \quad A \cdot \vec{x} = \vec{s},$$

denn das Gleichungssystem 5.35 ist ja durch das Zahlenschema A mit a, b und c, d sowie durch die rechte Seite $\vec{s}$ mit s, t bereits fest vorgegeben. Gesucht sind die Komponenten x, y des Lösungsvektors $\vec{x}$. Man nennt ein solches Zahlenschema A eine *Matrix*, genauer eine Matrix mit 2 Zeilen und 2 Spalten, kurz: eine 2×2 – Matrix.

Vielleicht haben Sie auch schon den entscheidenden Zusammenhang zwischen den vorigen drei Determinanten erkannt? Ersetzen wir die 1. Spalte von A durch den Spaltenvektor $\vec{s}$ und bezeichnen diese Matrix mit S_1, sowie die zugehörige Determinante entsprechend mit $det\, S_1$. Dasselbe Spiel noch einmal von vorn, aber mit der 2. Spalte:

$$\begin{vmatrix} a & b \\ c & d \end{vmatrix} = det\, A \qquad \begin{vmatrix} s & b \\ t & d \end{vmatrix} = det\, S_1 \qquad \begin{vmatrix} a & s \\ c & t \end{vmatrix} = det\, S_2$$

Dann schreibt sich unser

Ergebnis Die Komponenten x, y des Lösungsvektors des Gleichungssystems 5.36 lauten:

$$x = \frac{det\, S_1}{det\, A} \quad \text{und} \quad y = \frac{det\, S_2}{det\, A}, \qquad (det\, A \neq 0).$$

Das ist doch erstaunlich gesetzmäßig! Wir wollen diese *Cramersche Regel* und andere Sätze hier nicht in voller Allgemeinheit beweisen, da es für den Anfänger oft abschreckend wirkt. Doch lassen Sie uns zumindest die allgemeine Schreibweise für Matrizen erläutern, und zwar am Beispiel von 3 Gleichungen mit 3 Unbekannten.

Nennen wir die Unbekannten einfach x_1, x_2, x_3, so schreibt man ein solches Gleichungssystem allgemein in folgender Form, wobei wir rechts Schritt für Schritt weiter abkürzen:

$$
\begin{array}{l}
a_{1,1} \cdot x_1 + a_{1,2} \cdot x_2 + a_{1,3} \cdot x_3 = s_1 \\
a_{2,1} \cdot x_1 + a_{2,2} \cdot x_2 + a_{2,3} \cdot x_3 = s_2 \\
a_{3,1} \cdot x_1 + a_{3,2} \cdot x_2 + a_{3,3} \cdot x_3 = s_3
\end{array}
\qquad
\begin{pmatrix} a_{1,1} & a_{1,2} & a_{1,3} \\ a_{2,1} & a_{2,2} & a_{2,3} \\ a_{3,1} & a_{3,2} & a_{3,3} \end{pmatrix}
\cdot
\begin{pmatrix} x_1 \\ x_2 \\ x_3 \end{pmatrix}
=
\begin{pmatrix} s_1 \\ s_2 \\ s_3 \end{pmatrix}, \quad A \cdot \vec{x} = \vec{s}.
$$

Nicht verwechseln Die Matrixelemente tragen einen Zeilen– und einen Spaltenindex. So bedeutet die Angabe $a_{1,2} = -1$, dass in der 1. Zeile und der 2. Spalte die Zahl -1 steht. Und $a_{2,1} = 4$ bedeutet dementsprechend eine 4 in der 2. Zeile und der 1. Spalte. Die Gesamtheit $(a_{i,j})$ aller $a_{i,j}$, $(1 \le i, j \le 3)$, bildet unsere Matrix A. Natürlich sind auch andere Bezeichnungen für die Indizes und Matrizen erlaubt und üblich, beispielsweise B und $b_{k,l}$ oder C und $c_{m,n}$, etc. Doch bedeutet der erste Index immer die Nummer der Zeile, in der das betreffende Matrixelement steht, der zweite Index nennt immer die Nummer der Spalte! Damit Sie nicht durcheinander geraten, hier eine nette Eselsbrücke:

Merke *Zuerst die Zeile, dann die Spalte, ob ich das wohl je behalte?*

Bei der allgemeinen Lösung des obigen Gleichungssystems spielt natürlich die Matrix

$$
A = \begin{pmatrix} a_{1,1} & a_{1,2} & a_{1,3} \\ a_{2,1} & a_{2,2} & a_{2,3} \\ a_{3,1} & a_{3,2} & a_{3,3} \end{pmatrix}
$$

wieder die Hauptrolle. Wir setzen $det\, A \ne 0$ voraus, andernfalls wäre mindestens eine der Zeilen bzw. Gleichungen eine Kombination aus den beiden anderen, wir hätten in Wirklichkeit keine 3 unabhängigen Gleichungen zur Bestimmung der 3 Unbekannten, (Aufg. 12 u. 13). Bilden wir nun noch die Matrizen

$$
S_1 = \begin{pmatrix} s_1 & a_{1,2} & a_{1,3} \\ s_2 & a_{2,2} & a_{2,3} \\ s_3 & a_{3,2} & a_{3,3} \end{pmatrix}, \qquad
S_2 = \begin{pmatrix} a_{1,1} & s_1 & a_{1,3} \\ a_{2,1} & s_2 & a_{2,3} \\ a_{3,1} & s_3 & a_{3,3} \end{pmatrix}, \qquad
S_3 = \begin{pmatrix} a_{1,1} & a_{1,2} & s_1 \\ a_{2,1} & a_{2,2} & s_2 \\ a_{3,1} & a_{3,2} & s_3 \end{pmatrix},
$$

indem bei S_1 offensichtlich nur der 1. Spaltenvektor von A durch $\vec{s}$ ersetzt wurde, bei S_2 nur der 2. Spaltenvektor, usw., so lässt sich die Lösung des obigen Gleichungssystems tatsächlich angeben in der Form:

Cramersche Regel $\qquad x_1 = \dfrac{det\, S_1}{det\, A}, \qquad x_2 = \dfrac{det\, S_2}{det\, A}, \qquad x_3 = \dfrac{det\, S_3}{det\, A}.$

Diese Regel gilt allgemein bei n Gleichungen mit n Unbekannten. Allerdings erfordert sie das Ausrechnen von Determinanten von $n \times n$ – Matrizen!

Entwicklungshilfe Wir erinnern noch einmal daran, dass man die Determinante einer 3×3 – Matrix wie zum Beispiel S_1 ausrechnen kann in der Form:

$$
det\, S_1 = s_1 \cdot a_{2,2} \cdot a_{3,3} + a_{1,2} \cdot a_{2,3} \cdot s_3 + a_{1,3} \cdot s_2 \cdot a_{3,2} - (s_3 \cdot a_{2,2} \cdot a_{1,3} + s_2 \cdot a_{1,2} \cdot a_{3,3} + s_1 \cdot a_{3,2} \cdot a_{2,3})
$$

Interessanterweise gilt aber auch, bitte rechnen Sie aus und vergleichen Sie:

$$
det\, S_1 = s_1 \cdot \begin{vmatrix} a_{2,2} & a_{2,3} \\ a_{3,2} & a_{3,3} \end{vmatrix} - s_2 \cdot \begin{vmatrix} a_{1,2} & a_{1,3} \\ a_{3,2} & a_{3,3} \end{vmatrix} + s_3 \cdot \begin{vmatrix} a_{1,2} & a_{1,3} \\ a_{2,2} & a_{2,3} \end{vmatrix}
$$

Man kann also die Determinante einer 3×3 – Matrix bereits ausrechnen, wenn man nur die Berechnung von Determinanten von 2×2 – Matrizen kennt. Man muss bei S_1 die erste

Spalte streichen; dann streicht man zunächst nur die 1. Zeile, dann nur die 2. Zeile, usw.
Man sagt hierzu, wir haben $det\,S_1$ 'nach der ersten Spalte entwickelt'.
Das geht genau so bei einer 4×4 –Matrix:

$$A = \begin{pmatrix} a_{1,1} & a_{1,2} & a_{1,3} & a_{1,4} \\ a_{2,1} & a_{2,2} & a_{2,3} & a_{2,4} \\ a_{3,1} & a_{3,2} & a_{3,3} & a_{3,4} \\ a_{4,1} & a_{4,2} & a_{4,3} & a_{4,4} \end{pmatrix} \quad \text{1. Spalte streichen:} \quad \begin{pmatrix} a_{1,1} & a_{1,2} & a_{1,3} & a_{1,4} \\ a_{2,1} & a_{2,2} & a_{2,3} & a_{2,4} \\ a_{3,1} & a_{3,2} & a_{3,3} & a_{3,4} \\ a_{4,1} & a_{4,2} & a_{4,3} & a_{4,4} \end{pmatrix}$$

Wir streichen generell die 1. Spalte von A (vgl. rechts). Streichen wir nun noch die erste Zeile,
so erhalten wir wieder eine quadratische Matrix, die wir dementsprechend A_1 genannt haben.
Streichen wir anstelle der ersten Zeile entsprechend die zweite, so erhalten wir die Matrix A_2.
Ganz analog ergeben sich die beiden übrigen Matrizen A_3 und A_4.

$$A_1 = \begin{pmatrix} a_{2,2} & a_{2,3} & a_{2,4} \\ a_{3,2} & a_{3,3} & a_{3,4} \\ a_{4,2} & a_{4,3} & a_{4,4} \end{pmatrix} \quad A_2 = \begin{pmatrix} a_{1,2} & a_{1,3} & a_{1,4} \\ a_{3,2} & a_{3,3} & a_{3,4} \\ a_{4,2} & a_{4,3} & a_{4,4} \end{pmatrix}$$

$$A_3 = \begin{pmatrix} a_{1,2} & a_{1,3} & a_{1,4} \\ a_{2,2} & a_{2,3} & a_{2,4} \\ a_{4,2} & a_{4,3} & a_{4,4} \end{pmatrix} \quad A_4 = \begin{pmatrix} a_{1,2} & a_{1,3} & a_{1,4} \\ a_{2,2} & a_{2,3} & a_{2,4} \\ a_{3,2} & a_{3,3} & a_{3,3} \end{pmatrix}$$

Die bisher unberücksichtigten Elemente der ersten Spalte kommen nun wieder ins Spiel, mit
wechselndem Vorzeichen. Man kann nämlich die Determinante von A definieren in der Form:

$$det\,A \;=\; a_{1,1} \cdot det\,A_1 \;-\; a_{2,1} \cdot det\,A_2 \;+\; a_{3,1} \cdot det\,A_3 \;-\; a_{4,1} \cdot det\,A_4$$

Kennt man also die Determinanten von 3×3 – Matrizen, kann man auch die Determinanten
von 4×4 – Matrizen ausrechnen, und so weiter. Man könnte auch nach irgendeiner anderen Spalte oder Zeile entwickeln. Zu diesem allgemeinen *Entwicklungssatz* verweisen wir
auf die weiterführende Literatur! Die Lösung von n Gleichungen mit n Unbekannten unter
Benutzung der Cramerschen Regel wird bereits ab $n \geq 4$ eine immer mühsamere Angele-
genheit, weshalb diese Regel auch mehr von theoretischem Interesse ist. Außerdem ist sie
nicht anwendbar, falls die Anzahl der Gleichungen nicht mit der Anzahl der Unbekannten
übereinstimmt.

Einmal durchzählen Es wird fälschlicherweise oft angenommen, dass die Anzahl der
Gleichungen mit der Anzahl der Unbekannten übereinstimmen müsse, ansonsten wäre das
Gleichungssystem nicht lösbar. Dass dies nicht stimmt, ist anschaulich sofort zu erkennen:

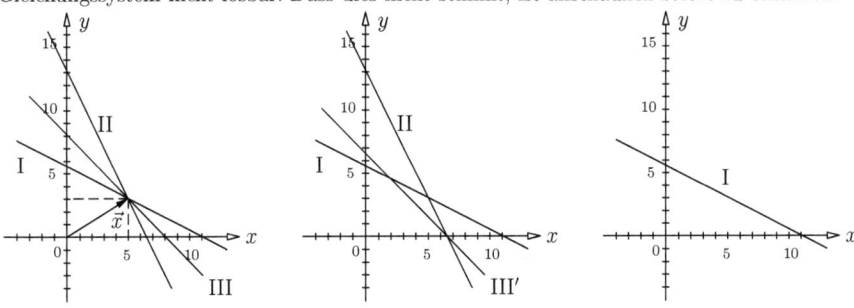

Die Skizze ganz links zeigt das Bild von folgenden 3 Gleichungen mit nur 2 Unbekannten,

$$\text{I: } 2x + 4y = 22 \qquad \text{II: } 4x + 2y = 26 \qquad \text{III: } 2x + 2y = 16$$

Offensichtlich ist aber auch hier wieder $\vec{x}$ mit $x = 5$ und $y = 3$ eine Lösung, denn alle drei Geraden schneiden sich in diesem gemeinsamen Punkt. Machen Sie die Probe durch Einsetzen von $x = 5$ und $y = 3$ in die 3 Gleichungen. Mit wachsender Anzahl von Gleichungen kann es natürlich viel leichter passieren, dass es keine gemeinsamen Punkte gibt, vgl. Bildmitte. Hier lautet die dritte Gleichung III': $2x + 2y = 13$. Die Skizze der 3 Geraden zeigt: Das Gleichungssystem I,II,III' hat keine Lösung!
Ist die Anzahl der Gleichungen zu gering, kann es keine eindeutig bestimmte Lösung geben. Die Skizze zeigt rechts den Fall einer Gleichung mit zwei Unbekannten. Es gibt hier unendlich viele Punkte, die diese Gleichung erfüllen beziehungsweise auf dieser Geraden liegen! Tatsächlich gilt ganz allgemein der

5.37 Satz *Ein lineares Gleichungssystem besitzt entweder gar keine Lösung, oder genau eine Lösung, oder unendlich viele Lösungen.*

Zur Erklärung der Bezeichnung *linear* sei erwähnt, dass in den Gleichungen keinerlei quadratische Terme oder andere Potenzen vorkommen außer solche mit Exponent 1: $x^1 = x$, $y^1 = y$, etc. Anschaulich treten Geraden auf, Ebenen usw., alles wie mit dem Lineal gezogen. Den allgemeinen Beweis des Satzes 5.37 liefert zum Beispiel

Das Gaußsche Eliminationsverfahren

Folgende Umformungen eines linearen Gleichungssystems ändern die Lösungsmenge nicht:

1. Multiplikation einer Gleichung mit einer Konstanten $c \in \mathbb{R}$, $c \neq 0$.

2. Addition eines konstanten Vielfachen einer Gleichung zu einer anderen.

3. Vertauschen der Reihenfolge der Gleichungen.

4. Umbenennen der Unbekannten, zum Beispiel durch Umnummerieren.

5. Weglassen von 'Nullzeilen': $0 \cdot x_1 + 0 \cdot x_2 + \ldots + 0 \cdot x_n = 0$

Umformungen sollen natürlich zur Lösung oder zumindest Vereinfachung des Systems dienen. Entscheidend bei ihrer Anwendung ist demnach die Zielrichtung. Beim Gauß – Verfahren lässt sich das Ziel charakterisieren durch

(i) 'Einsen erzeugen' in der Hauptdiagonalen, also von links oben nach rechts unten.

(ii) 'Nullen erzeugen' unterhalb der Hauptdiagonalen, anschließend auch darüber.

Nützlich dabei ist auch eine abkürzende und vereinfachende Notation der Gleichungen, die sich eigentlich von selbst erklärt. Wir zeigen dies am Beispiel des bereits diskutierten Gleichungssystems der vorigen Skizze, Abbildung links:

$$\begin{array}{rrrrrl}
\text{I}: & 2x & + & 4y & = & 22 \\
\text{II}: & 4x & + & 2y & = & 26 \\
\text{III}: & 2x & + & 2y & = & 16
\end{array}$$

Kommentare sind am Rand des Schemas hinzugefügt und beschreiben die Änderungen zum nächsten Schema. Das Verfahren wirkt bei nur zwei Unbekannten noch recht aufwändig, da wir jeden einzelnen Schritt hervorheben wollen. Das sollte hier jedoch nicht stören. In der Praxis führt man gerne mehrere Schritte gleichzeitig aus, wodurch leicht Fehler unterlaufen. Die Kommentare wie auch die Nummerierung lässt man meistens weg.

Beispiel 1:

		x	y		
1.		2	4	22	Multiplikation mit $\frac{1}{2}$ (Division durch 2)
2.		4	2	26	
3.		2	2	16	
4.		1	2	11	
5.		4	2	26	Addition des -4 fachen von Gleichung Nr. 4
6.		2	2	16	Addition des -2 fachen von Gleichung Nr. 4
7.		1	2	11	
8.		0	-6	-18	Multiplikation mit $-\frac{1}{6}$
9.		0	-2	-6	
10.		1	2	11	
11.		0	1	3	
12.		0	-2	-6	Addition des $+2$ fachen von Gleichung Nr. 11
13.		1	2	11	
14.		0	1	3	
15.		0	0	0	diese Gleichung weglassen
16.		1	2	11	Addition des -2 fachen von Gleichung Nr. 17
17.		0	1	3	
18.		1	0	5	**Ergebnis** $x = 5$
19.		0	1	3	$y = 3$

Eine der Gleichungen war offensichtlich überflüssig. Sie war nur eine (Linear-) Kombination der übrigen Gleichungen.

Woran erkennt man aber nun rechnerisch, dass ein Gleichungssytem keine Lösung besitzt? Diesen Fall haben wir am Beispiel von

$$
\begin{aligned}
\mathrm{I}: && 2x &+ 4y &=& 22 \\
\mathrm{II}: && 4x &+ 2y &=& 26 \\
\mathrm{III}': && 2x &+ 2y &=& 13
\end{aligned}
$$

bereits veranschaulicht, vgl. Bildmitte auf S. 349. Rechnen wir dieses Gleichungssystem mit dem Gaußverfahren wie oben durch, so erhalten wir schließlich als neue Gleichung Nr. 15:

	x	y		
15.	0	0	-3	Widerspruch!

ausgeschrieben $0 \cdot x + 0 \cdot y = -3$. Diese Gleichung ist durch keine Wahl von x, y lösbar, man sagt hierzu auch: Das Gleichungssystem enthält einen Widerspruch, es hat keine Lösung. Es dürfte klar sein, dass auch bei einer größeren Anzahl von Gleichungen stets genau einer der drei Fälle auftreten muss:

Das System enthält einen Widerspruch (keine Lösung), die Anzahl der verbliebenen Gleichungen (Einsen in der Hauptdiagonalen) ist gleich der Anzahl der Unbekannten (genau eine Lösung), oder die Anzahl der Gleichungen ist geringer als die Anzahl der Unbekannten (unendlich viele Lösungen). Nehmen wir zum Beispiel an, wir hätten im Fall von drei Unbekannten x, y, z folgendes Schluss–Schema mit nur zwei Gleichungen erhalten:

$$
\begin{array}{ccc|c}
x & y & z & \\
\hline
1 & 0 & -3 & 1 \\
0 & 1 & 4 & 2
\end{array}
$$

ausgeschrieben: $x - 3z = 1,$ oder $x = 1 + 3z,$
$y + 4z = 2,$ oder $y = 2 - 4z.$

In diesem Fall kann zum Beispiel der Wert von z eine beliebige reelle Zahl sein. Wir schreiben hierfür $z = t$ (t ein frei wählbarer 'Parameter'). Für die Komponenten folgt also:

$$
\begin{aligned}
x &= 1 + 3t \\
y &= 2 - 4t \\
z &= 0 + 1t
\end{aligned}
\quad \text{oder} \quad
\begin{pmatrix} x \\ y \\ z \end{pmatrix} = \begin{pmatrix} 1 \\ 2 \\ 0 \end{pmatrix} + \begin{pmatrix} 3t \\ -4t \\ 1t \end{pmatrix}
\quad \text{oder} \quad
\begin{pmatrix} x \\ y \\ z \end{pmatrix} = \begin{pmatrix} 1 \\ 2 \\ 0 \end{pmatrix} + t \cdot \begin{pmatrix} 3 \\ -4 \\ 1 \end{pmatrix}
$$

Letzteres in Kurzschreibweise: $\vec{x} = \vec{s}_0 + t \cdot \vec{r}, \ t \in \mathbb{R}$. Anschaulich bilden diese Lösungsvektoren eine Gerade, mit $\vec{s}_0$ als Stütz– oder Startvektor, und mit $\vec{r}$ als Richtungsvektor. Vergleichen Sie hierzu die Ausführungen zu 5.13 auf S. 330.

Angenommen, als Schluss–Schema bliebe nur eine einzige Gleichung, sagen wir zum Beispiel

$$
\begin{array}{ccc|c}
x & y & z & \\
\hline
1 & 4 & -3 & 2
\end{array}
$$

ausgeschrieben: $x + 4y - 3z = 2,$ oder $x = 2 - 4y + 3z,$

so sind z.B. $y = t_1$ und $z = t_2$ frei wählbar. Zusammen mit der letzten Gleichung gilt also:

$$
\begin{aligned}
x &= 2 - 4t_1 + 3t_2 &= 2 - 4 \cdot t_1 + 3 \cdot t_2 \\
y &= t_1 &= 0 + 1 \cdot t_1 + 0 \cdot t_2 \\
z &= t_2 &= 0 + 0 \cdot t_1 + 1 \cdot t_2
\end{aligned}
$$

In Vektorschreibweise bedeutet das nun

$$
\begin{pmatrix} x \\ y \\ z \end{pmatrix} = \begin{pmatrix} 2 \\ 0 \\ 0 \end{pmatrix} + t_1 \cdot \begin{pmatrix} -4 \\ 1 \\ 0 \end{pmatrix} + t_2 \cdot \begin{pmatrix} 3 \\ 0 \\ 1 \end{pmatrix},
$$

oder in Kurzschreibweise: $\vec{x} = \vec{s}_0 + t_1 \cdot \vec{r}_1 + t_2 \cdot \vec{r}_2$. Die Lösungsmenge bildet in diesem Falle eine Ebene, vgl. S. 330.

Im seltenen Fall, dass wir nur Nullzeilen hätten, also gar keine Gleichung übrig bliebe, wäre jede Wahl von x, y, z zulässig. Die Lösungsmenge besteht in diesem Falle aus sämtlichen Vektoren des $\mathbb{R}^3$.

Allgemein folgt auf diese Weise, dass die Lösungsmenge eines Gleichungssystems mit n Unbekannten stets einen affinen Unterraum des $\mathbb{R}^n$ bildet.

Natürlich kann man in der Diagonalen nur Einsen erzielen, falls an den betreffenden Stellen die Elemente ungleich Null sind. Gegebenenfalls wird man daher einen Zeilen– oder Spaltentausch durchführen, wie im folgenden

Beispiel 2:

	x	y	z	
1.	0	0	1	1
2.	2	−1	2	−3
3.	1	−1	3	0
4.	0	−1	4	1
5.	1	−1	3	0
6.	2	−1	2	−3
7.	0	0	1	1
8.	0	−1	4	1
9.	1	−1	3	0
10.	0	1	−4	−3
11.	0	0	1	1
12.	0	−1	4	1

- 1. Vertausche 1. und 3. (oder 2.)
- 6. Addition des −2 fachen von 5.
- 12. Addition der Gleichung 10.

Der letzte Schritt liefert $0x + 0y + 0z = -2$. Das Gleichungssystem besitzt also keine Lösung! Ändern wir nun zum Beispiel die Ausgangsgleichung Nr. 2: $2x - y + 2z = -1$. Dann liefert die Rechnung im letzten Schritt eine Nullzeile, die wir streichen dürfen. Weiter ergibt sich:

	x	y	z	
13.	1	−1	3	0
14.	0	1	−4	−1
15.	0	0	1	1
16.	1	−1	0	−3
17.	0	1	0	3
18.	0	0	1	1
19.	1	0	0	0
20.	0	1	0	3
21.	0	0	1	1

- 13. Addition des −3 fachen von 15.
- 14. Addition des +4 fachen von 15.
- 16. Addition der Gleichung 17.
- 19. **Ergebnis:** $x = 0$
  - $y = 3$
  - $z = 1$

Die Nullen oberhalb erzeugt man spaltenweise am besten so wie hier 'von rechts nach links'. Das erspart in der Regel Rechenarbeit, vor allem bei größeren Gleichungssystemen. Vergleichen Sie selbst einmal mit einer anderen Vorgehensweise!

Bemerkungen und Ergänzungen

Zeile links mal **Spalte rechts – die Matrizenmultiplikation** Wir verallgemeinern die Kurzschreibweise von 5.35 gemäß 5.36:

Für $A = \begin{pmatrix} 2 & 0 & 3 \\ -1 & 4 & 2 \end{pmatrix}$ und $\vec{x} = \begin{pmatrix} x_1 \\ x_2 \\ x_3 \end{pmatrix}$ sei $\begin{array}{l} 2 \cdot x_1 + 0 \cdot x_2 + 3 \cdot x_3 = s_1 \\ -1 \cdot x_1 + 4 \cdot x_2 + 2 \cdot x_3 = s_2 \end{array}$ kurz: $A \cdot \vec{x} = \vec{s}$

Bisher war die rechte Seite $\vec{s}$ vorgegeben, und $\vec{x}$ sollte bestimmt werden. Man kann den Spieß aber auch umdrehen, also $\vec{x}$ vorgeben und $\vec{s}$ bestimmen!

Für jeden Vektor $\vec{x} \in \mathbb{R}^3$, also mit konkreten Werten $x_1, x_2, x_3 \in \mathbb{R}$, erhält man auf diese Weise einen Vektor $\vec{s} \in \mathbb{R}^2$, also mit entsprechenden Werten $s_1, s_2 \in \mathbb{R}$! Beispiele:

$$\begin{pmatrix} 2 & 0 & 3 \\ -1 & 4 & 2 \end{pmatrix} \cdot \begin{pmatrix} 1 \\ 2 \\ -2 \end{pmatrix} = \begin{pmatrix} 2 \cdot 1 + 0 \cdot 2 + 3 \cdot (-2) \\ -1 \cdot 1 + 4 \cdot 2 + 2 \cdot (-2) \end{pmatrix} = \begin{pmatrix} -4 \\ 3 \end{pmatrix}$$

$$\begin{pmatrix} 2 & 0 & 3 \\ -1 & 4 & 2 \end{pmatrix} \cdot \begin{pmatrix} 0 \\ 1 \\ 0 \end{pmatrix} = \begin{pmatrix} 2 \cdot 0 + 0 \cdot 1 + 3 \cdot 0 \\ -1 \cdot 0 + 4 \cdot 1 + 2 \cdot 0 \end{pmatrix} = \begin{pmatrix} 0 \\ 4 \end{pmatrix}$$

Diese Art der Multiplikation

Zeile links mal Spalte rechts

spielt eine wichtige Rolle in der 'Linearen Algebra'. Beispielsweise ist auch die Multiplikation zweier Matrizen A und B auf diese Weise definiert, nämlich 'Zeile von A mal Spalte von B'. Hierfür müssen nur die Zeilen von A die gleiche Länge aufweisen wie die Spalten von B. Wir erhalten eine Matrix C, wobei das Ergebnis *i-te Zeile von A* mal *j-te Spalte von B* in der i-ten Zeile und j-ten Spalte von C steht.

Sicherlich erkennen Sie sofort den Zusammenhang der obigen beiden Multiplikationen mit dem folgenden Beispiel:

$$A \cdot B = \begin{pmatrix} 2 & 0 & 3 \\ -1 & 4 & 2 \end{pmatrix} \cdot \begin{pmatrix} 1 & 0 \\ 2 & 1 \\ -2 & 0 \end{pmatrix} = \begin{pmatrix} -4 & 0 \\ 3 & 4 \end{pmatrix} = C$$

Hier wurden die beiden vorigen Spalten zur Matrix B zusammengefasst!

Im Extremfall kann A aus einer einzigen Zeile und B aus einer einzigen Spalte bestehen, sofern sie die gleiche Länge aufweisen. Auf diese Weise lässt sich auch das Skalarprodukt $\vec{a} \bullet \vec{b}$ als Matrizenmultiplikation einführen, indem man $\vec{a}$ in eine Zeile umwandelt.

Sind A und B quadratisch mit n Zeilen und n Spalten, dann ist auch C eine $n \times n$ Matrix. In diesem Falle gilt die Produktregel für Determinanten:

$$det\,(A \cdot B) \; = \; det\,A \cdot det\,B$$

Wir verweisen hierzu auf die weiterführende Literatur.

Ein Blick zurück ...

- Ein lineares Gleichungssystem mit m Gleichungen und n Unbekannten hat die allgemeine Form $A \cdot \vec{x} = \vec{s}$. Hierbei ist die $m \times n$ Matrix A und die rechte Seite $\vec{s} \in \mathbb{R}^m$ vorgegeben, gesucht ist $\vec{x} \in \mathbb{R}^n$.

- Ist A quadratisch und gilt $det\,A \neq 0$, so lässt sich das Gleichungssystem mit Hilfe der Cramerschen Regel lösen: $x_i = det\,S_i / det\,A$. Hierbei bildet man S_i aus A durch Ersetzen der i-ten Spalte von A durch $\vec{s}$.

- In der Praxis geschieht die Lösung eines linearen Gleichungssystems mit dem Gaußschen Eliminationsverfahren. Hierbei werden Matrixelemente unter- und oberhalb der Diagonalen zu Null 'eliminiert'.

Aufgaben

Zunächst einige Aufgaben mit nur *einer* Unbekannten:

1. Falls Sie noch nicht an ähnlichen Aufgaben aus dem Schulunterricht verzweifelt sind, hier eine ganz harte Nuss:

   Markus wird heute 24 Jahre alt. Er ist nun doppelt so alt wie seine Schwester war, als Markus so alt war, wie seine Schwester jetzt ist. Wie alt ist demnach seine Schwester?

2. In einem Kriminalfilm wollte der Kommissar während einer langen Observation als Zeitvertreib die Hausaufgaben seiner vielbeschäftigten Tochter lösen. Zum Schluss hatte er den komplizierten Mordfall gelöst, aber nicht die folgende Aufgabe:

   Ein Zug fährt konstant mit 90 km/h von A nach B, Abfahrtszeit 10.20 Uhr. Ein anderer fährt auf der Parallelstrecke von B nach A, Abfahrt 11.00 Uhr, und mit 110 km/h. Die Strecke zwischen A und B beträgt 560 km/h. Wann treffen sich die Züge?

3. Für Goldsucher: Ein Klumpen aus Gold und Quarz wog insgesamt 1220,2 Gramm, sein Volumen betrug 184,0 cm^3. Bestimmen Sie die Masse Gold in diesem Klumpen! (Dichte von Gold 19,3 g/cm^3, von Quarz 2,65 g/cm^3).

Und noch ein paar Text– bzw. Scherzaufgaben mit einer Unbekannten, die Sie natürlich auch mit zwei Unbekannten lösen dürfen.

4. Bei einer teuren Pfanne muss der Deckel zusätzlich gekauft werden. Beide Teile zusammen kosten 50 €. Die Pfanne ist um 30 € teurer als der Deckel. Was kosten Pfanne und Deckel einzeln? Vorsicht mit voreiligen Schlüssen!

5. In einem Hotel sind 19 Zimmer mit insgesamt 32 Betten frei. Es handelt sich dabei nur um Einzel- und Doppelzimmer. Wie viele Einzel- und Doppelzimmer sind es?

6. In einer Kiste krabbeln mehrere Käfer und Spinnen, zusammen 14 Tiere mit insgesamt 100 Beinen. Wie viele Käfer sind in der Kiste?

   (Für Unkundige: Ein Käfer hat 6 Beine, eine Spinne deren 8).

7. Bestimmen Sie sämtliche Lösungen des Gleichungssystems mit dem Gauß–Verfahren:

$$
\begin{aligned}
x_1 &- & x_2 &+ & 3x_3 &= & 8 \\
0x_1 &+ & 0x_2 &+ & x_3 &= & 3 \\
2x_1 &- & x_2 &+ & 2x_3 &= & 6 \\
0x_1 &- & 2x_2 &+ & 8x_3 &= & 20
\end{aligned}
$$

8. Bestimmen Sie sämtliche Lösungen in Vektorschreibweise von:

$$
\begin{aligned}
2x_1 &+ & 10x_2 &+ & 34x_3 &= & 22 \\
3x_1 &+ & 16x_2 &+ & 54x_3 &= & 35 \\
4x_1 &+ & 22x_2 &+ & 74x_3 &= & 48
\end{aligned}
$$

9. Beim Durchleuchten eines Objekts (von der Seite bzw. von oben) kann nur die *Summe* der Dunkelwerte einzelner Bildpunkte bestimmt werden:

x_1	x_2	4
x_3	x_4	10
6	8	

Es gilt hier also $x_1 + x_2 = 4$, $x_1 + x_3 = 6$, usw., wie angegeben. Die Diagonalen ergaben $x_1 + x_4 = 12$, $x_2 + x_3 = 2$. Bestimmen Sie die einzelnen Dunkelwerte x_1, x_2, x_3, x_4.

10. Bestimmen Sie sämtliche Lösungen in Vektorschreibweise von:

$$
\begin{array}{rcrcrcrcr}
x_1 & + & x_2 & + & x_3 & - & 2x_4 & = & 3 \\
3x_1 & & & + & 3x_3 & - & 9x_4 & = & 6 \\
4x_1 & + & x_2 & + & 4x_3 & - & 11x_4 & = & 9
\end{array}
$$

11. Zeigen Sie: Aus $det \begin{pmatrix} a & b \\ c & d \end{pmatrix} = a \cdot d - b \cdot c = 0$ folgt, dass die eine Zeile nur ein konstantes Vielfaches der anderen Zeile ist, z.B. $c = k \cdot a$ und $d = k \cdot b$ bzw. $\frac{c}{a} = \frac{d}{b} = k$.

12. Bilden Sie aus einer Matrix A eine neue Matrix A^T, indem Sie Zeilen und Spalten vertauschen: Die 1. Zeile von A werde die 1. Spalte von A^T, die 2. Zeile von A werde die 2. Spalte von A^T, ... Zeigen Sie am Beispiel von 2×2 – und 3×3 – Matrizen durch direktes Nachrechnen, dass gilt: $det\, A^T = det\, A$.

13. Zeigen Sie am Beispiel einer 3×3 –Matrix A: Gilt $det\, A = 0$, so sind die Spaltenvektoren linear abhängig. Und wegen voriger Aufgabe gilt dies auch für die Zeilenvektoren. Hinweis: $det\, A = 0$ bedeutet, das Spatvolumen der Spaltenvektoren ist Null.

14. Berechnen Sie: $det \begin{pmatrix} 1 & 0 & 0 \\ 0 & \cos\alpha & -\sin\alpha \\ 0 & \sin\alpha & \cos\alpha \end{pmatrix}$

15. Bestimmen Sie nur durch Entwickeln nach der 1. Spalte: $det \begin{pmatrix} 1 & 2 & -7 & 4 & 8 \\ 0 & -2 & 6 & -5 & -1 \\ 0 & 0 & 3 & 8 & 0 \\ 0 & 0 & 0 & -1 & 7 \\ 0 & 0 & 0 & 0 & 4 \end{pmatrix}$

16. Zeigen Sie am Beispiel $A = \begin{pmatrix} 4 & 0 \\ 1 & 2 \end{pmatrix}$, $B = \begin{pmatrix} 2 & 1 \\ -1 & 3 \end{pmatrix}$, dass die Multiplikation von Matrizen nicht kommutativ ist. Das bedeutet aber nicht, dass das Produkt *immer* verschieden sein *muss*, überprüfen Sie zum Beispiel $A = \begin{pmatrix} 1 & 1 \\ 0 & 2 \end{pmatrix}$, $B = \begin{pmatrix} 3 & 1 \\ 0 & 4 \end{pmatrix}$.

17. Gegeben $A = \begin{pmatrix} 1 & 2 \\ 4 & 3 \end{pmatrix}$, $B = \begin{pmatrix} -\frac{3}{5} & \frac{2}{5} \\ \frac{4}{5} & -\frac{1}{5} \end{pmatrix}$, $E = \begin{pmatrix} 1 & 0 \\ 0 & 1 \end{pmatrix}$, $\vec{x} = \begin{pmatrix} 1 \\ 2 \end{pmatrix}$.

Bestimmen Sie: $A \cdot \vec{x}$, $A \cdot E$, $E \cdot A$, $A \cdot B$, $B \cdot A$. Was fällt Ihnen auf?

Anhang: Die reellen Zahlen

Die freitragende Treppe Nehmen Sie quadratische Bierdeckel oder Dominosteine, sagen wir n Stück, oder wählen Sie doch gleich richtige Steinplatten. Es vereinfacht die Formulierung, wenn wir deren Länge mit 2 Längeneinheiten (LE) bezeichnen. Bis zur Mitte eines Steins ist es dann nämlich genau 1 LE. Legen Sie nun die Steine so aufeinander wie in der Skizze angegeben. Hierbei erhalten Sie eine Art 'freitragende Treppe' oder 'Brückenbogen'!

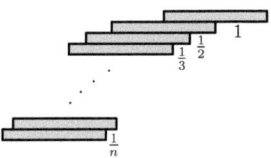

Die skizzierte Anordnung hat gemäß Aufg. 16 auf S. 367 die besondere Eigenschaft, daß sie gerade noch das Gleichgewicht hält.

Falls Sie meinen, Sie dürften dieses Bauwerk nicht im geringsten belasten, so haben Sie zunächst einmal recht.

Lassen Sie aber von den obersten Platten soviele weg, wie Sie selbst wiegen, so dürften Sie diese Brücken– oder Dachkonstruktion sogar betreten, und zwar bis zum äußersten Rand!

Die Preisfrage ist nur: Wie weit kämen Sie, welche Strecke ließe sich hiermit überbrücken?

Das System der reellen Zahlen

Natürlich haben Sie schon eine *Anzahl* von Objekten gesehen, aber sicherlich keine Zahl. Aus dem anschaulichen Begriff der Anzahl hat sich erst der abstrakte Zahlbegriff entwickelt. Wir wollen hier die reellen Zahlen nur in aller Kürze durch eine Reihe von Grundregeln (sog. Axiomen) beschreiben, auf die wir uns dann berufen können. Das meiste dürfte Ihnen aus dem Schulunterricht vertraut sein.

Ordnung muss sein Eine Relation $\leq$ auf einer (nichtleeren) Menge R heißt eine *Ordnungsrelation*, oder kurz eine *Ordnung* auf R, wenn sie folgende Eigenschaften besitzt:

1. Für jedes $x \in R$ gilt $x \leq x$.
2. Aus $x \leq y$ und $y \leq x$ folgt stets $x = y$.
3. Aus $x \leq y$ und $y \leq z$ folgt stets $x \leq z$.

Man nennt R zusammen mit $\leq$ eine *geordnete Menge*, und schreibt kurz $(R, \leq)$.

Eine Ordnung heißt *linear*, wenn für je zwei Elemente $x, y \in R$ stets gilt: $x \leq y$ oder $y \leq x$. Die Linearität bedeutet anschaulich, dass man sich die Elemente von R 'der Größe nach' auf einer Linie angeordnet vorstellen kann.

Gilt $x \leq y$, aber $x \neq y$, so schreibt man hierfür auch kurz $x < y$. Anstelle $x \leq y$ ist auch die Notation $y \geq x$ üblich, entsprechend $y > x$ anstelle $x < y$.

Bezeichne M eine Teilmenge der geordneten Menge R. Dann heißt $m \in M$ *größtes Element* oder *Maximum* von M, wenn

für jedes $x \in M$ gilt: $x \leq m$, abkürzende Schreibweise $m = \max M$.
(Analog *Minimum* $m = \min M$, falls $m \leq x$ für alle $x \in M$.)

Das Axiomensystem der reellen Zahlen Für die linear geordnete Menge $(R, \leq)$ seien zusätzlich eine Addition $+$ und eine Multiplikation $\cdot$ definiert. Hierbei wollen wir die Existenz eines Nullelements $0 \in R$ und eines Einselements $1 \in R$ voraussetzen $(0 \neq 1)$, charakterisiert durch die Eigenschaften: $0 + a = a$ und $1 \cdot a = a$ für alle $a \in R$, und insgesamt:

1. Rechenregeln der Addition:
   $a + (b + c) = (a + b) + c$ für alle $a, b, c \in R$ (Assoziativgesetz)
   $0 + a = a$ für alle $a \in R$ (Nullelement)
   Für jedes $a \in R$ gibt es ein $-a \in R$, so dass $-a + a = 0$ (Inverse für $+$)
   $a + b = b + a$ für alle $a, b \in R$ (Kommutativgesetz)

2. Rechenregeln der Multiplikation:
   $a \cdot (b \cdot c) = (a \cdot b) \cdot c$ für alle $a, b, c \in R$ (Assoziativgesetz)
   $a \cdot b = b \cdot a$ für alle $a, b \in R$ (Kommutativgesetz)
   $1 \cdot a = a$ für alle $a \in R$ (Einselement)
   Für jedes $a \in R$, $(a \neq 0)$, gibt es ein $a^{-1} \in R$, so dass $a^{-1} \cdot a = 1$ (Inverse für $\cdot$)

3. Addition und Multiplikation:
   $(a + b) \cdot c = a \cdot c + b \cdot c$ für alle $a, b, c \in R$ (Distributivgesetz)

4. Monotonieregeln:
   Aus $a \leq b$ folgt stets $a + c \leq b + c$ für alle $a, b, c \in R$
   Aus $a \leq b$ und $0 \leq c$ folgt stets $a \cdot c \leq b \cdot c$ für alle $a, b, c \in R$

5. Zusammenhangsaxiom:
   Gilt für zwei (nichtleere) Teilmengen M und N von R: $x \leq y$ für alle $x \in M, y \in N$, so gibt es stets (mindestens) ein $c \in R$ 'dazwischen': $x \leq c \leq y$ für alle $x \in M, y \in N$.

Die Menge R ist durch alle diese Eigenschaften bereits eindeutig festgelegt (ohne Bew.): Wir nennen $(R, \leq, +, \cdot)$ das *System der reellen Zahlen* und schreiben hierfür abkürzend $\mathbb{R}$.

Folgerungen

Rechenregeln Nullelement und Einselement sind eindeutig bestimmt, ebenso das zu jedem Element a gehörende inverse Element $-a$ der Addition bzw. a^{-1} der Multiplikation. Das ist alles leicht zu zeigen. Auch alle weiteren Regeln sind nur mehr oder weniger einfache Folgerungen aus den Grundrechenregeln (1)–(3) und Ihnen sicherlich bekannt. Wir erwähnen $a \cdot 0 = 0$ und $a \cdot (-b) = -a \cdot b$. Abkürzend schreibt man oft

$$a + (-b) = a - b \quad \text{und} \quad a \cdot b^{-1} = \frac{a}{b}$$

Für solche Ausdrücke folgen die bekannten Regeln für Vorzeichen und Brüche:

$$-(-a) = a \quad -(a + b) = -a - b \quad -(a - b) = b - a$$
$$\frac{1}{\frac{1}{a}} = a \qquad \frac{1}{a \cdot b} = \frac{1}{a} \cdot \frac{1}{b} \qquad \frac{1}{\frac{a}{b}} = \frac{b}{a}$$

Diese Regeln sind ganz analog: Vielleicht erkennen Sie, wie man das Minuszeichen durch den Bruchstrich ersetzen muss, und $+$ durch $\cdot$, um die zweite Zeile aus der ersten zu erhalten.

Diese 'Spielerei' funktioniert besonders gut für die folgenden Regeln:

$$(a - c) + (b - d) = (a + b) - (c + d) \qquad (a - c) - (b - d) = (a + d) - (c + b)$$

$$\frac{a}{c} \cdot \frac{b}{d} = \frac{a \cdot b}{c \cdot d} \qquad\qquad \frac{\frac{a}{c}}{\frac{b}{d}} = \frac{a \cdot d}{c \cdot b}$$

Bei der Schreibweise ist Vorsicht geboten. Verwechseln Sie beispielsweise $\frac{9}{4} = 2 + \frac{1}{4} = 2\frac{1}{4}$ nicht mit dem Produkt $2 \cdot \frac{1}{4}$. Und bei Auswertung von Brüchen wie $\frac{377}{19 \cdot 21}$ oder $\frac{99+5}{102}$ mit dem Taschenrechner sind Nenner bzw. Zähler in Klammern zu setzen!

Ungleichungen Die Monotonieregeln (4) bilden die Grundlage für den Umgang mit Ungleichungen. Als Folgerungen seien nur exemplarisch erwähnt (siehe auch Aufg. 35, S. 183):

$$a < b \qquad \Rightarrow -a > -b \qquad\qquad 0 < a < b \quad \Rightarrow 0 < \frac{1}{b} < \frac{1}{a}$$
$$a > 0,\, b > 0 \Rightarrow a + b > 0 \qquad\qquad a > 0,\, b > 0 \Rightarrow a \cdot b > 0$$
$$a \neq 0 \qquad \Rightarrow a^2 > 0 \qquad\qquad a < b \qquad \Rightarrow a < \frac{a+b}{2} < b$$
$$(1 + a) \geq 0 \ \Rightarrow (1 + a)^n \geq 1 + n \cdot a \,, n \in \mathbb{N}, \quad \text{(Bernoullische Ungleichung).}$$

Unter einem *Intervall* versteht man eine Menge M von reellen Zahlen mit der Eigenschaft: Mit je zwei Punkten x_1, $x_2 \in M$ gehören auch alle Punkte x dazwischen zu M, formal

$$x_1,\, x_2 \in M \quad \text{und} \quad x_1 < x < x_2 \quad \Longrightarrow \quad x \in M.$$

Gebräuchlich sind *abgeschlossene* Intervalle $[a; b] = \{x \in \mathbb{R} : a \leq x \leq b\}$ mit und *offene* Intervalle $]a; b[= \{x \in \mathbb{R} : a < x < b\}$ ohne die Randpunkte a, b. Natürlich sind auch halboffene Intervalle möglich. Ebenso bildet die Menge $\mathbb{R}_+^0$ aller reellen Zahlen $x \geq 0$ ein Intervall, oder die Menge $\mathbb{R}_+$ aller rellen Zahlen $x > 0$, usw. Zum Beispiel versteht man unter einer (Kreis–) *Umgebung* eines Punktes x_0 das Intervall $]x_0 - r; x_0 + r[$, (mit $r > 0$). Das sind alle $x \in \mathbb{R}$, die inerhalb eines Kreises um x_0 mit Radius r liegen, kurz: $|x - x_0| < r$.

Supremum und Infimum Das Zusammenhangsaxiom (5) beschreibt die 'Lückenlosigkeit' der Zahlengeraden $\mathbb{R}$: Liegen die Elemente von M alle links von den Elementen der Menge N, so gibt es noch reelle Zahlen dazwischen, vgl. dagegen Aufg. 9.
Als wichtige Folgerung benötigt man oft:

Besitzt eine Menge M von reellen Zahlen eine *obere Schranke* $s \in \mathbb{R}$, d. h. gilt

$$x \leq s \quad \text{für alle } x \in M,$$

so hat M auch eine *kleinste obere Schranke*, mit anderen Worten: die Menge der oberen Schranken besitzt ein kleinstes Element. Man nennt die kleinste, obere Schranke von M auch abkürzend das *Supremum* von M, in Zeichen $\sup M$.
(Das Ergebnis gilt analog für die größte untere Schranke, das *Infimum*, kurz: $\inf M$.)

Zum Beweis siehe Aufg. 7. Einfaches Beispiel: Für das Intervall $M = [0; 1]$ ist $\sup M = 1$. Offensichtlich: Besitzt M ein größtes Element, so gilt $\max M = \sup M$. Doch eine beschränkte Menge besitzt zwar stets ein Supremum, aber nicht immer ein Maximum:

Im Falle $M =]0; 1[$ gilt ebenfalls $\sup M = 1$, doch M hat kein größtes Element, denn $1 \notin M$. Ebenso besitzt die Menge M aller rellen Zahlen der Form $x = \frac{1}{n}$, $(n = 1, 2, 3, 4, \ldots)$, kein kleinstes Element, aber eine kleinste untere Schranke, nämlich $\inf M = 0$.

Satz von Archimedes Durch fortlaufende Addition der Eins $1 \in \mathbb{R}$ erhalten wir die natürlichen Zahlen $\mathbb{N}$ als Teilmenge von $\mathbb{R}$. Diese Teilmenge ist nicht nach oben beschränkt (Satz des Archimedes), besitzt also auch kein Supremum: Wäre nämlich s die kleinste obere Schranke $s = \sup \mathbb{N}$, so wäre z.B. $s-1$ keine obere Schranke mehr. Folglich gäbe es $n \in \mathbb{N}$, so dass $s-1 < n$. Das würde zu $s < n+1$ führen, im Widerspruch zur Annahme, dass s eine obere Schranke für alle natürlichen Zahlen bildet.   ✓

Demnach gibt es zu jeder positiven reellen Zahl $r \in \mathbb{R}$ (mindestens) eine natürliche Zahl $n > r$, andernfalls wäre r eine obere Schranke von $\mathbb{N}$. Und da ebensowenig $\frac{1}{r}$ eine obere Schranke sein kann, gibt es $n \in \mathbb{N}$, so dass gilt: $n > \frac{1}{r} \Leftrightarrow r > \frac{1}{n}$. Hiermit haben wir eine weitere Formulierung des Satzes von Archimedes:

Zu jeder positiven reellen Zahl r gibt es natürliche Zahlen n mit der Eigenschaft $\dfrac{1}{n} < r$.

Wie vieles in der Mathematik hält man auch dieses Ergebnis für ganz selbstverständlich. Es gibt jedoch Beispiele für Rechenbereiche, bei denen sämtliche Axiome 1. – 4. erfüllt sind, ohne dass der Satz des Archimedes gültig wäre! Beispiele hierfür sind p–adische Körper. Das zusätzliche Axiom 5 verhindert also auch solche Überraschungen und garantiert uns die so vertraute *archimedische Ordnung*.

Konvergenz von Folgen und Reihen

Zahlenfolgen treten in der Praxis bei Messungen und Berechnungen aller Art auf, zum Beispiel beim Newton–Verfahren zur näherungsweisen Bestimmung von Nullstellen, vgl. S. 254.

Eine Folge $a_1, a_2, a_3, \ldots$ von reellen Zahlen, kurz: $(a_n)_{n \in \mathbb{N}}$, ist mathematisch gesehen eine Abbildung $a : \mathbb{N} \to \mathbb{R}$. Für $a(n)$ schreibt man auch kürzer a_n, das spart wieder einmal Klammern. Anstelle von a_n sind natürlich auch andere Bezeichnungen wie b_n, s_n, x_n, y_n und ähnliches üblich.

Die nachstehende Skizze zeigt die Folge (a_n) mit den Werten $a_n = \frac{n+1}{n}$:

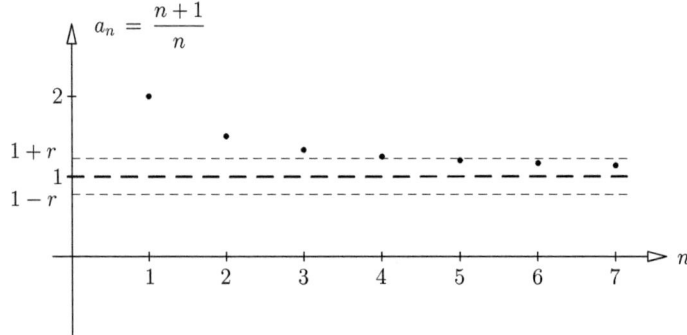

Die Werte der Folge sind zwar niemals gleich 1, kommen diesem Wert aber *beliebig nahe*, wenn nur n genügend groß ist. *Beliebig nahe* soll heißen, der Abstand $|a_n - 1|$ zwischen den Folgengliedern a_n und dem Wert $g = 1$ wird mit wachsendem n schließlich beliebig klein. Präzise ausgedrückt:

Eine Folge (a_n) heißt *konvergent*, wenn ein Wert $g \in \mathbb{R}$ existiert, mit der Eigenschaft: Zu jeder (noch so kleinen) Zahl $r > 0$ gibt es eine natürliche Zahl $N \in \mathbb{N}$, so dass $|a_n - g| < r$ für alle $n > N$.

Man schreibt in diesem Falle $\lim\limits_{n \to \infty} a_n = g$ und nennt g den Grenzwert der Folge.

Man kann leicht zeigen, dass eine Folge höchstens einen Grenzwert besitzt. Eine *nicht* konvergente Folge heißt auch *divergent*.

Überprüfen wir $a_n = \frac{n+1}{n}$:

$$|a_n - 1| = \left|\frac{n+1}{n} - \frac{n}{n}\right| = \frac{1}{n} < r \quad \Leftrightarrow \quad n > \frac{1}{r}$$

Wählen wir als N eine natürliche Zahl, so dass $N \geq \frac{1}{r}$. Dann folgt für alle $n > N \geq \frac{1}{r}$ offensichtlich $n > \frac{1}{r}$, so dass nach voriger Abschätzung $|a_n - 1| < r$ erfüllt ist.

Ergebnis: $\lim\limits_{n \to \infty} a_n = 1$.

Vergleichen Sie die Skizze zu dieser Folge, so erkennen Sie: Die Werte a_n werden mit wachsendem n immer kleiner, die Folge ist 'monoton fallend': $n \geq m \quad \Rightarrow \quad a_n \leq a_m$. (Analog monoton steigend, wenn gilt: $n \geq m \quad \Rightarrow \quad a_n \geq a_m$.)

Außerdem ist die Folge mit den Werten $a_n = \frac{n+1}{n}$ nach unten beschränkt, zum Beispiel gilt $a_n \geq 0$ für alle $n \in \mathbb{N}$, aber auch $a_n \geq 1$ für alle $n \in \mathbb{N}$. Es gilt allgemein:

Ist eine Folge (a_n) monoton fallend und nach unten beschränkt, dann ist sie konvergent.

Man kann leicht beweisen, dass eine solche Folge die kleinste untere Schranke als Grenzwert besitzt. In vorigem Beispiel ist dies der Wert $g = 1$. Der Vorteil dieses Satzes: Man kann über die Konvergenz entscheiden, ohne den Grenzwert kennen zu müssen. Analog gilt natürlich:

Ist eine Folge (a_n) monoton steigend und nach oben beschränkt, dann ist sie konvergent.

Zum Beispiel ist die Folge mit den Werten $a_n = (1 + \frac{1}{n})^n$ monoton wachsend und nach oben beschränkt, siehe S. 177. Der Grenzwert ist in diesem Falle die kleinste obere Schranke aller a_n und heißt 'Eulersche Zahl'.

Nützliche Rechenregeln fasst folgender Satz zusammen:

Die Folgen (a_n) und (b_n) seien konvergent. Dann sind auch die Folgen $(a_n + b_n)$, $(a_n - b_n)$, $(a_n \cdot b_n)$, $(\frac{a_n}{b_n})$ konvergent, wobei im letzteren Fall noch $b_n \neq 0$ für jedes $n \in \mathbb{N}$ und $\lim\limits_{n \to \infty} b_n \neq 0$ vorausgesetzt sei. Für die Grenzwerte gilt die einfache Beziehung:

(1) $\lim\limits_{n \to \infty}(a_n + b_n) = \lim\limits_{n \to \infty} a_n + \lim\limits_{n \to \infty} b_n$, (2) $\lim\limits_{n \to \infty}(a_n - b_n) = \lim\limits_{n \to \infty} a_n - \lim\limits_{n \to \infty} b_n$,

(3) $\lim\limits_{n \to \infty}(a_n \cdot b_n) = \lim\limits_{n \to \infty} a_n \cdot \lim\limits_{n \to \infty} b_n$, (4) $\lim\limits_{n \to \infty}\dfrac{a_n}{b_n} = \dfrac{\lim\limits_{n \to \infty} a_n}{\lim\limits_{n \to \infty} b_n}$,

Man darf also, im Falle der Addition, die Summenbildung und die Grenzwertbildung vertauschen, in Worten:

Der Grenzwert einer Summe ist gleich der Summe der Grenzwerte.

Entsprechendes gilt für die anderen Rechenoperationen.

Der Beweis beruht auf geschickten Zerlegungen. Bezeichnen g und h die Grenzwerte von (a_n) und (b_n), dann gilt mit den Abkürzungen $\alpha_n = |a_n - g|$ und $\beta_n = |b_n - h|$:

$|(a_n \pm b_n) - (g \pm h)| \leq \alpha_n + \beta_n$, $|a_n \cdot b_n - g \cdot h| \leq \alpha_n \cdot |h| + \beta_n \cdot |g| + \alpha_n \cdot \beta_n$, $\left|\frac{a_n}{b_n} - \frac{g}{h}\right| \leq \frac{\alpha_n \cdot |h| + \beta_n \cdot |g|}{|b_n| \cdot |h|}$.

Da α_n und β_n nach Voraussetzung beliebig klein werden, gilt dies auch für die Schranken dieser Abschätzungen. ✓

Reihen Betrachten wir einmal das Eingangsbeispiel der 'freitragenden Treppe'. Hier sind unendlich viele Summanden $s_1 = 1$, $s_2 = \frac{1}{2}$, $s_3 = \frac{1}{3}$, ..., $s_n = \frac{1}{n}$, $s_{n+1} = \frac{1}{n+1}$, ... gegeben, die wir irgendwie aufaddieren müssen. Fangen wir systematisch ganz von vorne an, so müssen wir offensichtlich der Reihe nach folgende Zahlen ausrechnen:

$$a_1 = 1, \quad a_2 = 1 + \frac{1}{2}, \quad a_3 = 1 + \frac{1}{2} + \frac{1}{3}, \quad a_4 = 1 + \frac{1}{2} + \frac{1}{3} + \frac{1}{4}, \quad a_5 = 1 + \frac{1}{2} + \frac{1}{3} + \frac{1}{4} + \frac{1}{5}, \quad \ldots$$

Die Berechnung der Werte können wir dem Taschenrechner überlassen. Den nächsten Wert der Folge (a_n) erhält man einfach dadurch, dass man den nächsten Summanden addiert! Konvergiert nun, bei ständig wachsender Anzahl der Summanden, diese Folge der 'Anfangssummen' gegen einen festen Wert g, gilt also $\lim\limits_{n\to\infty} a_n = g$, so schreibt man dafür auch

$$s_1 + s_2 + s_3 + s_4 + \ldots = g \qquad \text{oder} \qquad \sum_{k=1}^{\infty} s_k = g$$

und sagt, „die unendliche Reihe $\sum_{k=1}^{\infty} s_k$ ist konvergent gegen den Wert g". Und ist die Folge (a_n) der Anfangssummen divergent, dann heißt auch die unendliche Reihe divergent.

Bei unserem Treppenbeispiel sind alle Summanden positiv! Daher ist hier die Folge der Anfangssummen, auch *Partial- oder Teilsummen* genannt,

$$a_n = s_1 + s_2 + s_3 + \ldots s_n$$

monoton wachsend. Besitzt diese Folge also eine obere Schranke, so ist sie konvergent. Nun wachsen die Werte a_n aber unbeschränkt, d.h. die Partialsummen werden mit wachsendem n beliebig groß. Sie nähern sich also keinem festen (Grenz-) Wert! Hier eine Beweisskizze:

$$1 + \frac{1}{2} + \frac{1}{3} + \frac{1}{4} + \frac{1}{5} + \frac{1}{6} + \ldots\ldots =$$
$$\left(\frac{1}{1} + \frac{1}{2} + \ldots + \frac{1}{9} \right) + \left(\frac{1}{10} + \frac{1}{11} + \ldots + \frac{1}{99} \right) + \left(\frac{1}{100} + \frac{1}{101} + \ldots + \frac{1}{999} \right) + \ldots >$$
$$\left(\frac{1}{10} + \frac{1}{10} + \ldots + \frac{1}{10} \right) + \left(\frac{1}{100} + \frac{1}{100} + \ldots + \frac{1}{100} \right) + \left(\frac{1}{1000} + \frac{1}{1000} + \ldots + \frac{1}{1000} \right) + \ldots =$$
$$\frac{9}{10} + \frac{90}{100} + \frac{900}{1000} + \ldots\ldots = \frac{9}{10} + \frac{9}{10} + \frac{9}{10} + \ldots\ldots$$

Im ersten Klammerausdruck sind ja 9 Summanden zusammengefasst, im zweiten sind es deshalb $99 - 9 = 90$, analog im dritten $999 - 99 = 900$, usw. Konkret erhalten wir auf diese Art und Weise die Abschätzungen $a_9 > \frac{9}{10}$, $a_{99} > \frac{9}{10} + \frac{9}{10}$, $a_{999} > \frac{9}{10} + \frac{9}{10} + \frac{9}{10}$, und so weiter. Die Folge der Summen wächst zwar äußerst langsam, aber unaufhaltsam, über alle Grenzen!

$\checkmark$

Ergebnis: Die sogenannte

harmonische Reihe $\qquad 1 + \dfrac{1}{2} + \dfrac{1}{3} + \dfrac{1}{4} + \dfrac{1}{5} + \ldots$, kurz: $\quad \sum\limits_{k=1}^{\infty} \dfrac{1}{k}$

ist divergent! Der positive Aspekt hierbei: Die freitragende Treppe kann jede beliebige Strecke überbrücken! Allerdings steigt die Anzahl der benötigten Steine exponentiell.

Was erwarten Sie für ein Ergebnis, wenn wir folgendes addieren müssten:

$$1 + \frac{1}{2^2} + \frac{1}{3^2} + \frac{1}{4^2} + \frac{1}{5^2} + \frac{1}{6^2} + \ldots, \qquad \text{also} \quad \sum_{k=1}^{\infty} \frac{1}{k^2} \quad ?$$

Da alle Summanden positiv sind, genügt zum Beweis der Konvergenz die Beschränktheit der Partialsummen! Wir werden zeigen, dass z.B. $s = 2$ eine obere Schranke hierfür ist.

Die Skizze 5.38 soll die folgende, oft nützliche Abschätzung mittels Rechteckflächen und Integration nur veranschaulichen, sie ist nicht maßstabsgerecht:

(5.38)

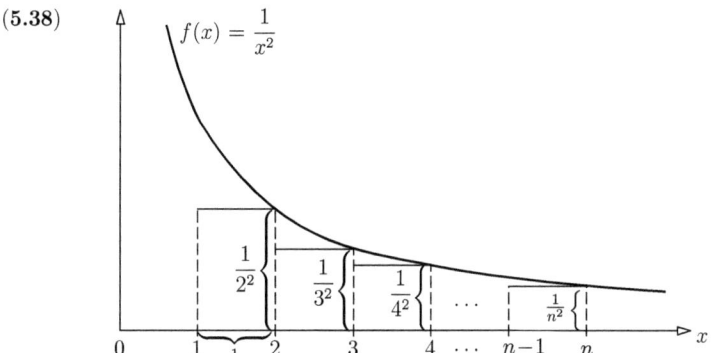

$$a_n = 1 + \frac{1}{2^2} + \frac{1}{3^2} + \ldots + \frac{1}{n^2} < 1 + \int_1^n \frac{1}{x^2}\, dx = 1 + \left(-\frac{1}{n} + 1\right) < 1 + 1 = 2.$$

Ergebnis: $\displaystyle\sum_{k=1}^{\infty} \frac{1}{k^2}$ ist konvergent.

Um den Grenzwert näherungsweise zu bestimmen, könnten Sie zum Beispiel die ersten 1000 Summanden addieren. Was dann noch kommt, ließe sich wieder mit einem Integral abschätzen. Das ist sicherlich etwas mühsam. Um aber als Grenzwert $g = \frac{\pi^2}{6}$ heraus zu bekommen, müssten Sie allerdings noch etwas mehr mathematische Arbeit auf sich nehmen.

Die Summe der reziproken Quadrate $\frac{1}{n^2}$ ist konvergent, die Summe aller Werte $\frac{1}{n}$ divergent! Es genügt eben nicht, dass die Summanden (mit festem Vorzeichen) beliebig klein werden, sie müssen 'genügend klein' sein! Anders sieht es natürlich aus, wenn Summanden s_n mit verschiedenem Vorzeichen auftreten, wie im nächsten Beispiel:

Diskutieren wir also die folgende, 'alternierende' Reihe

$$1 - \frac{1}{2} + \frac{1}{3} - \frac{1}{4} + \frac{1}{5} - \frac{1}{6} + - \ldots = \sum_{k=1}^{\infty} (-1)^{k+1} \cdot \frac{1}{k}$$

Wir bilden wieder die Folge der Partialsummen und sortieren diese ein wenig:

$$a_1 = 1 \qquad\qquad a_2 = 1 - \frac{1}{2}$$

$$a_3 = 1 \underbrace{- \frac{1}{2} + \frac{1}{3}}_{<0} \qquad\qquad a_4 = 1 - \frac{1}{2} \underbrace{+ \frac{1}{3} - \frac{1}{4}}_{>0}$$

$$a_5 = 1 - \frac{1}{2} + \frac{1}{3} \underbrace{- \frac{1}{4} + \frac{1}{5}}_{<0} \qquad a_6 = 1 - \frac{1}{2} + \frac{1}{3} - \frac{1}{4} \underbrace{+ \frac{1}{5} - \frac{1}{6}}_{>0}$$

usw.

Offensichtlich sind die Folgenglieder mit geradem Index alle größer gleich $a_2 = 1 - \frac{1}{2} = \frac{1}{2}$ und monoton wachsend. Hingegen sind die Werte mit ungeraden Indizes alle kleiner gleich $a_1 = 1$ und monoton fallend. Der Grund hierfür ist, dass die Summanden s_n wechselndes (alternierendes) Vorzeichen haben und betragsmäßig immer kleiner werden, vergleichen Sie obige Rechnung. Die nächste Skizze veranschaulicht unser Ergebnis:

$$\begin{array}{cccccc} a_2 & a_4\ a_6 & \rightarrow & \leftarrow\ a_5 & a_3 & a_1 \\ \end{array}$$

Die Folge $a_2, a_4, a_6, \ldots$ ist somit konvergent gegen einen Wert g_1, d.h. die Abstände zu g_1 werden beliebig klein. Analog ist die Folge $a_2, a_4, a_6, \ldots$ konvergent gegen einen Wert g_2. Es muss $g_1 = g_2 = g$ sein, sonst hätten die beiden Werte einen festen Abstand $g_2 - g_1 > 0$, im Widerspruch dazu, dass der Abstand $|a_n - a_{n-1}| = |s_n| = \frac{1}{n}$ beliebig klein wird. Da auch $|a_n - g| < |a_n - a_{n-1}| = s_n = \frac{1}{n}$ gilt, ist die Reihe folglich konvergent. $\checkmark$

'$|s_n|$ beliebig klein' bedeutet wegen $|s_n| = |s_n - 0|$, dass die Folge s_n gegen Null konvergiert! Eine solche Folge heißt kurz 'Nullfolge'. Allgemein führt vorige Beweisidee zu dem Ergebnis:

Alternieren die Vorzeichen der Summanden s_n, und bilden die Beträge $|s_n|$ eine monoton fallende Nullfolge, so ist die Reihe $s_1 + s_2 + s_3 + \ldots$ konvergent.

Der Grenzwert solcher Reihe liegt stets zwischen den Werten zweier aufeinanderfolgender Partialsummen a_n und a_{n+1}. Diese bilden also gleichzeitig obere und untere Schranken für g.

Für die alternierende harmonische Reihe gilt übrigens

$$\sum_{k=1}^{\infty} (-1)^{k+1} \cdot \frac{1}{k} = \ln 2 \,,$$

was wir im folgenden Abschnitt kurz erläutern wollen.

Bemerkungen und Ergänzungen

Durch die Hintertür haben wir bereits unendliche Reihen eingeführt. Ganz analog wie auf S. 303 folgt nämlich für jedes beliebig, aber fest gewähltes $x \in \mathbb{R}$:

$$e^x - (1 + \frac{x}{1!} + \frac{x^2}{2!} + \ldots + \frac{x^n}{n!}) = \frac{e^\xi}{(n+1)!} \cdot x^8, \qquad \text{mit einem } \xi \text{ zwischen 0 und } x.$$

Wählen wir beispielsweise $x = 1$, so erhalten wir konkret:

$$e - (1 + \frac{1}{1!} + \frac{1}{2!} + \ldots + \frac{1}{n!}) = \frac{e^\xi}{(n+1)!} \qquad \text{mit einem } \xi \text{ zwischen 0 und 1.}$$

Da e^ξ beschränkt bleibt, geht die Differenz zwischen der Folge $a_n = 1 + \frac{1}{1!} + \frac{1}{2!} + \ldots + \frac{1}{n!}$ und der festen Zahl e für $n \to \infty$ gegen Null. Das heißt aber:

$$e = 1 + \frac{1}{1!} + \frac{1}{2!} + \frac{1}{3!} + \frac{1}{4!} + \frac{1}{5!} + \frac{1}{6!} + \frac{1}{7!} + \ldots$$

Diese Argumentation gilt natürlich auch für jeden anderen x–Wert. Der Grenzwert der Reihe ist dann eben allgemein e^x. Entsprechend sind die Taylorentwicklungen der Tabelle auf S. 304 zu verstehen. Setzen wir zum Beispiel in die Reihenentwicklung von $\ln(1 + x)$ den zulässigen Wert $x = 1$ ein, erhalten wir den Grenzwert der alternierenden harmonischen Reihe:

$$\ln 2 = 1 - \frac{1}{2} + \frac{1}{3} - \frac{1}{4} + \frac{1}{5} - \frac{1}{6} + \frac{1}{7} - + \ldots$$

Und wegen $\tan^{-1} 1 = \frac{\pi}{4}$ folgt ebenso überraschend:

$$\frac{\pi}{4} = 1 - \frac{1}{3} + \frac{1}{5} - \frac{1}{7} + \frac{1}{9} - \frac{1}{11} + \frac{1}{13} - + \ldots \,, \quad \text{usw.}$$

Pizza und mehr Stellen Sie sich vor, Sie teilen eine Pizza in zwei Hälften $\frac{2}{2}$ und verzehren nur $\frac{1}{2}$ Pizza. Dann teilen Sie den Rest $\frac{1}{2}$ in $\frac{2}{4}$ und essen wieder nur die Hälfte, also $\frac{1}{4}$ Pizza. Den Rest $\frac{1}{4}$ teilen Sie in $\frac{2}{8}$ und essen nur $\frac{1}{8}$ Pizza, usw. Der Rest ist gerade so groß wie das zuletzt gegessene Stück und geht offensichtlich gegen Null. Das bedeutet nun wieder:

$$\tfrac{1}{2} + \tfrac{1}{4} + \tfrac{1}{8} + \tfrac{1}{16} + \ldots = 1 \quad \text{bzw.} \quad \tfrac{1}{2} + (\tfrac{1}{2})^2 + (\tfrac{1}{2})^3 + (\tfrac{1}{2})^4 + \ldots = 1$$

Wir erhalten die Summe aller Potenzen von $\tfrac{1}{2}$: $(\tfrac{1}{2})^1 = \tfrac{1}{2}$, $(\tfrac{1}{2})^2 = \tfrac{1}{4}$, $(\tfrac{1}{2})^3 = \tfrac{1}{8}$, $\ldots$ Addieren wir noch auf beiden Seiten $(\tfrac{1}{2})^0 = 1$, so folgt schließlich:

$$1 + \frac{1}{2} + \left(\frac{1}{2}\right)^2 + \left(\frac{1}{2}\right)^3 + \left(\frac{1}{2}\right)^4 + \ldots = 2.$$

Allgemein gilt für die sogenannte

geometrische Reihe: $\quad 1 + x + x^2 + x^3 + x^4 + \ldots = \dfrac{1}{1-x} \qquad (-1 < x < 1),$

vgl. Aufg. 14. Speziell für $x = \tfrac{1}{2}$ ergibt sich der vorige Grenzwert $\frac{1}{1-\frac{1}{2}} = 2$.

Achilles und die Schildkröte Zenon von Elea ließ in einer seiner berühmten Paradoxien diese beiden Kontrahenten um die Wette laufen, wobei wir um Zahlen zu nennen, folgendes annehmen: Achilles läuft 10 Meter pro Sekunde, die Schildkröte nur 1 Meter pro Sekunde. Das kann für beide als olympiaverdächtig angesehen werden.

Doch Achilles begeht einen entscheidenden Fehler! 'Großzügig' oder eher hochmütig gibt er der Schildkröte einen Vorsprung von 10 m. Der Startschuss fällt, aber Achilles kann die Schildkröte nun nicht mehr einholen, argumentiert Zenon:

Achilles bemüht sich zunächst, den gegebenen Vorsprung aufzuholen. Die Schildkröte ist inzwischen einen Meter weiter. Achilles lässt nicht locker und holt auch diesen Vorsprung auf. Da die Schildkröte aber in der Zwischenzeit nie untätig bleibt, $\ldots$ usw., kann Achilles die Schildkröte niemals einholen!

Rechnen wir nach:
Um den ersten Vorsprung einzuholen, benötigt Achilles 1 Sekunde. In diesem Zeitraum ist die Schildkröte schon wieder etwas weiter. Da Achilles aber zehnmal schneller läuft, benötigt er zum Einholen dieses Vorsprungs nur noch den zehnten Teil, also $\tfrac{1}{10}$ Sekunde, für den darauf folgenden Vorsprung nur noch $\tfrac{1}{100}$ Sekunde, dann noch $\tfrac{1}{1000}$ Sekunde, und so weiter. Summa summarum sind das, wenn Sie die vorige Formel für den Grenzwert einer geometrischen Reihe beachten, und zwar in diesem Falle mit $x = \tfrac{1}{10}$:

$$1 + \tfrac{1}{10} + (\tfrac{1}{10})^2 + (\tfrac{1}{10})^3 + \ldots = \frac{1}{1-\frac{1}{10}} = \frac{10}{9} = 1 + \tfrac{1}{9}$$

Nach $\tfrac{10}{9}$ Sekunden hat Achilles die Schildkröte eingeholt! Zenon hat lediglich diese *endliche Zeitspanne in unendlich viele Teile* zelegt. Eine unendliche Reihe kann aber durchaus einen endlichen Wert besitzen!

Wir lächeln über solche Schwierigkeiten, doch auch heute behaupten z.B. noch sehr viele: Die Zahl $0,99999\ldots = 0,\overline{9}$ ist echt kleiner 1, denn 'es fehlt ihr doch ein winziges Stück'! Rechnen wir nach, aus vorigem Ergebnis folgt, durch Subtraktion von 1 auf beiden Seiten:

$$\tfrac{1}{10} + (\tfrac{1}{10})^2 + (\tfrac{1}{10})^3 + \ldots = \tfrac{1}{9}$$

Da $\tfrac{1}{10} = 0,1$, $(\tfrac{1}{10})^2 = 0,01$, $(\tfrac{1}{10})^3 = 0,001$, usw., bedeutet das einfach nur:

$$0,111\ldots = 0,\overline{1} = \tfrac{1}{9}$$

Multiplikation dieser Gleichung mit 9 ergibt $0,\overline{9} = 1$, endgültig, ohne wenn und aber!

Ein Blick zurück ...

- Das Axiomensystem der reellen Zahlen und der sich daraus ergebenden Folgerungen bildet die Grundlage der Analysis.

- Das Zusammenhangsaxiom und die Existenz von Supremum und Infimum haben wir an vielen Stellen benutzt, z.B. bei der Definition der Exponentialfunktion, bei der Einführung des bestimmten Integrals, u.v.a.

- Die Konvergenz einer unendlichen Reihe ist definiert als Konvergenz einer unendlichen Folge, nämlich der Folge der Partialsummen.

Aufgaben

1. Begründen Sie: Eine Menge M von reellen Zahlen hat höchstens *ein* Maximum.

2. Beweisen Sie: $a \cdot 0 = 0$ und $a \cdot (-b) = -(a \cdot b)$.

   Hinweise: $a \cdot 0 = a \cdot (0+0)$, $a \cdot (b+(-b)) = 0$.

3. Rechnen Sie ausführlich: (i) $\dfrac{8}{9} - \dfrac{7}{8} = \dfrac{1}{72}$ (ii) $\dfrac{n+1}{n+2} - \dfrac{n}{n+1} = \dfrac{1}{(n+1)\cdot(n+2)}$

4. Vereinfachen Sie (i) $\dfrac{5}{\sqrt{50}}$ zu $\dfrac{1}{\sqrt{2}}$ (ii) $\frac{1}{2}a \cdot \dfrac{\frac{a}{2}}{\sqrt{a^2 - \frac{a^2}{4}}}$ zu $\dfrac{a}{6}\cdot\sqrt{3}$.

5. Beweisen Sie für beliebige Werte $a, b > 0$: $\dfrac{1}{a} + \dfrac{1}{b} \geq \dfrac{4}{a+b}$.

6. Der Betrag einer Zahl $x \in \mathbb{R}$ ist definiert als $|x| = x$ für $x \geq 0$, und $|x| = -x$ im Falle $x < 0$. Zur 'Auflösung der Betragsstriche' sind also Fallunterscheidungen erforderlich. Beweisen Sie auf diese Weise, für $a, b \in \mathbb{R}$:
$$\big| \, |a| - |b| \, \big| \, \leq \, |a+b| \, \leq \, |a| + |b|$$

7. Beweisen Sie: Besitzt eine Menge M von reellen Zahlen eine obere Schranke $s \in \mathbb{R}$, das heißt $x \leq s$ für alle $x \in M$, so hat M auch eine kleinste obere Schranke, also ein Supremum.

   Hinweis: Bezeichne S die Menge der oberen Schranken. Nach dem Zusammenhangsaxiom gibt es $c \in \mathbb{R}$, so dass gilt: $x \leq c \leq s$ für alle $x \in M$ und $s \in S$. Begründen Sie, warum $c = \sup M$!

8. Sei M die Menge aller Zahlen der Form $x = \frac{1}{n}$, $n = 1, 2, 3, \ldots$ Bestimmen Sie $\max M$, $\sup M$, $\min M$, $\inf M$, sofern diese Werte existieren.

9. Begründen Sie, warum $\mathbb{Q}$ das Zusammenhangsaxiom *nicht* erfüllt.

   Hinweis: Betrachten Sie die Menge M aller $x \in \mathbb{Q}_+$, für die $x^2 \leq 2$ gilt, und die Menge N aller $y \in \mathbb{Q}_+$, für die $2 \leq y^2$. Gibt es eine *Bruchzahl* zwischen M und N? Skizzieren Sie die Situation auf dem Zahlenstrahl.

10. Erklären Sie folgende, gleichwertige Definition von 'konvergent': Eine Folge (a_n) heißt konvergent, wenn ein Wert $g \in \mathbb{R}$ existiert mit der Eigenschaft: In jeder Umgebung von g liegen 'fast alle' Werte der Folge, (soll heißen: alle bis auf endlich viele Ausnahmen).

11. Zeigen Sie: Eine Folge a_n besitzt höchstens einen Grenzwert g. Führen Sie die Existenz zweier verschiedener Grenzwerte zu einem Widerspruch (Skizze!).

12. (i) Begründen Sie, dass eine konstante Folge, zum Beispiel $a_n = 1$ für alle n, trivialerweise konvergent ist! (ii) Warum ist die Folge mit den Werten $a_n = (-1)^n$ divergent?

13. Beweisen Sie: $a_n = x^n$ ist für jedes feste $x \in\,]-1; 1[$ eine Nullfolge. Hinweise:

$$0 < |x| < 1 \Rightarrow \frac{1}{|x|} > 1 \Rightarrow \frac{1}{|x|} = 1 + q, \; q > 0, \Rightarrow |x^n| = |x|^n = \frac{1}{(1+q)^n} \leq \frac{1}{1+n \cdot q} < \frac{1}{n \cdot q}$$

14. Zeigen Sie: (i) $1 + x + x^2 + x^3 + \ldots + x^n = \dfrac{1 - x^{n+1}}{1 - x} \quad \left(= \dfrac{1}{1-x} - \dfrac{x^{n+1}}{1-x} \right).$

Hinweis: Multiplizieren Sie die Gleichung mit dem Faktor $1 - x$. (ii) Beweisen Sie hiermit, dass die unendliche Reihe $1 + x + x^2 + x^3 + \ldots$ für alle x mit $-1 < x < 1$ gegen den Grenzwert $g = \frac{1}{1-x}$ konvergiert. (Hinweis: Ergebnis der vorigen Aufgabe).

15. Das 'harmonische Mittel' zweier Zahlen $a, b > 0$ ist definiert als $\dfrac{1}{\frac{1}{2}\left(\frac{1}{a} + \frac{1}{b}\right)} = \dfrac{2ab}{a+b}.$
Zeigen Sie bei der 'harmonischen' Reihe, dass jeder Summand das harmonische Mittel seiner beiden Nachbarsummanden ist!

16. Es vereinfacht die folgende Aufgabenstellung, wenn wir als Länge der einzelnen Steinplatten (oder Dominosteine, quadratische Bierdeckel) 2 Längeneinheiten annehmen.

Wenn wir *einen* Stein (Skizze links) an der mit ↑ markierten Stelle unterstützen, bleibt er in der Schwebe, weil der Unterstützungspunkt genau unter seinem Schwerpunkt liegt. Bei mehreren Steinen müssen Sie nur den Schwerpunkt des unteren Steines betrachten, der nach links 'dreht'. Der Schwerpunkt der darüberliegenden Steine liegt auf der rechten Kante, und dreht in die andere Richtung. Die beiden Drehmomente müssen gleich groß sein. Rechnen Sie nach, daß dies für die skizzierten 2 bzw. 3 Steine der Fall ist! Können Sie es auch für vier und mehr Steine zeigen?

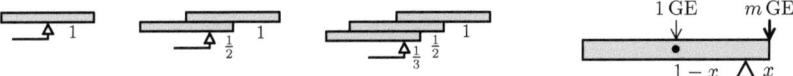

(Es dürfte klar sein, wie die Behauptung allgemein für n Steine lautet. Diese lässt sich durch 'vollständige Induktion' beweisen. Beachten Sie nur in der Skizze rechts:

Das Gewicht eines Steines betrage 1 Gewichtseinheit (GE). Der Schwerpunkt des $(m+1)$-ten Steines befindet sich natürlich in seiner Mitte. Nur dieser Stein ist, etwas vergrößert, skizziert. Das Gesamtgewicht der übrigen m Steine kann man sich im Gesamtschwerpunkt vereinigt denken: dieser liegt nach Induktionsvoraussetzung genau auf der Kante des $(m + 1)$-ten Steines. Wählen Sie den *neuen* Unterstützungspunkt △ so, daß sich das Ganze wieder die Waage hält!)

17. Die Formel $\dfrac{1}{\pi} = 12 \cdot \displaystyle\sum_{k=0}^{\infty} \dfrac{(-1)^k \cdot (6k)! \cdot (545\,140\,134\,k + 13\,591\,409)}{(3k)! \cdot (k!)^3 \cdot 640\,320^{(6k+3)/2}}$ der Chudnovsky-Brüder vom Jahre 1987 liefert mit jedem weiteren Summanden 14 neue Dezimalstellen.

Der Franzose Fabrice Bellard berechnete 2009 hiermit fast 2,7 Billionen Stellen von π. Die alternierende harmonische Reihe ist hingegen zur Berechnung der Kreiszahl π so gut wie ungeeignet, da sie äußerst langsam konvergiert. Wie lautet der Summand in voriger Reihe für $k = 0$, und wie für $k = 1$?

Vergleichen Sie mit einem Taschenrechner den Zahlenwert von $\dfrac{640\,320^{\frac{3}{2}}}{12 \cdot 13\,591\,409}$ mit π.

18. Eine schöne Variante von Achilles und der Schildkröte: (i) Es ist soeben genau 3 Uhr, der große Zeiger steht auf der 12, der kleine auf der 3 hat einen 'Vorsprung' von 15 Minuten. Wann hat der Große den Kleinen eingeholt?

(ii) Allgemein: Zu welchen Zeiten stehen die beiden Zeiger innerhalb von 12 Stunden eigentlich genau übereinander?

19. Zeigen Sie: $\dfrac{1}{\sqrt{0} + \sqrt{1}} + \dfrac{1}{\sqrt{1} + \sqrt{2}} + \dfrac{1}{\sqrt{2} + \sqrt{3}} + \ldots + \dfrac{1}{\sqrt{n-1} + \sqrt{n}} = \sqrt{n}$.

Hinweis: Erweitern Sie jeden Bruch mit $a + b$ im Nenner mit dem Ausdruck $a - b$.

20. Warum ist $n = 2^{3000} - 1$ sicherlich keine Primzahl, lässt sich also faktorisieren? Hinweis: $a^2 - b^2 = (a + b) \cdot (a - b)$.

21. Eine linear geordnete Menge $(R, \leq)$ heißt ein geordneter Körper, wenn die Axiome 1–4 erfüllt sind. Gilt zusätzlich:

Zu je zwei Elementen $a > 0$ und $b > 0$ aus R gibt es ein $n \in \mathbb{N}$, so dass gilt: $n \cdot a > b$,

dann nennt man $(R, \leq)$ einen archimedisch geordneten Körper. Begründen Sie warum die Menge $(\mathbb{Q}, \leq)$ ein archimedisch geordneter Körper ist.

(Die Bezeichnung kommt vom Archimedischen Axiom der Geometrie: Man kann jede gegebene Strecke $\overline{PQ}$ von einem gegebenen Punkt P so oft in Richtung $\overline{PS}$ abtragen, dass man über jeden Punkt S hinauskommt).

22. Beweisen Sie: Das obige Archimedische Axiom ist gleichbedeutend mit der Forderung:

Zu jedem $r > 0$ aus R gibt es eine natürliche Zahl n, so dass gilt: $n > r$.

(Das bedeutet insbesondere: Ist ein geordneter Körper nicht archimedisch geordnet, so gibt es Elemente, die größer sind als *jede* natürliche Zahl!)

Symbole und Abkürzungen

$[a; b]$ bezeichnet alle reellen Zahlen x zwischen a und b, einschließlich a und b, kurz das 'abgeschlossene Intervall', also *mit* den Randpunkten: $a \leq x \leq b$.

$]a; b[$ bezeichnet alle reellen Zahlen x zwischen a und b, ohne die Werte a und b, kurz das 'offene Intervall', also *ohne* die Randpunkte: $a < x < b$.

$\mathbb{R}$ die Menge aller reellen Zahlen, die 'Zahlengerade' (ist ein offenes Intervall).

$\mathbb{R}^+$ die Menge der positiven reellen Zahlen $x > 0$ (auch ein offenes Intervall).

$\mathbb{R}_0^+$ die Menge aller reellen Zahlen $x \geq 0$, (links abgeschlossen, rechts offen).

$\in$ 'Element von', 'gehört zu', Beispiele: $2 \in [1; 2]$, $2 \notin]1; 2[$.

$\approx$ 'näherungsweise gleich', Beispiel: $\pi \approx 3{,}14$.

Das griechische Alphabet

A	α	Alpha	B	β	Beta	Γ	γ	Gamma	Δ	δ	Delta
E	ε	Epsilon	Z	ζ	Zeta	H	η	Eta	Θ	ϑ	Theta
I	ι	Iota	K	κ	Kappa	Λ	λ	Lambda	M	μ	My
N	ν	Ny	Ξ	ξ	Xi	O	o	Omikron	Π	π	Pi
P	ρ	Rho	Σ	σ	Sigma	T	τ	Tau	Υ	υ	Ypsilon
Φ	φ	Phi	X	χ	Chi	Ψ	ψ	Psi	Ω	ω	Omega

Weiterführende Literatur

Lothar Papula: Mathematik für Ingenieure und Naturwissenschaftler.
Bd. 1: ISBN 978-3-8348-0545-4, Bd. 2: ... -0564-5, Bd. 3: ... -0225-5.

W. Pavel/R. Winkler: Mathematik für Naturwissenschaftler.
ISBN 978-3-8273-7232-1

Index